Mann/Schiffelgen/Froriep — Einführung in die Regelungstechnik

Einführung
in die Regelungstechnik

Analoge und digitale Regelung, Fuzzy-Regler,
Regler-Realisierung, Software

von Heinz Mann, Horst Schiffelgen
und Rainer Froriep

7. Auflage
vollständig überarbeitet und erweitert von Rainer Froriep
mit 364 Bildern

Carl Hanser Verlag München Wien

Prof. Dipl.-Ing. Heinz Mann, i. R.
Prof. Dr.-Ing. Horst Schiffelgen, i. R.
Prof. Dr.-Ing. Rainer Froriep, Fachhochschule München, D-80001 München
   E-Mail: froriep@rz.fh-muenchen.de

CIP-Titelaufnahme der Deutschen Bibliothek

Mann, Heinz
Einführung in die Regelungstechnik : analoge und digitale
Regelung, Fuzzy-Regler, Regler-Realisierung, Software / von
Heinz Mann, Horst Schiffelgen und Rainer Froriep. — 7. Aufl. /
vollst. überarb. und erw. von Rainer Froriep. — München ;
Wien : Hanser, 1997

   ISBN 3-446-17672-1
NE: Schiffelgen, Horst:; Froriep, Rainer:

© 1997 Carl Hanser Verlag München Wien
Umschlaggestaltung: Susanne Kraus, München
Satz, Druck und Bindung: Druckhaus „Thomas Müntzer" GmbH, D-99947 Bad Langensalza
Printed in Germany

Aus dem Vorwort zur ersten Auflage

Die stürmisch fortschreitende Technisierung und Automatisierung nahezu aller Lebensbereiche verlangt heute in gleichem Maße die Bereitstellung geeigneter Informationsquellen, sei es, um aktiv planend und ausführend an dieser Entwicklung teilnehmen zu können, sei es, um sich auch als Nichtfachmann einen Einblick in benachbarte Grenzgebiete zu verschaffen.

Technische Lehrbücher im Sinne derartiger moderner Informationsquellen müssen auf wissenschaftlich exakte Weise die unerläßlichen theoretischen Grundlagen in möglichst enger Verbindung mit der technischen Praxis vermitteln. Dabei sind, was den Umfang und die Auswahl des Stoffes anbelangt, manche Kompromisse zu schließen. Berücksichtigt man, daß viele Fachgebiete in dauernder Expansion begriffen sind und laufend neue, sich selbständig entwickelnde Disziplinen hervorbringen, so wird die hieraus entstehende Problematik besonders deutlich. Ihr kann praktisch nur durch die folgenden Alternativen begegnet werden: Weitere Spezialisierung in noch enger aufzugliedernde Fachbereiche oder Intensivierung der Grundlagen auf genügend breiter Basis, so daß die Voraussetzungen für selbständiges, ingenieurmäßiges Arbeiten geschaffen werden. Wir haben aus gutem Grund die letztere Zielsetzung der Konzeption dieses Buches zugrunde gelegt, dessen Hauptaufgabe es sein soll, mit begrenztem Aufwand an mathematischem Mitteln und klar definierten Begriffen einen übersichtlich gestalteten und gut einprägsamen Wissensstoff zu vermitteln.

Vorwort zur siebten Auflage

Die vergangenen Jahre haben in der regelungstechnischen Praxis unter anderem folgende Fortschritte gebracht:

— Weitere Perfektionierung von „Baustein-Systemen" der Mikrorechnertechnik, der Softwaretechnik, der Antriebstechnik, der Pneumatik, der Hydraulik u. a.
— Eine wachsende Zahl von CAE-Programmen, die regelungstechnische Standardberechnungen abdecken.
— Den Fuzzy-Regler als häufig kostengünstigste Reglervariante.

Die Anzahl von Produkten, deren Qualität wesentlich von einer Regelung bestimmt wird, nimmt ständig zu. Neuerdings wird mit Fuzzy-Regelung für Waschmaschinen, verwackelsichere Videokameras oder medizintechnische Geräte geworben. Die Regelung ist häufig ein wichtiger Wettbewerbsfaktor. Die vielfältigen Neuerungen der Regelungstechnik haben auch ihren Niederschlag in einer Neufassung der grundlegenden Begriffe in DIN 19226 („Leittechnik, Regelungstechnik und Steuerungstechnik") gefunden, die in den Jahren 1984 bis 1993 in sechs Teilen als Entwurf vorgelegt wurde.

Aus diesen Gründen erschien eine völlige Neubearbeitung des seit über 25 Jahren bewährten Buches notwendig, die vom neu hinzugekommenen dritten Autor übernommen wurde. Ein Blick auf das Inhaltsverzeichnis zeigt, daß die Abschnitte 6 bis 9 zur digitalen Regelung, Abschnitt 10 zum Fuzzy-Regler und zwei Anhänge neu hinzugekommen sind. Ein wesentlicher Bestandteil des Buches, nämlich die einführende Darstellung wichtiger Grundprinzipien der Geräte- bzw. Softwaretechnik analoger und digitaler Regler, ist in Abschnitt 11 zusammengefaßt und erweitert worden. Beispiele analoger und digitaler Ausführungen technischer Regelungen sind nun in Abschnitt 12 zu finden.

Ausführliche Erläuterungen mit zahlreichen Abbildungen, vielen Beispielen und Querverweisen sind die seit vielen Jahren bewährten und erfolgreichen Merkmale des Buches. Darauf wurde auch bei der Neubearbeitung besonderer Wert gelegt. Die mathematischen Anforderungen werden bewußt niedrig gehalten. Die üblichen Berechnungsverfahren werden anhand von Beispielen dargelegt, die mit Papier und Bleistift Schritt für Schritt nachvollzogen werden können. Es wird auch auf CAE-Programmfunktionen hingewiesen, die die Berechnungen übernehmen können.

Wichtige Neuerungen im Buch sind:

— Erweiterte Darstellung der digitalen Regelung (DDC) mit Standard-Regelalgorithmen, Berechnung des digitalen Regelkreisverhaltens und Wahl der Abtastfrequenz (Abschn. 6, 7 und 9).
— Grundlagen der Hardware und Programmierung von DDC-Reglern (Abschn. 11.3).
— Einführung in die Funktion von Fuzzy-Reglern (Abschn. 10).
— Erläuterung des Einsatzbereiches regelungstechnischer CAE-Programme (Abschn. 1.5) mit Produktübersicht (Anhang 1).
— Zahlreiche zusätzliche vollständig durchgerechnete Beispiele.
— Anpassung der Begriffe und Bezeichnungen an die Neufassung der DIN 19226.
— Erläuterung wichtiger Eigenschaften und Kenngrößen analoger Übertragungsglieder auf der Grundlage der Neufassung von DIN 19226 (Abschn. 2). Abschn. 8 bringt Entsprechendes für digitale Übertragungsglieder.

Die Berechnungsbeispiele im Text können mit Studentenversionen, die für die meisten regelungstechnischen CAE-Programme (Anhang 1) preisgünstig angeboten werden, nachgerechnet und variiert werden. Dadurch werden die Kenntnisse vertieft und zugleich der Umgang mit CAE-Programmen eingeübt. Die Autoren haben das CAE-Programm MATLAB verwendet. Die MATLAB-Studentenversion ist im Buchhandel erhältlich. (Nähere Angaben im Literaturverzeichnis unter MathWorks.) Die im Zusammenhang mit dem Buch entstandenen MATLAB-Dateien (sog. m-files), die zum größten Teil unter der MATLAB-Studentenversion lauffähig sind, können über die Internet-Adressen

http://www.fh-muenchen.de/home/fb/fb06/labors/lab_lsr/d_lsr.html

oder

ftp://ftp.fh-muenchen.de/array2/freeware/script/fb06/msf

abgerufen werden.

Wir danken für zahlreiche Anregungen, Hinweise und Verbesserungsvorschläge von Fachkollegen und Praktikern, die in die Überarbeitung des Buches eingeflossen sind. Besonders erwähnen möchten wir die Herren Dr.-Ing. G. Gramlich, Prof. Dr. rer. nat. H. Herberg, Dipl.-Ing. F. Kuplent, Dr.-Ing. J. Petry, Dr.-Ing. R. Steinhauser, und die Mitarbeiter im Labor für Steuerungs- und Regelungstechnik (FH München, FB06 Feinwerk- und Mikrotechnik/Physikalische Technik), Dipl.-Ing. (FH) H. Lorscheider und F. Zehetmayr. Zu Dank verpflichtet sind wir auch unseren Studenten, die durch ihre kritischen Fragen und Diskussionen zur ständigen Verbesserung des Buches beigetragen haben. Dem Verlag danken wir für die angenehme Zusammenarbeit.

Wir hoffen, mit diesem Buch auch weiterhin künftigen Ingenieuren der verschiedensten Fachrichtungen in praxisorientierten Hochschulstudiengängen nicht nur ein sicheres fachliches Fundament für regelungstechnische Aufgabenstellungen zu vermitteln, sondern auch ein wenig Begeisterung für dieses interessante Gebiet zu wecken.

München/Kempten im Herbst 1996   Die Verfasser

Inhaltsverzeichnis

Einleitung

Jeder Mensch ist in vielfältiger Weise als Regler tätig. Bevor man z. B. unter die Dusche geht, dreht man solange am Warm- bzw. Kaltwasserhahn, bis das Wasser die gewünschte Temperatur aufweist. Beim Radio dreht man solange am Lautstärkeknopf, bis die Lautstärke den gewünschten Wert hat. Beim Fahrradfahren lenkt man immer so, daß man parallel zum rechten Straßenrand fährt. In allen Fällen ist ein gewünschter Wert zu erreichen (Wassertemperatur, Lautstärke, Fahrweg). Als *Regeln* bezeichnet man den Vorgang, den tatsächlichen Wert (sog. Istwert) mit dem gewünschten Wert (sog. Sollwert) zu vergleichen und den tatsächlichen Wert entsprechend zu korrigieren (mittels Kalt-/Warmwasserhahn, Lautstärkeknopf bzw. Fahrradlenker).

Von einer *automatischen* Regelung spricht man, wenn das Messen der tatsächlichen Werte, das Vergleichen mit gewünschten Werten und der korrigierende Eingriff ohne bewußtes menschliches Zutun *selbsttätig* ausgeführt wird.

Vorgänge in den verschiedensten Fachgebieten wie z. B. Biologie, Medizin, Psychologie und Volkswirtschaft lassen sich als Regelungen erklären. In der Medizin sind es z. B. die Konstanthaltung der menschlichen Körpertemperatur, die Erhaltung des Körpergleichgewichts, die Anpassung der Muskeltätigkeit an unterschiedliche Belastungsgrade, die Veränderung der Augenpupille bei wechselnder Lichtstärke, die Anpassung der Herzfrequenz an die jeweilige körperliche Belastung. Im wirtschaftlichen Bereich ist es z. B. die Konstanthaltung des Gleichgewichtes zwischen Angebot und Nachfrage.

Technische Regelungen werden bei der Anlagenautomatisierung (z. B. Verfahrens- und Fertigungsautomatisierung) zur Einhaltung von Temperatur, Druck, Durchfluß, Drehzahl, Position usw. eingesetzt. Bei der Geräteautomatisierung können z. B. die Temperaturregelung bei Bügeleisen, die Kursregelung bei Flugzeugen und die Schreib-/Lesekopfpositionierung bei Festplatten genannt werden.

Die Regelungs*technik* befaßt sich mit der *gezielten* Entwicklung von Regelungen. Dabei ist häufig ein Gerät zu planen und zu realisieren, das einen Istwert mißt, die Meßspannung mit einer Sollspannung vergleicht und daraus eine Steuerspannung z. B. für einen Elektromotor erzeugt, mit dem der Istwert laufend korrigiert werden kann. Da der gemessene Istwert die Steuerspannung beeinflußt und die Steuerspannung wiederum den Istwert verändert, der Istwert also über die Steuerspannung auf sich selbst zurückwirkt (sog. Rückkopplung, Wirkungskreis), ergeben sich für den Unkundigen häufig unvorhergesehene Ergebnisse (z. B. Schwingungen, Beschädigungen).

Um derartige, z. T. kostspielige Erfahrungen zu vermeiden, stellt die Regelungstechnik Verfahren zur *systematischen* Reglerentwicklung und Reglereinstellung bereit. Die Anwendung dieser Verfahren hat sich in den vergangenen Jahren erheblich dadurch vereinfacht, daß zahlreiche regelungstechnische CAE-Programme verfügbar wurden (Abschn. 1.5 und Anhang A.1). Vor allem grafische Oberflächen bieten häufig eine Benutzerführung, die es auch weniger Geübten ermöglicht, in kurzer Zeit gute Regelungskonzepte zu entwickeln und ihre Wirksamkeit mittels Simulation nachzuweisen. Voraussetzung ist jedoch ein fundiertes Grundwissen der Regelungstechnik. Das vorliegende Buch gibt eine Einführung.

Der erste Abschnitt erläutert den Begriff der Regelung anhand praktischer Beispiele und gibt einen Überblick über den Einsatzbereich regelungstechnischer CAE-Programme. Da

Regelkreise aus sog. Übertragungsgliedern (Regelstrecke, Regler, Filter u .a.) zusammengesetzt werden, folgt ein Abschnitt über analoge Übertragungsglieder, ihre Herleitung (sog. mathematische Modellbildung), ihre Simulation, ihre Eigenschaften und Kennfunktionen. Auf diese Grundlagen wird in den folgenden Abschnitten immer wieder zurückgegriffen.

Die Abschnitte 3 bis 5 behandeln die analoge Regelungstechnik. Ausgangspunkt ist der Typ der Regelstrecke (Abschn. 3). Es folgen unstetige und stetige Regler in Abschn. 4 und das Zusammenwirken von Strecke und Regler im analogen Regelkreis in Abschn. 5. Es wird gezeigt, wie — mit Recherunterstützung — systematisch ein Verhalten der Regelung erreicht werden kann, das gestellte Anforderungen erfüllt.

Die Abschnitte 6 bis 9 behandeln die digitale Regelung. Es wird erläutert, wie man digitale Regelalgorithmen entwickeln (Abschn. 6) und ihre Wirkung im digitalen Regelkreis (Abschn. 9) berechnen kann. Dazu ist ein digitales Berechnungsmodell der Strecke erforderlich (Abschn. 7). Die erforderlichen Eigenschaften und Kennfunktionen digitaler Übertragungsglieder behandelt Abschn. 8.

Abschnitt 10 erläutert Auslegung und Eigenschaften von Fuzzy-Reglern, die sowohl analog als auch digital realisiert werden können. Verschiedene Ausführungsformen der Komponenten von Regeleinrichtungen, wie z. B. Sensoren, Verstärker, Prozeßrechner und Stellantriebe, behandelt Abschn. 11, während in Abschn. 12 die technische Ausführung kompletter analoger und digitaler Regelungssysteme beispielhaft dargestellt wird.

Anhang A.1 bietet einen Überblick über erhältliche regelungstechnische CAE-Programme (mit Bezugsquellen). Die Anhänge A.2 bis A.4 stellen mathematische Formeln und Berechnungsverfahren bereit und Anhang A.5 erläutert die Regeln zum Skizzieren von Frequenzkennlinien im Bode-Diagramm. Das Glossar am Ende des Buches erleichtert den Zugriff auf die Erklärung von Begriffen und Benennungen.

1   Grundbegriffe

In diesem Buch geht es um die Technik der gezielten Beeinflussung bestimmter physikalischer Größen wie z. B. Drücke, Temperaturen, Drehzahlen, Kräfte oder Momente. Es
gibt zwei grundlegende Verfahren, mit denen physikalische Größen gezielt beeinflußt
werden: Die *Regelung* und die *Steuerung* dieser Größen. Die beiden ersten Abschnitte
dieses Kapitels erläutern einige geregelte und gesteuerte technische Systeme. Um das
Zusammenwirken der physikalischen Größen in Regelungs- und Steuerungssystemen anschaulich zu beschreiben, werden in der Regelungstechnik grafische Darstellungen, sogenannte *Wirkungspläne* verwendet. In Abschn. 1.3 werden die Grafikelemente von Wirkungsplänen eingeführt und damit die Grundstrukturen von Steuerungs- und
Regelungssystemen erläutert. Für den Betrieb und die Berechnung von technischen Regelungssystemen sind ferner die zu erwartenden Wertebereiche der beteiligten physikalischen Größen von großer Bedeutung. Diesen Gesichtspunkt behandelt Abschn. 1.4.
Abschließend erläutert Abschn. 1.5 das Anwendungsspektrum regelungstechnischer Software.

1.1   Regelung

Die folgenden Beispiele behandeln einige einfache Regelvorgänge. Sie sollen das Wirkungsprinzip der Regelung erkennen lassen.

Beispiel: Temperaturregelung (Bild 1.1).

Aufgabe der *Regeleinrichtung R* ist es, die Raumtemperatur ϑ_i, unabhängig von *Störungen*, die in
Form von Wärmeableitung, Windeinfluß und wechselnder Außentemperatur auftreten können, konstant zu halten. Zu diesem Zweck ermittelt der im Raum angebrachte Temperatur*fühler* F_i die
jeweilige Temperatur (Istwert) und überträgt sie auf die Regeleinrichtung *R*. Dort wird ein *Vergleich*
mit dem durch *S* einstellbaren *Sollwert* durch Differenzbildung vorgenommen. Ist die Differenz von
Null verschieden (positiv oder negativ), d. h. stimmen Ist- und Sollwert nicht überein, so wird über
den Stellmotor *M* das Mischventil *V* betätigt und damit die Vorlauftemperatur des Heißwassers erhöht oder erniedrigt, wenn die Raumtemperatur zu niedrig bzw. zu hoch war. Damit stets ein aus-

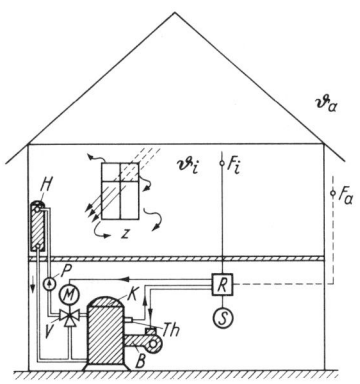

Bild 1.1
Schematische Darstellung einer Raumheizung

F_i Innenfühler für Temperatur
F_a Außenfühler für Temperatur
R   Regeleinrichtung
S   Sollwertgeber
B   Ölbrenner
K   Kessel
Th   Kesselthermostat
M   Stellmotor
V   Mischventil
P   Pumpe
H   Heizkörper
ϑ_i Innentemperatur = Regelgröße
ϑ_a Außentemperatur

reichender Wärmevorrat zur Verfügung steht, muß außerdem dafür gesorgt werden, daß die Kessel-temperatur auf einem bestimmten, konstanten Wert bleibt. Diese Aufgabe erfüllt ein zusätzlicher Regelkreis: Der am Kessel angebrachte Thermostat *Th* − meist ein Bimetallschalter − schaltet den Ölbrenner *B* ab, wenn die Kesseltemperatur den Sollwert erreicht und schaltet den Ölbrenner wie-der ein, wenn die Kesseltemperatur unter den Sollwert sinkt.

Die im Beispiel beschriebene Regelung der Raumtemperatur ist dadurch gekennzeichnet, daß der Istwert der *Regelgröße*, die Raumtemperatur ϑ_i, fortlaufend verglichen wird mit dem Sollwert der Raumtemperatur. Aus der Differenz der beiden Signale wird ein Signal gebildet, das den Istwert stets in Richtung Sollwert führt. Dieser Vorgang läuft selbsttä-tig ab, es handelt sich also um eine *selbsttätige Regelung*.[1]) Bei einer Raumtemperaturre-gelung „*von Hand*" müßte der Mensch an einem Thermometer die jeweilige Temperatur ablesen und hätte dann je nach gewünschter Raumtemperatur zu entscheiden, in welcher Richtung das Mischventil zu betätigen ist.

Beispiel: Drehzahlregelung eines Gleichstrommotors (Bild 1.2).
Die Regelgröße ist hier die Drehzahl des Gleichstrommotors. Die Regeleinrichtung hat dafür zu sorgen, daß die Drehzahl des Gleichstrommotors konstant bleibt. Netzspannungsschwankungen und das Gegenmoment der angetriebenen Maschine dürfen keine bleibende Drehzahländerung hervorru-fen. Geregelt wird die Drehzahl bei konstantem Erregerstrom (Gleichrichtergerät *8*) durch Änderung

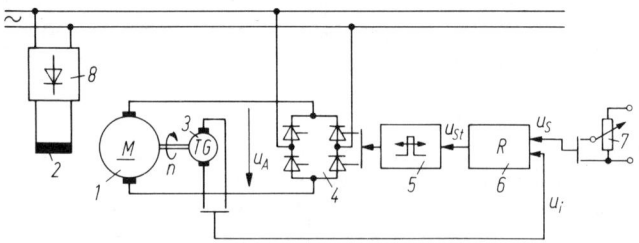

Bild 1.2   Drehzahlregelung eines Gleichstrommotors

1 Gleichstrommotor	*5* Steuergerät	u_A Ankerspannung
2 Erregerwicklung	*6* Regler	u_{St} Steuerspannung
3 Tachogenerator	*7* Sollwertsteller	u_S Sollwertspannung
4 thyristorgesteuerter	*8* Gleichrichtergerät	u_i Istwertspannung
Gleichrichter		*n* Drehzahl

der Ankerspannung u_A mit einem thyristorgesteuerten Gleichrichter (*4*). Als Drehzahlfühler dient ein mit der Welle des Gleichstrommotors fest gekoppelter Tachogenerator (*3*), dessen Ausgangs-Gleichspannung der Drehzahl fest zugeordnet ist. Die der Drehzahl proportionale Istwertspannung u_i und die am Sollwertsteller (*7*) eingestellte Sollwertspannung u_S werden im Regler (*6*) miteinan-der verglichen. Der Regler liefert eine vom Vergleich abhängige Steuerspannung u_{St}. Die Steuer-spannung bestimmt die Phasenlage der Zündimpulse für die Thyristoren in (*4*) und damit die Größe der Ankerspannung u_A. Sinkt beispielsweise die Drehzahl, dann wird $u_i < u_S$. Die dadurch entste-hende Änderung der Steuerspannung bewirkt in Verbindung mit dem Steuergerät (*5*) eine Änderung der Zündimpulslage, so daß die Gleichrichterschaltung (*4*) weiter aufgesteuert wird. Die Ankerspan-nung u_A wird solange ansteigen, bis die Drehzahl wieder den Sollwert erreicht hat. Bei zu großer Drehzahl verläuft der Vorgang entgegengesetzt, die Brücke wird in diesem Fall zugesteuert.

---

[1]) Anstelle von „selbsttätig" kann man auch „automatisch" sagen.

Als Beispiel für einen Regelkreis, dessen Wirkung mit nur wenigen Baugliedern zustandekommt, sei ein Kraftfahrzeugvergaser angeführt.

Beispiel: Regelung des Benzinstandes in einem Kfz-Vergaser (Bild 1.3).
Die Regelgröße ist der Benzinstand in der Schwimmerkammer, dessen Istwert mit einem Schwimmer gemessen wird. Dieser führt seinerseits auch den Vergleich durch, wobei die Länge der Düsennadel, das Gewicht und damit die Eintauchtiefe des Schwimmers den Sollstand des Benzinpegels bestimmen. Gleichzeitig wird über den Schwimmer die Stellkraft auf die Düsennadel weitergeleitet und bei Erreichen des Sollwerts das Einlaßventil gesperrt. Die erforderliche geringe Stelleistung wird als Auftrieb des Schwimmers von der Benzinpumpe und damit indirekt vom Verbrennungsmotor selbst geliefert. Das Beispiel gehört zu den sogenannten Füllstand- oder Niveau-Regelungen wie sie z. B. auch beim WC-Spülkasten oder Speichersee auftritt.

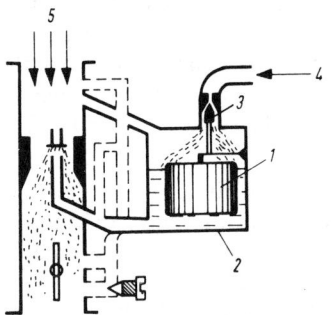

Bild 1.3   Kfz.-Vergaser (Teilansicht, schematisch)

1 Schwimmer
2 Schwimmerkammer
3 Ventil
4 Benzinzufuhr
5 Lufteintritt

Man spricht von einer Regelung *mit Hilfenergie*, wenn zum Betrieb der Regelung eine gesonderte Energieversorgung erforderlich ist. Bei der Temperaturregelung Bild 1.1 ist z. B. eine elektrische Energiezufuhr erforderlich, um die Regeleinrichtung und den Stellmotor zu betreiben. Bei der Drehzahlregelung des Gleichstrommotors Bild 1.2 wird ebenfalls elektrische Hilfsenergie zugeführt. Dagegen ist bei der Benzinstandsregelung keine Hilfenergie erforderlich, da die Stellenergie zum Betätigen des Ventiles durch den Auftrieb des Schwimmers in der Regelstrecke zur Verfügung steht.

Die bisherigen Beispiele stellten sog. *Festwertregelungen* dar. Eine solche Regelung liegt vor, wenn der Sollwert über jeweils längere Zeit konstant bleibt. Im Gegensatz dazu spricht man von einer *Folgeregelung*, wenn der Sollwert laufend geändert wird, wie z. B. bei industriellen Trocknungsprozessen, bei denen die Temperatur der Trockenkammern stetig variiert wird. Liegt der zeitliche Verlauf des Sollwertes von vornherein fest, so kann er als *Zeitplan* vorgegeben werden (*Zeitplanregelung*).

Nach DIN 19226 Teil 1 (Entwurf) wird der Regelungsvorgang wie folgt beschrieben: Das *Regeln*, die *Regelung*, ist ein Vorgang, bei dem eine Größe, die zu regelnde Größe (Regelgröße), fortlaufend erfaßt, mit einer anderen Größe, der *Führungsgröße*[1], verglichen und abhängig vom Ergebnis dieses Vergleichs im Sinne einer Angleichung an die Führungsgröße beeinflußt wird. Kennzeichen für das Regeln ist der geschlossene Wirkungsablauf, bei dem die Regelgröße im Wirkungsweg des Regelkreises fortlaufend sich selbst beeinflußt.

---

[1] Der Sollwert ist der Momentanwert der Führungsgröße.

Danach bezeichnet also der Begriff Regelung eine bestimmte Art und Weise, in der verschiedene Größen aufeinander einwirken. Die *physikalische Art* der Größen bleibt dabei offen. Soweit technisch möglich, können also prinzipiell alle denkbaren Größen geregelt werden. Regelgrößen sind z. B. Menge, Druck, Kraft, Drehzahl, elektrische Spannung und Strom, Temperatur u. v. a. Die zu beeinflussende Größe nennt man *Aufgabengröße*. Wird sie gemessen, so ist sie zugleich Regelgröße. Zum Beispiel kann bei der Regelung der Zusammensetzung eines Gemisches die Aufgabengröße, die Zusammensetzung, nicht immer direkt erfaßt werden. Stattdessen wird dann eine von der Zusammensetzung des Gemisches abhängige Eigenschaft (z. B. Dichte, Trübung, pH-Wert, elektrische oder Wärmeleitfähigkeit) als Regelgröße verwendet. Im Folgenden wird der Einfachheit halber davon ausgegangen, daß die Aufgabengröße zugleich Regelgröße ist.

Der geschlossene Wirkungsablauf kann technisch mittels unterschiedlicher *Medien* realisiert werden, was dann zu mechanischen, pneumatischen, hydraulischen oder elektrischen Regelungen führt. Auch gemischt realisierte Regelungen sind anzutreffen, z. B. pneumatisch/elektrische, elektrohydraulische, mechanisch/elektrische Regelungen. Alle diese Medien haben ihre Vor- und Nachteile, die für das vorgesehene Einsatzgebiet sorgfältig abzuwägen sind.

Mechanische Regelungen finden auch heute noch auf bestimmten Gebieten Anwendung, da sie robust und temperaturunempfindlich sind und häufig ohne Hilfsenergie arbeiten, was für die Funktionstüchtigkeit in Krisensituationen entscheidend wichtig sein kann. Außerdem gibt es zahlreiche Regelungsaufgaben, die auf mechanischer Basis am rationellsten zu lösen sind (Beispiele: Benzinstand im Kfz-Vergaser, Wasserpegel im WC-Spülkasten u. ä.). Von Nachteil sind gelegentlich der höhere Raumbedarf, der mechanische Verschleiß, die Notwendigkeit der Einhaltung einer bestimmten Einbaulage und die Tatsache, daß eine Fernübertragung von Signalen nicht möglich ist.

Pneumatische Regelungen spielen eine sehr große Rolle im gesamten Bereich der chemischen und verfahrenstechnischen Industrie, wo die Explosionsgefahr vielfach die Anwendung elektrischer Systeme verbietet, die allenfalls in (teurer) explosionssicherer Ausführung anwendbar wären. Daß die Pneumatik mit einer Leitung auskommt — überflüssige Luft wird ins Freie abgeblasen — ist sicher als Vorteil zu betrachten, wenngleich die Aufbereitung der Druckluft kosten- und wartungsintensiv ist und pneumatische Systeme als dynamisch träge bezeichnet werden müssen, was auch der Fernübertragung von Signalen auf pneumatischem Wege Grenzen setzt.

Hydraulische Regelungen werden meist dort eingesetzt, wo es sich auch um die Übertragung und Ausübung großer Kräfte handelt (Kfz- und Flugzeugtechnik, Schiffsbau, Werkzeugmaschinen, Baumaschinen etc.). Hier ist der Hauptvorteil in der direkten Erzeugung von Linearbewegungen bei hohem Kraftbedarf zu sehen; die hierzu erforderlichen Motoren entwickeln maximale Kräfte bei minimalem Raumbedarf und Gewicht.

Schließlich sind die Vorteile *elektrischer Regelungen* unbestreitbar: Elektrische Versorgungsnetze sind fast überall vorhanden, die Übertragung von Signalen bietet vergleichsweise keine Schwierigkeiten, elektrische Regelungen sind außergewöhnlich schnell, elektrische Leitungen sind im Gegensatz zu pneumatischen und hydraulischen problemlos zu verlegen, die Miniaturisierung der elektronischen Bauelemente läßt die Einführung von Regelungen auf Gebieten zu, wo dies früher aus Raum- und Kostengründen nicht denkbar war, und die Verwendung von elektrischen Energiespeichern (Batterien und Akkus) erschließt ebenfalls neue Anwendungsgebiete. Digitale Regelungen lassen sich flexibel programmieren und über Kommunikationsnetze in größere Automatisierungssysteme einbinden. Nachteile sind die Explosionsgefahr und die Störanfälligkeit gegenüber elektromagnetischen Fremdfeldern. Das ist nicht zuletzt ein Grund dafür, daß pneumatische Regelungsausrüstungen bis heute einen ansehnlichen Marktanteil für sich beanspruchen können.

1.2 Steuerung

Im Gegensatz zur Regelung weist eine Steuerung keinen geschlossenen Wirkungsweg auf, über den die gesteuerte Größe nach einem Soll-Istwert-Vergleich auf sich selbst zurückwirkt. Die im Abschnitt 1.1 als Beispiel betrachtete Temperaturregelung wird zu einer Temperatur*steuerung*, wenn man den Innenfühler F_i durch einen Außenfühler F_a (im Bild 1.1 gestrichelt eingezeichnet) ersetzt. Damit wirkt die Innentemperatur ϑ_i nicht mehr über den Soll-Ist-Vergleich auf sich selbst zurück. Stattdessen beeinflußt nun die Außentemperatur ϑ_a über das Mischventil die Vorlauftemperatur des Heißwassers und damit die Raumtemperatur ϑ_i. Andere Störungen wie z. B. Fensteröffnen kann eine Temperatursteuerung daher nicht ausgleichen. Im Falle der Raumtemperatursteuerung ist dies aber häufig vertretbar, wenn die Außentemperatur die dominierende Störung der Raumtemperatur ist.

Entfernt man bei der Drehzahlregelung des Gleichstrommotors (Bild 1.2) den Tachogenerator, dann läßt sich die Drehzahl − ohne Kenntnis des Drehzahl-Istwertes − durch Ändern der Ankerspannung nur noch *steuern*, der geschlossene Wirkungsweg der Drehzahl über den Tachogenerator auf sich selbst zurück ist unterbrochen.

Nach DIN 19226 Teil 1 (Entwurf) wird der Steuerungsvorgang wie folgt beschrieben: Das *Steuern*, die *Steuerung*, ist ein Vorgang in einem System, bei dem eine oder mehrere Größen als Eingangsgrößen andere Größen als Ausgangsgrößen aufgrund der dem System eigentümlichen Gesetzmäßigkeiten beeinflussen. Kennzeichen für das Steuern ist der offene Wirkungsweg.

Wie der Begriff der Regelung bezeichnet auch der Begriff Steuerung eine bestimmte Art und Weise, in der verschiedene Größen aufeinander einwirken. Die *physikalische Art* der Größen bleibt dabei offen. Soweit technisch möglich können also prinzipiell alle denkbaren physikalischen Größen gesteuert werden, wobei die schon bei der Regelung genannten Medien wie z. B. elektrische Spannung, Druckluft oder Drucköl eingesetzt werden.

1.3 Wirkungsplan

Ein Wirkungsplan ist eine grafische Darstellung der wirkungsmäßigen Zusammenhänge zwischen physikalischen Größen in einem technischen System (Baugruppe, Gerät, Anlage). Er besteht aus zwei Grundelementen: Wirkungslinien und Übertragungsgliedern. Eine *Wirkungslinie* (Bild 1.4a) stellt die Wirkungsrichtung einer physikalischen Größe dar. Ein *Übertragungsglied* wird durch einen Block dargestellt, der eine (oder mehrere) Eingangsgrößen mit einer (oder mehreren) Ausgangsgrößen verknüpft (Bilder 1.4b und

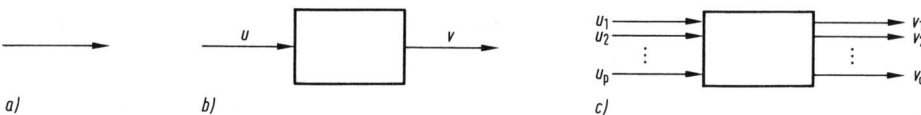

a)   *b)*   *c)*

Bild 1.4   Grundelemente des Wirkungsplanes

a) Wirkungslinie

b) Übertragungsglied

c) Übertragungsglied mit mehreren Ein- und Ausgangsgrößen

c). Eingangs- bzw. Ausgangsgrößen sind daran zu erkennen, daß ihre Wirkungslinien auf den Block gerichtet sind bzw. von ihm wegweisen. Allgemein wird eine Eingangsgröße mit u und eine Ausgangsgröße mit v bezeichnet. Die Ein- und Ausgangsgrößen sind z. B. zeitveränderliche Drücke, Kräfte oder Drehzahlen.

Beispiel: Ohmscher Widerstand

Bei einem ohmschen Widerstand interessiert der Zusammenhang zwischen dem elektrischen Strom $i(t)$ und der Spannung $u(t)$. Ist der Strom gegeben, so folgt für die Spannung $u(t) = Ri(t)$. In der wirkungsmäßigen Betrachtungsweise der Regelungstechnik sagt man, die Größe $i(t)$ wirkt auf oder steuert die Größe $u(t)$. Dies drückt der Block in Bild 1.5a aus. Ist dagegen die Spannung $u(t)$ gegeben, so wird $u(t)$ zur Eingangsgröße und $i(t)$ zur Ausgangsgröße (Bild 1.5b).

a)   *b)*

Bild 1.5   Ohmscher Widerstand als Übertragungsglied

Das einfache Beispiel zeigt, daß für ein technisches Gerät verschiedene Wirkungspläne erstellt werden können, je nachdem welche physikalischen Größen interessieren. Wenn die Zusammenhänge zwischen den Ein- und Ausgangsgrößen (noch) nicht mathematisch angegeben werden können oder sollen, so werden die Blöcke mit der Bauelemente- oder Baugruppenbezeichnung beschriftet, die den Zusammenhang zwischen den Ein- und Ausgangsgrößen wesentlich charakterisiert.

Beispiel: Wirkungsplan einer Uhr

Für die abgebildete Pendeluhr (Schemazeichnung in Bild 1.6a) soll ein Wirkungsplan entworfen werden. Der Energiefluß verläuft vom Energiespeicher (Gewicht) über das Räderwerk zum Zeigerwerk in genau festgelegten Zeitabschnitten, die durch die Schwingungsdauer des Pendels vorgegeben sind; letzteres gibt über den mit ihm starr verbundenen Anker bzw. dessen Haken jeweils im Umkehrpunkt der Schwingungsrichtung das Zahnrad für eine kurze Weiterdrehung frei. Andererseits wird bei der Freigabe auch ein kleiner mechanischer Impuls vom Zahnrad auf den Anker übertragen und damit der Energieverlust durch Reibung in der Pendelaufhängung ausgeglichen. Der Signalverlauf kann demzufolge entsprechend Bild 1.6b gezeichnet werden.

Zwei häufig vorkommende Übertragungsglieder haben eigene Symbole: Das *Summierglied* (auch *S*-Glied, Additions- oder Mischstelle) und die *Verzweigungsstelle* (Bild 1.7).

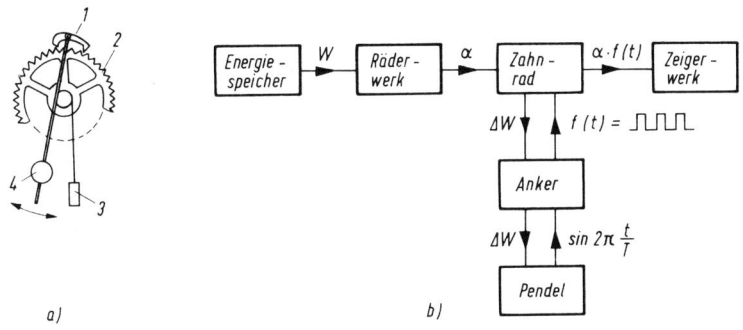

Bild 1.6 Pendeluhr

a) Geräteschema
1 Anker
2 Zahnrad (Steigrad)
3 Gewicht
4 Pendel

b) Wirkungsplan
W Energie aus dem Speicher (Gewicht)
ΔW Energieverlust des Pendels
T Schwingungsdauer des Pendels
$f(t)$ zeitliche Hemmfunktion des Ankers
α Raddrehung

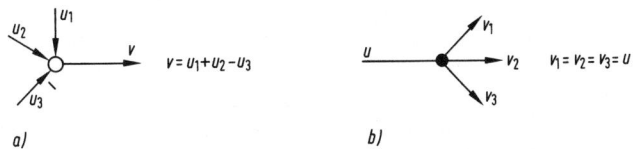

Bild 1.7 a) Summierglied (*S*-Glied, Additionsstelle, Mischstelle)
b) Verzweigungsstelle

Beispiel: Steckdose

Die Darstellung der Verzweigungsstelle ähnelt der Darstellung von Leitungsverbindungen in elektrischen Netzwerken. Jedoch dürfen Wirkungslinien nicht mit elektrischen Leitungen gleichgesetzt werden, sondern dienen der *sinnbildlichen* Darstellung der Wirkungszusammenhänge zwischen physikalischen Größen. Je nach Aspekt, können z. B. an einer Steckdose die Zusammenhänge zwischen den Größen Spannung und Strom als Verzweigungs- oder als Additionsstelle angesehen werden: Mehrere Verbraucher, die an eine Steckdose angeschlossen sind, erhalten zwar die gleiche Spannung (Verzweigung!), führen aber in der Regel unterschiedliche Ströme, deren Summe gleich dem vom Zähler zur Steckdose fließenden Strom ist (Addition!). Je nachdem, ob man die Spannungen oder die Ströme als die maßgebenden Größen betrachtet, ist daher die Steckdose als Verzweigungs- oder Mischstelle anzusehen.

Bild 1.8 zeigt einen Wirkungsplan der Raumtemperaturregelung von Bild 1.1, der nach dem Text des Beispieles in Abschnitt 1.1 erstellt wurde. Jede Wirkungslinie ist mit der Bezeichnung einer physikalischen Größe versehen. So läßt sich aus dem Wirkungsplan Bild 1.8 ablesen, daß die Raumtemperatur ϑ_i über die Meßeinrichtung (Temperaturfühler, Meßumformer) eine Meßspannung u_i bewirkt, die im Vergleicher von einer Sollspannung u_S abgezogen wird. Die Sollspannung wird aus der Solltemperatur ϑ_S abgeleitet, deren Wert z. B. mittels Drehknopf an einer Skala einzustellen ist. Die Differenzspan-

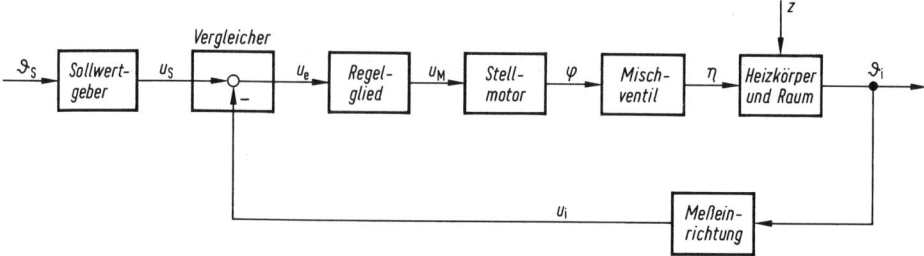

Bild 1.8   Wirkungsplan einer Raumtemperaturregelung

ϑ_i Raumtemperatur u_M Motorspannung
ϑ_S Solltemperatur φ Drehwinkel Stellmotor
u_i Meßspannung η Mischverhältnis
u_S Sollwertspannung z Umgebungsgrößen (Außentemperatur, Sonneneinstrahlung usw.)
u_e Differenzspannung

nung $u_e = u_S - u_i$ wirkt über die Motorspannung u_M, den Drehwinkel ϑ und das Mischungsverhältnis η auf die Raumtemperatur ϑ_i. Im Wirkungsplan wird somit der für eine Regelung typische geschlossene Wirkungsweg von der Raumtemperatur ϑ_i auf sich selbst zurück anschaulich.

Wie in Abschnitt 1.2 beschrieben, wird aus der Temperaturregelung von Bild 1.1 eine Temperatur*steuerung*, wenn man den Innenfühler F_i durch einen Außenfühler F_a ersetzt. Damit wird die Außentemperatur ϑ_a zur Eingangsgröße, die die Raumtemperatur ϑ_i steuert. Der geschlossene Wirkungsweg in Bild 1.8 ist aufgebrochen. Der Wirkungsplan Bild 1.9 zeigt anschaulich den *offenen* Wirkungsweg, der für eine *Steuerung* typisch ist. An die Stelle von Sollwertgeber, Vergleicher und Regelglied tritt hier das Steuerglied.

Neben dem Verlauf des Wirkungsweges ist für die Funktion einer Regelung oder Steuerung aber auch der *Wirkungssinn* entscheidend. Eine Regelgröße muß so über den Vergleicher auf sich selbst zurückwirken, daß sie von zu großen oder zu kleinen Werten immer in Richtung auf den Sollwert zurückgeführt wird.

Beispiel: Wirkungssinn bei Raumtemperaturregelung und -steuerung

Eine stabile Raumtemperaturregelung (Bild 1.8) kann absichtlich oder unabsichtlich destabilisiert werden, indem man die Differenzspannung u_e umpolt. Dann bewirkt eine *über* dem Sollwert liegende Raumtemperatur im Mischventil anstelle einer Verringerung eine Erhöhung des heißen Kessel-

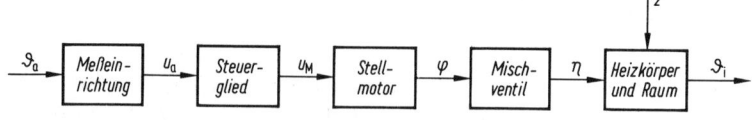

Bild 1.9   Wirkungsplan einer Raumtemperatursteuerung

ϑ_i Raumtemperatur φ Drehwinkel Stellmotor
ϑ_a Außentemperatur η Mischverhältnis
u_a Meßspannung z Umgebungsgrößen (Außentemperatur,
u_M Motorspannung   Sonneneinstrahlung usw.)

wasseranteiles, wodurch die Raumtemperatur noch weiter über den Sollwert ansteigt. Auch bei der Raumtemperatursteuerung (Bild 1.9) ist der Wirkungssinn richtig einzustellen und zwar so, daß bei *niedrigen* Außentemperaturen *mehr* Heißwasser aus dem Kessel zugemischt wird. Entsprechend ist im Stellglied (Steuergerät) die sogenannte Heizungskurve zwischen Außentemperatur und Vorlauftemperatur einzurichten.

Übertragungsglieder (Bild 1.4b und c) werden als *rückwirkungsfrei* angenommen. Das heißt, der Signalfluß soll ausschließlich von den Eingangsgrößen zu den Ausgangsgrößen des Übertragungsgliedes gerichtet sein. Eine Beeinflussung der Eingangsgrößen durch die Ausgangsgrößen wird vernachlässigt. Es sei jedoch darauf hingewiesen, daß reale technische Übertragungsglieder die Bedingung der Rückwirkungsfreiheit selten vollständig erfüllen. Kann die Rückwirkung nicht vernachlässigt werden, so muß sie durch zusätzliche Wirkungslinien kenntlich gemacht werden.

Beispiele: Rückwirkung

Im Beispiel der Raumtemperaturregelung von Bild 1.8 sind die Übertragungsglieder Stellmotor, Mischventil und Heizkörper/Raum rückwirkungsfrei verknüpft dargestellt. Z. B. beeinflußt die Motorspannung u_M die Mischventilstellung φ, jedoch wird man umgekehrt nicht durch eine Veränderung der Mischventilstellung φ die Motorspannung u_M verändern können. Würde man den Wirkungsplan der Raumtemperaturregelung Bild 1.8 verfeinern wollen, indem man zwischen das Mischverhältnis η und die Raumtemperatur ϑ_i die Heizkörpertemperatur ϑ_H einfügt, dann wäre die Darstellung in Bild 1.10 mit durchgezogenen Wirkungslinien nicht zutreffend. Denn aufgrund der

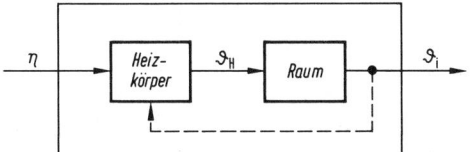

Bild 1.10 Beispiel einer nicht rückwirkungsfreien Verknüpfung

ϑ_i Raumtemperatur
ϑ_H Heizkörpertemperatur
η Mischverhältnis

Wärmeausgleichvorgänge zwischen Heizkörper und Raum wird die Heizkörpertemperatur ϑ_H auch von der Raumtemperatur ϑ_i beeinflußt (gestrichelte Wirkungslinie). Ein weiteres Beispiel ist die rückwirkungsbehaftete Verknüpfung der Übertragungsglieder Zahnrad, Anker und Pendel im Wirkungsplan der Pendeluhr (Bild 1.6)

Der Einsatz eines Regelungssystems wird erforderlich, wenn eine physikalische Größe einen bestimmten Wert einhalten soll, darin jedoch von anderen physikalischen Größen, den *Störgrößen*, in unregelmäßiger Weise gestört wird.

Beispiel: Raumtemperaturregelung

Die Raumtemperatur ϑ_i wird von zahlreichen physikalischen Größen beeinflußt. Schwankungen der Außentemperatur, der Sonneneinstrahlung, der Luftströmung bei Tür- oder Fensteröffnen usw. sind unregelmäßige Störeinflüsse, die die Raumtemperatur ϑ_i von einem konstanten Sollwert abweichen lassen. Diese Einflüsse sind in den Bildern 1.8 und 1.9 in der Eingangsgröße z des Übertragungsgliedes Heizkörper/Raum zusammengefaßt dargestellt. z wird als *Störgröße* bezeichnet. Neben den genannten Störgrößen können auch die zur Regelung erforderlichen Energien wie z. B. Schwankungen der Kesseltemperatur Störungen der Raumtemperatur verursachen. Zur Unterscheidung nennt man die letzteren *Versorgungsstörgrößen* z_V und die ersteren *Laststörgrößen* z_L.

Der Wirkungsplan Bild 1.11 stellt die wichtigsten Größen und Übertragungsglieder einer Regelung gemäß DIN 19226, Teil 4 (Entwurf) dar. Das folgende Beispiel interpretiert diesen Wirkungsplan für den Fall der Raumtemperaturregelung. Die verwendeten Begriffe sind im Glossar am Ende des Buches nochmals zusammengestellt.

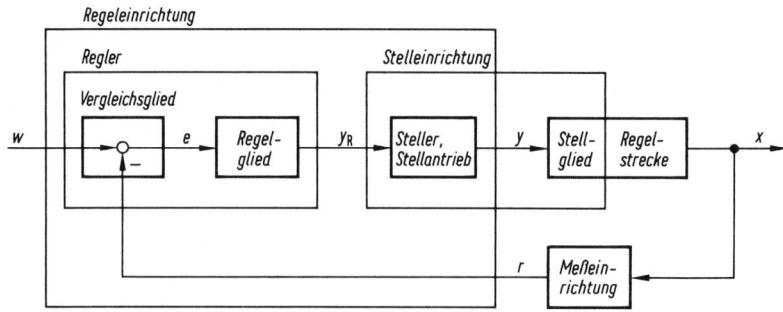

Bild 1.11 Wirkungsplan einer Regelung nach DIN 19226, Teil 4 (Entwurf)

x	Regelgröße	e	Regeldifferenz
r	Rückführgröße	y_R	Reglerausgangsgröße
w	Führungsgröße	y	Stellgröße

Beispiel: Raumtemperaturregelung

Die allgemeine Darstellung Bild 1.11 läßt sich wie folgt auf die Raumtemperaturregelung von Bild 1.8 übertragen: ϑ_i ist die *Regelgröße* x und die Meßspannung u_i die *Rückführgröße* r. u_S ist die *Führungsgröße* w. Die Differenzspannung u_e stellt die *Regeldifferenz* e dar. Aus der Differenzspannung $e = u_e$ wird im Regelglied z. B. analog- oder digitalelektronisch die Motorspannung u_M erzeugt, die als Reglerausgangsgröße y_R betrachtet werden kann. Der Drehwinkel φ (Mischventilstellung) ist die *Stellgröße* y, und der Block Stellmotor (mit Verstärker) entspricht dem Block Steller/Stellantrieb. Das Stellglied ist das Mischventil mit der Ausgangsgröße Mischverhältnis η. Gemäß Bild 1.11 ist das Stellglied als Bestandteil der *Regelstrecke* zu betrachten. Die *Stelleinrichtung* umfaßt Stellmotor und Mischventil. Der *Regler* besteht aus *Vergleichsglied* und *Regelglied*. Die *Regeleinrichtung* umfaßt den Regler und den nicht zur Regelstrecke gehörigen Teil der Stelleinrichtung.

In der regelungstechnischen Praxis ist häufig die Regelstrecke mit Stell- und Meßeinrichtung gegeben und der Regler gesucht. Dann stellt der vereinfachte Wirkungsplan Bild 1.12 die Grundlage der Reglerentwicklung dar. Die Unterscheidungen zwischen Regelgröße und Rückführgröße und zwischen Reglerausgangsgröße und Stellgröße können dabei zunächst vernachlässigt werden. Zu dem kurz mit *Strecke* bezeichneten Block liegen oftmals Meßschriebe (Testsignalantworten, Frequenzgang) und/oder mathematische Gleichungen vor. Der sogenannte *Standard-Regelkreis* von Bild 1.12 wird in den folgenden Kapiteln die Grundlage der Betrachtung sein.

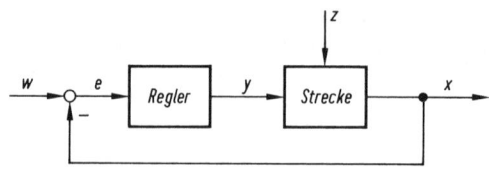

Bild 1.12 Standard-Regelkreis

x Regelgröße
w Führungsgröße
e Regeldifferenz
y Stellgröße
z Störgröße

1.4   Wertebereiche und Arbeitspunkt

Alle physikalischen Größen einer Regelung können bzw. dürfen während des Betriebes nur Werte innerhalb bestimmter Grenzen annehmen, damit die Funktionsfähigkeit der Regelung erhalten bleibt. Die *Stellgrößen* sind grundsätzlich beschränkt: Zum Beispiel hat bei der Raumtemperaturregelung (Bild 1.1) das Mischventil einen oberen und einen unteren Anschlag. Bei der Drehzahlregelung des Gleichstrommotors (Bild 1.2) ist die Stellgröße durch die größtmögliche Ankerspannung begrenzt. Bei der Regelung des Benzinstandes (Bild 1.3) kann das Ventil äußerstenfalls ganz offen oder ganz geschlossen sein. Der Bereich, innerhalb dessen die Stellgröße y einstellbar ist, heißt *Stellbereich* Y_h (DIN 19226, Teil 4, Entwurf).

Aufgrund ihrer Beschränkungen kann die Stellgröße y die Regelgröße x nur über einen bestimmten Wertebereich einstellen. Im Falle der Raumtemperaturregelung (Bild 1.1) stellt sich z. B. bei größtmöglicher Kesselwasserzumischung ein bestimmter Höchstwert der Raumtemperatur ein. Diese Höchsttemperatur ist aber auch noch von der *Störgröße* z abhängig, die die Umgebungseinflüsse wie Außentemperatur, Tür- und Fensteröffnung, Sonneneinstrahlung usw. auf die Raumtemperatur zusammenfaßt. Die Störgröße z darf im Betrieb des Regelungssystems einen bestimmten Wertebereich nicht überschreiten, damit die Funktionsfähigkeit der Regelung nicht beeinträchtigt wird. Bei der Raumtemperaturregelung ist die Funktionsfähigkeit z. B. dann beeinträchtigt, wenn wegen zu *niedriger* Außentemperaturen (Störgröße z außerhalb des zulässigen Bereiches) auch bei größtmöglicher Heizleistung eine Raumtemperatur von 20 °C nicht mehr erreicht wird. Der *Störbereich* Z_h ist der Bereich, innerhalb dessen die Störgröße z liegen darf, ohne daß die Funktionsfähigkeit einer Steuerung oder Regelung beeinträchtigt wird (DIN 19226, Teil 4, Entwurf).

Der *Regelbereich* X_h ist der Bereich, innerhalb dessen die Regelgröße x unter Berücksichtigung vereinbarter Werte der Störgröße z eingestellt werden kann, ohne daß die Funktionsfähigkeit der Regelung beeinträchtigt wird (DIN 19226, Teil 4, Entwurf). Der *Führungsbereich* W_h ist der Bereich, innerhalb dessen die Führungsgröße w liegen kann.

Bei einem *guten* Regelkreis wird die Regelgröße x im Betrieb *nur wenig* von der Führungsgröße w abweichen. Bei der Berechnung eines Regelkreises mit nicht allzu großem Führungsbereich ist es daher sinnvoll, sich auf einen konstanten Wert der Regelgröße $x = x_0$ zu beziehen, der häufig in der Mitte des Führungsbereiches angenommen werden kann (vgl. Bild 1.13b). Ferner ist es häufig sinnvoll, einen mittleren Wert der Störgröße $z = z_0$ aus dem Störbereich Z_h zu vereinbaren. Der zugehörige konstante Wert der Stellgröße $y = y_0$, der bei gegebener konstanter Störgröße z_0 die Regelgröße x auf den Wert x_0 bringt (Bild 1.13a), kann z. B. aus dem Kennlinienfeld der Regelstrecke ermittelt werden (Bild 1.13b). Der durch die drei Werte x_0, y_0 und z_0 festgelegte Zustand der Regelstrecke wird häufig *Arbeitspunkt* genannt. Der Arbeitspunkt der Regelstrecke kann auch berechnet oder experimentell ermittelt werden (Näheres dazu in Abschn. 2.3).

Die Festlegung eines Arbeitspunktes der Regelstrecke bringt vor allem den Vorteil einer übersichtlicheren und vereinfachten Berechnung von Regelungssystemen. Denn die Regel-, die Stell- und die Störgröße können nun als in der Regel *kleine* Abweichungen $\Delta x = x - x_0$, $\Delta y = y - y_0$ und $\Delta z = z - z_0$ vom Arbeitspunkt angesehen werden. Damit kann die Regelstrecke rechnerisch häufig als *lineares* Übertragungsglied behandelt werden (vgl. Abschn. 2.3).

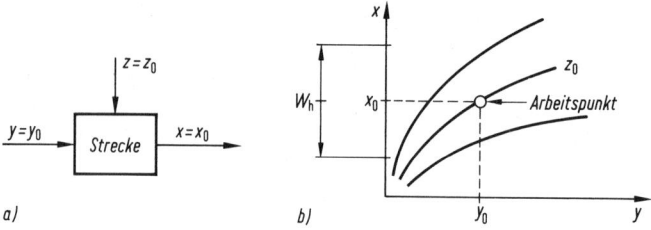

Bild 1.13   Arbeitspunkt
a) Regelstrecke im Arbeitspunkt
   x_0, y_0, z_0 Regel-, Stell- bzw. Störgröße im Arbeitspunkt
b) Arbeitspunkt im Kennlinienfeld der Regelstrecke (W_h: Führungsbereich)
   (vgl. auch Bilder 2.15 und 3.3)

1.5   CAE in der Regelungstechnik

Computer Aided Engineering (CAE) in der Regelungstechnik ist die Unterstützung der regelungstechnischen Ingenieurarbeit durch Digitalrechner mit geeigneten Anwendungsprogrammen. Im Rahmen einer regelungstechnischen Projektabwicklung fallen häufig folgende Arbeitspunkte an

— Modellbildung (Identifikation) der Regelstrecke (vgl. Abschn. 2.3).
— Entwurf eines Reglers (Abschn. 5) und Simulation des Regelkreises.
— Inbetriebnahme des Reglers an der realen Regelstrecke.

Ziel der Reglerentwicklung ist der Nachweis der Funktionsfähigkeit in einem Gerät oder einer Anlage. In unkritischen Fällen oder Fällen, wo jahrelange Erfahrungen vorliegen, können Regler direkt an Gerät oder Anlage eingestellt und in Betrieb genommen werden (vgl. z. B. Abschn. 5.5.2, Einstellregeln). Bei schnellen Vorgängen mit hohen Genauigkeits- und Sicherheitsanforderungen ist das häufig nicht mehr möglich. Dann muß das Regelkreisverhalten zumindest für die kritischen Betriebszustände vorausberechnet werden. Dazu sind mathematische Berechnungsmodelle der gegebenen Regelstrecke und des zu entwickelnden Reglers erforderlich. Das Ziel des Entwicklungsingenieurs ist es dann zunächst, eine mathematische Formel für den Regler zu finden, die einerseits ein gutes (berechnetes) Regelkreisverhalten verspricht und andererseits kostengünstig technisch realisierbar ist.

Regelungstechnische CAE-Programme stellen dem Entwicklungsingenieur die dazu erforderlichen Berechnungsverfahren zur Verfügung. In kurzer Zeit kann er verschiedene Reglervarianten vollständig durchrechnen und die beste auswählen. Dabei kann er sich auf die regelungstechnische Beurteilung von Ergebnissen konzentrieren, während der Rechner die damit verbundenen mathematischen Probleme löst.

Seit Anfang der 90'er Jahre sind regelungstechnische CAE-Programme (vor allem auf IBM-kompatiblen Personal Computern, Intel 386 aufwärts) verfügbar, die es auch Nicht-Spezialisten erlauben, mit wenig Einarbeitungszeit Entwicklungsergebnisse zu erzielen, die vorher nur Spezialisten vorbehalten waren. *Grafische Oberflächen* bieten eine entsprechende Benutzerführung. Die angebotenen Verfahren können im wörtlichen Sinne „auf Knopfdruck" ausgelöst werden.

Wirkungspläne von Regelkreisen (oder anderen Übertragungsgliedern) können direkt *grafisch programmiert* werden, um z. B. den Verlauf der Regelgröße nach einer Änderung der Führungsgröße zu berechnen. Mit Hilfe der zur Verfügung stehenden Grafikelemente kann auch ein Anfänger nach kurzer Zeit einen gegebenen Wirkungsplan auf dem Bildschirm zusammenstellen und die Simulation starten (Abschn. 2.2). Dabei stellen die Grafik-Bibliotheken insbesondere auch nichtlineare Blöcke wie z. B. Begrenzer, Hysterese usw. zur Verfügung, deren Berücksichtigung bei herkömmlicher Programmierung mit PASCAL oder C auch für Spezialisten wesentlich umständlicher ist.

Für erfahrenere Entwicklunsingenieure stellen einige CAE-Programme besondere, auf regelungstechnische Anwendungen zugeschnittene Programmiersprachen zur Verfügung. So kann man beispielsweise mit *einem* Befehl ein Bode-Diagramm (Abschn. 2.5.2) oder eine Sprungantwort (Abschn. 2.4.1) berechnen und grafisch in ein Bildschirm-Fenster ausgeben lassen. Mit weiteren Befehlen kann die grafische Ausgabe gegenüber den Voreinstellungen abgewandelt werden. Auch kann man mit einigen dieser Programmiersprachen auf einfache Weise eigene grafische Oberflächen (Menüs, virtuelle Instrumente, Prozeßvisualisierung usw.) und Animationen (bewegte Grafiken) erzeugen.

Die Mehrzahl der regelungtechnischen CAE-Programme verfügt über die Möglichkeit, über eine entsprechende Schnittstellen-Hardware Meßsignale von der Regelstrecke zu verarbeiten und Stellsignale auszugeben (sog. *Prozeßankopplung*). Damit kann das regelungstechnische Anwendungsprogramm neben der Simulation eines Regelkreises auch die Funktion des Reglers an der *realen* Regelstrecke (bzw. einem Labormodell) übernehmen. Auf dem Bildschirm können z. B. Simulation und reale Regelung verglichen werden. Die Prozeßankopplung ist aber nur dann sinnvoll, wenn der Rechner trotz CAE-Programm und eventuell grafischer Oberfläche noch echtzeitfähig ist (zum Begriff der Echtzeitfähigkeit vgl. Beispiel in Abschn. 6.1).

Eine zunehmende Anzahl von CAE-Programmen enthält einen *C-Code-Generator*. Damit kann das im CAE-Programm grafisch oder nichtgrafisch programmierte Berechnungsmodell eines Reglers *automatisch* in ein fehlerfreies und sauber dokumentiertes C-Programm übersetzt werden. Da alle eingeführten Mikrorechnerfamilien (Signalprozessoren, Mikrocontroller usw.) zur Implementation von Reglern zumindest über C-Compiler verfügen, kann ein Regler „auf Knopfdruck" aus dem CAE-Programm heraus direkt in den Mikrorechner implementiert werden. Dadurch läßt sich die Entwicklungszeit auch komplizierterer Regelungen erheblich verkürzen (vgl. Abschn.11.3.4, Schnelles Regler-Prototyping).

Der C-Code-Generator kann auch dazu verwendet werden, die Ausführung einer umfangreicheren digitalen Simulation zu beschleunigen. Denn eine komfortable grafische Programmierung eines Simulationsprogrammes zieht oft längere Rechenzeiten nach sich. Ein compiliertes C-Programm wird dagegen häufig erheblich schneller ausgeführt (z. B. Faktor 10).

CAE-Programme können den Entwicklungsingenieur auch bei *analytischen* Berechnungen unterstützen. Soll z. B. $(s + 2)^3$ ausmultipliziert werden, dann erscheint als Ergebnis der mathematische Ausdruck $s^3 + 6s^2 + 12s + 8$ auf dem Bildschirm. Ist z. B. $\dfrac{d}{dt} \cos 2t$ gesucht, dann ist $-2 \sin 2t$ das Ergebnis. Da das Ergebnis keine Zahl, sondern ein mathematischer Ausdruck ist, spricht man auch von *symbolischer* Berechnung (im Gegensatz zur numerischen Berechnung). Programme, die symbolische Berechnungen durchführen können, werden auch als *Computer-Algebra-Programme* bezeichnet.

Anhang A.1 enthält eine Liste verfügbarer regelungstechnischer CAE-Programme mit Bezugsquellen. Im weiteren Verlauf des Buches wird häufig auf CAE-Programm-Funktionen hingewiesen.

2. Analoge Übertragungsglieder[1])

Die gewünschten Eigenschaften von Regelkreisen müssen *berechnet* werden, wenn langwierige und eventuell gefährliche Experimente an Gerät oder Anlage zu vermeiden sind bzw. wenn das zu regelnde Gerät noch nicht verfügbar ist. Dabei werden die wirkungsmäßigen Zusammenhänge zwischen den interessierenden physikalischen Größen mit *Übertragungsgliedern* dargestellt. Ein Übertragungsglied ist ein System mit Eingangsgrößen, Ausgangsgrößen und dem *Übertragungsverhalten* zwischen den Eingangs- und Ausgangsgrößen (Bild 2.1).

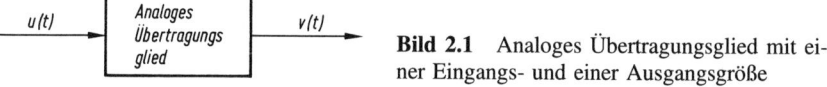

Bild 2.1 Analoges Übertragungsglied mit einer Eingangs- und einer Ausgangsgröße

Eine mathematische Darstellung des Übertragungsverhaltens heißt *mathematisches Modell*. Die Erstellung mathematischer Modelle (die sog. *mathematische Modellbildung*) ist eine wichtige Ingenieurtätigkeit (Abschn. 2.3), die vor allem beim CAE-Einsatz von besonderer Bedeutung ist.

Abschn. 2.1 führt eine wichtige Art von mathematischen Modellen ein, die linearen, zeitinvarianten Übertragungslieder (LZI-Glieder). Abschn. 2.2 zeigt, wie man Übertragungsglieder mit CAE-Programmen ohne spezielle Programmiersprachenkenntnis digital simulieren kann. Das praktische Vorgehen bei der mathematischen Modellbildung wird in Abschn. 2.3 an einigen Beispielen gezeigt.

Die Abschnitte 2.4 bis 2.6 erläutern die wichtigsten *Kennfunktionen* von LZI-Gliedern, die aus Testsignalantworten berechnet werden, wie z. B. die Übergangsfunktion (Abschn. 2.4.1), den Frequenzgang (Abschn. 2.5) und die Übertragungsfunktion (Abschn. 2.6). Abschn. 2.7 behandelt die *Stabilität* von LZI-Gliedern. Diese Eigenschaft ist von grundlegender Bedeutung in der Regelungstechnik. Denn jedes Regelungssystem muß zumindest stabil sein, um praktisch brauchbar zu sein. Abschnitt 2.8 stellt die Eigenschaften der am häufigsten verwendeten *einfachen Übertragungsglieder* zusammen.

2.1 Lineare zeitinvariante Übertragungsglieder (LZI-Glieder)

Lineare zeitinvariante Übertragungsglieder oder kurz LZI-Glieder sind wichtige Grundbausteine zur Berechnung und Optimierung von Regelkreisen[2]). In diesem Abschnitt wird erläutert, was ein LZI-Glied ist und wie es mathematisch dargestellt werden kann. Dabei wird von einem realen Gerät ausgegangen.

---

[1]) Digitale Übertragungsglieder werden in Abschn. 8 behandelt.

[2]) Für Übertragungsglieder in Regelkreisen wird in der Literatur gelegentlich auch die Bezeichnung *Regelkreisglieder* verwendet. Da die im vorliegenden Abschnitt behandelten Eigenschaften von Übertragungsgliedern nicht auf Regelkreise beschränkt sind, sondern auch z. B. bei Steuerungen und bei Signalfiltern verwendet werden, wird hier in Übereinstimmung mit DIN 19226, Teil 2 (Entwurf) der allgemeinere Begriff des Übertragungsgliedes verwendet.

In Abschn. 1.4 wurde erklärt, daß alle physikalischen Größen einer Regelung während des Betriebes nur *Werte innerhalb bestimmter Grenzen* annehmen können bzw. dürfen, damit die Funktionsfähigkeit der Regelung erhalten bleibt. Um das zeitliche Verhalten eines Regelungssystemes zu berechnen, kann man sich daher auf diese *Wertebereiche* beschränken. Innerhalb dieser Wertebereiche kann der Zusammenhang zwischen interessierenden Eingangs- und Ausgangsgrößen in einem Gerät oder einer Anlage häufig als *linear* angenommen werden.

Beispiel: Fliehkraftpendel

Bei einem Fliehkraftpendel (Bild 2.2a) ist die Pendelauslenkung φ (wegen der Fliehkraft) proportional zur Drehzahl ω. Das Fliehkraftpendel wurde in früheren Zeiten (und heute noch in Experimentierbaukästen) bei der Drehzahlregelung von Dampfmaschinen verwendet. Es wird hier wegen seiner Anschaulichkeit als Beispiel herangezogen. Dabei interereissiert das Übertragungsverhalten zwischen der Drehzahl ω und dem Auslenkungswinkel φ. Bild 2.2b zeigt diesen Zusammenhang als Block (vgl. Wirkungsplan Abschn. 1.3).

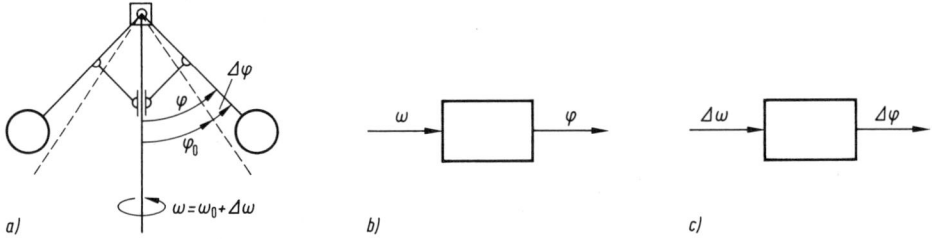

a)   b)   c)

Bild 2.2   Fliehkraftpendel

a) Geräteschema   b) Übertragungsglied   c) Bezogenes Übertragungsglied

Ist die Drehzahl Null, dann hängt das Pendel nach unten, also $\varphi \approx 0$. Steigt die Drehzahl an, dann wächst die Pendelauslenkung. Jedoch wird sie − auch bei beliebig hoher Drehzahl − nicht größer als $\varphi = 90°$. Ist nun in einem Drehzahlregelungssystem $\omega = \omega_0$ die Solldrehzahl (Führungsgröße) und $\varphi = \varphi_0$ die zugehörige Auslenkung, so wird (falls das Regelungssystem gut ist) die Istdrehzahl (Regelgröße) einen kleinen Wertebereich um $\omega = \omega_0$ herum nicht verlassen. Im Hinblick auf eine *lineare* Betrachtung des Übertragungsverhaltens ist es erforderlich, ω und φ auf ihre Werte im *Arbeitspunkt* ω_0 bzw. φ_0 zu beziehen und mit den bezogenen Größen $\Delta\omega = \omega - \omega_0$ und $\Delta\varphi = \varphi - \varphi_0$ zu rechnen. Bild 2.2c zeigt das Übertragungsverhalten zwischen den bezogenen Größen $\Delta\omega$ und $\Delta\varphi$ als Block.

Ein Übertragungsglied ist *linear*, wenn es das *Verstärkungsprinzip* und das *Überlagerungsprinzip* erfüllt.

Das *Verstärkungsprinzip* bedeutet folgendes: Man stelle sich ein Übertragungsglied vor, dessen Eingangs- und Ausgangsgrößen gleich Null sind, also $u(t) = 0$ und $v(t) = 0$. Zu einem Zeitpunkt t_0 schalte man einen *beliebigen* Eingangsgrößenverlauf $u(t)$ auf, z. B. die Sprungfunktion[1] Nr. 1 in Bild 2.3a. Der zugehörige Ausgangsgrößenverlauf sei die $v(t)$-Kurve Nr. 1. Das Übertragungsglied erfüllt das Verstärkungsprinzip, wenn die mit

---

[1] Die Sprungfunktion wird in Abschn. 2.4.1 definiert. Vgl. auch Glossar.

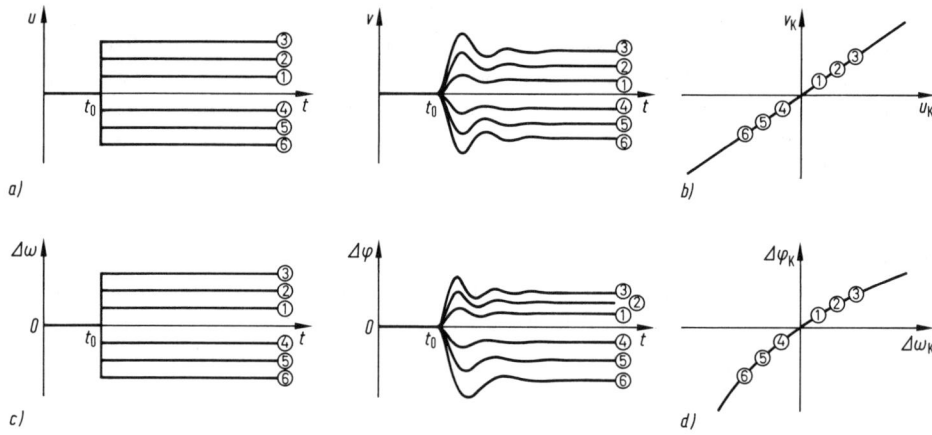

Bild 2.3   Verstärkungsprinzip bei Übertragungsgliedern

a) Sprungfunktionen u und Sprungantworten v bei erfülltem Verstärkungsprinzip
b) Lineare Kennlinie
c) Sprungfunktionen $\Delta\omega$ und Sprungantworten $\Delta\varphi$ beim Fliehkraftpendel
d) Nichtlineare Kennlinie beim Fliehkraftpendel

der beliebigen Konstanten c „verstärkte" Eingangsgröße $cu(t)$ eine ebenso verstärkte Ausgangsgröße $cv(t)$ zur Folge hat (z. B. die Kurven Nr. 2 bis 6 in Bild 2.3a).

Aus den Eingangs- und Ausgangsgrößenverläufen von Bild 2.3a läßt sich auch die *Kennlinie* des Übertragungsgliedes ablesen (Bild 2.3b). Ist bei einem konstanten Wert u_K der Eingangsgröße $u(t) = u_K$ die Ausgangsgröße auf den festen Wert $v(t) = v_K$ eingeschwungen, dann ist (u_K, v_K) ein Punkt der Kennlinie. Aus dem Verstärkungsprinzip folgt, daß die Kennlinie *eine Gerade* ist, die *durch den Ursprung* des Koordinatenssystems geht, d.h für $u_K = 0$ ist $v_K = 0$.[1]

Beispiel: Bild 2.3c und Bild 2.3d zeigen Sprungantworten und die Kennlinie beim Fliehkaftpendel mit der auf den Arbeitspunkt bezogenen Drehzahl $\Delta\omega = \omega - \omega_0$ und Pendelauslenkung $\Delta\varphi = \varphi - \varphi_0$. Die Sprungantworten Bild 2.3c erfüllen das Verstärkungsprinzip *nicht*, und die Kennlinie Bild 2.3d ist *keine* Gerade. Beschränkt man jedoch die Betrachtung auf einen *Wertebereich* $\Delta\omega = \omega - \omega_0$ und $\Delta\varphi = \varphi - \varphi_0$ in der Umgebung des Arbeitspunktes $\omega = \omega_0$ und $\varphi = \varphi_0$ (vgl. vorheriges Beispiel), dann kann man die Kennlinie *näherungsweise* als Gerade betrachten. Je größer die Amplituden $\Delta\omega = \omega - \omega_0$ und $\Delta\varphi = \varphi - \varphi_0$ in positiver und negativer Richtung sind, desto mehr weicht die Kennlinie von der (gedachten) Geraden ab (Bild 2.3d). Will man also das Übertragungsverhalten zwischen $\Delta\omega$ und $\Delta\varphi$ näherungsweise als linear betrachten, so ist zu prüfen, bis zu welchen positiven bzw. negativen Höchstwerten von $\Delta\omega$ und $\Delta\varphi$ die Fehler vertretbar sind.

Das *Überlagerungsprinzip* bedeutet Folgendes: Man stelle sich wieder ein Übertragungsglied vor, dessen Eingangs- und Ausgangsgrößen gleich Null sind, also $u(t) = 0$ und $v(t) = 0$. Zu einem Zeitpunkt t_0 schalte man einen *beliebigen* Eingangsgrößenverlauf $u(t) = u_1(t)$ auf (z. B. eine Sprungfunktion in Bild 2.4a). Der zugehörige Ausgangsgrößenverlauf sei $v(t) = v_1(t)$. Nun wiederhole man das Gedankenexperiment:

---

[1]) Der Begriff der Kennlinie wird im Glossar erklärt.

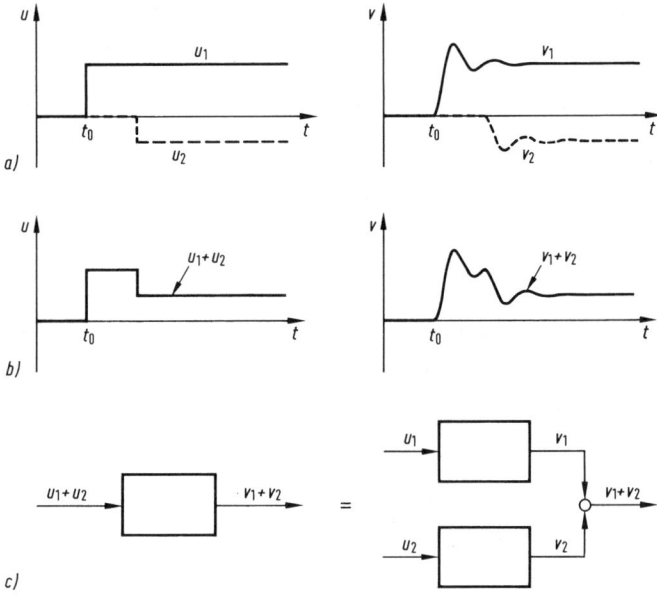

Bild 2.4 Überlagerungsprinzip bei Übertragungsgliedern

a) Zwei Sprungfunktionen u_1 und u_2 und zugehörige Sprungantworten v_1 und v_2

b) Überlagerte Sprungantworten von a) bei erfülltem Überlagerungsprinzip

c) Problemzerlegung

Man schalte einen anderen *beliebigen* Eingangsgrößenverlauf $u(t) = u_2(t)$ auf (in Bild 2.4a z. B. eine zweite verzögerte Sprungfunktion). Der zugehörige Ausgangsgrößenverlauf sei $v(t) = v_2(t)$. Das Übertragungsglied erfüllt das Überlagerungsprinzip, wenn folgendes zutrifft: Schaltet man als Eingangsgrößenverlauf $u(t) = u_1(t) + u_2(t)$ („Überlagerung von $u_1(t)$ und $u_2(t)$") auf, so ist der Ausgangsgrößenverlauf $v(t) = v_1(t) + v_2(t)$ (Bild 2.4b). Bild 2.4c zeigt das Überlagerungsprinzip im Wirkungsplan. Damit ist es also bei *linearen* Übertragungsgliedern immer möglich, den Einfluß verschiedener Eingangsgrößen $u_1(t)$ und $u_2(t)$ auf eine Ausgangsgröße $v(t)$ einzeln zu berechnen und *anschließend* zu überlagern.

„ZI" in LZI-Glied heißt zeitinvariant. *Zeitinvariante* Übertragungsglieder erfüllen das *Verschiebungsprinzip* (Bild 2.5): Man stelle sich ein Übertragungsglied vor, dessen Eingangs- und Ausgangsgrößen gleich Null sind, also $u(t) = 0$ und $v(t) = 0$. Zu einem Zeitpunkt t_0 schalte man einen *beliebigen* Eingangsgrößenverlauf $u(t) = u_1(t)$ auf (z. B.

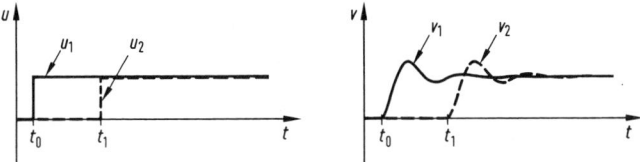

Bild 2.5 Zeitinvarianz von Übertragungsgliedern

eine Sprungfunktion in Bild 2.5). Der zugehörige Ausgangsgrößenverlauf sei $v(t) = v_1(t)$. Nun wiederhole man das Gedankenexperiment mit dem einzigen Unterschied, daß die Eingangsgröße $u(t) = u_1(t)$ zum Zeitpunkt t_1 aufgeschaltet wird, also $u_2(t) = u_1(t - t_V)$ mit der Zeitverschiebung $t_V = t_1 - t_0$. Der zugehörige Ausgangsgrößenverlauf sei $v(t) = v_2(t)$. Das Übertragungsglied erfüllt das Verschiebungsprinzip, wenn $v_2(t) = v_1(t - t_V)$, wenn also eine Zeitverschiebung der Eingangsgröße eine ebensolche Zeitverschiebung der Ausgangsgröße zur Folge hat.

Beispiel: Beim Fliehkraftpendel ist das Übertragungsverhalten zwischen der Drehzahl und der Pendelauslenkung zeitinvariant, solange z. B. die Messung der Sprungantwort zum gleichen Ergebnis führt. Wenn jedoch z. B. die Pendellager nicht regelmäßig geschmiert werden, wird eine Messung der Sprungantwort nach längerer Betriebzeit infolge zunehmender Reibungseinflüsse anders aussehen. Sie läßt sich nicht mehr durch einfache *zeitliche Verschiebung* aus der Sprungantwort zu Beginn der Betriebszeit entstanden denken. Das Übertragungsverhalten hat sich verändert. Dagegen läßt sich das Übertragungsverhalten über kürzere Zeiträume in der Regel als *zeitinvariant* betrachten.

Ein mathematisches Modell für das lineare und zeitinvariante Übertragungsverhalten eines LZI-Gliedes ist die *lineare Differentialgleichung mit konstanten Koeffizienten*

$$a_n v^{(n)} + a_{n-1} v^{(n-1)} + \ldots + a_1 \dot{v} + a_0 v = b_0 u + \ldots + b_m u^{(m)} .$$

$v^{(n)}$ bedeutet die *n*-te zeitliche Ableitung von $v(t)$. Mit n bezeichnet man die *Ordnung* des LZI-Gliedes. Die n Anfangsbedingungen $v(0), \dot{v}(0), \ldots, v^{(n-1)}(0)$ werden im folgenden zu Null angenommen, wenn nicht ausdrücklich etwas anderes gesagt wird. Technisch realisierbar ist das LZI-Glied nur, wenn für die höchsten Ableitungen auf beiden Seiten der Differentialgleichung $m < n$ gilt (vgl. Abschn. 2.8.6).

Eine andere mathematische Form des LZI-Gliedes ist die Übertragungsfunktion, die in Abschn. 2.6 behandelt wird. Abschn. 2.8 diskutiert die am häufigsten vorkommenden LZI-Glieder.

2.2   Wirkungsplan und grafische Simulationsprogramme

Mathematische Modelle des Übertragungsverhaltens zwischen interessierenden Eingangs- und Ausgangsgrößen in Geräten oder Anlagen machen es möglich, für beliebige, gegebene Eingangsgrößenverläufe die zugehörigen Ausgangsgrößenverläufe zu *berechnen*. Werden diese Berechnungen mit einem Digitalrechner durchgeführt, dann spricht man von *digitaler Simulation*. Simulationsprogramme bieten zunehmend die Möglichkeit einer *grafischen Programmierung*, die praktisch keine Programmiersprachenkenntnisse voraussetzt.

Die allgemeine Anwendbarkeit der grafischen Programmierung beruht auf der Tatsache, daß sich jedes mathematische Modell eines Übertragungsgliedes auch grafisch als Wirkungsplan[1]) darstellen läßt. Grundsätzlich sind für LZI-Glieder dazu nur wenige *elementare* Übertragungsglieder erforderlich, die in Bild 2.6 und Bild 1.7 definiert sind: Proportionalglied (*P*-Glied), Integrierglied (*I*-Glied), Differenzierglied (*D*-Glied), Totzeitglied

---

[1]) Der Begriff des Wirkungsplanes wurde in Abschnitt 1.3 eingeführt.

Bild 2.6 Elementare lineare Übertragungsglieder

a) Proportionalglied (*P*-Glied) $v(t) = K_P u(t)$ c) Differenzierglied (*D*-Glied) $v(t) = \dot{u}(t)$
b) Integrierglied (*I*-Glied) $v(t) = \int u\,dt$ d) Totzeitglied (*T_t*-Glied) $v(t) = u(t - T_t)$

(*T_t*-Glied), Summierglied (*S*-Glied) und die Verzweigungsstelle. Simulationsprogramme mit grafischer Programmierung bieten jedoch Block-Bibliotheken, die neben den elementaren auch häufig vorkommende zusammengesetzte Übertragungsglieder enthalten, wie z. B. auch die in Abschn. 2.8 behandelten Übertragungsglieder.

Beispiel: RC-Netzwerk als Wirkungsplan
Bei dem RC-Netzwerk nach Bild 2.7a interessiere das Übertragungsverhalten zwischen der (z. B. mit einem Netzgerät) vorgegebenen Spannung $u_e(t)$ und der Kondensatorspannung $u_C(t)$ (Bild 2.7b). Ein mathematisches Modell des Übertragungsverhaltens läßt sich aus der Kirchoff'schen Maschenregel

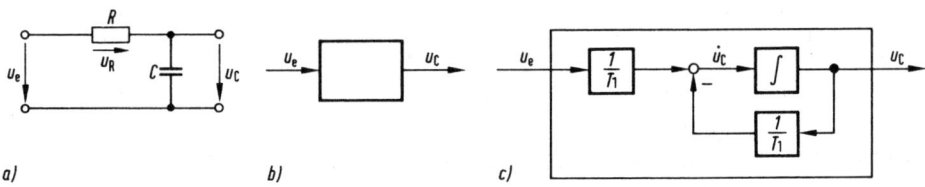

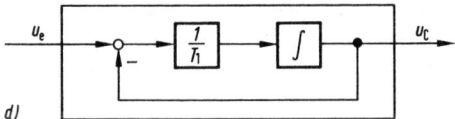

Bild 2.7 RC-Netzwerk und Wirkungsplan

a) RC-Netzwerk c) Wirkungsplan
b) Übertragungsglied d) Alternativer Wirkungsplan

herleiten: $u_e = u_R + u_C$. Ersetzt man u_R mittels $u_R = Ri$ und darin i durch $u_C = \dfrac{1}{C}\int i\,dt$ bzw. $i = C\dot{u}_C$, dann folgt für das gesuchte mathematische Modell

$$RC\dot{u}_C + u_C = u_e\,.$$

Das ist ein LZI-Glied erster Ordnung. $T_1 = RC$ hat die Einheit der Zeit und heißt *Zeitkonstante* (vgl. auch Abschnitt 2.8.2). Um das mathematische Modell als Wirkungsplan darzustellen, löse man die Differentialgleichung nach $\dot{u}_C$ auf,

$$\dot{u}_C = -\frac{1}{T_1}\,u_C + \frac{1}{T_1}\,u_e\,.$$

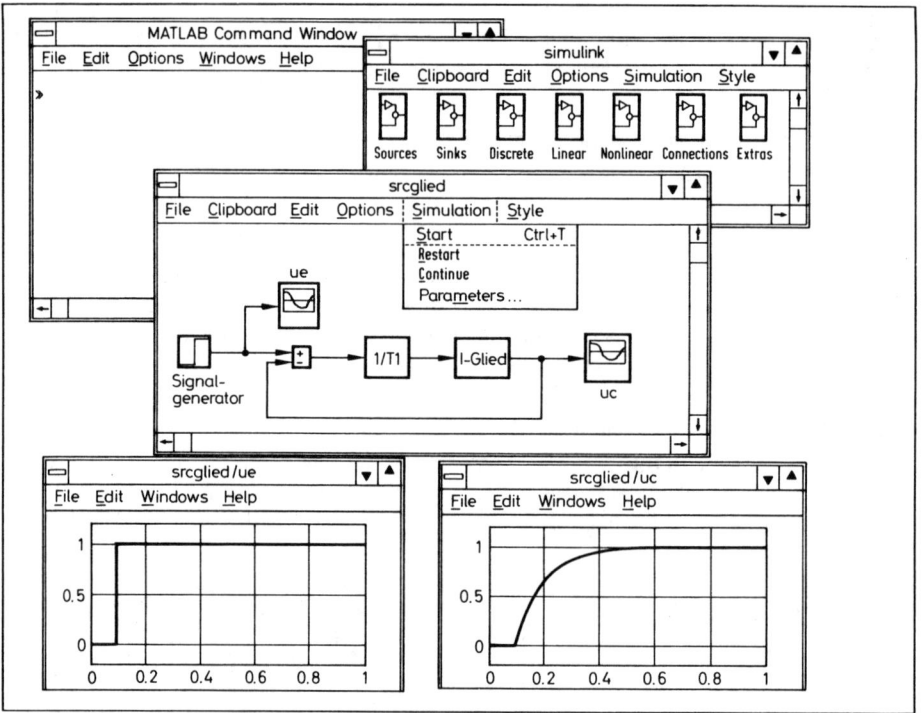

Bild 2.8   Grafische Programmierung des Wirkungsplanes von Bild 2.7d mit MATLAB/SIMULINK
a) Graphisches Simulationsprogramm im Fenster „srcglied"

Dann zeichne man ein *I*-Glied mit der Ausgangsgröße u_C, die zugleich die Ausgangsgröße des darzustellenden LZI-Gliedes ist (Bild 2.7b). Die Eingangsgröße des *I*-Gliedes ist dann $\dot{u}_C$, das gemäß der umgeformten Gleichung mit einem Summierglied und zwei *P*-Gliedern dargestellt werden kann.

Da man die Differentialgleichung aus dem Wirkungsplan wieder zurückgewinnen kann (Man beginne mit der Eingangsgröße des *I*-Gliedes $\dot{u}_C = \ldots$), ist der Wirkungsplan eine alternative *grafische* Darstellungsart des LZI-Gliedes. Dabei ist das äußere Erscheinungsbild des Wirkungsplanes nicht eindeutig festgelegt. So stellt z. B. der Wirkungsplan Bild 2.7d dasselbe LZI-Glied wie Bild 2.7c dar, denn

$$\dot{u}_C = \frac{1}{T_1}\,(-u_C + u_e) = -\frac{1}{T_1}\,u_C + \frac{1}{T_1}\,u_e\,.$$

Die Umformungsregeln von Wirkungsplänen werden in Abschnitt 2.6.2 behandelt.

Ist ein mathematisches Modell in der Form eines Wirkungsplanes gegeben, dann läßt er sich direkt grafisch programmieren.

Beispiel: Bild 2.8a zeigt den Wirkungsplan des RC-Netzwerkes von Bild 2.7d als grafisches Simulationsprogramm in MATLAB unter Windows im Fenster „srcglied". Es wird aus den Blöcken einer Grafikbibliothek zusammengestellt, die über das Fenster „simulink" zugänglich sind. Die Wirkungs-

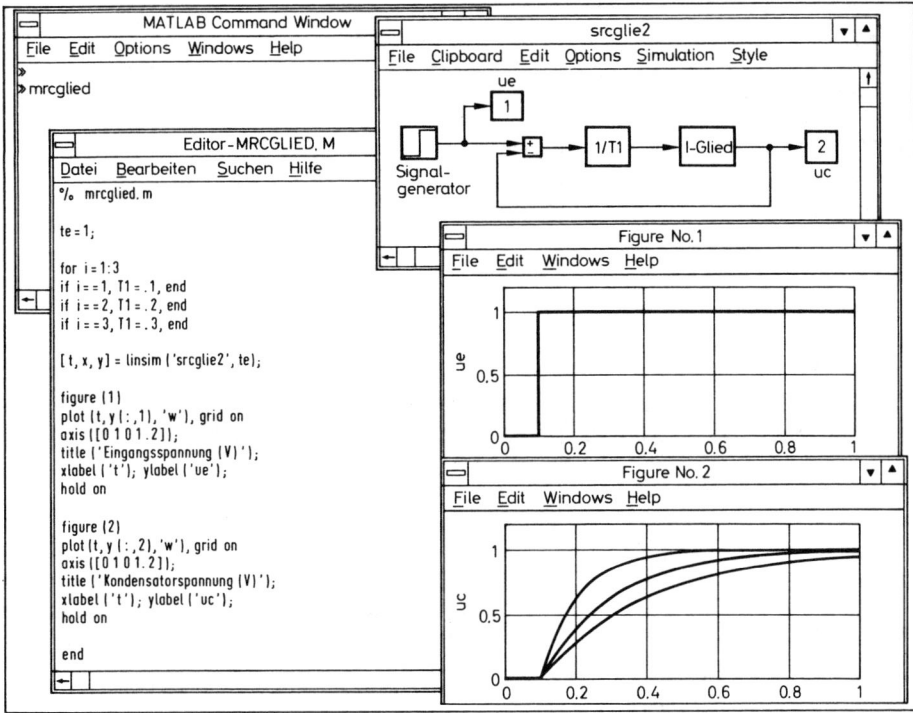

Bild 2.8 Forts.

b) Graphisches Simulationsprogramm als Unterprogramm im Fenster „srcglie2", das vom Hauptprogramm im Editor-Fenster aufgerufen wird.

linien werden mit der Maus gezogen. Es wird der Block „Signalgenerator" verwendet, um eine sprungförmige Eingangsspannung $u(t) = u_e(t)$ zu erzeugen. Um die Eingangs- und die gesuchte Kondensatorspannung $u_e(t)$ bzw. $u_C(t)$ anzuzeigen, werden die mit ue und uc bezeichneten Oszilloskop-Blöcke eingesetzt. Die Simulation beginnt, wenn im Pull-Down-Menue „Simulation" die Option „Start" angeklickt wird. In den beiden Fenstern „srcglied/ue" und „srcglied/uc" erscheinen der Eingangs- und der Kondensatorspannungsverlauf des digital simulierten RC-Gliedes.

Mehr Gestaltungsspielraum bei der Durchführung der digitalen Simulation bieten anwendungsorientierte Programmiersprachen, mit denen man wesentlich schneller zu den gewünschten Ergebnissen kommt als z. B. mit Basic, Pascal oder C. Bild 2.8b zeigt als Beispiel im Fenster „Editor – MRCGLIED.M" ein Programm in MATLAB. Damit werden in einem Programmlauf drei Sprungantworten des RC-Netzwerkes für jeweils verschiedene Werte der Zeitkonstante T_1 berechnet. Dabei wird das grafische Programm des RC-Netzwerkes im Fenster „srcglie2" in der Integrationsroutine „linsim" als Unterprogramm aufgerufen.

Auch die mathematischen Modelle *nichtlinearer* Übertragungsglieder lassen sich als Wirkungpläne darstellen und dann grafisch programmieren. Dazu sind zusätzlich die in Bild 2.9 dargestellten elementaren nichtlinearen Übertragungsglieder erforderlich.

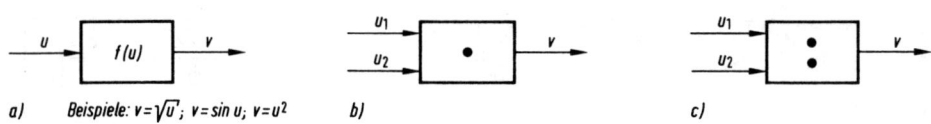

a)   *Beispiele:* $v = \sqrt{u}$; $v = \sin u$; $v = u^2$ b)   c)

Bild 2.9 Elementare nichtlineare Übertragungsglieder
a) Kennlinienglied (*KL*-Glied) $v(t) = f(u(t))$ c) Dividierglied $v(t) = \dfrac{u_1(t)}{u_2(t)}$
b) Multiplizierglied (*M*-Glied) $v(t) = u_1(t) \cdot u_2(t)$

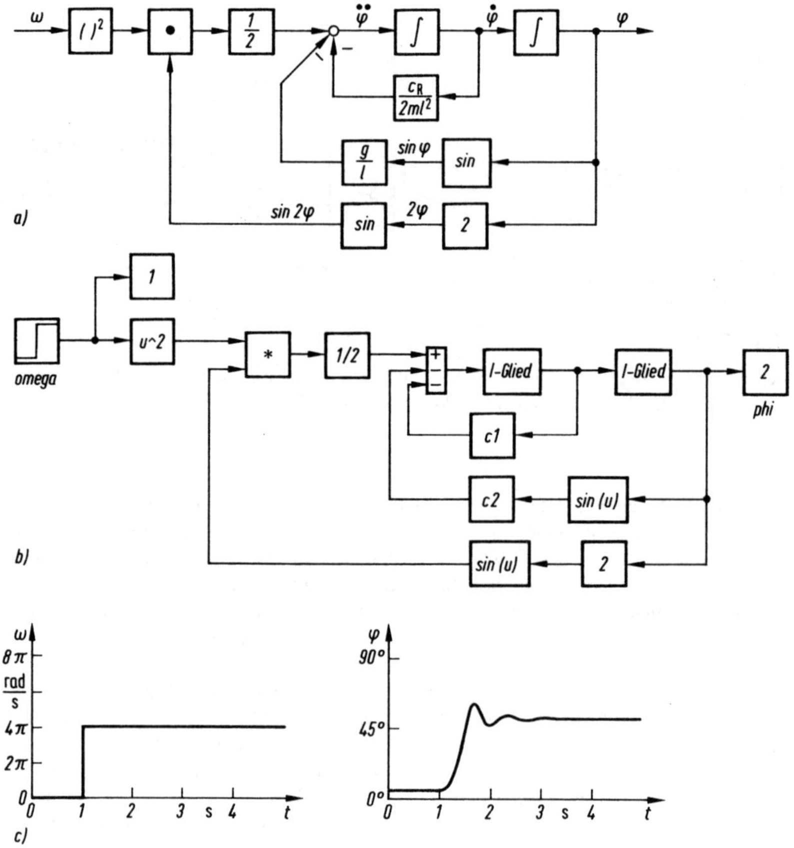

Bild 2.10 Fliehkraftpendel
a) Wirkungsplan
b) Graphisches Simulationsprogramm in MATLAB/SIMULINK
c) Simulationsergebnis

Beispiel: Digitale Simulation des Fliehkraftpendels von Bild 2.2

Ein mathematisches Modell des Übertragungsverhaltens zwischen der Drehzahl ω und der Pendelauslenkung φ ist die folgende nichtlineare Differentialgleichung zweiter Ordnung (Herleitung in Abschn. 2.3.1)

$$\ddot{\varphi} = \frac{\omega^2}{2} \sin 2\varphi - \frac{g}{l} \sin \varphi - \frac{c_R}{2ml^2} \dot{\varphi} .$$

Dabei ist l die Pendellänge, m die Pendelmasse, g die Erdbeschleunigung und c_R eine Reibungskonstante. Um das Modell als Wirkungsplan darzustellen (Bild 2.10a), zeichne man ein I-Glied mit der Ausgangsgröße φ, die zugleich Ausgangsgröße des mathematischen Modelles ist. Die Eingangsgröße des I-Gliedes ist $\dot{\varphi}$. Macht man die Eingangsgröße $\dot{\varphi}$ des I-Gliedes zur Ausgangsgröße eines weiteren I-Gliedes, dann ist dessen Eingangsgröße $\ddot{\varphi}$. Wie $\ddot{\varphi}$ zu berechnen ist, zeigt die gegebene Differentialgleichung: Die drei Summanden auf der rechten Seite sind im Wirkungsplan Bild 2.10a die drei Eingangsgrößen des Summiergliedes. Bild 2.10b ist der in ein grafisches Simulationsprogramm umgesetzte Wirkungsplan und Bild 2.10c zeigt ein Simulationsergebnis (Zahlenwerte: $l = 10$ cm, $m = 0{,}5$ kg, $c_R = 0{,}05$ Nms).

In den Blockkatalogen grafischer Simulationsprogramme sind neben den elementaren Blöcken auch fertig verschaltete Übertragungsglieder als Blöcke abrufbar, die lediglich mit den gewünschten Parameterwerten zu versehen sind. Werden umfangreiche grafische Programme zu unübersichtlich, dann können z. B. Teile davon zu neuen Blöcken zusammengefaßt werden.

2.3 Mathematische Modellbildung

Um einen Regelkreis berechnen oder mit einem Rechner simulieren und optimieren zu können, muß ein mathematisches Modell des Regelkreises gegeben sein. Es setzt sich aus dem mathematischen Modell der Regelstrecke und des Reglers zusammen (Bild 1.12). Mathematische Modelle sind häufig Differentialgleichungen. Einige Beispiele wurden im vorherigen Abschnitt behandelt. Die *Erstellung* eines mathematischen Modelles, die sog. mathematische Modellbildung, richtet sich in erster Linie auf das Übertragungsverhalten zwischen Stellgröße und Regelgröße und oft zusätzlich auf das Übertragungsverhalten zwischen Störgrößen und Regelgröße; sie betrifft also die Regelstrecke. Die mathematischen Modelle von Reglern sind dagegen meist bekannt, da Regler so gebaut werden, daß ihr Übertragungsverhalten vorgegebenen mathematischen Gesetzmäßigkeiten entspricht (vgl. Abschn. 4). Es gibt prinzipiell zwei Verfahren der mathematischen Modellbildung: Die theoretische und die experimentelle Modellbildung.

Ein Beispiel für die *theoretische Modellbildung* ist die Herleitung einer Differentialgleichung für ein RC-Netzwerk mittels der Kirchhoff'schen Gesetze (vgl. Abschn. 2.2). Bei der theoretischen Modellbildung verwendet man Formeln und Zusammenhänge, die entsprechenden Nachschlagewerken (Formelsammlungen, Fachbücher u. a.) zu entnehmen sind. Damit sind Berechnungen bereits vor der Herstellung geplanter Bauteile oder Geräte möglich. Abschn. 2.3.1 bringt einige Beispiele.

Die *experimentelle Modellbildung* setzt dagegen voraus, daß das Gerät oder zumindest ein Versuchsgerät vorhanden ist und für Messungen zur Verfügung steht. Gemessen wird häufig die Ausgangsgröße, wobei als Eingangsgröße spezielle Testsignale verwendet werden. Abschn. 2.3.2 erläutert das Verfahren anhand von Beispielen. In der Praxis werden die beiden Verfahren zur mathematischen Modellbildung häufig kombiniert, indem zunächst theoretisch ermittelte Modelle in anschließenden Phasen der Geräteentwicklung experimentell überprüft und gegebenenfalls verbessert werden.

2.3.1   Theoretische Modellbildung

Die theoretische Modellbildung geht im allgemeinen von einem Geräteschema aus, aus dem der physikalische Zusammenhang zwischen den interessierenden Ein- und Ausgangsgrößen deutlich wird. Die Kunst der Modellbildung liegt in der *vertretbaren* Vereinfachung. Zu weitgehende Vereinfachungen führen zu mathematischen Modellen, die mit dem realen Übertragungsverhalten eines Gerätes nur wenig zu tun haben, während eine allzu genaue Modellbildung zu komplizierten Gleichungen und damit zu unnötig aufwendigen Berechnungen führt. Die folgenden Beispiele zeigen das Vorgehen bei der theoretischen Modellbildung.

Beispiel: Theoretische Modellbildung eines Fliehkraftpendels

Das Fliehkraftpendel wurde bereits in Abschn. 2.1 (Bild 2.2) als Übertragungsglied eingeführt. Im Folgenden soll ein *lineares* mathematisches Modell für das Übertragungsverhalten zwischen ω und φ in einem kleinen Wertebereich in der Umgebung eines Arbeitspunktes (ω_0, φ_0) mit z. B. $\varphi_0 = 45°$ ermittelt werden. Bild 2.11 zeigt das Fliehkraftpendel mit den für die Modellbildung erforderlichen Größen.

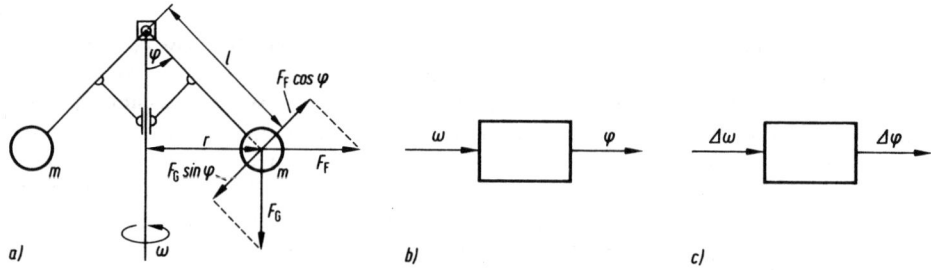

Bild 2.11   Fliehkraftpendel

a) Geräteschema   c) Auf den Arbeitspunkt bezogenes Übertragungsglied
b) Übertragungsglied

Um *auf theoretischem Wege* zu einem mathematischen Modell des gesuchten Übertragungsverhaltens zu kommen, kann man z. B. von einer *Momentenbilanz* bezüglich des Pendeldrehpunktes ausgehen:

$$J\ddot{\varphi}(t) = M_F(t) - M_G(t) - M_R(t)$$

mit $J = 2ml^2$ Trägheitsmoment,
           $M_F = lF_F \cos \varphi$ Moment infolge der Fliehkraft,
           $M_G = lF_G \sin \varphi$ Moment infolge der Pendelgewichte $F_G = 2mg$ und
           $M_R = c_R\dot{\varphi}$ Moment infolge Lagerreibung.

Für die Fliekraft gilt $F_F = 2m\omega^2 r$, wobei $r = l \sin \varphi$ den Abstand der Pendelmassen von der Dreh-achse darstellt. Einsetzen in die Momentenbilanz führt auf

$$2ml^2 \ddot{\varphi}(t) = l2m\omega^2 l \sin \varphi(t) \cos \varphi(t) - l2mg \sin \varphi(t) - c_R \dot{\varphi}(t)$$

oder

$$\ddot{\varphi}(t) = \frac{\omega^2}{2} \sin 2\varphi(t) - \frac{g}{l} \sin \varphi(t) - \frac{c_R}{2ml^2} \dot{\varphi}(t).$$

Diese Differentialgleichung kann zur Charakterisierung des Übertragungsverhaltens in den Block von Bild 2.11b hineingeschrieben werden. Stattdessen könnte auch der Wirkungsplan dieses mathematischen Modelles, den Bild 2.10a zeigt, als „innere Struktur" in den Block Bild 2.11b eingezeichnet werden. Das mathematische Modell erlaubt die Berechnung des Übertragungsver-haltens zwischen der Drehzahl ω und der Pendelauslenkung φ für die Wertebereiche $0 < \omega < \omega_{max}$ bzw. $0 < \varphi < \varphi_{max} \approx 90°$. Das mathematische Modell ist nichtlinear (wegen ω^2, $\sin \varphi$ und $\sin 2\varphi$).

Da gemäß Aufgabenstellung das Übertragungsverhalten nur in einer kleinen Umgebung des Arbeits-punktes (ω_0, φ_0) interessiert, sollen Drehzahl und Pendelauslenkung zunächst auf ihre Werte im Arbeitspunkt bezogen werden: $\Delta\omega = \omega - \omega_0$ bzw. $\Delta\varphi = \varphi - \varphi_0$ (das Argument t wird nun der Übersichtlichkeit halber weggelassen). Daraus folgt $\omega = \omega_0 + \Delta\omega$ bzw. $\varphi = \varphi_0 + \Delta\varphi$ und aus dem obigen nichtlinearen mathematischen Modell wird

$$\frac{d^2}{dt^2}(\varphi_0 + \Delta\varphi) = \frac{(\omega_0 + \Delta\omega)^2}{2} \sin 2(\varphi_0 + \Delta\varphi) - \frac{g}{l} \sin(\varphi_0 + \Delta\varphi) -$$

$$- \frac{c_R}{2ml^2} \frac{d}{dt}(\varphi_0 + \Delta\varphi),$$

ein nichtlineares Modell für den Block in Bild 2.11c.

Es werde zunächst angenommen, daß sich das Fliehkraftpendel im Arbeitspunkt $\omega = \omega_0$ (kon-stante Drehzahl) und $\varphi = \varphi_0$ (zugehörige konstante Pendelauslenkung) befinde. Dann sind alle Δ-Größen gleich Null ($\Delta\omega = 0$, $\Delta\varphi = 0$) und alle zeitlichen Ableitungen gleich Null ($\Delta\dot{\varphi} = 0$, $\Delta\ddot{\varphi} = 0$, $\dot{\varphi}_0 = 0$, $\ddot{\varphi}_0 = 0$). Damit folgt für den Zusammenhang zwischen Drehzahl und Pendelauslenkung im Arbeitspunkt

$$0 = \frac{\omega_0^2}{2} \sin 2\varphi_0 - \frac{g}{l} \sin \varphi_0 \quad \text{bzw.} \quad \omega_0 = \sqrt{\frac{2g \sin \varphi_0}{l \sin 2\varphi_0}} = \sqrt{\frac{g}{l \cos \varphi_0}}.$$

Dieser Ausdruck erlaubt es, zu jeder gewünschten konstanten Pendelauslenkung φ_0 die dazu erfor-derliche konstante Drehzahl ω_0 auszurechnen. Damit ist der Arbeitspunkt (ω_0, φ_0) ein Punkt auf der Kennlinie[1]

$$\omega_K = f(\varphi_K) = \sqrt{\frac{g}{l \cos \varphi_K}}.$$

Bild 2.12a zeigt die Kennlinie, den Arbeitspunkt mit $\varphi_0 = 45°$ und die bezogenen Größen $\Delta\omega$ und $\Delta\varphi$ für $l = 0,1$ m.

Nun wird angenommen, daß das Fliehkraftpendel nur geringfügig vom Arbeitspunkt abweichen kann, daß also $\Delta\omega = \omega - \omega_0$ und $\Delta\varphi = \varphi - \varphi_0$ „kleine" Größen sind. Dann läßt sich das bezo-gene nichtlineare mathematische Modell *linearisieren*. Nach Anwendung der Formel

---

[1] Zur *Kennlinie* siehe Abschn. 2.1 und Glossar.

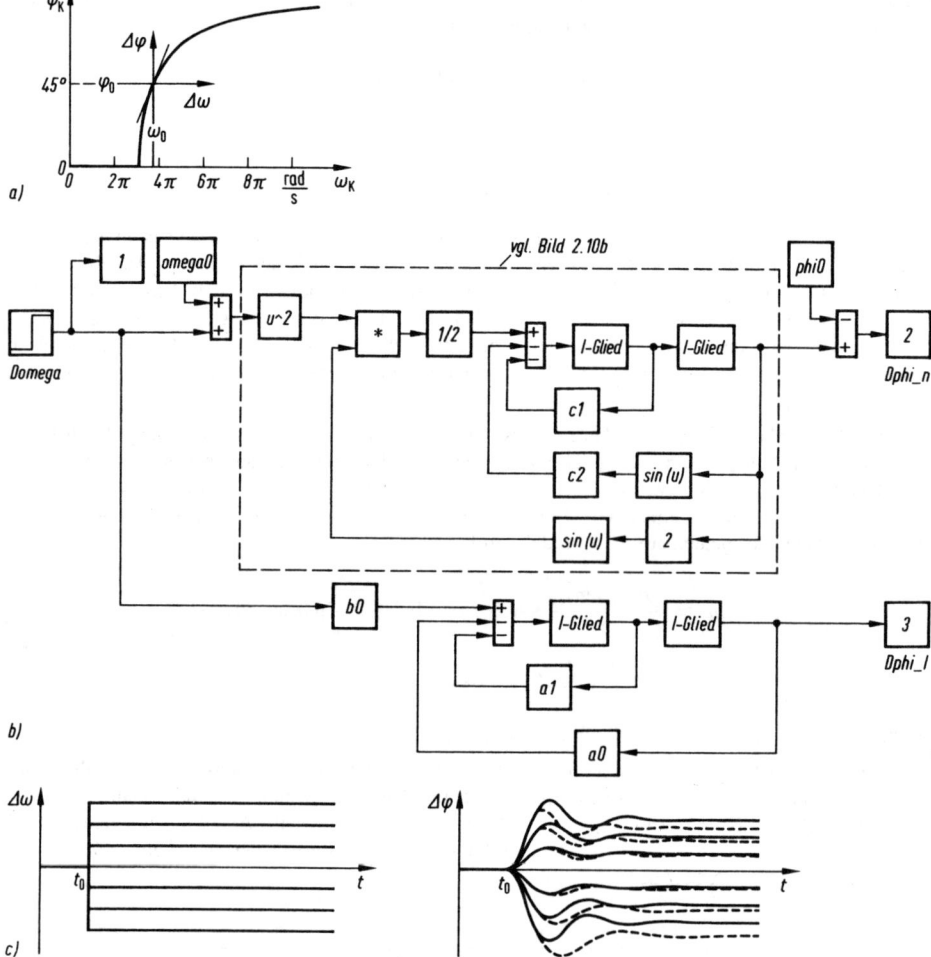

Bild 2.12   Fliehkraftpendel

a) Kennlinie und Arbeitspunkt
b) Graphisches Simulationsprogramm in MATLAB/SIMULINK
c) Simulationsergebnis

$\sin{(\alpha + \beta)} = \sin{\alpha} \cos{\beta} + \cos{\alpha} \sin{\beta}$[1]) und Ausmultiplizieren folgt

$$\Delta\ddot{\varphi} = \frac{1}{2} \; (\omega_0^2 + 2\omega_0 \, \Delta\omega + (\Delta\omega)^2) \; (\sin 2\varphi_0 \cos 2 \, \Delta\varphi + \cos 2\varphi_0 \sin 2 \, \Delta\varphi)$$

$$- \frac{g}{l} \; (\sin \varphi_0 \cos \Delta\varphi + \cos \varphi_0 \sin \Delta\varphi) - \frac{c_R}{2ml^2} \; \Delta\dot{\varphi} \, .$$

---

[1]) Additionstheorem trigonometrischer Funktionen.

Mit $\sin \Delta\varphi \approx \Delta\varphi$, $\cos \Delta\varphi \approx 1$, $\Delta\omega^2 \approx 0$ und $\Delta\omega \, \Delta\varphi \approx 0$ [1]) folgt

$$\Delta\ddot{\varphi} = \frac{1}{2}\,(\omega_0^2 + 2\omega_0\,\Delta\omega)\,(\sin 2\varphi_0 + \cos 2\varphi_0\, 2\,\Delta\varphi) -$$

$$- \frac{g}{l}\,(\sin \varphi_0 + \cos \varphi_0\, \Delta\varphi) - \frac{c_R}{2ml^2}\,\Delta\dot{\varphi}\,.$$

Multipliziert man weiter aus und berücksichtigt die oben angegebene Bedingung für den Arbeitspunkt $(\omega_0^2/2)\sin 2\varphi_0 - (g/l)\sin \varphi_0 = 0$, so folgt die *lineare* Differentialgleichung

$$\Delta\ddot{\varphi} + a_1\,\Delta\dot{\varphi} + a_0\,\Delta\varphi = b_0\,\Delta\omega$$

mit den konstanten Koeffizienten $a_0 = -\omega_0^2\cos 2\varphi_0 + (g/l)\cos \varphi_0$, $a_1 = c_R/(2ml^2)$ und $b_0 = \omega_0\sin 2\varphi_0$. Das ist das mathematisches Modell eines LZI-Gliedes (vgl. Abschn. 2.1).
Bild 2.12b zeigt ein grafisches Simulationsprogramm, mit dem die Pendelauslenkung sowohl mit dem nichtlinearen mathematischen Modell (in Bild 2.12b im gestrichelten Kasten mit den Konstanten $c_1 = c_R/(2ml^2)$ und $c_2 = g/l$) als auch mit dem linearisierten mathematischen Modell berechnet wird. Dabei wurde das grafische Programm von Bild 2.10a um den Wirkungsplan des linearisierten Modelles erweitert. Bild 2.12c zeigt sechs Sprungfunktionen $\Delta\omega\,(t)$ (aus dem Block mit der Nr. 1 in Bild 2.12b) und die zugehörigen Sprungantworten aus den Blöcken Nr. 2 und Nr. 3.[2]) Die durchgezogenen Sprungantworten erfüllen das Verstärkungsprinzip (vgl. Abschn. 2.1, Bild 2.3a), jedoch stellen sie nur eine Näherung dar für das eigentlich nichtlineare Übertragungsverhalten (gestrichelte Sprungantworten). Es ist gut zu erkennen, daß diese Abweichungen umso größer werden, je größer die Amplituden $\Delta\varphi = \varphi - \varphi_0$ sind, d. h. je größer die Abweichungen vom Arbeitspunkt φ_0 sind.

Die zunehmenden Abweichungen lassen sich auch verdeutlichen, indem man der Kennlinie des nichtlinearen mathematischen Modelles diejenige des linearen Modelles gegenüberstellt (Bild 2.12a). Für die *lineare* Kennlinie folgt aus der linearen Differentialgleichung mit $\Delta\dot{\varphi} = 0$ und $\Delta\ddot{\varphi} = 0$

$$\Delta\varphi_K = \frac{b_0}{a_0}\,\Delta\omega_K\,.$$

Der Vergleich von nichtlinearer und linearer Kennlinie (Bild 2.12a) und/oder Simulation (Bild 2.12c) erlaubt eine quantitative Entscheidung darüber, inwieweit bzgl. der Amplituden das lineare mathematische Modell als Grundlage weiterer Berechnungen vertretbar ist.

Das folgende Beispiel behandelt die mathematische Modellbildung bei einer Regelstrecke mit zwei Eingangsgrößen (Stellgröße y und Störgröße z) und einer Ausgangsgröße (Regelgröße x). Da gute Regelkreise größere Abweichungen der Regelgröße vom Sollwert (= Arbeitspunkt) nicht zulassen, können nichtlineare Streckenmodelle in der Regel linearisiert werden (vgl. Abschn 1.4).

Beispiel: Theoretische Modellbildung einer Füllstandstrecke (Bild 2.13)

Der Füllstand h soll möglichst genau auf einem konstanten Wert h_S gehalten werden, wobei das Abflußventil ständig geöffnet ist. Die Abflußventilöffnung schwankt in nicht vorhersehbarer Weise. Der Füllstand h ist die Regelgröße. Die Abflußöffnung, charakterisiert mit der freien Durchflußquerschnittsfläche A_{ab}, sei die Störgröße. Stellgröße sei die Pumpenspannung u_P (Bild 2.13b). Der Sollwert sei h_S.

---

[1]) Folgt formal aus der *Taylor-Reihe*, die nach dem linearen Glied abgebrochen wird.
[2]) Verwendete Zahlenwerte: $l = 0{,}1$ m, $m = 0{,}5$ kg, $c_R = 0{,}05$ Nms.

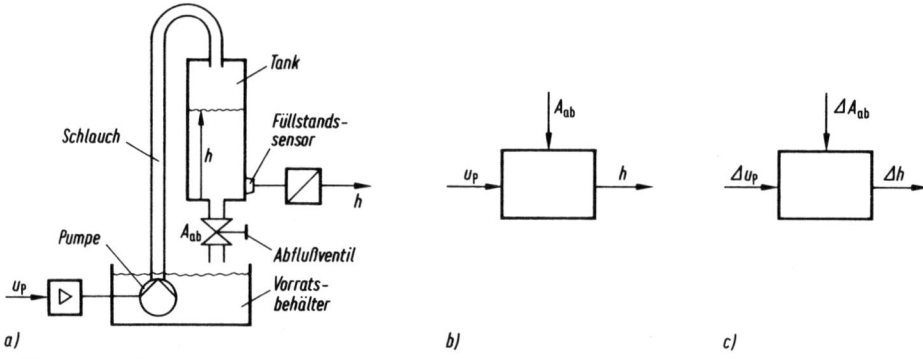

Bild 2.13   Füllstandstrecke

a) Technologieschema   c) Auf den Arbeitspunkt bezogenes Übertragungsglied
b) Übertragungsglied

Um zum mathematischen Füllstandstreckenmodell zu kommen, kann man von der Vorstellung ausgehen, daß der Füllstand h nur dann konstant sein kann, wenn genauso viel Flüssigkeit zu- wie abfließt. Wenn man also die beiden Flüssigkeitsströme als Massenströme $\dot{m}_{zu}$ bzw. $\dot{m}_{ab}$ auffaßt, dann folgt für die Änderung der Flüssigkeitsmasse m im Tank

$$\dot{m} = \dot{m}_{zu} - \dot{m}_{ab} \, .$$

Diese Gleichung stellt eine einsichtige *Massenstrombilanz* dar. Sie gestattet die Berechnung der Flüssigkeitsmasse m im Tank, wenn die zuströmende und die abströmende Flüssigkeitsmasse bekannt sind. Das gesuchte mathematische Modell soll jedoch gemäß Bild 2.13b den Füllstand h in Abhängigkeit von der Pumpenspannung u_P und der Abflußöffnung A_{ab} darstellen. Dazu ist nun die Bilanzgleichung so umzurechnen, daß in der resultierenden Gleichung als Variable nur h, u_M und A_{ab} auftreten.

Die Masse m im Tank läßt sich mittels Flüssigkeitsdichte ϱ, Flüssigkeitsvolumen im Tank V und der Tankquerschnittsfläche A_0 auf den Füllstand h zurückführen:

$$m = \varrho V = \varrho A_0 h \quad \text{bzw.} \quad \dot{m} = \varrho A_0 \dot{h} \, .$$

Den Flüssigkeitsstrom $\dot{m}_{ab}$ durch das Abflußventil kann man wie folgt auf h und A_{ab} zurückführen

$$\dot{m}_{ab} = \varrho q_{ab} = \varrho A_{ab} v_{ab} = \varrho A_{ab} \sqrt{2gh} \, ,$$

mit dem Volumenstrom $q_{ab} = A_{ab} v_{ab}$ und der Strömungsgeschwindigkeit am Abfluß $v_{ab} = \sqrt{2gh}$ (Bernoullisches Gesetz). Der Flüssigkeitszustrom $\dot{m}_{zu}$ hängt von der Pumpenspannung u_P ab. Dieser Zusammenhang kann z. B. grob mit einer (Pumpen-)Konstante c_P mathematisch modelliert werden („je größer die Pumpenspannung, desto größer der Flüssigkeitszustrom"):

$$\dot{m}_{zu} = c_P u_P \, .$$

Setzt man nun $\dot{m}_{zu}$, $\dot{m}_{ab}$ und $\dot{m}$ in die Massenbilanzgleichung ein und dividiert durch ϱA_0, dann folgt

$$\dot{h} = -c_1 A_{ab} \sqrt{h} + c_2 u_P$$

mit den Konstanten $c_1 = \sqrt{2g}/A_0$ und $c_2 = c_P/(\varrho A_0)$. Der Ausdruck $A_{ab} \sqrt{h}$ macht das mathematische Modell nichtlinear. Bild 2.14a stellt das mathematische Modell als Wirkungsplan dar, der als

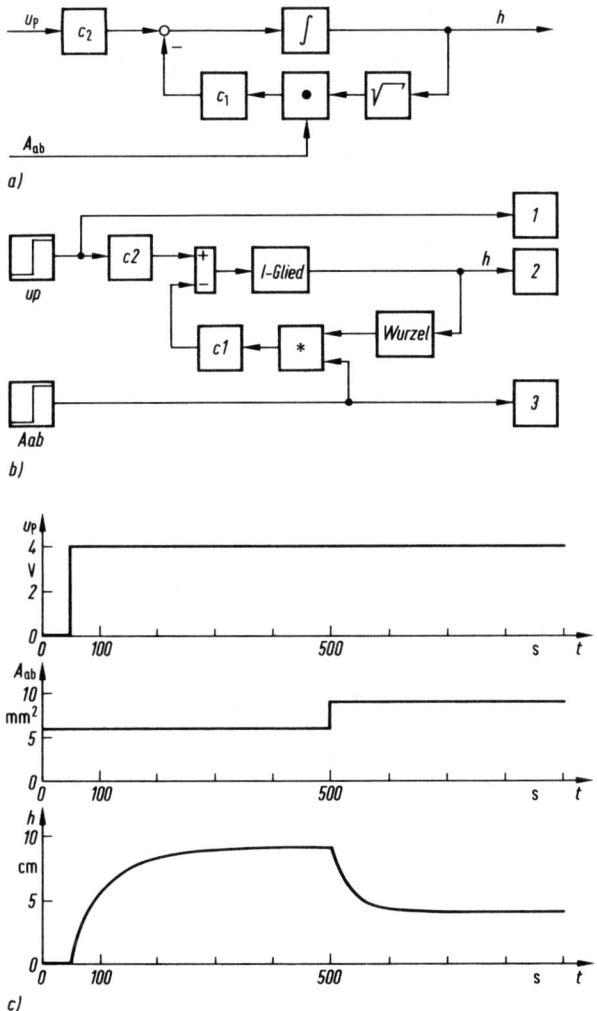

Bild 2.14 Zur Füllstandstrecke von Bild 2.13

a) Wirkungsplan
b) Grafisches Simulationsprogramm in MATLAB/SIMULINK
c) Simulationsergebnis

Vorlage für das grafische Simulationsprogramm von Bild 2.14b dient. Bild 2.14c zeigt ein Simulationsergebnis: Im zunächst leeren Tank ($h = 0$) steigt der Füllstand h solange an, bis Tankzufluß von der Pumpe gleich Tankabfluß durch das Abflußventil ist. Bei $t = 500$ s wird die Abflußöffnung von 6 mm^2 auf 9 mm^2 vergrößert. Daraufhin fällt der Füllstand auf ein tieferes Niveau ab.[1]

Bei einer (guten!) Regelung interessiert das Übertragungsverhalten nur in einer kleinen Umgebung des Sollwertes $h = h_S$ bzw. des Arbeitspunktes (h_S, u_{P0}, A_{ab0}). Dabei ist $A_{ab} = A_{ab0}$ ein (mittlerer)

---

[1] Verwendete Zahlenwerte: $A_0 = 30$ cm^2, $\varrho = 1$ g/cm^3, $c_P = 2$ g/(sV).

Wert der Abflußöffnung aus dem Störbereich Z_h (Z_h ist vorab zu ermitteln). Dann ist $u_P = u_{P0}$ diejenige Pumpenspannung, die bei gegebener Abflußöffnung $A_{ab} = A_{ab0}$ den Füllstand konstant auf dem Sollwert $h = h_S$ hält. Bezieht man die Größen auf ihre Werte im Arbeitspunkt $h = h_S + \Delta h$, $A_{ab} = A_{ab0} + \Delta A_{ab}$ und $u_P = u_{P0} + \Delta u_P$, dann ist

$$\frac{d}{dt}\,(h_S + \Delta h) = -c_1(A_{ab0} + \Delta A_{ab})\,\sqrt{h_S + \Delta h} + c_2(u_{P0} + \Delta u_P)$$

ein mathematisches Modell für den Block von Bild 2.13c. Im Arbeitspunkt sind $h = h_S$, $A_{ab} = A_{ab0}$, $u_P = u_{P0}$, $\Delta h = 0$, $\Delta A_{ab} = 0$, $\Delta u_P = 0$ und alle zeitlichen Ableitungen sind Null. Damit folgt für das Modell im Arbeitspunkt

$$\frac{d}{dt}\,h_S = 0 = -c_1 A_{ab0}\,\sqrt{h_S} + c_2 u_{P0} \quad \text{bzw.} \quad u_{P0} = \frac{c_1}{c_2}\,A_{ab0}\,\sqrt{h_S} = \frac{\varrho\,\sqrt{2g}}{c_P}\,A_{ab0}\,\sqrt{h_S}\,.$$

Bild 2.15 zeigt die Kennlinienschar in zwei- und dreidimensionaler Darstellung, den Arbeitspunkt mit $h_S = 10$ cm und die bezogenen Größen Δu_P und Δh.

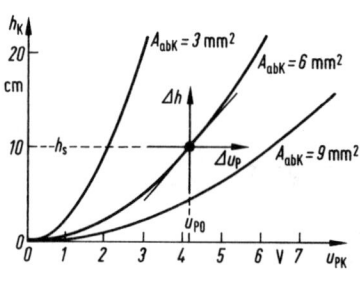

a)

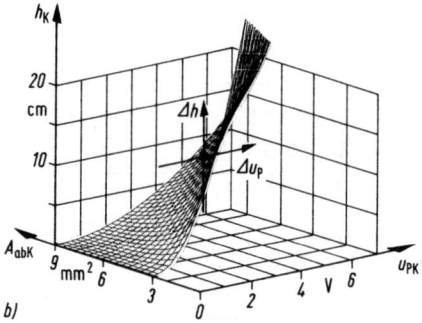

b)

Bild 2.15   Zur Füllstandstrecke von Bild 2.13
Kennlinienschar (a) und Darstellung als Kennfläche (b) mit Arbeitspunkt

Unter der Annahme, daß Δh, ΔA_{ab} und Δu_P „kleine" Größen sind, läßt sich das bezogene nichtlineare mathematische Modell *linearisieren*. Für den nichtlinearen Wurzelterm gilt näherungsweise für kleines Δh

$$\sqrt{h} = \sqrt{h_S + \Delta h} \approx \sqrt{h_S} + k\,\Delta h\,,$$

wobei

$$k = \frac{d}{dh}\,\sqrt{h}\,\bigg|_{h=h_S} = \frac{1}{2\,\sqrt{h_S}}$$

die Steigung der Tangente an die Funktion $\sqrt{h}$ im Arbeitspunkt $h = h_S$ ist[1]. Multipliziert man im mathematischen Modell aus, dann ergibt sich

$$\Delta \dot{h} = -c_1 A_{ab0}\,\sqrt{h_S} - c_1 A_{ab0}k\,\Delta h - c_1\,\Delta A_{ab}\,\sqrt{h_S} - c_1\,\Delta A_{ab}k\,\Delta h + c_2 u_{P0} + c_2\,\Delta u_P\,.$$

Berücksichtigt man schließlich die Bedingung für den Arbeitspunkt $-c_1 A_{ab0}\,\sqrt{h_S} + c_2 u_{P0} = 0$ und setzt $\Delta A_{ab}\,\Delta h = 0$, so folgt das LZI-Glied

$$\Delta \dot{h} + a_0\,\Delta h = b_{01}\,\Delta u_P + b_{02}\,\Delta A_{ab}$$

---

[1] Folgt formal aus der *Taylor-Reihe*, die nach dem linearen Glied abgebrochen wird.

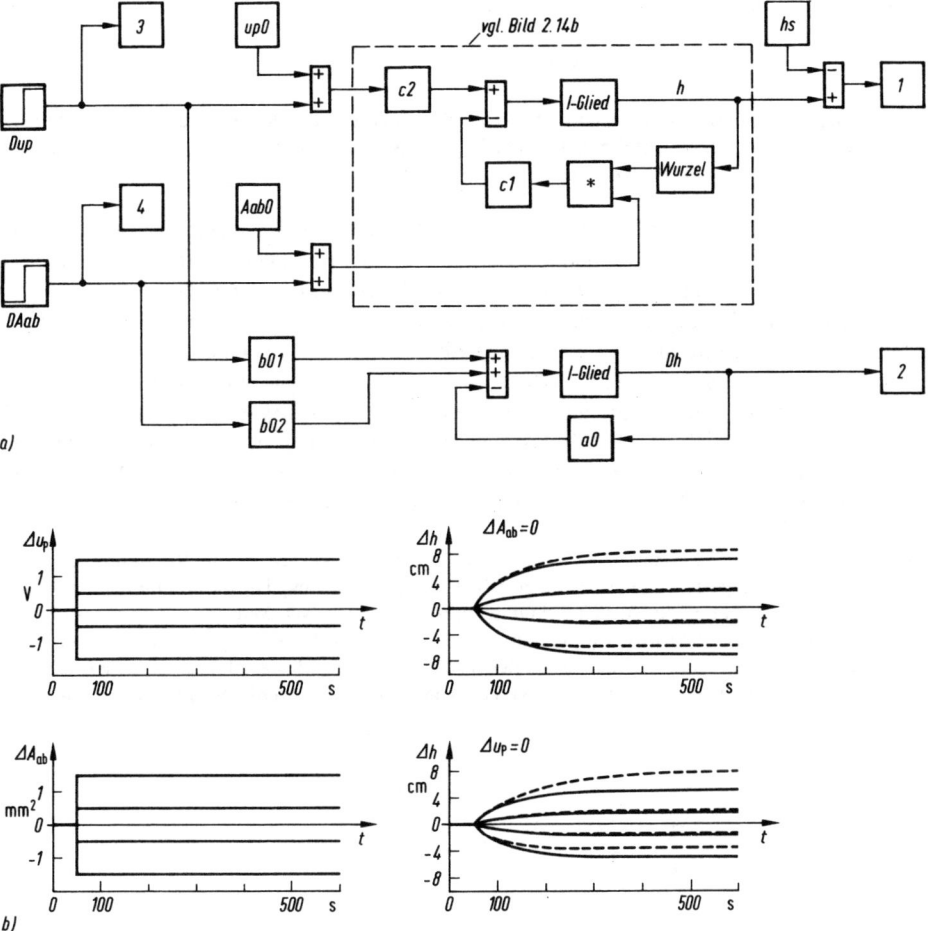

Bild 2.16   Zur Füllstandstrecke von Bild 2.13

a) Grafisches Simulationsprogramm in MATLAB/SIMULINK

b) Simulationsergebnisse

mit

$$a_0 = c_1 A_{ab0} k = \frac{A_{ab0}}{A_0} \sqrt{\frac{g}{2h_S}}, \; b_{01} = c_2 = \frac{c_P}{\varrho A_0} \; \text{und} \; b_{02} = -c_1 \sqrt{h_S} = -\frac{\sqrt{2gh_S}}{A_0} \, .$$

Bild 2.16a zeigt ein grafisches Simulationsprogramm, mit dem das linearisierte mathematische Modell mit dem nichtlinearen Modell verglichen wird. Im Unterschied zu Bild 2.12 (Beispiel Fliehkraftpendel) wird hier der Einfluß von *zwei* Eingangsgrößen auf die Ausgangsgröße simuliert. Auch hier zeigt sich die mit der Amplitude $\Delta h = h - h_S$ zunehmende Abweichung der Sprungantworten, die mit dem linearen Füllstandstreckenmodell berechnet wurden, von den (genaueren!) Sprungantworten des nichtlinearen Modelles. (Bild 2.16b)

Diese Tatsache läßt sich auch aus dem Vergleich der *geraden* Kennlinie des linearen Modelles mit der *gekrümmten* Kennlinie des nichtlinearen Modelles entnehmen (Bild 2.15a). Für die *lineare*

Kennlinie folgt aus der linearen Differentialgleichung mit $\Delta \dot{h} = 0$

$$\Delta h_K = \frac{b_{01}}{a_0} \Delta u_{PK} + \frac{b_{02}}{a_0} \Delta A_{abK} \,.$$

Im Arbeitspunkt stimmen lineare und nichtlineare Kennlinie überein. Rechts und links vom Arbeitspunkt nehmen die Fehler zu. Bei einem guten Regelungssystem werden die Abweichungen Δh und Δu_P i.a. klein sein (bei nicht allzu großen Störungen ΔA_{ab}).

In vielen Fällen wird die theoretische Modellbildung überschaubarer, wenn man zunächst die mathematischen Modelle von Teilübertragungsgliedern ermitteln und diese dann anschließend zum gesuchten Gesamtmodell verknüpfen kann. Das ist z. B. möglich, wenn ein Übertragungsglied aus *rückwirkungsfrei* verschalteten Teilübertragungsgliedern besteht. Zum Beispiel ist die technische Realisierung eines Regelungssystems zuverlässig, durchschaubar und wartungsfreundlich, wenn sie aus mehreren einfachen Baugruppen aufgebaut ist (modulare Bauweise), die *rückwirkungsfrei* verschaltet sind. Entsprechend setzt sich dann auch das mathematische Modell des Regelungssystems aus mehreren einfachen und einzeln überprüfbaren Teilmodellen zusammen. Das folgende Beispiel erläutert den Begriff der rückwirkungsfreien Verknüpfung.

Beispiel: Die Bilder 2.17a und 2.17b zeigen ein elektrisches RC- bzw. ein RL-Netzwerk und je eine Blockdarstellung des interessierenden Übertragungsverhaltens. Die Verknüpfung der beiden Netzwerke gemäß Bild 2.17c ist rückwirkungsfrei, wenn das RL-Netzwerk (näherungsweise) keinen Einfluß auf die Kondensatorspannung u_C hat. Die folgende Berechnung zeigt, daß das RL-Netzwerk umso weniger auf u_C „zurückwirkt", je größer das Verhältnis R_2/R_1 der ohmschen Widerstände ist. Das Übertragungsverhalten des RC-Netzwerkes von Bild 2.17a wurde bereits in Abschnitt 2.2

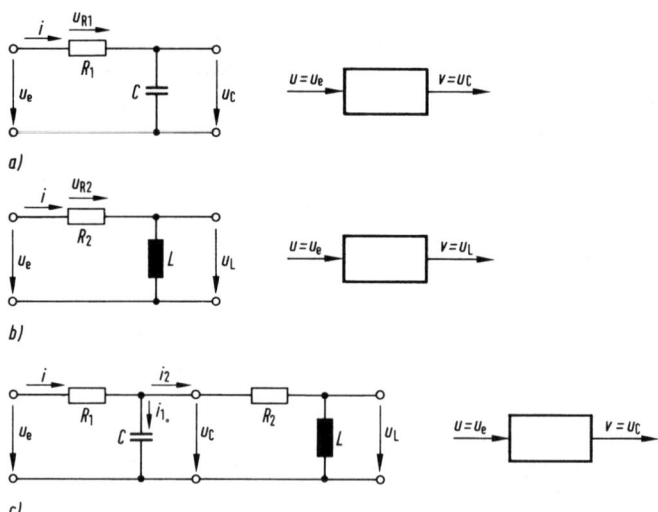

Bild 2.17 Modellbildung elektrischer Netzwerke

a) RC-Netzwerk

b) RL-Netzwerk

c) RC-RL-Netzwerk

(Erstes Beispiel) mit Hilfe der Kirchhoff'schen Gesetze wie folgt mathematisch modelliert zu

$$RC\dot{u}_C + u_C = u_e \,.$$

Bei dem RL-Netzwerk von Bild 2.17b ist die Maschengleichung

$$u_e = u_{R2} + u_L \,.$$

Aus dieser Gleichung muß die im Modell nicht interessierende Variable u_{R2} eliminiert werden. Das gelingt mit den Strom-Spannungsbeziehungen an den beiden Bauteilen des Netzwerkes: $u_{R2} = R_2 i$ am ohmschen Widerstand und $u_L = L \dfrac{d}{dt} i$ an der Spule. Aus der differenzierten Maschengleichung folgt dann das gesuchte mathematische Modell

$$\dot{u}_L + \frac{R_2}{L}\, u_L = \dot{u}_e \,.$$

Bei dem elektrischen Netzwerk Bild 2.17c interessiert das Übertragungsverhalten von der Eingangsspannung $u(t) = u_e(t)$ zur Kondensatorspannung $v(t) = u_C(t)$. Das Netzwerk besteht aus zwei Maschen und einem Knoten.

Maschengleichungen: $\quad u_e = u_{R1} + u_C \quad$ (1)

$$u_C = u_{R2} + u_L \quad (2)$$

Knotengleichung: $\quad i = i_1 + i_2 \quad$ (3)

Die vier Bauteilgleichungen sind: $\quad u_{R1} = R_1 i \quad$ (4)

$$u_{R2} = R_2 i_2 \quad (5)$$

$$u_C = \frac{1}{C} \int i_1\, dt \quad \text{bzw.} \quad i_1 = C\dot{u}_C \quad (6)$$

$$u_L = L\frac{d}{dt} i_2 \quad \text{bzw.} \quad i_2 = \frac{1}{L} \int u_L\, dt \,. \quad (7)$$

Da nur die beiden Größen u_e und u_C als Ein- bzw. Ausgangsgrößen interessieren, müssen alle anderen Größen eliminiert werden. Setzt man z. B. die Gleichungen (4) und (3) in Gl.(1) ein, so folgt

$$u_e = R_1(i_1 + i_2) + u_C \,.$$

Ersetzt man nun i_1 mittels Gl. (6), dann kann die Gleichung nach i_2 aufgelöst werden:

$$i_2 = \frac{1}{R_1}\, (u_e - R_1 C\dot{u}_C - u_C)\,. \quad (8)$$

Ersetzt man i_2 mit Gl.(7) und differenziert die gesamte Gleichung, dann folgt

$$\dot{u}_e = R_1 C\ddot{u}_C + \frac{R_1}{L}\, u_L + \dot{u}_C \,. \quad (9)$$

Für u_L ergibt sich aus den Gln.(2) und (5)

$$u_L = u_C - u_{R2} = u_C - R_2 i_2 \,. \quad (10)$$

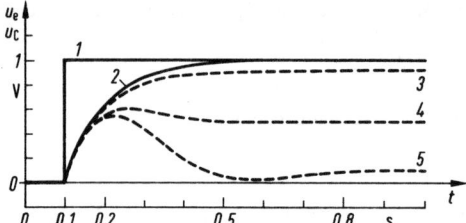

Bild 2.18   Simulation des RC-RL-Netzwerkes von Bild 2.17c

1: u_e
2: u_C bei RC-Glied mit $R_1 = 1\,\text{k}\Omega$, $C = 100\,\mu\text{F}$
3–5: u_C bei RC-RL-Glied mit $L = 100\,\text{H}$ und
(3) $R_2 = 10\,\text{k}\Omega$, *(4)* $R_2 = 1\,\text{k}\Omega$, *(5)* $R_2 = 0{,}1\,\text{k}\Omega$

Setzt man nun Gl.(8) in Gl.(10) und diese dann in Gl.(9) ein, so folgt das gesuchte mathematische Modell[1])

$$\frac{R_1}{R_2}\,CL\ddot{u}_C + \left(\frac{L}{R_2} + R_1 C\right)\dot{u} + \left(\frac{R_1}{R_2} + 1\right)u_C = u_e + \frac{L}{R_2}\,\dot{u}_e$$

für das Übertragungsverhalten zwischen $u(t) = u_e(t)$ und $v(t) = u_C(t)$. Falls nun $R_2 \gg R_1$ ist, kann die Rückwirkung des RL-Netzwerkes auf die Kondensatorspannung des RC-Netzwerkes näherungsweise vernachlässigt werden. Denn mit $R_1/R_2 \approx 0$ und $L/R_2 \approx 0$ wird aus dem komplizierten mathematischen Gesamtmodell das einfachere mathematische Modell des RC-Netzwerkes

$$R_1 C \dot{u}_C + u_C = u_e\,,$$

das damit bezüglich der Rückwirkung vom angeschlossenen RL-Netzwerk in Bild 2.17c entkoppelt ist. Zur Illustration zeigt Bild 2.18 eine digitale Simulation der Kondensatorspannung u_C als Antwort auf einen Sprung der Eingangsspannung u_e. Die gestrichelten Linien sind Verläufe von u_C, die sich mit wachsendem $R_2/R_1 \gg 1$ dem durchgezogen dargestellten Verlauf *(2)* annähern, der sich im Falle vollständiger Rückwirkungsfreiheit ergibt (d. h. ohne angeschlossenes RL-Netzwerk). Falls $R_2/R_1 \gg 1$ nicht gilt, kann eine rückwirkungsfreie Verknüpfung z. B. mit einem Trennverstärker erzwungen werden (Bild 2.19).

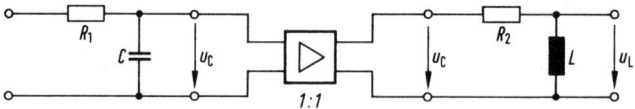

Bild 2.19   Rückwirkungsfreie Verknüpfung mittels Trennverstärker (vgl. Bild 2.17c)

---

[1]) Die Maschen-, Knoten- und Bauteilgleichungen lassen sich eleganter zusammenfassen, wenn man zu diesem Zweck d/dt als Operator auffaßt und damit die Differential- und Integralgleichungen auf gewöhnliche Gleichungen zurückführt. Dieses Verfahren wird in Anhang A.3 unter dem Stichwort *Anwendung der Laplace-Transformation bei der theoretischen Modellbildung* anhand eines Beispieles ausführlicher erläutert.

2.3.2 Experimentelle Modellbildung (Identifikation)

Das mathematische Modell des Übertragungsverhaltens zwischen Ein- und Ausgangsgrößen in einem Gerät oder einer Anlage kann auch experimentell ermittelt werden,
wenn Gerät oder Anlage, oder auch ein Versuchsgerät, für die erforderlichen Messungen zur Verfügung stehen. Im Gegensatz zur theoretischen Modellbildung (Abschnitt
2.3.1) kann die experimentelle Modellbildung als „Black-Box"-Methode angesehen
werden, bei der die physikalischen Gesetzmäßigkeiten von Gerät oder Anlage im einzelnen nicht geklärt zu werden brauchen. Man bezeichnet dieses Verfahren zur mathematischen Modellbildung auch als *Identifikation* (oder *Systemidentifikation*). Der vorliegende Abschnitt erläutert das Prinzip der Identifikation anhand einiger einfacher
Beispiele.

Das Gerät oder Anlage ist zunächst in den gewünschten Arbeitspunkt (z. B. Sollwert) zu
„fahren". Bild 2.20 zeigt das weitere Vorgehen: Man beaufschlagt nun z. B. die Eingangsgröße mit einem Testsignal und *mißt* den Verlauf der Ausgangsgröße (Testsignalantwort). Aus der Testsignalantwort wird eine *Kennfunktion* ermittelt, die das Übertragungsverhalten eindeutig charakterisiert. Diese vergleicht man mit den entsprechenden
Kennfunktionen, die für die gebräuchlichsten Übertragungsglieder in Tabellen zusammengestellt sind (z. B. Bild 2.63). Daraus erhält man einen ersten Ansatz für das gesuchte mathematische Modell und *berechnet* damit die Testsignalantwort bzw. Kennfunktion (untere Hälfte von Bild 2.20). Dann werden berechnete und gemessene
Kennfunktion genauer verglichen (z. B. auf einem Rechnerbildschirm) und das mathematische Modell solange verbessert (optimiert), bis die berechnete Kennfunktion gut, d.h
für den jeweiligen Anwendungsfall ausreichend, mit der gemessenen Kennfunktion übereinstimmt.

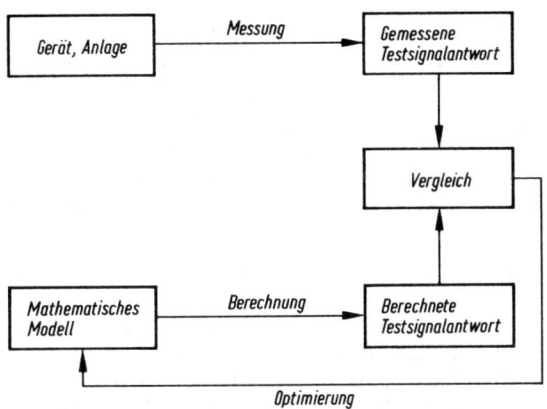

Bild 2.20 Prinzip der experimentellen Modellbildung (Identifikation)

Um lineare, zeitinvariante mathematische Modelle zu erhalten, werden als Testsignale
häufig die *Sprungfunktion* (Bild 2.21) und die *Sinusfunktion* (Bild 2.25) verwendet. Die
zugehörigen Kennfunktionen sind die *Übergangsfunktion* bzw. der *Frequenzgang* (vgl.
Abschn. 2.4.1 bzw. 2.5). Im Folgenden werden beide Verfahren an praktischen Beispielen erläutert.

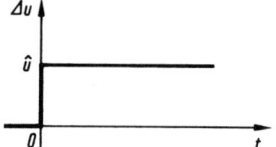

Bild 2.21   Testsignal Sprungfunktion

Experimentelle Modellbildung mittels gemessener Sprungantworten

Ausgehend von ihrem Wert u_0 im Arbeitspunkt wird die Eingangsgröße *sprunghaft* um einen Wert $\Delta u(t) = u(t) - u_0 = \hat{u}$ verändert (Bild 2.21). Gemessen wird die Sprungantwort $\Delta v(t) = v(t) - v_0$.

Beispiel: Messung von Sprungantworten bei einer Füllstandsstrecke

In Abschnitt 2.3.1 wird die Füllstandsstrecke auch als Beispiel für die theoretische Modellbildung behandelt (Bild 2.13). Das Ergebnis ist ein LZI-Glied, mit dem ein Füllstandsregelkreis berechnet und optimiert werden kann, der ständig für $h \approx h_S$ sorgt (h_S = Sollwert). Störgröße ist die Abflußöffnung A_{ab}, Stellgröße ist die Pumpenspannung u_P. Die Eingangs- und Ausgangsgrößen dieses LZI-Gliedes sind $\Delta u_P = u_P - u_{P0}$, $\Delta A_{ab} = A_{ab} - A_{ab0}$ und $\Delta h = h - h_S$, wobei mit den konstanten Werten u_{P0}, A_{ab0} und h_S der Arbeitspunkt festgelegt ist.

Um nun *auf experimentellem Wege* zum LZI-Glied zu gelangen, kann man z. B. einen PC mit entsprechender Schnittstellenelektronik an die Füllstandsstrecke koppeln (Bild 2.22). Zunächst muß die Füllstandsstrecke in den Arbeitspunkt gebracht werden. Stellt man dazu das Abflußventil auf eine

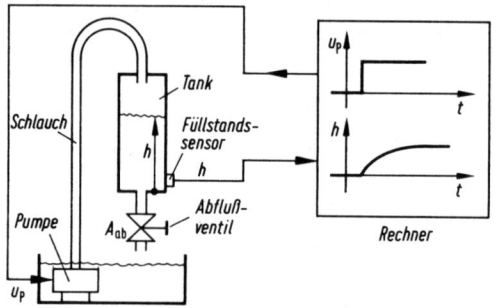

Bild 2.22
Versuchsanordnung zur experimentellen Modellbildung einer Füllstandsstrecke (vgl. Bild 2.13)

h Füllstand
u_P Pumpenspannung
A_{ab} Abflußventilöffnung

für den Arbeitspunkt vereinbarte mittlere Abflußöffnung A_{ab0}, dann kann der Füllstand h durch entsprechende Verstellung der Pumpenspannung u_P in den Sollwert h_S „gefahren" werden. Im Arbeitspunkt ist die Pumpenspannung $u_P = u_{P0}$. Anschließend wird die Pumpenspannung sprunghaft auf $u_P = u_{P0} + \Delta u_P$ verändert. Bild 2.23a zeigt dies für 7 verschiedene Δu_P-Werte mit den zugehörigen Sprungantworten Δh. Es ist sinnvoll, mehrere Sprungantworten für verschiedene positive und negative Δu_P-Werte aufzunehmen, um damit die *Kennlinie* zu bestimmen (Bild 2.23b), mittels derer z. B. ein Gültigkeitsbereich des gesuchten *linearen* mathematischen Modelles festgelegt werden kann.

Dividiert man eine Sprungantwort eines LZI-Gliedes durch die zugehörige Sprunghöhe $\hat{u}$ des Testsignales (Bild 2.21), so erhält man die *Übergangsfunktion* (vgl. Abschn. 2.4.1). Übergangsfunktionen einfacher LZI-Glieder liegen in tabellierter Form vor (z. B. Bild 2.63). Damit erhält man häufig einen ersten Modellansatz.

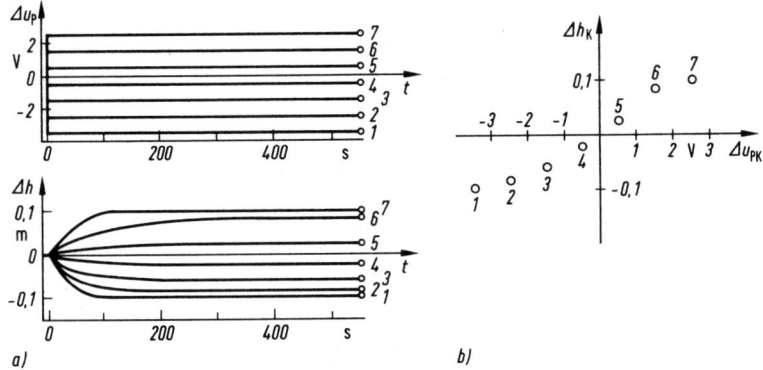

Bild 2.23 Zur Füllstandsstrecke von Bild 2.22

a) Gemessene Sprungantworten Δh infolge sprunghafter Veränderungen Δu_P der Pumpenspannung

b) Punkte der Kennlinie aus den Sprungantworten. Δh_K und Δu_{PK} sind die nach dem Einschwingvorgang konstanten Werte von Δh und Δu_P.

Beispiel: Modellansatz und Modelloptimierung für die Füllstandsstrecke

Bild 2.24 zeigt die aus den Meßdaten gewonnene Übergangsfunktion (aus Kurve Nr. 5 in Bild 2.23). Ein Vergleich mit den Übergangsfunktionen der Tabelle von Bild 2.63 führt auf ein P-T_1-Glied (wird ausführlich in Abschn. 2.8.2 behandelt) mit dem mathematischen Modell

$$T_1 \, \Delta \dot{h}(t) + \Delta h(t) = K_P \, \Delta u_P(t)$$

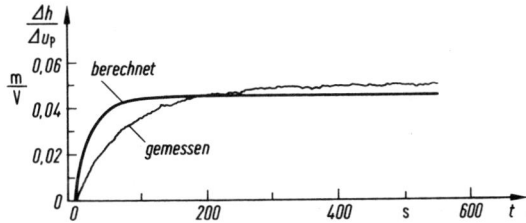

Bild 2.24 Zur Füllstandsstrecke von Bild 2.22:
Gemessene und eine berechnete Übergangsfunktion

Setzt man für die beiden Modellparameter probeweise $T_1 = 25$ s und $K_P = 0.045$ m/V ein, so ergibt die Berechnung der Übergangsfunktion den in Bild 2.24 gezeigten Verlauf. Es sind nun die Modellparameter T_1 und/oder K_P so zu verändern bzw. zu *optimieren*, daß die berechnete Übergangsfunktion mit der gemessenen Übergangsfunktion möglichst gut zur Deckung gebracht wird. Wie man im vorliegenden Fall bereits recht gute Werte für die beiden Parameter T_1 und K_P aus der gemessenen Übergangsfunktion herausmessen kann, wird in Abschn. 2.8.2 und 3.3.2 behandelt.

Experimentelle Modellbildung mittels gemessener Frequenzgänge

Ausgehend von ihrem Wert u_0 im Arbeitspunkt wird die Eingangsgröße hier *sinusförmig* verändert: $\Delta u(t) = u(t) - u_0 = \hat{u} \sin(\omega t)$ (Bild 2.25). Gemessen wird der Verlauf der Ausgangsgröße $\Delta v(t) = v(t) - v_0$ *im eingeschwungenen Zustand*, die sogenannte Sinus-

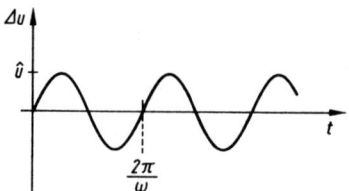

Bild 2.25 Testsignal Sinusfunktion

antwort. Wie in Abschn. 2.5 näher ausgeführt wird, gilt für die Sinusantwort eines LZI-Gliedes $\Delta v(t) = \hat{v} \sin(\omega t + \varphi)$, wobei die von der Kreisfrequenz ω abhängigen Werte $\hat{v}/\hat{u}$ und φ den Frequenzgang ergeben.

Beispiel: Experimentelle Modellbildung eines RC-Netzwerkes

Bild 2.26 zeigt das RC-Netzwerk, das interessierende Übertragungsglied und eine Versuchsanordnung zur Messung des Frequenzganges mittels Rechner (z. B. PC und Software, vgl. Anhang A.1).

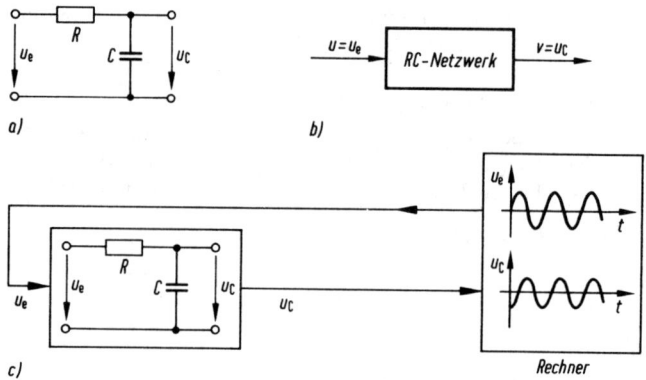

Bild 2.26 Experimentelle Modellbildung eines RC-Netzwerkes mittels Frequenzgang-messung

a) RC-Netzwerk   c) Versuchsanordnung zur Messung des Frequenzganges
b) Übertragungsglied

Im Arbeitspunkt sei der Kondensator entladen, also $u_{C0} = 0$ und damit auch $u_{e0} = 0$. Befindet sich das Netzwerk im Arbeitspunkt, dann wird am Rechner eine Sinusfunktion mit der Frequenz ω_1 ausgelöst (Bild 2.27a), deren Amplitude $\hat{u}_e$ höchstens so groß eingestellt werden darf, daß die Sinusfunktion nicht abgeschnitten oder verzerrt wird. Bild 2.27b zeigt die gemessene Kondensatorspannung $u_C(t)$. Bilder 2.27c und d zeigen Sinusfunktion und gemessene Kondensatorspannung für eine größere Frequenz ω_2. Man erkennt, daß sich die Kondensatorspannung *im eingeschwungenen Zustand* von der zugehörigen Sinusfunktion nur durch die Amplitude und eine zeitliche Verschiebung unterscheidet. Die zeitliche Verschiebung ΔT der Kondensatorspannung gegenüber der Eingangsspannung wird in Bild 2.27 durch Hilfslinien verdeutlicht. Die Frequenzen von Eingangs- und Kondensatorspannung sind jeweils gleich.

Aus den beiden Sinusantworten ergeben sich die hervorgehobenen Punkte im Bode-Diagramm[1]) von Bild 2.28. So zeigt die Sinusantwort Bild 2.27a für $\omega_1 = 15\,\text{rad/s}$ das Amplitudenverhältnis

---

[1]) Das Bode-Diagramm wird in Abschn. 2.5.2 behandelt.

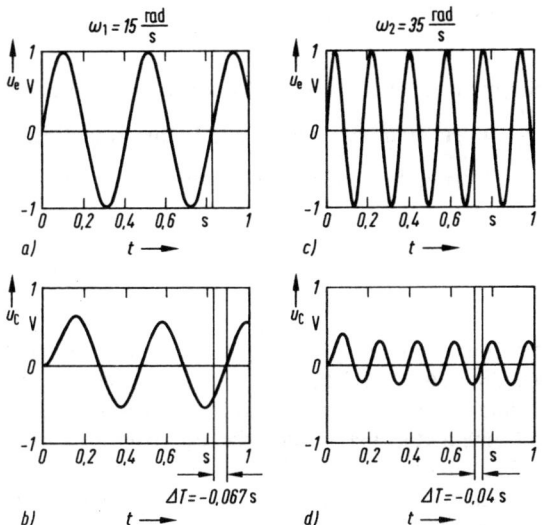

Bild 2.27 Gemessene Sinusantworten beim RC-Netzwerk von Bild 2.26 bei

$$\omega_1 = 15 \, \frac{\text{rad}}{\text{s}} \, (a \text{ und } b) \text{ und bei } \omega_2 = 35 \, \frac{\text{rad}}{\text{s}} \, (c \text{ und } d)$$

$\hat{u}_C/\hat{u}_e = 0,56$, das für das Betragsdiagramm in dB umzurechnen ist: $20 \log 0,56 = -11,6$ dB. Die Zeitverschiebung ist $\Delta T = -0,067$s, was für $\omega_1 = 15$ rad/s die Phasenverschiebung $\varphi = \omega_1 \Delta T = -58°$ ergibt.

Im Bode-Diagramm sind nun soviele Punkte aus Sinusantworten verschiedener Frequenzen zu bestimmen, bis Kurvenverläufe für Betrags- und Phasenkennlinie geschätzt werden können. Ein Vergleich mit berechneten Bode-Diagrammen (z. B. Tabelle von Bild 2.63 oder Abschn. 2.8, Bild 2.56) führt auf den Modellansatz

$$T_1 \dot{u}_C(t) + u_C(t) = K_P u_e(t) \,.$$

Setzt man für die beiden Modellparameter probeweise $T_1 = 0.1$s und $K_P = 1$ ein (diese Werte lassen sich mit den Angaben in Bild 2.56d schätzen), so ergibt die Berechnung der Frequenzkennlinien den in Bild 2.28 durchgezogenen Verlauf, also schon eine recht gute Übereinstimmung.

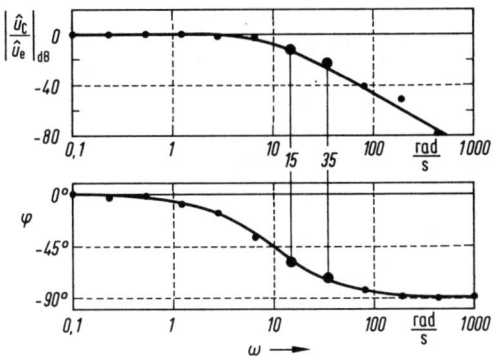

Bild 2.28 RC-Netzwerk von Bild 2.26: Gemessene Punkte des Frequenzganges (ω_1 und ω_2 von Bild 2.27 hervorgehoben) und berechneter Frequenzgang

2.3.3   Normierung von mathematischen Modellen

Aus einer Länge l (SI-Einheit: m) oder einer Zeit t (SI-Einheit: s) werden die *normierten Größen* $\bar{l} = \dfrac{l}{l^*}$ bzw. $\bar{t} = \dfrac{t}{t^*}$, indem man sie jeweils durch eine Konstante l^* bzw. t^* mit derselben Einheit dividiert. Normierte Größen haben somit die Einheit 1. Man bezeichnet sie auch als dimensionslos.

Beispiel: Länge $l = 2 \cdot 10^{-5}$ m. Wählt man als Bezugsgröße $l^* = 10^{-6}$ m ($= 1\,\mu$m), dann ergibt sich die dimensionlose Größe $\bar{l} = 0{,}2$.

Der Zahlenwert der konstanten Bezugsgröße wird häufig so gewählt, daß der Zahlenwert der normierten Größe betragsmäßig etwa zwischen 0,1 und 10 liegt (vgl. das Beispiel). Derartige Zahlenwerte sind schneller zu überschauen und einfacher zu schreiben. Auch numerische Berechnungen mit einem Rechner werden dadurch häufig genauer. Ein mathematisches Modell wird normiert, indem alle Größen normiert werden. Berechnungsergebnisse mit dem mathematischen Modell (z. B. die Berechnung einer Sprungantwort) dürfen sich durch die Normierung natürlich nicht verändern.

Beispiel: Normierung eines Füllstandsstreckenmodelles
Für die Füllstandsstrecke von Bild 2.13 wurde in Abschn. 2.3.1 das mathematische Modell

$$\Delta\dot{h}(t) + a_0\,\Delta h(t) = b_{01}\,\Delta u_{\mathrm{P}}(t) \pm b_{02}\,\Delta A_{\mathrm{ab}}(t)$$

aufgestellt. Die Größen $\Delta h(t) = h(t) - h_0$, $\Delta u_{\mathrm{P}}(t) = u_{\mathrm{P}}(t) - u_{\mathrm{P}0}$ und $\Delta A_{\mathrm{ab}}(t) = A_{\mathrm{ab}}(t) - A_{\mathrm{ab}0}$ bezeichnen kleine Abweichungen von Füllstand $h(t)$, Pumpenspannung $u_{\mathrm{P}}(t)$ und Abflußventilöffnung $A_{\mathrm{ab}}(t)$ von ihren Arbeitspunktwerten h_0, $u_{\mathrm{P}0}$ bzw. $A_{\mathrm{ab}0}$. Die SI-Einheiten von h, u_{P} und A_{ab} sind m, V bzw. m². Für den Arbeitspunkt $h_0 = 10$cm, $A_{\mathrm{ab}0} = 6$ mm² und $u_{\mathrm{P}0} = 4{,}2$ V ergaben sich in Abschn. 2.3.1 die Koeffizienten (in SI-Einheiten) $a_0 = 0{,}014$ s⁻¹, $b_{01} = 6{,}667 \cdot 10^{-4}$ m/Vs und $b_{02} = -466{,}9$ (ms)⁻¹. Die Beträge der Koeffizienten unterscheiden sich um bis zu fünf Zehnerpotenzen.

Die abhängigen Veränderlichen $\Delta h(t)$, $\Delta u_{\mathrm{P}}(t)$ und $\Delta A_{\mathrm{ab}}(t)$ werden mit den Bezugsgrößen h^*, u_{P}^* bzw. A_{ab}^* normiert, indem die Summanden der Differentialgleichung entsprechend erweitert werden:

$$h^* \frac{\Delta\dot{h}(t)}{h^*} + a_0 h^* \frac{\Delta h(t)}{h^*} = b_{01} u_{\mathrm{P}}^* \frac{\Delta u_{\mathrm{P}}(t)}{u_{\mathrm{P}}^*} + b_{02} A_{\mathrm{ab}}^* \frac{\Delta A_{\mathrm{ab}}(t)}{A_{\mathrm{ab}}^*} \ .$$

Die normierten Größen $\Delta\bar{h}(t) = \Delta h(t)/h^*$, $\Delta\bar{u}_{\mathrm{P}}(t) = \Delta u_{\mathrm{P}}(t)/u_{\mathrm{P}}^*$ und $\Delta\bar{A}_{\mathrm{ab}}(t) = \Delta A_{\mathrm{ab}}(t)/A_{\mathrm{ab}}^*$ haben die Einheit 1. Die Summanden der Differentialgleichung haben noch die Einheit m/s. Sie wird ebenfalls zu eins, wenn man die ganze Differentialgleichung durch eine Konstante c^* mit der Einheit m/s dividiert:

$$\frac{h^*}{c^*} \frac{\mathrm{d}}{\mathrm{d}t}\, \Delta\bar{h}(t) + a_0\, \frac{h^*}{c^*}\, \Delta\bar{h}(t) = b_{01}\, \frac{u_{\mathrm{P}}^*}{c^*}\, \Delta\bar{u}_{\mathrm{P}}(t) + b_{02}\, \frac{A_{\mathrm{ab}}^*}{c^*}\, \Delta\bar{A}_{\mathrm{ab}}(t) \ .$$

Außerdem kann die unabhängige Veränderliche, die Zeit t, normiert werden: $\bar{t} = t/t^*$. Die abhängigen Veränderlichen, z. B. die normierte Pumpenspannung $\Delta\bar{u}_{\mathrm{P}}(t)$, sind dann als Funktionen der *normierten* unabhängigen Veränderlichen $\bar{t}$ darzustellen: Wegen $\Delta\bar{u}_{\mathrm{P}}(t) = \Delta\bar{u}_{\mathrm{P}}(\bar{t}t^*)$ ergibt sich die neue Funktion $\Delta\tilde{u}_{\mathrm{P}}(\bar{t})$[1]. Entsprechendes gilt für $\Delta\tilde{h}(\bar{t}) = \Delta\bar{h}(t)$ und $\Delta\tilde{A}_{\mathrm{ab}}(\bar{t}) = \Delta\bar{A}_{\mathrm{ab}}(t)$. Für die

---

[1] Zum Beispiel: $\Delta\bar{u}_{\mathrm{P}}(t) = \sin\omega t = \sin(\omega t^*\bar{t}) = \Delta\tilde{u}_{\mathrm{P}}(\bar{t})$.

Ableitung nach der normierten Zeit $\bar{t}$ folgt mit der Kettenregel der Differentiation

$$\frac{\mathrm{d}}{\mathrm{d}\bar{t}}\, \Delta\tilde{h}(\bar{t}) = \frac{\mathrm{d}}{\mathrm{d}\bar{t}}\, \Delta\bar{h}(\bar{t}t^*) = t^*\, \frac{\mathrm{d}}{\mathrm{d}t}\, \Delta\bar{h}(t)\,.$$

Damit kann man für das normierte Streckenmodell schreiben

$$\frac{h^*}{c^*}\frac{1}{t^*}\frac{\mathrm{d}}{\mathrm{d}\bar{t}}\, \Delta\tilde{h}(\bar{t}) + a_0\, \frac{h^*}{c^*}\, \Delta\tilde{h}(\bar{t}) = b_{01}\, \frac{u_{\mathrm{P}}^*}{c^*}\, \Delta\tilde{u}_{\mathrm{P}}(\bar{t}) + b_{02}\, \frac{A_{\mathrm{ab}}^*}{c^*}\, \Delta\tilde{A}_{\mathrm{ab}}(\bar{t})\,.$$

Multipliziert man die Gleichung mit c^*t^*/h^*, dann hat die Differentialgleichung die Form, von der im vorliegenden Beispiel ausgegangen wurde (Koeffizient Eins beim ersten Term):

$$\frac{\mathrm{d}}{\mathrm{d}\bar{t}}\, \Delta\tilde{h}(\bar{t}) + \tilde{a}_0\, \Delta\tilde{h}(\bar{t}) = \tilde{b}_{01}\, \Delta\tilde{u}_{\mathrm{P}}(\bar{t}) + \tilde{b}_{02}\, \Delta\tilde{A}_{\mathrm{ab}}(\bar{t})\,,$$

wobei $\tilde{a}_0 = a_0 t^*$, $\tilde{b}_{01} = b_{01}\, \dfrac{u_{\mathrm{P}}^* t^*}{h^*}$ und $\tilde{b}_{02} = b_{02}\, \dfrac{A_{\mathrm{ab}}^* t^*}{h^*}$. Mit den Bezugswerten $h^* = 1$ cm, $u_{\mathrm{P}}^* = 1$ V, $A_{\mathrm{ab}}^* = 1$ mm^2 und $t^* = 1$ s ergeben sich für die dimensionslosen Koeffizienten die Werte $\tilde{a}_0 = 1,4\cdot 10^{-2}$, $\tilde{b}_{01} = 6,67\cdot 10^{-2}$ und $\tilde{b}_{02} = -4.67\cdot 10^{-2}$. Die drei Werte liegen in der gleichen Größenordnung, sind jedoch insgesamt unpraktisch klein. Skaliert man zusätzlich die Zeitachse mit $t^* = 60$ s (dieser Wert ist von der Größenordnung der Einschwingdauer der Füllstandsstrecke, vgl. Bild 2.14c) dann ergeben sich die Werte $\tilde{a}_0 = 0.84$, $\tilde{b}_{01} = 4$ und $\tilde{b}_{02} = -2,8$.

Um bei Berechnungen mit normierten mathematischen Modellen Schreibarbeit zu sparen, ist es üblich, für die normierten Größen die gleichen Bezeichnungen zu verwenden wie vor der Normierung. Dabei ist auf klare Festlegungen zu achten, um Mißverständnisse zu vermeiden.

Beispiel:

Das normierte Füllstandsstreckenmodell am Ende des vorherigen Beispiels ist übersichtlicher in der Form

$$\Delta\dot{h}(t) + a_0\, \Delta h(t) = b_{01}\, \Delta u_{\mathrm{P}}(t) + b_{02}\, \Delta A_{\mathrm{ab}}(t)\,.$$

wobei die Größen wie folgt festgelegt sind

t	ist $\bar{t} = t/1$ min			
$\Delta h(t)$	ist $\Delta\tilde{h}(\bar{t}) = \Delta h(t)/1$ cm		a_0	ist $\tilde{a}_0 = a_0 \cdot 60\,\text{s} = 0.84$
$\Delta u_{\mathrm{P}}(t)$	ist $\Delta\tilde{u}_{\mathrm{P}}(\bar{t}) = \Delta u_{\mathrm{P}}(t)/1$ V		b_{01}	ist $\tilde{b}_{01} = b_{01} \cdot 1\,\text{V} \cdot 60\,\text{s}/1\,\text{cm} = 4$
$\Delta A_{\mathrm{ab}}(t)$	ist $\Delta\tilde{A}_{\mathrm{ab}}(\bar{t}) = \Delta A_{\mathrm{ab}}(t)/1$ mm^2		b_{02}	ist $\tilde{b}_{02} = b_{02} \cdot 1\,\text{mm}^2 \cdot 60\,\text{s}/1\,\text{cm} = -2,8$

Bei der getroffenen Festlegung der Bezugsgrößen jeweils mit dem Zahlenwert 1 (1 cm, 1 V bzw. 1 mm^2) stimmen die Zahlenwerte von normierten und ursprünglichen Größen überein. Die *Entnormierung* besteht dann lediglich darin, den Zahlenwert mit der Einheit der Bezugsgröße zu verknüpfen.

Die Zeitnormierung $\bar{t} = t/t^*$ einer *abgeleiteten* Funktion $\dot{f}(t) = (\mathrm{d}/\mathrm{d}t)\, f(t)$ bedeutet — wie im obigen Beispiel erläutert wurde —, daß $(\mathrm{d}/\mathrm{d}t)\, f(t) = \dot{f}(t)$ zu ersetzen ist durch $(1/t^*)\,(\mathrm{d}/\mathrm{d}t)\, f(t) = (1/t^*)\,\dot{f}(t)$, wobei nach der Ersetzung t und $f(t)$ für die dimensionslosen Größen $\bar{t}$ bzw. $\bar{f}(\bar{t})$ stehen. Allgemein gilt bei der n-ten Ableitung (ohne Herleitung):

$$\text{Man ersetze} \quad \frac{\mathrm{d}^n}{\mathrm{d}t^n}\, f(t) \quad \text{durch} \quad \frac{1}{(t^*)^n}\, \frac{\mathrm{d}^n}{\mathrm{d}t^n}\, f(t)\,.$$

Beispiel: Normierung eines Fliehkraftpendelmodelles

Für das Fliehkraftpendel von Bild 2.11 wurde in Abschn. 2.3.1 das mathematische Modell

$$\Delta\ddot{\varphi}(t) + a_1\,\Delta\dot{\varphi}(t) + a_0\,\Delta\varphi(t) = b_0\,\Delta\omega(t)$$

aufgestellt, wobei $\Delta\omega = \omega - \omega_0$ und $\Delta\varphi = \varphi - \varphi_0$ kleine Abweichungen von Winkelgeschwindigkeit $\omega(t)$ bzw. Pendelausschlag $\varphi(t)$ von ihren Arbeitspunktwerten ω_0 bzw. φ_0 sind. Mit den in Abschn. 2.3.1 verwendeten Zahlenwerten $l = 10$ cm, $m = 0,5$ kg und $c_R = 0,05$ Nms für Pendellänge, Pendelmasse bzw. Lagerreibungskoeffizient sind im Arbeitspunkt $\varphi_0 = 45°$ und $\omega_0 = 11,78$ rad/s die Koeffizienten (in SI-Einheiten) $a_0 = 69,37$ s^{-2}, $a_1 = 5$ s^{-1} und $b_0 = 11,78$ s^{-1}. Wählt man geeignete Bezugswerte t^*, ω^* und φ^*, dann ergibt sich für das normierte Fliehkraftpendelmodell

$$\ddot{\varphi}(t) + a_1\dot{\varphi}(t) + a_0\varphi(t) = b_0\omega(t)$$

mit den Festlegungen

t	ist	t/t^*	a_1	ist	$a_1 t^*$
$\varphi(t)$	ist	$\Delta\varphi(t)/\varphi^*$	a_0	ist	$a_0(t^*)^2$
$\omega(t)$	ist	$\Delta\omega(t)/\omega^*$	b_0	ist	$b_0(\omega^*/\varphi^*)\,(t^*)^2$

Im Beispiel wurde auch der Δ-Zusatz weggelassen, was die Übersichtlichkeit der Gleichungen weiter erhöht.

2.4 Testsignalantworten und zugehörige Kennfunktionen

Eine Testsignalantwort ist der zeitliche Verlauf der Ausgangsgröße $v(t)$ eines Übertragungsgliedes, das mit einem speziellen Eingangssignal $u(t)$, einem sog. Testsignal angeregt wird. Bild 2.29 zeigt ein Beispiel.

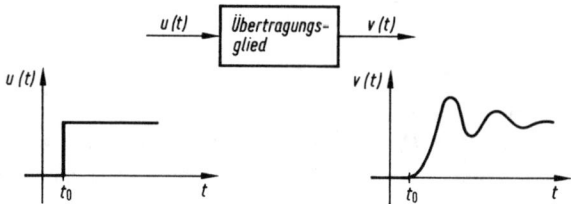

Bild 2.29   Testsignal $u(t)$ und Testsignalantwort $v(t)$

Testsignalantworten kennzeichnen das *Übergangsverhalten* von LZI-Gliedern, wobei sich das Gerät oder die Anlage zum Einschaltzeitpunkt des Testsignales im Arbeitspunkt befindet.[1]) Aus Testsignal und Testsignalantwort eines LZI-Gliedes lassen sich *Kennfunktionen* berechnen, die das LZI-Glied eindeutig charakterisieren. Sehr häufig wird die *Sprungfunktion* als Testsignal verwendet (Bild 2.29). Bild 2.30 zeigt sie zusammen mit weiteren Testsignalen.

---

[1]) Bei der Berechnung von Testsignalantworten sind die Anfangsbedingungen der Differentialgleichung auf Null zu setzen.

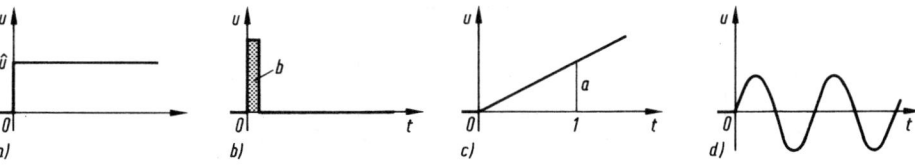

Bild 2.30 Wichtige Testsignale (Einschaltzeitpunkt $t = 0$)
a) Sprungfunktion (Abschn. 2.4.1)   c) Anstiegsfunktion (Abschn. 2.4.3)
b) Impulsfunktion (Abschn. 2.4.2)   d) Sinusfunktion (Abschn. 2.5)

Testsignalantworten bzw. die zugehörigen Kennfunktionen werden auch zur experimentellen Modellbildung verwendet: vgl. Abschnitt 2.3.2, wo gezeigt wird, wie Sprungfunktion (bzw. Sprungantwort und Übergangsfunktion) und Sinusfunktion (bzw. Sinusantwort) zur experimentellen Modellbildung eingesetzt werden. Im vorliegenden Abschnitt wird gezeigt, wie diese und weitere wichtige Testsignale, Testsignalantworten und zugehörige Kennfunktionen von LZI-Gliedern *berechnet* werden. Die Sinusantwort wird in Abschnitt 2.5 im Zusammenhang mit dem Frequenzgang gesondert behandelt.

2.4.1 Sprungantwort und Übergangsfunktion

Die *Sprungantwort* ist der zeitliche Verlauf der Ausgangsgröße $v(t)$ eines Übertragungsgliedes bei einer *Sprungfunktion* als Eingangsgröße $u(t)$. Eine Sprungfunktion mit der Sprunghöhe $\hat{u}$ ist (Bild 2.30a)

$$u(t) = \begin{cases} 0 & \text{für} \quad t < 0 \\ \hat{u} & \text{für} \quad t \geq 0 \end{cases}$$

Mit der *Einheitssprungfunktion* $\sigma(t) = \begin{cases} 0 & \text{für} \quad t < 0 \\ 1 & \text{für} \quad t \geq 0 \end{cases}$ kann man die Sprungfunktion einfacher schreiben: $u(t) = \hat{u}\sigma(t)$.

Beispiel: Sprungantwort eines RC-Netzwerkes

Das mathematische Modell eines zum Zeitpunkt $t = 0$ energiefreien RC-Netzwerkes ist

$$T_1 \dot{u}_C(t) + u_C(t) = u_e(t) \quad \text{mit} \quad u_C(0) = 0.$$

Bei sprungförmigem Eingangsspannungsverlauf $u_e(t) = \hat{u}_e \sigma(t)$ folgt daraus für den Verlauf der Kondensatorspannung

$$u_C(t) = \hat{u}_e(1 - e^{-t/T_1}).$$

Dieses Ergebnis läßt sich einfach überprüfen, indem man $u_C(t)$ und $\dot{u}_C(t) = (\hat{u}_e/T_1)\,e^{-t/T_1}$ in die Differentialgleichung einsetzt. Bild 2.31a zeigt Sprungfunktion $u_e(t)$ und Sprungantwort $u_C(t)$.

Um die Sprungantwort $u_C(t)$ als Lösung der gegebenen Differentialgleichung von Hand zu berechnen, ist es empfehlenswert, die Laplace-Transformation anzuwenden. Anhang A.3 erläutert die Anwendung der Laplace-Transformation, und Abschn. 2.8.2 behandelt die Berechnung der Sprungantwort für den gegebenen Differentialgleichungstyp. Die Berechnung der Sprungantwort des RC-Netzwerkes mittels CAE-Programm wurde in Abschn. 2.2 (Bilder 2.7 und 2.8) erklärt.

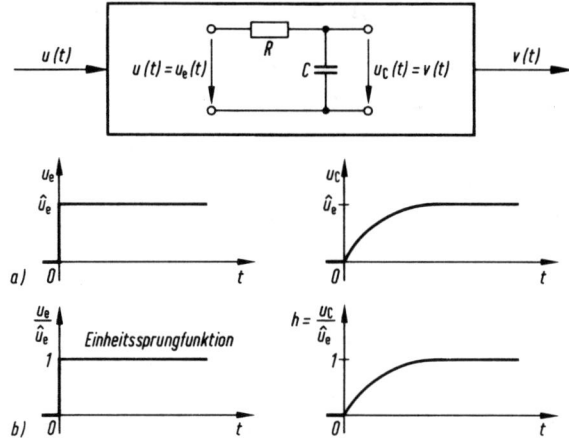

Bild 2.31 Sprungantwort (a) und Übergangsfunktion (b) eines RC-Netzwerkes

Ist bei einem LZI-Glied die Sprungantwort $v(t)$ für *eine* Sprunghöhe $\hat{u}$ gegeben, so lassen sich daraus für *beliebige* Sprunghöhen $c\hat{u}$ (c ist ein beliebiger Verstärkungsfaktor) die Sprungantworten mit $cv(t)$ berechnen (vgl. Verstärkungsprinzip Abschnitt 2.1). Als *Kennfunktion* zur *eindeutigen* Charakterisierung eines LZI-Gliedes wird daher die auf die

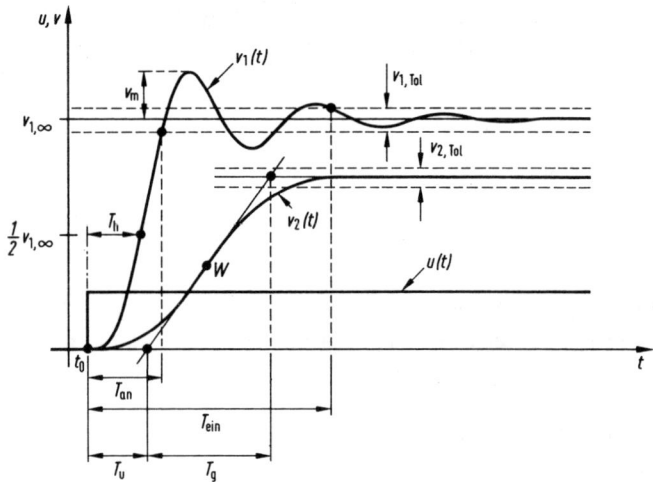

Bild 2.32 Kenngrößen einer schwingenden $(v_1(t))$ und einer nichtschwingenden $(v_2(t))$ Sprungantwort. Die Kenngrößen sind der Übersichtlichkeit halber zum Teil nur bei $v_1(t)$ bzw. $v_2(t)$ angegeben.

v_∞: Stationärer Zustand von $v(t)$ für $t \to \infty$
v_{Tol}: Einschwingtoleranz (z. B. $v_\infty \pm 5\%$)
v_{m}: Überschwingweite
T_{h}: Halbwertzeit W: Wendepunkt mit Wendetangente
T_{an}: Anschwinzeit T_{u}: Verzugszeit
T_{ein}: Einschwingzeit T_{g}: Ausgleichszeit

Sprunghöhe $\hat{u}$ bezogene Sprungantwort

$$h(t) = \frac{v(t)}{\hat{u}} .$$

verwendet. $h(t)$ heißt *Übergangsfunktion*. Ihre Einheit ist $[h] = [v]/[u]$.

Beispiel: Übergangsfunktion eines RC-Netzwerkes

Im vorhergehenden Beispiel wird die Sprungantwort angegeben mit $u_C(t) = \hat{u}_e(1 - e^{-t/T_1})$, wobei $\hat{u}_e$ die Sprunghöhe der Eingangsspannung ist. Die Übergangsfunktion ist (Bild 2.31 b)

$$h(t) = \frac{u_C(t)}{\hat{u}_e} = 1 - e^{-t/T_1} .$$

Die Übergangsfunktion ist somit nur von der Eigenschaften des RC-Netzwerkes abhängig (d. h. von $T_1 = RC$) und nicht von der Sprunghöhe der Eingangsspannung. Die Einheit der Übergangsfunktion ist $[h] = [u_C]/[u_e] = \text{V}/\text{V} = 1$.

Die Sprungantwort ist eine der am häufigsten verwendeten Testsignalantworten für die Modellbildung und Beurteilung von Übertragungsgliedern. An zwei typischen Sprungantworten (für alle $t \geq t_0$ gleiches Vorzeichen, für $t \to \infty$ fester Wert ungleich Null) zeigt Bild 2.32 einige Kenngrößen zur Beurteilung.

2.4.2 Impulsantwort und Gewichtsfunktion

Die *Impulsantwort* ist der zeitliche Verlauf der Ausgangsgröße $v(t)$ eines Übertragungsgliedes bei einer einmaligen stoßartigen Anregung durch die Eingangsgröße $u(t)$. Diese Stoßanregung kann als schmale rechteckförmige *Impulsfunktion* beschrieben werden (Bild 2.33a)

$$u(t) = \begin{cases} 0 & \text{für } t < 0 \\ \dfrac{b}{\Delta} & \text{für } 0 \leq t < \Delta \\ 0 & \text{für } t \geq \Delta \end{cases} .$$

Eine stoßartige Anregung eines Übertragungsgliedes muß kurz sein im Vergleich zur Anschwingzeit (vgl. Bild 2.32) des Übertragungsgliedes. Die Wirkung (Intensität) des Impulses hängt dann nicht von der Impulsform, sondern von der Impuls*fläche* ab. Diese ist bei Annahme einer rechteckigen Impulsform einfach zu berechnen mit $\Delta(b/\Delta) = b$ (Bild 2.33a). Die Einheit von b ist $[b] = [u] \cdot [t]$.

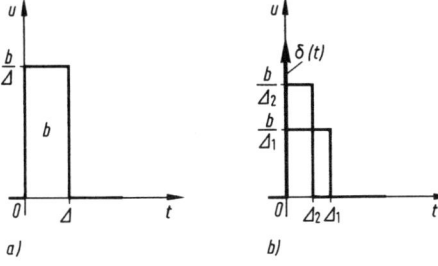

Bild 2.33 Impulsfunktion (a) und Dirac'sche Deltafunktion (b)

Die Impulsfunktion läßt sich einfacher schreiben als *Dirac'sche Deltafunktion* $\delta(t)$ (Bild 2.33b). Unter Ausnutzung der Tatsache, daß nicht die Impulsform, sondern die Impulsfläche für die Impulsantwort bedeutsam ist, kann man die Impulsdauer gegen Null gehen lassen, wobei die Impulsamplitude b/Δ gegen unendlich geht. Damit entsteht aus der *Einheitsimpulsfunktion* mit der Impulsfläche $b = 1$

$$u(t) = \begin{cases} 0 & \text{für } t < 0 \\ \dfrac{1}{\Delta} & \text{für } 0 \le t < \Delta \\ 0 & \text{für } t \ge \Delta \end{cases} \quad \text{die Dirac'sche Deltafunktion } \delta(t) \text{ (Bild 2.33b)}$$

mit der Einheit $[\delta] = 1/[t]$. Damit kann man die Impulsfunktion einfacher schreiben:

$$u(t) = b\delta(t).$$

Beispiel: Impulsantwort eines RC-Netzwerkes

Das mathematische Modell eines zum Zeitpunkt $t = 0$ energiefreien RC-Netzwerkes ist

$$T_1\dot{u}_C(t) + u_C(t) = u_e(t) \quad \text{mit} \quad T_1 = RC \quad \text{und} \quad u_C(0) = 0.$$

Der impulsförmige Eingangsspannungsverlauf sei $u_e(t) = b\delta(t)$. Die Annahme eines unendlich schmalen Impulses ist zulässig, wenn die Impulsdauer $\Delta \ll T_1$. Für die Impulsantwort der Kondensatorspannung folgt

$$u_C(t) = \frac{b}{T_1} e^{-t/T_1}.$$

Bild 2.34a zeigt Impulsfunktion $u_e(t)$ und Impulsantwort $u_C(t)$, die sich wie folgt mittels Laplace-Transformation von Hand berechnen läßt: Die Laplace-Transformierte der Deltafunktion ist $\mathscr{L}\{\delta(t)\} = 1$ (vgl. Funktionstabelle, Bild A 3.1, Nr. 1). Somit ist

$$u_e(s) = \mathscr{L}\{u_e(t)\} = b\mathscr{L}\{\delta(t)\} = b$$

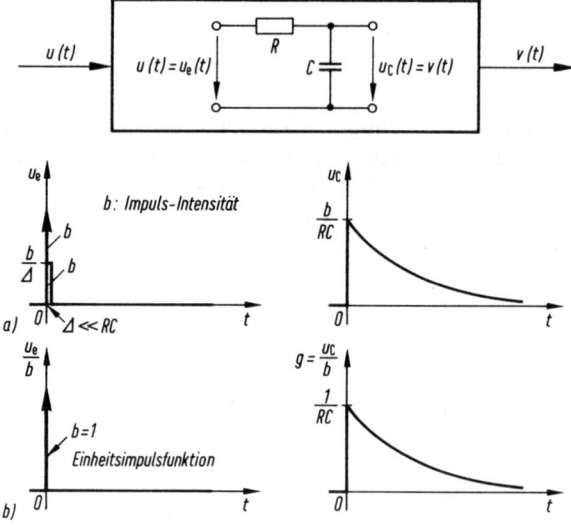

Bild 2.34 Impulsantwort (a) und Gewichtsfunktion (b) eines RC-Netzwerkes

Die gesuchte Impulsantwort ist im Bildbereich

$$u_C(s) = \frac{1}{T_1 s + 1} u_e(s) \quad \text{mit} \quad u_e(s) = b$$

und im Zeitbereich

$$u_C(t) = \mathscr{L}^{-1}\left\{\frac{1}{T_1 s + 1} b\right\} = \frac{b}{T_1} \mathscr{L}^{-1}\left\{\frac{1}{s + (1/T_1)}\right\}.$$

Mit Nr. 6 der Funktionstabelle von Bild A 3.1 folgt dann für die Impulsantwort

$$u_C(t) = \frac{b}{T_1} e^{-t/T_1}.$$

Ist bei einem LZI-Glied die Impulsantwort $v(t)$ für *eine* Impulsfläche b gegeben, so lassen sich daraus für *beliebige* Impulsflächen cb (c ist ein beliebiger Verstärkungsfaktor) die Impulsantworten mit $cv(t)$ berechnen (vgl. Verstärkungsprinzip Abschnitt 2.1). Als *Kennfunktion* zur *eindeutigen* Charakterisierung eines LZI-Gliedes wird daher die auf die Impulsfläche b bezogene Impulsantwort

$$g(t) = \frac{v(t)}{b}$$

verwendet. $g(t)$ heißt *Gewichtsfunktion*. Ihre Einheit ist $[g] = [v]/([u]\,[t])$.

Beispiel: Gewichtsfunktion eines RC-Netzwerkes

Im vorhergehenden Beispiel wird die Impulsantwort angegeben mit $u_C(t) = (b/T_1)\, e^{-t/T_1}$, wobei b die Impulsfläche bzw. Impulsintensität der Eingangsspannung ist. Die Gewichtsfunktion ist

$$g(t) = \frac{u_C(t)}{b} = \frac{1}{T_1} e^{-t/T_1}.$$

Sie ist somit nur von der Eigenschaften des RC-Netzwerkes abhängig (d. h. von $T_1 = RC$) und nicht von der Impulsintensität der Eingangsspannung (Bild 2.34b). Die Einheit der Gewichtsfunktion ist hier $[g] = [u_C]/[b] = \text{V}/(\text{Vs}) = \text{s}^{-1}$.

Die Impulsantwort wird vor allem zur Modellbildung eingesetzt. Zum Beispiel wird zur Modellierung des Übertragungsverhaltens zwischen Krafteinwirkung und Auslenkung bei elastischen Verbindungselementen die Impulsantwort gemessen, indem z. B. mit einem Hammer ein Kraftimpuls aufgebracht wird. Wie in Abschnitt 2.6.3 näher erläutert wird, kann die Übergangsfunktion berechnet werden, indem man die Gewichtsfunktion integriert. Umgekehrt kann man die Gewichtsfunktion berechnen, indem man die Übergangsfunktion differenziert.

2.4.3 Anstiegsantwort und bezogene Anstiegsantwort

Die *Anstiegsantwort* ist der zeitliche Verlauf der Ausgangsgröße $v(t)$ eines Übertragungsgliedes bei einer *Anstiegsfunktion* als Eingangsgröße $u(t)$. Eine Anstiegsfunktion mit der Steigung a ist (Bild 2.30c)

$$u(t) = \begin{cases} 0 & t < 0 \\ at & t \geq 0 \end{cases}$$

oder, mit der Einheitssprungfunktion $\sigma(t)$,

$$u(t) = at\sigma(t)\,.$$

Beispiel: Anstiegsantwort eines RC-Netzwerkes

Das mathematische Modell eines zum Zeitpunkt $t = 0$ energiefreien RC-Netzwerkes ist

$$T_1\dot{u}_C(t) + u_C(t) = u_e(t) \quad \text{mit} \quad u_C(0) = 0\,.$$

Die Anstiegsfunktion der Eingangsspannung sei $u_e(t) = at\sigma(t)$. Ihre Laplace-Transformierte ist

$$u_e(s) = \mathcal{L}\{u_e(t)\} = a\mathcal{L}\{t\sigma(t)\} = \frac{a}{s^2} \quad \text{(Funktionstab. Bild A.3.1, Nr. 3}^{1)}))$$

Die gesuchte Anstiegsantwort ist im Bildbereich

$$u_C(s) = \frac{1}{T_1 s + 1}\, u_e(s) \quad \text{mit} \quad u_e(s) = \frac{a}{s^2}\,.$$

und im Zeitbereich

$$u_C(t) = \mathcal{L}^{-1}\left\{\frac{1}{T_1 s + 1}\frac{a}{s^2}\right\} = \frac{a}{T_1}\,\mathcal{L}^{-1}\left\{\frac{1}{\left(s + \dfrac{1}{T_1}\right)s^2}\right\}\,.$$

Der Ausdruck in der geschweiften Klammer ist in der Funktionstabelle Bild A.3.1 nicht zu finden. Daher muß er in einfachere *Partialbrüche* zerlegt werden. Mit Hilfe der Tabelle Bild A.3.4 folgt

$$u_C(t) = \frac{a}{T_1}\,\mathcal{L}^{-1}\left\{\frac{T_1^2}{s + \dfrac{1}{T_1}} - \frac{T_1^2}{s} + \frac{T_1}{s^2}\right\}\,,$$

woraus gemäß Funktionstabelle Bild A.3.1, Nr. 6, Nr. 2 und Nr. 3 folgt (nach Kürzung von T_1)

$$u_C(t) = a(T_1 e^{-t/T_1} - T_1 + t) = a(t - T_1(1 - e^{-t/T_1}))\,.$$

Bild 2.35a zeigt Anstiegsfunktion und berechnete Anstiegsantwort.

Ist bei einem LZI-Glied die Anstiegsantwort $v(t)$ für *eine* Steigung a gegeben, so lassen sich daraus für *beliebige* Steigungen ca (c ist ein beliebiger Verstärkungsfaktor) die Anstiegsantworten mit $cv(t)$ berechnen (vgl. Verstärkungsprinzip Abschnitt 2.1). Als *Kennfunktion* zur *eindeutigen* Charakterisierung eines LZI-Gliedes wird daher die auf die Steigung a bezogene Anstiegsantwort

$$v_A(t) = \frac{v(t)}{a}$$

verwendet. $v_A(t)$ heißt *bezogene Anstiegsantwort*. Ihre Einheit ist $[v_A] = ([v]\,[t])/[u]$.

---

[1]) Man beachte, daß die Funktionen $f(t)$ in der linken Spalte der Funktionstabelle nur für $t \geq 0$ aufgeführt sind, was in Anhang A.3 näher erläutert wird. Für $t \geq 0$ ist $\sigma(t) = 1$ und somit $t\sigma(t) = t$. Die Einheitssprungfunktion $\sigma(t)$ wurde in Abschn. 2.4.1 definiert.

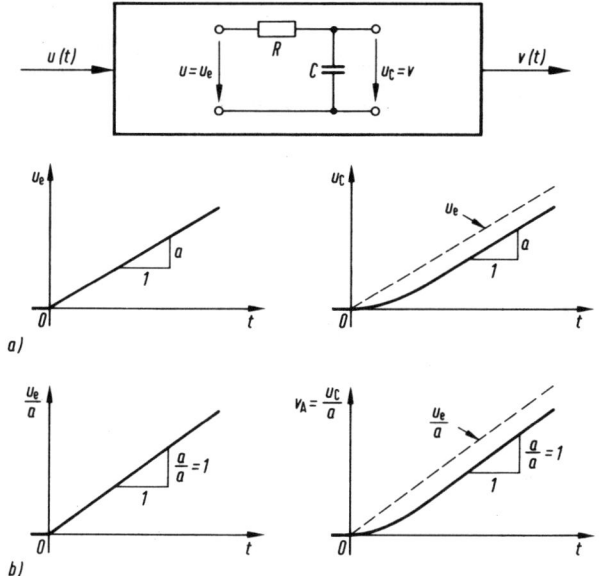

Bild 2.35   Anstiegsantwort (a) und bezogene Anstiegsantwort (b) eines RC-Netzwerkes

Beispiel: Bezogene Anstiegsantwort eines RC-Netzwerkes

Im vorhergehenden Beispiel wird die Anstiegsantwort berechnet zu $u_C(t) = a(t - T_1(1 - e^{-t/T_1}))$, wobei a die Steigung der Eingangsspannung ist. Die bezogene Anstiegsantwort ist

$$v_A(t) = \frac{u_C(t)}{a} = t - T_1(1 - e^{-t/T_1}).$$

Die bezogene Anstiegsantwort ist somit nur von der Eigenschaften des RC-Netzwerkes abhängig (d. h. von $T_1 = RC$) und nicht von der Steigung der Eingangsspannung (Bild 2.35b). Die Einheit der bezogenen Anstiegsantwort ist hier $[v_A] = [u_C]/[a] = V/(V/s) = s$.

Die Anstiegsantwort wird häufig zur Beurteilung von Folgeregelungen verwendet. In einem Laserbeschriftungsgerät sorgt zum Beispiel eine Folgeregelung dafür, daß die Umlenkspiegel möglichst exakt der vorgegebenen Kontur der zu schreibenden Buchstaben folgen. Die bezogene Anstiegsantwort charakterisiert wie die Übergangs- und die Gewichtsfunktion ein LZI-Glied, d. h. die drei Funktionen enthalten die gleiche „Information" über ein LZI-Glied. Die bezogene Anstiegsantwort kann mittels Integration der Übergangsfunktion berechnet werden.

2.5   Frequenzgang

Der Frequenzgang ist eine Kennfunktion von LZI-Gliedern, die nicht von der Zeit t, sondern von der Kreisfrequenz ω abhängt. Sie beschreibt den Zusammenhang zwischen der Sinusfunktion als Testsignal und der zugehörigen Testsignalantwort im *eingeschwungenen Zustand*, der sog. Sinusantwort, und zwar für alle Frequenzen $\omega \geq 0$. Sinusfunk-

tion und Messung der Sinusantwort wurden bereits in Abschnitt 2.3.2 im Zusammenhang mit der experimentellen Modellbildung durch Messung des Frequenzganges erklärt.
Im vorliegenden Abschnitt wird die Berechnung des Frequenzganges *bei gegebenem
mathematischen Modell* und die grafische Darstellung des Frequenzganges behandelt.

2.5.1   Berechnung des Frequenzganges

Ein LZI-Glied mit der Eingangsgröße

$$u(t) = \hat{u} \sin \omega t$$

hat nach einiger Zeit, *wenn Einschwingvorgänge abgeklungen sind*, die Ausgangsgröße
(Bild 2.36)

$$v(t) = \hat{v} \sin (\omega t + \varphi) \quad (\text{sog. } Sinusantwort).$$

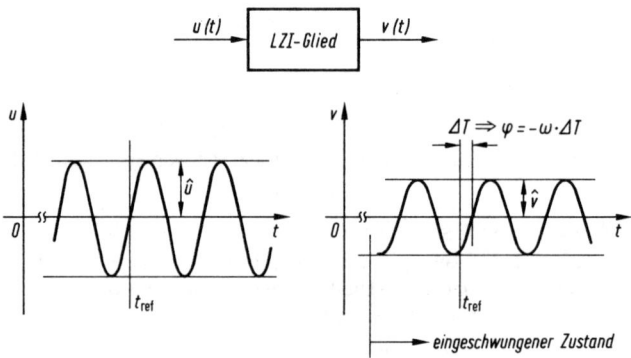

Bild 2.36   Sinusfunktion $u(t)$ und Sinusantwort $v(t)$

Die Amplitude $\hat{v}$ und die Phasenverschiebung φ der Ausgangsgröße hängen von den
Eigenschaften des LZI-Gliedes ab. $\hat{v}$ und φ ändern sich, wenn man sie für eine andere
Kreisfrequenz ω ermittelt, sie sind also frequenzabhängig. Der *Amplituden(frequenz)gang*
ist $\hat{v}/\hat{u}$ für alle $\omega \geq 0$ und der *Phasen(frequenz)gang* ist φ für alle $\omega \geq 0$.

Die Berechnung von Sinusantwort und Frequenzgang wird sehr übersichtlich, wenn man
die Sinusfunktionen mit Hilfe der Exponentialdarstellung komplexer Zahlen schreibt
(vgl. Anhang A.2). Die Eingangsgröße $u(t) = \hat{u} \sin \omega t$ wird damit zum Imaginärteil der
komplexen Eingangsfunktion[1])

$$\underline{u}(t) = \hat{u}\, e^{j\omega t}$$

denn, wie in Anhang A.2 erläutert, ist $e^{j\omega t} = \cos \omega t + j \sin \omega t$. Für die Ausgangsgröße
$v(t) = \hat{v} \sin (\omega t + \varphi)$ kann man entsprechend schreiben

$$\underline{v}(t) = \hat{v}\, e^{j(\omega t + \varphi)}.$$

---

[1]) Um die komplexe Darstellung der Eingangsfunktion von der reellen Eingangsfunktion $u(t)$ zu
unterscheiden, wird die komplexe Eingangsfunktion unterstrichen, also $\underline{u}(t)$. Entsprechendes gilt
für die Ausgangsgröße $v(t)$.

Der Quotient

$$\frac{\underline{v}(t)}{\underline{u}(t)} = \frac{\hat{v}\, e^{\mathrm{j}(\omega t + \varphi)}}{\hat{u}\, e^{\mathrm{j}\omega t}} = \frac{\hat{v}\, e^{\mathrm{j}\omega t}\, e^{\mathrm{j}\varphi}}{\hat{u}\, e^{\mathrm{j}\omega t}} = \frac{\hat{v}}{\hat{u}}\, e^{\mathrm{j}\varphi} = G(\mathrm{j}\omega)$$

ist eine komplexe Größe $G(\mathrm{j}\omega)$, die nicht von t, sondern von ω abhängig ist. Denn t kürzt sich mit dem Faktor $e^{\mathrm{j}\omega t}$ heraus. Der Betrag der komplexen Größe ist

$$|G(\mathrm{j}\omega)| = \frac{\hat{v}}{\hat{u}}\,, \quad \text{also der } \textit{Amplitudengang} \text{ und}$$

der Phasenwinkel der komplexen Größe ist[1])

$$\underline{/G(\mathrm{j}\omega)} = \varphi\,, \quad \text{also der } \textit{Phasengang}\,.$$

$G(\mathrm{j}\omega)$ heißt *komplexer Frequenzgang*.

Beispiel: Berechnung von Frequenzgang und Sinusantwort eines RC-Netzwerkes

Als mathematisches Modell eines RC-Netzwerkes sei $T_1 \dot{u}_C(t) + u_C(t) = u_e(t)$ gegeben. Bei einem sinusförmigen Eingangsspannungsverlauf $u_e(t) = \hat{u}_e \sin \omega t$ ist der Verlauf der Kondensatorspannung, nachdem Einschwingvorgänge abgeklungen sind, $u_C(t) = \hat{u}_C \sin(\omega t + \varphi)$. Man könnte nun $u_e(t)$, $u_C(t)$ und $\dot{u}_C(t) = \hat{u}_C \omega \cos(\omega t + \varphi)$ in das mathematische Modell des RC-Netzwerkes einsetzen, um $u_C(t)$ zu berechnen. Wesentlich übersichtlicher ist es jedoch, die komplexen Funktionen

$$\underline{u}(t) = \hat{u}_e\, e^{\mathrm{j}\omega t}\,, \qquad \underline{v}(t) = \hat{u}_C\, e^{\mathrm{j}(\omega t + \varphi)} \quad \text{und} \quad \underline{\dot{v}}(t) = \hat{u}_C\, \mathrm{j}\omega\, e^{\mathrm{j}(\omega t + \varphi)} = \mathrm{j}\omega \underline{v}(t)$$

einzusetzen:

$$T_1 \mathrm{j}\omega \underline{v}(t) + \underline{v}(t) = \underline{u}(t)\,.$$

Nun läßt sich $\underline{v}(t)$ ausklammern und der komplexe Frequenzgang bilden

$$G(\mathrm{j}\omega) = \frac{\underline{v}(t)}{\underline{u}(t)} = \frac{1}{T_1 \mathrm{j}\omega + 1}\,.$$

Wie man an dem Ausdruck auf der rechten Seite erkennen kann, hängt der Frequenzgang nur von ω und nicht von t ab. Für den Amplitudengang des RC-Netzwerkes folgt (vgl. Rechenregeln in Anhang A.2)

$$|G(\mathrm{j}\omega)| = \left| \frac{1}{T_1 \mathrm{j}\omega + 1} \right| = \frac{1}{\sqrt{\omega^2 T_1^2 + 1}}$$

und für den Phasengang folgt

$$\underline{/G(\mathrm{j}\omega)} = \underline{/\frac{1}{T_1 \mathrm{j}\omega + 1}} = \arctan(-\omega T_1)\,.$$

Damit lassen sich Amplitude $\hat{u}_C$ und Phasenwinkel φ der Sinusantwort $u_C(t) = \hat{u}_C \sin(\omega t + \varphi)$ berechnen gemäß

$$\hat{u}_C = |G(\mathrm{j}\omega)|\, \hat{u}_e = \frac{\hat{u}_e}{\sqrt{\omega^2 T_1^2 + 1}} \quad \text{und} \quad \varphi = \underline{/G(\mathrm{j}\omega)} = \arctan(-\omega T_1)\,.$$

---

[1]) Die Begriffe Betrag und Phasenwinkel einer komplexen Zahl werden in Anhang A.2 erklärt.

Ist ein LZI-Glied als lineare Differentialgleichung mit konstanten Koeffizienten gegeben (vgl. Abschn. 2.1)

$$a_n v^{(n)} + a_{n-1} v^{(n-1)} + \ldots + a_1 \dot{v} + a_0 v = b_0 u + \ldots + b_m u^{(m)},$$

dann kann – wie am vorhergehenden Beispiel gezeigt – der Frequenzgang sehr einfach nach der Regel „Man ersetze d/dt durch jω (vgl. Anhang A.2) berechnet werden. Damit wird aus der Differentialgleichung zunächst die algebraische Gleichung (mit $\underline{u} = \hat{u}\,e^{j\omega t}$ und $\underline{v} = \hat{v}\,e^{j(\omega t + \varphi)}$)

$$a_n (j\omega)^n\, \underline{v} + a_{n-1} (j\omega)^{n-1}\, \underline{v} + \ldots + a_1 j\omega \underline{v} + a_0 \underline{v} = b_0 \underline{u} + \ldots + b_m (j\omega)^m\, \underline{u},$$

und nach Ausklammern von $\underline{u}$ und $\underline{v}$ folgt

$$G(j\omega) = \frac{\underline{v}(t)}{\underline{u}(t)} = \frac{b_m (j\omega)^m + b_{m-1}(j\omega)^{m-1} + \ldots + b_1 j\omega + b_0}{a_n (j\omega)^n + a_{n-1}(j\omega)^{n-1} + \ldots + a_1 j\omega + a_0}.$$

Der Frequenzgang kann auf unterschiedliche Weise grafisch dargestellt werden.

2.5.2 Bode-Diagramm (Frequenzkennlinien) und Ortskurve

Der Frequenzgang wird häufig als Bode-Diagramm (oder Frequenzkennlinien) dargestellt (Bild 2.37a). Dabei wird der Amplitudengang in dB (Dezibel) angegeben, d. h. er wird logarithmiert (Logarithmus zur Basis 10) und mit 20 multipliziert:

$$|G(j\omega)|_{dB} = 20\,\log\,|G(j\omega)|\,.$$

$|G(j\omega)|_{dB}$ wird über log ω aufgetragen. Der Phasengang $\underline{/G(j\omega)}$ wird ebenfalls über log ω aufgetragen. Amplituden- und Phasengang heißen im Bode-Diagramm *Betragskennlinie* und *Phasenkennlinie*.

Durch die Logarithmierung ergeben sich erhebliche zeichnerische Vereinfachungen insbesondere der Betragskennlinie, aufgrund derer man mittels *Näherungsgeraden* in der Regel sehr schnell zu einer brauchbaren Skizze des Bode-Diagrammes kommt. Im Anhang A.5 wird das Verfahren ausführlich erläutert. Abschnitt 2.8 bringt zahlreiche Beispiele. Bei höheren Genauigkeitserfordernissen wird ein Rechner verwendet. Die Ermittlung von Bode-Diagrammen gehört zu den Standardfunktionen regelungstechnischer CAE-Programme.

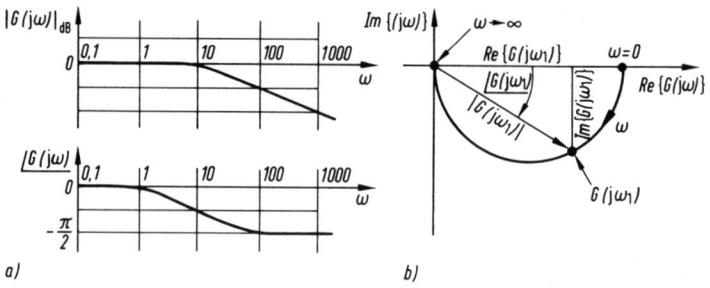

Bild 2.37 Bodediagramm (a) und Ortskurve (b) eines RC-Netzwerkes

Beispiel: Bode-Diagramm eines RC-Netzwerkes

Ausgehend von den Ergebnissen des vorherigen Beispiels folgt für Betrags- und Phasenkennlinie

$$|G(j\omega)|_{dB} = 20 \log \frac{1}{\sqrt{\omega^2 T_1^2 + 1}} \quad \text{bzw.} \quad \underline{/G_2} = \arctan{(-\omega T_1)}.$$

Bild 2.37a zeigt die über $\log \omega$ aufgetragenen Betrags- und Phasenkennlinien für $T_1 = 0,1$ s. Sie können mit dem im Anhang 5 behandelten Verfahren (durchgezogene Linie in Bild A.5.1c und Bild A.5.2a) einfach überprüft werden.

Eine weitere wichtige Eigenschaft von Bode-Diagrammen ist, daß sich das Bode-Diagramm einer Kettenschaltung von LZI-Gliedern durch *grafische* Addition der Betrags- und Phasenkennlinien der einzelnen Kettenglieder ermitteln läßt. Sei $G_K(j\omega)$ die Kettenschaltung von $G_1(j\omega)$ und $G_2(j\omega)$, dann gilt (Abschn. 2.6.2)

$$G_K = G_1 \cdot G_2 = |G_1| \, e^{j\underline{/G_1}} |G_2| \, e^{j\underline{/G_2}}.$$

Also ergibt sich für die Amplitudenkennlinie der Kettenschaltung $|G_K| = |G_1| \cdot |G_2|$, und für die Phasenkennlinie folgt

$$\underline{/G_K(j\omega)} = \underline{/G_1(j\omega)} + \underline{/G_2(j\omega)}.$$

Die Phasenkennlinie $\underline{/G_K(j\omega)}$ ist also die Summe der Phasenkennlinien $\underline{/G_1(j\omega)}$ und $\underline{/G_2(j\omega)}$. Die Amplitudenkennlinie von $G_K(j\omega)$ wird erst dann zur Summe der Amplitudenkennlinien von $G_1(j\omega)$ und $G_2(j\omega)$, wenn man sie logarithmiert, $\log |G_K| = \log |G_1| + \log |G_2|$, bzw. als Betragskennlinie

$$|G_K(j\omega)|_{dB} = |G_1(j\omega)|_{dB} + |G_2(j\omega)|_{dB}.$$

Bode-Diagramme werden z. B. bei der experimentellen Modellbildung verwendet, indem ein berechnetes Bode-Diagramm einem gemessenen Bode-Diagramm angepaßt wird (vgl. Abschnitt 2.3.2). Ferner spielen Bode-Diagramme eine wichtige Rolle beim Entwurf von Regelkreisen. Dabei geben sie Aufschluß über Stabilität und Güte einer Regelung und deren Verbesserungsmöglichkeiten (vgl. Abschn. 5.3.2 u. 5.3.3).

Bei der *Ortskurvendarstellung* wird der Frequenzgang $G(j\omega)$ in der komplexen Zahlenebene aufgetragen. Für einen bestimmten Wert der Kreisfrequenz ω ist $G(j\omega)$ ein Punkt in der komplexen $G(j\omega)$-Ebene (vgl. Anhang A.2). Läßt man ω von Null bis Unendlich laufen, so durchläuft der Punkt einen Kurvenzug in der komplexen $G(j\omega)$-Ebene, die *Ortskurve*. Die Punkte der Ortskurve lassen sich in Polarkoordinaten mit Betrag und Phasenwinkel

$$G(j\omega) = |G(j\omega)| \, e^{j\underline{/G(j\omega)}}$$

oder in kartesischen Koordinaten mit Real- und Imaginärteil angeben

$$G(j\omega) = \mathrm{Re}\,\{G(j\omega)\} + j\,\mathrm{Im}\,\{G(j\omega)\}.$$

Die Ermittlung von Ortskurven gehört zu den Standardfunktionen regelungstechnischer CAE-Programme. Grob abschätzen kann man den Verlauf der Ortskurven mit Hilfe der Frequenzkennlinien, die sich gemäß Anhang A.5 einfach skizzieren lassen.

Beispiel: Ortskurve eines RC-Netzwerkes

Bild 2.37b zeigt den Frequenzgang des RC-Netzwerkes als Ortskurve. In kartesischen Koordinaten ergibt sich für Real- und Imaginärteil der Ortskurvenpunkte aus

$$G(j\omega) = \frac{1}{T_1 j\omega + 1} = \frac{-T_1 j\omega + 1}{(T_1 j\omega + 1)\,(-T_1 j\omega + 1)} = \frac{1}{\omega^2 T_1^2 + 1} + j\,\frac{-\omega T_1}{\omega^2 T_1^2 + 1}$$

das Ergebnis $\quad \mathrm{Re}\,\{G(j\omega)\} = \dfrac{1}{\omega^2 T_1^2 + 1} \quad$ und $\quad \mathrm{Im}\,\{G(j\omega)\} = \dfrac{-\omega T_1}{\omega^2 T_1^2 + 1}\,.$

In Polarkoordinaten sind Betrag und Phasenwinkel der Ortskurvenpunkte

$$|G(j\omega)| = \sqrt{\mathrm{Re}\,\{G(j\omega)\}^2 + \mathrm{Im}\,\{G(j\omega)\}^2} = \frac{1}{\sqrt{\omega^2 T_1^2 + 1}}$$

und

$$\underline{/G(j\omega)} = \arctan \frac{\mathrm{Im}\,\{G(j\omega)\}}{\mathrm{Re}\,\{G(j\omega)\}} = \arctan\,(-\omega T_1)\,.$$

Die Ortskurve ist vor allem im Hinblick auf die Stabilität von Regelkreisen von Bedeutung (Abschn. 5.3.1). Abschnitt 2.8 bringt weitere Beispiele.

2.6   Übertragungsfunktion

Jedes LZI-Glied läßt sich mathematisch mit einer *Übertragungsfunktion* darstellen. Die Übertragungsfunktion ist der Quotient der Laplace-Transformierten von Ausgangsgröße $v(t)$ und Eingangsgröße $u(t)$:

$$G(s) = \frac{\mathscr{L}\{v(t)\}}{\mathscr{L}\{u(t)\}} = \frac{v(s)}{u(s)}\,.$$

In Anhang A.3 wird erläutert, wie man die Laplace-Transformation durchführt. Ist $u(s)$, die Laplace-Transformierte der Eingangsgröße, gegeben, dann erhält man die Laplace-Transformierte der Ausgangsgröße $v(s)$ einfach durch *Multiplikation* mit der Übertragungsfunktion (Bild 2.38)

$$v(s) = G(s) \cdot u(s)\,.$$

Dieser mathematische Ausdruck ist wesentlich übersichtlicher als die Differentialgleichung

$$a_n v^{(n)} + a_{n-1} v^{(n-1)} + \ldots + a_1 \dot{v} + a_0 v = b_0 u + \ldots + b_m u^{(m)}\,,$$

die in Abschn. 2.1 eingeführt wurde. Der folgende Abschnitt zeigt, wie man Übertragungsfunktion und Differentialgleichung eines LZI-Gliedes ineinander umrechnet.

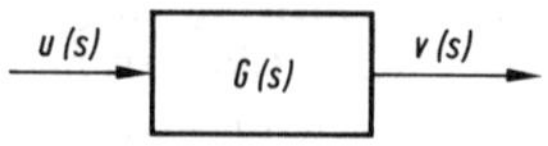

Bild 2.38   LZI-Glied

2.6.1   Übertragungsfunktion und Differentialgleichung

Ist die Differentialgleichung eines LZI-Gliedes gegeben, so erhält man die Übertragungsfunktion durch Anwendung der Regel (vgl. Anhang A.3)

„Man ersetze $\dfrac{d^n}{dt^n} f(t)$ durch $s^n f(s)$".

Beispiel: Berechnung der Übertragungsfunktion eines RC-Netzwerkes

Gegeben sei die Differentialgleichung eines RC-Netzwerkes

$$T_1 \dot{u}_C(t) + u_C(t) = u_e(t) \quad \text{mit} \quad T_1 = RC.$$

Gesucht ist die Übertragungsfunktion. Ersetzt man nun $u_C(t)$ durch $u_C(s), \dot{u}_C(t)$ durch $s u_C(s)$ und $u_e(t)$ durch $u_e(s)$, dann folgt

$$T_1 s u_C(s) + u_C(s) = u_e(s).$$

Nun kann man $u_C(s)$ ausklammern und die Übertragungsfunktion berechnen

$$G(s) = \frac{u_C(s)}{u_e(s)} = \frac{1}{T_1 s + 1}.$$

Ist die Übertragungsfunktion gegeben, dann erhält man die Differentialgleichung des LZI-Gliedes, indem man die oben genannte Regel umkehrt.

Beispiel: Berechnung der Differentialgleichung aus der Übertragungsfunktion

Gegeben sei die Übertragungsfunktion aus dem vorherigen Beispiel. Multiplikation der Gleichung mit $u_e(s) (T_1 s + 1)$ führt auf

$$u_C(s) (T_1 s + 1) = u_e(s)$$

und Ausmultiplizieren ergibt $T_1 s u_C(s) + u_C(s) = u_e(s)$.

Ersetzt man nun man $u_C(s)$ durch $u_C(t)$, $s u_C(s)$ durch $\dot{u}_C(t)$ und $u_e(s)$ durch $u_e(t)$, ergibt sich für die gesuchte Differentialgleichung

$$T_1 \dot{u}_C(t) + u_C(t) = u_e(t).$$

Mit der oben genannten Regel kann die Differentialgleichung

$$a_n v^{(n)} + a_{n-1} v^{(n-1)} + \ldots + a_1 \dot{v} + a_0 v = b_0 u + \ldots + b_m u^{(m)}$$

auch ohne Zwischenschritte in die Übertragungsfunktion

$$G(s) = \frac{v(s)}{u(s)} = \frac{b_m s^m + m_{m-1} s^{m-1} + \ldots + b_1 s + b_0}{a_n s^n + a_{n-1} s^{n-1} + \ldots + a_1 s + a_0}$$

umgerechnet werden. Im Zähler stehen die Koeffizienten der rechten Seite der Differentialgleichung und im Nenner die Koeffizienten der linken Seite.

Beispiel: Übertragungsfunktion eines RC-RL-Netzwerk (Bild 2.17c)

Als mathematisches Modell eines RC-RL-Netzwerkes wurde in Abschnitt 2.3.1 die Differentialgleichung

$$a_2 \ddot{u}_C + a_1 \dot{u}_C + a_0 u_C = u_e + b_1 \dot{u}_e$$

mit $a_2 = (R_1/R_2)\,CL$, $a_1 = (L/R_2) + R_1 C$, $a_0 = (R_1/R_2) + 1$ und $b_1 = L/R_2$ hergeleitet. Für die Übertragungsfunktion folgt

$$G(s) = \frac{u_C(s)}{u_e(s)} = \frac{b_1 s + 1}{a_2 s^2 + a_1 s + a_0} \, .$$

2.6.2 Verknüpfung von LZI-Gliedern

Zur Beurteilung von Regelungssystemen muß häufig ein mathematisches Modell für den Zusammenhang zwischen der Führungsgröße $w(t)$ und Regelgröße $x(t)$ berechnet werden, wobei die mathematischen Modelle für die Regelstrecke und den Regler gegeben sind. Handelt es sich bei Regelstreckenmodell und Reglermodell um LZI-Glieder, so wird diese Aufgabe am einfachsten gelöst, indem man die mathematischen Modelle von Strecke und Regler als Übertragungsfunktionen darstellt und diese dann entsprechend verknüpft.

Die Verknüpfungen von LZI-Gliedern werden mit Wirkungsplänen veranschaulicht. Bild 2.39 zeigt die drei Grundschaltungen zweier LZI-Glieder $G_1(s) = v_1(s)/u_1(s)$ und $G_2(s) = v_2(s)/u_2(s)$, deren Gesamtübertragungsfunktionen $G(s) = v(s)/u(s)$ (gestrichelte Blöcke) im Folgenden berechnet werden. Dabei wird das Argument s der Übersichtlichkeit halber weggelassen.

1. *Kettenschaltung* (Bild 2.39a): Die beiden Übertragungsglieder sind hintereinander geschaltet (man sagt auch: in Kette, in Serie oder in Reihe geschaltet), so daß das Ausgangssignal des ersten das Eingangssignal des zweiten bildet. Es gilt

$$v = v_2 = G_2 u_2, \qquad u_2 = v_1 = G_1 u_1 \quad \text{und} \quad u_1 = u \, .$$

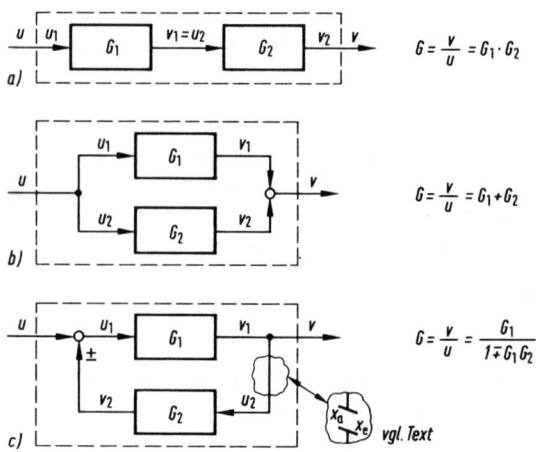

Bild 2.39 Grundschaltungen von LZI-Gliedern mit den zugehörigen Verknüpfungsregeln
a) Kettenschaltung
b) Parallelschaltung
c) Kreisschaltung

Somit ist $v = G_2 G_1 u$ und die Übertragungfunktion der Gesamtschaltung

$$G = \frac{v}{u} = G_1 G_2 \,.$$

Allgemein gilt für Kettenschaltung von p LZI-Gliedern: $G = G_1 G_2 G_3 \ldots G_p$, d. h. die Übertragungsfunktion einer Kettenschaltung stellt das Produkt der Einzelübertragungsfunktionen dar (Bild 2.39a).

2. *Parallelschaltung* (Bild 2.39b): Das Eingangssignal gelangt über eine Verzweigungsstelle auf die Eingänge der beiden parallelgeschalteten LZI-Glieder, so daß $u_1 = u_2 = u$ ist. Die beiden Ausgangssignale v_1 und v_2 werden an einer Additionsstelle addiert (bzw. subtrahiert), woraus folgt:

$$v = v_1 + v_2 = G_1 u_1 + G_2 u_2 = (G_1 + G_2)\, u \,.$$

Somit ist die Übertragungsfunktion der Gesamtschaltung

$$G = \frac{v}{u} = G_1 + G_2 \,.$$

Allgemein gilt für Parallelschaltung von p LZI-Gliedern: $G = G_1 + G_2 + G_3 \ldots + G_p$, d. h. die Übertragungsfunktion einer Parallelschaltung ist gleich der Summe (bzw. Differenz) der Einzelübertragungsfunktionen (Bild 2.39b).

3. *Kreisschaltung* (Bild 2.39c): Es gibt einen „Vorwärtsweg" von u über Additionsstelle und G_1 zu v und einen „Rückwärtsweg" von v über G_2 zur Additionsstelle. Es ist

$$v = v_1 = G_1 u_1 \,, \qquad u_1 = u \pm G_2 u_2 \,, \qquad u_2 = v \,.$$

Daraus folgt für die Übertragungsfunktion der Gesamtschaltung

$$G = \frac{v}{u} = \frac{G_1}{1 \mp G_1 G_2} \,.$$

Das Vorzeichen im Nenner entspricht dem umgekehrten Vorzeichen an der Additionsstelle. Ist das Vorzeichen an der Additionsstelle in Bild 2.39c negativ, dann spricht man von einer *Gegenkopplung*, im umgekehrten Fall von einer *Mitkopplung*. Man kann sich die Bildung der Gesamtübertragungsfunktion der Kreisschaltung so merken: „Die Übertragungsfunktion des Vorwärtsweges von u zu v (hier: G_1) dividiert durch Eins plus bzw. minus die *Übertragungsfunktion des offenen Kreises* G_O", wobei G_O wie folgt definiert wird: Man denkt sich den Kreis an einer (beliebigen) Stelle aufgeschnitten (vgl. Bild 2.39c) und bildet dann die Übertragungsfunktion von der Eingangsgröße x_e in der Wirkungsrichtung bis zur Ausgangsgröße x_a. Im vorliegenden Fall ergibt das $x_a / x_e = \pm G_1 G_2$, wobei $G_1 G_2 = G_O$ als Übertragungsfunktion des aufgeschnittenen oder offenen Kreises definiert wird.

Beispiel:

Bei der Kreisschaltung Bild 2.40 soll die Übertragungsfunktion von der Eingangsgröße u zur Ausgangsgröße v berechnet werden. Die Übertragungsfunktion des Vorwärtsweges von u zu v ist $G_2 G_1$.

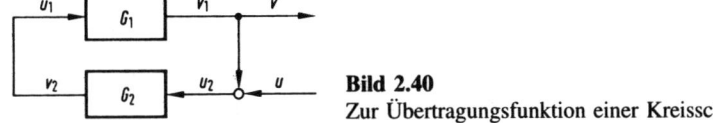

Bild 2.40
Zur Übertragungsfunktion einer Kreisschaltung

Die Übertragungsfunktion des offenen Kreises ist, wenn man den Kreis z. B. vor dem Block G_1 aufschneidet, $G_O = G_1 G_2$. Also ist die gesuchte Übertragungsfunktion des geschlossenen Kreises

$$G = \frac{v}{u} = \frac{G_1 G_2}{1 - G_O}$$

Häufig treten in Wirkungsplänen mehrere Kreisschaltungen auf, die ineinandergreifen. Wie die folgenden Beispiele zeigen, können sie stets entkoppelt werden, indem Verzweigungs- und/oder Additionsstellen entsprechend verlegt oder zusammengelegt werden (Bild 2.41).

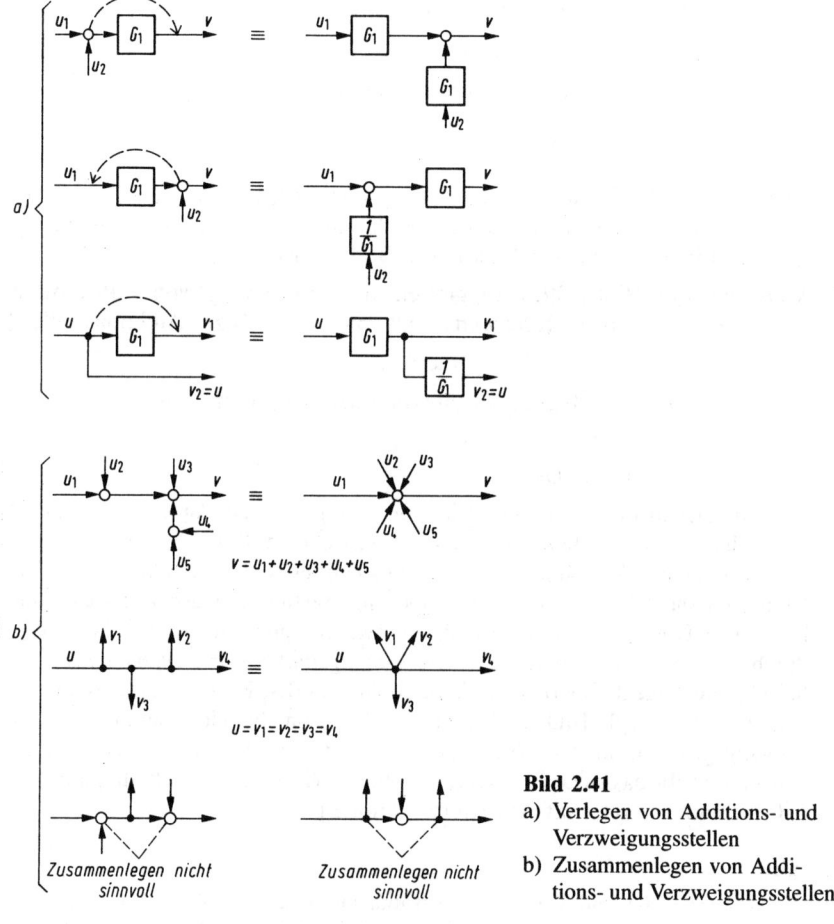

Bild 2.41
a) Verlegen von Additions- und Verzweigungsstellen
b) Zusammenlegen von Additions- und Verzweigungsstellen

Beispiel: Für den in Bild 2.42a gezeigten Wirkungsplan soll die Übertragungsfunktion $G = v/u$ ermittelt werden. Zunächst wird zweckmäßigerweise die Mischstelle M_3 vor den Block G_1 verlegt und damit die Überschneidung der Kreise *(1)* und *(2)* aufgehoben. (Ein anderer Weg ist auch denkbar; beispielsweise das Verlegen der Verzweigung V_1 vor M_3). Man beachte, daß durch das Vorverlegen von M_3 das Signal im Rückführzweig von Kreis *(2)* nun auch den Block G_1 durchläuft, wo es mit G_1 multipliziert wird. Um diese willkürliche, mit dem ursprünglichen

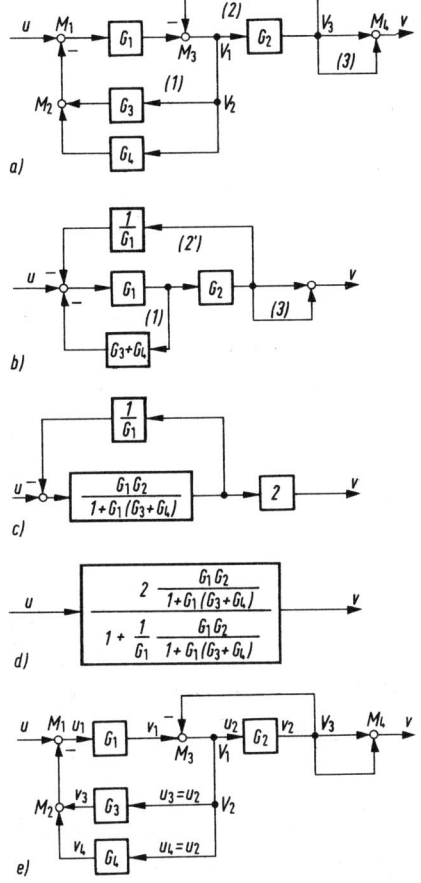

Bild 2.42
Vereinfachung eines Wirkungsplanes
a)—d) Schrittweises Zusammenfassen einzelner Ketten-, Parallel- und Kreisschaltungen
e) Wirkungsplan von a) mit Hilfsgrößen für rein rechnerische Zusammenfassung

Signalverlauf nicht mehr übereinstimmende Maßnahme zu kompensieren, wird das Signal im Rückführzweig vorher durch G_1 dividiert. Somit erhält man, wenn man gleichzeitig die Parallelschaltung im unteren Teil von Kreis (1) berücksichtigt, Bild 2.42b. Nun läßt sich die Kreisschaltung (1) mit Block G_2 in Kette zusammenfassen und die Parallelschaltung (3)[1] vereinfachen (Bild 2.42c). Als letzter Schritt ergibt sich die Kreisschaltung (2') in Kette mit der zusammengefaßten Parallelschaltung (3) (Bild 2.42d). Der Ausdruck im Block von Bild 2.42d läßt sich vereinfachen zu

$$G = \frac{2G_1 G_2}{1 + G_2 + G_1 G_3 + G_1 G_4}.$$

Zum Vergleich soll die Zusammenfassung des Wirkungsplanes zur Übertragungsfunktion $G = v/u$ rein rechnerisch durchgeführt werden. Um die Gleichungen aufstellen zu können, müssen einige Wirkungslinienabschnitte mit Bezeichnungen versehen werden, wie z. B. in Bild 2.42e geschehen.

---

[1] Ein Wirkungsweg ohne Block hat die Übertragungsfunktion eins; damit ist die Übertragungsfunktion der Parallelschaltung (3) gleich 2.

Damit ergibt sich aus Bild 2.42e

$$\text{Mischstelle } M_1 : u_1 = u - (v_3 + v_4) \tag{1}$$

$$\text{Mischstelle } M_2 : v_3 + v_4 = u_2(G_3 + G_4) \tag{2}$$

$$\text{Mischstelle } M_3 : u_2 = v_1 - v_2 = G_1 u_1 - G_2 u_2 \tag{3}$$

$$\text{Mischstelle } M_4 : v = v_2 + v_2 = 2v_2 = 2G_2 u_2 \tag{4}$$

(2) in (1):

$$u_1 = u - u_2(G_3 + G_4) \tag{5}$$

Aus (3) folgt:

$$u_1 = u_2 \frac{1 + G_2}{G_1} \tag{6}$$

Vergleich von (5) und (6):

$$u - u_2(G_3 + G_4) = u_2 \frac{1 + G_2}{G_1} \tag{7}$$

Aus (4) folgt:

$$u_2 = \frac{1}{2G_2} v$$

(8) in (7) liefert schließlich:

$$u - \frac{v}{2G_2} (G_3 + G_4) = \frac{v}{2G_2} \frac{1 + G_2}{G_1}$$

$$\frac{v}{u} = G = \frac{2G_1 G_2}{1 + G_2 + G_1 G_3 + G_1 G_4}$$

Das rechnerische Verfahren wird umso umständlicher, je mehr Zwischengrößen zu eliminieren sind. Das grafische Verfahren strukturiert das rechnerische Vorgehen, indem sich die einzelnen Rechenschritte aus den Zusammenfassungsregeln der drei Grundschaltungen ergeben. Man kann bei umfangreicheren Wirkungsplänen versuchen, den Zeichnungsaufwand beim grafischen Verfahren zu verringern, indem man möglichst große Teilsysteme mit einer Ein- und einer Ausgangsgröße zeichnerisch abgrenzt und rechnerisch zusammenfaßt.

Beispiel. Aus dem Wirkungsplan von Bild 2.43a ist die Übertragungsfunktion $G = v/u$ zu ermitteln. Der Block mit Pfeil bedeutet, daß eine unendliche Verstärkung anzunehmen ist ($G \to \infty$).

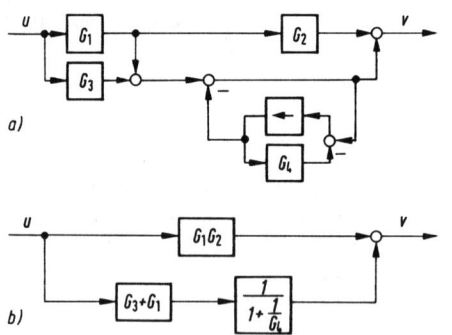

Bild 2.43 Wirkungsplan
a) Originalschaltung
b) Teilweise Zusammenfassung

Verschiebt man die Verzweigungsstelle, die in Bild 2.43a hinter G_1 liegt, *vor* G_1, dann kann man die Parallelschaltung von G_1 und G_3 zu $G_1 + G_3$ und die Kettenschaltung von G_1 und G_2 zu $G_1 G_2$ zusammenfassen. Die Kreisschaltung mit dem Pfeil-Block hat die Übertragungsfunktion $1/G_4$, die wiederum Bestandteil einer Kreisschaltung mit der Übertragungsfunktion $1/(1 + G_4^{-1})$ ist. Damit ergibt sich die Parallelschaltung von Bild 2.43b. Das gesuchte Ergebnis ist

$$\frac{v}{u} = G = \frac{G_1 G_2 + G_1 G_4 + G_3 G_4 + G_1 G_2 G_4}{1 + G_4}.$$

Beispiel. Bei der Anordnung nach Bild 2.44 muß eine Verlegung der Verzweigungsstelle zwischen G_4 und G_5 vorgenommen werden. Es empiehlt sich, nicht zuviele Maßnahmen pro Schritt auszuführen, um die Übersichtlichkeit zu erhalten und Fehler zu vermeiden.

Hier lautet das Ergebnis:

$$\frac{v}{u} = G = \frac{G_1 (1 + G_2 + G_3) (G_6 + G_4 G_5)}{1 + G_2 + G_3 + G_1 G_4 (G_2 + G_3)}.$$

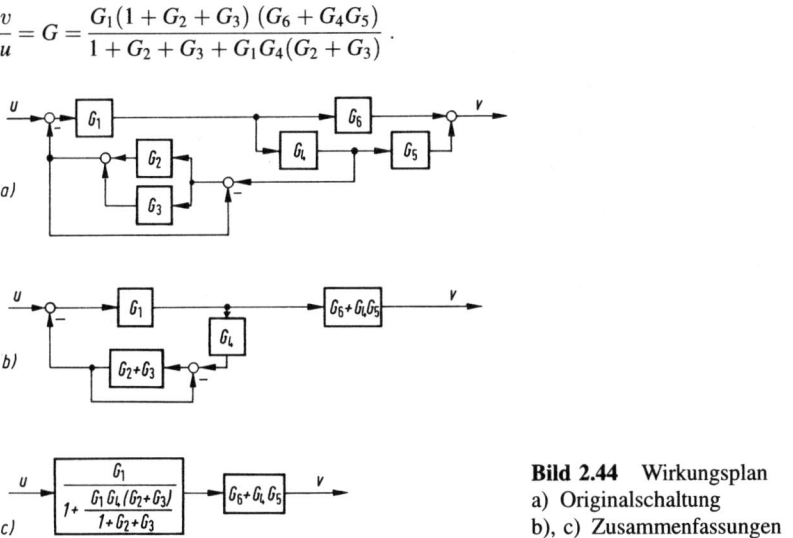

Bild 2.44 Wirkungsplan
a) Originalschaltung
b), c) Zusammenfassungen

2.6.3 Übertragungsfunktion und andere Kennfunktionen

Übertragungsfunktionen sind *Kennfunktionen* von LZI-Gliedern, weil sie einen *eindeutigen* Zusammenhang zwischen Laplace-transformierter Ein- und Ausgangsgröße $u(s)$ bzw. $v(s)$ darstellen. Als weitere Kennfunktionen waren in Abschn. 2.4 bezogene Testsignalantworten wie z. B. die Übergangs- und die Gewichtsfunktion behandelt worden. Da die Kennfunktionen dieselbe „Information" über ein LZI-Glied enthalten, können sie eindeutig ineinander umgerechnet werden:

Ist die Übertragungsfunktion $G(s) = v(s)/u(s)$ eines LZI-Gliedes gegeben, so läßt sich für jedes Testsignal $u(t)$ die Testsignalantwort $v(t)$ mittels Laplace-Transformation und $v(s) = G(s) \cdot u(s)$ berechnen. So ergibt sich z. B. für die Sprungantwort (Testsignal: $u(t) = \hat{u}\sigma(t)$, Laplace-Transformierte: $u(s) = \hat{u}/s$ gemäß Bild A.3.1, Nr. 2)

$$v(s) = G(s)u(s) = G(s)\frac{\hat{u}}{s}.$$

Die *Übergangsfunktion* ist die auf $\hat{u}$ hat bezogene Sprungantwort $h(t) = v(t)/\hat{u}$ (Abschn. 2.4.1). Für ihre Laplace-Transformierte folgt

$$h(s) = \frac{v(s)}{\hat{u}} = \frac{G(s)\,u(s)}{\hat{u}} = \frac{G(s)}{s}\,.$$

Also lassen sich Übergangsfunktion $h(t)$ und Übertragungsfunktion $G(s)$ wie folgt ineinander umrechen (vgl. Bild 2.45)

$$h(t) = \mathscr{L}^{-1}\left\{\frac{G(s)}{s}\right\} \quad \text{bzw.} \quad G(s) = \mathscr{L}\{h(t)\}\,s\,.$$

Die *Gewichtsfunktion* ergibt sich aus der Impulsantwort $v(t)$ (Testsignal: $u(t) = b\delta(t)$, Laplace-Transformierte: $u(s) = b$), indem man sie auf die Impulsintensität b bezieht:

$$g(s) = \frac{v(s)}{b} = \frac{G(s)\,u(s)}{b} = G(s)\,.$$

Gewichtsfunktion und Übertragungsfunktion gehen also direkt durch Laplace-Transformation bzw. Rücktransformation auseinander hervor:

$$G(s) = \mathscr{L}\{g(t)\} \quad \text{bzw.} \quad g(t) = \mathscr{L}^{-1}\{G(s)\}\,.$$

Vergleicht man die Umrechnungsformeln einerseits zwischen $G(s)$ und $h(t)$ und andererseits zwischen $G(s)$ und $g(t)$ (vgl. die erste Reihe der Tabelle von Bild 2.45), so folgt für den Zusammenhang zwischen Übergangs- und Gewichtsfunktion im Bildbereich

$$\mathscr{L}\{g(t)\} = s\mathscr{L}\{h(t)\} \quad \text{bzw.} \quad \mathscr{L}\{h(t)\} = \frac{1}{s}\,\mathscr{L}\{g(t)\}$$

bzw. im Zeitbereich (vgl. Operationstabelle Bild A.3.2, Nr. 2 bzw. Nr. 5),

$$g(t) = \frac{d}{dt}\,h(t) \quad \text{bzw.} \quad h(t) = \int\limits_0^t g(\tau)\,d\tau\,.$$

Gesucht	Gegeben		
	Übertragungsfunktion $G(s)$	Gewichtsfunktion $g(t)$	Übergangsfunktion $h(t)$
Übertragungsfunktion $G(s)$	–	$G(s) = \mathscr{L}\{g(t)\}$	$G(s) = \mathscr{L}\{h(t)\}\,s$
Gewichtsfunktion $g(t)$	$g(t) = \mathscr{L}^{-1}\{G(s)\}$	–	$g(t) = \dfrac{\mathrm{d}}{\mathrm{d}t}\,h(t)$
Übergangsfunktion $h(t)$	$h(t) = \mathscr{L}^{-1}\left\{\dfrac{G(s)}{s}\right\}$	$h(t) = \int\limits_0^t g(\tau)\,d\tau$	–

Bild 2.45 Umrechnung zwischen Kennfunktionen analoger LZI-Glieder

Ist die Übertragungsfunktion $G(s)$ eines LZI-Gliedes gegeben, dann ergibt sich der *Frequenzgang*, indem man $s = j\omega$ setzt. Denn bei der Berechnung des Frequenzganges aus der Differentialgleichung (Abschn. 2.5.1) war nach der Regel „Ersetze d/dt durch $j\omega$" zu verfahren, und bei der Berechnung der Übertragungsfunktion aus der Differentialgleichung (Abschnitt 2.6.1) war die Regel „Ersetze d/dt durch s" anzuwenden.

Beispiel: Übertragungsfunktion und Frequenzgang

Ein RC-Glied mit dem mathematischen Modell $T_1\dot{u}_C + u_C = u_e$ hat die Übertragungsfunktion

$$G(s) = \frac{u_C(s)}{u_e(s)} = \frac{1}{T_1 s + 1}.$$

und den Frequenzgang

$$G(j\omega) = \frac{1}{T_1 j\omega + 1}.$$

Die grafische Darstellung des Frequenzganges wurde in Abschnitt 2.5.2 behandelt.

Bild 2.46 gibt einen Überblick über Zusammenhänge zwischen Kennfunktionen von LZI-Gliedern.

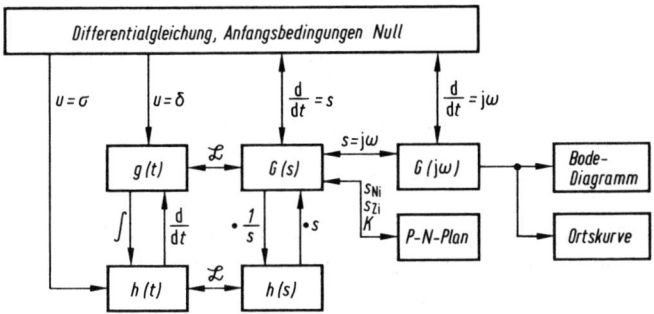

Bild 2.46 Überblick über Kennfunktionen von LZI-Gliedern
$g(t)$ Gewichtsfunktion
$h(t)$ Übergangsfunktion
$G(s)$ Übertragungsfunktion
$H(s) = \mathscr{L}\{h(t)\}$
$G(j\omega)$ Frequenzgang
P-N-Plan: Pol-Nullstellen-Plan (vgl. Abschn. 2.6.4)

2.6.4   Pole und Nullstellen (P-N-Plan)

Ein *Pol einer Übertragungsfunktion*

$$G(s) = \frac{v(s)}{u(s)} = \frac{b_m s^m + b_{m-1} s^{m-1} + \ldots + b_1 s + b_0}{a_n s^n + a_{n-1} s^{n-1} + \ldots + a_1 s + a_0}$$

ist ein Wert $s = s_N$, für den der Betrag der Übertragungsfunktion unendlich wird, also $|G(s_N)| \to \infty$. Die Übertragungsfunktion hat n Pole, nämlich die n Nullstellen

s_{N1}, s_{N2}, ... s_{Nn} (Index N für Nenner) des Nennerpolynoms

$$a_n s^n + a_{n-1} s^{n-1} + \ldots + a_1 s + a_0 = 0 \, .$$

Eine *Nullstelle einer Übertragungsfunktion* ist ein Wert $s = s_Z$, für den der Betrag der Übertragungsfunktion verschwindet, also $|G(s_Z)| = 0$. Die Übertragungsfunktion hat m Nullstellen, nämlich die m Nullstellen s_{Z1}, s_{Z2}, ... s_{Zm} (Index Z für Zähler) des Zählerpolynoms

$$b_m s^m + b_{m-1} s^{m-1} + \ldots + b_1 s + b_0 = 0 \, .$$

Die Pole und die Nullstellen einer Übertragungsfunktion können reell oder konjugiert komplex sein und dabei *ein*fach oder *mehr*fach auftreten.

Beispiel: Die Übertragungsfunktion

$$G(s) = \frac{b_0}{s^2 + a_1 s + a_0}$$

hat zwei Pole und keine Nullstelle. Die beiden Pole ergeben sich aus der Lösung der quadratischen Gleichung

$$s^2 + a_1 s + a_0 = 0$$

Für $a_1 = 4$ wird $s_{N1/2} = -\dfrac{a_1}{2} \pm \sqrt{\dfrac{a_1^2}{4} - a_0} = -2 \pm \sqrt{4 - a_0}$.

Ist nun z. B. $a_0 = 3$, dann sind die beiden Pole $s_{N1} = -1$ und $s_{N2} = -3$ reell und *ein*fach. Für $a_0 = 4$ gäbe es den reellen *Zwei*fachpol $s_{N1} = s_{N2} = -2$. Ist jedoch $a_0 = 8$, dann sind die beiden Pole $s_{N1/2} = -2 \pm j2$ konjugiert komplex und *ein*fach.

Sind die *n* Nennernullstellen s_{N1}, s_{N2}, ... s_{Nn} einer Übertragungsfunktion bekannt, so läßt sich das Nennerpolynom der Übertragungsfunktion in *Linearfaktoren* zerlegen (man spricht auch von *Faktorisierung*)

$$a_n s^n + a_{n-1} s^{n-1} + \ldots + a_1 s + a_0 = a_n (s - s_{N1}) (s - s_{N2}) \ldots (s - s_{Nn}) \, .$$

Sind außerdem die *m* Zählernullstellen s_{Z1}, s_{Z2}, ... s_{Zm} der Übertragungsfunktion bekannt, so läßt sich auch das Zählerpolynom der Übertragungsfunktion faktorisieren, und man erhält die Übertragungsfunktion in der *Pol-Nullstellen-Form*

$$G(s) = K \, \frac{(s - s_{Z1}) (s - s_{Z2}) \ldots (s - s_{Zm})}{(s - s_{N1}) (s - s_{N2}) \ldots (s - s_{Nn})} \quad \text{mit} \quad K = \frac{b_m}{a_n} \, .$$

Mit diesen Angaben läßt sich die Übertragungsfunktion grafisch als *Pol-Nullstellen-Plan* (*P-N*-Plan) darstellen, indem die Pole und die Nullstellen in die komplexe *s*-Ebene eingetragen werden und der Wert von *K* angegeben wird.

Beispiel: Pol-Nullstellen-Form und *P-N*-Plan

Die Übertragungsfunktion

$$G(s) = \frac{4s^2 + 20s + 16}{2s^3 + 16s^2 + 50s + 52} = 2 \, \frac{s^2 + 5s + 4}{s^3 + 8s^2 + 25s + 26}$$

soll in die Pol-Nullstellen-Form überführt und grafisch als *P-N*-Plan dargestellt werden. Dazu sind zunächst die $n = 3$ Pole und die $m = 2$ Nullstellen der Übertragungsfunktion zu berechnen. Es folgt für die Pole $s_{N1} = -2$ und $s_{N2/3} = -3 \pm j2$ und für die Nullstellen $s_{Z1} = -1$ und $s_{Z2} = -4$. Damit ist die Pol-Nullstellen-Form der Übertragungsfunktion

$$G(s) = K \frac{(s+1)\,(s+4)}{(s+2)\,(s+3-j2)\,(s+3+j2)} \quad \text{mit} \quad K = 2\,.$$

Bild 2.47 zeigt den *P-N*-Plan.

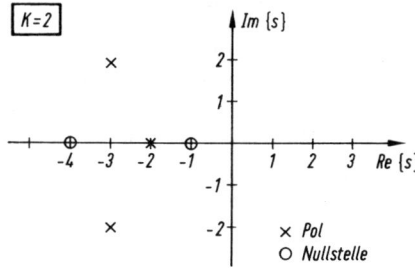

Bild 2.47
Pol-Nullstellen-Plan (*P-N*-Plan) eines
LZI-Gliedes

Es kann in Ausnahmefällen vorkommen, daß Zählernullstellen mit Nennernullstellen übereinstimmen. Wie man an der Pol-Nullstellen-Form der Übertragungsfunktion ablesen kann, können dann die entsprechenden Zähler- und Nennerfaktoren herausgekürzt werden.

Beispiel: Kürzung einer Übertragungsfunktion

Die Übertragungsfunktion

$$G(s) = \frac{s+1}{s^2 + 3s + 2}$$

hat die Zählernullstelle $s_{Z1} = -1$ und die beiden Nennernullstellen $s_{N1} = -2$ und $s_{N2} = -1$. Damit ist die Pol-Nullstellen-Form

$$G(s) = \frac{s+1}{(s+2)\,(s+1)} = \frac{1}{s+2}\,.$$

Die Übertragungsfunktion hat also einen Pol und keine Nullstelle.

Ist ein *P-N*-Plan gegeben, so kann daraus die Übertragungsfunktion abgelesen werden. Der *P-N*-Plan gibt auf anschauliche Weise Auskunft über Stabilität (vgl. Abschn. 2.7) und dynamische Eigenschaften eines LZI-Gliedes. Abschn. 2.8 (Einfache LZI-Glieder) bringt weitere Beispiele. Beim Wurzelortverfahren (Abschn. 5.4) werden *P-N*-Pläne als Entwurfswerkzeuge für Regler verwendet.

2.7   Stabilität

Die Stabilität ist eine Eigenschaft von Übertragungsgliedern, die in der Regelungstechnik von grundlegender Bedeutung ist. Jede brauchbare Regelung muß stabil sein. Nur dann kann eine Regelung ihre Aufgabe erfüllen, die Regelgröße laufend in der Nähe der Führungsgröße zu halten.

2.7.1   Zum Begriff der Stabilität

Physikalische Größen wie z. B. Wege, Drehzahlen, Drücke usw. in Geräten oder Anlagen haben bestimmte Arbeitsbereiche. Es muß sichergestellt werden, daß diese Größen im Betrieb ihre Arbeitsbereiche nicht verlassen.

Beispiel: Pendel

Bei dem Pendel von Bild 2.48a sei der Arbeitsbereich der Auslenkung auf $-30^0 \leq \varphi \leq 30^0$ beschränkt. Damit das Pendel nicht in den Anschlag geht, darf die Kraft F, die z. B. durch ein Gebläse erzeugt wird, einen bestimmten Betrag F_{max} nicht überschreiten. Betrachtet man dagegen das stehende Pendel von Bild 2.48b, so macht sich dieses bereits bei einer sehr kleinen Kraft F „selbständig" und zeigt keine Tendenz, „von selbst" in die stehende Lage zurückzukehren. Geht man also von der hängenden oder stehenden Lage des Pendels als Arbeitspunkt ($F_0 = 0$, $\varphi_0 = 0^0$) bzw. ($F_0 = 0$, $\vartheta_0 = 0^0$) aus, so ist für die beiden Arbeitspunkte ein ganz unterschiedliches Verhalten des Pendels zu beobachten.

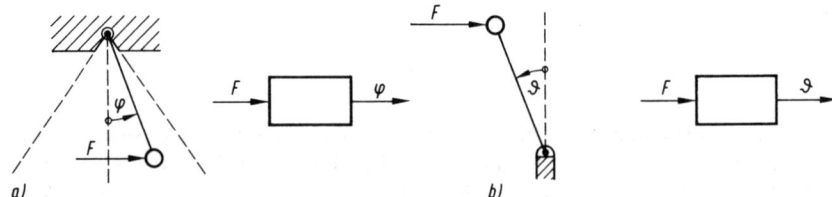

Bild 2.48   Stabiles und instabiles Übertragungsglied
a) Hängendes Pendel
b) Stehendes Pendel

Die Stabilitätsdefinition für ein Übertragungsglied mit der Eingangsgröße $u(t)$ und der Ausgangsgröße $v(t)$ bezieht sich auf einen Arbeitspunkt (u_0, v_0) eines Gerätes oder einer Anlage:

Ein Übertragungsglied wird *übertragungsstabil* genannt, wenn zu jeder für alle $t \geq t_0$ beschränkten Eingangsgrößenabweichung $\Delta u(t) = u(t) - u_0$ die zugehörige Ausgangsgrößenabweichung $\Delta v(t) = v(t) - v_0$ ebenfalls beschränkt ist. „Beschränkt" heißt, daß weder $\Delta u(t)$ noch $\Delta v(t)$ in positiver oder negativer Richtung gegen Unendlich gehen (im mathematischen Sinn). Praktisch wichtig ist, daß die Ausgangsgröße (z. B. $\varphi(t)$ in Bild 2.48) zumindest ihren technisch vorgeschriebenen Arbeitsbereich nicht verläßt.

Zu einer in der Praxis ausreichend sicheren Stabilitätsaussage führt die Sprungfunktion als Eingangsgröße $\Delta u(t) = u(t) - u_0 = \hat{u}\sigma(t)$, die eine vergleichsweise „harte" Anregung darstellt:

Ein Übertragungsglied wird *sprungantwortstabil* genannt, wenn die Sprungantwort $\Delta v(t) = v(t) - v_0$ für $t \to \infty$ einen festen Wert annimmt.

Beispiel: Elektromotor

Ein Elektromotor stellt ein stabiles Übertragungsglied dar, wenn man als Eingangsgröße die Spannung und als Ausgangsgröße die Drehzahl festlegt. Denn jeder zulässige Spannungssprung hat nach einem Einschwingvorgang einen festen Wert der Drehzahl zur Folge. Ist dagegen der Dreh*winkel* Ausgangsgröße, dann ist das Übertragungsglied instabil, weil jeder Sprung auf einen positiven Spannungswert einen über alle Grenzen wachsenden Drehwinkel bewirkt.

2.7.2   Grundlegendes Stabilitätskriterium für LZI-Glieder

Ist das Übertragungsglied *linear und zeitinvariant* (LZI-Glied), so kann die Stabilität – unabhängig von einem speziellen Testsignal – anhand der Übertragungsfunktion ermittelt werden:

Ein LZI-Glied ist genau dann stabil, wenn die Pole seiner Übertragungsfunktion

$$G(s) = \frac{v(s)}{u(s)} = \frac{b_m s^m + b_{m-1} s^{m-1} + \dots + b_1 s + b_0}{a_n s^n + a_{n-1} s^{n-1} + \dots + a_1 s + a_0}$$

sämtlich negative Realteile haben (Bild 2.49).

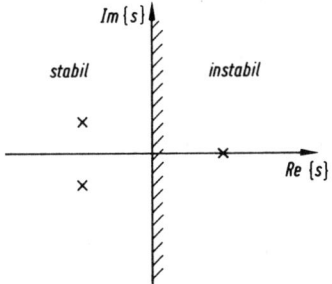

Bild 2.49 Stabilitätsgebiet der Pole analoger LZI-Glieder. Ein LZI-Glied mit den drei eingezeichneten Polen ist instabil, weil nicht alle Pole im Stabilitätsgebiet (d. h. links von der imaginären Achse) liegen.

Dieser Satz wird als *grundlegendes Stabilitätskriterium für LZI-Glieder* bezeichnet. Es sei daran erinnert, daß die Pole einer Übertragungsfunktion die Nullstellen des Nennerpolynoms sind (vgl. Abschnitt 2.6.4). Die Berechnungsvorschrift

$$a_n s^n + a_{n-1} s^{n-1} + \dots + a_1 s + a_0 = 0$$

wird *charakteristische Gleichung* genannt. Sie hat genau n Lösungen $s_1, s_2, \dots s_n$. Die Lösung einer charakteristischen Gleichung, deren Grad n größer ist als 3, ist ohne Rechnerhilfe i. a. nicht möglich. Die Nullstellenbestimmung ist eine Standardfunktion der meisten regelungstechnischen CAE-Programme.[1]

Der Zusammenhang mit der Sprungantwortstabilität läßt sich wie folgt erklären: Für die Laplace-Transformierte der Sprungantwort eines LZI-Gliedes mit der Übertragungsfunktion $G(s)$ gilt (vgl. Abschn. 2.6.3)

$$v(s) = G(s)\, u(s) = G(s)\, \frac{\hat{u}}{s}\,.$$

$\hat{u}/s$ ist die Laplace-Transformierte der Sprungfunktion $u(t) = \hat{u}\sigma(t)$ (Bild A.3.1, Nr. 2). Um den Zeitverlauf der Sprungantwort $v(t)$ zu erhalten, muß $v(s)$ rücktransformiert werden. Dazu wird die Tabelle von Bild A.3.4 verwendet. Im einfachsten Fall (Nr. 1 in A.3.4) hat $v(s)$ nur *einfache reelle Nennernullstellen*. Für die Partialbruchzerlegung folgt

---

[1] Für die Stabilitätsuntersuchung ist es nicht zwingend erforderlich, die charakteristische Gleichung zu lösen. In Abschn. 2.7.3 wird ein entsprechendes Verfahren behandelt. Für Regelkreise, die aus LZI-Gliedern aufgebaut sind und Totzeiten enthalten, gibt es ein spezielles, besonders geeignetes Stabilitätskriterium: Das *Nyquist*-Kriterium. Es wird in Abschn. 5.3.1 behandelt.

dann gemäß Bild A.3.4

$$v(s) = \frac{A_0}{s} + \frac{A_1}{s - s_1} + \ldots + \frac{A_n}{s - s_n},$$

wobei s_1, s_2, ... s_n n reelle Pole[1]) der Übertragungsfunktion $G(s)$ sind. Als Ergebnis der Laplace-Rücktransformation ergibt sich aus Bild A.3.4

$$v(t) = A_0 + A_1 e^{s_1 t} + \ldots + A_n e^{s_n t}.$$

Ob nun die Sprungantwort für $t \to \infty$ einen festen Wert annimmt oder nicht, hängt von den reellen Zahlenwerten s_1, s_2, ... s_n ab. Es ergibt sich, daß das LZI-Glied in diesem Fall genau dann stabil ist, d. h.

$$\lim_{t \to \infty} v(t) = A_0 = \text{fester Wert}, \quad \text{wenn} \quad s_i < 0 \quad \text{für alle} \quad i = 1, 2 \ldots n.$$

Beispiel: Ist z. B. in $v(t) = A_0 + A_1 e^{s_1 t} + \ldots + A_n e^{s_n t}$ die Zahl $s_1 = -0,5$, so geht der Term $A_1 e^{-0,5 t}$ für $t \to \infty$ gegen Null.

Hat das LZI-Glied $G(s)$ z. B. die beiden *konjugiert komplexe Pole* $s_{1/2} = \sigma \pm j\omega$, so ist die Partialbruchzerlegung (gemäß Bild A.3.4, Nr. 3)

$$v(s) = \frac{A_0}{s} + \frac{C_1 s + C_2}{(s - \sigma)^2 + \omega^2} + \frac{A_3}{s - s_3} + \ldots + \frac{A_n}{s - s_n}.$$

Daraus folgt nach der Laplace-Rücktransformation (ebenfalls Bild A.4.3, Nr. 3)

$$v(t) = A_0 + e^{\sigma t}(D_1 \cos \omega t + D_2 \sin \omega t) + A_3 e^{s_3 t} + \ldots + A_n e^{s_n t},$$

wobei D_1 und D_2 Konstante sind. Es ist leicht zu erkennen, daß der Term mit der Klammer genau dann für $t \to \infty$ gegen Null geht, wenn $\sigma < 0$. σ ist der Realteil von s_1 und s_2. Das grundlegende Stabilitätskriterium ist auch für LZI-Glieder mit *mehrfachen* reellen und komplexen Polen der Übertragungsfunktion $G(s)$ gültig, was hier nicht weiter bewiesen werden soll.

Die folgenden Beispiele erläutern das grundlegende Stabilitätskriterium anhand der bekannten Stabilitätseigenschaften eines Pendels in den beiden Arbeitspunkten „hängend" (Bild 2.50a) und „stehend" (Bild 2.50b).

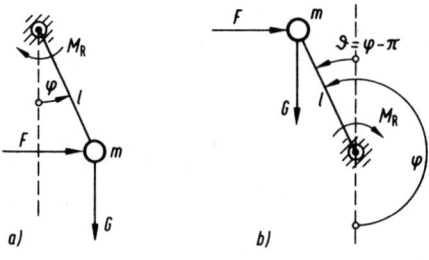

Bild 2.50   Kräfte am Pendel
a) Pendel hängend
b) Pendel stehend
l Pendellänge
m Pendelmasse
G Pendelgewicht
M_R Reibmoment
F Äußere Kraft

---

[1]) Man beachte, daß sich n in der Tabelle von Bild A 3.4 auf $v(s) = G(s)\,u(s) = G(s)\,(\hat{u}/s)$ und nicht auf $G(s)$ allein bezieht.

Beispiel: Hängendes Pendel (Bild 2.50a)

Eingangsgröße ist die Kraft F und Ausgangsgröße ist der Pendelausschlag φ. Zunächst wird das Übertragungsverhalten auf theoretischem Wege mathematisch modelliert (vgl. Abschnitt 2.3.1) und bezüglich des Arbeitspunktes $(F_0 = 0,\ \varphi_0 = 0^0)$ linearisiert. Dann wird das Stabilitätskriterium angewendet.

Ein mathematisches Modell erhält man z. B. mit dem Momentengleichgewicht bezüglich des Aufhängepunktes (Bild 2.50a)

$$J\ddot{\varphi}(t) = M_F(t) + M_G(t) + M_R(t)$$

mit

$J = ml^2$	Trägheitsmoment
$M_F = Fl \cos \varphi$	Moment infolge der Krafteinwirkung,
$M_G = -Gl \sin \varphi$	Moment infolge des Pendelgewichtes $G = mg$ und
$M_R = -c_R \dot{\varphi}$	Moment infolge Lagerreibung.

Einsetzen führt auf

$$J\ddot{\varphi}(t) = Fl \cos \varphi(t) - Gl \sin \varphi(t) - c_R \dot{\varphi}(t)$$

oder

$$\ddot{\varphi}(t) = -\frac{c_R}{ml^2}\,\dot{\varphi}(t) - \frac{g}{l} \sin \varphi(t) + \frac{\cos \varphi(t)}{ml}\,F(t)\,.$$

Das ist ein nichtlineares (wegen $\sin \varphi$ und $\cos \varphi$), zeitinvariantes (t tritt nicht explizit auf) Übertragungsglied. Es beschreibt das Übertragungsverhalten für beliebige Pendelausschläge. Für kleine Ausschläge $|\varphi| \ll 30^0$ sind $\sin \varphi \approx \varphi$ und $\cos \varphi \approx 1$. Das führt zu einem LZI- Glied mit der Differentialgleichung

$$\ddot{\varphi}(t) = -\frac{c_R}{ml^2}\,\dot{\varphi}(t) - \frac{g}{l}\,\varphi(t) + \frac{1}{ml}\,F(t)$$

bzw. der Übertragungsfunktion (Index H für hängendes Pendel)

$$\frac{\varphi(s)}{F(s)} = G_H(s) = \frac{1/(ml)}{s^2 + (c_R/(ml^2))\,s + (g/l)}\,.$$

Nimmt man die folgenden Zahlenwerte an: Pendellänge $l = 0,2$ m, Pendelmasse $m = 0,5$ kg und Reibkonstante $c_R = 0,05$ Nm/(rad/s), so ist

$$G_H(s) = \frac{\varphi(s)}{F(s)} = \frac{10}{s^2 + 2,5s + 49,05}\,.$$

Die charakteristische Gleichung $s^2 + 2,5s + 49,05 = 0$ hat die beiden konjugiert komplexen Nullstellen $s_{1/2} = \sigma \pm j\omega = -1,25 \pm j6,89$ (Bild 2.51a).

Die beiden Nullstellen der charakteristischen Gleichung sind die Pole der Übertragungsfunktion $G_H(s)$. Da der Realteil $\sigma = -1,25 < 0$ der beiden Pole kleiner Null ist, ergibt sich aus dem Berechnungsmodell $G_H(s)$ gemäß grundlegendem Stabilitätskriterium die Stabilität des hängenden Pendels (bei kleinen Ausschlägen $|\varphi| \ll 30^0$). Die Berechnung der Sprungantwort mit der sprungförmigen Kraftanregung $F(t) = \hat{F}\sigma(t)$ (Laplace-Transformierte: $F(s) = \hat{F}/s$, im Folgenden wird der Einfachheit halber $\hat{F} = 1$ angenommen) ergibt im Bildbereich

$$\varphi(s) = G_H(s)\,F(s) = \frac{10}{s^2 + 2,5s + 49,05}\,\frac{1}{s}\,.$$

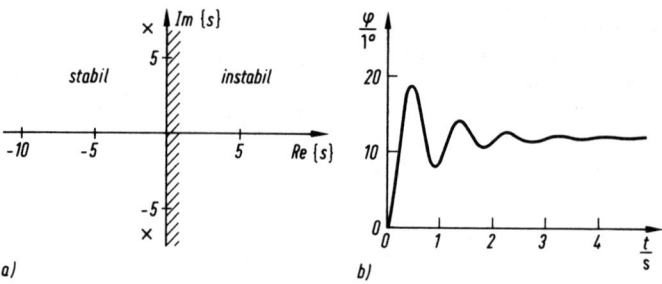

Bild 2.51 Stabilität des hängendes Pendels
a) Alle Pole von $G_H(s)$ liegen links von der imaginäre Achse
b) Die Sprungantwort schwingt auf einen festen Wert ein

Mit den drei Nennernullstellen $s_{1/2} = \sigma \pm j\omega = -1{,}25 \pm j6{,}89$ und $s_3 = 0$ folgt für die Partialbruchzerlegung gemäß Bild A.3.4 (Nr. 1 und 3)

$$\varphi(s) = \frac{A}{s} + \frac{C_1 s + C_2}{(s - \sigma)^2 + \omega^2},$$

wobei sich die Koeffizientenwerte $A = 0{,}2$, $C_1 = -0{,}2$ und $C_2 = -0{,}51$ ergeben. Die Rücktransformation führt auf (ebenfalls mit Hilfe von Bild A.3.4, Nr. 1 und 3)

$$\varphi(t) = 0{,}2 + e^{\sigma t} \left(-0{,}2 \cos \omega t - 0{,}037 \sin \omega t \right), \qquad t \geq 0$$

bzw. mit den Umrechnungsformeln von Bild A.3.5

$$\varphi(t) = 0{,}2 + e^{\sigma t} 0{,}21 \cos \left(\omega t + 2{,}96 \right), \qquad t \geq 0.$$

Weil $\sigma = -1{,}25 < 0$, geht die Sprungantwort $\varphi(t)$ des hängenden Pendels für $t \to \infty$ gegen den festen Wert $0.2\,\text{rad} = 11{,}5^0$ (Bild 2.51b).

Beispiel: Stehendes Pendel (Bild 2.50b)
Bei kleinen Pendelabweichungen von der Senkrechten $|\vartheta| = |\varphi - \pi| \ll 30^0$ gelten näherungsweise die Beziehungen $\sin \varphi = \sin (\vartheta + \pi) = -\sin \vartheta \approx -\vartheta$ und $\cos \varphi = \cos (\vartheta + \pi) = -\cos \vartheta \approx -1$. Wegen $\varphi = \vartheta + \pi$, $\dot{\varphi} = \dot{\vartheta}$ und $\ddot{\varphi} = \ddot{\vartheta}$ folgt aus der nichtlinearen Differentialgleichung des vorherigen Beispieles

$$\ddot{\varphi}(t) = -\frac{c_R}{ml^2} \dot{\varphi}(t) - \frac{g}{l} \sin \varphi(t) + \frac{\cos \varphi(t)}{ml} F(t)$$

das LZI-Glied

$$\ddot{\vartheta}(t) = -\frac{c_R}{ml^2} \dot{\vartheta}(t) + \frac{g}{l} \vartheta(t) - \frac{1}{ml} F(t)$$

mit der Übertragungsfunktion (Index S für stehendes Pendel)

$$\frac{\vartheta(s)}{F(s)} = G_S(s) = \frac{-1/(ml)}{s^2 + (c_R/(ml^2))\, s - (g/l)}.$$

Mit den Zahlenwerten aus dem vorherigen Beispiel (Pendellänge $l = 0{,}2$ m, Pendelmasse $m = 0{,}5$ kg und Reibkonstante $c_R = 0{,}05$ Nm/(rad/s)) ist

$$G_S(s) = \frac{\vartheta(s)}{F(s)} = \frac{-10}{s^2 + 2{,}5s - 49{,}05}.$$

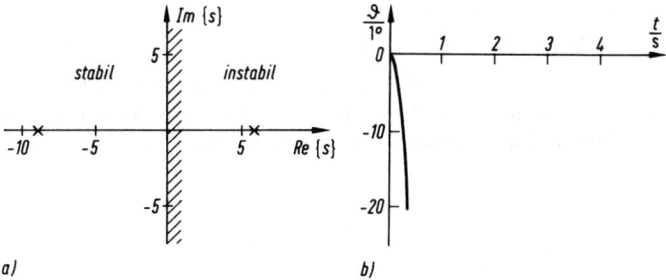

Bild 2.52 Instabilität des stehenden Pendels
a) Es liegen nicht alle Pole von $G_S(s)$ links von der imaginären Achse.
b) Die Sprungantwort schwingt nicht auf einen festen Wert ein.

Die charakteristische Gleichung $s^2 + 2{,}5s - 49{,}05 = 0$ hat die beiden einfachen reellen Nullstellen $s_1 = -8{,}36$ und $s_2 = 5{,}86$ (Bild 2.52a).

Die beiden Nullstellen der charakteristischen Gleichung sind die Pole der Übertragungsfunktion $G_S(s)$. Da ein Pol einen positiven Wert hat, ergibt sich aus dem Berechnungsmodell $G_S(s)$ gemäß grundlegendem Stabilitätskriterium die Instabilität des stehenden Pendels. Die Berechnung der Sprungantwort mit der sprungförmigen Kraftanregung $F(t) = \hat{F}\sigma(t)$ (Laplace- Transformierte: $F(s) = \hat{F}/s$, im Folgenden wird der Einfachheit halber $\hat{F} = 1$ angenommen) ergibt im Bildbereich

$$\vartheta(s) = G_S(s)\,F(s) = \frac{-10}{s^2 + 2{,}5s - 49{,}05}\,\frac{1}{s}\,.$$

Mit den drei Nennernullstellen $s_1 = -8{,}36$, $s_2 = 5{,}86$ und $s_3 = 0$ folgt für die Partialbruchzerlegung gemäß Bild A.3.4 (Nr. 1)

$$\vartheta(s) = \frac{A_0}{s} + \frac{A_1}{s - s_1} + \frac{A_2}{s - s_2}$$

mit den Koeffizientenwerten $A_0 = 0{,}2$, $A_1 = -0{,}08$ und $A_2 = -0{,}12$. Die Rücktransformation ergibt für die Sprungantwort (ebenfalls gemäß Bild A.3.4. Nr. 1)

$$\vartheta(t) = 0{,}2 - 0{,}08\,e^{s_1 t} - 0{,}12\,e^{s_2 t}, \qquad t \geq 0\,.$$

Die Sprungantwort $\vartheta(t)$ des stehenden Pendels geht wegen $s_2 = 5{,}86$ für $t \to \infty$ *nicht* gegen einen festen Wert, sondern gegen Unendlich (Bild 2.52b). Das LZI-Glied $G_S(s)$ ist also instabil. Dabei hat „ϑ gegen Unendlich" nur im Gültigkeitsbereich $|\vartheta| \ll 30^0$ des linearisierten Berechnungsmodelles $G_S(s)$ praktische Bedeutung.

2.7.3 Hurwitz-Kriterium

Im vorhergehenden Abschnitt wurde erläutert, daß ein LZI-Glied genau dann stabil ist, wenn seine charakteristische Gleichung

$$a_n s^n + a_{n-1} s^{n-1} + \ldots + a_1 s + a_0 = 0$$

nur Nullstellen $s_1, s_2, \ldots s_n$ mit negativem Realteil aufweist. Dazu ist es nicht notwendig, die Nullstellen auszurechnen. Denn es ist ja lediglich zu prüfen, *ob* alle Nullstellen links von der imaginären Achse der komplexen Ebene liegen und nicht, *wo* diese Nullstellen dort genau liegen. Diese Information kann man direkt aus den Koeffizienten der charakteristischen Gleichung entnehmen.

Nach *Hurwitz* gilt, daß genau dann alle Nullstellen negativen Realteil haben, wenn alle Koeffizienten $a_0, a_1, a_2, \ldots a_n$ ungleich Null sind und positives Vorzeichen haben und *zusätzlich* die sog. Hurwitz-Determinante (mit n Zeilen und n Spalten)

$$
D_n = \begin{vmatrix}
a_1 & a_3 & a_5 & a_7 & \cdots \\
a_0 & a_2 & a_4 & a_8 & \cdots \\
0 & a_1 & a_3 & a_5 & \cdots \\
0 & a_0 & a_2 & a_4 & \cdots \\
0 & 0 & a_1 & a_3 & \cdots \\
0 & 0 & a_0 & a_2 & \cdots \\
& \cdots
\end{vmatrix}
$$

und ihre mit Strichellinien gekennzeichneten Unterdeterminanten $D_1, D_2, \ldots D_{n-1}$ größer Null sind.

Für **n = 1** ist die charakteristische Gleichung $a_1 s + a_0 = 0$ mit der Lösung $s = -a_0/a_1$. Es ist leicht zu erkennen, daß $s < 0$ ist, wenn a_0 und a_1 beide ungleich Null sind und gleiches Vorzeichen haben.

Für **n = 2** mit der charakteristische Gleichung $a_2 s^2 + a_1 s + a_0 = 0$ würden die Determinantenbedingungen $D_1 = a_1 > 0$ und $D_2 = \begin{vmatrix} a_1 & a_3 \\ a_0 & a_2 \end{vmatrix} = a_1 a_2 > 0$ $(a_3 = 0!)$ keine zusätzlichen Bedingungen für die Koeffizienten erbringen. Also ist bei charakteristischen Gleichungen ersten und zweiten Grades lediglich zu prüfen, ob alle Koeffizienten ungleich Null sind und gleiches Vorzeichen haben. Das bringt vor allem bei der Gleichung zweiten Grades eine Arbeitsvereinfachung, die auch jeglichen Rechnereinsatz überflüssig macht.

Für **n = 3** muß geprüft werden, ob die Koeffizienten a_0, a_1, a_2 und a_3 alle ungleich Null sind und positives Vorzeichen haben und *zusätzlich*, ob $a_1 a_2 - a_0 a_3 > 0$. Das ergibt sich aus den drei Determinatenbedingungen $D_1 = a_1 > 0$, $D_2 = \begin{vmatrix} a_1 & a_3 \\ a_0 & a_2 \end{vmatrix} = a_1 a_2 - a_0 a_3 > 0$ und
$D_3 = \begin{vmatrix} a_1 & a_3 & 0 \\ a_0 & a_2 & 0 \\ 0 & a_1 & a_3 \end{vmatrix} = a_3(a_1 a_2 - a_0 a_3) > 0$.

Für **n = 4** ist zu prüfen, ob alle Koeffizienten größer Null sind und *zusätzlich* $a_1 a_2 a_3 - a_0 a_3^2 - a_4 a_1^2 > 0$.

Für **n = 5** müssen alle Koeffizienten größer Null sein und zusätzlich $a_3 a_4 - a_2 a_5 > 0$ und $(a_3 a_4 - a_2 a_5)(a_1 a_2 - a_0 a_3) - (a_1 a_4 - a_0 a_5)^2 > 0$.

Bei Gleichungen mit einem Grad $n > 2$ ist die Bedingung „alle Koeffizienten ungleich Null und gleiches Vorzeichen" nur eine notwendige, nicht aber hinreichende Bedingung für die Stabilität, d. h. man kann aus dieser Bedingung allein nicht auf Stabilität schließen. Ist jedoch die notwendige Bedingung nicht erfüllt (bei charakteristischen Gleichungen *beliebigen Grades*), d. h. sind *nicht* alle Koeffizienten ungleich Null und/oder haben sie *nicht* gleiches Vorzeichen, so ist das LZI-Glied auf jeden Fall instabil.

Beispiele:

$$G(s) = \frac{5s + 7}{s^2 + 2s + 10}$$
Stabil, da alle Nennerkoeffizienten ungleich Null und gleiches Vorzeichen haben.

$$G(s) = \frac{s + 2}{5s^4 + 7s^3 + 9s^2 - 2s + 5}$$
Instabil, da ein Nennerkoeffizient ein abweichendes Vorzeichen hat.

$$G(s) = \frac{3s^2 + s - 1}{s^4 + 6s^3 + 2s^2 + 2s + 5}$$
$a_1 a_2 a_3 - a_0 a_3^2 - a_4 a_1^2 = 2 \cdot 2 \cdot 6 - 5 \cdot 6^2 - 1 \cdot 2^2 = 160 < 0$, daher instabil.

$$G(s) = \frac{s^3 + 7s + 5}{3s^4 + 2s^2 + s + 7}$$
Instabil, da ein Nennerkoeffizient gleich Null.

$$G(s) = \frac{s - 1}{(s - 1)\,(s + 2)}$$
Stabil, da sich $(s - 1)$ kürzt.

2.8 Einfache LZI-Glieder

Um das Verhalten von Regelkreisen mit oder ohne Rechnerunterstützung berechnen zu können, müssen mathematische Modelle des Übertragungsverhaltens zwischen den interessierenden Größen in Geräten oder Anlagen, Regelstrecken (Abschn. 3) und Regeleinrichtungen (Abschn. 4), gegeben sein. Zumindest zu Projektbeginn kommt man dabei häufig mit einigen wenigen einfachen Übertragungsgliedern aus, wobei sich oft auch der ganze Regelkreis (Abschn. 5) als einfaches LZI-Glied darstellt. In diesem Abschnitt werden die einfachsten LZI-Glieder behandelt. Dabei werden die nach DIN 19226 empfohlenen Kurzbezeichnungen wie z. B. *P*-Glied, *P*-T_1-Glied usw. verwendet. Die Tabelle in von Bild 2.63 auf S. 91 gibt eine Übersicht.

Grundsätzlich läßt sich jedes LZI-Glied durch Verknüpfen weniger *elementarer* LZI-Glieder, die sich nicht auf einfachere Glieder zurückführen lassen, aufbauen: Es sind dies das *P*-, das *I*-, das *D*- und das T_t-Glied, die in Bild 2.6 definiert wurden. Zur Verknüpfung werden Additions- und Verzweigungsstellen verwendet (Bild 1.7).

2.8.1 *P*-Glied

Das Übertragungsverhalten eines Proportionalgliedes (*P*-Glied) wird mit dem mathematischen Modell

$$v(t) = K_P u(t)$$

dargestellt. K_P wird als *Proportionalbeiwert* oder kurz als *P*-Beiwert bezeichnet, und hat die Einheit $[K_P] = [v]/[u]$.

Beispiel:

Bei einem Spannungsteiler (Bild 2.53a) kann das Übertragungsverhalten zwischen der Eingangsspannung u_e und der Ausgangsspannung u_a als *P*-Glied betrachtet werden, sofern u_e niederfrequent ist. Bei einem Hebel (Bild 2.53b) kann das Übertragungsverhalten zwischen den Auslenkungen x_a und x_b als *P*-Glied behandelt werden, sofern der Hebel starr bleibt. Je nach

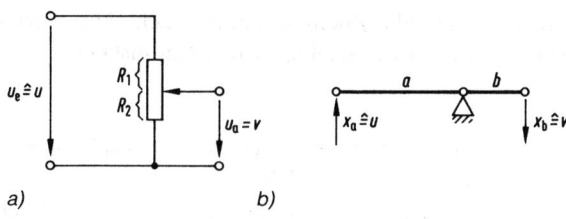

a)   b)

Bild 2.53 P-Glieder: $v = K_P u$
a) Spannungsteiler   b) Hebel

$$K_P = \frac{R_2}{R_1 + R_2}$$ $$K_P = \frac{b}{a}$$

Pfeilrichtung für die Spannungen bzw. Auslenkungen kann K_P einen positiven oder einen negativen Wert annehmen.

Die Übertragungsfunktion des P-Gliedes ist

$$G(s) = \frac{v(s)}{u(s)} = K_P \, .$$

Sie hat weder Pole noch Nullstellen (Bild 2.54a). Die Sprungantwort ergibt sich mit $u(t) = \hat{u}\sigma(t)$ zu $v(t) = K_P \hat{u}\sigma(t)$. Die Übergangsfunktion ist dann (Bild 2.54b)

$$h(t) = \frac{v(t)}{\hat{u}} = K_P \sigma(t) \, .$$

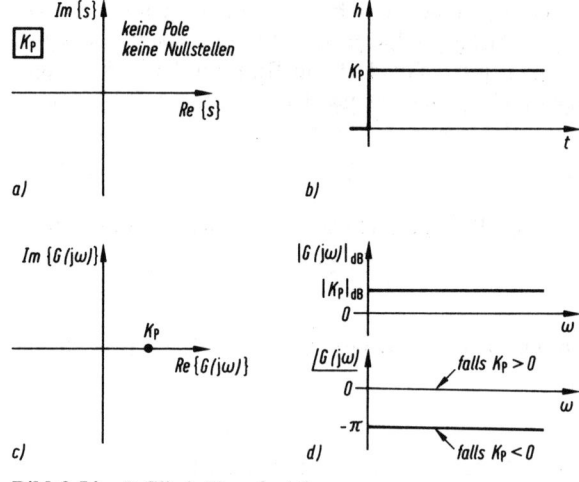

Bild 2.54 P-Glied: Kennfunktionen
a) P-N-Plan   b) Übergangsfunktion
c) Ortskurve   d) Bode-Diagramm

Da $h(t)$ für $t \to \infty$ einen festen Wert hat, ist das *P*-Glied stabil. Der Frequenzgang folgt aus der Übertragungsfunktion mit $s = j\omega$ zu $G(j\omega) = K_P$. Die Ortskurvendarstellung des Frequenzganges ist ein Punkt auf der positiven reellen Achse, wenn $K_P > 0$ (Bild 2.54c). Die Frequenzkennlinien (Bild 2.54d) lassen sich mittels Anhang A.5 einfach überprüfen (Bild A.5.1a).

2.8.2 *P*-T_1-Glied

Das Übertragungsverhalten eines *P*-T_1-Gliedes wird mit dem mathematischen Modell

$$T_1 \dot{v}(t) + v(t) = K_P u(t)$$

dargestellt. T_1 heißt *Zeitkonstante* $(T_1 > 0, [T_1] = [t])$, K_P ist der *Beiwert* $([K_P] = [v]/[u])$.

Beispiele:

Die meisten Übertragungsglieder reagieren mehr oder minder verzögert auf ein sprungförmiges Eingangssignal, was auf das Vorhandensein von einem oder mehreren *Energiespeichern* hinweist, deren „Füllung" bzw. „Leerung" Zeit erfordert. Eine elektrische bzw. mechanische Schaltung mit je einem Speicher (Kondensator bzw. Feder) zeigt Bild 2.55. Im elektrischen Beispiel (a) wird der Kondensator über einen Widerstand aufgeladen. Legt man zur Zeit $t = 0$ den Spannungssprung $u_e = \hat{u}\sigma(t)$ an die Eingangsklemmen, so lädt sich der Kondensator langsam auf den Spannungswert $u_C = u_e$ auf. In Abschnitt 2.2.1 wird dafür mit $u = u_e$ das mathematische Modell

$$RC\dot{v}(t) + v(t) = u(t)$$

hergeleitet. Es ist ein *P*-T_1-Glied mit $T_1 = RC$ und $K_P = 1$.

Beim mechanischen System (Bild 2.55b) wird in der Feder elastische Energie gespeichert. Für $x = 0$ sei die Feder entspannt, also energiefrei. Eingangsgröße ist die auf die starr verbunden gedachten unteren Enden von Feder (Federkonstante c) und Dämpfungsglied (Reibungskoeffizient r) wirkende Kraft F_e, Ausgangsgröße ist die in der Feder hervorgerufene Reaktionskraft F_c. Aus dem Bild läßt sich ablesen:

$$F_e = F_r + F_c = r\dot{x} + cx.$$

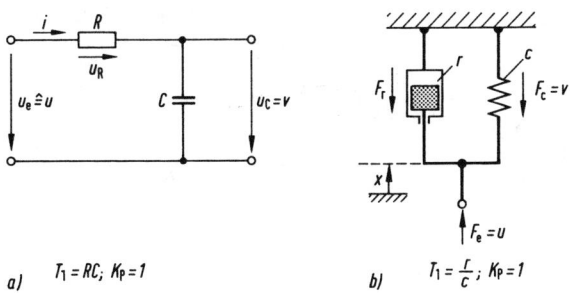

a) $T_1 = RC;\ K_P = 1$ b) $T_1 = \dfrac{r}{c};\ K_P = 1$

Bild 2.55 *P*-T_1-Glieder: $T_1 \dot{v} + v = K_P u$
a) Elektrisches Netzwerk
b) Mechanisches System

x kann man aus der Beziehung $cx = F_c$ entnehmen, so daß die Kraftgleichung die Form

$$\frac{r}{c} \dot{F}_c + F_c = F_e$$

annimmt. Es handelt sich also wie beim RC-Netzwerk-Modell um ein $P\text{-}T_1$-Glied, wobei hier die Zeitkonstante $T_1 = r/c$ und der Beiwert $K_P = 1$ sind. Die Übertragungsfunktion ist

$$G(s) = \frac{v(s)}{u(s)} = \frac{K_P}{T_1 s + 1} \ .$$

Sie hat einen Pol $s = -1/T_1$ und keine Nullstelle (Bild 2.56a). Wegen $T_1 > 0$ liegt der Pol links von der imaginären Achse der s-Ebene. Somit ist das $P\text{-}T_1$-Glied stabil. Die Laplace-Transformierte der Sprungantwort ist (Eingangsgröße ist die Sprungfunktion $u(t) = \hat{u}\sigma(t)$ mit der Laplace-Transformierten $u(s) = \hat{u}/s$, vgl. Anhang A.3 zur Anwendung der Laplace-Transformation):

$$v(s) = G(s)\, u(s) = \frac{K_P}{T_1 s + 1}\, \frac{\hat{u}}{s} \ .$$

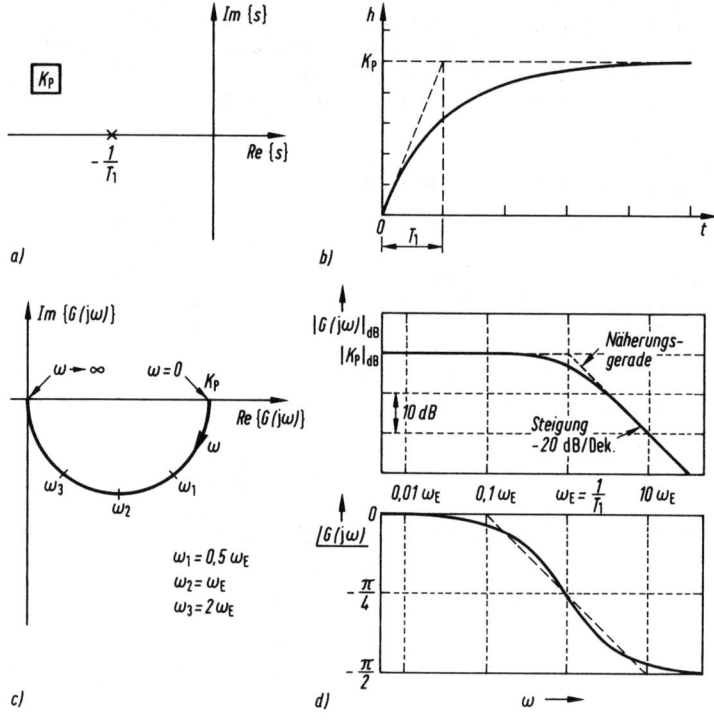

Bild 2.56 $P\text{-}T_1$-Glied: Kennfunktionen
a) $P\text{-}N$-Plan   b) Übergangsfunktion
c) Ortskurve   d) Bode-Diagramm

Für die Übergangsfunktion folgt

$$h(s) = \frac{v(s)}{\hat{u}} = G(s)\,\frac{u(s)}{\hat{u}} = \frac{K_P}{T_1 s + 1}\,\frac{1}{s}\,.$$

Die Nullstellen des Nennerpolynoms sind $s_1 = -1/T_1$ und $s_2 = 0$. Damit ist die Partialbruchzerlegung gemäß Tabelle von Bild A.3.4

$$h(s) = -K_P\,\frac{1}{s - \dfrac{1}{T_1}} + K_P\,\frac{1}{s}\,.$$

Mit Hilfe der Funktionstabelle Bild A.3.1 folgt für die Übergangsfunktion

$$h(t) = -K_P\mathscr{L}^{-1}\left\{\frac{1}{s - \dfrac{1}{T_1}}\right\} + K_P\mathscr{L}^{-1}\left\{\frac{1}{s}\right\} = -K_P\,e^{-(t/T_1)} + K_P\,, \qquad t \geq 0\,,$$

also

$$h(t) = K_P(1 - e^{-(t/T_1)})\,, \qquad t \geq 0\,.$$

Bild 2.56b zeigt die Übergangsfunktion mit der Zeitkonstante T_1. Die Zeitkonstante ist ein Maß für die Verzögerung beim Einschwingen. Grafisch läßt sich T_1 bestimmen, indem man die Tangente der Übergangsfunktion an der Stelle $t = 0$ einzeichnet und den Schnittpunkt mit dem Wert der Übergangsfunktion im eingeschwungenen Zustand bestimmt. Dieser Schnittpunkt liegt an der Stelle $t = T_1$. Je größer also die Zeitkonstante (im Beispiel $T_1 = RC$ bzw. $T_1 = r/c$), umso träger das Einschwingen.

Für den *Frequenzgang* des P-T_1-Gliedes folgt mit $s = j\omega$ aus der Übertragungsfunktion

$$G(j\omega) = \frac{K_P}{T_1 j\omega + 1}\,.$$

Der Frequenzgang läßt sich als *Ortskurve* (Bild 2.56c) auftragen mit Hilfe einer Wertetabelle, in die für Frequenzen zwischen $\omega = 0$ und sehr großen ω-Werten Real- und Imaginärteil oder alternativ Betrags- und Phasenwerte von $G(j\omega)$ eingetragen werden,

$$G(j\omega) = \frac{K_P}{1 + \omega^2 T_1^2} + j\,\frac{-K_P\omega T_1}{1 + \omega^2 T_1^2} = \frac{K_P}{\sqrt{1 + \omega^2 T_1^2}}\,e^{j\underline{/G(j\omega)}}$$

mit $\quad \underline{/G(j\omega)} = -\arctan \omega T_1\,.$

Die *Frequenzkennlinien* des P-T_1-Gliedes (Bild 2.56d) setzen sich gemäß Anhang A.5 additiv aus den Frequenzkennlinien der Faktoren K_P (Bild A.5.1a) und $1/(T_1 j\omega + 1)$ (Bilder A.5.1c, A.5.2a) zusammen.

2.8.3 P-T_2-Glied

Das Übertragungsverhalten eines P-T_2-Gliedes wird mit dem mathematischen Modell

$$\frac{1}{\omega_0^2}\,\ddot{v}(t) + \frac{2d}{\omega_0}\,\dot{v}(t) + v(t) = K_P u(t)$$

dargestellt. ω_0 heißt *Kennkreisfrequenz* ($\omega_0 > 0$, $[\omega_0] = [t]^{-1}$), und d heißt *Dämpfungsgrad* ($d > 0$, $[d] = 1$). K_P ist der *Beiwert* ($[K_P] = [v]/[u]$). Gelegentlich werden im mathematischen Modell die *Zeitkonstanten* T_1 und T_2 verwendet

$$T_2^2 \ddot{v}(t) + T_1 \dot{v}(t) + v(t) = K_P u(t) \quad \text{mit} \quad T_1 = 2dT_2 \quad \text{und} \quad T_2 = 1/\omega_0 \,.$$

Das $P\text{-}T_2$-Glied ist das einfachste LZI-Glied, mit dem *schwingungsfähiges* Übertragungsverhalten dargestellt werden kann.

Beispiel: Elektrisches Netzwerk (Bild 2.57a): Die Maschengleichung ist

$$u_e = u_R + u_L + u_C \,.$$

Mit $u_R = Ri$ und $u_L = Lsi$ (s steht für d/dt, vgl. Anhang A.3) folgt

$$u_e = Ri + Lsi + u_C \,.$$

Da $u_C = (1/Cs)\, i$, also $i = Csu_C$, ergibt sich

$$LCs^2 u_C + RCs u_C + u_C = u_e$$

bzw.

$$LC\ddot{u}_C + RC\dot{u}_C + u_C = u_e \,,$$

also das mathematische Modell eines $P\text{-}T_2$-Gliedes mit $1/\omega_0^2 = LC$ und $2d/\omega_0 = RC$ bzw. $\omega_0 = 1/\sqrt{LC}$ und $d = (R/2)\sqrt{C/L}$.

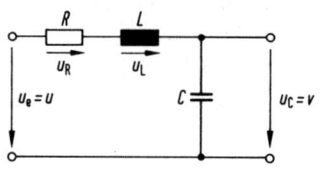
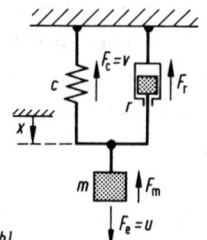

a)   *b)*

Bild 2.57 $P\text{-}T_2$-Glieder
a) Elektrisches Netzwerk   b) Mechanisches System

Beispiel: Mechanisches System (Bild 2.57b): Das Kräftegleichgewicht ist

$$F_e = F_m + F_r + F_c = m\ddot{x} + r\dot{x} + F_c$$

und mit $F_c = cx$ bzw. $x = F_c/c$ ergibt sich

$$\frac{m}{c}\ddot{F}_c + \frac{r}{c}\dot{F}_c + F_c = F_e \,,$$

also ebenfalls das mathematische Modell eines $P\text{-}T_2$-Gliedes mit $\omega_0 = \sqrt{c/m}$ und $d = r/(2\sqrt{cm})$.

Die Übertragungsfunktion eines $P\text{-}T_2$-Gliedes ist

$$G(s) = \frac{v(s)}{u(s)} = \frac{K_P}{\dfrac{1}{\omega_0^2}s^2 + \dfrac{2d}{\omega_0}s + 1} = \frac{K_P \omega_0^2}{s^2 + 2d\omega_0 s + \omega_0^2} \,.$$

Die beiden Pole der Übertragungsfunktion ergeben sich durch Nullsetzen des Nenners $s^2 + 2d\omega_0 s + 1 = 0$ zu $s_{1/2} = -\omega_0 d \pm \omega_0 \sqrt{d^2 - 1}$. Für $d < 1$ werden die beiden Pole komplex, da $d^2 - 1$ unter der Wurzel negativ wird. Im Hinblick auf die folgende Partialbruchzerlegung sind drei Fälle zu unterscheiden:

$d < 1 \quad s_{1/2} = -\omega_0 d \pm j\omega_0 \sqrt{1 - d^2}$, ein einfaches, konjugiert komplexes Polpaar,

$d = 1 \quad s_{1/2} = -\omega_0 d$, eine zweifacher, reeller Pol und

$d > 1 \quad s_{1/2} = -\omega_0 d \pm \omega_0 \sqrt{d^2 - 1}$, zwei einfache, reelle Pole.

Wegen $d > 0$ und $\omega_0 > 0$ liegen die Pole in jedem Fall links von der imaginären Achse der komplexen Ebene. Daher ist das P-T_2-Glied stabil. Es hat keine Nullstelle (Bild 2.58a).

Die Laplace-Transformierte der Sprungantwort auf die Sprungfunktion $u(t) = \hat{u}\sigma(t)$ ist

$$v(s) = G(s)\, u(s) = \frac{K_P \omega_0^2}{s^2 + 2d\omega_0 s + \omega_0^2}\, \frac{\hat{u}}{s}\, .$$

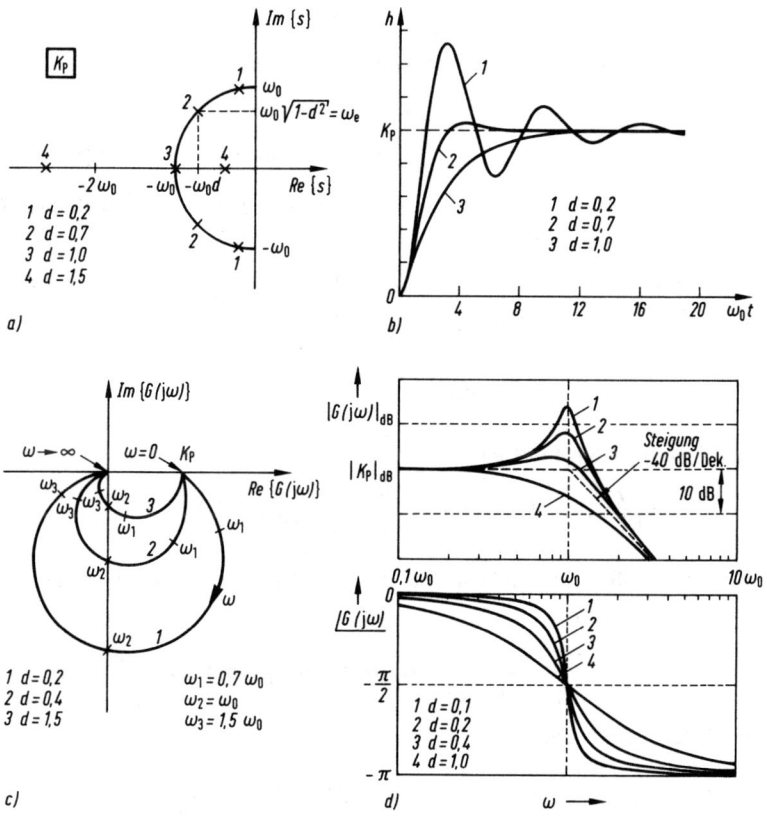

Bild 2.58 P-T_2-Glied: Kennfunktionen
a) P-N-Plan b) Übergangsfunktionen
c) Ortskurven d) Bode-Diagramm

Für die Übergangsfunktion folgt

$$h(s) = \frac{v(s)}{\hat{u}} = \frac{K_P \omega_0^2}{(s^2 + 2d\omega_0 s + \omega_0^2)\, s} \,.$$

$h(t)$ erhält man durch Rücktransformation von $h(s)$. Dazu wird $h(s)$ in Partialbrüche zerlegt (vgl. Bild A.3.4):

Fall $d < 1$ (periodischer Fall):

Die in diesem Fall konjugiert komplexen Nullstellen des quadratischen Nennerterms sind $s_{1/2} = \sigma \pm j\omega_e$ mit $\sigma = -\omega_0 d$ und $\omega_e = \omega_0 \sqrt{1 - d^2}$. Mit diesen Abkürzungen kann man für den quadratischen Term schreiben

$$s^2 + 2d\omega_0 s + \omega_0^2 = (s - s_1)(s - s_2) = (s - \sigma)^2 + \omega_e^2 \,.$$

Für die Partialbruchzerlegung folgt wegen Bild A.3.4, Nr. 1 und 3,

$$h(s) = \frac{K_P \omega_0^2}{((s - \sigma)^2 + \omega_e^2)\, s} = \frac{A}{s} + \frac{C_1 s + C_2}{(s - \sigma)^2 + \omega_e^2} \,.$$

Die Konstanten sind $A = K_P$, $C_1 = -K_P$ und $C_2 = 2\sigma K_P$. Es ist

$$h(t) = A\mathscr{L}^{-1}\left\{\frac{1}{s}\right\} + C_1 \mathscr{L}^{-1}\left\{\frac{s}{(s - \sigma)^2 + \omega_e^2}\right\} + C_2 \mathscr{L}^{-1}\left\{\frac{1}{(s - \sigma)^2 + \omega_e^2}\right\} \,.$$

Die rückzutransformierenden Terme werden auf die Form der Tabelleneinträge Bild A.3.1, Nr. 11 und 12 gebracht:

$$h(t) = A\mathscr{L}^{-1}\left\{\frac{1}{s}\right\} + C_1 \mathscr{L}^{-1}\left\{\frac{s - \sigma}{(s - \sigma)^2 + \omega_e^2}\right\} + \frac{C_1 \sigma + C_2}{\omega_e}\, \mathscr{L}^{-1}\left\{\frac{\omega_e}{(s - \sigma)^2 + \omega_e^2}\right\}$$

$$= A \qquad\qquad + C_1 e^{\sigma t} \cos \omega_e t \qquad\qquad + \frac{C_1 \sigma + C_2}{\omega_e}\, e^{\sigma t} \sin \omega_e t \,.$$

Einsetzen der Konstanten führt auf

$$h(t) = K_P\left(1 - e^{\sigma t}\left(\cos \omega_e t + \frac{d}{\sqrt{1 - d^2}} \sin \omega_e t\right)\right) \,.$$

Dieser Ausdruck läßt sich auf nur *eine* trigonometrische Funktion vereinfachen (vgl. Bild A.3.5)

$$h(t) = K_P\left(1 - e^{\sigma t}\, \frac{1}{\sqrt{1 - d^2}} \cos(\omega_e t + \varphi)\right) \quad \text{mit} \quad \varphi = -\arctan \frac{d}{\sqrt{1 - d^2}}$$

oder mit der normierten Zeit $\tau = \omega_0 t$

$$h(\tau) = K_P\left(1 - e^{-d\tau}\, \frac{1}{\sqrt{1 - d^2}} \cos(\sqrt{1 - d^2}\, \tau + \varphi)\right) \,.$$

Dieser Ausdruck für die Übergangsfunktion des P-T_2-Gliedes gilt nur für einen kleinen Dämpfungsgrad $0 < d < 1$ (Bild 2.58b). $\sigma = -\omega_0 d$, der Realteil des konjugiert komplexen Polpaares, ist ein Maß für die Dauer des Einschwingvorganges, der — bei konstanter Kennkreisfrequenz ω_0 — umso kürzer ist, je größer der Dämpfungsgrad d ist. Man nennt $d < 1$ auch den *periodischen Fall* und bezeichnet das P-T_2-Glied dann als *Schwingungsglied*. $\omega_e = \omega_0 \sqrt{1 - d^2}$ heißt *Eigenkreisfrequenz* oder Kreisfrequenz des gedämpft schwingenden P-T_2-Gliedes. Die Kennkreisfrequenz ω_0 ist dagegen die Kreisfrequenz des *ungedämpft* ($d = 0$) schwingenden P-T_2-Gliedes.

Bei größerem Dämpfungsgrad, nämlich $d \geq 1$, ist das P-T_2-Glied *nicht* schwingungsfähig. Die Übertragungsfunktion hat dann die zwei reellen Pole

$$s_{1/2} = -\omega_0 d \pm \omega_0 \sqrt{d^2 - 1} = -\omega_0(d \pm d'), \quad \text{mit} \quad d' = \sqrt{d^2 - 1},$$

die im Falle $d = 1$ gleich und im Falle $d > 1$ verschieden sind. In beiden Fällen läßt sich das P-T_2-Glied in die Kettenschaltung zweier P-T_1-Glieder zerlegen

$$G(s) = \frac{K_P \omega_0^2}{s^2 + 2d\omega_0 s + \omega_0^2} = \frac{K_P \omega_0^2}{(s - s_1)(s - s_2)} = \frac{K_{P1}}{T_{11}s + 1} \frac{K_{P2}}{T_{12}s + 1},$$

wobei $T_{11} = -1/s_1 = (d - d')/\omega_0$ [1]), $T_{12} = -1/s_2 = (d + d')/\omega_0$ und z. B. $K_{P1} = K_P \omega_0^2(-1/s_1) = K_P \omega_0(d - d')$ und $K_{P2} = -1/s_2 = (d + d')/\omega_0$.

Die Übergangsfunktion des P-T_2-Gliedes (bzw. der Kettenschaltung) für den

Fall $d > 1$ (aperiodischer Fall)

ist $h(\tau) = K_P \left(1 + \dfrac{1}{2d'} \left((d - d') e^{-(d + d')\tau} - (d + d') e^{-(d - d')\tau} \right) \right)$ mit $\tau = \omega_0 t$. Für den

Fall $d = 1$ (aperiodischer Grenzfall)

gilt

$$h(\tau) = K_P(1 - e^{-\tau} - \tau\, e^{-\tau}).$$

Mit $s = j\omega$ ergibt sich aus der Übertragungsfunktion der Frequenzgang

$$G(j\omega) = \frac{K_P}{\dfrac{1}{\omega_0^2}(j\omega)^2 + \dfrac{2d}{\omega_0}(j\omega) + 1} = \frac{K_P}{1 - (\omega/\omega_0)^2 + j\, 2d(\omega/\omega_0)}$$

$$= \frac{K_P(1 - (\omega/\omega_0)^2)}{[1 - (\omega/\omega_0)^2]^2 + [2d(\omega/\omega_0)]^2} - j \frac{K_P 2d(\omega/\omega_0)}{[1 - (\omega/\omega_0)^2]^2 + [2d(\omega/\omega_0)]^2}$$

und in der Exponentialdarstellung

$$G(j\omega) = \frac{K_P}{\sqrt{[1 - (\omega/\omega_0)^2]^2 + [2d(\omega/\omega_0)]^2}} \, e^{j \underline{/G(j\omega)}}$$

mit

$$\underline{/G(j\omega)} = -\arctan \frac{2d(\omega/\omega_0)}{1 - (\omega/\omega_0)^2}.$$

---

[1]) Es ist $(d + d')(d - d') = d^2 - d'^2 = 1$.

Bild 2.58 c zeigt die *Ortskurvendarstellung* des Frequenzganges für einige Werte des Dämpfungsgrades *d*. Die *Frequenzkennlinien* (*Bode-Diagramm*) des P-T_2-Gliedes setzen sich gemäß Anhang A.5 additiv aus den Frequenzkennlinien der Faktoren K_P (Bild A.5.1 a) und $1/(T_2^2(j\omega)^2 + T_1 j\omega + 1)$ (Bilder A.5.1 d und A.5.2 b) zusammen.

Beispiel: Untersuchung der Schwingungsfähigkeit eines Übertragungsgliedes zweiter Ordnung: In Abschnitt 2.3.1 (Bild 2.17 c) wurde ein elektrisches Netzwerk mit zwei ohmschen, einem kapazitiven und einem induktiven Widerstand behandelt. Für das Übertragungsverhalten zwischen der Eingangsspannung $u_e(t)$ und der Kondensatorspannung $u_C(t)$ wurde als mathematisches Modell das LZI-Glied zweiter Ordnung

$$\frac{R_1}{R_2} CL\ddot{u}_C + \left(\frac{L}{R_2} + R_1 C\right)\dot{u}_C + \left(\frac{R_1}{R_2} + 1\right) u_C = u_e + \frac{L}{R_2}\dot{u}_e$$

hergeleitet. Es handelt sich um ein P-D-T_2-Glied, wobei das D zum Ausdruck bringt, daß $u_e(t)$ auf der rechten Seite der Differentialgleichung auch differenziert wird. (Das D-Glied wird in Abschn. 2.8.6 behandelt.) Die Übertragungsfunktion ist

$$G(s) = \frac{u_C(s)}{u_e(s)} = \frac{\dfrac{L}{R_2} s + 1}{\left(\dfrac{R_1}{R_2} CL\right) s^2 + \left(\dfrac{L}{R_2} + R_1 C\right) s + \left(\dfrac{R_1}{R_2} + 1\right)} .$$

Ob dieses Übertragungsglied *schwingungsfähig* ist oder nicht, hängt nur vom Dämpfungsgrad *d* im Nenner der Übertragungsfunktion des P-T_2-Gliedes ab. Vergleicht man die Koeffizienten in

$$s^2 + 2d\omega_0 s + \omega_0^2 = s^2 + \frac{\dfrac{L}{R_2} + R_1 C}{\dfrac{R_1}{R_2} CL} s + \frac{\dfrac{R_1}{R_2} + 1}{\dfrac{R_1}{R_2} CL} ,$$

dann folgt, mit den Abkürzungen (Zeitkonstanten) $T_a = R_1 C$ und $T_b = \dfrac{L}{R_2}$, $2d\omega_0 = (T_b + T_a)/(T_a T_b)$ und $\omega_0^2 = ((R_1/R_2) + 1)/(T_a T_b)$. Für den Dämpfungsgrad ergibt sich

$$d = \frac{T_a + T_b}{2\sqrt{(1 + (R_1/R_2)) T_a T_b}} .$$

Das elektrische Netzwerk ist schwingungsfähig, wenn $d < 1$. Eigenschwingungen des Netzwerkes lassen sich vermeiden, indem man das Verhältnis R_2/R_1 so groß macht, daß der Dämpfungsgrad $d \geq 1$ ist.

2.8.4 T_t-Glied

Das Übertragungsverhalten eines Totzeitgliedes (T_t-Glied) wird mit dem mathematischen Modell

$$v(t) = K_P u(t - T_t)$$

dargestellt. T_t heißt *Totzeit* ($T_t > 0$, $[T_t] = [t]$) und K_P wird als *Proportionalbeiwert* oder kurz als *P-Beiwert* bezeichnet ($[K_P] = [v]/[u]$).

Beispiel:

Bei einem über eine Druckleitung pneumatisch angetriebenen Stellglied vergeht eine gewisse Zeit, bis eine Druckveränderung über die Leitung am Stellglied ankommt. Kann man sich das Ausgangssignal der Leitung durch einfache Zeitverschiebung des Eingangssignales entstanden denken, dann bezeichnet man das zeitliche Verschiebungsintervall als *Totzeit* T_t. Erst *nach Ablauf* einer Totzeit *beginnt* sich eine Änderung der Eingangsgröße auf die Ausgangsgröße auszuwirken.

Das T_t-Glied unterscheidet sich von einem *P*-Glied (Abschnitt 2.8.1) nur dadurch, daß die Ausgangsgröße $v(t)$ gegenüber der Eingangsgröße $u(t)$ um die Totzeit T_t verschoben ist. Die Übertragungsfunktion des T_t-Gliedes ist unter Beachtung der Operationstabelle Bild A.3.2, Nr. 9,

$$G(s) = \frac{v(s)}{u(s)} = K_P \, e^{-T_t s} \, .$$

Sie hat weder ein Zähler- noch ein Nennerpolynom[1]). Es sind weder Pole noch Nullstellen definiert. Die Sprungantwort ergibt sich mit $u(t) = \hat{u}\sigma(t)$ zu $v(t) = K_P\hat{u}\sigma(t - T_t)$.

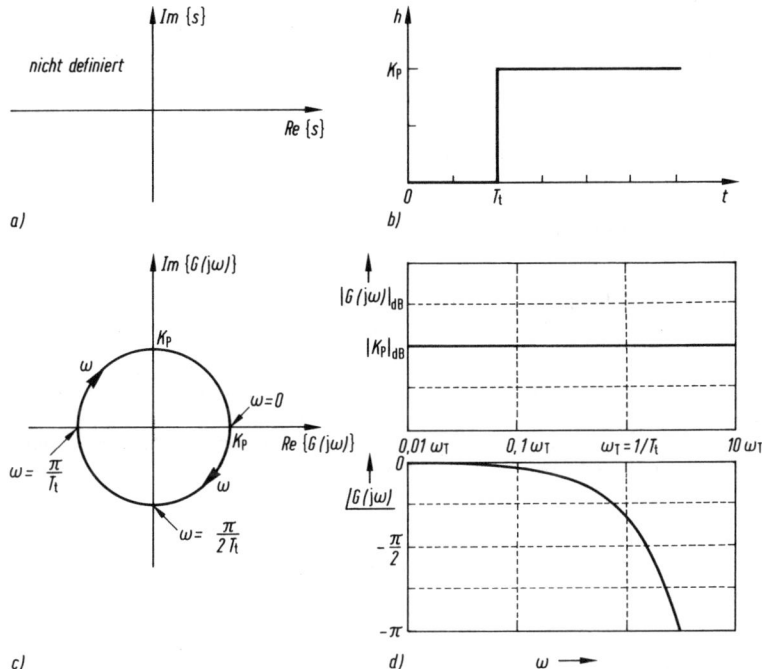

Bild 2.59 Totzeit-Glied (T_t-Glied): Kennfunktionen
a) *P-N*-Plan   b) Übergangsfunktion
c) Ortskurve   d) Bode-Diagramm

---

[1]) Mathematisch handelt es sich nicht um eine gebrochen rationale Übertragungsfunktion (mit Zähler- und Nennerpolynom), sondern um eine transzendente Übertragungsfunktion.

Die Übergangsfunktion ist dann (Bild 2.59b)

$$h(t) = \frac{v(t)}{\hat{u}} = K_P \sigma(t - T_t) \, .$$

Da $h(t)$ für $t \to \infty$ einen festen Wert hat, ist das T_t-Glied stabil. Der Frequenzgang folgt aus der Übertragungsfunktion mit $s = j\omega$ zu $G(j\omega) = K_P \, e^{-j\omega T_t}$. Da $G(j\omega)$ die Exponentialdarstellung einer komplexen Zahl ist, kann direkt K_P als Betrag und $-\omega T_t$ als Phasenwinkel der komplexen Zahl $G(j\omega)$ abgelesen werden. Also ist die Ortskurvendarstellung des Frequenzganges ein Kreis um den Ursprung der komplexen $G(j\omega)$-Ebene mit dem Radius K_P und dem Parameter ω, der den Umfang mit der Periode $2\pi/T_t$ je einmal durchläuft (Bild 2.59c). Im Bode-Diagramm (Bild 2.59d) ist die Betragskennlinie $|G(j\omega)|_{\text{dB}} = 20 \log |K_P|$ und die Phasenkennlinie $\underline{/G(j\omega)} = -\omega T_t$. Letztere hat wegen der log ω-Achse einen nach unten gekrümmten Verlauf (vgl. auch Anhang A.5, Bild A.5.1e).

2.8.5   *I*- und *I*-T_1-Glied

Das Übertragungsverhalten eines Integriergliedes (*I*-Glied) wird mit dem mathematischen Modell

$$v(t) = K_I \int\limits_0^t u(t) \, dt \quad \text{oder} \quad \dot{v}(t) = K_I u(t)$$

dargestellt. K_I heißt *Integrierbeiwert* oder kurz *I-Beiwert* $\left([K_I] = \dfrac{[v]}{[u]\,[t]} \right)$.

Beispiel: Magnetband-, Festplatten- und CD-Laufwerke werden häufig mit Gleichstrommotoren angetrieben. Bild 2.60 zeigt ein Prinzipbild eines solchen elektromechanischen Systems.

Die Eingangsgröße $u(t)$ sei die Steuerspannung $u_m(t)$, und die Ausgangsgröße $v(t)$ sei der Drehwinkel $\varphi(t)$ der Motorwelle. Die Spannung $u_m(t)$ steuere eine Stromquelle. Da das vom Gleichstrommotor erzeugte Drehmoment $M_m(t)$ der Stromstärke proportional ist, gilt näherungsweise $M_m(t) = c_m u_m(t)$, wobei c_m ein Proportionalitätsfaktor ist. Für den mechanischen Teil des Gleichstrommotors kann man vom Momentengleichgewicht

$$J\ddot{\varphi}(t) = -c_R \dot{\varphi}(t) + M_m(t) = -c_R \dot{\varphi}(t) + c_m u_m(t)$$

ausgehen, wobei c_R eine Reibkonstante ist. Ist die zu bewegende Masse und damit die Trägheit J vernachlässigbar klein, so gilt

$$\dot{\varphi}(t) = \frac{c_m}{c_R} \, u_m(t) \, .$$

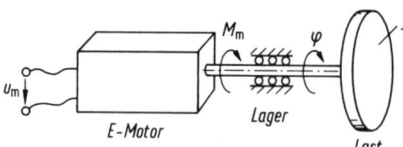

Bild 2.60 *I*- und *I*-T_1-Glied: Elektromechanisches System

Das ist ein *I*-Glied mit dem *I*-Beiwert $K_I = c_m/c_R$. Ist die Trägheit *J* nicht vernachlässigbar, so ergibt sich als mathematisches Modell ein *I*-Glied mit Verzögerung erster Ordnung (*I-T₁*-Glied)

$$\frac{J}{c_R}\,\ddot{\varphi}(t) + \dot{\varphi}(t) = \frac{c_m}{c_R}\,u_m(t).$$

Das Übertragungsverhalten eines *I-T₁*-Gliedes wird mit dem mathematischen Modell

$$T_1\ddot{v}(t) + \dot{v}(t) = K_I u(t)$$

dargestellt. T_1 heißt *Zeitkonstante* ($T_1 > 0$, $[T_1] = [t]$). K_I hat die gleiche Bedeutung wie beim *I*-Glied. Die Übertragungsfunktionen von *I*-Glied und *I-T₁*-Glied sind

$$G(s) = \frac{v(s)}{u(s)} = \frac{K_I}{s} \quad \text{bzw.} \quad G(s) = \frac{v(s)}{u(s)} = \frac{K_I}{(T_1 s + 1)\,s}\,.$$

Das *I-T₁*-Glied ist eine Kettenschaltung aus *I*-Glied und *P-T₁*-Glied (Abschnitt 2.8.2). Das *I*-Glied hat einen Pol $s = 0$ und das *I-T₁*-Glied einen zusätzlichen Pol $s = -1/T_1$. Wegen des Poles auf der imaginären Achse der komplexen *s*-Ebene sind beide Übertragungsglieder instabil (Bild 2.61a). Die Laplace-Transformierte der Sprungantworten auf

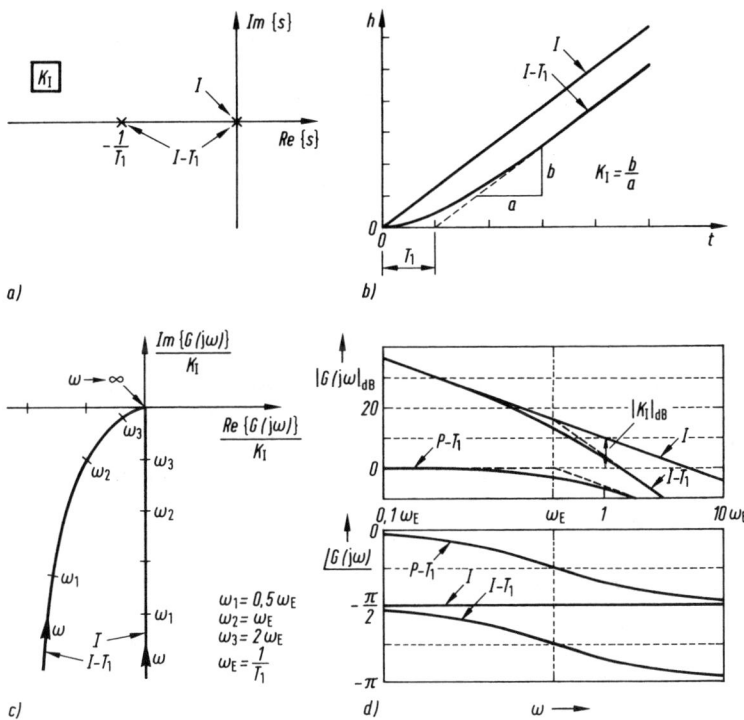

Bild 2.61 *I*- und *I-T₁*-Glied: Kennfunktionen
a) *P-N*-Plan   b) Übergangsfunktion
c) Ortskurve   d) Bode-Diagramm

die Sprungfunktion $u(t) = \hat{u}\sigma(t)$ sind (vgl. Anhang A.3 zur Anwendung der Laplace-Transformation):

$$v(s) = G(s)\,u(s) = \frac{K_{\mathrm{I}}}{s}\,\frac{\hat{u}}{s} \quad \text{bzw.} \quad v(s) = \frac{K_{\mathrm{I}}}{(T_1 s + 1)\,s}\,\frac{\hat{u}}{s}\,.$$

Für die Übergangsfunktion des *I*-Gliedes folgt

$$h(t) = \mathscr{L}^{-1}\left\{\frac{v(s)}{\hat{u}}\right\} = K_{\mathrm{I}}\mathscr{L}^{-1}\left\{\frac{1}{s^2}\right\} = K_{\mathrm{I}}t$$

und für die Übergangsfunktion des *I-T₁*-Gliedes ergibt sich mit der Partialbruchzerlegung

$$\frac{K_{\mathrm{I}}}{(T_1 s + 1)\,s^2} = \frac{A_1}{T_1 s + 1} + \frac{A_2}{s} + \frac{A_3}{s^2}$$

mit

$$A_1 = K_{\mathrm{I}}T_1, \qquad A_2 = -K_{\mathrm{I}}T_1 \quad \text{und} \quad A_3 = K_{\mathrm{I}}$$

das Ergebnis

$$h(t) = K_{\mathrm{I}}(t - T_1(1 - e^{-(t/T_1)})).$$

Ist die Zeitkonstante T_1 vernachlässigbar (im Beispiel $T_1 = J/c_{\mathrm{R}} \approx 0$), so wird die Übergangsfunktion zu derjenigen des *I*-Gliedes (Bild 2.61 b). Die Übergangsfunktionen nehmen für $t \to \infty$ keinen festen Wert an, woran man die Instabilität von *I*- bzw. *I-T₁*-Glied ablesen kann.

Für die *Frequenzgänge* von *I*- und *I-T₁*-Glied folgt mit $s = \mathrm{j}\omega$ aus den Übertragungsfunktionen

$$G(\mathrm{j}\omega) = \frac{K_{\mathrm{I}}}{\mathrm{j}\omega} \quad \text{bzw.} \quad G(\mathrm{j}\omega) = \frac{K_{\mathrm{I}}}{(T_1\mathrm{j}\omega + 1)\,\mathrm{j}\omega}\,.$$

Der Frequenzgang des *I*-Gliedes ist, wie man nach Erweiterung des Bruches mit j erkennt, rein imaginär. Bild 2.61 c zeigt die *Ortskurvendarstellung* des Frequenzganges und Bild 2.61 d die *Frequenzkennlinien* (*Bode-Diagramm*) des *I*-Gliedes. Letztere setzen sich gemäß Anhang A.5 additiv aus den Frequenzkennlinien der Faktoren K_{I} (Bild A.5.1a) und $1/(\mathrm{j}\omega)$ (Bild A.5.1b) zusammen. Das Bodediagramm des *I-T₁*-Gliedes ergibt sich durch grafische Addition der Betrags- und Phasenkennlinien von *I*- und *P-T₁*-Glied (Bild 2.61 d).

2.8.6   *D*- und *D-T₁*-Glied

Das Übertragungsverhalten eines Differenziergliedes (*D*-Glied) wird mit dem mathematischen Modell

$$v(t) = K_{\mathrm{D}}\dot{u}(t)$$

dargestellt. K_{D} heißt *Differenzierbeiwert* oder kurz *D-Beiwert* $\left([K_{\mathrm{D}}] = \dfrac{[v]}{[u]}\,[t]\right)$.

Beispiel: Bei Lageregelkreisen in Werkzeugmaschinen wird die Werkzeugposition gemessen. Ist zusätzlich die Werkzeuggeschwindigkeit bekannt, so läßt sich die Lageregelung verbessern. Soll kein zusätzlicher Geschwindigkeitssensor verwendet werden, so muß das Lagesignal differenziert werden.

Die Übertragungsfunktionen des D-Gliedes ist

$$G(s) = \frac{v(s)}{u(s)} = K_D s \,.$$

Das D-Glied hat eine Nullstelle $s = 0$ und keinen Pol (Bild 2.62a). Die Laplace-Transformierte der Sprungantworten auf die Sprungfunktion $u(t) = \hat{u}\sigma(t)$ ist (vgl. Anhang A.3 zur Anwendung der Laplace-Transformation):

$$v(s) = G(s)\, u(s) = K_D s\, \frac{\hat{u}}{s} = K_D \hat{u}$$

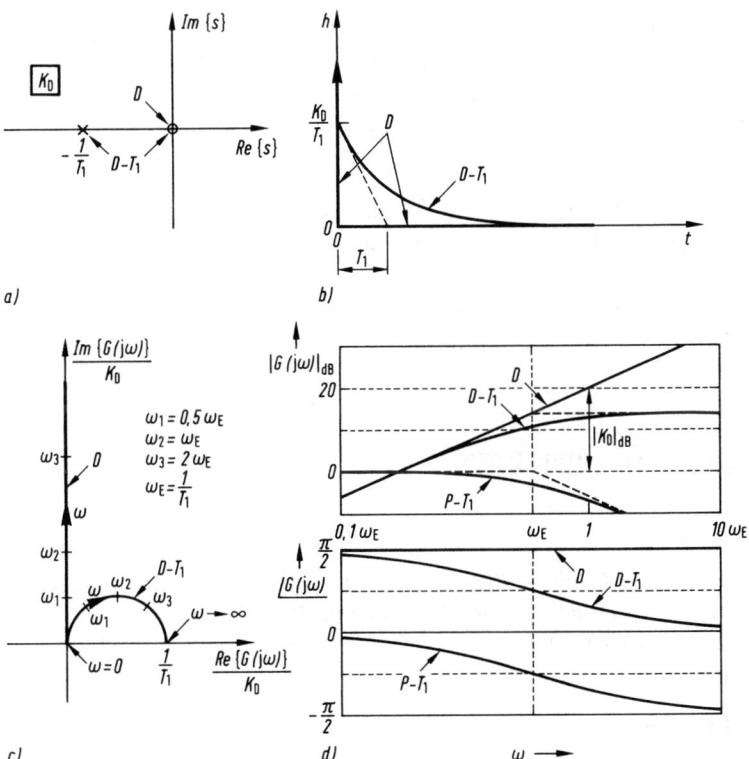

Bild 2.62 D- und D-T_1-Glied: Kennfunktionen
a) P-N-Plan   b) Übergangsfunktion
c) Ortskurve   d) Bode-Diagramm

Für die Übergangsfunktion des *D*-Gliedes folgt mit der Funktionstabelle Bild A.3.1, Nr. 1

$$h(t) = \mathscr{L}^{-1}\left\{\frac{v(s)}{\hat{u}}\right\} = K_\mathrm{D}\,\mathscr{L}^{-1}\{1\} = K_\mathrm{D}\delta(t)\,.$$

Die Übergangsfunktion des *D*-Gliedes ist also Null für alle t außer $t = 0$, wo die Steigung der Sprungfunktion unendlich ist (Bild 2.62b). Da $h(t)$ für $t \to \infty$ einen festen Wert hat, ist das *D*-Glied stabil.

Der *Frequenzgang* des *D*-Gliedes folgt mit $s = \mathrm{j}\omega$ aus der Übertragungsfunktion zu

$$G(\mathrm{j}\omega) = K_\mathrm{D}\mathrm{j}\omega\,,$$

er ist also rein imaginär. Bild 2.62c zeigt die *Ortskurvendarstellung* und Bild 2.62d die *Frequenzkennliniendarstellung* des Frequenzganges des *D*-Gliedes. Letztere setzen sich gemäß Anhang A.5 additiv aus den Frequenzkennlinien der Faktoren K_D (Bild A.5.1a) und $\mathrm{j}\omega$ (Bild A.5.1b) zusammen.

Da das Übertragungsverhalten in Geräten oder Anlagen *immer* auch von Trägheiten geprägt wird, ist es leicht einzusehen, daß es kein *exakt* differenzierendes Übertragungsverhalten geben kann. Eine Übergangsfunktion (Bild 2.62b), die im Zeitintervall Null von Null nach Unendlich und wieder zurück wechselt, ist technisch nicht möglich. Im Bode-Diagramm (Bild 2.62d) zeigt sich diese Unmöglichkeit darin, daß die Betragskennlinie mit wachsender Kreisfrequenz gegen Unendlich geht. Alle realen Systeme (und damit auch alle differenzierenden Bauelemente) haben jedoch Tiefpaßcharakter, d. h. ihre Betragskennlinie geht für $\omega \to \infty$ gegen Null. Gelegentlich macht es trotzdem Sinn, mit dem idealen *D*-Glied *zu rechnen*, nämlich dann, wenn sich die Eingangsgrößen nur langsam oder *nieder*frequent ändern können. Dann spielt nämlich die unrealistischerweise gegen Unendlich gehende Betragskennlinie im *hoch*frequenten Bereich keine Rolle.

Ein mathematisches Modell, das dem Tiefpaßcharakter realer Systeme näher kommt, ist das *D-T₁*-Glied, eine Kettenschaltung aus *D*- und *P-T₁*-Glied:

$$G(s) = \frac{1}{T_1 s + 1}\,K_\mathrm{D}s \quad \text{bzw.} \quad T_1\dot{v}(t) + v(t) = K_\mathrm{D}\dot{u}(t)\,.$$

Die Übergangsfunktion (Bild 2.62b)

$$h(t) = \frac{K_\mathrm{D}}{T_1}\,e^{-(t/T_1)}$$

hat an der Stelle $t = 0$ den *endlichen* Wert $h(0) = K_\mathrm{D}/T_1$. Die Betragskennlinie im Bode-Diagramm, das sich durch grafische Addition der Betrags- und Phasenkennlinien von *D*- und *P-T₁*-Glied konstruieren läßt, bleibt für $\omega \to \infty$ konstant (Bild 2.62d).

2.8.7 Übersicht

Die folgende Tabelle faßt die wichtigsten Kennfunktionen der behandelten einfachen LZI-Glieder zusammen. Der Verlauf der Übergangsfunktion wird in Wirkungsplänen auch als Blocksymbol verwendet (4. Spalte).

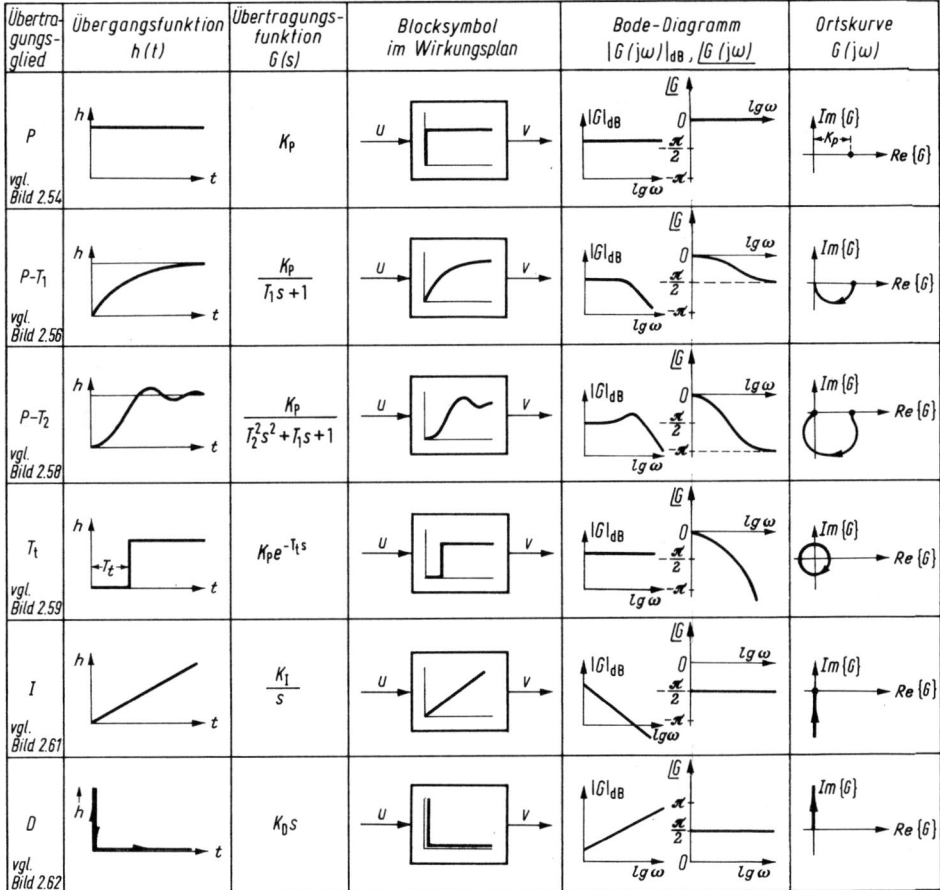

Bild 2.63 Einfache Übertragungsglieder: Übersicht
Weitere Einzelheiten sind den in der ersten Spalte angegebenen Bildnummern zu entnehmen.

3 Regelstrecken

Bild 3.1a zeigt den Standard-Regelkreis, wie er in Abschn. 1.3 eingeführt wurde. Gerätetechnisch läßt sich der Bereich dessen, was als der Regelstrecke (kurz: Strecke) zugehörig anzusehen ist, durch die Übereinkunft festlegen, daß der Anlagenteil zwischen Stellort und Meßort als Regelstrecke zu betrachten ist. Abweichungen von dieser Festlegung können in Sonderfällen jedoch zweckmäßig und vertretbar sein, z. B. wenn die Aufgabengröße $x_A(t)$, die eigentlich zu beeinflussende Größe, nicht zugleich die Regelgröße ist (vgl. Abschn. 1.1).

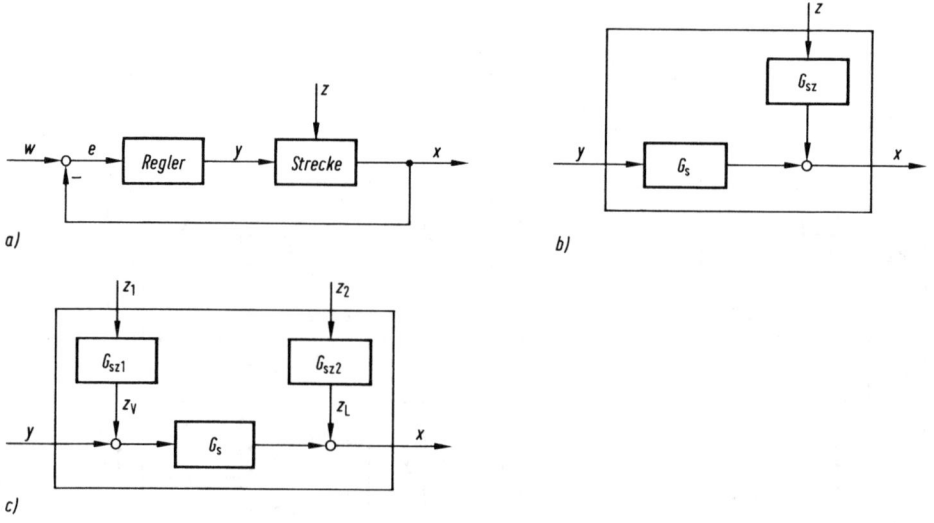

Bild 3.1 Wirkungspläne

a) Standard-Regelkreis
b) Regelstrecke mit Stellgröße y und Störgröße z
c) Regelstrecke mit Laststörgröße z_L und Versorgungsstörgröße z_V

Im Wirkungsplan von Bild 3.1a ist die Strecke ein Übertragungsglied mit zwei Eingangsgrößen, der Stellgröße y und der Störgröße z, und einer Ausgangsgröße, der Regelgröße x. Die Störgröße z beeinflußt die Regelgröße x störend, während mit der Stellgröße y dem Störeinfluß auf x entgegengewirkt werden soll. Das Übertragungsverhalten von y auf x heißt *Stell*übertragungsverhalten und das Übertragungsverhalten von z auf x heißt *Stör*übertragungsverhalten der Regelstrecke.

Die Regelstrecke ist i. a. fest vorgegeben und läßt sich daher im Hinblick auf eine optimale Regelung nachträglich nicht mehr verändern. Im Standard-Regelkreis von Bild 3.1a ist daher der Block „Regler" so auszulegen, daß *bei gegebener Strecke* die Anforderungen an das Regelungssystem erfüllt werden. Um einen Regler auswählen und/oder einstellen zu können, sind daher zunächst Kenntnisse über die Regelstrecke erforderlich.

Diese können z. B. aus gemessenen Kennfunktionen wie der Übergangsfunktion (Abschn. 2.4.1) oder dem Frequenzgang (Abschn. 2.5) gewonnen werden. Umfassendere Informationen enthält ein mathematisches Modell der Regelstrecke, das sich auf theoretischem oder experimentellem Wege ermitteln läßt (Abschn. 2.3).

Wie in Abschn. 1.4 ausgeführt wurde und in Abschn. 2.3 mit praktischen Beispielen vertieft wurde, geht man bei der Messung von Testsignalantworten einer Regelstrecke bzw. bei deren mathematischer Modellbildung von einem Arbeitspunkt (x_0, y_0, z_0) aus. Der Arbeitspunkt wird so gewählt, daß in einem gut funktionierenden Regelkreis (der für $x \approx x_S$ sorgt) die Abweichungen $\Delta x = x - x_0$ (wobei $x_0 = x_S$ der Sollwert) und $\Delta y = y - y_0$ bei nicht allzu großem $\Delta z = z - z_0$ *klein* bleiben. Dann kann das Übertragungsverhalten zwischen den Eingangsgrößen Δy und Δz und der Ausgangsgröße Δx in der Regel als *linear* angenommen werden.

Im Folgenden werden nur die Abweichungen $\Delta x = x - x_0$, $\Delta y = y - y_0$ und $\Delta z = z - z_0$ vom Arbeitspunkt betrachtet und daher der Einfachheit halber der Δ-Zusatz weglassen. Ferner wird das Übertragungsverhalten der (auf den Arbeitspunkt bezogenen) Regelstrecke als linear angenommen. Dann dürfen Stör- und Stelleinfluß auf x getrennt voneinander betrachtet werden, wobei sich die Gesamtwirkung durch ihre Addition[1] ergibt (Bild 3.1 b):

$$x(s) = G_S(s)\, y(s) + G_{Sz}(s)\, z(s)$$

$G_S(s) = x(s)/y(s)$ heißt *Stell*übertragungsfunktion und $G_{Sz}(s) = x(s)/z(s)$ heißt *Stör*übertragungsfunktion[2].

Bei den Störgrößen interessiert im allgemeinen nicht ihr physikalischer Ursprung, sondern ihre Auswirkung auf die Regelgröße x. So stellt z. B. z_1 in Bild 3.1c Schwankungen einer elektrischen oder pneumatischen Hilfsenergie[3] dar, die die Stellgröße y (und damit indirekt die Regelgröße x) stört. Wesentlich ist dabei nur die Auswirkung z_V auf die Stellgröße. z_V heißt *Versorgungs*störgröße und hat die Einheit der Stellgröße. Störgrößen, die in der Strecke in Wirkungsrichtung „weiter hinten" auftreten, heißen *Last*störgrößen (z. B. z_L in Bild 3.1c mit der Einheit der Regelgröße x). Insgesamt folgt für die Regelgröße in Bild 3.1c

$$x(s) = G_S(s)\, y(s) + G_S(s)\, z_V(s) + z_L(s)\,.$$

Soll z. B. die Temperatur in einem Raum mit einem am Heizkörper angebrachten Thermostatventil geregelt werden, dann führt z. B. eine Schwankung der Heißwassertemperatur zu einer Versorgungsstörgröße z_V, weil der Heizkörper mit Hilfe des Heißwassers mit Wärme „versorgt" wird. Demgegenüber wäre z. B. das Öffnen eines Fensters als Laststörgröße z_L zu betrachten.

Anhand ihrer Kenngrößen, Kennfunktionen bzw. mathematischen Modelle lassen sich die Regelstrecken bestimmten Typen zuordnen, woraus sich wichtige Hinweise auf Auswahl und Einstellung des Reglers ergeben.

---

[1] Folgt aus dem Überlagerungsprinzip, das in Abschn. 2.1 behandelt wird.
[2] Übertragungsfunktionen werden in Abschn. 2.6 erläutert.
[3] Hilfsenergien wurden in Abschn. 1.1 besprochen.

3.1   Stationäres und dynamisches Verhalten von Regelstrecken

Regelstrecken lassen sich z. B. anhand einer gemessenen Sprungantwort hinsichtlich ihres *stationären* und *dynamischen* Verhaltens beurteilen.

Beispiel: Bei einem Gleichstrommotor soll die Drehzahl geregelt werden. Das Stellübertragungverhalten der Regelstrecke sei dabei das Übertragungsverhalten zwischen der Ankerspannung (Stellgröße) und der Drehzahl (Regelgröße). Im Arbeitspunkt sei die Drehzahl $n = n_0$ und die Ankerspannung $u_A = u_{A0}$. Befindet sich die Regelstrecke „Gleichstrommotor" im Arbeitspunkt, dann ist die Ankerspannung konstant $u_A = u_{A0}$ und die Drehzahl konstant $n = n_0$. Wird die Ankerspannung nun sprunghaft auf einen anderen konstanten Wert erhöht, dann steigt die Drehzahl ebenfalls an und schwingt auf einen höheren konstanten Wert ein.

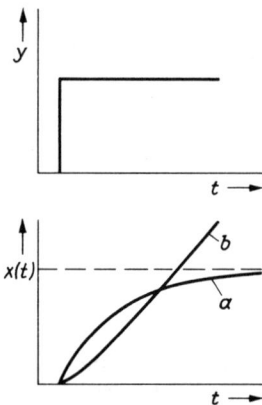

Bild 3.2   Sprungantworten $x(t)$ von Strecken
a) mit Ausgleich
b) ohne Ausgleich

Die Art des Einschwingvorganges bei einer Sprungantwort (z. B. langsam oder schnell, mit oder ohne Schwingungen) ist Ausdruck des *dynamischen* Verhaltens der Regelstrecke, während der eingeschwungene Zustand das *stationäre* Verhalten charakterisiert. Ein fester stationärer Zustand wird auch als *Beharrungszustand, Gleichgewichtszustand* oder *Ruhezustand* bezeichnet. Eine Regelstrecke, deren Sprungantwort für $t \to \infty$ einem festen Wert zustrebt, heißt Regelstrecke *mit Ausgleich* (Bild 3.2, Kurve a). Regelstrecken mit Ausgleich sind stabil (vgl. Abschn. 2.7.1)[1]. Ihr stationärer Zustand wird durch *Kennlinien* charakterisiert.[2]

Das Stellübertragungsverhalten läßt sich mit der linearen Differentialgleichung mit konstanten Koeffizienten[3]

$$a_n x^{(n)} + a_{n-1} x^{(n-1)} + \ldots + a_1 \dot{x} + a_0 x = b_0 y + \ldots + b_m y^{(m)}$$

[1] Nicht nur die *Sprung*antworten stabiler Übertragungsglieder streben nach dem Einschwingvorgang einem (festen) stationären Zustand zu. Auch die Antwortfunktionen auf *periodische* Eingangsfunktionen führen nach dem Einschwingen zu einem stationären (*Schwingungs*-) Zustand. Ein Beispiel dafür ist die Sinusantwort (Abschn. 2.5.1). Im Folgenden wird − wie allgemein üblich − unter stationärem Zustand der *feste* stationäre Zustand verstanden.
[2] Kennlinien wurden in Abschn. 2.3 behandelt. Zur Definition siehe Glossar.
[3] Totzeiten in Regelstrecken werden in Abschn. 3.4 gesondert behandelt.

darstellen, wobei $x = x(t)$ und $y = y(t)$ Zeitfunktionen sind. $x^{(n)}$ bedeutet die n-te Ableitung von x nach der Zeit. Bei sehr genauen mathematischen Streckenmodellen ist immer $m < n$. Häufig genügen einfachere Modelle mit $m = n$ wie z. B. das P-Glied mit $n = m = 0$ (Abschn. 2.8.1). Seltener ist $m > n$ gerechtfertigt, wie z. B. beim idealen D-Glied mit $m = 1$ und $n = 0$ (Abschn. 2.8.6).

Bei Strecken mit Ausgleich sind die Koeffizienten auf der linken Seite der Differentialgleichung alle ungleich Null und haben gleiches Vorzeichen. Auf der rechten Seite tritt häufig nur der y-Term auf. Dann kann das Streckenmodell auch in der Form

$$T_n^n x^{(n)} + \ldots T_2^2 \ddot{x} + T_1 \dot{x} + x = K_P y$$

geschrieben werden. K_P heißt *Proportionalbeiwert* der Strecke mit der Einheit $[K_P] = [x]/[y]$. Aus der Differentialgleichung folgt, daß die Koeffizienten $T_1, T_2, \ldots$ sämtlich die Einheit $[t]$ der Zeit besitzen und daher auch als *Zeitkonstanten* bezeichnet werden. Sie bringen die Trägheits- oder Verzögerungseffekte beim Einschwingvorgang zum Ausdruck. Die Stellübertragungsfunktion ist

$$G_S(s) = \frac{x(s)}{y(s)} = \frac{K_P}{T_n^n s^n + \ldots T_2^2 s^2 + T_1 s + 1} \, .$$

Für $n = 1$ ergibt sich daraus als Streckenmodell ein P-T_1-Glied (Abschn. 2.8.2) und für $n = 2$ ein P-T_2-Glied (Abschn. 2.8.3). Mathematische Modelle höherer Ordnung ($n > 2$) von Strecken mit Ausgleich können z. B. durch Reihenschaltung von P-T_1- und/oder P-T_2- Gliedern aufgebaut werden, wie die folgenden Abschnitte zeigen.

Im stationären Zustand sind alle zeitveränderlichen Größen konstant (z. B. $y = y_K$ und $x = x_K$), d. h. alle Ableitungen nach t sind Null. Damit folgt für eine Strecke mit Ausgleich im stationären Zustand (der tiefgestellte Index K wird i. a. weggelassen)

$$x_K = K_P y_K \quad \text{bzw.} \quad x = K_P y \, .$$

Das gleiche Ergebnis erhält man, wenn man in der Übertragungsfunktion $G_S(s)$ das Argument $s = 0$ setzt. Man bezeichnet K_P auch als *Übertragungsbeiwert* $K_S = (x(t)/y_K)_{t \to \infty} = K_P$. Die Kennlinie ist also eine Gerade, die durch den Ursprung der (x, y)-Ebene verläuft. In Bild 3.3 ist die lineare Kennlinie im $(\Delta x, \Delta y)$-Koordinatensystem zu finden, um darauf hinzuweisen, daß sich die lineare Kennlinie in der Regel

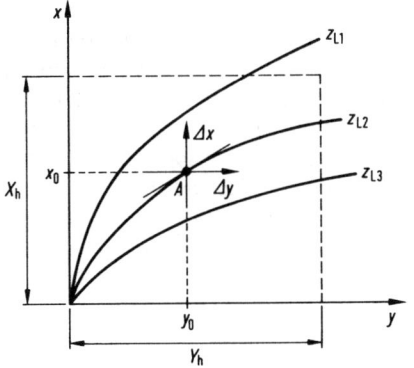

Bild 3.3 Kennlinienschar einer Regelstrecke mit Ausgleich und Arbeitspunkt
$x = x_0 + \Delta x$ Regelgröße
$x_0 = x_S$ Sollwert
X_h Regelbereich = Laufbereich der Regelgröße
$y = y_0 + \Delta y$ Stellgröße
y_0 Stellgröße, die für Einstellung des Sollwerts erforderlich ist
Y_h Stellbereich
z_{L1}, z_{L2}, z_{L3} Drei Werte der Laststörgröße
A Arbeitspunkt
(vgl. auch Bilder 11.13 und 2.15)

auf einen Arbeitspunkt im Stell- bzw. Regelbereich (Y_h bzw. X_h) bezieht und zudem häufig eine nichtlineare Kennlinie $x = f(y)$ vereinfacht darstellt. Die Kennlinie*schar* in Bild 3.3 soll verdeutlichen, daß die Regelgröße neben der Stellgröße auch noch von den Störgrößen abhängig ist. Die Kennlinien $x = f(y)$ sind mit verschiedenen Werten der Laststörgröße z_L parametriert. Die Bilder 2.12a und 2.15a zeigen weitere Beispiele für lineare bzw. zugrundliegende nichtlineare Kennlinien.

Beispiel: Regelstrecke mit Ausgleich und Verzögerung 3. Ordnung (P-T_3-Strecke): $T_3^3 \dddot{x} + T_2^2 \ddot{x} + T_1 \dot{x} + x = K_P y$. Stationärer Zustand: $x = K_P y$.

Häufig finden sich auch Regelstrecken mit Sprungantworten vom Typ der Kurve b in Bild 3.2, wobei für $t \to \infty$ die *Änderung* der Regelgröße $\dot{x}(t)$ konstant wird. Diese Regelstrecken heißen Regelstrecken *ohne Ausgleich*. Regelstrecken ohne Ausgleich sind instabil, weil ihre Sprungantworten für $t \to \infty$ *nicht* gegen einen festen Wert gehen (Abschn. 2.7).

Beispiel: Das Beispiel Gleichstrommotor vom Beginn dieses Abschnittes wird nun so modifiziert, daß nicht die Drehzahl, sondern der Drehwinkel geregelt werden soll (Lageregelung). Stellgröße ist die Ankerspannung u_A, Regelgröße der Drehwinkel φ. Im Arbeitspunkt ist $u_A = 0$ und $\varphi = \varphi_0$. Wird die Ankerspannung nun sprunghaft auf einen konstanten Wert erhöht, dann läuft der Motor auf eine konstante Drehzahl an, d. h. für die Regelgröße $\dot{\varphi} \sim u_A =$ konst. für $t \to \infty$, bzw. $\varphi \sim \int u_A \, dt$. Regelstrecken ohne Ausgleich haben also *integrales Verhalten*.

Strecken ohne Ausgleich führen auf das mathematische Modell

$$T_{n-1}^{n-1} x^{(n-1)} + \ldots T_2^2 \ddot{x} + T_1 \dot{x} + x = K_I \int y \, dt \, .$$

K_I heißt *Integrierbeiwert* der Strecke mit der Einheit $[K_I] = [x]/([y] \, [t])$. Die Stellübertragungsfunktion ist

$$G_S(s) = \frac{x(s)}{y(s)} = \frac{K_I}{s(T_{n-1}^{n-1} s^{n-1} + \ldots T_2^2 s^2 + T_1 s + 1)} \, .$$

Für $n = 2$ ergibt sich daraus als Streckenmodell ein I-T_1-Glied (Abschn. 2.8.5). Mathematische Modelle höherer Ordnung ($n > 2$) von Strecken ohne Ausgleich können z. B. durch Reihenschaltung eines I-Gliedes mit P-T_1- und/oder P-T_2-Gliedern aufgebaut werden, wie die folgenden Abschnitte zeigen.

Bei Regelstrecken ohne Ausgleich gibt es (bei festen Störgrößen) nur *einen* konstanten Wert der Stellgröße im Stellbereich, für den die Regelgröße konstant ist. Im obigen Beispiel ist der Drehwinkel $\varphi(t)$ nur dann konstant, wenn die Ankerspannung konstant $u_A(t) = 0$ ist. Dieser feste stationäre Zustand wird als Arbeitspunkt angenommen, wobei die Größen $y(t)$ und $x(t)$ die Abweichungen von diesem Arbeitspunkt bezeichnen. Für $y(t) = y_K =$ konst. $\neq 0$ existiert also ein fester stationärer Zustand bei einer Strecke ohne Ausgleich nicht (vgl. Bild 3.2). Der Übertragungsbeiwert $K_S = (x(t)/y_K)_{t \to \infty}$ ist unendlich. Konstant wird jedoch $\dot{x} = \dot{x}_K$ für $t \to \infty$ und $y = y_K$. Differenziert man also die Differentialgleichung und setzt dann alle Ableitungen von $\dot{x}$ gleich Null, so folgt

$$\dot{x}_K = K_I y_K \quad \text{bzw.} \quad \dot{x} = K_I y \, .$$

Die Kennlinie einer Regelstrecke ohne Ausgleich ist also eine Gerade, die durch den Ursprung der $(\dot{x}, y)$-Ebene verläuft (sog. Kennlinie 1. Ordnung). Zur Veranschaulichung kann Bild 3.3 herangezogen werden, wobei an der Ordinate $\dot{x}$ anstelle x aufgetragen wird.

Beispiel: Regelstrecke ohne Ausgleich mit Verzögerung 1. Ordnung (I-T_1-Strecke): $T_1\dot{x} + x = K_I \int y\,dt$. Stationärer Zustand: $\dot{x} = K_I y$.

Nicht selten tritt auch der Fall auf, daß die Regelgröße von mehreren Störgrößen beeinflußt wird. Man erhält dann mehrparametrige Kennlinienscharen.

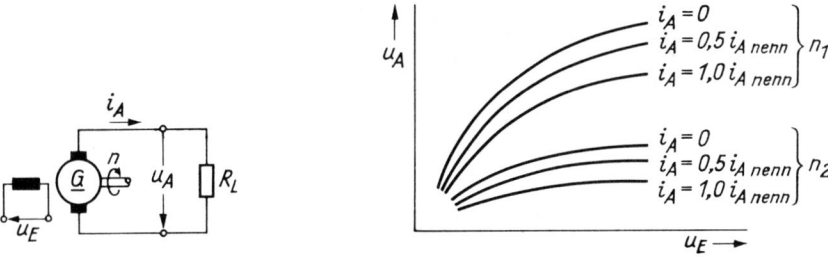

Bild 3.4   Kennlinien eines Gleichspannungsgenerators (Erläuterung siehe Text)

Beispiel: Ein durch eine Turbine angetriebener, fremderregter Gleichspannungsgenerator (Regelgröße: Generatorspannung u_A, Stellgröße: Erregerspannung u_E) stellt eine Regelstrecke mit Ausgleich dar. Als Störgrößen können Drehzahlschwankungen Δn auf der Antriebsseite und Schwankungen des Laststromes Δi_A (Verbraucher) die gewünschte Konstanz der Generatorspannung u_A beeinträchtigen. Die Kennlinien eines solchen Generators mit den geschilderten Störeinwirkungen zeigt Bild 3.4.

Bestimmte Nichtlinearitäten in Regelstrecken können, wenn sie bei der rechnerischen Behandlung mittels Linearisierung „ignoriert" werden, dazu führen, daß reales und berechnetes Regelkreisverhalten *erheblich* voneinander abweichen.

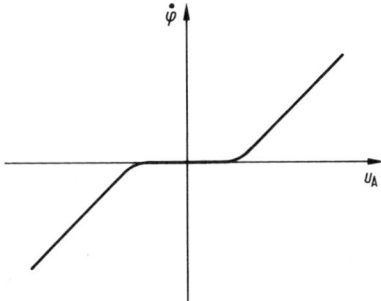

Bild 3.5   Kennlinie eines Gleichstrommotors (Erläuterung siehe Text)

Beispiel: Eine Messung der Kennlinie $\dot{\varphi} = f(u_A)$ der Regelstrecke „Gleichstrommotor" (s. vorhergehende Beispiele in diesem Abschnitt) führt auf die nichtlineare Kennlinie von Bild 3.5. Der flache Bereich in der Umgebung des Nullpunktes (sog. Tote Zone oder Totzone) kommt durch Haftreibung in Motor und Getriebe zustande. Eine präzise Regelung des Drehwinkels φ auf einen Sollwert $\varphi = \varphi_S$ wird dadurch erschwert, weil die in der Nähe des Sollwertes langsam laufende Motorwelle infolge der Haftreibung abgebremst wird und i. a. vor oder hinter dem Sollwert „stecken bleibt".

In diesem Fall läßt sich eine Regelung häufig verbessern, indem man in der Regelein-richtung Glieder verwendet, deren Kennlinien einen derartigen Verlauf besitzen, daß sich beim Zusammenschalten mit der Strecke ein *erweitertes* Übertragungsglied mit *linearer* Kennlinie ergibt (Bild 3.6). Dieses erweiterte Übertragungsglied kann in der Regelkreis-berechnung zutreffend als lineare Regelstrecke behandelt werden.

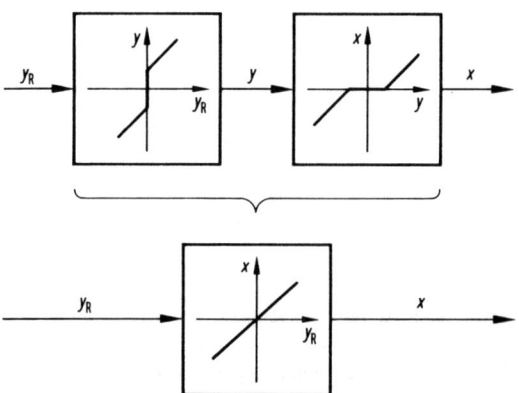

Bild 3.6   Linearisierung der Regelstrecke mit zusätzlichem Übertragungsglied

Um das stationäre Verhalten einer linearen Regelstrecke zu kennzeichnen, wird neben dem erwähnten Übertragungsbeiwert K_S auch dessen Kehrwert $Q = 1/K_S$ verwendet. Q heißt *Ausgleichswert* der Regelstrecke.

Zur Kennzeichnung des dynamischen Verhaltens einer Regelstrecke kann der *Anlaufwert* A herangezogen werden: Er ist dem Verlauf der Regelgröße $x(t)$ zu entnehmen, wenn die Stellgröße sprungartig (also $y(t) = \hat{y}\sigma(t)$) um den vollen Stellbereich (also $\hat{y} = Y_h$) geändert wird. Der Anlaufwert ist

$$A = \frac{1}{\dot{x}_{max}} \, .$$

$\dot{x}_{max}$ ist die maximale Änderungsgeschwindigkeit der Sprungantwort $x(t)$. In den folgen-den Abschnitten werden die behandelten Kenngrößen für Strecken ohne und mit Aus-gleich näher betrachtet.

3.2   Regelstrecken ohne Ausgleich

Die Differentialgleichung dieses Streckentyps wurde im vorigen Abschnitt angegeben. Die entsprechenden Übergangsfunktionen für Strecken nullter (verzögerungsarm) bis zweiter Ordnung bei jeweils gleichem K_I, zeigt Bild 3.7.

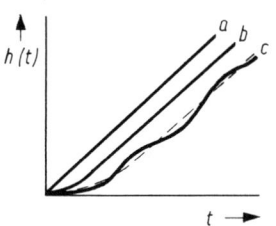

Bild 3.7 Übergangsfunktion verschiedener Regelstrecken ohne Ausgleich (*I*-Strecken)

a nullter Ordnung
b erster Ordnung
c zweiter Ordnung (schwingend und nichtschwingend)
(für genügend große *t*-Werte laufen alle drei Kurven parallel zueinander)

3.2.1 Regelstrecken ohne Ausgleich und ohne Verzögerung

Eine verzögerungsarme Strecke ohne Ausgleich läßt sich als *I*-Glied (Abschn. 2.8.5) betrachten:

$$x = K_I \int y \, dt \quad \text{bzw.} \quad \dot{x} = K_I y \quad \text{oder} \quad G_S = \frac{K_I}{s} \, .$$

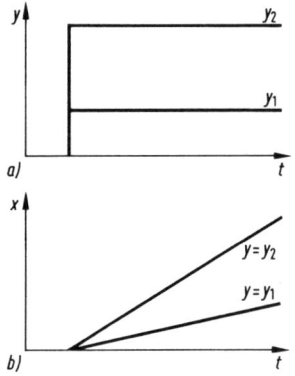

Bild 3.8 Sprungantwort einer unverzögerten Regelstrecke ohne Ausgleich $(x = K_I \int y \, dt)$
a) Stellgrößenverlauf $y = y_1 \sigma(t)$
und $y = y_2 \sigma(t)$
b) Sprungantworten für die unter a) angegebenen Stellgrößenverläufe: $x = K_I y_1 t$
und $x = K_I y_2 t$

Wenn die Stellgröße nur um konstante Beträge verstellt wird, so kann die Integration auf der rechten Seite der Gleichung durchgeführt werden, und man erhält z. B. $x = K_I y_1 t$ ($y_1 = $ konst.). Bild 3.8 zeigt den Verlauf der Regelgröße x für zwei feste Einstellungen der Stellgröße y. Für den im Stellbereich größtmöglichen Wert $y_{\max}$ ergibt sich die größte Änderungsgeschwindigkeit $\dot{x}_{\max}$ der Regelgröße. Ist K_I bekannt, so berechnet sich der Anlaufwert zu

$$A = \frac{1}{\dot{x}_{\max}} = \frac{1}{K_I y_{\max}} \, .$$

Ist K_I nicht gegeben, so läßt er sich auch experimentell bestimmen, indem man eine Sprungantwort mißt, wobei die Sprunghöhe $y_1 \neq 0$ im Stellbereich beliebig gewählt werden kann (Bild 3.8). Wegen $\dot{x}_1 = K_I y_1$ bzw. $K_I = \dot{x}_1 / y_1$ folgt dann

$$A = \frac{1}{\dot{x}_{\max}} = \frac{1}{\dot{x}_1} \frac{y_1}{y_{\max}} \, .$$

In Abschn. 3.1 wurde gezeigt, daß der Übertragungsbeiwert $K_S = (x(t)/y_K)_{t \to \infty}$ ($y_K = $ konst. $\neq 0$) von Regelstrecken ohne Ausgleich wegen $x(t) \to \infty$ für $t \to \infty$ unendlich ist. Demzufolge ist der Ausgleichswert $Q = 1/K_S = 0$.

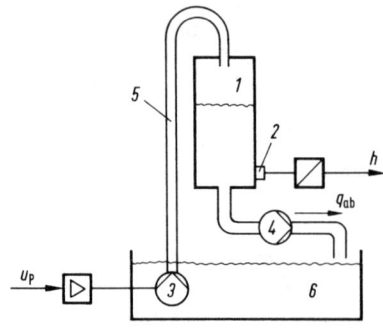

Bild 3.9   Füllstandstrecke (ohne Ausgleich)

1	Tank	h	Füllstand
2	Füllstandssensor		(Regelgröße)
3	Pumpe	u_P	Pumpenspannung
4	Absaugpumpe		(Stellgröße)
5	Schlauch	q_{ab}	Abflußmenge
6	Vorratsbehälter		(Störgröße)

Beispiel: Bild 3.9 zeigt einen Tank, in dem der Füllstand h (Regelgröße in m) auf einem konstanten Sollwert $h = h_S$ gehalten werden soll, während laufend nicht genau vorhersehbare Flüssigkeitsmengen abgepumpt werden (Störgröße: Änderungen der Abflußmenge q_{ab} in m³/h). Stellgröße ist die Spannung u_P (in V), die die Pumpe im Zufluß antreibt. Die Regelstrecke unterscheidet sich von Bild 2.13 (Abschn. 2.3.1) nur durch die zusätzliche Pumpe im Abfluß. Zur mathematischen Modellbildung wird auch hier von der Massenbilanz

$$\dot{m} = \dot{m}_{zu} - \dot{m}_{ab}$$

ausgegangen, d. h. die Flüssigkeitsmasse im Tank ändert sich nur, wenn $\dot{m}_{zu} \neq \dot{m}_{ab}$. Mit $m = \varrho V$ (ϱ: Dichte, V: Volumen) und $\dot{m}_{zu} = \varrho q_{zu}$ bzw. $\dot{m}_{ab} = \varrho q_{ab}$ folgt

$$\dot{V} = q_{zu} - q_{ab} \, .$$

Ferner ist $V = A_0 h$ (A_0: Tankgrundfläche) und $q_{zu} = c_P u_P$ (c_P: Pumpenkonstante). Damit folgt

$$A_0 \dot{h} = c_P u_P - q_{ab} \, .$$

q_{ab} ist wegen der Pumpe im Abfluß nicht von h abhängig.[1]) Für einen festen Wert der Störgröße $q_{ab} = \bar{q}_{ab}$ ist h konstant (d. h. $\dot{h} = 0$) , wenn u_P den Wert $u_{P0} = \bar{q}_{ab}/c_P$ annimmt. Man beachte, daß dieser Wert u_{P0} nur von dem Störgrößenwert und nicht vom Füllstand h abhängt. Als Wert im Arbeitspunkt kann also neben $q_{ab} = \bar{q}_{ab}$ und $u_{P0} = \bar{q}_{ab}/c_P$ ein beliebiger Sollwert $h = h_S$ im Tank angenommen werden. Bezieht man das mathematische Modell auf den Arbeitspunkt $(h_S, \bar{q}_{ab}, u_{P0})$

$$A_0(\dot{h}_0 + \Delta \dot{h}) = c_P(u_{P0} + \Delta u_P) - (\bar{q}_{ab} + \Delta q_{ab})$$

so folgt, wenn man die Arbeitspunktgleichung $A_0 \dot{h}_0 = c_P u_{P0} - \bar{q}_{ab}$ abzieht,

$$A_0 \, \Delta \dot{h} = c_P \, \Delta u_P - \Delta q_{ab} \, .$$

Mit $x = \Delta h$ (Regelgröße), $y = \Delta u_P$ (Stellgröße) und $z = \Delta q_{ab}$ (Störgröße) folgt

$$\dot{x} = \frac{c_P}{A_0} \, y - \frac{1}{A_0} \, z \, .$$

Für das Stellverhalten $\dot{x} = (c_P/A_0) \, y$ wie auch für das Störverhalten $\dot{x} = (-1/A_0) \, z$ der Strecke ergeben sich hier also *I*-Glieder. Beim Stellverhalten ist der *I*-Beiwert $K_I = c_P/A_0$. Der Anlaufwert ist damit $A = 1/(K_I y_{max})$. Sei $A_0 = 0{,}5$ m², $c_P = 1$ m³/Vh und $y_{max} = 5$ V, dann sind $K_I = 2$ m/Vh und $A = 0{,}1$ h/m.

---

[1]) Daher ergibt sich als mathematisches Modell bei dieser Füllstandstrecke ein *I*-Glied und nicht ein *P-T₁*-Glied wie bei der Füllstandstrecke von Bild 2.13.

3.2.2 Regelstrecken ohne Ausgleich mit Verzögerung

Als mathematisches Modell nichtschwingender Regelstrecken ohne Ausgleich mit Verzögerung erster und höherer Ordnung wird häufig eine Kettenschaltung eines I- Gliedes (Abschn. 2.8.5) mit einem oder mehreren $P\text{-}T_1$-Gliedern (Abschn. 2.8.2) verwendet. Bei n gleichen $P\text{-}T_1$-Gliedern ergibt sich

$$G_S(s) = \frac{K_I}{s(1 + sT_1)^n} \; .$$

Bild 3.10 zeigt eine Übergangsfunktion. Der Übertragungsbeiwert K_S ist — wie bei allen Strecken ohne Ausgleich — unendlich und der Ausgleichswert $Q = 1/K_S = 0$.

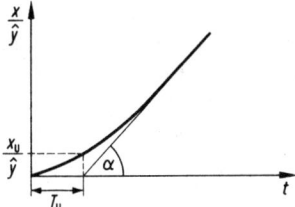

Bild 3.10 Übergangsfunktion einer Strecke ohne Ausgleich mit Verzögerung (nichtschwingend) $\tan \alpha = K_I$; Stellgröße $y(t) = \hat{y}\sigma(t)$.

Liegt ein Meßschrieb der Übergangsfunktion vor, so können die Modellparameter K_I, T_1 und n wie folgt ermittelt werden: Man zeichne die Tangente an die Übergangsfunktion dort, wo sie für $t \to \infty$ zur Geraden geworden ist. Die Verlängerung dieser Tangente schneidet die Zeitachse und begrenzt das Zeitintervall T_u, das mit dem Einschaltzeitpunkt der Sprunganregung ($t = 0$ in Bild 3.10) beginnt. T_u heißt *Verzugszeit*. In dieser Zeit erfährt die Regelgröße die geringfügige Veränderung x_u. Liest man außerdem $K_I = \tan \alpha$ aus dem Meßschrieb, dann kann [1]) aus Bild 3.11a der Exponent n und damit aus Bild 3.11b die Zeitkonstante T_1 ermittelt werden.

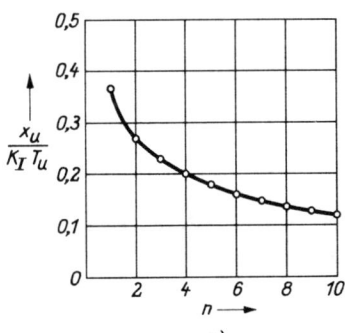
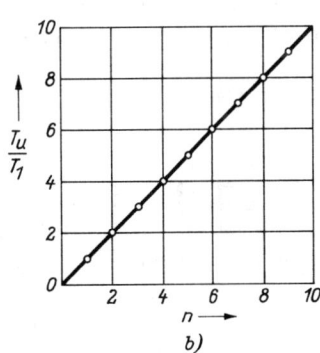

a)   b)

Bild 3.11 Zur Ermittlung des Exponenten n und der Zeitkonstante T_1 bei Regelstrecken höherer Ordnung ohne Ausgleich

---

[1]) Nach *G. Schwarze*: Beurteilung von Regelstrecken ohne Ausgleich anhand ihrer Übergangsfunktion. Zmsr. 4 (1961), H. 9, S. 269.

Das Übertragungsverhalten einer Regelstrecke ohne Ausgleich mit Verzögerung kann auch mit dem folgenden, ebenfalls oft verwendeten Streckenmodell dargestellt werden:

$$G_S(s) = \frac{K_I}{s(1 + sT_1)} \, e^{T_t s}.$$

Es handelt sich um eine Kettenschaltung aus I-T_1-Glied (Abschn. 2.8.5) und Totzeitglied (Abschn. 2.8.4). Die Verzugszeit T_u ergibt sich hier als Summe $T_u = T_1 + T_t$ der Modellparameter T_1 und T_t. Durch Wahl von T_t im Intervall $0 \leq T_t \leq T_u$ läßt sich x_u nachbilden: Z. B. ist x_u maximal für $T_t = 0$ ($T_1 = T_u - T_t = T_u$; reines I-T_1-Glied) und $x_u = 0$ für $T_t = T_u$ ($T_1 = T_u - T_t = 0$; I-Glied mit Totzeit).

In das umfangreiche Gebiet der Regelstrecken mit integralem Charakter gehören als wichtige Vertreter die elektrischen und hydraulischen Stellmotoren (Abschn. 11.4.2). Bei den für Regelungszwecke besonders geeigneten Gleichstrommotoren mit Fremderregung ist die Drehzahl angenähert proportional der Ankerspannung, so daß sich eine integrale Abhängigkeit des *Drehwinkels* der Motorwelle von der Ankerspannung ergibt (Bild 3.12).

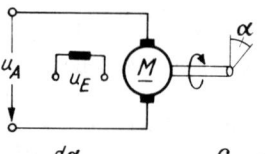

$$n = \frac{d\alpha}{dt} \sim u_A \; ; \; \alpha \sim \int u_A \, dt$$

Bild 3.12
Gleichstrommotor als Regelstrecke ohne Ausgleich

Beim hydraulischen Stellmotor (Bild 3.13) bewirkt eine Verschiebung des Steuerkolbens (*1*) durch Freigabe bzw. Abdeckung der Steuerschlitze (*2*) eine Zu- oder Abnahme der Arbeitskolbengeschwindigkeit, d. h. die Verschiebung des Arbeitskolbens (*4*) läßt sich als Integral der Steuerkolbenverschiebung darstellen.

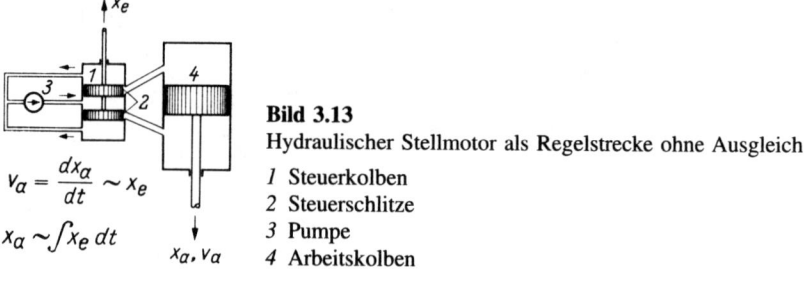

$$v_a = \frac{dx_a}{dt} \sim x_e$$

$$x_a \sim \int x_e \, dt$$

Bild 3.13
Hydraulischer Stellmotor als Regelstrecke ohne Ausgleich
1 Steuerkolben
2 Steuerschlitze
3 Pumpe
4 Arbeitskolben

Regelstrecken ohne Ausgleich sind instabil (d. h. ohne „selbstregelnde Eigenschaften") und daher im allgemeinen schwerer zu regeln als Strecken mit Ausgleich.

3.3 Regelstrecken mit Ausgleich

Die Sprungantwort einer Regelstrecke mit Ausgleich strebt für $t \to \infty$ einem festen Wert zu. Regelstrecken mit Ausgleich sind stabil. Die Regelung einer Strecke mit Ausgleich muß also nicht auch für die Stabilisierung sorgen (wie bei den Strecken ohne Ausgleich), weswegen man Regelstrecken mit Ausgleich in diesem Sinne als „selbstregelnd" bezeichnet. Die Regelstrecken mit Ausgleich werden in folgender Reihenfolge behandelt: Strecken ohne Verzögerung (Strecken nullter Ordnung), Strecken mit Verzögerung 1. Ordnung und Strecken mit Verzögerung höherer Ordnung.

3.3.1 Regelstrecken mit Ausgleich und ohne Verzögerung

Bild 3.14 zeigt die Sprungantwort eines mathematischen Regelstrecken*modelles* mit Ausgleich ohne Verzögerung: $x = K_\mathrm{P} y$ (P-Glied, Abschn. 2.8.1). Reale Regelstrecken weisen dagegen immer Verzögerungen auf, die dazu führen, daß die Sprungantwort nicht exakt der Sprunganregung folgt, sondern diese mehr oder weniger „verschleift". Jedoch gibt es Strecken, die derart schnell reagieren, daß man die Verzögerung vernachlässigen kann („verzögerungsarme Strecken"). Strecken dieser Art besitzen keine ausgeprägten Speicherglieder. Hierzu einige Beispiele: Flüssigkeits- und Gasströmung in Rohrleitungen, elektrischer Strom in ohmschen Netzwerken, Röhren und Transistoren.

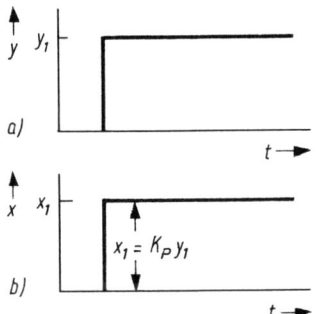

Bild 3.14 Sprungantwort einer verzögerungsarmen Regelstrecke mit Ausgleich

a) Stellgrößenverlauf

b) Regelgrößenverlauf

Aus der Sprungantwort von Bild 3.14 ist zu entnehmen, daß die maximale Änderungsgeschwindigkeit $\dot{x}_\mathrm{max}$ der Regelgröße (theoretisch) unendlich groß wird und somit der Anlaufwert $A = 1/\dot{x}_\mathrm{max} = 0$ ist.

Der Übertragungsbeiwert K_S ist hier $K_\mathrm{S} = \dfrac{x_1}{y_1} = K_\mathrm{P}$.

Der Ausgleichswert ist $Q = 1/K_\mathrm{S} = 1/K_\mathrm{P}$, er besitzt also im Gegensatz zu den Strecken ohne Ausgleich einen endlichen, von Null verschiedenen Wert. Allgemein läßt sich sagen, daß eine Strecke umso empfindlicher ist, je kleiner der Ausgleichswert ist. Damit steigt aber die Schwierigkeit, solche Strecken zu regeln (s. Abschn. 3.3.4).

Beispiel: In einem elektrischen Stromkreis erzeuge ein Strom von 5 A einen Spannungsabfall von 10 V an einem linearen Widerstand: Werden Verzögerungen vernachlässigt, dann ist $u = K_\mathrm{P} i$. Ist bei $i = 5$ A der Spannungsabfall $u = 10$ V, dann ist der Proportionalbeiwert $K_\mathrm{P} = 10\ \mathrm{V}/5\ \mathrm{V} = 2\ \mathrm{VA}^{-1}$ und der Ausgleichswert $Q = 1/K_\mathrm{P} = 0.5\ \mathrm{AV}^{-1}$.

3.3.2 Regelstrecken mit Ausgleich und Verzögerung 1. Ordnung

Bild 3.15 zeigt die Stellsprungantwort einer Regelstrecke mit Ausgleich und Verzögerung 1. Ordnung. Das mathematische Modell ist ein P-T_1-Glied (Abschn. 2.8.2)

$$T_1\dot{x} + x = K_P y \quad \text{bzw.} \quad G_S(s) = \frac{K_P}{T_1 s + 1}\,.$$

Die *Zeitkonstante* T_1 bringt die Verzögerung zum Ausdruck. Sie ist durch den Schnittpunkt der Anfangstangente mit dem Endwert von x festgelegt (Bild 3.15). Bei verzögerungsarmen Strecken ist T_1 vernachlässigbar klein (vgl. Abschn. 3.3.1). Verzögerungen entstehen

y
y1
a)
t
x
x1
T1
x1 = Kp y1
b)
t

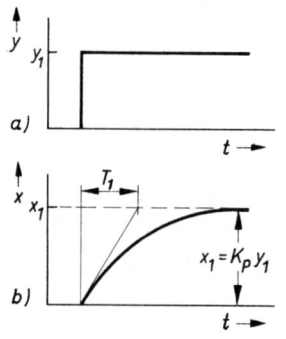

Bild 3.15 Sprungantwort einer Regelstrecke mit Verzögerung 1. Ordnung

a) Stellgrößenverlauf

b) Regelgrößenverlauf

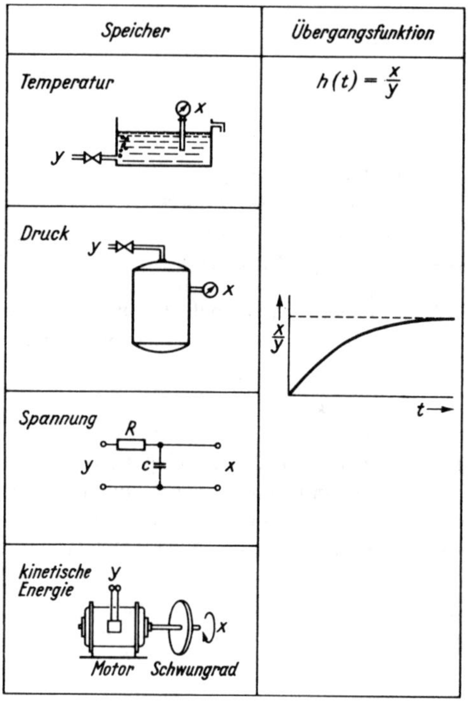

Speicher
Übergangsfunktion
Temperatur
h(t) = x/y
y
x
Druck
Spannung
R
C
kinetische Energie
Motor
Schwungrad
t

Bild 3.16
Verschiedenartige Speicherglieder

dann, wenn in der Strecke ein oder mehrere Speicherglieder enthalten sind. Dazu zählen Kondensatoren und Drosselspulen als elektrische bzw. magnetische Energiespeicher, Federn als mechanische, Behälter als pneumatische und Materialien mit ausreichender Wärmekapazität als thermische Speicher (s. auch Speicherglieder in Bild 3.16).

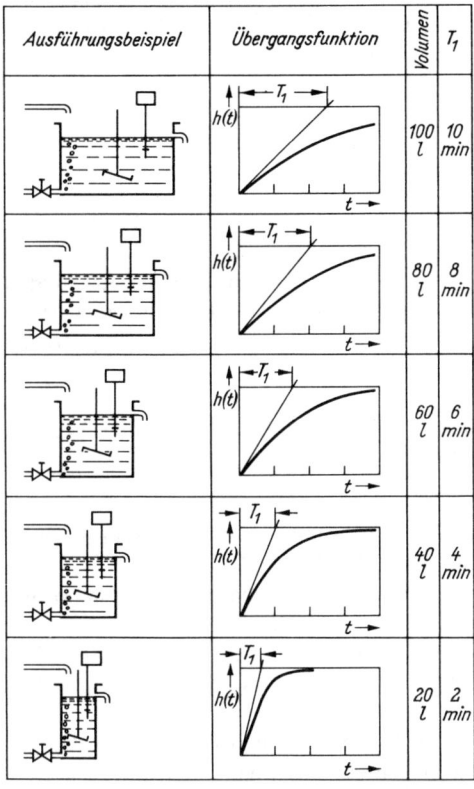

Bild 3.17
Übergangsverhalten einer Einspeicher-Regelstrecke bei schrittweiser Verringerung des Speichervolumens

Das in Bild 3.17 wiedergegebene Beispiel einer mit Dampf gespeisten Temperaturregelstrecke läßt den Einfluß der Speichergröße auf die Zeitkonstante erkennen. Die Berechnung der Übergangsfunktion $h(t) = K_P(1 - e^{-t/T_1})$ wurde in Abschn. 2.8.2 behandelt.

Um den Anlaufwert $A = 1/\dot{x}_{max}$ bestimmen zu können, muß $\dot{x}_{max}$ bekannt sein. $\dot{x}_{max}$ ist die maximale Änderungsgeschwindigkeit der Regelgröße, wenn die Stellgröße sprungartig vom unteren (bzw. oberen) bis zum oberen (bzw. unteren) Grenzwert y_{min} bzw. y_{max} des Stellbereiches $Y_h = y_{max} - y_{min}$ verändert wird. Dabei ändert sich die Regelgröße zwischen $x_{min} = K_P y_{min}$ und $x_{max} = K_P y_{max}$. Bild 3.15 zeigt den Verlauf von Stell- und Regelgröße. $\dot{x}_{max}$ entspricht der Steigung der Tangenten an die Regelgröße $x(t)$ zum Einschaltzeitpunkt des Stellsprunges: $\dot{x}_{max} = X_h/T_1$ mit $X_h = x_{max} - x_{min}$. Damit folgt für den Anlaufwert

$$A = \frac{1}{\dot{x}_{max}} = \frac{T_1}{X_h} = \frac{T_1}{K_P Y_h}$$

Wie bei allen Strecken mit Ausgleich ist der Übertragungsbeiwert gleich dem P-Bei-wert: $K_S = K_P$, und der Ausgleichswert ist $Q = 1/K_S = 1/K_P$.

Hat ein Meßschrieb einer Streckensprungantwort ungefähr die Form von Bild 3.18 (Knick beim Übergang vom Beharrungszustand $x(t) = 0$ für $t < 0$ zur Sprungantwort $x(t)$ für $t > 0$, kein Wendepunkt), so kann die Strecke im linearen Bereich der Kennlinie (vgl. z. B. Bild 2.23) als P-T_1-Strecke $G_S(s) = K_P/(T_1 s + 1)$ beschrieben werden. Die Modellparameter können aus dem Meßschrieb wie folgt bestimmt werden:[1]

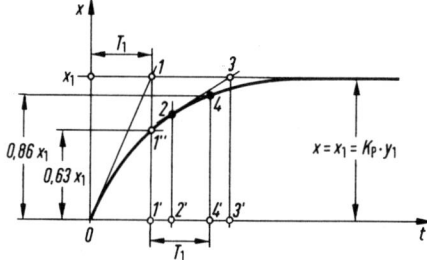

Bild 3.18
Ermittlung der Kennwerte einer P-T_1-Strecke aus der Sprungantwort

y_1: Sprunghöhe der Stellgröße

Der P-Beiwert ist $K_P = x_1/y_1$, wobei y_1 die Sprunghöhe der Stellgröße ist und x_1 der zugehörige stationäre Wert der Sprungantwort.

Die Zeitkonstante T_1 läßt sich auf verschiedene Weise ermitteln:

1. Man zeichnet im Nullpunkt die (Anfangs-)Tangente, die den stationären Endwert x_1 im Punkt 1 schneidet. T_1 ist dann gleich der Strecke $01'$.
2. Man zeichnet in einem beliebigen Punkt 2 die Tangente, die den stationären Endwert x_1 im Punkt 3 schneidet. T_1 ist dann gleich der Strecke $2'3'$.
3. Man bestimmt den Punkt $1''$, bei dem x auf 63,2% des stationären Endwertes x_1 angestiegen ist (Beweis: $x = x_1(1 - e^{-t/T_1})$ für $t = T_1$. T_1 ist dann gleich der Strecke $01'$.
4. Man bestimmt den Punkt $1''$ wie bei 3. und zusätzlich Punkt 4, bei dem x auf 86,5% des stationären Endwertes x_1 angestiegen ist. T_1 ist dann gleich der Strecke $1'4'$.

Die Verfahren 1 und 2 sind relativ ungenau, da die Tangentensteigung dem realen Meß-schrieb im allgemeinen nicht eindeutig zu entnehmen ist. Besser sind die Verfahren 3 und 4, weil sich Kurvenpunkte bzw. die zugehörigen Zeitpunkte genauer ablesen lassen. Es ist empfehlenswert, T_1 mit Verfahren 3 zu bestimmen und T_1 dann mit Verfahren 4 zu überprüfen. Zur Überprüfung an verschiedenen Stellen der Sprungantwort kann auch Verfahren 2 benutzt werden. Stimmen dann sämtliche ermittelten T_1-Werte überein, so hat die Strecke P-T_1-Verhalten, andernfalls liegt eine Strecke mit Verzögerung höherer Ordnung vor.

Regelstrecken 1. Ordnung mit Ausgleich kommen z. B. vor bei der Spannungsregelung elektrischer Generatoren, der Drehzahlregelung von Verbrennungskraftmaschinen und Gleichstrommotoren (bei Eingriff im Ankerkreis), Druck- und Durchflußregelung in Gas-rohrnetzen, Temperaturregelung in Gemischen, Flüssigkeitsstandregelung bei Eingriff im Abfluß u. v. a. Wichtigste Kenngröße für all diese Strecken ist die Zeitkonstante T_1, die

---

[1] Abschn. 2.3.2 gibt eine allgemeine Einführung in die experimentelle Modellbildung.

bei der Beurteilung der Regelbarkeit (Abschn. 3.3.4) eine entscheidende Rolle spielt. Abschließend ein Beispiel zur theoretischen Modellbildung einer Strecke 1. Ordnung mit Ausgleich[1]).

Beispiel: Fremderregter Gleichstrommotor

Für drehzahlgeregelte Antriebe eignen sich fremderregte Gleichstrommotoren besonders gut. Die Regelung kann durch Eingriff in den Anker- oder Erregerkreis erfolgen. Um den Motor auf seine regelungstechnischen Eigenschaften hin untersuchen zu können, ist ein mathematisches Modell zu entwickeln.

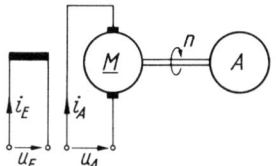

Bild 3.19 Fremderregter Gleichstrommotor mit Arbeitsmaschine

u_E, i_E Erregerspannung und -strom
u_A, i_A Ankerspannung und -strom
n Drehzahl, A Arbeitsmaschine

Bild 3.19 zeigt die Schaltung des Motors mit Fremderregung. Bei konstantem Erregerstrom i_E bildet sich im Motor der konstante Fluß $\Phi = c_1 i_E$ (c_1 = Maschinenkonstante) aus. Die am Anker liegende Spannung u_A ruft den Ankerstrom i_A hervor, so daß auf die Ankerwicklung das Moment $M = c_2 \Phi i_A$ (c_2 = Maschinenkonstante) ausgeübt wird. Nach dem Induktionsgesetz entsteht bei der Drehbewegung in der Ankerwicklung die Spannung $u_{A0} = c_3 n \Phi$ (c_3 = Maschinenkonstante, n = Drehzahl), die der Ankerspannung entgegengerichtet ist. Die Differenz $\Delta u_A = u_A - u_{A0}$ entspricht dem inneren Spannungsabfall an den Widerständen im Ankerkreis. Ist Z_A der Ankerkreiswiderstand, so gilt: $\Delta u_A = i_A Z_A$. Z_A setzt sich aus dem Wirkwiderstand R_A und dem induktiven Widerstand ωL_A der Ankerwicklung zusammen. Letzterer ist allerdings meist vernachlässigbar klein.

Das erzeugte Moment M muß gleich der Summe der äußeren Momente sein:

$$M = M_L + M_S .$$

$M_L = J(d\omega/dt) = 2\pi J(dn/dt)$ ist das Lastmoment, das durch die Trägheit von Motor und Lastmaschine hervorgerufen wird (J = Motor- und Lastmaschinen-Trägheitsmoment). M_S ist ein Störmoment, das z. B. durch wechselnde Belastungen der angetriebenen Maschine entsteht. Mit $Z_A \approx R_A$ ist der Ankerstrom:

$$i_A = \frac{u_A - u_{A0}}{R_A} = \frac{u_A}{R_A} - \frac{c_3 \Phi n}{R_A} \ ,$$

womit sich für das erzeugte Moment

$$M = c_2 \Phi i_A = c_2 \Phi \left(\frac{u_A}{R_A} - \frac{c_3 \Phi n}{R_A} \right)$$

ergibt. Damit folgt aus der Momentengleichung

$$c_2 \left(\frac{u_A}{R_A} - \frac{c_3 \Phi}{R_A} \ n \right) \Phi = 2\pi J \dot{n} + M_S$$

---

[1]) Ein weiteres Beispiel (Füllstandsstrecke) wurde in Abschn. 2.3 bei der theoretischen und bei der experimentellen Modellbildung behandelt.

das gesuchte Streckenmodell

$$\frac{2\pi J R_A}{c_2 c_3 \Phi^2}\, \dot{n} + n = \frac{1}{c_3 \Phi}\, u_A - \frac{R_A}{c_2 c_3 \Phi^2}\, M_S$$

mit der Zeitkonstante $T_1 = (2\pi J R_A)/(c_2 c_3 \Phi^2)$. Sowohl das Stellverhalten $T_1 \dot{n} + n = K_P u_A$ wie auch das Störverhalten $T_1 \dot{n} + n = K_{Pz} M_S$ haben $P\text{-}T_1$-Verhalten. Die P-Beiwerte sind $K_P = 1/c_3 \Phi$ bzw. $K_{Pz} = -R_A/(c_2 c_3 \Phi^2)$. Dieses auf theoretischem Wege hergeleitete mathematische Modell eines fremderregten Gleichstrommotors kann nun z. B. grafisch programmiert werden (Abschn. 2.2), um das Motorverhalten digital zu simulieren.

3.3.3   Regelstrecken mit Ausgleich und Verzögerung höherer Ordnung

Bild 3.20 zeigt die Stellübergangsfunktion einer Regelstrecke mit Ausgleich und Verzögerung höherer Ordnung. Dieses Verhalten zeigen z. B. die Regelstrecken bei Temperaturregelungen, Drehzahlregelungen von Gleichstrommotoren bei Eingriff im Erregerkreis

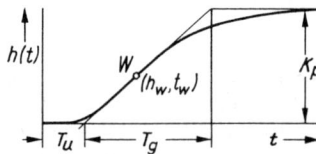

Bild 3.20 Übergangsfunktion einer nichtschwingenden Strecke höherer Ordnung mit Ausgleich

W Wendepunkt
T_g Ausgleichszeit
T_u Verzugszeit

und Spannungsregelungen von Gleichstromgeneratoren über die Erregermaschine[1]). Als mathematisches Streckenmodell kommt z. B. ein $P\text{-}T_n$-Glied in Betracht:

$$G_S(s) = \frac{K_P}{(T_1 s + 1)^n} \quad \text{mit} \quad n > 1 \,.$$

Dabei handelt es sich um eine Kettenschaltung von n $P\text{-}T_1$-Gliedern (Abschn. 2.8.2) mit derselben Zeitkonstante T_1. Solcherart rückwirkungsfrei verbundene Einspeichersysteme sind grundsätzlich schwingungsfrei (Bild 3.21). Bei $n = 2$ liegt z. B. ein $P\text{-}T_2$-Glied mit dem Dämpfungsgrad $d = 1$ vor, d. h. das $P\text{-}T_2$-Glied ist nicht schwingungsfähig. Die Übergangsfunktionen für beliebiges $n > 0$ lauten:

$$h(t) = K_P\bigl(1 - e^{-(t/T_1)}\bigr) \sum_{k=0}^{n-1} \frac{t^k}{k!\,T_1^k}\,.$$

Der Übertragungsbeiwert ist – wie bei allen Strecken mit Ausgleich – gleich dem P-Beiwert $K_S = K_P$ (Abschn. 3.1). Er ist der Übergangsfunktion für $t \to \infty$ direkt zu entnehmen (Bild 3.20). Der Ausgleichswert ist $Q = 1/K_S = 1/K_P$.

Charakteristisch für das Einschwingverhalten von Bild 3.20 ist es, daß ein Wendepunkt W auftritt („S-förmiger" Verlauf der Sprungantwort). Mit der Tangente im Wendepunkt lassen sich zwei Kenngrößen bestimmen: Die *Verzugszeit* T_u und die *Ausgleichszeit* T_g. Die Verzugszeit T_u ist, wie bereits in Abschn. 3.2.2 ausgeführt, das Zeitintervall zwischen Einschaltzeitpunkt der Sprunganregung und Schnittpunkt der Tangente mit der Zeitachse. In dieser Zeit erfährt die Übergangsfunktion keine nennenswerte Änderung.

---

[1]) Schwingende Regelstrecken werden am Ende dieses Abschnittes behandelt.

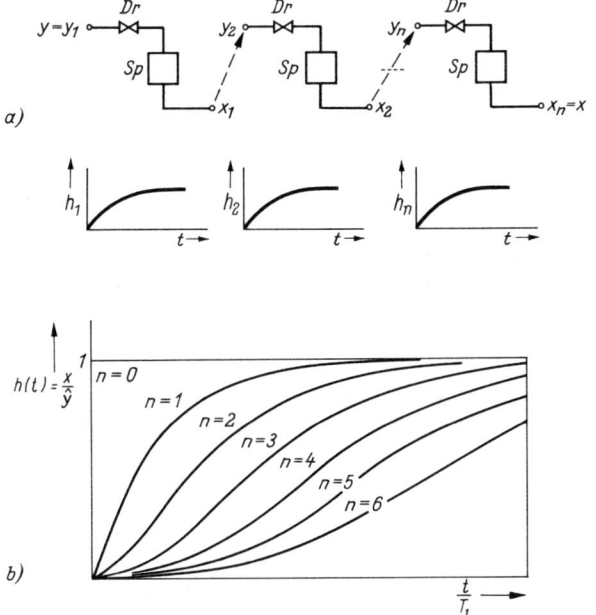

Bild 3.21

a) Nachbildung einer Regelstrecke höherer Ordnung mit Ausgleich durch Kettelschaltung einzelner Speicher mit gleichen Zeitkonstanten. Dr Drossel, Sp Speicher

b) Resultierende Übergangsfunktion bei unterschiedlicher Speicheranzahl n

Die Ausgleichszeit T_g charakterisiert in ähnlicher Weise wie die Zeitkonstante T_1 bei Strecken 1. Ordnung die Zeit für den Übergang zwischen den beiden Gleichgewichtszuständen $h(t) = 0$ und $h(t) = K_P$.

Die experimentelle Bestimmung des Anlaufwertes $A = 1/\dot{x}_{max}$ bei Strecken mit Ausgleich wurde in Abschn. 3.3.2 am Beispiel einer P-T_1-Strecke dargestellt. Danach wird die Stellgröße sprungartig z. B. vom unteren bis zum oberen Grenzwert y_{min} bzw. y_{max} des Stellbereiches $Y_h = y_{max} - y_{min}$ verändert, wobei die Sprungantwort der Regelgröße z. B. von $x_{min} = K_P y_{min}$ bis $x_{max} = K_P y_{max}$ den ganzen Regelbereich $X_h = x_{max} - x_{min}$ durchläuft. Im vorliegenden Fall entspricht $\dot{x}_{max}$ der Steigung der Tangente im Wendepunkt der Sprungantwort $\dot{x}_{max} = X_h/T_g$. Damit gilt für den Anlaufwert

$$A = \frac{1}{\dot{x}_{max}} = \frac{T_g}{X_h} = \frac{T_g}{K_P Y_h} \ .$$

Liegt ein Meßschrieb[1]) einer S-förmigen Übergangsfunktion wie in Bild 3.20 vor, so können die Parameter n und T_1 wie folgt bestimmt werden (K_P geht direkt aus Bild 3.20 hervor): Man zeichne die Tangente der Übergangsfunktion im Wendepunkt W und bestimme ihre beiden Schnittpunkte mit der t-Achse bzw. dem stationären Wert. Mit den

---

[1]) Abschn. 2.3.2 gibt eine allgemeine Einführung in die experimentelle Modellbildung.

T_g/T_u	9,65	4,58	3,13	2,44	2,03	1,75	1,56	1,41	1,29
T_g/T_1	2,72	3,69	4,46	5,12	5,70	6,23	6,71	7,16	7,59
T_u/T_1	0,28	0,80	1,42	2,10	2,81	3,55	4,30	5,08	5,87
n	2	3	4	5	6	7	8	9	10

Bild 3.22   Zur Ermittlung von T_1 und n bei gegebenem Verhältnis T_g/T_u

Zahlenwerten von T_u und T_g entnehme man der Tabelle von Bild 3.22[1]) die Anzahl n der P-T_1-Glieder und deren untereinander gleiche Zeitkonstanten T_1. Ergibt T_g/T_u kein aufgelistetes Zahlenverhältnis, so spaltet man einen entsprechenden Anteil von T_u ab und berücksichtigt ihn als Totzeitglied.

Beispiel: Mit $T_g = 75\,\text{s}$ und $T_u = 20\,\text{s}$ ist $T_g/T_u = 3{,}75$. Das ist nicht tabelliert im Gegensatz zu $T_g/T_u = 75/16{,}37 = 4{,}58$. Dieser Wert ist aufgelistet für $n = 3$. Somit beträgt die separat zu berücksichtigende Totzeit $T_t = 20\,\text{s} - 16{,}37\,\text{s} = 3{,}63\,\text{s}$. Das mathematische Modell ist dann (mit $T_1 = T_g/3{,}69$)

$$G_S(s) = \frac{K_P}{(T_1 s + 1)^n}\, e^{-T_t s} = \frac{K_P}{(20{,}32\,\text{s} + 1)^3}\, e^{-3{,}63\,\text{s}}.$$

Nachteilig bei diesem Verfahren ist der Umstand, daß bei der Festlegung der Wendetangente mit dem Lineal Fehler bei der Ermittlung von T_g/T_u auftreten, die vor allem bei $T_u \ll T_g$ zu größeren Ungenauigkeiten führen können.

Insgesamt genauer ist das sog. Zeit-Prozent-Kennwert-Verfahren[2]). Hierbei teilt man die Ordinate der Übergangsfunktion von Null bis zum Endwert in Prozentschritte und legt dementsprechend zu benennende Zeitpunkte ($t_{10\%}$, $t_{30\%} \ldots t_{90\%}$, abgekürzt t_1, $t_3 \ldots t_9$) auf der Zeitachse fest (Bild 3.23 a). Sofern es sich bei den Sprungantworten um echtes P-T_n-Verhalten handelt, müssen alle Verhältniszahlen t_i/t_k, wie z. B. t_1/t_3, t_1/t_5, t_1/t_7, t_3/t_5, t_3/t_7 etc. zu dem gleichen ganzzahligen Zahlenwert für n nach Bild 3.23b führen. Ähnliches gilt für Bild 3.23c, dem der Wert von T_1 aus der Beziehung $t_i/T_1 = f(n)$ zu entnehmen ist. Die für ein bestimmtes n angegebenen t_i/T_1-Werte liefern eine Reihe von T_1-Werten, die zu mitteln sind.

Das Übertragungsverhalten von Bild 3.20 wird häufig auch mit einer Kettenschaltung aus P-T_1-Glied und T_t-Glied (Abschn. 2.8.4), einem sogenannten P-T_1-T_t-Glied, beschrieben:

$$G_S(s) = \frac{K_P}{(T_1 s + 1)}\, e^{-T_t s},$$

wobei $T_1 = T_g$ und $T_t = T_u$.

Werden bei der mathematischen Modellbildung zunächst Teilmodelle der Strecke mit jeweils S-förmigen Übergangsfunktionen ermittelt, so lassen sich diese häufig zu einem resultierenden Streckenmodell niedrigerer Ordnung zusammenfassen. Man spricht dann von *Modellreduktion*. Liegen z. B. die zwei in Bild 3.24a gezeigten Streckenteilmodelle mit P-T_1-T_t-Verhalten vor, dann lassen sich diese näherungsweise zu einer resultierenden

---

[1]) Nach H. *Dittmann*: Kennwertermittlung von Regelstrecken und Regelgeräten, Berlin 1964 und E. *Samal*: Grundriß der praktischen Regelungstechnik Bd. II, München 1986

[2]) Nach G. *Schwarze*: Bestimmung der regeltechnischen Kennwerte von P-Gliedern aus der Übergangsfunktion ohne Wendetangentenkonstruktion. Zmsr 5 (1962)

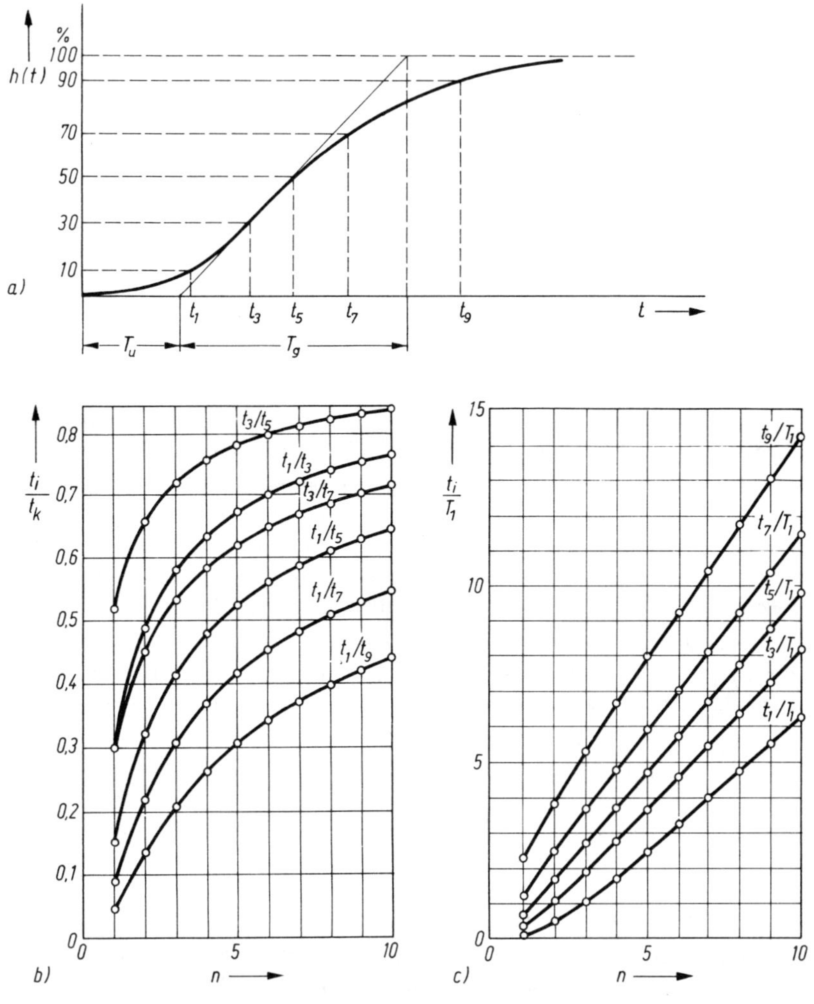

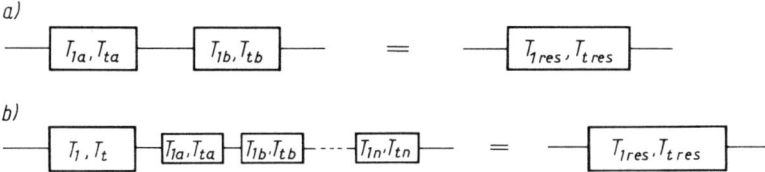

Bild 3.23 Zur Bestimmung der Zeitkonstanten T_1

a) Übergangsfunktion mit Prozentschritteinteilung, b) Ermittlung von n bei gegebenem t_i/t_k, c) Ermittlung von T_1 bei gegebenem n

Bild 3.24 Zweigliedrige a) und mehrgliedrige b) Regelstreckenmodelle und ihr Einsatzmodell

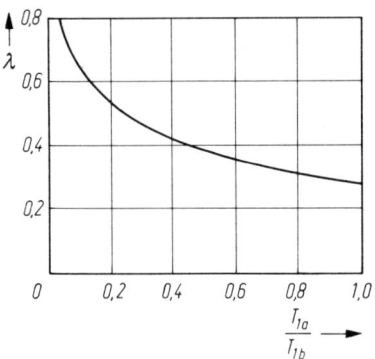

Bild 3.25
Verlauf von λ bei zweigliedrigen Regelstreckenmodellen (vergl. Bild 3.24a und Text)

P-T_1-T_t-Strecke mit $T_{1\text{res}} = T_{1a} + T_{1b}$ und $T_{\text{tres}} = T_{ta} + T_{tb} + \lambda T_{1a}$ (für $T_{1a} < T_{1b}$) zusammenfassen. λ ist dem Diagramm in Bild 3.25 zu entnehmen.

Besteht das Streckenmodell dagegen aus einem Teilmodell mit sehr großer Zeitkonstante T_1 und der Totzeit T_t sowie mehreren Teilmodellen mit vergleichsweise kleinen Zeitkonstanten T_{1i} ($i = 1 \ldots n$; $T_{1i} < 0,05 T_1$) und einzelnen Totzeiten T_{ti} (Bild 3.24b), so läßt sich ihr Verhalten durch eine resultierende Zeitkonstante $T_{1\text{res}} \approx T_1$ und eine resultierende Totzeit $T_{\text{tres}} = \Sigma T_{1i} + \Sigma T_{ti} + T_t$ beschreiben.

Bild 3.26 zeigt die Sprungantwort einer *schwingenden* Regelstrecke mit Ausgleich und Verzögerung 2. Ordnung. Das Übertragungsverhalten wird mit einem P-T_2-Glied (Abschn. 2.8.3) mit dem Dämpfungsgrad $0 < d < 1$ beschrieben:

$$G_S(s) = \frac{K_P}{T_2^2 s + T_1 s + 1} \quad \text{mit} \quad T_1 = 2\,d\,T_2 \,.$$

Derartige Regelstrecken treten z. B. auf bei der Drehzahlregelung großer Gleichstrommotoren, der Lageregelung von Fahrzeugen und der Schreib-/Lesekopf-Positionierung bei Festplatten.

Aus einem Meßschrieb der Sprungantwort Bild 3.26 können die Parameter T_1 und T_2 wie folgt bestimmt werden (K_P geht direkt aus Bild 3.26 hervor.): Man zeichne eine Parallele zur t-Achse mit dem stationären Wert $\lim_{t \to \infty} x(t) = K_P \hat{y}$ der Sprungantwort. Dann bestimme man die Amplituden Δ_1 und Δ_2 des ersten Überschwingers und des folgenden Unterschwingers bzgl. des stationären Wertes. Damit läßt sich der Dämp-

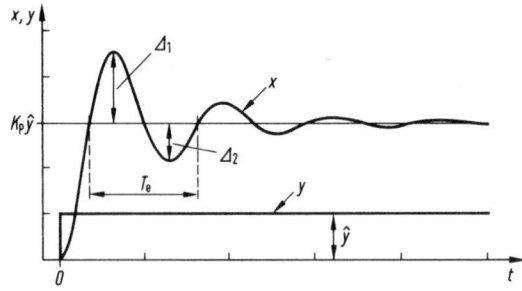

Bild 3.26
Sprungantwort einer schwingenden Regelstrecke mit Ausgleich

fungsgrad d bestimmen:

$$d = \frac{\vartheta}{\sqrt{\pi^2 + \vartheta^2}} \quad \text{mit} \quad \vartheta = \ln \frac{\varDelta_1}{\varDelta_2}.$$

ϑ wird auch als *logarithmisches Dekrement* bezeichnet. Nun bestimme man im Meßschrieb die Periodendauer T_e der Schwingung (Bild 3.26). Damit folgt für die Modellparameter

$$T_2 = \frac{T_e}{2\pi} \sqrt{1 - d^2} \quad \text{und} \quad T_1 = 2\,d T_2.$$

Diese Beziehungen lassen sich aus der in Abschn. 2.8.3 behandelten Gleichung für die Übergangsfunktion $h(t) = x(t)/\hat{y}$ eines schwingungsfähigen (d. h. $d < 1$) P-T_2-Gliedes herleiten.

3.3.4 Regelbarkeit von Strecken

Für nichtschwingende Regelstrecken mit Ausgleich (mit S-förmiger Sprungantwort gemäß Bild 3.20) gibt es allgemeine Aussagen zur *Regelbarkeit*. Danach ist eine solche Strecke mittels Standard-Regelkreis (Bild 3.1) umso schwieriger regelbar, je größer die Regeldifferenz $e(t)$ infolge einer Störeinwirkung wird, bevor der korrigierende Stelleingriff des Reglers wirksam werden kann. Das Maximum der Regeldifferenz, die sich vor dem Stelleingriff aufbauen kann, bezeichnet man als *vorübergehende* Regeldifferenz e_v.

Die vorübergehende Regeldifferenz e_v hängt von der Verzugszeit T_u und der Ausgleichzeit T_g ab. Weicht die Regelgröße infolge z. B. einer Störsprungfunktion von ihrem Sollwert ab, so würde ein als verzögerungsfrei angenommener Regler im Standard-Regelkreis daraufhin unmittelbar die entsprechende Stellgröße am Stellort einspeisen, die dann aber das Zeitintervall T_u braucht, bis sie am Streckenausgang im Sinne eines Abbaues der Störung wirksam werden kann. Je größer die Verzugszeit T_u ist, umso länger dauert es, bis sich die Stellgröße über die Strecke voll auswirkt, und umso größer wird dann die vorübergehende Regeldifferenz e_v. Neben der Verzugszeit hängt e_v noch von der Ausgleichszeit T_g der Strecke ab, weil kleines T_g bedeutet, daß die Strecke schnell reagiert und sich deshalb während der Verzugszeit eine große Regeldifferenz einstellen kann. Es zeigt sich somit, daß die vorübergehende Regeldifferenz der Verzugszeit direkt und der Ausgleichszeit umgekehrt proportional ist: $e_v \sim T_u/T_g$. Somit kann der Kehrwert von T_u/T_g als Ausdruck der *Regelbarkeit* einer Strecke im Standard-Regelkreis angesehen werden, wobei große Werte von T_g/T_u gute Regelbarkeit bedeuten, kleine T_g/T_u-Werte dagegen schlechte Regelbarkeit. Im Falle schlechter Regelbarkeit ist an zusätzliche Maßnahmen im Regelkreis zu denken, wie z. B. — falls meßtechnisch möglich — eine Störgrößenaufschaltung (Abschn. 5.6.1). Die Tabelle stellt Erfahrungswerte zur Beurteilung der Regelbarkeit zusammen.

T_g/T_u [1])	< 1,2	1,2...2,5	2,5...5	5...10	> 10
Regelbarkeit	sehr schlecht	schlecht	mäßig	gut	sehr gut

---

[1]) Die Tabelle gilt auch für den Fall, daß in dem Quotienten T_g/T_u anstelle von T_u eine Totzeit T_t oder die Summe $T_u + T_t$ auftritt. (vgl. folgenden Abschn. 3.4).

3.4   Regelstrecken mit Totzeit

Beim Stellverhalten einer Regelstrecke bezeichnet eine Totzeit T_t die Zeitspanne zwischen einer Stellgrößenänderung und dem Beginn der Auswirkung dieser Stellgrößenänderung auf die Regelgröße. Bild 3.27 zeigt dies anhand der Sprungantworten einiger Regelstreckentypen mit Ausgleich.

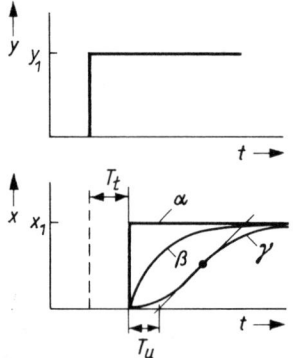

Bild 3.27 Stellsprungantworten von Regelstrecken mit Totzeit T_t und Verzögerung nullter (α), erster (β) und höherer (γ) Ordnung

Totzeiten werden meist durch Transportvorgänge verursacht, wo sie sich auch leicht aus $T_t = l/v$ ($l = $ Länge des Transportweges, $v = $ konstante Transportgeschwindigkeit) berechnen lassen. Derartige Vorgänge sind z. B. anzutreffen bei Förderbandeinrichtungen für Stück- und Schüttgut, Transport von Flüssigkeiten über lange Leitungen (Heizungsanlagen, Pipelines) und auch bei der hydraulischen und pneumatischen Signalübertragung (z. B. Stellbefehle) mittels Rohr- bzw. Schlauchleitungen.

Im mathematischen Modell einer Regelstrecke wird der um die Totzeit T_t nach rechts verschobene Regelgrößenverlauf (vgl. Bild 3.27) dadurch nachgebildet, daß man so tut, als beginne die Stellgrößenänderung erst um T_t verzögert[1]). So schreibt man z. B. für die P-Strecke mit Totzeit (Kurve α in Bild 3.27) $x(t) = K_P y(t - T_t)$. Für die P-T_1-Strecke (Kurve β in Bild 3.27) gilt z. B. $T_1 \dot{x}(t) + x(t) = K_P y(t - T_t)$. Die Übertragungsfunktionen dieser beiden Strecken mit Totzeit sind

$$G_S(s) = K_P\, e^{-T_t s} \quad \text{bzw.} \quad G_S(s) = \frac{K_P}{T_1 s + 1}\, e^{-T_t s}.$$

Das mathematische Modell der P-Strecke mit Totzeit ist ein Totzeitglied (T_t-Glied), das in Abschn. 2.8.4 näher behandelt wurde. Die P-T_1-Strecke mit Totzeit kann man auffassen als Kettenschaltung von P-T_1-Glied und T_t-Glied. Die Kurve γ in Bild 3.27 ist eine P-T_n-Strecke mit Totzeit

$$G_S(s) = \frac{K_P}{(T_1 s + 1)^n}\, e^{-T_t s}.$$

---

[1]) Das ist bei *zeitinvarianten* Übertragungsgliedern erlaubt. Die Zeitinvarianz wurde in Abschn. 2.1 behandelt.

Häufig wird dabei die Verzugszeit T_u im mathematischen Streckenmodell als zusätzliche Totzeit behandelt, was der Annahme des „schlimmsten Falles" entspricht. Denn damit wird bei der rechnerischen Behandlung der Regelstrecke ignoriert, daß die Auswirkung von Stelleingriffen auf die Regelgröße bereits während der Verzugszeit T_u einsetzt. Im Modell reduziert sich dabei der Nennergrad auf $n = 1$ (vgl. Abschn. 3.3.3)

$$G_S(s) = \frac{K_P}{T_g s + 1} \, e^{-(T_t + T_u)s}.$$

Die Modellierung der Streckentotzeit mit Hilfe der e-Funktion ist zu empfehlen, wenn z. B. das Bode-Diagramm der Stellstrecke (bzw. des sog. aufgeschnittenen Regelkreises, vgl. Abschn. 5.3) gesucht ist. Soll jedoch z. B. das Führungsverhalten des Standard-Regelkreises (Bild 3.1) berechnet werden (Abschn. 5.1),

$$\frac{x(s)}{w(s)} = G_w(s) = \frac{G_R(s)\, G_S(s)}{1 + G_R(s)\, G_S(s)},$$

so tritt die e-Funktion im Zähler und im Nenner der Führungsübertragungsfunktion G_w auf und kann nicht als Faktor herausgezogen werden. Dieses Problem läßt sich umgehen, wenn man die Wirkung der Totzeit anstelle der e-Funktion näherungsweise durch eine *rationale* Übertragungsfunktion (d. h. eine Übertragungsfunktion mit Zähler- und Nennerpolynom) darstellt. Dadurch steigen zwar Zähler- und Nennergrad der beteiligten Übertragungsfunktionen, was aber beim Einsatz von CAE-Programmen keine wesentliche Rolle spielt. CAE-Programme stellen häufig die nach ihrem Erfinder benannte *Padé-Approximation* zur Verfügung. Mit der Abkürzung $\eta = T_t s$ ist die *Padé*-Approximation n-ter Ordnung der e-Funktion wie folgt definiert:

$$e^{-\eta} = \frac{1 + b_1 \eta + b_2 \eta^2 + \ldots + b_n \eta^n}{1 + a_1 \eta + a_2 \eta^2 + \ldots + a_n \eta^n}.$$

Die Unbekannten a_i und b_j werden mittels Koeffizientenvergleich mit der Taylor-Reihenentwicklung für $e^{-\eta}$ um die Stelle $\eta = 0$

$$e^{-\eta} = 1 - \frac{\eta}{1!} + \frac{\eta^2}{2!} - \frac{\eta^3}{3!} + \ldots$$

ermittelt. Z.B. gilt für die *Padé*-Approximation erster Ordnung

$$e^{-\eta} = 1 - \eta + \frac{\eta^2}{2} - + \ldots \approx \frac{1 + b_1 \eta}{1 + a_1 \eta}.$$

Multiplikation mit dem Nenner ergibt

$$1 + (-1 + a_1)\, \eta + \left(\frac{1}{2} - a_1\right) \eta^2 + \ldots = 1 + b_1 \eta.$$

Aus dem Koeffizientenvergleich ergeben sich die beiden Gleichungen $-1 + a_1 = b_1$ und $0{,}5 - a_1 = 0$. Damit folgt für die *Padé*-Approximation erster Ordnung eines T_t-Gliedes

$$G(s) = K_P \, e^{-T_t s} \approx K_P \, \frac{2 - T_t s}{2 + T_t s}.$$

In praktischen Anwendungen ist im allgemeinen die *Padé*-Approximation dritter Ordnung ausreichend genau:

$$G(s) = K_P\, e^{-T_t s} \approx K_P\ \frac{-T_t^3 s^3 + 12 T_t^2 s^2 - 60 T_t s + 120}{T_t^3 s^3 + 12 T_t^2 s^2 + 60 T_t s + 120}\ .$$

Beispiel: Bild 3.28a zeigt die Übergangsfunktion eines T_t-Gliedes mit $T_t = 4$ und $K_P = 1$ und eine *Padé*-Approximation dritter Ordnung. Die Schwingungen im Bereich der Totzeit, wo die exakte Übergangsfunktion Null ist, sind in der Regel vernachlässigbar, wenn das T_t-Glied — wie in der Praxis üblich — mit verzögernden Übertragungsgliedern verknüpft ist: Bild 3.28b zeigt dies am Beispiel einer P-T_1-T_t-Strecke mit der Zeitkonstanten $T_1 = 1$.

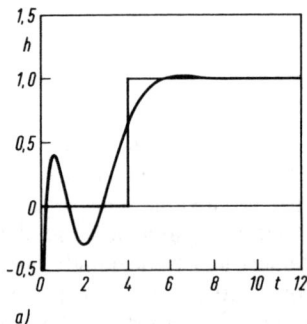 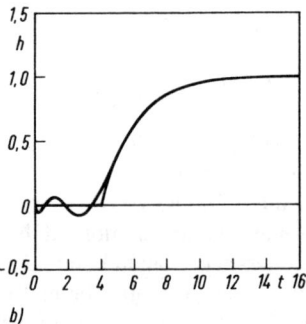

a)   b)

Bild 3.28   *Padé*-Approximation 3. Ordnung:

a) T_t-Glied
b) P-T_1-T_t-Glied

4   Analoge Regeleinrichtungen

Die Aufgabe einer Regeleinrichtung besteht darin, die Regelgröße laufend mit einem vorgegebenen festen oder zeitveränderlichen Sollwert zu vergleichen und beim Auftreten einer Abweichung eine Stellgröße zu liefern, die geeignet ist, die Abweichung zu verringern oder ganz zu beseitigen. Den bestimmenden Einfluß hat dabei das Regelglied, dessen Eingangsgröße die Regeldifferenz $e(t)$ und dessen Ausgangsgröße die Stellgröße $y(t)$ ist (vgl. Bild 1.11). Bild 4.1 zeigt den Standard-Regelkreis, bei dem das Regelglied üblicherweise kurz als Regler bezeichnet wird (vgl. auch Bild 1.12).

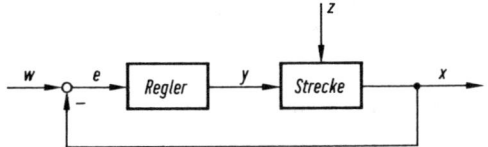

Bild 4.1   Standard-Regelkreis

4.1   Einteilung der Regeleinrichtungen

Man unterscheidet die Regeleinrichtungen nach der Art der möglichen Stellgrößenänderungen in *stetige* (Stellgröße kann im Stellbereich Y_h jeden beliebigen Wert annehmen) und *unstetige* Regeleinrichtungen (Stellgröße kann im Stellbereich Y_h nur bestimmte Werte annehmen, zwischen denen umgeschaltet wird). Ein anderes wichtiges Unterscheidungsmerkmal ist die Hilfsenergie: Es gibt Regeleinrichtungen ohne und solche mit (z. B. elektrischer, pneumatischer und/oder hydraulischer) Hilfsenergie (vgl. auch Abschn. 1.1). Damit kann eine grobe Einteilung der Regeleinrichtungen nach folgendem Schema erfolgen:

Regeleinrichtungen[1])

Unstetige Regeleinrichtungen	Stetige Regeleinrichtungen
a) ohne Hilfsenergie	a) ohne Hilfsenergie
b) mit Hilfsenergie	b) mit Hilfsenergie

Beispiel: Unstetiger Regler ohne und mit Hilfsenergie

Bild 4.2a zeigt einen Stabtemperaturregler. Zur Messung der Temperatur (Regelgröße x) besitzt er als Fühler ein Messingrohr (*2*), in dessen Innerem sich ein Invarstab (*4*) befindet, der gegenüber Messing einen wesentlich kleineren Wärmeausdehnungskoeffizienten hat. Der temperaturabhängige Ausdehnungsunterschied wird auf einen bei (*7*) gelagerten Hebel übertragen, der auf der linken Seite von der Sollwertschraube (*1*) gehalten wird und auf der rechten Seite von einer Zugfeder auf den Springfederumschalter (*3*) gedrückt wird. Abhängig von der Wegdifferenz zwischen Invarstab und Messingrohr (Istwert) einerseits und der Sollwertschraube andererseits (Regeldifferenz e) wird der Sprungschalter (*3*) betätigt, so daß ein äußerer Stromkreis geschlossen wird. Damit kann z. B. die Stromstärke (Stellgröße y) im Heizkreis eines elektrisch beheizten Ofens geschaltet werden (Bild 4.2b). Es erfolgt hier ohne Verwendung einer *Hilfsenergie* ein Eingriff in die Regelstrecke, da die (Wärme-)Energie für die Funktion des Reglers der Strecke selbst entzogen wird. Außerdem ist erkennbar, daß die Stellgröße nur die beiden durch die Stellungen EIN und AUS gekennzeichneten

---

[1]) Technische Ausführungsformen werden in Abschnitt 11 erläutert.

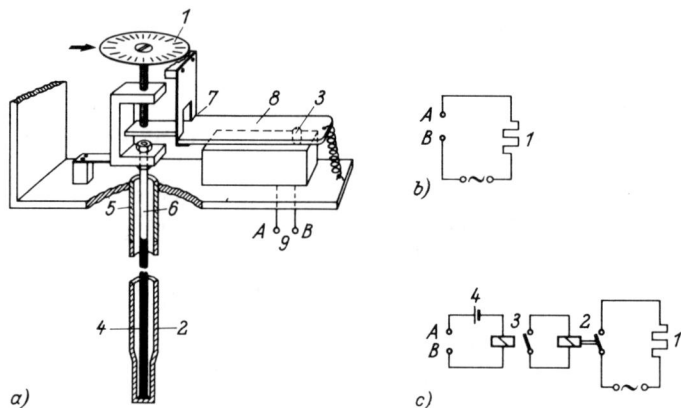

a)   *c)*

Bild 4.2 Stabtemperaturregler als unstetiger Regler

a) Prinzipieller Aufbau   b) Schaltung ohne Hilfsenergie
1 Sollwertskale   *A-B* Reglerausgang
2 Ausdehnungsrohr (Messing)   *1* Heizwicklung
3 Springfederumschalter
4 Invarstab   c) Schaltung mit Hilfsenergie
5 Tragrohr aus Stahl   *A-B* Reglerausgang
6 Stahlstab   *1* Heizwicklung
7 Drehpunkt   *2* Schütz
8 Schalthebel   *3* Relais
9 Schalterklemmen *A* und *B*   *4* Batterie (Hilfsenergie)

Werte annehmen kann. Sind für den Eingriff in die Strecke höhere Stelleistungen erforderlich, so muß eine *Hilfsenergie* eingesetzt werden, indem man an die Schalterklemmen (*9*) z. B. einen Leistungsschalter anschließt (Nr. *3* in Bild 4.2c), der mit der Batterie (*4*) betrieben wird.

Beispiel: Stetiger Regler ohne und mit Hilfsenergie

Beim stetigen Regler kann die Stellgröße jeden Wert innerhalb des Stellbereichs annehmen. Dadurch wird die Regelung wesentlich genauer. Bild 4.3 zeigt einen Schwimmerregler, wie er für die Konstanthaltung von Flüssigkeitsständen (Regelgröße x) Verwendung findet. In der Ausführung ohne Hilfsenergie ist der Schwimmer (Messung von x) über ein Gestänge (Regeldifferenz e) mit dem Ventilkegel verbunden und beeinflußt damit direkt die durch das Ventil hindurchfließende Flüssigkeitsmenge (Stellgröße y: Ventilstellung). Die Regelung verläuft stetig, da beliebig kleine Lageänderungen des Schwimmers entsprechende Verschiebungen des Ventilkegels zur Folge haben. Ver-

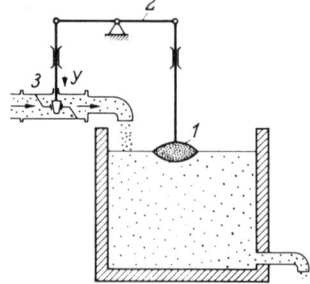

Bild 4.3
Schwimmerregler als stetiger Regler ohne Hilfsenergie

1 Schwimmer
2 Hebel
3 Ventil

wirklicht ist dieses einfache Regelungsprinzip u. a. auch bei WC-Spülkästen und Kfz.-Vergasern. Sind die erforderlichen Stellkräfte für das Ventil sehr groß, so muß auch hier der Einsatz einer Hilfsenergie in Betracht gezogen werden. Die Regeleinrichtung ließe sich dann beispielsweise so auslegen, daß der Schwimmer den (leichtgängigen) Abgriff eines Potentiometers verschiebt, dessen Ausgangsspannung einen Stellmotor speist, der seinerseits das Ventil verstellt.

Fuzzy-Regler, die in Abschn. 10 gesondert behandelt werden, lassen sich nicht den stetigen *oder* unstetigen Regeleinrichtungen zuordnen, weil es Fuzzy-Regler gibt, die stetig arbeiten und auch solche, die unstetig arbeiten.

Digitale Regler sind genau genommen immer unstetige Regler, die jedoch im Stellbereich Y_h soviele Schaltpegel haben (z. B. 1024 bei einem 10 Bit Digital-Analog-Umsetzer), daß ihr Verhalten von denen analoger Regler kaum zu unterscheiden ist. Die Besonderheiten digitaler Regeleinrichtungen werden ab Abschn. 6 und in Abschn. 11.3 ausführlich behandelt.

Ist die erforderliche Qualität einer Regelung festgelegt (die sog. Regelgüte, vgl. Abschn. 5.1), so ist es die Aufgabe des Regelungstechnikers, einen geeigneten Regler auszuwählen und optimal einzustellen. Das ist Thema von Abschn. 5. Im vorliegenden Abschnitt soll zunächst die Wirkungsweise einiger Standard-Reglertypen besprochen werden. Die technische Ausführung von Reglern behandelt Abschn. 11.

4.2 Unstetige Regeleinrichtungen

4.2.1 Zweipunktregler

Der Zweipunktregler arbeitet nur in den beiden Schaltzuständen EIN und AUS. Sein Verhalten wird in idealisierter Form durch die Kennlinie von Bild 4.4 wiedergegeben. Liegt die Regelgröße x unter dem Sollwert x_S, so liefert der Regler das volle Stellsignal Y_h. Erreicht die Regelgröße x den Sollwert x_S, so schaltet der Regler ab ($y = 0$). Technische Ausführungen von Zweipunktreglern schalten dagegen erst ab, wenn die Regelgröße x den Sollwert x_S um einen gewissen Betrag überschritten hat. Fällt die Regelgröße x daraufhin wieder ab, dann schalten solche Zweipunktregler die Stellgröße y erst dann wieder ein ($y = Y_h$), wenn x den Sollwert x_S um einen gewissen Betrag unterschritten hat. Dieses Verhalten entspricht der in Bild 4.5 gezeigten Zweipunktkennlinie mit

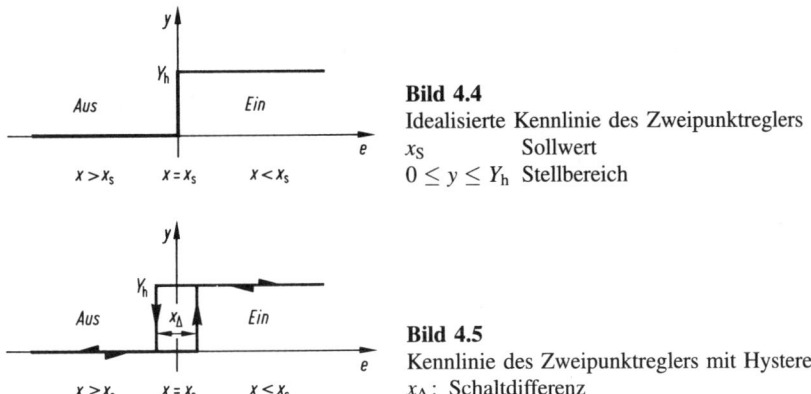

Bild 4.4
Idealisierte Kennlinie des Zweipunktreglers
x_S Sollwert
$0 \leq y \leq Y_h$ Stellbereich

Bild 4.5
Kennlinie des Zweipunktreglers mit Hysterese
x_Δ: Schaltdifferenz

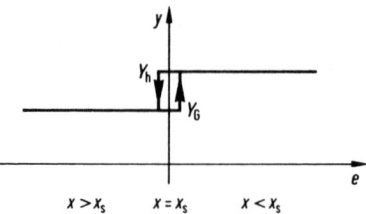

Bild 4.6 Kennlinie eines Zweipunktreglers mit Grundlast Y_G

Hysterese. Der Abstand zwischen den beiden meist symmetrisch zum Sollwert x_S liegenden Zu- bzw. Abschaltwerten der Regelgröße heißt *Schaltdifferenz* x_Δ (Bild 4.5). Die Schaltdifferenz ist — wie die folgenden Abschnitte zeigen — wichtig, um z. B. bei der Regelung von Strecken mit geringer Tot- bzw. Verzugszeit die Schalthäufigkeit des Reglers nicht unzulässig groß werden zu lassen.

Ein Nachteil der Zweipunktregelung besteht darin, daß jeweils der volle Energiestrom geschaltet wird, was zu unerwünschten Laststößen in dem betreffenden Energienetz führt und deshalb für manche Anwendungszwecke die Zweipunktregelung ausschließt. Allerdings läßt sich dieser Nachteil dadurch reduzieren, daß nicht zwischen Null und Vollast, sondern zwischen einer sog. *Grundlast* und Vollast geschaltet wird. Den Vorgang zeigt Bild 4.6. Die Grundlast Y_G darf allerdings nur so hoch gelegt werden, daß bei $y = Y_G$ die Regelgröße noch auf ihren Sollwert x_S abfallen kann (vgl. z. B. Bild 4.7).

Das mathematische Modell des Zweipunktreglers ist nichtlinear, weil seine Kennlinie (Bilder 4.4 bzw. 4.5) keine Gerade ist.

4.2.2 Regelkreise mit Zweipunktreglern

Die meisten regelungstechnischen CAE-Programme (Anhang A.1) bieten die Möglichkeit, das Verhalten von Regelkreisen mit Zweipunktreglern mit geringem Aufwand mittels digitaler Simulation zu berechnen. Dazu ist bei grafischer Programmierung des Wirkungsplanes[1]) von Bild 4.1 für den Block „Regler" lediglich eine Zweipunktkennlinie mit Hysterese einzufügen. Das grundsätzliche Verhalten von Regelkreisen mit Zweipunktreglern kann man sich jedoch auch leicht und anschaulich *grafisch* klar machen, wie die folgenden Abschnitte zeigen.[2])

4.2.2.1 Zweipunktregler an Regelstrecken mit Ausgleich

Das mathematische Modell einer Strecke mit Ausgleich und Verzögerung 1. Ordnung lautet $T_1 \dot{x} + x = K_{PS} y$ (P-T_1-Strecke, vgl. Abschn. 3.3.2). Setzt man $y = Y_h$, so erreicht die Regelgröße im eingeschwungenen Zustand den Maximalwert $x = x_{max} = K_{PS} Y_h$ (Bild 4.7, Kurve *a*). Ist $x = x_{max}$ und $y = 0$, so sinkt die Regelgröße gemäß der Kurve *b* ab[3]).

---

[1]) Die grafische Programmierung wurde in Abschn. 2.2 behandelt.
[2]) Die Untersuchung der Stabilität von Regelkreisen mit Zweipunktreglern wird in Abschn. 5.9 (Nichtlineare Regelkreise) behandelt.
[3]) Falls für den Auf- und den Abklingvorgang nicht die gleiche Zeitkonstante zugrunde gelegt werden kann, so muß zwischen T_{1auf} und T_{1ab} unterschieden werden. Darauf wird am Ende dieses Abschnittes eingegangen.

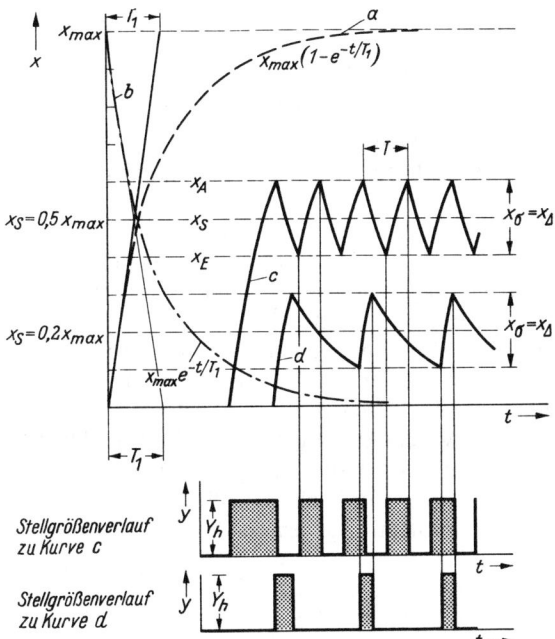

Bild 4.7 Verlauf der Regelgröße und der Stellgröße bei Zweipunktregelung einer Strekke 1. Ordnung mit Ausgleich ohne Totzeit. Schaltdifferenz des Reglers $x_\Delta \neq 0$.

$x_{max} = K_{PS} Y_h$
x_Δ Schaltdifferenz
x_σ Schwingspanne (hier ist $x_\sigma = x_\Delta$)
T Periodendauer der Regelschwingung

Stellt man nun einen Sollwert $x_S = 0,5x_{max}$ ein und nimmt damit den Regelkreis von Bild 4.1 mit Zweipunktregler in Betrieb, dann verlaufen Stellgröße y und Regelgröße x gemäß Kurve c in Bild 4.7 (wobei der Beginn des Regelvorganges beliebig festgelegt wurde). Zu beachten ist, daß der Regler bei Übereinstimmung von x und x_S noch nicht schaltet, sondern erst nachdem x den Wert x_A erreicht hat (Verlauf parallel zu Kurve a). Diese Tatsache ist durch die *Schaltdifferenz* x_Δ des Reglers bedingt. Anschließend sinkt die Regelgröße über den Sollwert hinaus bis zum Wert x_E ab (parallel zu Kurve b), an dem der Regler die Stellgröße wieder zuschaltet. Die Unterschreitung des Sollwerts beruht ebenfalls auf der Wirkung der Schaltdifferenz. Auf diese Weise spielt sich der Regelungsvorgang durch fortlaufende Wiederholung der beschriebenen Teilvorgänge ein. Man sieht, daß die Regelgröße bei der Zweipunktregelung sich periodisch ändert bzw. um den Sollwert pendelt. Durch Verkleinern der Schaltdifferenz x_Δ lassen sich zwar die maximalen Abweichungen (*Schwingspanne* x_σ) vom Sollwert verkleinern, es wächst damit aber gleichermaßen die Schalthäufigkeit oder *Schaltfrequenz*, was zu einer verringerten Lebensdauer des Reglers bzw. der Schaltkontakte führt.

Die Schaltfrequenz $1/T = f$ ist jedoch auch noch von anderen Größen abhängig. Dies verdeutlicht der in Bild 4.7 (Kurve d) eingezeichnete Verlauf für einen anderen Sollwert

($x_S/x_{max} = 20\%$). Hier ergibt sich eine geringere Schaltfrequenz. Außerdem ist das EIN/AUS-Zeitverhältnis der Stellgröße, das bei $x_S/x_{max} = 50\%$ 1:1 beträgt, kleiner geworden. Ähnliche Verhältnisse treten ein, wenn der Sollwert oberhalb von 50% liegt: die Schalthäufigkeit verringert sich, aber das EIN/AUS-Verhältnis wird größer als eins.

Das anhand von Bild 4.7 erläuterte Verfahren, den Verlauf der Regelgröße zu ermitteln, läßt sich in entsprechender Weise auch auf Strecken mit Ausgleich und *Verzögerung höherer Ordnung* übertragen. Wie in Abschn. 3.3.3 erläutert, lassen sich diese Strecken auch als $P\text{-}T_1$-Glieder mit Totzeit auffassen (sog. $P\text{-}T_1\text{-}T_t$-Glieder). Nimmt man der Einfachheit halber zunächst an, daß der Regler *keine* Schaltdifferenz besitze, dann verläuft der Regelvorgang nach Bild 4.8 wie folgt: Bei voll eingeschalteter Stellgröße nähert sich die Regelgröße dem Sollwert. Der Regler schaltet die Stellgröße bei Erreichen des Sollwerts ab, da die Schaltdifferenz zu Null angenommen wird. Das Abschalten wirkt sich jedoch auf die Regelgröße erst nach Ablauf der Totzeit aus, so daß x während dieser Zeit noch um einen bestimmten Betrag ansteigen kann. Alsdann sinkt die Regelgröße bis zum Sollwert, wo die Stellgröße wieder zugeschaltet wird. Der anschließende weitere Abfall der Regelgröße ist wieder auf den Einfluß der Totzeit zurückzuführen. Man erkennt in dieser Darstellung, daß sich die maximale Schaltfrequenz ebenfalls bei einem mittleren Sollwert ($x_S/x_{max} = 50\%$) einstellt, dagegen verläuft die periodische Änderung

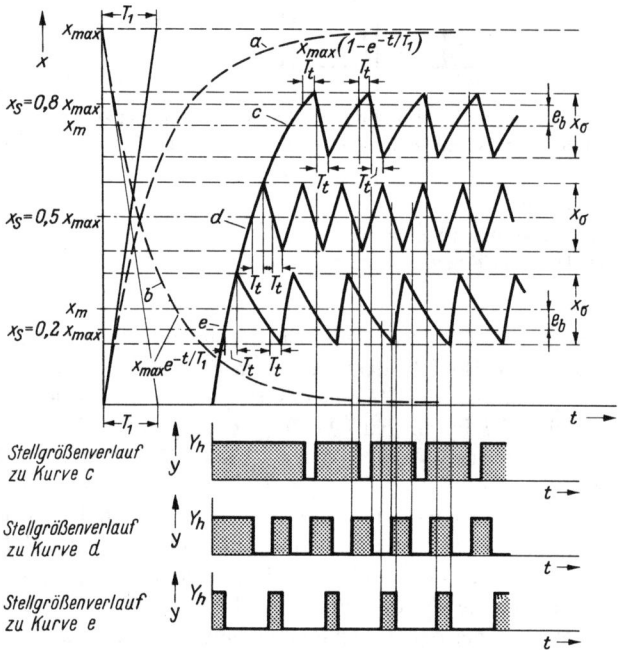

Bild 4.8 Verlauf der Regelgröße und der Stellgröße bei Zweipunktregelung einer Strecke 1. Ordnung mit Ausgleich und Totzeit T_t. Schaltdifferenz des Reglers $x_\Delta = 0$

$x_{max} = K_{PS} Y_h$

x_σ = Schwingspanne

e_b = bleibende Regeldifferenz = $x_S - x_m$

x_m = Mittelwert der stationären Schwingung

der Regelgröße anders als in Bild 4.7. Die Schwingamplituden liegen hier, sofern der Sollwert von 50% abweicht, unsymmetrisch zu diesem, so daß sich unterhalb 50% eine negative und oberhalb 50% eine positive *Regeldifferenz* $e_b = x_m - x_S$ ergibt (x_m ist der Mittelwert der stationären Schwingung). Liegt der Fall einer Strecke mit Totzeit und eines Reglers mit Schaltdifferenz vor, so überlagern sich die bisher einzeln beschriebe-

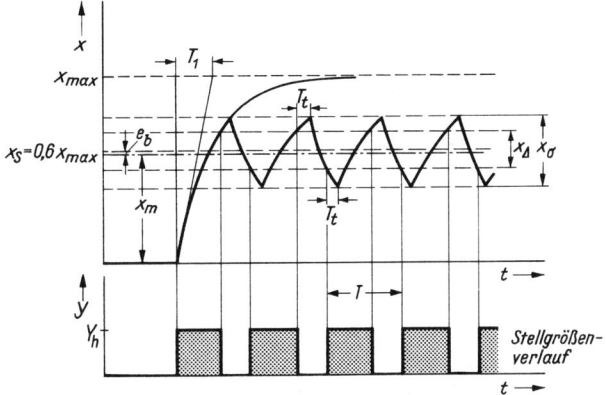

Bild 4.9 Verlauf der Regelgröße und der Stellgröße bei Zweipunktregelung einer Strecke 1. Ordnung mit Ausgleich und Totzeit T_t. Schaltdifferenz des Reglers $x_\Delta \neq 0$

x_{max} $= K_{PS} Y_h$
x_Δ $=$ Schaltdifferenz
x_σ $=$ Schwingspanne (hier ist $x_\sigma \neq 0$)
e_b $=$ bleibende Regeldifferenz $= x_S - x_m$
x_m $=$ Mittelwert der stationären Schwingung

nen Vorgänge und es entsteht ein Regelverlauf, wie ihn Bild 4.9 zeigt.
Anhand der grafischen Darstellungen lassen sich nun die in erster Linie interessierenden Kenngrößen *Schwingspanne* x_σ, *bleibende Regeldifferenz* e_b, und *Schaltfrequenz* $f = 1/T$ ermitteln (T = Periodendauer = Zeitintervall zwischen zwei aufeinanderfolgenden Einschaltvorgängen der Stellgröße). Diese Größen lassen sich formelmäßig näherungs-weise bestimmen, wenn die Bedingungen $x_\Delta \ll x_S$ bzw. $T_t \ll T_1$ erfüllt sind. Man kann dann die *e*-Funktion durch die Tangente im Sollwertpunkt ersetzen (Bild 4.10). Die Stei-

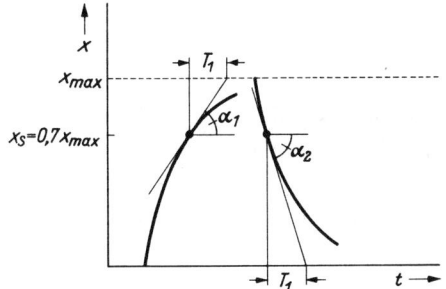

Bild 4.10 Näherungsweiser Ersatz der *e*-Funktion durch ihre Tangente

gung der Tangente für die Aufklingfunktion $x = x_{\max}(1 - e^{-t/T_1})$ ergibt sich durch Differentiation derselben zu

$$\tan \alpha_1 = \frac{x_{\max}}{T_1} e^{-t/T_1} = \frac{x_{\max} - x_S}{T_1} \quad (e^{-t/T_1} \text{ aus } x = x_S = x_{\max}(1 - e^{-t/T_1}))$$

und die der Abklingfunktion $x = x_{\max} e^{-t/T_1}$ zu

$$\tan (\pi - \alpha_2) = -\tan \alpha_2 = -\frac{x_{\max}}{T_1} e^{-t/T_1} = -\frac{x_S}{T_1}$$

$$(e^{-t/T_1} \text{ aus } x = x_S = x_{\max} e^{-t/T_1}).$$

In Bild 4.10 ist der Sollwert $x_S = 0{,}7 x_{\max}$ gewählt. Damit wird

$$\tan \alpha_1 = 0{,}3 \frac{x_{\max}}{T_1} \quad \text{und} \quad \tan \alpha_2 = 0{,}7 \frac{x_{\max}}{T_1}.$$

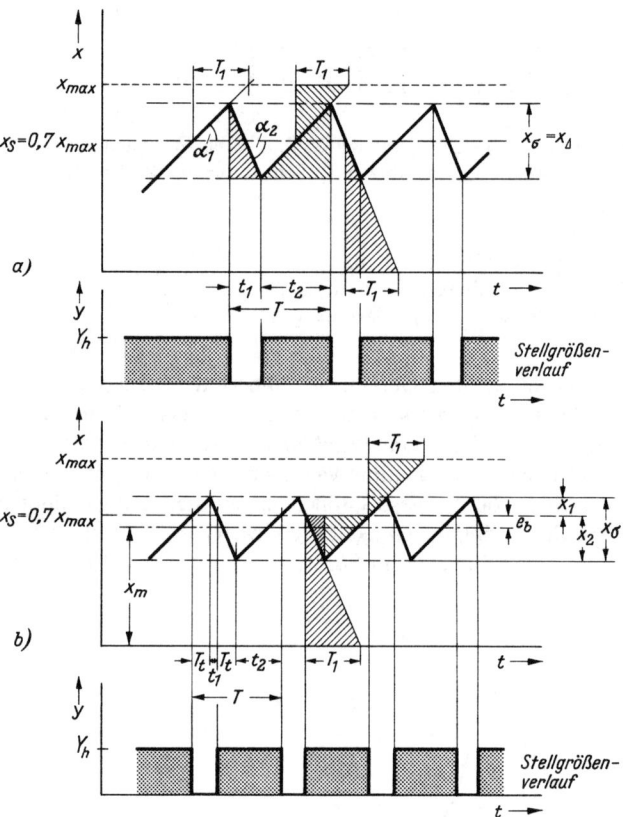

Bild 4.11 Zur Bestimmung der Kenngrößen bei der Zweipunktregelung

a) Strecke mit Ausgleich ohne Totzeit; Regler mit Schaltdifferenz $x_\Delta > 0$
b) Strecke mit Ausgleich mit Totzeit; Regler ohne Schaltdifferenz, d. h. $x_\Delta = 0$

Im einzelnen lassen sich folgende Fälle unterscheiden:

1) Strecke 1. Ordnung mit Ausgleich *ohne* Totzeit ($T_{1\text{auf}} = T_{1\text{ab}} = T_1$); Regler *mit* Schaltdifferenz, d. h. $x_\Delta \neq 0$. Der Verlauf der Regelgröße geht aus Bild 4.11a hervor. Daraus läßt sich ablesen:

Schwingspanne $\qquad x_\sigma = x_\Delta$ (Schaltdifferenz)

Bleibende Regeldifferenz $\quad e_\text{b} = 0$

Schwingungsdauer $\qquad T = T_1 \dfrac{x_{\max} x_\Delta}{x_\text{S}(x_{\max} - x_\text{S})}$

Schaltfrequenz $\qquad f = \dfrac{1}{T} = \dfrac{x_S(x_{\max} - x_\text{S})}{T_1 x_{\max} x_\Delta}$

Die Schwingungsdauer erhält man aus $T = t_1 + t_2$, wobei sich die Hilfsgrößen t_2 und t_1 aus der Ähnlichkeit der gleichsinnig schraffierten Dreiecke ergeben:

$$\frac{x_\Delta}{t_1} = \frac{x_\text{S}}{T_1} \quad \text{d. h.} \quad t_1 = T_1 \frac{x_\Delta}{x_\text{S}} \qquad \frac{x_\Delta}{t_2} = \frac{x_{\max} - x_\text{S}}{T_1} \quad \text{d. h.} \quad t_2 = T_1 \frac{x_\Delta}{x_{\max} - x_\text{S}}$$

2) Strecke 1. Ordnung mit Ausgleich und *mit* Totzeit ($T_{1\text{auf}} = T_{1\text{ab}} = T_1$); Regler *ohne* Schaltdifferenz, d. h. $x_\Delta = 0$ (Bild 4.11b).

Schwingspanne $\qquad x_\sigma = x_{\max} \dfrac{T_\text{t}}{T_1} = x_1 + x_2$

mit $\quad x_1 = \dfrac{x_{\max} - x_\text{S}}{T_1} T_\text{t} \quad$ und $\quad x_2 = \dfrac{x_\text{S}}{T_1} T_\text{t} \qquad$ als Hilfsgrößen.

Bleibende Regeldifferenz $\quad e_\text{b} = \dfrac{T_\text{t}}{T_1}\left(x_\text{S} - \dfrac{x_{\max}}{2}\right) = x_\text{S} - x_\text{m} = \dfrac{x_2 - x_1}{2},$

wobei der Mittelwert $x_\text{m} = x_\text{S} + (x_1 - x_2)/2$ ist und die Regeldifferenz negativ für $x_\text{m} > x_\text{S}$ und positiv für $x_\text{m} > x_\text{S}$ gerechnet wird.

Schwingungsdauer $\qquad T = \dfrac{T_\text{t}}{\dfrac{x_\text{S}}{x_{\max}} - \left(\dfrac{x_\text{S}}{x_{\max}}\right)^2}$

Schaltfrequenz $\qquad f = \dfrac{1}{T} = \dfrac{\dfrac{x_\text{S}}{x_{\max}} - \left(\dfrac{x_\text{S}}{x_{\max}}\right)^2}{T_\text{t}}$

T erhält man aus $T = 2T_\text{t} + t_1 + t_2$ (Bild 4.11b). t_1 und t_2 ergeben sich aus

$$\frac{x_1}{t_1} = \frac{x_\text{S}}{T_1} \quad \text{d. h.} \quad t_1 = \frac{T_1}{x_\text{S}} x_1 = \frac{x_{\max} - x_\text{S}}{x_\text{S}} T_\text{t}$$

$$\frac{x_2}{t_2} = \frac{x_{\max} - x_\text{S}}{T_1} \quad \text{d. h.} \quad t_2 = \frac{T_1}{x_{\max} - x_\text{S}} x_2 = \frac{x_\text{S}}{x_{\max} - x_\text{S}} T_\text{t},$$

so daß $\quad T = T_\text{t}\left(2 + \dfrac{x_\text{S}}{x_{\max} - x_\text{S}} - \dfrac{x_{\max} - x_\text{S}}{x_\text{S}}\right) = \dfrac{T_\text{t}}{\dfrac{x_\text{S}}{x_{\max}} - \left(\dfrac{x_\text{S}}{x_{\max}}\right)^2} \quad$ ist.

Auf Grund ähnlicher Überlegungen wie bei den vorangegangenen Beispielen ergibt sich für die folgenden Fälle (ohne Ableitung):

3) Strecke 1. Ordnung mit Ausgleich und *mit* Totzeit; Regler *mit* Schaltdifferenz; $T_{1\,\text{auf}} = T_{1\,\text{ab}} = T_1$.

Schwingspanne
$$x_\sigma = \frac{T_t}{T_1}\, x_{\max} + x_\Delta$$

Bleibende Regeldifferenz
$$e_b = \frac{T_t}{T_1} \left(x_S - \frac{x_{\max}}{2} \right)$$

Schwingungsdauer
$$T = \frac{T_t + \dfrac{x_\Delta}{x_{\max}}\,(T_1 - T_t)}{\left(\dfrac{x_S}{x_{\max}} - \dfrac{x_\Delta}{2x_{\max}} \right) \left(1 - \dfrac{x_\Delta}{2x_{\max}} - \dfrac{x_S}{x_{\max}} \right)}$$

4) Strecke 1. Ordnung mit Ausgleich *ohne* Totzeit; Regler *mit* Schaltdifferenz; $T_{1\,\text{auf}} \neq T_{1\,\text{ab}}$.

Schwingspanne
$$x_\sigma = x_\Delta$$

Bleibende Regeldifferenz
$$e_b = 0$$

Schwingungsdauer
$$T = x_\Delta \left(\frac{T_{1\,\text{auf}}}{x_{\max} - x_S} + \frac{T_{1\,\text{ab}}}{x_S} \right)$$

5) Strecke 1. Ordnung mit Ausgleich *mit* Totzeit; Regler *ohne* Schaltdifferenz; $T_{1\,\text{auf}} \neq T_{1\,\text{ab}}$.

Schwingspanne
$$x_\sigma = T_t \left(\frac{x_{\max} - x_S}{T_{1\,\text{auf}}} + \frac{x_S}{T_{1\,\text{ab}}} \right)$$

Bleibende Regeldifferenz
$$e_b = \frac{T_t}{2} \left(\frac{x_S}{T_{1\,\text{ab}}} - \frac{x_{\max} - x_S}{T_{1\,\text{auf}}} \right)$$

Schwingungsdauer
$$T = T_t \left(2 + \frac{T_{1\,\text{ab}}}{T_{1\,\text{auf}}}\,\frac{x_{\max} - x_S}{x_S} + \frac{T_{1\,\text{auf}}}{T_{1\,\text{ab}}}\,\frac{x_S}{x_{\max} - x_S} \right)$$

Die genannten Fälle sind Spezialfälle der folgenden Formeln, die z. B. mittels $x_\Delta = 0$, $T_t = 0$ und/oder $T_{1\,\text{auf}} = T_{1\,\text{ab}}$ entsprechend zugeschnitten werden können:

Schwingspanne
$$x_\sigma = x_\Delta + T_t \left(\frac{x_{\max} - x_S}{T_{1\,\text{auf}}} + \frac{x_S}{T_{1\,\text{ab}}} \right)$$

Bleibende Regeldifferenz
$$e_b = \frac{T_t}{2} \left(\frac{x_S}{T_{1\,\text{ab}}} - \frac{x_{\max} - x_S}{T_{1\,\text{auf}}} \right)$$

Schwingungsdauer
$$T = x_\Delta \left(\frac{T_{1\,\text{auf}}}{x_{\max} - x_S} + \frac{T_{1\,\text{ab}}}{x_S} \right)$$
$$+ T_t \left(2 + \frac{T_{1\,\text{ab}}}{T_{1\,\text{auf}}}\,\frac{x_{\max} - x_S}{x_S} + \frac{T_{1\,\text{auf}}}{T_{1\,\text{ab}}}\,\frac{x_S}{x_{\max} - x_S} \right)$$

Beispiel: Ein Industrieofen werde elektrisch beheizt und die Heizleistung über einen Zweipunktregler zu- und abgeschaltet. Die maximal erreichbare Ofentemperatur betrage $\vartheta = 900\,°\mathrm{C} \,\widehat{=}\, x_{\max}$, der konstante Sollwert $\vartheta_S = 750\,°\mathrm{C} \,\widehat{=}\, x_S$. Die Zeitkonstanten für Aufheizen und Abkühlen seien gleich: $T_{1\mathrm{auf}} = T_{1\mathrm{ab}} = T_1 = 20\,\mathrm{min}$, die Totzeit $T_t = 0{,}6\,\mathrm{min}$. Der Zweipunktregler besitze eine Hysterese, die (ausgedrückt in Einheiten der Regelgröße $\vartheta = x$) $\pm 10\,°\mathrm{C}$ betrage, so daß $x_\Delta = 20\,°\mathrm{C}$ ist. Als Bezugstemperatur gelte $0\,°\mathrm{C}$. Hier ist

$$x_\sigma = x_\Delta + T_t\left(\frac{x_{\max} - x_S}{T_{1\mathrm{auf}}} + \frac{x_S}{T_{1\mathrm{ab}}}\right) = x_\Delta + \frac{T_t}{T_1}\,x_{\max} = 20\,°\mathrm{C} + \frac{0{,}6\,\mathrm{min}}{20\,\mathrm{min}}\cdot 900\,°\mathrm{C} = 47\,°\mathrm{C}$$

$$e_b = \frac{T_t}{2}\left(\frac{x_S}{T_{1\mathrm{ab}}} - \frac{x_{\max} - x_S}{T_{1\mathrm{auf}}}\right) = \frac{T_t}{2T_1}\,(2x_S - x_{\max}) = \frac{0{,}6\,\mathrm{min}}{2\cdot 20\,\mathrm{min}}\,(1500 - 900)\,°\mathrm{C} = 9\,°\mathrm{C}$$

$$T = x_\Delta\left(\frac{T_{1\mathrm{auf}}}{x_{\max} - x_S} + \frac{T_{1\mathrm{ab}}}{x_S}\right) + T_t\left(2 + \frac{T_{1\mathrm{ab}}}{T_{1\mathrm{auf}}}\frac{x_{\max} - x_S}{x_S} + \frac{T_{1\mathrm{auf}}}{T_{1\mathrm{ab}}}\frac{x_S}{x_{\max} - x_S}\right)$$

$$= x_\Delta T_1 \frac{x_{\max}}{x_S(x_{\max} - x_S)} + T_t\left(2 + \frac{x_{\max} - x_S}{x_S} + \frac{x_S}{x_{\max} - x_S}\right)$$

$$= 20\cdot 20\,\frac{900}{750\cdot 150}\,\mathrm{min} + 0{,}6\left(2 + \frac{150}{750} + \frac{750}{150}\right)\mathrm{min} = 7{,}5\,\mathrm{min}$$

Dieses Ergebnis läßt sich durch Einführen einer sog. Grundlast (vergl. Abschnitt 4.2.1, Bild 4.6) verbessern, wenn man die Grundlast so auslegt, daß der ungeregelte Teil des Temperaturbereichs $600\,°\mathrm{C}$ beträgt. Geregelt wird dann zwischen $600\,°\mathrm{C}$ und $900\,°\mathrm{C}$. Damit ist der Regelbereich $x_{\max} = \vartheta_{\max} = 900\,°\mathrm{C} - 600\,°\mathrm{C} = 300\,°\mathrm{C}$. Der Sollwert ist (von $600\,°\mathrm{C}$ aus gerechnet) $x_S = \vartheta_S = 750\,°\mathrm{C} - 600\,°\mathrm{C} = 150\,°\mathrm{C}$. Eingesetzt in die Formeln für x_σ, e_b und T ergibt sich somit:

$$x_\sigma = 29\,°\mathrm{C}\,, \qquad e_b = 0\,, \qquad T = 7{,}73\,\mathrm{min}\,.$$

Die Schaltfrequenz $f = 1/T$ ist zwar etwa gleich geblieben, die Schwingspanne x_σ hat sich jedoch wesentlich verringert, die bleibende Regeldifferenz e_b ist verschwunden und die stoßartige Netzbelastung ist merklich kleiner geworden, weil nur noch für ein Drittel des Temperaturbereichs die Heizleistung laufend geschaltet werden muß.

4.2.2.2 Zweipunktregler an Regelstrecken ohne Ausgleich

Für Regelstrecken ohne Ausgleich *mit* Totzeit ist bei Verwendung eines Reglers *mit* Schaltdifferenz in Bild 4.12 der Verlauf der Regelgröße dargestellt. Bei eingeschalteter Stellgröße $y = y_{\max} = Y_h$ ist die Steigung der Regelgröße $\dot{x} = \dot{x}_{\max}$ und bei abgeschalteter Stellgröße $y = 0$ ist die Steigung der Regelgröße $\dot{x} = \dot{x}_{\min}$. Daraus läßt sich der in Abschn. 3.1 definierte Anlaufwert $A = A_1 = 1/\dot{x}_{\max}$ berechnen für den Fall der oberen Stellbereichsgrenze $y = y_{\max}$. Entsprechend läßt sich ein Anlaufwert $A_2 = 1/\dot{x}_{\min}$ für den Fall der unteren Stellbereichsgrenze $y = y_{\min}$ bestimmen. Die beiden Anlaufwerte sind — wie das Beispiel am Ende dieses Abschnittes zeigt — häufig nicht gleich, d. h. $|A_1| \neq |A_2|$. Diesen Fall zeigt auch Bild 4.12.

Man erhält die Schwingspanne x_σ und die bleibende Regeldifferenz e_b zu

$$x_\sigma = x_\Delta + T_t\left(\frac{|A_1| + |A_2|}{|A_1|\,|A_2|}\right) = x_\Delta + T_t\tan\alpha_1 + T_t\tan\alpha_2$$

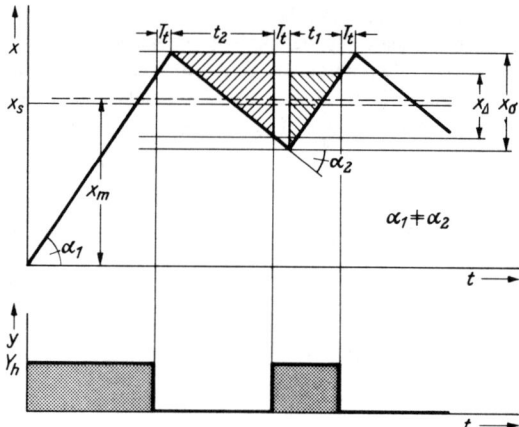

Bild 4.12 Regelstrecke ohne Ausgleich mit Totzeit und Zweipunktregler mit Schaltdifferenz

und

$$e_\mathrm{b} = \frac{T_\mathrm{t}}{2} \left(\frac{|A_1| - |A_2|}{|A_1|\,|A_2|} \right)$$

mit

$$\tan \alpha_1 = \frac{1}{A_1} \quad \text{und} \quad \tan \alpha_2 = \frac{1}{A_2}\,.$$

Die Schwingungsdauer ist $T = 2T_\mathrm{t} + t_1 + t_2$. Die Hilfsgrößen t_1 und t_2 folgen aus den Winkelbeziehungen in den schraffierten Dreiecken:

$$t_1 = |A_1| \left(x_\sigma - \frac{T_\mathrm{t}}{|A_1|} \right) = |A_1| \left[x_\Delta + T_\mathrm{t} \left(\frac{|A_1| + |A_2|}{|A_1|\,|A_2|} \right) \right] - T_\mathrm{t} = |A_1| \left(x_\Delta + \frac{T_\mathrm{t}}{|A_2|} \right)$$

$$t_2 = |A_2| \left(x_\sigma - \frac{T_\mathrm{t}}{|A_2|} \right) = |A_2| \left[x_\Delta + T_\mathrm{t} \left(\frac{|A_1| + |A_2|}{|A_1|\,|A_2|} \right) \right] - T_\mathrm{t} = |A_2| \left(x_\Delta + \frac{T_\mathrm{t}}{|A_2|} \right)$$

Damit erhält man nach einigen Zwischenrechnungen die Schwingungsdauer bzw. Schaltfrequenz

$$T = (|A_1| + |A_2|) \left[\frac{|A_1| + |A_2|}{|A_1|\,|A_2|} T_\mathrm{t} + x_\Delta \right]$$

und

$$f = \frac{|A_1|\,|A_2|}{(|A_1| + |A_2|) \left[(|A_1| + |A_2|)\, T_\mathrm{t} + |A_1|\,|A_2|\, x_\Delta \right]}\,.$$

Für den Sonderfall $|A_1| = |A_2| = A$ ergibt sich:

$$x_\sigma = x_\Delta + \frac{2T_\mathrm{t}}{|A|}\,, \qquad e_\mathrm{b} = 0\,, \qquad f = \frac{1}{2\,|A|\, x_\Delta + 4T_\mathrm{t}}\,.$$

Beispiel: Regelung der Füllstandstrecke von Bild 3.9 mit Zweipunktregler ($x_\Delta = 0$)

Der Füllstand h soll auf den Sollwert $h = h_S$ geregelt werden. Störgröße ist die Änderung der Abflußmenge q_{ab}, die mit einer Pumpe im Abfluß eingestellt wird. Stellgröße ist die Spannung u_P, die die Pumpe im Zufluß ansteuert. Im Arbeitspunkt ist $h = h_S$ und $q_{ab} = \bar{q}_{ab}$ und die Pumpenspannung u_P gerade so, daß die Zufluß- gleich der Abflußmenge ist. Im Zusammenhang mit Bild 3.9 wurde folgendes mathematische Modell der Regelstrecke hergeleitet

$$\dot{x} = K_I y + K_{Iz} z,$$

wobei die Variablen auf den Arbeitspunkt bezogen sind: $x = \Delta h = h - h_S$, $y = \Delta u_P = u_P - u_{P0}$ ($u_{P0} = \bar{q}_{ab}/c_P$) und $z = \Delta q_{ab} = q_{ab} - \bar{q}_{ab}$. Für die Konstanten gilt: $K_I = c_P/A_0$ und $K_{Iz} = -1/A_0$ (A_0: Tankgrundfläche; c_P: Pumpenkonstante) (vgl. die Herleitung in Abschn. 3.2.1).

Ist $q_{ab} = \bar{q}_{ab}$, dann ist $\dot{x} = K_I y$. Der Zweipunktregler schaltet die Pumpenspannung u_P zwischen $u_{P\,min} = 0$ und $u_{P\,max} > 0$. Für die beiden Anlaufwerte folgt mit

$$\dot{x}_{max} = K_I y_{max} = K_I(u_{P\,max} - u_{P0}) \Rightarrow A_1 = \frac{1}{\dot{x}_{max}} = \frac{1}{K_I(u_{P\,max} - \bar{q}_{ab}/c_P)}$$

$$\dot{x}_{min} = K_I y_{min} = K_I(u_{P\,min} - u_{P0}) \Rightarrow A_2 = \frac{1}{\dot{x}_{min}} = \frac{1}{K_I(-\bar{q}_{ab}/c_P)}$$

Aus diesen Formeln läßt sich entnehmen, daß die beiden Anlaufwerte hier nur dann gleich sind ($|A_1| = |A_2|$), wenn $u_{P\,max} = 2\bar{q}_{ab}/c_P$, d. h. wenn die Zuflußpumpe doppelt soviel Flüssigkeit zupumpen kann wie im Arbeitspunkt abfließt. Mit den Daten $u_{P\,max} = 100 \text{ cm}^3 \text{ s}^{-1}$, $\bar{q}_{ab} = 40 \text{ cm}^3 \text{ s}^{-1}$ und $A_0 = 520 \text{ cm}^2$ folgt $K_I = 0{,}019 \text{ cm/(Vs)}$, $A_1 = 8{,}67 \text{ s/cm}$ und $A_2 = -13{,}15 \text{ s/cm}$.

Nun möge in Bild 3.9 der Zuflußschlauch sehr lang sein, so daß jeweils die Totzeit $T_t = 1{,}8 \text{ min} = 108 \text{ s}$ vergeht, bis eine Änderung der Pumpenspannung u_P sich auf den Füllstand h auswirkt. Damit ergibt sich für den Regelvorgang

$$x_\sigma = x_\Delta + T_t \left(\frac{|A_1| + |A_2|}{|A_1|\,|A_2|} \right) = x_\Delta + T_t \left(\frac{1}{|A_1|} + \frac{1}{|A_2|} \right)$$

$$= 108 \, (0{,}1154 + 0{,}0769) \text{ cm} = 20{,}8 \text{ cm}$$

$$e_b = \frac{T_t}{2} \left(\frac{|A_1| - |A_2|}{|A_1|\,|A_2|} \right) = \frac{T_t}{2} \left(\frac{1}{|A_2|} - \frac{1}{|A_1|} \right) = -2 \text{ cm}$$

$$T = (|A_1| + |A_2|) \left(\frac{|A_1| + |A_2|}{|A_1|\,|A_2|} T_t + x_\Delta \right) = (8{,}67 + 13) \, (0{,}192 \cdot 108) \text{ s} = 450 \text{ s} = 7{,}5 \text{ min}$$

Die in diesem und dem vorangehenden Abschnitt erläuterten Vorgänge geben das Einregeln auf einen bestimmten Sollwert wieder (Führungsverhalten). Hierbei wurde der Verlauf der einzelnen Teilvorgänge näherungsweise, und zwar insofern idealisiert beschrieben, als unstetige Übergänge an den Umkehrpunkten auftreten, die bei technischen Regelungen mehr oder minder abgerundet in Erscheinung treten. Den Einfluß von Störgrößen (Störverhalten) korrigiert der Zweipunktregler durch entsprechende Änderung seines EIN/AUS-Schaltverhältnisses.

Die Ergebnisse bestätigen auch die bei der Regelbarkeit von Strecken (Abschn. 3.3.4) gewonnene Erkenntnis, daß kleine Werte von T_1/T_t bzw. T_g/T_u die Regelung erschweren: Bei Zweipunktregelungen wird für große Totzeiten und kleine Streckenzeitkonstanten die Schwingspanne und damit u. U. auch die bleibende Regeldifferenz groß.

Diese Nachteile der Zweipunktregelung lassen sich bei Anwendung von Rückführungen am Regler reduzieren, so daß bei sorgfältiger Anpassung des Reglers an die Strecke ein *stetig-ähnlicher Regelgrößenverlauf* erzielt werden kann. Die hierbei erforderlichen Maßnahmen behandelt der folgende Abschnitt.

4.2.2.3 Zweipunktregler mit Rückführung

Führt man die Stellgröße als Ausgangsgröße des Zweipunktreglers durch geeignete Maßnahmen direkt oder verzögert auf den Reglereingang zurück, so kann damit der Regelungsvorgang verbessert werden. Die beiden folgenden Beispiele werden dies verdeutlichen.

Beispiel: Temperaturregelung
Bild 4.13 zeigt das Wirkschema der Temperaturregelung und Bild 4.14 den Regelverlauf mit und ohne Rückführung.

Die Ofentemperatur wird hier durch einen Meßwerkregler (s. Abschn. 11.2.1.2) annähernd konstant gehalten. Typisch ist die bei der Zweipunktregelung auftretende Schwingspanne infolge vorhandener Totzeiten. Um nun das Überschwingen nach oben zu verringern, ist es lediglich notwendig, den Regler bereits vor Erreichen des Sollwerts abschalten zu lassen. Wird auch das Zuschalten vorverlegt, so werden die Abweichungen nach unten ebenfalls kleiner. Bei einem Meßwerkregler läßt sich dieses Prinzip dadurch verwirklichen, daß dem Meßwerk eine zeitlich veränderliche Hilfsgröße aufgeschaltet wird. (Es muß dann allerdings in Kauf genommen werden, daß die Anzeige des Istwerts der Regelgröße verfälscht wird. Dieser Nachteil kann jedoch durch geeignete Maßnahmen vermieden werden.) Hierdurch wird ein früheres Erreichen der Schaltpunkte vorgetäuscht. Die Wirkungsweise geht aus Bild 4.13 hervor. In einem eigenen Gehäuse befindet sich eine spezielle Heizwicklung *c*, in die eine Thermokette (hintereinander geschaltete Thermoelemente) *d* eingebaut ist. Die Vergleichsstelle der Thermoelemente liegt außerhalb der Heizwicklung. Der Istwert der Temperatur (Regelgröße) wird ebenfalls mit Thermoelementen (*b*) gemessen. Alle Thermoelemente sind in Reihe geschaltet, so daß sich die beiden Thermospannungen addieren. Der Heizwicklung der Rückführung sind Widerstände vorgeschaltet. Damit besteht die Möglichkeit, die Heizleistung für die Rückführung entsprechend den eingezeichneten 3 Stufen zu dosieren.

Der Regelungsvorgang mit einer solchen Rückführung verläuft nach Bild 4.14. Die schwach ausgezogene Kurve ist die am Meßwerk liegende Summenspannung $u_r + u_{th}$, die stark ausgezogene Kur-

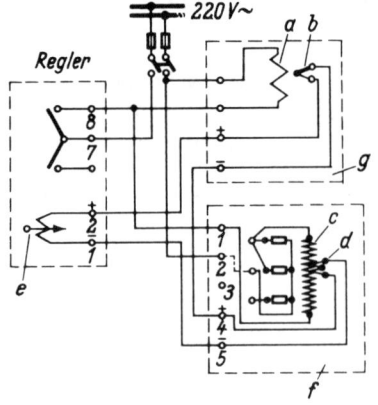

Bild 4.13 Wirkschema eines Zweipunktreglers mit thermischer Rückführung

a Heizwicklung $\Big\}$ g Ofen
b Thermoelement

c Heizwicklung $\Big\}$
d Thermoelement $\Big\}$ f Rückführung
e Meßwerk

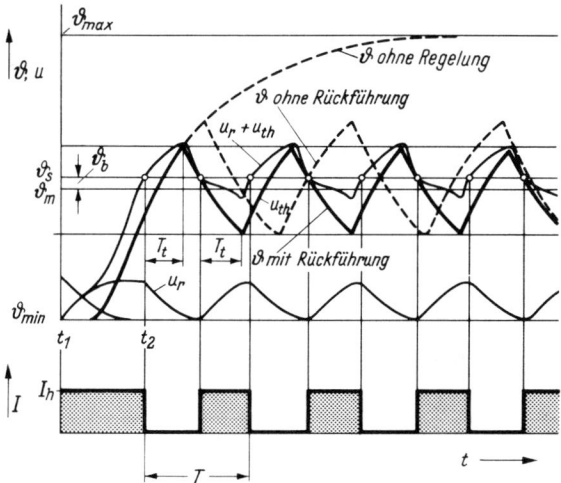

Bild 4.14 Regelung durch Zweipunktregler mit und ohne Rückführung

u_r Thermospannung der Rückführung
u_{th} Thermospannung des Meßfühlers im Ofen
ϑ Ofentemperatur (Regelgröße x)
ϑ_S Sollwert der Ofentemperatur
ϑ_b bleibende Sollwertabweichung der Ofentemperatur
ϑ_m Mittelwert der Ofentemperatur; hier ist $\vartheta_m < \vartheta_S$
I Strom i. d. Heizwicklung des Ofens (Stellgröße y)
I_h maximaler Strom i. d. Heizwicklung des Ofens (Stellbereich Y_h)

ve zeigt den Verlauf der Regelgröße ϑ. Betrachtet man nun die Arbeitsweise des Reglers, so ergibt sich folgender Ablauf:

Die Heizwicklung der Regelstrecke und die Heizwicklung der Rückführung liegen parallel am Netz. Der Regler schaltet demnach beide gleichzeitig ein oder aus. Angenommen, es besteht der Schaltzustand EIN, so steigt die Temperatur ϑ der Regelstrecke und gleichzeitig wird die Rückführung aufgeheizt. Im Zeitpunkt t_2 hat die Summenspannung die Schaltgrenze erreicht, so daß der Regler auf AUS schaltet. Die Temperatur in der Regelstrecke (Ofen) steigt aber während der Totzeit noch weiter an. Dagegen beginnt die Rückführspannung u_r sofort zu sinken, weil die kleine Heizwicklung schnell abkühlt. Die Summenspannung erreicht deshalb bald wieder die Schaltgrenze, bei der der Regler erneut auf EIN schaltet. Man erkennt, daß sich durch geeignete Bemessung der Rückführwicklung die Größe der Schwingspanne wesentlich herabsetzen läßt. Die Anpassung an die Regelstrecke erfolgt durch einmaliges Einstellen der Heizleistung mittels der Vorwiderstände der Rückführheizwicklung. Voraussetzung ist hier, daß die Regelstrecke eine merkliche Totzeit besitzt.

Beispiel: Transistor-Zweipunktregler mit RC-Rückführung

Der nachstehend beschriebene Transistor-Regler wurde speziell als Spannungsregler für elektrische Generatoren entwickelt[1]). Die Eigenschaften eines Zweipunktreglers erhält man, wenn die Transistoren im Schaltbetrieb arbeiten. Ist der Transistor gesperrt, dann liefert er kein Ausgangssignal,

---

[1]) Schaltungen dieser Art werden, sofern sie als Standardtypen einsetzbar sind, vielfach auch als ICs angeboten.

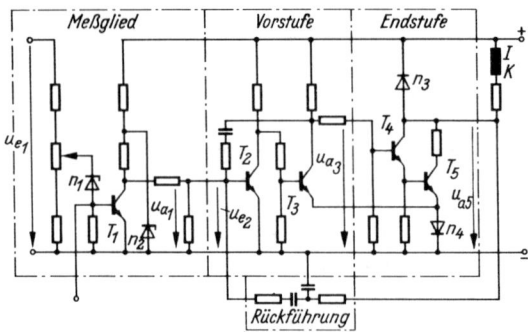

Bild 4.15 Schaltung eines Transistor-Spannungsreglers
n_1, n_2 Zenerdioden
n_3, n_4 Dioden
$T_1 \ldots T_5$ Transistoren
IK Erregerwicklung des Generators

wird er geöffnet, so steht das volle Stellsignal zur Verfügung. Er arbeitet demnach wie ein mechanischer Schalter, jedoch geht das Umschalten EIN-AUS mit viel größerer Geschwindigkeit und ohne Verschleiß mechanischer Kontakte vor sich. Das Umschalten erfolgt mit einer bestimmten Schaltfrequenz, die man als Taktfrequenz bezeichnet. Durch einfache Maßnahmen kann man letztere verändern. Die Grundschaltung des Reglers zeigt das Bild 4.15.

Man erkennt drei wesentliche Funktionsgruppen, nämlich das Meßglied zur Bildung der Regeldifferenz, die Vorstufe zur Umformung der kontinuierlich veränderlichen Regeldifferenz in Rechteckimpulse, deren zeitlicher Mittelwert proportional der Regeldifferenz ist, und die Leistungsendstufe zur Verstärkung der von der Vorstufe erzeugten Impulse. Die Arbeitsweise der drei Funktionsgruppen ist die folgende: Das Meßglied erhält den Istwert u_{e1} als Gleichspannung zugeführt. Mit der Zenerdiode n_1 wird der Arbeitspunkt des Transistors T_1 eingestellt. Die Zenerdiode n_2 stabilisiert die Betriebsspannung. Überschreitet das Eingangssignal u_{e1} die Durchbruchspannung von n_1, so entsteht innerhalb des zulässigen Arbeitsbereiches eine Ausgangsspannung u_{a1}, die u_{e1} fest zugeordnet ist. Bild 4.16 zeigt die Kennlinie $u_{a1} = f(u_{e1})$ des Meßgliedes.

In der Vorstufe erfolgt die Umwandlung des der Regeldifferenz entsprechenden Gleichstromsignals in Rechteckimpulse durch die aus den Transistoren T_2 und T_3 bestehende Kippschaltung, die nach dem Prinzip der Pulsbreitenmodulation arbeitet. Das bedeutet, daß die von der Kippschaltung gelieferten Ausgangsimpulse zwar konstante Amplitude aufweisen, ihre Länge und ihr zeitlicher Abstand (EIN-AUS-Verhältnis) jedoch von dem durch das Meßglied gelieferten Gleichspannungssignal abhängen.

Die Leistungsstufe besteht aus einem oder mehreren in Kaskade geschalteten Leistungstransistoren. Während der Sperrzeit von T_3 führt die Endstufe Strom, während der Zeitdauer des Durchlasses wird sie gesperrt. Die Freilaufdiode n_3 dient als Überspannungsschutz und baut Spannungsspitzen ab, die als Folge der Stromimpulse an der Generatorwicklung IK entstehen. Aus den Diagrammen

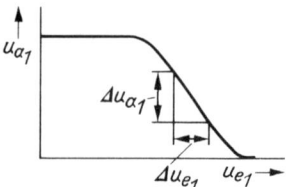

Bild 4.16 Kennlinie $u_{a1} = f(u_{e1})$ des Meßgliedes
von Bild 4.15

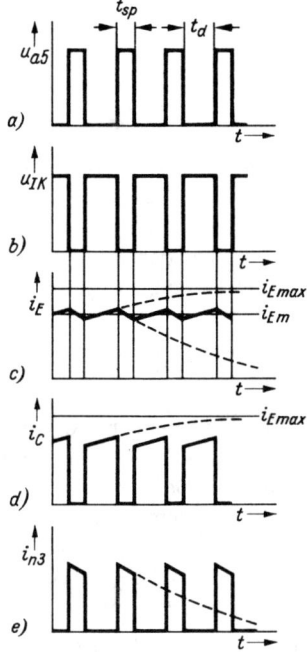

Bild 4.17 Zeitlicher Verlauf einiger charakteristischer Ströme und Spannungen in der Leistungsendstufe von Bild 4.15

u_{a5} Kollektorspannung von T_5
u_{IK} Spannung an der Erregerwicklung des Gleichstrommotors
i_E Erregerstrom des Gleichstrommotors
i_{Em} mittlerer Erregerstrom
i_C Kollektorstrom von T_5
i_{n3} Strom in der Freilaufdiode n_3
t_{sp} Sperrzeit
t_d Durchlaßzeit

des Bildes 4.17 ist der charakteristische Verlauf der Ströme und Spannungen in der Endstufe zu erkennen. Als Stellglied ist die Erregerwicklung eines fremderregten Gleichstromgenerators mit der Klemmenbezeichnung *IK* eingezeichnet. Grundsätzlich soll die Zeitkonstante der Erregerwicklung groß gegenüber der Schaltperiodendauer des Reglers sein.

Die Kurve *a* gibt den Verlauf der Ausgangsspannung u_{a5} an T_5 wieder. Wird T_5 geöffnet, so wird $u_{a5} \approx 0$ und die volle Betriebsspannung liegt an der Erregerwicklung (Kurve *b*), wodurch der Erregerstrom i_E ansteigt. Beim Sperren von T_5 wird $u_{IK} = 0$. Infolge der Zeitkonstanten der Erregerwicklung fällt i_E aber verzögert ab (Kurve *c*). Wegen der kurzen Schaltperiode des Reglers ist die Schwankung von i_E nur klein. Die Rückführung der Erregerspannung erfolgt als Gegenkopplung über ein RC-Netzwerk auf den Eingang der Vorstufe. Um den Regler dem dynamischen Verhalten der Regelstrecke anpassen zu können, sind in der technischen Ausführung die Rückführelemente innerhalb bestimmter Grenzen einstellbar.

4.2.3 Dreipunktregler

Im Gegensatz zum Zweipunktregler besitzt der Dreipunktregler drei Schaltstellungen. Nach der Kennlinie in Bild 4.18 ist die mittlere Stellung die Ruhelage (Stellgröße = 0). Die beiden anderen Stellungen werden eingenommen, wenn eine bestimmte positive oder negative Regeldifferenz vorliegt. Würde die Stellgröße beispielsweise einen Stellmotor betätigen, so hieße das:

Bereich 0: Motor ist abgeschaltet,
Bereich I: Motor läuft in Rechtsdrehung,
Bereich II: Motor läuft in Linksdrehung.

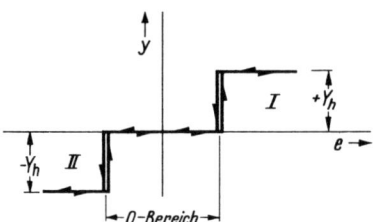

Bild 4.18   Dreipunktregler: Schaltzustände

$e = x_S - x =$ Regeldifferenz

Die Auslegung des Nullbereichs und der Schaltdifferenz bei den Übergängen 0/I und 0/II muß unter ähnlichen Gesichtspunkten wie bei der Zweipunktregelung in Verbindung mit den Kennwerten der Strecke erfolgen.

4.2.3.1   Dreipunktregler mit Transistor-Schaltverstärker

Der im folgenden beschriebene Regler ist für Aufgaben bestimmt, bei denen das Stellglied elektromotorisch betätigt wird. Das Schalten des Motors erfolgt durch Schütze, die von einem Dreipunktverstärker als Regler gesteuert werden. Der Verstärker hat drei stabile Betriebszustände, die dem Linkslauf, dem Stillstand und dem Rechtslauf des Motors zugeordnet sind. Die verschieden großen Stellgliedbewegungen werden durch unterschiedliche Einschaltdauer des Motors bewirkt. Mit einer zusätzlichen Rückführung lassen sich die Regelschritte der Regelstrecke noch besser anpassen.

Die Schaltung ohne Rückführung und die Kennlinie sind in Bild 4.19 wiedergegeben. Der Verstärker besteht aus zwei überkritisch mitgekoppelten Transistorstufen. Jede Stufe betätigt über die Transistoren T_3 bzw. T_4 ein Relais d_1 bzw. d_2. Bei Sollwertlage d. h. im Mittenbereich der Kennlinie sind die beiden Endstufentransistoren stromlos und die Relais nicht erregt. Die beiden Vorstufentransistoren T_1 und T_2 führen in diesem Betriebszustand den vollen Strom, der durch die Widerstände R_5 und R_6 begrenzt wird. Die Widerstände R_1, R_3 bzw. R_2, R_4 bestimmen die Basisströme der beiden Vorstufentransistoren. Ihre Widerstandswerte sind so gewählt, daß der Basisstrom größer als der zum völligen Öffnen des betreffenden Transistors T_1 bzw. T_2 erforderliche ist. Dies wirkt sich als Verbreiterung des mittleren Kennliniengebietes (0-Bereich) aus.

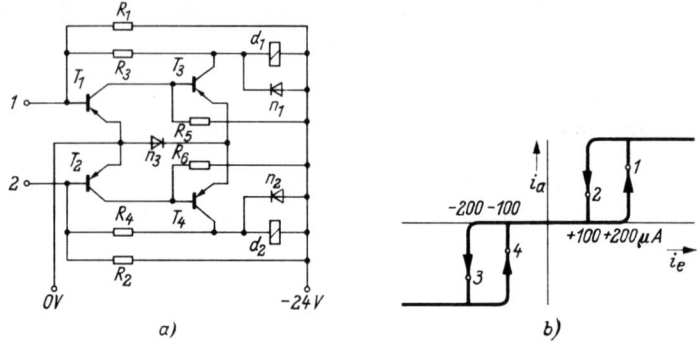

Bild 4.19   Dreipunktregler mit Transistor-Schaltverstärker

a) Schaltung,   b) Kennlinie

Über die beiden Eingangsklemmen (*1* und *2*) erhält der Verstärker das Steuersignal, das der Regeldifferenz entspricht. Der Steuerstrom fließt über die Basis von T_1 bzw. T_2. Wird beispielsweise T_1 vom Steuerstrom gesperrt, so öffnet T_3. Das erforderliche schnelle Umschalten von T_3 wird dadurch begünstigt, daß bei beginnendem Stromanstieg in T_3 zwangsläufig der Teilstrom über R_3 zur Basis von T_1 verringert wird, was eine Beschleunigung des Kippvorganges bewirkt (Mitkopplung). Die Werte der Widerstände R_3 und R_4 sind so gewählt, daß beim Kippvorgang die in der Kennlinie angegebene Schleifenbildung entsteht. Die beiden Dioden n_1 und n_2 parallel zur Erregerwicklung der Relais d_1 und d_2 sollen Spannungsspitzen, die beim Schaltvorgang entstehen, unterdrücken. Die als Stellglieder wirkenden (hier nicht eingezeichneten) Schaltschütze werden durch die Relais angesteuert.

4.2.3.2 Dreipunktregler mit Rückführung

Im vorigen Abschnitt wurde beschrieben, wie ein Dreipunktverstärker über Schütze einen Stellmotor schaltet, wenn die Regelabweichung die Ansprechgrenze überschreitet. Bringt man nun am Verstärker eine verzögernde Rückführung an, so bekommt die Gesamtschaltung, bestehend aus Dreipunktverstärker, Rückführung und Stellmotor, angenähert das Verhalten eines stetigen *PI*-Reglers (s. Abschn. 4.3.3). Das Signalflußbild mit der Kennlinie des Dreipunktverstärkers und den Sprungantworten von Rückführung und integrierendem Stellmotor zeigt Bild 4.20. Es bedeuten:

u_{an} = Ansprechwert des Verstärkers
u_{ab} = Abfallwert des Verstärkers

Der Unempfindlichkeitsbereich (Totzone) erstreckt sich von $-u_{an}$ bis $+u_{an}$. Die Rückführung wird (wie der Stellmotor) von Schützen geschaltet, die vom Dreipunktverstärker betätigt werden. Die Rückführschaltung erhält hierbei nicht ein der Regeldifferenz proportionales Eingangssignal, sondern ein fest einstellbares Signal $u_{r\,max}$. Einstellbar sind auch die Zeitkonstanten T_{an} und T_{ab}. Man bezeichnet eine derartige Schaltung auch als „Pseudo-Rückführung". Die am Verstärkereingang wirkende Rückführspannung u_r verläuft nach der Exponentialgleichung:

$$u_{r\,an} = u_{r\,max}\left(1 - e^{-t/T_{an}}\right) \quad \text{bei Spannungsanstieg}$$

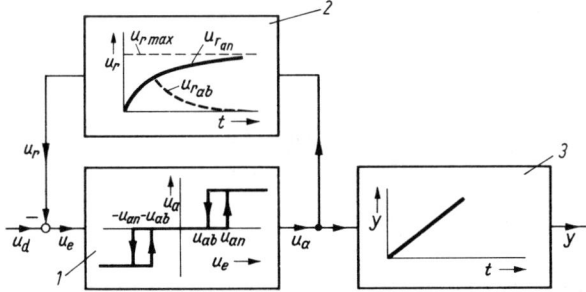

Bild 4.20 Gegengekoppelter Dreipunktverstärker mit Stellmotor

1 Dreipunktverstärker   *y* Stellweg
2 Rückführung
3 Integrierender Stellmotor   Andere Größen: s. Legende von Bild 4.21 und Text

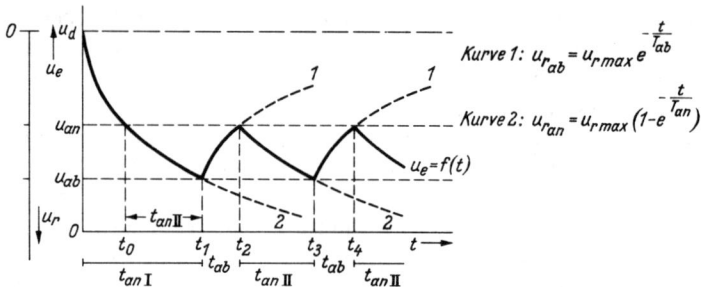

Bild 4.21 Schaltvorgang des Dreipunktreglers

u_d Regeldifferenz $u_{r\,max}$ maximale Rückführspannung
u_e Eingangsspannung $t_{an\,I}$ Dauer des Anfangsimpulses
u_{an} Ansprechspannung $t_{an\,II}$ Dauer des Folgeimpulses
u_{ab} Abfallspannung t_{ab} Schaltpause
u_r Rückführspannung

und

$$u_{r\,ab} = u_{r\,max} \cdot e^{-t/T_{ab}} \qquad \text{bei Spannungsabfall.}$$

Wird dem Eingang des Verstärkers eine Regeldifferenz $u_d =$ konst. aufgeschaltet, die größer als der Ansprechwert u_{an} ist, so spricht der Verstärker (Regler) an und schaltet das Schütz. Dadurch wird auf den Verstärkereingang über den Rückführzweig eine mit der Zeitkonstante T_{an} steigende Rückführspannung u_r gegeben. Diese wirkt, wie das Minuszeichen an der Additionsstelle in Bild 4.20 ausdrückt, der Regeldifferenz u_d entgegen $(u_e = u_d - u_r)$, was in Bild 4.21 durch die links eingetragene, abwärts gerichtete u_r-Ordinate berücksichtigt ist. Der verstärkt ausgezogene Kurvenzug stellt damit sowohl den Verlauf von u_r als auch den von u_d dar. Nach der Zeit t_1 ist das Verstärkereingangssignal $u_e = u_d - u_r$ bis auf den Wert u_{ab} des Regelverstärkers abgesunken. Der Verstärker schaltet das Schütz ab und die Rückführspannung sinkt (Kurve 1 in Bild 4.21) nun entsprechend der Zeitkonstante T_{ab}, bis der Verstärker zur Zeit t_2 wieder zuschaltet. Dieses Spiel zwischen Ansprechen und Abfallen wiederholt sich. Die Schaltvorgänge gibt das Bild 4.21 wieder. Die Dauer der Schaltimpulse und Schaltpausen ist von den Zeitkonstanten T_{an} und T_{ab} sowie der Ansprechempfindlichkeit abhängig:

Anfangsimpuls: $\qquad t_{an\,I} = -T_{an} \ln \dfrac{u_{r\,max} - u_d + u_{ab}}{u_{r\,max}}$

Folgeimpuls: $\qquad t_{an\,II} = T_{an} \ln \dfrac{u_{r\,max} - u_d + u_{an}}{u_{r\,max} - u_d + u_{ab}}$

Schaltpause: $\qquad t_{ab} = T_{ab} \ln \dfrac{u_d - u_{ab}}{u_d - u_{an}}$

Schaltet man mit den Ausgangsschützen des Dreipunktverstärkers ein motorisches Stellglied, das mit konstanter Geschwindigkeit nur in der einen oder anderen Richtung laufen bzw. die Ruhestellung einnehmen kann, so werden die Ausgangsimpulse des Dreipunktverstärkers integriert und in Weglängen bzw. Winkeldrehungen umgesetzt. In Bild 4.22 sind diese Ausgangsimpulse und der Stellweg y bei Aufschaltung einer sprungförmigen

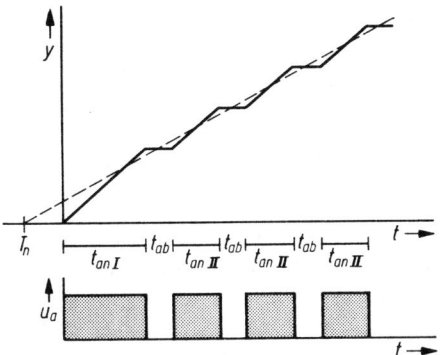

Bild 4.22 Stellweg des Dreipunkt-treglers bei Aufschaltung einer sprungförmigen Regeldifferenz

Regeldifferenz u_d wiedergegeben. Wird die Treppenkurve durch die Gerade $y = f(t)$ ersetzt, so erhält man die typische Sprungantwort eines sog. *PI-Reglers*[1]), bei der der Abschnitt auf der Ordinate den *P*-Anteil und derjenige auf der Abszisse die *Nachstellzeit* T_n bestimmt. Damit wird also das Verhalten des rückgekoppelten Dreipunktreglers demjenigen des *stetigen PI*-Reglers ähnlich.

Analytisch läßt sich y darstellen als

$$y = \frac{t_{an\,II}}{t_{an\,II} + t_{ab}} \frac{Y_h}{T_y} \left[\left(\frac{t_{ab}t_{an\,I}}{t_{an\,II}} - \frac{t_{ab}}{2} \right) + t \right]$$

mit Y_h = Stellbereich und T_y = Stellzeit. Durch Vergleich mit der Reglergleichung für den stetigen *PI*-Regler (vergl. Abschn. 4.3.3)

$$y = K_P \left(u_d + \frac{1}{T_n} \int u_d \, dt \right) = K_P \hat{u}_d \left(1 + \frac{t}{T_n} \right) = \frac{Y_h}{X_P} \hat{u}_d \left(1 + \frac{t}{T_n} \right) ; (u_d = \hat{u}_d \sigma(t))$$

ergibt sich :

$$T_n = \frac{t_{ab}t_{an\,I}}{t_{an\,II}} - \frac{t_{ab}}{2}$$

und

$$X_P = \frac{\hat{u}_d(t_{an\,II} + t_{ab})\, T_y}{t_{an\,II} \left(\dfrac{t_{ab}t_{an\,I}}{t_{an\,II}} - \dfrac{t_{ab}}{2} \right)} \quad \text{d. h.} \quad X_P = f(\hat{u}_d)\,![2])$$

Die angegebenen Beziehungen sind unter der Voraussetzung gültig, daß die Reglerbausteine keine Totzeiten und — ausgenommen die Rückführung — auch keine Verzögerungen aufweisen. Faßt man die Wirkungsweise des rückgekoppelten Dreipunktreglers zusammen, so läßt sie sich auch folgendermaßen beschreiben: Durch die Rückführung wird aus dem gewöhnlichen Schaltregler, der die volle Stellgröße bis zum Erreichen des Sollwerts eingeschaltet läßt, ein sog. *Schrittregler*, der durch die Abgabe einzelner, kurzer Stellimpulse ein weitgehend überschwingungsfreies Annähern der Regelgröße an den Sollwert ermöglicht.

---

[1]) Der *PI*-Regler wird in Abschnitt 4.3.3 behandelt. Seine Sprungantwort zeigt Bild 4.30.
[2]) bezügl. X_P (Proportionalbereich) siehe Abschnitt 4.3.1.

4.3   Stetige Regeleinrichtungen

Bei stetigen Regeleinrichtungen kann die Stellgröße y im Stellbereich Y_h jeden beliebigen Wert annehmen. Daher kann die Regelgröße sehr genau auf einen Sollwert eingestellt werden. Bei unstetigen Regeleinrichtungen (Abschn. 4.2) ist das nicht so genau möglich, da die Stellgröße nur über zwei oder drei Schaltstufen verfügt und die Regelgröße daher um den Sollwert schwankt.

Im Stellbereich Y_h liegt der Wert $y = y_0$, der zum Arbeitspunkt (x_0, y_0, z_0) gehört (Arbeitspunkt: Abschn. 1.4). Befindet sich die Regelstrecke stationär (d. h. nach dem Abklingen von Einschwingvorgängen) im Arbeitspunkt, d. h. $x = x_0$, $y = y_0$ und $z = z_0$, wobei im Standard-Regelkreis von Bild 4.1 $w = x_S = x_0$ gelten möge, dann verschwindet die Regeldifferenz $e = w - x = x_S - x_0 = 0$ am Reglereingang.

Wird nun infolge einer Störgrößenänderung $\Delta z = z - z_0$ und/oder einer Führungsgrößenänderung $\Delta w = w - x_0$ die Regeldifferenz $e = w - x$ ungleich Null, dann muß der Regler eine Stellgrößenänderung $\Delta y = y - y_0$ (bzw. $y = y_0 + \Delta y$) veranlassen, so daß die Regeldifferenz e möglichst klein bleibt bzw. verschwindet. Der stetige Standardregler ist der sogenannte *PID*-Regler:

$$\Delta y = K_{PR}\, e + K_{IR} \int e \, dt + K_{DR}\, \dot{e} \ \ ^{1}).$$

Seine Übertragungsfunktion ist

$$\frac{\Delta y(s)}{e(s)} = G_R(s) = K_{PR} + \frac{K_{IR}}{s} + K_{DR}\, s .$$

Bild 4.23 zeigt den *PID*-Regler als Parallelschaltung eines *P*-, *I*- und *D*-Gliedes, was die Benennung *PID*-Regler erklärt. Ein *PID*-Regler läßt sich auch z. B. als *P*-Regler $(\Delta y = K_{PR}\, e)$ oder als *PD*-Regler $(\Delta y = K_{PR}\, e + K_{DR}\, \dot{e})$ betreiben. Im Folgenden werden nur noch die *Abweichungen vom Arbeitspunkt*, also $\Delta x = x - x_0$, $\Delta y = y - y_0$, $\Delta z = z - z_0$ und $\Delta w = w - x_0$ betrachtet. Der Δ-Zusatz wird im Folgenden der Einfachheit halber weggelassen (Bild 4.24).

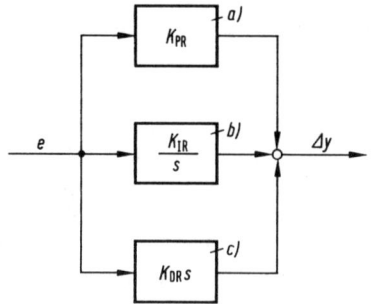

Bild 4.23   Wirkungsplan des *PID*-Reglers

a) *P*-Anteil

b) *I*-Anteil

c) *D*-Anteil

---

^{1}) Um die Übertragungsbeiwerte K_P, K_I und K_D von denen bei einer Regelstrecke zu unterscheiden, wird hier K_{PR}, K_{IR} und K_{DR} geschrieben. Bei der Regelstrecke wird entsprechend der Zusatzindex S verwendet.

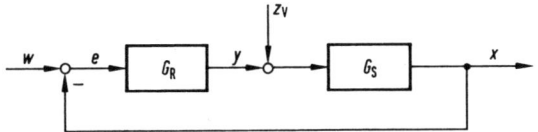

Bild 4.24 Standard-Regelkreis mit Versorgungsstörgröße z_V (vgl. Bild 3.1)

Regler haben die Aufgabe, die Regelgröße x trotz Störungen z laufend möglichst genau der Führungsgröße w anzugleichen, d. h. die Regeldifferenz $e = w - x$ möglichst klein zu halten. Bei dem Regelkreis von Bild 4.24 läßt sich die Regeldifferenz mit Hilfe der Strecken- und Reglerübertragungsfunktionen G_S bzw. G_R wie folgt berechnen:

$$\text{Strecke:} \quad x = G_S y + G_S z_V \tag{1}$$

$$\textit{PID}\text{-Regler:} \quad y = G_R\, e \tag{2}$$

$$\text{Vergleicher:} \quad e = w - x \tag{3}$$

Setzt man y aus (2) und x aus (3) in (1) ein, so ergibt sich

$$e = \frac{1}{1 + G_O}\, w - \frac{G_S}{1 + G_O}\, z_V\,,$$

wobei $G_O = G_{PS} G_{PR}$ als *Übertragungsfunktion des offenen Kreises*[1]) bezeichnet wird.

Bei der Reglerauswahl sollte man mit einem möglichst einfachen (d. h. preisgünstigen) Regler, z. B. einem *P*-Regler beginnen. Zeigen Berechnungen und/oder Experimente, daß die Regeldifferenz e nicht genügend klein gehalten werden kann, dann sollte man z. B. einen *I*- und/oder *D*-Anteil hinzunehmen (vgl. Abschn. 5.1). Die folgenden Abschnitte behandeln die wichtigsten stetigen Regeleinrichtungen.

4.3.1 Proportional wirkende Regler (*P*-Regler)

Der *P*-Regler hat das mathematische Modell eines *P*-Gliedes

$$y(t) = K_{PR}\, e(t) \quad \text{bzw.} \quad G_R(s) = \frac{y(s)}{e(s)} = K_{PR}\,.$$

Bild 4.25a zeigt die Kennlinie. Danach besteht die mit dem mathematischen Modell vorgeschriebene Proportionalität zwischen Ausgangs- und Eingangsgröße nur innerhalb des mit X_P bezeichneten Bereiches, der deshalb *Proportionalbereich* genannt wird. Unterhalb befindet sich die Ansprechschwelle, d. h. der Wert der Regeldifferenz, der zu einem meßbaren Ausgangssignal führt. Er ist abhängig von der Empfindlichkeit des Reglers. Nach oben hin schließt sich der Sättigungsbereich an, innerhalb dessen auch bei beliebiger Vergrößerung der Regeldifferenz die Stellgröße auf ihrem maximalen, durch die konstruktive Auslegung des Reglers bedingten Wert Y_h verbleibt. Aus X_P und Y_h folgt für den *Regler-Proportionalwert* oder die *Reglerverstärkung*

$$K_{PR} = Y_h / X_P\,.$$

---

[1]) Dieser Begriff wird in Abschn. 2.6.2 im Zusammenhang mit der Kreisschaltung näher erläutert.

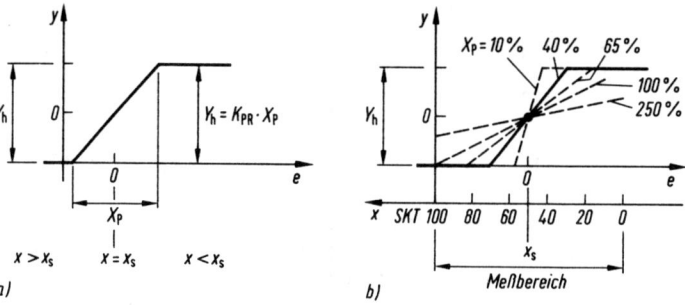

Bild 4.25 Kennlinie eines P-Reglers

a) Proportionalbereich X_P

b) Auf Meßbereich bezogene Proportionalbereiche

Die meisten P-Regler sind so ausgerüstet, daß bei festem Y_h der Proportionalbereich X_P und damit die Verstärkung K_{PR} verändert werden kann (Bild 4.25b). Dabei dreht sich die Kennlinie um ihren Wert an der Stelle $e = 0$ (dort ist $x = x_S$). Der Proportionalbereich wird häufig in Prozenten des Meßbereichs ausgedrückt (Bild 4.25b)[1].

Ein wichtiges Qualitätsmerkmal von Reglern ist die *stationäre* Regeldifferenz bei *konstanten* Führungs- und Störgrößen $w(t) = \hat{w}$ und $z_V(t) = \hat{z}$ (Laplace-Transformierte: $w(s) = \hat{w}/s$ und $z_V(s) = \hat{z}/s$ gemäß Bild A.3.1, Nr. 2). Die stationäre Regeldifferenz wird auch *bleibende Regeldifferenz* e_b genannt. Für den P-Regler und eine Strecke mit Ausgleich, die in Abschn. 3.1 mit

$$G_S(s) = \frac{x(s)}{y(s)} = \frac{K_{PS}}{T_n^n s^n + \dots T_2^2 s^2 + T_1 s + 1}$$

angegeben wurde, ergibt sich mit den Ergebnissen aus der Einleitung von Abschn. 4.3 und dem Endwertsatz der Laplace-Transformation (Bild A.3.2, Nr. 7):

$$e_b = \lim_{t \to \infty} e(t) = \lim_{s \to 0} s\, e(s)$$

mit

$$e(s) = \frac{1}{1 + \dfrac{K_{PS}}{T_n^n s^n + \dots T_2^2 s^2 + T_1 s + 1} K_{PR}} \frac{\hat{w}}{s} - \frac{\dfrac{K_{PS}}{T_n^n s^n + \dots T_2^2 s^2 + T_1 s + 1}}{1 + \dfrac{K_{PS}}{T_n^n s^n + \dots T_2^2 s^2 + T_1 s + 1} K_{PR}} \frac{\hat{z}}{s}$$

Kürzt man das s nach dem Limeszeichen gegen die s unter $\hat{w}$ und $\hat{z}$ und setzt dann $s = 0$, so folgt

$$e_b = \frac{1}{1 + K_{PS} K_{PR}} \hat{w} - \frac{K_{PS}}{1 + K_{PS} K_{PR}} \hat{z} = \frac{1}{1 + V_0} \hat{w} - \frac{K_{PS}}{1 + V_0} \hat{z},$$

---

[1]) Der Eingangsmeßbereich X_{hR} der Regeleinrichtung sollte möglichst identisch mit dem früher definierten Regelbereich X_h der Regelstrecke sein.

wobei $V_O = K_{PS} K_{PR}$ als *Kreisverstärkung* des offenen Regelkreises bezeichnet wird. Für die folgenden Betrachtungen sei $V_O > 0$ angenommen. Man beachte, daß die bleibende Regeldifferenz e_b nur dann ein fester Wert ist, wenn der Regelkreis stabil ist. Die Stabilität von Regelkreisen wird in Abschn. 5 behandelt.

Ist nun z. B. die Führungsgröße $w(t) = \hat{w} = 0$ und die Störgröße $z_v(t) = \hat{z} > 0$, dann ist $e_b = (-K_{PS}/(1 + V_O))\,\hat{z} \neq 0$ bzw. $x = \hat{w} - e_b = -e_b$. Um den stationären Einfluß der Störgröße $\hat{z}$ auf die Regelgröße x möglichst klein zu machen, muß die Reglerverstärkung K_{PR} möglichst groß gemacht werden. Großer K_{PR}-Wert bedeutet jedoch eine sehr steile Reglerkennlinie, was insofern zu Schwierigkeiten führen kann, als der Regler dann bereits auf kleine und kleinste Regeldifferenzen mit der vollen Stellgröße Y_h reagiert. Das Verhalten entspricht dann weitgehend dem eines Zweipunktreglers, bei dem Schwingungen der Regelgröße um einen Mittelwert auftreten (Abschn. 4.2). Der Regelkreis wird instabil. Die Frage nach der zulässigen Größe von K_{PR} ergibt sich aus Stabilitätskriterien (Abschn. 5).

Beispiel: Im Regelkreis von Bild 4.24 sei der Übertragungsbeiwert der Strecke $K_{PS} = 1,5$. *Ohne Regelung* (d. h. $G_R = 0$) wirkt sich die Störgröße z gemäß $x = K_{PS}\hat{z}$ voll auf die Regelgröße aus. *Mit Regelung*, wobei ein P-Regler mit $K_{PR} = 10$ verwendet werde, ist dagegen $x = (K_{PS}/(1 + V_O))\,\hat{z} = (K_{PS}/16)\,\hat{z}$. Die Regelung mit $K_{PR} = 10$ vermindert also den Störgrößeneinfluß auf x um mehr als ein Zehntel.

Nun wird angenommen, daß $\hat{z} = 0$ und $\hat{w} > 0$. Dann ist $e_b = (1/(1 + V_O))\,\hat{w} > 0$. Die Regelgröße x erreicht also im stationären Zustand den eingestellten Sollwert $\hat{w}$ nicht, sondern nur den Betrag $x = \hat{w} - e_b = (V_O/(1 + V_O))\,\hat{w}$, der kleiner ist als der gewünschte Wert $\hat{w}$. Dieser Nachteil des P-Reglers bei Strecken mit Ausgleich läßt sich dadurch beheben, daß man den Sollwert am Regler entsprechend höher einstellt[1]) oder die Sollwertskale des Reglers so umeicht, daß die Beschriftung mit $\hat{w}$-Werten ersetzt wird durch die Werte $\hat{w}_{Sk}$, die die Regelgröße tatsächlich annimmt, nämlich $\hat{w}_{Sk} = x = (V_O/(1 + V_O))\,\hat{w}$. Dadurch wird die Differenz zwischen eingestelltem Sollwert $\hat{w}_{Sk}$ und sich stationär einstellendem Istwert x zu Null (An der bleibenden Regeldifferenz e_b ändert sich dabei nichts!). Wird der Sollwert z. B. in einem Automatisierungsgerät elektronisch eingestellt, so entspricht der umgeeichten Skale der Verstärker K_V in Bild 4.26 mit $K_V = (1 + V_O)/V_O > 1$, der den stationären Übertragungsfaktor zwischen w_{Sk} und x zu Eins macht. Man nennt das Übertragungsglied K_V in Bild 4.26 auch *Vorfilter*.

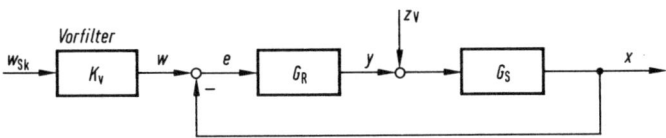

Bild 4.26 Standard-Regelkreis mit Vorfilter

---

[1]) Man bezeichnet dieses Vorgehen auch als *Nachstellen* der Regelgröße. Mit Hilfe eines *I*-Anteiles im Regler läßt sich dieser Vorgang automatisieren (vgl. folgende Abschnitte).

Beispiel: Gegeben sei eine Temperaturregelung mit $K_{PS} = 0{,}8$, $K_{PR} = 20$, also $V_O = 16$. Hier ist bei einem eingestellten Sollwert $\hat{w}$ von 80 °C die erreichte Temperatur tatsächlich nur 75,3 °C. Stellt man dagegen den Sollwert an einer umgeichten Sollwertskale auf $\hat{w}_{Sk} = 80$ °C ein, dann wird $\hat{w}$ auf den höheren Wert $\hat{w} = ((1 + V_O)/V_O)\,\hat{w}_{Sk} = 85$ °C eingestellt, so daß die Temperatur den gewünschten Wert von $\hat{w}_{Sk} = 80$ °C erreicht. Man beachte, daß dies nur dann gilt, wenn der für K_{PS} angenommene Wert auch tatsächlich dem P-Beiwert der Temperaturregelstrecke entspricht, denn K_{PS} geht wegen $V_O = K_{PS}K_{PR}$ in den Korrekturfaktor für den Sollwert ein.

4.3.2 Integral wirkende Regler (*I*-Regler)

I-Regler werden vorzugsweise dann verwendet, wenn das Auftreten einer bleibenden Regeldifferenz unerwünscht ist. Der *I*-Regler hat das mathematische Modell eines *I*-Gliedes (Abschn. 2.8.5)

$$y = K_{IR} \int e\, dt \quad \text{oder} \quad \dot{y} = K_{IR}\, e \quad \text{bzw.} \quad G_R = \frac{K_{IR}}{s}\,.$$

Diese Gleichung besagt, daß die *Änderungsgeschwindigkeit* der Stellgröße der Regeldifferenz proportional ist. In Bild 4.27 ist die Kennlinie für den Fall aufgezeichnet, daß der Sollwert in der Mitte des Regelbereichs liegt. Damit können positive wie auch negative Regeldifferenzen durch positive und negative Stellgeschwindigkeiten (z. B. Rechts- und Linkslauf eines Motors) beseitigt werden.

Bezeichnet man mit e_o den in Bild 4.27 angegebenen oberen Grenzwert des Proportionalbereiches der Reglerkennlinie und mit $\dot{y}_{max}$ die zugehörige maximale Stellgeschwindigkeit (z. B. maximale Motordrehzahl), dann folgt für den Übertragungsbeiwert des *I*-Reglers

$$K_{IR} = \dot{y}_{max}/e_o\,.$$

Für die bleibende Regeldifferenz e_b bei *konstanter* Führungsgröße $w(t) = \hat{w}$ und *konstanter* Störgröße $z_V(t) = \hat{z}$ bei einer Strecke mit Ausgleich ergibt sich entsprechend den Berechnungen im vorherigen Abschnitt, wenn man dort im Nenner anstelle des P- Reglers K_{PR} nun den *I*-Regler K_{IR}/s einsetzt:

$$e_b = \frac{1}{1 + \infty}\,\hat{w} - \frac{1}{1 + \infty}\,\hat{z} = 0\,.$$

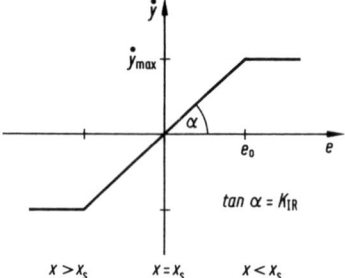

Bild 4.27 Kennlinie eines *I*-Reglers

Bei einer Regelung mit *I*-Regler wird also die Regelgröße stationär *exakt* auf einem Sollwert $w(t) = \hat{w}$ gehalten, auch wenn zugleich eine konstante Störgröße $z_V(t) = \hat{z}$ wirksam ist. Voraussetzung ist die Stabilität des Regelkreises, die in Abschn. 5 behandelt wird.

Regeleinrichtungen mit *I*-Verhalten bekommt man entweder durch Verwendung speziell ausgelegter Regler mit integrierenden Eigenschaften (vgl. z. B. Abschn. 11.2.1.2 und 4.3.6.2) oder durch Kombination eines *P*-Reglers mit einem nachgeschalteten, integrierenden Stellglied. Solche Stellglieder sind z. B. elektrische Gleichstrom- oder hydraulische Linear-Motoren.

Beispiel: Temperaturregelung (Bild 4.28)

Die Regeleinrichtung hat für eine konstante Temperatur (Regelgröße) in dem Behälter zu sorgen, in dem zwei Flüssigkeiten gemischt werden. Dazu wird ein Ventil verstellt (Stellgröße), das einen Dampfstrom dosiert. Tritt eine Abweichung des Temperatur-Istwerts, der über einen Meßumformer in eine elektrische Größe gewandelt wird, auf, so liefert der Verstärker eine der Abweichung proportionale Spannung, die entsprechend ihrer Größe den nachgeschalteten Stellmotor mehr oder minder schnell anlaufen läßt und über das Getriebe eine Betätigung des Ventils bewirkt. Der Stellmotor bildet das eigentlich integrierende Element der Regeleinrichtung, da seine Drehzahl $n = d\varphi/dt$ proportional der vom Verstärker gelieferten Spannung u ist. Die Stellgröße y (Ventilhub) entspricht dem jeweiligen Drehwinkel φ der Motorwelle. Somit ist $y \sim \varphi \sim \int u \, dt \sim \int e \, dt$. Die Zusammenfassung der hier weggelassenen Proportionalitätsfaktoren ergibt den Integrierbeiwert K_I. Solange die bleibende Regeldifferenz ungleich Null ist, wird der Motor mit einer entsprechenden Spannung angesteuert. In der Nähe des Sollwertes wird diese sehr klein. Unterhalb der Ansprechschwelle bleibt der Motor stehen. Die obigen Berechnungen, die eine verschwindende Regeldifferenz ergaben, setzen *lineare* Verhältnisse voraus. Die Ansprechschwelle begrenzt jedoch die Totzone, die eine *nichtlineare* Kennlinie darstellt (Bild 5.48b).

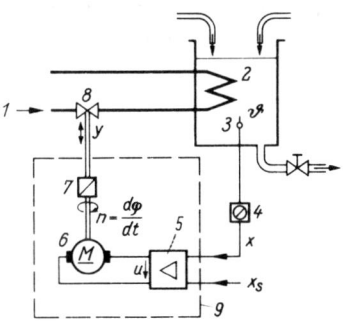

Bild 4.28 Temperaturregelung mit *I*-Regler

1 Dampf
2 Wärmetauscher
3 Temperaturfühler
4 Umformer
5 Verstärker mit Vergleicher
6 Stellmotor
7 Getriebe
8 Ventil
9 *I*-Regeleinrichtung

4.3.3   Proportional-integral wirkende Regler (*PI*-Regler)

Bild 4.29 zeigt den Wirkungsplan eines *PI*-Reglers. Die Blöcke sind durch ihre Übergangsfunktionen gekennzeichnet. Der *PI*-Regler hat das mathematische Modell

$$y = K_{PR}\, e + K_{IR} \int e \, dt = K_{PR} \left(e + \frac{1}{T_n} \int e \, dt \right)$$

bzw.

$$G_R = K_{PR} + \frac{K_{IR}}{s} = K_{PR} \left(1 + \frac{1}{T_n s} \right).$$

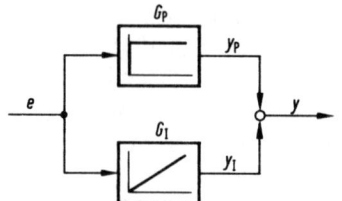

Bild 4.29 *PI*-Regler als Parallelschaltung von *P*-
und *I*-Anteil

$$G_P = K_{PR}, \quad G_I = K_{IR}/s$$

$T_n = K_{PR}/K_{IR}$ ist die sog. *Nachstellzeit*, wobei $K_{PR} = Y_h/X_P$ (Abschn. 4.3.1) und
$K_{IR} = Y_h/(T_I \, e_o)$ (Abschn. 4.3.2). Der *PI*-Regler kombiniert die Eigenschaften der zuvor
behandelten *P*- und *I*-Regler:

P-Regler: Bei einer sprunghaften Regeldifferenz reagiert ein *P*-Regler *sofort* mit einer
sprunghaften Veränderung der Stellgröße. Er kann jedoch die Regeldifferenz nicht völlig
beseitigen.

I-Regler: Der *I*-Regler reagiert auf eine sprunghafte Regeldifferenz *verzögert* mit einer
von Null ansteigenden Stellgröße, die aber im stationären Zustand die Regeldifferenz
völlig zum Verschwinden bringt.

Eine Kennlinie wird beim *PI*-Regler nicht angegeben, da beim *P*-Anteil die Stellgröße (vgl.
Abschn. 4.3.1) und beim *I*-Anteil deren Änderungs*geschwindigkeit* (vgl. Abschn. 4.3.2) auf-
zutragen wäre. Stattdessen verwendet man seine (Sprungantwort oder Übergangsfunktion),
die sich infolge der Parallelschaltung von *P*- und *I*-Anteil als Summe der Einzelsprungant-
worten ergibt. Bild 4.30 zeigt die Sprungantwort $y = y_P + y_I$ mit $y_P = K_{PR} \, \hat{e}$ und
$y_I = (K_{PR}/T_n) \int \hat{e} \, \mathrm{d}t = (K_{PR}/T_n) \, \hat{e} \, t$, die die Abhängigkeit von der Sprunganregung
$e = \hat{e}\sigma(t)$ erkennen läßt. Man ersieht aus Bild 4.30, *daß das Verhalten des PI-Reglers dem
eines I-Reglers entspricht, dessen Wirkungsbeginn um die Nachstellzeit T_n vorverlegt ist.*

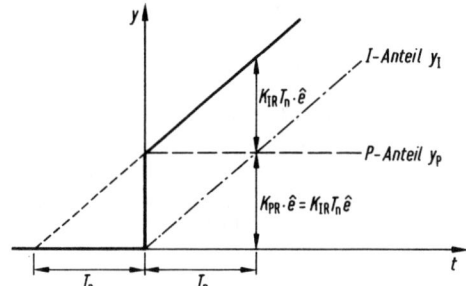

Bild 4.30 Sprungantwort eines
PI-Reglers

Daß der *PI*-Regler die gleichen stationären Eigenschaften aufweist wie der *I*-Regler
(nämlich $e_b = 0$ bei konstanten Führungs- und/oder Störgrößen), läßt sich einfach nach-
rechnen, indem man in Abschn. 4.3.1 in die Gleichung für e_b anstelle der Übertragungsfunktion $G_R = K_{PR}$ des *P*-Reglers diejenige des *PI*-Reglers
$G_R = K_{PR}(T_n s + 1)/(T_n s)$ einsetzt. Die Ergebnisse zeigt die Tabelle von Bild 4.36.

Bei technisch realisierten *PI*-Reglern ist der Stellbereich Y_h meist fest vorgegeben, einstellbar sind Proportionalbereich X_P (und damit $K_{PR} = Y_h/X_P$) und Nachstellzeit T_n. Ge-
bräuchliche Bereiche hierfür sind: X_P von 5% bis 300% des Eingangsmeßbereichs X_{hR}
und T_n von 0 bis 60 Minuten.

4.3.4 Regler mit Vorhalt (*PD*- und *PID*-Regler)

Ein Regler mit reinem *D*-Verhalten macht wenig Sinn. Sein Verhalten läßt sich vereinfacht mit dem mathematischen Modell eines *D*-Gliedes darstellen: $y = K_D \, \dot{e}$ (Abschn. 2.8.6). Bild 4.31 zeigt die Sprungantwort des mathematischen Modelles („ideal") und die Sprungantwort eines technisch nur näherungsweise realisierbaren *D*-Gliedes („real").

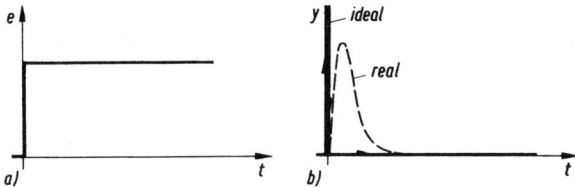

Bild 4.31 Sprungantwort eines *D*-Gliedes
a) Verlauf der Eingangsgröße
b) Verlauf der Ausgangsgröße

Ein *D*-Regler könnte also einer *Änderung* der Regeldifferenz kurzzeitig entgegenwirken, gegen eine *bleibende* Regeldifferenz könnte er jedoch nichts ausrichten, denn wenn $e = $ konst., dann wird $y = 0$. Jedoch macht ein *zusätzlicher D*-Anteil bei einem *P*- oder *PI*-Regler Sinn, weil sich damit — neben der verminderten bzw. verschwindenden bleibenden Regeldifferenz — zusätzlich eine schnellere Reaktion auf Regeldifferenz*änderungen* erzielen läßt.

PD-Regler: Das mathematische Modell setzt sich additiv aus einem *P*- und einem *D*-Glied zusammen:

$$y = K_{PR} \, e + K_{DR} \, \dot{e} = K_{PR}(e + T_v \, \dot{e})$$

bzw.

$$G_R = K_{PR} + K_{DR}s = K_{PR}(1 + T_v s) \, .$$

$T_v = K_{DR}/K_{PR}$ ist die sog. *Vorhaltzeit*, wobei $K_{PR} = Y_h/X_P$ (Abschn. 4.3.1). Bild 4.32a zeigt die Sprungantwort, die mit dem obigen mathematischen Modell berechnet werden kann. Das *D*-Glied verursacht am Einschaltzeitpunkt von $e(t)$ (dort ist die Steigung von $e(t)$ unendlich) einen Impuls mit der Dauer Null und der Amplitude Unendlich. In Abschn. 2.8.6 (*D*-Glied) wurde bereits darauf hingewiesen, daß ein solches Übertragungsglied technisch nicht exakt realisierbar ist, weil jedes reale Gerät Verzögerungen aufweist. Daher entspricht z. B. ein mathematisches Modell mit Verzögerung erster Ordnung eher einem technisch realisierten *PD*-Regler:

$$T_1 \dot{y} + y = K_{PR}(e + T_v \, \dot{e}) \, .$$

Die Übertragungsfunktion zeigt, daß sich dieses mathematische Modell als Reihenschaltung von idealem *PD*-Regler und *PT₁*-Glied (Abschn. 2.8.2) auffassen läßt

$$G_R = \frac{K_{PR}(1 + T_v s)}{T_1 s + 1}$$

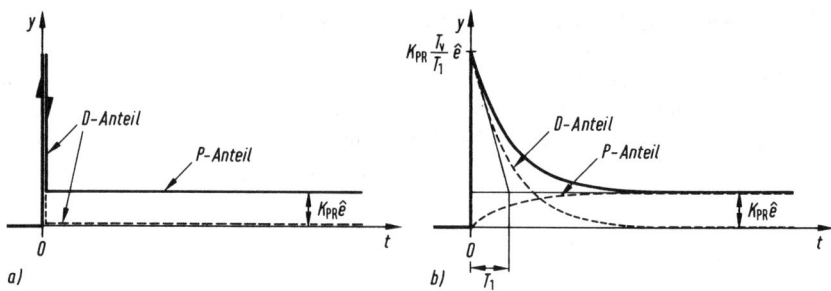

Bild 4.32   Sprungantwort eines *PD*-Reglers $(e = \hat{e}\sigma(t))$

a) ohne Verzögerung
b) mit Verzögerung 1. Ordnung

Die Sprungantwort des *PD*-Reglermodelles mit Verzögerung zeigt Bild 4.32b. An ihr lassen sich alle Reglerparameter ablesen.

Der *PD*-Regler ist ein *P*-Regler *mit Vorhalt*, weil er bereits einen korrigierenden Stellausschlag *y* erzeugt, *bevor* die Regeldifferenz *e* weiter ansteigt. Denn für die Wirkung des *D*-Anteiles ist nicht die (anfänglich i. a. noch kleine) Regeldifferenz $e(t)$ ausschlaggebend, sondern ihre Änderungsgeschwindigkeit $\dot{e}(t)$. Da aber bereits kleine Regeldifferenzschwankungen impulsartige Reaktionen der Stellgröße *y* auslösen können, darf T_v nicht zu groß gewählt werden. Man erhält sonst einen sehr unruhigen Stellgrößenverlauf, der häufig in den Anschlag geht. T_v ist im allgemeinen von 0 bis 60 Minuten einstellbar.

Die Parameter des *PD*-Reglers lassen sich auch anhand der *Anstiegsantwort* $(e(t) = at\sigma(t)$, Abschn. 2.4.3) verdeutlichen, die impulsfrei ist, weil die Anstiegsfunktion $e(t) = at\sigma(t)$ keine Sprünge aufweist. Bild 4.33 zeigt die Anstiegsantwort des idealen *PD*-Reglermodelles. Der Stellgrößenverlauf läßt sich auch so deuten, *daß er dem eines P-Reglers entspricht, dessen Wirkungsbeginn um die Vorhaltzeit T_v vorverlegt ist.*

Da der *D*-Anteil keinen Einfluß auf die bleibende Regeldifferenz hat, entsprechen die bleibenden Regeldifferenzen des *PD*-Reglers denen des *P*-Reglers (Tabelle von Bild 4.36).

***PID*-Regler:** Der *PID*-Regler ist ein *PI*-Regler (Abschn. 4.3.3) mit zusätzlichem *D*-Anteil, dessen Vor- und Nachteile bereits beim *PD*-Regler erläutert wurden. Das mathematische Modell eines *idealen PID*-Reglers wurde bereits in der Einleitung zu Abschn. 4.3 gebracht (mit dem Wirkungsplan, Bild 4.23). Die zugehörige Sprungantwort zeigt Bild 4.34a.

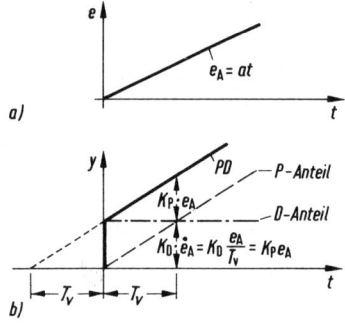

Bild 4.33   Anstiegsantwort des *PD*-Reglers

a) Verlauf der Eingangsgröße
b) Verlauf der Ausgangsgröße

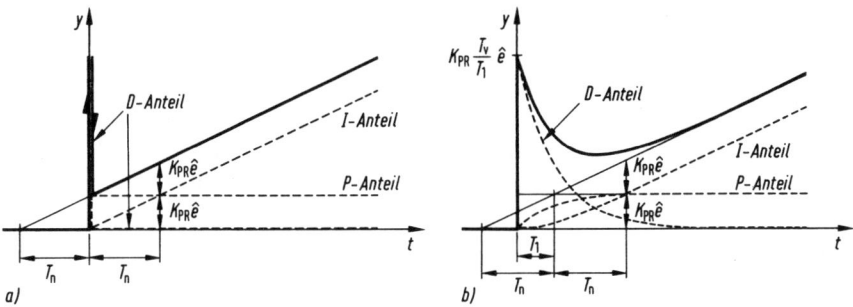

Bild 4.34 Sprungantwort eines *PID*-Reglers $(e = \hat{e}\sigma(t))$
a) ohne Verzögerung
b) mit Verzögerung 1. Ordnung

Einem technisch realisierten *PID*-Regler entspricht eher z. B. das folgende mathematische Modell mit Verzögerung erster Ordnung ($T_1 > 0$)

$$G_R(s) = \frac{y(s)}{e(s)} = \frac{K_{PR}\left(1 + \dfrac{1}{T_n s} + T_v s\right)}{T_1 s + 1}.$$

Bild 4.34b zeigt die Sprungantwort dieses realistischeren Reglermodelles. Daran lassen sich alle Reglerparameter ablesen. Bei technisch realisierten *PID*-Reglern ist der Stellbereich Y_h i. a. fest vorgegeben. Die Einstellbereiche der Reglerparameter liegen dann wegen $K_{PR} = Y_h/X_P$ für X_P zwischen 5% bis 300% des Eingangsmeßbereiches X_{hR} (Abschn. 4.3.1) und für T_n und T_v jeweils zwischen 0 und 60 Minuten. Es sollte $T_v < 0{,}25 T_n$ gewählt werden. Da der *D*-Anteil keinen Einfluß auf die bleibende Regeldifferenz hat, entsprechen die bleibenden Regeldifferenzen des *PID*-Reglers denen des *PI*-Reglers (Tabelle von Bild 4.36). Die technische Realisierung von *PID*-Reglern wird in Abschn. 4.3.6 und Abschn. 11 behandelt.

4.3.5 Vergleich der stetigen Regler

Die Auswahl und Einstellung eines geeigneten Reglers geht grundsätzlich von den Anforderungen an die Regelung aus, die in Abschn. 5.1 behandelt werden. Die Tabelle von Bild 4.35 stellt wichtige Kennfunktionen der in den vorherigen Abschnitten behandelten stetigen Regler zusammen. Darin werden (auf der linken Seite) die Differentialgleichung und die Übertragungsfunktion $G_R(s)$ angegeben. Dazu gehören (auf der rechten Seite) die fett durchgezogenen Kurven von Übergangsfunktion, Bode-Diagramm und Ortskurve. Die gestrichelten bzw. gepunkteten Kurven gehören zu den mathematischen Reglermodellen $G_R/(T_1 s + 1)$ bzw. $G_R/(T_2^2 s^2 + T_1 s + 1)$, die die unvermeidlich verzögerte Wirkung (1. bzw. 2. Ordnung) eines technisch realisierten Reglers berücksichtigen (vgl. vorhergehenden Abschn. 4.3.4). Diese durch den Regler verursachten Verzögerungen können bei der Berechnung von Regelkreisen in der Regel vernachlässigt werden, wenn sie deutlich kleiner sind als die Verzögerungen in der Regelstrecke (Abschn. 3). Jedoch läßt sich das z. B. mit pneumatischen Reglern nicht immer erreichen.

Regler	Differentialgleichung	Übertragungsfunktion $G_R(s)$	Übergangsfunktion $h(t) = \dfrac{y(t)}{\hat{e}}$	Bode-Diagramm $\|G_R(j\omega)\|_{dB}$; $\underline{/G_R(j\omega)}$	Ortskurve $G_R(j\omega)$
P vgl. Bild 2.63	$y = K_{PR}\, e$	$G_R = K_{PR}$	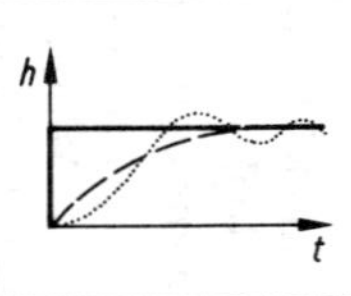	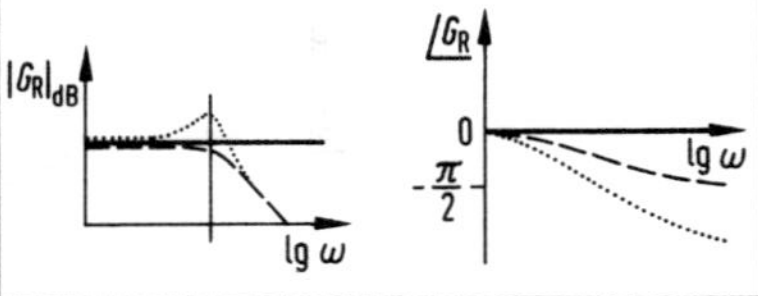	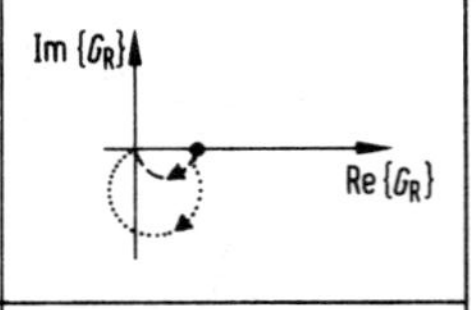
I vgl. Bild 2.63	$y = K_{IR} \int e\, dt$	$G_R = \dfrac{K_{IR}}{s}$	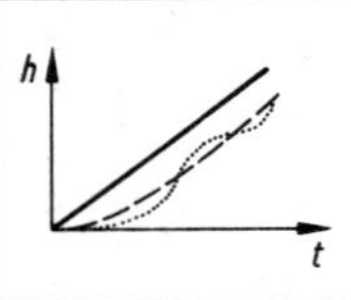	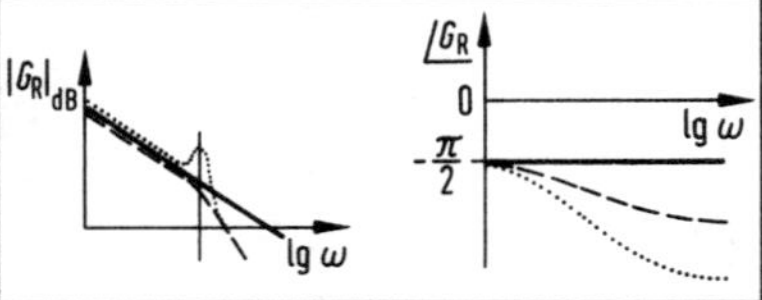	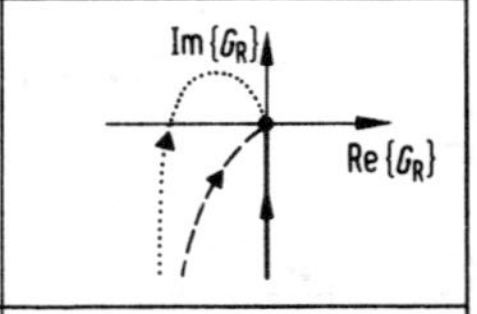
PI	$y = K_{PR}\left(e + \dfrac{1}{T_n}\int e\, dt\right)$	$G_R = K_{PR}\left(1 + \dfrac{1}{T_n s}\right)$	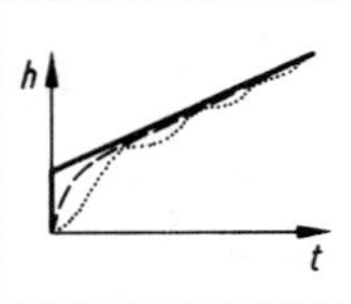	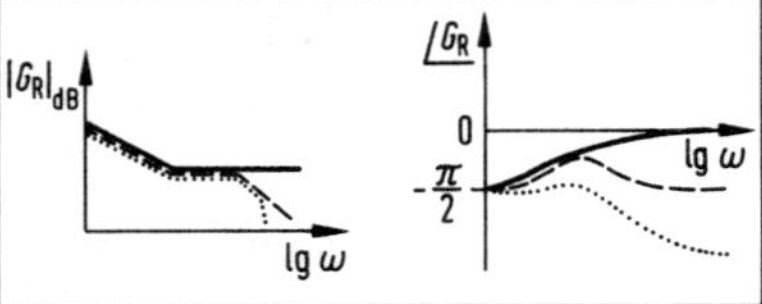	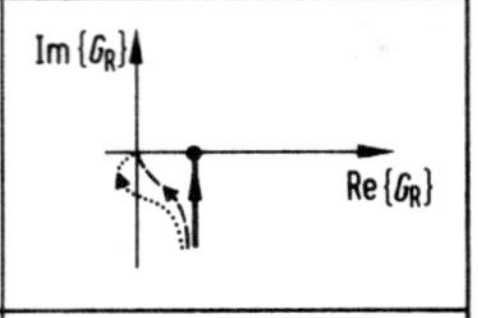
PD	$y = K_{PR}\left(e + T_v\, \dot{e}\right)$	$G_R = K_{PR}\left(1 + T_v s\right)$	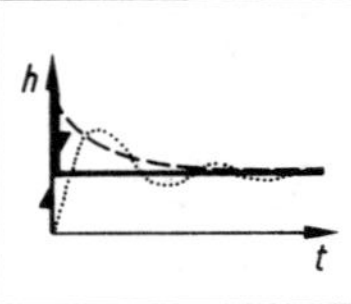	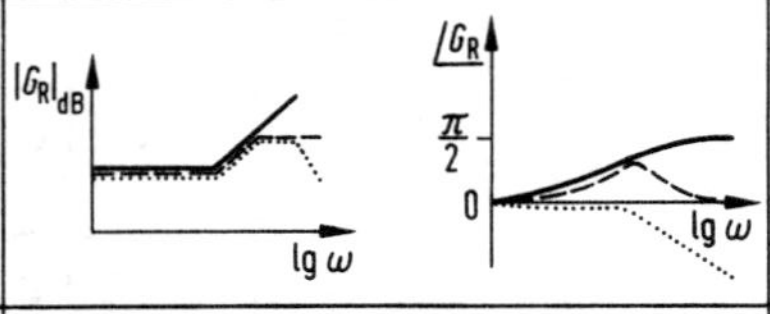	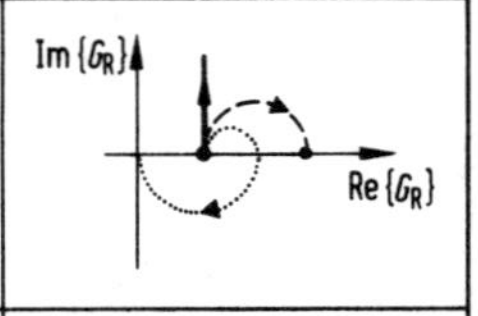
PID	$y = K_{PR}\left(e + \dfrac{1}{T_n}\int e\, dt + T_v\, \dot{e}\right)$	$G_R = K_{PR}\left(1 + \dfrac{1}{T_n s} + T_v s\right)$	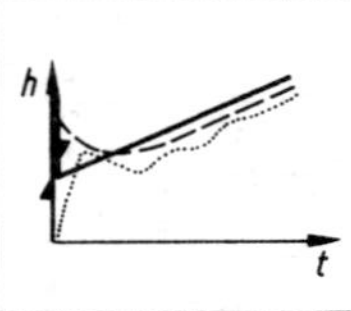	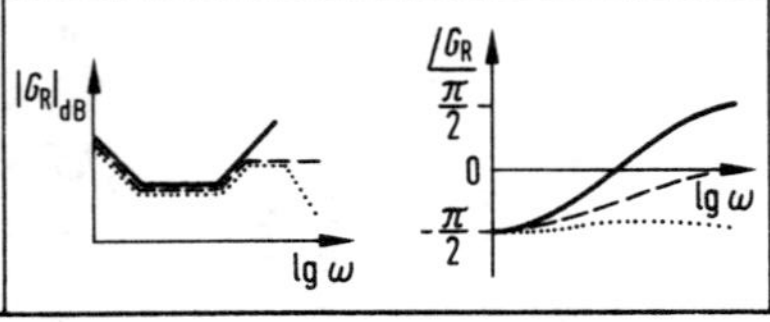	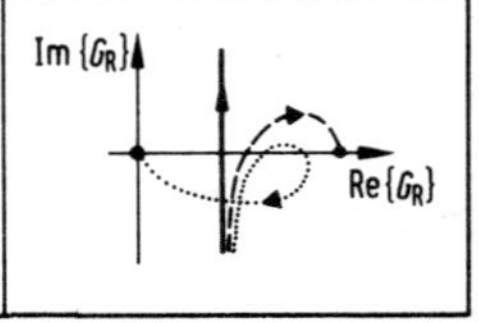

Bild 4.35 Differentialgleichung, Übertragungsfunktion, Übergangsfunktion, Bode-Diagramm und Ortskurve der wichtigsten Reglerarten
—— ohne Verzögerung G_R, - - - - mit Verzögerung 1. Ordnung $G_R/(T_1 s + 1)$, ······· mit Verzögerung 2. Ordnung $G_R/(T_2^2 s^2 + T_1 s + 1)$

G_R	G_S	V_O	$w(t) = \hat{w}$ Lagefehler:	$w(t) = \hat{w}_g t$ Geschwindig- keitsfehler:	$w(t) = \hat{w}_b t^2/2$ Beschleunigungs- fehler:	$z_V(t) = \hat{z}$
P-Regler PD-Regler	m. A.	$K_{PR}K_{PS}$	$\dfrac{\hat{w}}{1+V_O}$	∞	∞	$-\dfrac{K_{PS}\hat{z}}{1+V_O}$
	o. A.		0	$\dfrac{\hat{w}_g}{V_O}$	∞	$-\dfrac{K_{PS}\hat{z}}{V_O}$
I-Regler	m. A.	$K_{IR}K_{PS}$	0	$\dfrac{\hat{w}_g}{V_O}$	∞	0
	o. A.		0	0	$\dfrac{\hat{w}_b}{V_O}$	0
PI-Regler PID-Regler	m. A.	$\dfrac{K_{PR}K_{PS}}{T_n}$	0	$\dfrac{\hat{w}_g}{V_O}$	∞	0
	o. A.		0	0	$\dfrac{\hat{w}_b}{V_O}$	0

Bild 4.36 Bleibende Regeldifferenzen beim Standard-Regelkreis von Bild 4.24

Regelstrecke: $G_S(s) = \dfrac{x(s)}{y(s)} = \dfrac{K_{PS}}{s^r(T_{n-r}^{n-r}s^{n-r} + \ldots T_2^2 s^2 + T_1 s + 1)}$

Regelstrecke mit Ausgleich (m. A.): $r = 0$; ohne Ausgleich (o. A.): $r = 1$

Die Tabelle von Bild 4.36 stellt die bleibenden Regeldifferenzen zusammen, die mit den behandelten stetigen Reglern im Standard-Regelkreis von Bild 4.24 erzielt werden, *wenn der Regelkreis stabil ist.* (Die Stabilität von Regelkreisen wird in Abschn. 5.3 behandelt.) Es werden Regelstrecken mit und ohne Ausgleich unterschieden. Ferner wird nicht nur eine konstante Führungsgröße $w(t) = \hat{w}$, sondern auch eine mit konstanter Änderungs-geschwindigkeit $w(t) = \hat{w}_g t$ und eine mit konstanter Änderungsbeschleunigung

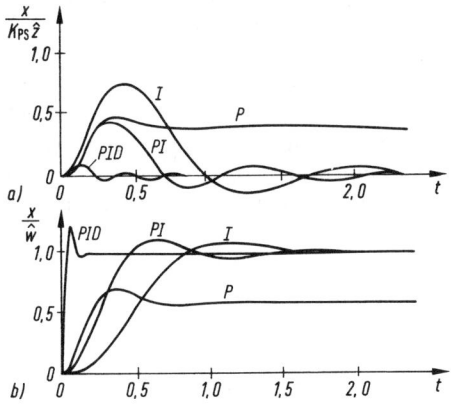

Bild 4.37
(a) Stör- und (b) Führungs-Übergangs-funktionen des Standard-Regelkreises von Bild 4.24 mit *P-, I-, PI-* und *PID-* Regler

$w(t) = \hat{w}_b t^2 / 2$ einbezogen. Die bleibende Regeldifferenz bei konstanter Führungsgröße heißt *Lagefehler*. Die bleibenden Regeldifferenzen bei den beiden anderen Führungsgrößenverläufen heißen *Geschwindigkeitsfehler* bzw. *Beschleunigungsfehler*. Geschwindigkeits- und Beschleunigungsfehler werden für die Beurteilung von Folgeregelungen benötigt (Abschn.1.1).

Bild 4.37 gibt einen Eindruck von der Auswirkung (*a*) einer sprungförmigen Störgröße $z_v(t) = \hat{z}_v \sigma(t)$ und (*b*) einer sprungförmigen Führungsgröße $w(t) = \hat{w}\sigma(t)$ auf die Regelgröße x beim Standard-Regelkreis von Bild 4.24, der jeweils für einen *P*-, *I*-, *PI*- bzw. einen *PID*-Regler optimal eingestellt wurde. Die Regeldifferenz kann mittels *P*-Regler nicht völlig beseitigt werden, dagegen gelingt dies bei Verwendung eines *I*-Anteiles im Regler. Mit dem *D*-Anteil im *PID*-Regler kann die Regeldifferenz sehr schnell beseitigt werden.

4.3.6   Realisierung stetiger Regeleinrichtungen mittels innerer Rückführung

Zur technischen Realisierung von elektrischen, pneumatischen oder hydraulischen *P*-, *PI*-, *PD*- oder *PID*-Reglern wird häufig ein Verstärker verwendet, dessen Ausgangssignal so auf sein Eingangssignal zurückgeführt wird wie es Bild 4.38 zeigt. Dadurch entsteht ein Wirkungskreis im Innern des Reglers. G_v ist die Übertragungsfunktion des Verstärkers im Vorwärtszweig und G_r ist die Übertragungsfunktion im Rückführzweig. Im vorliegenden Abschnitt wird das Wirkungsprinzip erläutert. Technische Ausführungsbeispiele behandelt Abschn. 11.2.

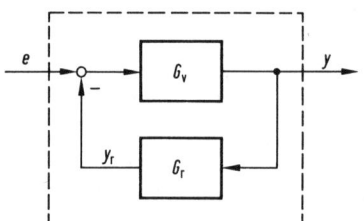

Bild 4.38 Realisierung eines stetigen Reglers mittels innerer Rückführung. G_v und G_r sind die Übertragungsfunktionen im Vorwärts- bzw. Rückwärtszweig

Stetige Regler unter Zuhilfenahme einer Rückführung zu realisieren ist deshalb zweckmäßig, weil sich damit Störeinfüsse auf die Übertragungseigenschaften des Reglers vermindern lassen. Z. B. ist die Verstärkung eines (nicht rückgekoppelten) elektronischen Verstärkers abhängig von der Größe der Speisespannung und den Eigenschaftsänderungen der aktiven Bauelemente (z. B. Transistoren). Wie sich die Empfindlichkeit eines Reglers gegenüber diesen Störeinflüssen verringern läßt, zeigt der folgende Abschn. 4.3.6.1. Ausgangspunkt der Betrachtungen ist die Übertragungsfunktion des im Innern rückgekoppelten Reglers, für die aus Bild 4.38 mit der Berechnungsregel für die Kreisschaltung (vgl. Abschn. 2.6.2) folgt:

$$G_R = \frac{G_v}{1 + G_r G_v} = \frac{1}{1/G_v + G_r} .$$

Der Verstärker im Vorwärtszweig wird als *P*-Glied mit der Übertragungsfunktion $G_v = K_{Pv}$ angenommen, d. h. Verzögerungen werden vernachlässigt.

4.3.6.1   Verstärker mit starrer Rückführung (*P*-Regler)

Von einer *starren* Rückführung spricht man, wenn jeweils ein bestimmter Bruchteil des Ausgangssignales y unverzögert auf den Verstärkereingang zurückgeführt wird, d. h. wenn $y_r = G_r y$ mit $G_r = K_{Pr}$ (*P*-Glied) vorliegt. Für den Regler folgt damit

$$G_R = \frac{1}{1/K_{Pv} + K_{Pr}}$$

Beispiel: Gegeben sei ein elektronischer Verstärker mit der Verstärkung V, dessen Verzögerung vernachlässigt werden kann. Seine Übertragungsfunktion ist dann $G_v = V$. Ein bestimmter Bruchteil n seiner Ausgangsspannung werde über einen Spannungsteiler abgegriffen (Bild 4.39) und nach Umkehrung des Vorzeichens dem Eingang wieder zugeführt (Gegenkopplung). Es ist also $u_r = n u_a$. Daraus errechnet sich G_r zu $u_r/u_a = n$.

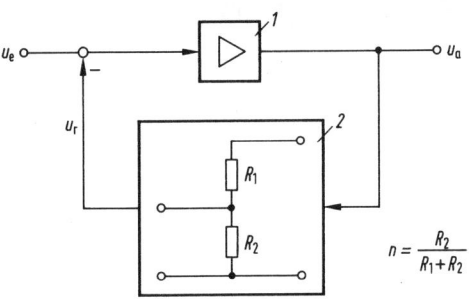

$$n = \frac{R_2}{R_1 + R_2}$$

Bild 4.39   Wirkungsplan eines gegengekoppelten elektrischen Verstärkers

1 Verstärker
2 Spannungsteiler

Setzt man diese Ausdrücke in obige Formel ein, so ergibt sich:

$$G_R = V_R = \frac{1}{1/V + n} = \frac{V}{1 + nV} \;.$$

Die resultierende Verstärkung V_R ist demzufolge stets kleiner als die des Verstärkers ohne Rückführung. Dies wird an folgendem Zahlenbeispiel deutlich:

$V = 1000$, $n = 1\%$ bzw. 2% bzw. 5%. Setzt man diese Werte ein, so ergeben sich V_R-Werte von 91 bzw. 47,6 bzw. 19,6. Je größer also der Anteil der rückgeführten Spannung ist, um so kleiner wird die Gesamtverstärkung.

Führt man jeweils 2% ($n = 0{,}02$) der Ausgangsspannung auf den Eingang zurück, so ergeben sich für verschiedene Werte von V die anschließend aufgeführten Werte für die Gesamtverstärkung:

$V =$		$V_R =$
	100	33,7
	1000	47,7
	10000	49,7
	20000	49,8

Wählt man für V extrem große Werte ($V \to \infty$), so nähert sich im obigen Zahlenbeispiel V_R dem Wert $50 = 1/n$. Aus der obigen Übertragungsfunktion des Reglers folgt mit $K_{Pv} \to \infty$

$$G_R \big|_{K_{Pv} \to \infty} = 1/K_{Pr} \;.$$

Man ersieht daraus, daß bei sehr hoher Verstärkung K_{Pv} im Vorwärtszweig die Gesamtverstärkung in guter Näherung nur noch von der Übertragungsfunktion $G_r = K_{Pr}$ im Rückführzweig abhängig ist.

Betrachtet man nun die Verstärkung eines einfachen und eines gegengekoppelten Verstärkers, so läßt sich die Auswirkung einer Änderung von $K_{Pv} = V$ auf die Reglerübertragungsfunktion $G_R = V_R$ anhand des folgenden Beispiels verdeutlichen.

Beispiel: Ein nicht gegengekoppelter Verstärker mit $V = 50$ ändere seine Verstärkung auf Grund einer Speisespannungsschwankung um 10%. Ein gegengekoppelter Verstärker mit gleicher Gesamtverstärkung und $n = 0{,}018$ muß daher die Verstärkung $V = 500$ aufweisen, da

$$V_R = \frac{500}{1 + 500 \cdot 0{,}018} = 50$$ ist. Hier wirkt sich eine Änderung von V um 10% in viel geringerem Maße aus, was mit der Beziehung

$$V_R = \frac{V}{1 + nV} \; ; \qquad \Delta V_R = \frac{dV_R}{dV}\, \Delta V = \frac{1}{(1 + nV)^2}\, \Delta V$$

oder

$$\frac{\Delta V_R}{V_R} = \frac{1}{(1 + nV)}\, \frac{\Delta V}{V}$$

berechnet werden kann.

Demnach wirkt sich eine Verstärkungsänderung von $\Delta V/V = 10\%$ infolge der Rückkopplung nur noch zu

$$\frac{\Delta V_R}{V_R} = \frac{1}{1 + 0{,}018 \cdot 500} \cdot 0{,}1 = 0{,}01 = 1\%$$

auf die Verstärkung V_R des Reglers aus, d. h. das Übertragungsverhalten des Reglers ist gegenüber Schwankungen der Verstärkung V unempfindlicher geworden (Man spricht auch von einer erhöhten Robustheit). Andererseits darf aber auch nicht übersehen werden, daß beim gegengekoppelten Verstärker V von vornherein größer sein muß als beim einfachen Verstärker ohne Rückführung. Das bedingt vor allem bei pneumatischen und hydraulischen Systemen einen höheren Aufwand und steigert dementsprechend die Herstellungskosten.

Ein Regler mit Verstärker und starrer Rückkopplung ist ein P-Regler, für dessen Übertragungsfunktion sich mit $K_{Pv} \to \infty$

$$G_R = K_{PR} = 1/K_{Pr}$$

ergibt. Ein weiterer Vorteil der starren Rückführung ist dadurch gegeben, daß der Übertragungsbeiwert bzw. die Verstärkung des P-Reglers auf einfache Weise variabel ausgelegt werden kann, sofern der Bruchteil der rückgeführten Ausgangsgröße beliebig einstellbar vorgesehen wird (Ersatz des festen Spannungsteilers durch ein Potentiometer beim elektronischen Verstärker).

4.3.6.2   Verstärker mit nachgebender Rückführung (*I*- und *PI*-Regler)

Eine Rückführung wird dann als *nachgebend* bezeichnet, wenn sie differenzierendes Verhalten besitzt. Eine Sprungantwort ist in Bild 4.40 wiedergegeben. Kombiniert man eine solche Rückführung mit einem Verstärker im Vorwärtszweig, so lassen sich damit *I*- und *PI*-Regler herstellen:

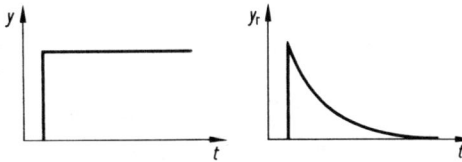

Bild 4.40 Sprungfunktion y und Sprungantwort y_r eines nachgebenden Rückführgliedes mit $D\text{-}T_1$-Verhalten (vgl.Bild 4.38)

***I*-Regler:** Besitzt die Rückführung D-Verhalten $y_r = K_{Dr}\dot{y}$ bzw. $y_r = G_r y$ mit $G_r = K_{Dr}s$, dann folgt:

$$G_R = \frac{1}{1/K_{Pv} + G_r} = \frac{1}{1/K_{Pv} + K_{Dr}s}.$$

Für $K_{Pv} \to \infty$ ergibt sich die Übertragungsfunktion eines I-Reglers

$$G_R = \frac{K_{IR}}{s} = \frac{1}{K_{Dr}s} \quad \text{mit} \quad K_{IR} = \frac{1}{K_{Dr}}.$$

***PI*-Regler:** Besitzt die Rückführung DT_1-Verhalten $T_r\dot{y}_r + y_r = K_{Dr}\dot{y}$ bzw. $y_r = G_r y$ mit $G_r = (K_{Dr}s)/(T_r s + 1)$, dann folgt:

$$G_R = \frac{1}{1/K_{Pv} + G_r} = \frac{1}{1/K_{Pv} + (K_{Dr}s)/(T_r s + 1)}.$$

Für $K_{Pv} \to \infty$ ergibt sich die Übertragungsfunktion eines PI-Reglers

$$G_R = K_{PR}\left(1 + \frac{1}{T_n s}\right) = \frac{T_r s + 1}{K_{Dr}s} = \frac{T_r}{K_{Dr}}\left(1 + \frac{1}{T_r s}\right)$$

mit $K_{PR} = T_r/K_r$ und $T_n = T_r$.

4.3.6.3 Verstärker mit verzögerter Rückführung (*PD*-Regler)

Eine *verzögerte* Rückführung liegt vor, wenn sie PT_1-Verhalten aufweist: $T_r\dot{y}_r + y_r = K_{Pr}y$ bzw. $y_r = G_r y$ mit $G_r = K_{Pr}/(T_r s + 1)$. Ihre Sprungantwort geht aus Bild 4.41 hervor.

Für die Reglerübertragungsfunktion folgt damit

$$G_R = \frac{1}{1/K_{Pv} + G_r} = \frac{1}{1/K_{Pv} + K_{Pr}/(T_r s + 1)}.$$

Für $K_{Pv} \to \infty$ ergibt sich die Übertragungsfunktion eines PD-Reglers:

$$G_R = K_{PR}(1 + T_v s) = (T_r s + 1)/K_{Pr} = (1/K_{Pr})(1 + T_r s)$$

mit $K_{PR} = 1/K_{Pr}$ und $T_v = T_r$. Die entsprechenden Signalverläufe sind in Bild 4.42 angegeben.

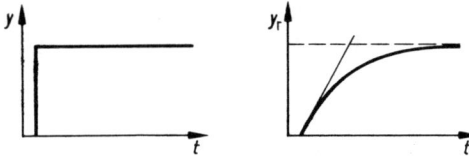

Bild 4.41 Sprungfunktion y und Sprungantwort y_r eines verzögerten Rückführgliedes mit $P\text{-}T_1$-Verhalten(vgl.Bild 4.38)

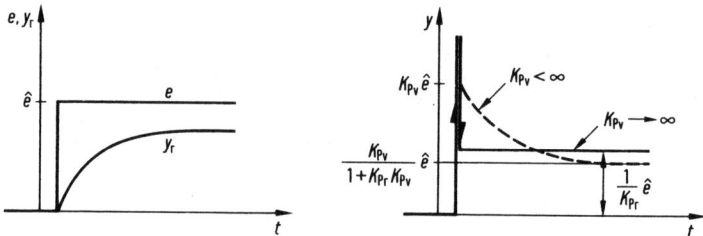

Bild 4.42 Signalverläufe bei einem *PD*-Regler mit verzögerter Rückführung und Sprunganregung

4.3.6.4   Verstärker mit verzögerter und nachgebender Rückführung (*PID*-Regler)

Mit einer verzögert nachgebenden Rückführung läßt sich *PID*-Verhalten erzeugen. Bild 4.43 zeigt im Rückführzweig eine Kettenschaltung von verzögertem und nachgebendem Glied.

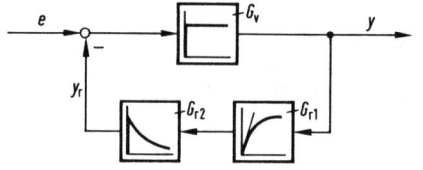

Bild 4.43 *PID*-Regler mit verzögerter und nachgebender Rückführung

$$G_v = K_{Pv} \to \infty$$

$$G_{r1} = \frac{K_{Pr1}}{T_{r1}s + 1}\,; \quad G_{r2} = \frac{sK_{Pr2}}{T_{r2}s + 1}$$

Mit $$G_r = G_{r1}G_{r2} = \frac{sK_{Pr1}K_{Pr2}}{(T_{r1}s + 1)\,(T_{r2}s + 1)}$$

folgt für die Reglerübertragungsfunktion, wobei $K_{Pv} \to \infty$,

$$
\begin{aligned}
G_R \approx \frac{1}{G_r} &= \frac{1 + s(T_{r1} + T_{r2}) + s^2 T_{r1} T_{r2}}{sK_{Pr1}K_{Pr2}} \\
&= \frac{T_{r1} + T_{r2}}{K_{Pr1}K_{Pr2}} \left(1 + \frac{1}{(T_{r1} + T_{r2})\,s} + \frac{T_{r1}T_{r2}}{T_{r1} + T_{r2}}\,s \right) \\
&= K_{PR} \left(1 + \frac{1}{T_n s} + T_v s \right).
\end{aligned}
$$

Der Vergleich mit der Übertragungsfunktion des *PID*-Reglers in der letzten Zeile ergibt:

$$K_{PR} = (T_{r1} + T_{r2})/(K_{Pr1}K_{Pr2})\,, \qquad T_n = T_{r1} + T_{r2} \quad \text{und} \quad T_v = (T_{r1}T_{r2})/(T_{r1} + T_{r2})\,.$$

Man kann *PID*-Verhalten auch dadurch erhalten, daß man den Rückführzweig als Parallelschaltung zweier Verzögerungsglieder mit unterschiedlichen Zeitkonstanten ausbildet, wie dies in Bild 4.44 angedeutet ist. Man liest ab (wenn $K_{Pr1} = K_{Pr2} = K_{Pr}$ angenommen wird):

$$G_r = G_{r2} - G_{r1} = \frac{sK_{Pr}(T_{r1} - T_{r2})}{1 + s(T_{r1} + T_{r2}) + s^2 T_{r1} T_{r2}}\,.$$

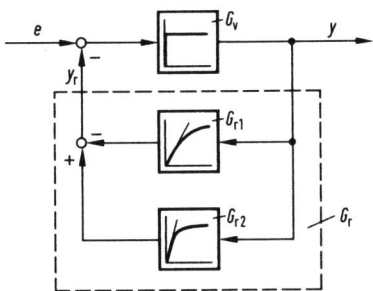

Bild 4.44 *PID*-Regler mit zwei Verzögerungsgliedern (*P-T₁*-Glieder) als Rückführung

$$G_v = K_{Pv} \to \infty$$

$$G_{r1} = \frac{K_{Pr1}}{T_{r1}s + 1}\,; \quad G_{r2} = \frac{K_{Pr2}}{T_{r2}s + 1}$$

$$K_{Pr1} = K_{Pr2} = K_{Pr}\,; \quad T_{r1} > T_{r2}$$

Für die Übertragungsfunktion des Reglers folgt mit $K_{Pv} \to \infty$:

$$G_R \approx \frac{1}{G_r} = \frac{1 + s(T_{r1} + T_{r2}) + s^2 T_{r1} T_{r2}}{s K_{Pr}(T_{r1} - T_{r2})}$$

$$= \frac{T_{r1} + T_{r2}}{K_{Pr}(T_{r1} - T_{r2})} \left(1 + \frac{1}{(T_{r1} + T_{r2})\, s} + \frac{T_{r1} T_{r2}}{T_{r1} + T_{r2}}\, s\right)$$

mit $K_{PR} = (T_{r1} + T_{r2})/(K_{Pr}(T_{r1} - T_{r2}))$, $T_n = T_{r1} + T_{r2}$ und $T_v = (T_{r1} T_{r2})/(T_{r1} + T_{r2})$.

Verzögert-nachgebendes Verhalten läßt sich elektrisch durch RC-Netzwerke nach Art des in Bild 4.45 dargestellten erreichen. Auch Operationsverstärker können mit *RC*-Netzwerken entsprechend beschaltet werden und zeigen dann *PI*-, *PD*- oder *PID*-Verhalten. Bei pneumatischen Reglern treten an die Stelle von Widerständen und Kondensatoren Drosseln und Volumina. (Technische Ausführungen s. Abschn. 11.2.)

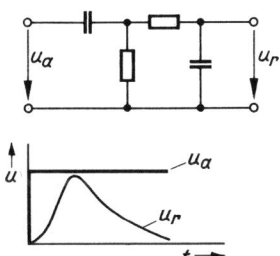

Bild 4.45 RC-Netzwerk als verzögert-nachgebende Rückführung

Die Tabelle in Bild 4.46 gibt eine Übersicht, wie stetige Regler mittels innerer Rückführung realisiert werden können. Man beachte, daß die Reglerparameter K_{PR}, T_n und T_v i. a. nicht unabhängig voneinander eingestellt werden können. Das ist ein Nachteil, wenn für die Reglerrealisierung nur *ein* Verstärker verwendet wird. Praktisch wird so verfahren, daß die Einstellskalen für X_P, T_v und T_n an Reglern meist so geeicht sind, daß die X_P-Skala für $T_n \to \infty$ und $T_v \to 0$ Gültigkeit hat; die Skalenangaben für T_v stimmen unter der Voraussetzung $T_n \to \infty$ und die für T_n unter der Voraussetzung $T_v \to 0$. Gelegentlich wird auch so verfahren, daß man für alle drei Parameter mehrere Skalen vorsieht, die dann jeweils bei *P*-, *PD*-, *PI*- oder *PID*-Betrieb gelten. Auf diese Weise wird die sonst nur aus mehrparametrigen grafischen Darstellungen deutlich überschaubare Abhängigkeit der Reglerparameter in die Einstellskalen mit einbezogen, und es entfällt für den Anwender die Korrektur der Einstellwerte.

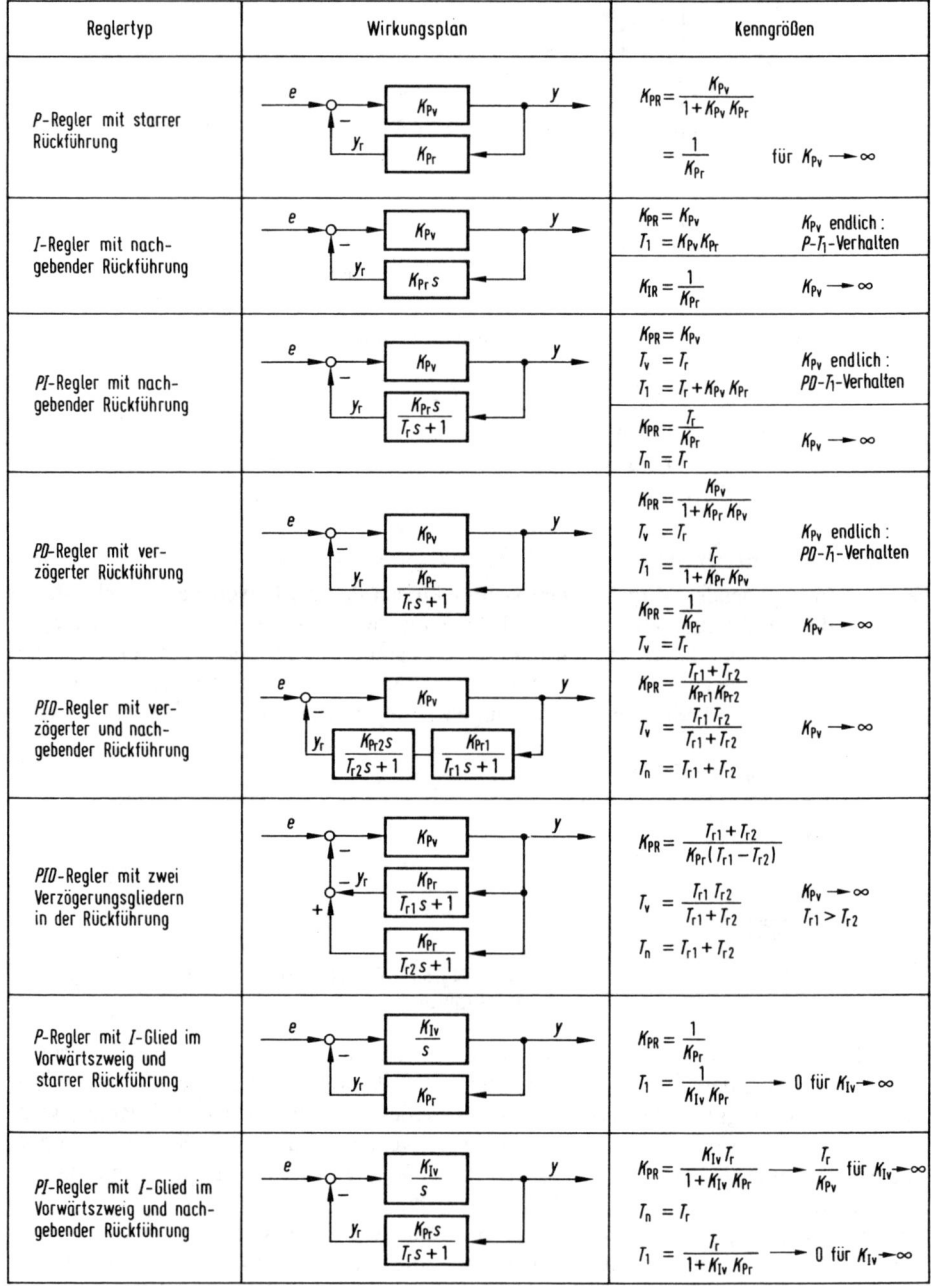

Bild 4.46 Reglerrealisierung mittels innerer Rückführung (Übersicht)

4.4 Auswahlgesichtspunkte

Es sei hier abschließend noch auf die Frage eingegangen, wann und unter welchen Gesichtspunkten unstetige bzw. stetige Regler einzusetzen sind. Fuzzy-Regler, die in Abschn. 10 gesondert behandelt werden, können sowohl stetig als auch unstetig arbeiten. In vielen Fällen — vor allem, wenn keine extremen Regelgenauigkeiten gefordert sind, wie z. B. bei Konsumartikeln und Haushaltgeräten (Kühlschränke, Heißwasserbereiter, Bügeleisen etc.) — steht die Kostenfrage im Vordergrund und läßt die Verwendung billiger Zweipunktregler zweckmäßig erscheinen. Außerdem erfordert die Art mancher Stellglieder geradezu den Einsatz von Zweipunktreglern wie beispielsweise bei Zerstäubungsbrennern kleiner und mittlerer Ölheizungsanlagen, wo die Einhaltung eines hohen Wirkungsgrades die stetige Regelung bei der Verbrennung nicht zuläßt. Sollen bestimmte kleinere Schwankungen der Regelgröße unberücksichtigt bleiben, so erweist sich ebenfalls der unstetige Zwei- oder Dreipunktregler mit seiner definierten Ansprechschwelle, die Störimpulse unterdrückt, als vorteilhaft.

Das früher sehr viel stärker ausgeprägte Preisgefälle zwischen stetigen und unstetigen Reglern ist heute angesichts der miniaturisierten Halbleitertechnologien und Massenfertigung nicht mehr so ausschlaggebend. Dagegen spielt es nach wie vor eine Rolle, wenn man die Stellglieder in den Preisvergleich mit einbezieht. So ist eben ein Relais wesentlich billiger als ein Motorpotentiometer. Bei industriellen Verfahren spielt allerdings die Regelgenauigkeit häufig eine entscheidende Rolle und fordert damit den Einsatz stetiger Regelungsverfahren. Dabei setzt sich zunehmend der Einsatz digitaler Regler durch (Abschn. 6 bis 9 und 11.3).

5 Analoger Regelkreis

Nachdem wichtige Regelstreckentypen (Abschn. 3) und Reglertypen (Abschn. 4) bekannt sind, richtet sich nun die Betrachtung auf die Eigenschaften des Regelkreises.[1]) Während in Abschn. 1 das Prinzip der Regelung anhand verschiedener Beispiele *beschrieben* wurde, stehen im vorliegenden Abschnitt die *Anforderungen* an einen Regelkreis und deren Realisierung im Vordergrund.

Bild 5.1 zeigt einen analogen Standard-Regelkreis mit Versorgungsstörgröße (z_V), Laststörgröße (z_L) und Störungen im Meßzweig der Regeleinrichtung (z_F = Störung am Fühler, z_R = Störung am Reglereingang). *Alle Größen bezeichnen Abweichungen von einem Arbeitspunkt*, wie dies in Abschn. 1.4 und zu Beginn der Abschn. 3 und 4.3 begründet wurde. Strecke und Regler sind LZI-Glieder mit den Übertragungsfunktionen $G_S(s)$ bzw. $G_R(s)$. Als Regler stelle man sich z. B. einen der in Abschn. 4.3 behandelten stetigen Standard-Regler vor. Aus Bild 5.1 folgt für die Regelgröße (mit Hilfe der Ver-

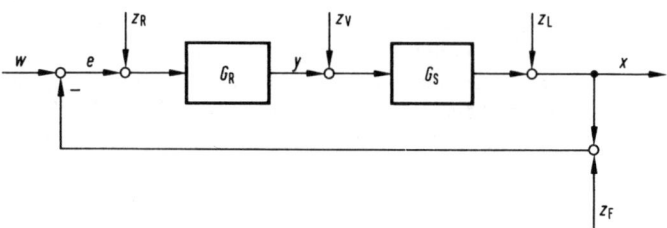

Bild 5.1 Standard-Regelkreis mit Führungsgröße und Störgrößen

w Führungsgröße
z_L Laststörgröße
z_V Versorgungsstörgröße

z_F Störung am Sensor (Fühler)
z_R Störung am Reglereingang

knüpfungsregeln, die in Abschn. 2.6.2 erläutert wurden; das Argument s wird bei den Übertragungsfunktionen der Übersichtlichkeit halber weggelassen)

$$x(s) = \frac{G_R G_S}{1 + G_O}\, w(s) - \frac{G_R G_S}{1 + G_O}\, z_F(s) + \frac{G_R G_S}{1 + G_O}\, z_R(s) + \frac{G_S}{1 + G_O}\, z_V(s) + \frac{1}{1 + G_O}\, z_L(s)\,.$$

Dabei ist $G_O(s) = G_R(s)G_S(s)$ die *Übertragungsfunktion des offenen Kreises* (Abschn. 2.6.2). Bei den Anforderungen an einen Regelkreis unterscheidet man das *Führungsverhalten* und das *Störverhalten*. Damit meint man das Verhalten der Regelgröße unter dem Einfluß der Führungsgröße bzw. der Störgrößen. Aus der obigen Gleichung folgt, wenn alle Störgrößen verschwinden ($z_F(s) = 0$, $z_R(s) = 0$, $z_V(s) = 0$, $z_L(s) = 0$), für das Führungsverhalten des Regelkreises

$$x(s) = G_w w(s) \quad \left(G_w = \frac{x}{w} = \frac{G_R G_S}{1 + G_O} \text{ heißt Führungsübertragungsfunktion} \right),$$

---

[1]) Die Besonderheiten digitaler Regelkreise werden in Abschn. 6 ff. behandelt.

und, wenn die Führungsgröße verschwindet $(w(s) = 0)$, für das Störverhalten des Regelkreises

$$x(s) = G_{zF}z_F(s) + G_{zR}z_R(s) + G_{zV}z_V(s) + G_{zL}z_L(s)$$

mit den Störübertragungsfunktionen

$$G_{zF} = \frac{x}{z_F} = -\frac{G_R G_S}{1 + G_O}, \qquad G_{zR} = \frac{x}{z_R} = \frac{G_R G_S}{1 + G_O}, \qquad G_{zV} = \frac{x}{z_V} = \frac{G_S}{1 + G_O}$$

und

$$G_{zL} = \frac{x}{z_L} = \frac{1}{1 + G_O}.$$

5.1 Anforderungen an das Führungs- und Störverhalten

Eine Regelung soll die Regelgröße $x(t)$ (bzw. Aufgabengröße x_A, Abschn. 1.1) trotz Störungen innerhalb eines bestimmten Toleranzbereiches um die Führungsgröße $w(t)$ halten. Ohne zunächst auf den Toleranzbereich genauer einzugehen, soll also $x(t) \approx w(t)$ gelten. Für das Führungsverhalten ergibt sich daher wegen $x = G_w w \approx w$ die Forderung

$$G_W = \frac{G_R G_S}{1 + G_O} \approx 1.$$

Zugleich muß für das Störverhalten $x = G_{zF}z_F + G_{zR}z_R + G_{zV}z_V + G_{zL}z_L \approx 0$ gelten, also

$$G_{zF} = -\frac{G_R G_S}{1 + G_O} \approx 0; \qquad G_{zR} = \frac{G_R G_S}{1 + G_O} \approx 0;$$

$$G_{zV} = \frac{G_S}{1 + G_O} \approx 0; \qquad G_{zL} = \frac{1}{1 + G_O} \approx 0.$$

Um eine Vorstellung zu erhalten, wie diese Bedingungen mit einem Regler G_R erfüllt werden können, soll der Regelkreis zunächst im eingeschwungenen Zustand bei konstanten Eingangsgrößen $w(t) = \hat{w}$, $z_F(t) = \hat{z}_F$ usw. betrachtet werden (Regelkreis im stationären Zustand). Dabei werde eine Regelstrecke mit Ausgleich angenommen, bei der die Regelgröße bei konstanter Stellgröße $y(t) = \hat{y}$ auf den festen Wert $x(t) = \hat{x} = K_{PS}\hat{y}$ einschwingt (Abschn. 3.3). Mit einem P-Regler $G_R = K_{PR}$ (Abschn. 4.3.1) folgt dann für das Führungsverhalten im eingeschwungenen Zustand[1])

$$x(t) = \hat{x} = \frac{K_{PR}K_{PS}}{1 + K_{PR}K_{PS}} \hat{w}.$$

Dreht man nun die Reglerverstärkung K_{PR} auf, dann wird für $K_{PR} \to \infty$ die Eins im Nenner vernachlässigbar und somit $\hat{x} \approx \hat{w}$ bzw. $G_w \approx 1$. Könnte man also K_{PR} beliebig groß machen, erhielte man ein ideales Führungsverhalten. Das ist jedoch praktisch nicht möglich, da der Regelkreis zu schwingen beginnt und instabil wird. Da ein instabiler

---

[1]) Diese Beziehung kann auch mit dem Endwertsatz der Laplace-Transformation (Anhang A.3) hergeleitet werden, was in Abschn. 4.3.1 bei einer ähnlichen Beziehung dargelegt wird.

Regelkreis unbrauchbar ist, ist die Stabilität eine *grundlegende Forderung* an einen Regelkreis, deren Sicherstellung in den folgenden Abschnitten eingehend behandelt wird.

Die Betrachtung des Regelkreises im stationären Zustand soll nun fortgesetzt werden unter der Annahme, daß die Stabilität des Regelkreises gegeben sei. Verändert sich das Störverhalten ebenfalls in Richtung auf einen Idealzustand, wenn man die Reglerverstärkung K_{PR} aufdreht? Das ist bei den stationären Störübertragungsfunktionen (d. h. $s \to 0$)

$$G_{zF} = -\frac{K_{PR}K_{PS}}{1 + K_{PR}K_{PS}} \quad \text{und} \quad G_{zR} = \frac{K_{PR}K_{PS}}{1 + K_{PR}K_{PS}}$$

zu verneinen, da sie (abgesehen vom Vorzeichen) mit dem Führungsverhalten übereinstimmen. D. h. für $K_{PR} \to \infty$ werden Störgrößen, die im Meßzweig vor dem Regler einwirken, voll auf die Regelgröße übertragen. Das ist darauf zurückzuführen, daß diese Störgrößen die Regeldifferenz $e = w - x$ verfälschen. Eine *gestörte* Regeldifferenz stellt nicht mehr die Differenz zwischen wahrem Soll- und Istwert dar. Daher muß für eine einwandfreie Funktion des Regelkreises *vorausgesetzt* werden, daß die Störgrößen z_F und z_R im Meßzweig so gering sind (z. B. durch eine entsprechende Auslegung der Meßkette), daß ihr Einfluß auf die Regelgröße vernachlässigbar ist.

Der Regler kann nur den Einfluß der Störgrößen z_V und z_L auf die Regelgröße vermindern, die *hinter* dem Regler einwirken (Bild 5.1), denn für $K_{PR} \to \infty$ werden

$$G_{zV} = \frac{K_{PS}}{1 + K_{PR}K_{PS}} \approx 0 \quad \text{und} \quad G_{zL} = \frac{1}{1 + K_{PR}K_{PS}} \approx 0.$$

Es macht daher lediglich Sinn, Anforderungen an das Störgrößenverhalten einer Regelung auf die Störgrößen zu beziehen, die *hinter* dem Regler angreifen. Im Folgenden soll das Störverhalten des Regelkreises nur anhand der Versorgungsstörgröße z_V behandelt werden. Der Index v wird der Einfachheit halber weggelassen. Das Führungs- und Störverhalten des Regelkreises wird also anhand von

$$G_w = \frac{x}{w} = \frac{G_O}{1 + G_O} \quad \text{bzw.} \quad G_z = \frac{x}{z} = \frac{G_S}{1 + G_O} \qquad (G_O = G_R G_S)$$

betrachtet. Die Anforderungen an das Führungs- und Störverhalten werden im allgemeinen anhand der Führungs- und Stör*sprungantwort* festgelegt (Bild 5.2). Dabei werden die Führungs- und die Störsprungantwort auf die zugehörigen Sprunghöhen $\hat{w}$ bzw. $\hat{z}$ bezogen (Führungs- bzw. Stör*übergangsfunktion*, vgl. Abschn. 2.4.1).

Voraussetzung dafür, daß Führungs- und Störsprungantwort einem festen Wert zustreben, ist die *Stabilität* des Regelkreises (Abschn. 2.7.1). Sie ist daher eine notwendige Forderung an den Regelkreis. Die Stabilität des Regelkreises läßt sich mit Hilfe des Nennerpolynoms $1 + G_O$ der Übertragungsfunktionen G_w oder G_z überprüfen. Aus dem grundlegenden Stabilitätskriterium läßt sich folgern (Abschn. 2.7.2), daß der Regelkreis genau dann stabil ist, wenn *alle* Nullstellen der charakteristischen Gleichung des Regelkreises

$$1 + G_O = 1 + G_R G_S = 0$$

negative Realteile haben. Die Gleichung zeigt, daß die Nullstellen und damit die Stabilität mit der Reglerübertragungsfunktion G_R beeinflußt werden. Es genügt aber nicht, mit dem Regler lediglich die Stabilität des Regelkreises sicherzustellen. Von einer Regelung werden außerdem Genauigkeit und Schnelligkeit verlangt.

Die *Genauigkeit* betrifft die bleibende Regeldifferenz e_b. Sie soll in einem vorgegebenen Toleranzbereich um den Sollwert liegen, und zwar beim Führungsverhalten $|e_b|/\hat{w} < \varepsilon$ (Bild 5.2a) und beim Störverhalten $|e_b'/\hat{z}| < \varepsilon'$ (Bild 5.2b). Die Tabelle von Bild 4.36 stellt die mit Standard-Reglern erzielbaren Genauigkeiten zusammen.

Die *Schnelligkeit* betrifft die Dauer, die eine Regelung zum Ausregeln von Führungs- oder Störgrößenänderungen benötigt. Sie wird durch einen oberen Grenzwert für die Ausregelzeit T_{aus} bzw. T'_{aus} (Bild 5.2) festgelegt. Die Ausregelzeit endet, wenn die Regelgröße zum letzten Mal in den Toleranzbereich eintritt. Darüberhinaus soll der Ausregelvorgang mit möglichst *wenig Überschwingen* und *gut gedämpft* ablaufen. Bild 5.2 zeigt die Überschwingweite x_m bzw. x'_m bei Führungs- und Störverhalten jeweils bezogen auf $\hat{w}$ bzw. $\hat{z}$. Gute Dämpfung bedeutet, daß Schwingungen beim Ausregeln schnell abklingen.

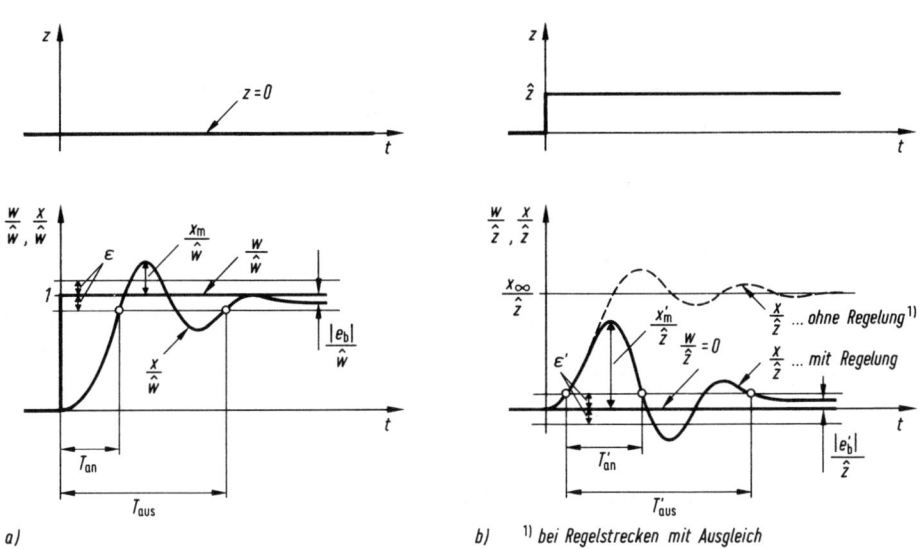

a) b)   [1] *bei Regelstrecken mit Ausgleich*

Bild 5.2 Kenngrößen des Führungs- und Störverhaltens

a) Führungsübergangsfunktion
b) Störübergangsfunktion

T_{an}, T'_{an} Anregelzeit	x Regelgröße
T_{aus}, T'_{aus} Ausregelzeit	w Führungsgröße
x_m, x'_m Überschwingweite	z Störgröße
ε, ε' Bezogener Toleranzbereich	
e_b, e'_b Bleibende Regeldifferenz	

Neben dem Verlauf der Regelgröße $x(t)$ muß auch der Stellgrößenverlauf $y(t)$ berücksichtigt werden, weil die Stellgröße beschränkt ist (vgl. Abschn. 1.4). Ist z. B. der Stellbereich 0 V bis 10 V und der Arbeitspunkt $y_0 = 4,5$ V, dann muß die Stellgröße im Bereich $-4,5$ V $< y < 5,5$ V liegen.

Die Anforderungen an Genauigkeit und Schnelligkeit werden in *Spezifikationen* festgelegt. Je schneller und genauer eine Regelung sein soll, umso höheren Anforderungen müssen Stell- und Meßeinrichtungen genügen. Um also eine Regelung nicht unnötig teuer werden zu lassen, sollte eine Regelung nur so schnell und genau gemacht werden, wie es für eine gestellte Aufgabe tatsächlich erforderlich ist. Dabei sollte der Regler *möglichst einfach* aufgebaut sein.

Der einfachste stetige Regler ist der *P*-Regler (Abschn. 4.3.1). Er hat nur *einen* „freien Parameter", nämlich K_{PR} (bzw. X_P), der im Sinne der Anforderungen an die Regelung bestmöglich einzustellen ist. Genügt das mit K_{PR} erzielbare „Optimum" den Anforderungen nicht, so ist z. B. ein *PI-* (Abschn. 4.3.3) oder *PD*-Regler (Abschn. 4.3.4) mit jeweils *zwei* freien Parametern (K_{PR} und T_n bzw. T_v) zu wählen. Ist auch damit kein ausreichendes Optimum zu erreichen, kann dies mit den *drei* freien Parametern des *PID*-Reglers versucht werden. Das Problem, drei freie Parameter optimal einzustellen, ist natürlich komplizierter als bei nur einem freien Parameter. Dafür können jedoch prinzipiell höhere Anforderungen erfüllt werden.

Der Optimierungsvorgang, bei dem ein Regler so entwickelt wird, daß er gestellte Spezifikationen möglichst gut erfüllt, heißt *Reglerentwurf*. Der Reglerentwurf läßt sich mit regelungstechnischen CAE-Programmen effizient durchführen. Sie entlasten den Ingenieur von zeitraubenden Berechnungen und ermöglichen es ihm, sich auf zahlenmäßige und grafische *Ergebnisse* zu konzentrieren und in kurzer Zeit viele Entwurfsalternativen durchzuspielen. Die folgenden Abschnitte behandeln die gebräuchlichsten Entwurfsstrategien.

5.2   Standard-Konfigurationen von Strecke und Regler

In der Praxis haben sich bestimmte Konfigurationen von Streckentyp und Reglertyp als besonders geeignet erwiesen, um gutes Führungs- und/oder Störverhalten zu erzielen. Bild 5.3 gibt eine Übersicht. Mit den geeigneten Reglern kann auf jeden Fall die Stabilität des Regelkreises erreicht werden und darüber hinaus können weitere spezielle einsatzbezogene Anforderungen erfüllt werden. Solche Regelkreise bezeichnet man auch als *strukturstabil*. Im Gegensatz dazu gibt es bei struktur*instabilen* Regelkreisen keine Reglereinstellung, die zu einem stabilen Regelkreisverhalten führt.

Strecke			Regler				
Typ		Regelgröße z. B.	P	I	PI	PD	PID
mit Ausgleich	ohne Verzögerung	Durchfluß	−	++	++	−	−
	mit Verzögerung 1. Ordnung	Druck, Drehzahl, Spannung	++	+	++	+	−
	mit Verzögerung höherer Ordnung	Temperatur	+	−	++	+	++
ohne Ausgleich	ohne Verzögerung	Füllstand	++	−	++	++	−
	mit Verzögerung	Lage, Winkel	+	−	+	+	+

Bild 5.3 Standard-Konfigurationen von Strecke und Regler: + geeignet, ++ gut geeignet, − nicht geeignet

5.3 Frequenzgang des offenen Regelkreises

Der Frequenzgang[1]) $G_O(j\omega) = G_R(j\omega)\, G_S(j\omega)$ des offenen Regelkreises (beim Standard-Regelkreis von Bild 5.1) erweist sich in besonderer Weise als „Werkzeug" zum Reglerentwurf, weil sich mit ihm eine anschauliche Verbindung zwischen den Anforderungen an die Regelung einerseits und dem gesuchten Regler $G_R(s)$ andererseits herstellen läßt. Ein wesentlicher Bestandteil dabei ist das sog. *Nyquist*-Kriterium, das es erlaubt, am Frequenzgang des offenen Regelkreises die Stabilität des *geschlossenen* Regelkreises abzulesen.

5.3.1 Stabilitätsanalyse anhand der Ortskurve

Bild 5.4 stellt den Regelkreis von Bild 5.1 mit einer Störgröße z dar. Im Rückführzweig ist ein Schalter eingefügt. Es wird nun folgendes *Experiment* durchgeführt: Die Führungsgröße w und die Störgröße z seien Null. Mit dem Schalter wird der Regelkreis aufgetrennt und stattdessen ein Sinusgenerator angeschlossen, mit dem $x_e = \hat{x}_e \sin \omega t$ in den offenen Regelkreis eingespeist wird (Bild 5.4). Die Kreisfrequenz ω kann zwischen einem sehr kleinen und einem sehr großen Wert am Sinusgenerator eingestellt werden. Am anderen Ende des offenen Kreises führt die Regelgröße x eine Schwingung mit der gleichen Frequenz, aber im allgemeinen mit unterschiedlicher Amplitude und Phasenverschiebung aus. Es sei nun angenommen, daß man beim Experimentieren eine Frequenz $\omega = \omega_{krit}$ findet, bei der die Regelgröße x mit der gleichen Amplitude und der gleichen Phasenverschiebung schwingt wie die Sinusfunktion x_e, also $x = x_e$ gilt. Legt man nun den Schalter um und schließt damit den Kreis, dann regt sich die Schwingung mit der Frequenz ω_{krit} selbst an, und zwar so, daß sie als Dauerschwingung erhalten bleibt. Da die Schwingung weder abklingt (Stabilität) noch aufklingt (Instabilität), befindet sich der Regelkreis auf der *Stabilitätsgrenze*.

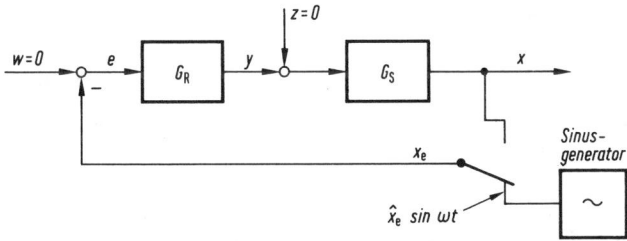

Bild 5.4 Zur experimentellen Ermittlung der Stabilitätsgrenze

Die Übertragungsfunktion zwischen x_e und x *bei aufgetrenntem Kreis* ist $x(s) = -G_R(s)\, G_S(s)\, x_e(s) = -G_O(s)\, x_e(s)$ (siehe Bild 5.4). Wie in Abschn. 2.6.3 erläutert wurde, erhält man den Frequenzgang aus der Übertragungsfunktion, wenn man $s = j\omega$ setzt. Für den Frequenzgang $x/x_e = -G_O(j\omega)$ bedeutet die Bedingung $x = x_e$ (d. h. Dauerschwingung des Regelkreises mit $\omega = \omega_{krit}$), daß $-G_O(j\omega_{krit}) = 1$ bzw. $G_O(j\omega_{krit}) = -1$.

---

[1]) Der Frequenzgang wurde in Abschn. 2.5 erklärt.

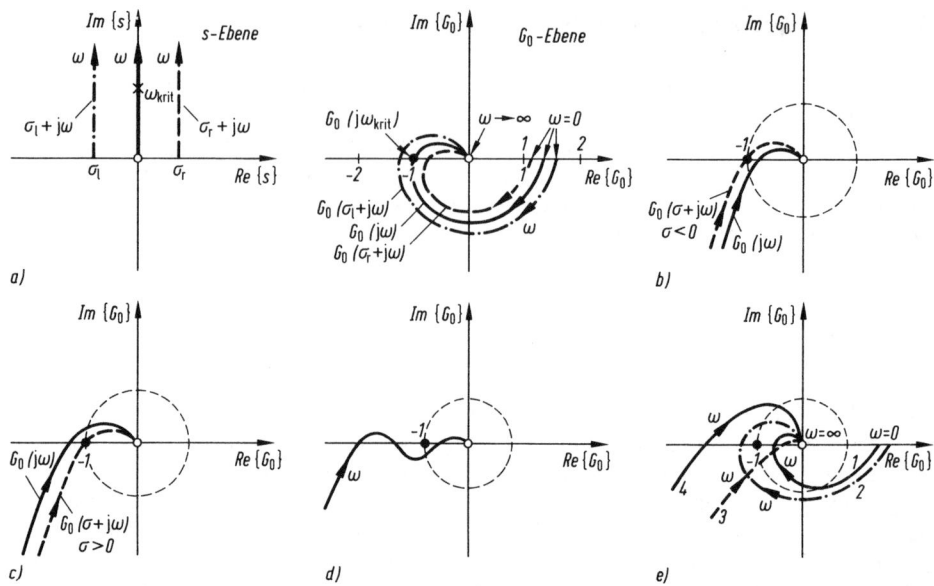

Bild 5.5 Stabilitätsanalyse anhand der Ortskurve des offenen Regelkreises G_O

a) Regelkreis an der Stabilitätsgrenze
b) Regelkreis stabil
c) Regelkreis instabil
d) Regelkreis stabil
e) Regelkreise zu *1* und *3* stabil und zu *2* und *4* instabil

Bild 5.5a zeigt die Ortskurvendarstellung (Abschn. 2.5.2) eines typischen Frequenzganges $G_O(j\omega)$: Läßt man ω von Null bis Unendlich laufen (Bild 5.5a, linkes Diagramm, durchgezogene Linie mit Pfeil in der komplexen s-Ebene, $s = \sigma + j\omega$, vgl. Anhang A.2), dann durchläuft der Punkt $G_O(j\omega)$ die Ortskurve, die in Bild 5.5a im rechten Diagramm als durchgezogene Linie dargestellt ist. Aus dem im letzten Absatz Gesagten folgt, daß die Ortskurve für $\omega = \omega_{krit}$ den Punkt $G_O(j\omega_{krit}) = -1$ durchläuft.

In Abschn. 5.1 wurde aus dem grundlegenden Stabilitätskriterium (Abschn. 2.7.2) gefolgert, daß der Regelkreis genau dann stabil ist, wenn *alle* Nullstellen s_1, s_2, ... der charakteristischen Gleichung $1 + G_O(s) = 0$ *negative* Realteile haben. Bringt man die charakteristische Gleichung in die Form $G_O(s) = -1$, so erkennt man, daß alle Nullstellen s_i der charakteristischen Gleichung, wo auch immer sie in der komplexen s-Ebene liegen (Bild 5.5a, linkes Diagramm), in den Punkt $G_O(s_i) = -1$ der komplexen G_O-Ebene abgebildet werden. Aus Bild 5.5a folgt somit, daß $s = j\omega_{krit}$ eine Nullstelle der charakteristischen Gleichung ist. Sie liegt genau auf der Stabilitätsgrenze (vgl. Bild 2.49), was mit den Beobachtungen beim obigen Schwingungsexperiment übereinstimmt. Verläuft also die Ortskurve von $G_O(j\omega)$ durch den Punkt -1, dann ist der Regelkreis *grenzstabil*.

Wie nun die Ortskurve von $G_O(j\omega)$ verlaufen muß, damit der Regelkreis *stabil* ist, ergibt sich aus der folgenden Überlegung: Trägt man nicht $G_O(j\omega)$, sondern $G_O(\sigma_l + j\omega)$ für $0 \leq \omega < \infty$ in der komplexen G_O-Ebene auf, so entstehen die strichpunktierten Kurvenzüge in Bild 5.5a. Sie zeigen, was sich mit CAE-Programmen wie z. B. MATLAB rechnerisch leicht nachweisen läßt, daß nämlich eine Parallelverschiebung des Pfades in der *s*-Ebene um σ_l nach links zu einer Linksverschiebung aller Ortskurvenpunkte führt (wenn man in jedem Ortskurvenpunkt in Richtung wachsender ω-Werte schaut). Entsprechendes gilt für die Rechtsverschiebung des Pfades in der *s*-Ebene um σ_r (gestrichelte Kurve in Bild 5.5a).

Daraus läßt sich folgendes Stabilitätskriterium folgern, das auch als *Linke-Hand-Regel* oder *vereinfachtes Nyquist-Kriterium* bekannt ist:

Ein Regelkreis ist stabil, wenn beim Durchlaufen der Ortskurve $G_O(j\omega)$ des offenen Regelkreises in Richtung steigender ω-Werte der Punkt -1 beim Passieren auf der linken Seite („linker Hand") liegt.

Die Linke-Hand-Regel ist anwendbar, wenn die Übertragungsfunktion $G_O(s) = G_R(s) \, G_S(s)$ vom Typ

$$G_O(s) = \frac{Z_O(s)}{N_O(s)} \, e^{-T_t s}$$

ist, wobei alle Nullstellen der charakteristischen Gleichung $N_O(s) = 0$ des *offenen* Regelkreises negative Realteile haben müssen mit der Ausnahme, daß bis zu zwei Nullstellen $s = 0$ vorkommen dürfen (vgl. folgendes Beispiel). Beim Nyquist-Kriterium kann eine Totzeit T_t explizit berücksichtigt werden.

Beispiel:

Strecke ohne Ausgleich mit Totzeit (*I-T*$_1$-*T*$_t$-Strecke) $G_S = \dfrac{K_{PS}}{s\,(T_1 s + 1)} \, e^{-T_t s}$ und *PI*-Regler $G_R = K_{PR} \left(1 + \dfrac{1}{T_n s} \right)$ führt zu $G_O = \dfrac{K_{PR} K_{PS} (T_n s + 1)}{T_n s^2 (T_1 s + 1)} \, e^{-T_t s}$. Es ist $N_O(s) = s^2 (T_1 s + 1)$ mit den Nullstellen $s_1 = 0$, $s_2 = 0$ und $s_3 = -1/T_1$. Die Linke-Hand-Regel ist anwendbar.

Aus der Ortskurve $G_O(j\omega)$ des offenen Regelkreises gemäß Bild 5.5b läßt sich ablesen, daß der geschlossene Regelkreis stabil ist. Denn eine (gestrichelte) *linke* Begleitkurve zur Ortskurve geht durch den Punkt -1. Daraus kann man nach dem oben Gesagten folgern, daß alle Nullstellen der charakteristischen Gleichung $1 + G_O(s) = 0$ bzw. $G_O(s) = -1$ des Regelkreises *links* von der imaginären Achse der *s*-Ebene liegen, also negative Realteile haben. Bild 5.5c zeigt dagegen einen instabilen Regelkreis an. Die Bilder 5.5d und e sind weitere Beispiele.

Die Linke-Hand-Regel läßt sich auch anhand eines *gemessenen* Frequenzganges $G_O(j\omega)$ anwenden[1]), d. h. mathematische Modelle (z. B. Differentialgleichung oder Übertragungsfunktion) von Strecke und Regler sind nicht zwingend erforderlich.

Läuft die Ortskurve von $G_O(j\omega)$ *zu nahe* rechts am Punkt -1 vorbei, dann ist der Regelkreis zwar stabil, aber die Schnelligkeit (mit Überschwingen und Dämpfung, vgl. Abschn. 5.1) läßt im allgemeinen zu wünschen übrig. Daher ist beim Reglerentwurf ein Mindestabstand der Ortskurve $G_O(j\omega)$ vom Punkt -1 einzuhalten. Ein weiterer Grund für diesen Mindestabstand sind Änderungen des Übertragungsverhaltens der Regelstrecke z. B. infolge schwankender Betriebsparameter (Spannungen, Ströme, Temperaturen, Drucke u. a.) oder auftretender Fehler. Dann sollte der Regelkreis bis zur nächsten In-

---

[1]) Zur Messung eines Frequenzganges siehe Abschn. 2.3.2.

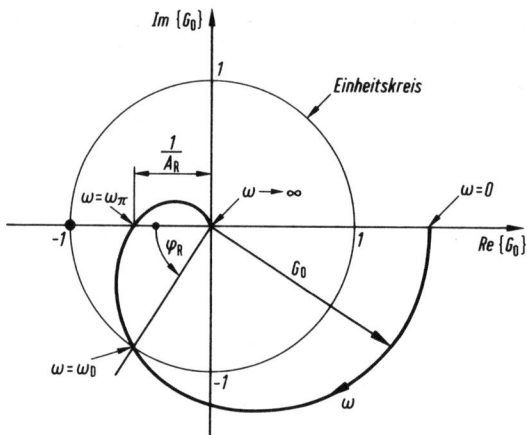

Bild 5.6 Stabilitätsreserve mittels Amplitudenreserve A_R und Phasenreserve φ_R

standsetzung zumindest noch stabiles Verhalten aufweisen. Daher spricht man auch von *Stabilitätsreserve*. Um den Mindestabstand vom Punkt -1 zu wahren, bedient man sich der Amplitudenreserve A_R und der Phasenreserve φ_R (Bild 5.6).

Die *Amplitudenreserve* A_R ist der Abstand der Ortskurve $G_O(j\omega)$ vom Punkt -1 in Richtung der reellen Achse. Die Kreisfrequenz an der Stelle, wo $G_O(j\omega)$ die negativ reelle Achse schneidet, heißt *Phasenschnitt*kreisfrequenz ω_π ($\underline{/G_O(j\omega_\pi)} = -\pi$). Die Amplitudenreserve ist definiert als

$$A_R = \frac{1}{|G_O(j\omega_\pi)|}\,.$$

Für $A_R > 1$ ist der Regelkreis stabil. Beim Reglerentwurf sollte mindestens etwa $A_R > 2$ (Erfahrungswert) eingehalten werden.

Die *Phasenreserve* φ_R ist der Winkel zwischen der negativ reellen Achse und dem Punkt, an dem die Ortskurve von $G_O(j\omega)$ den Einheitskreis schneidet (Bild 5.6). Die Kreisfrequenz im Schnittpunkt heißt *Durchtritts*kreisfrequenz ω_D ($|G_O(j\omega_D)| = 1$). Die Phasenreserve ist definiert als

$$\varphi_R = \underline{/G_O(j\omega_D)} + \pi\,.$$

$\varphi_R > 0$ ist die Stabilitätsbedingung. Beim Reglerentwurf sollte $\varphi_R \approx 30°$ sein, wenn es vor allem auf gutes Störverhalten ankommt, und $\varphi_R \approx 50°$, wenn vor allem gutes Führungsverhalten gefordert ist (Erfahrungswerte).

Beispiel: Bild 5.6: $G_O(j\omega_D) = |G_O|\,e^{j\,\angle G_O} = 1e^{-j125°}$; $\varphi_R = -125° + 180° = +55°$.

Besonders zu beachten sind ferner Totzeiten, die bei vielen Regelstrecken auftreten (Abschn. 3.4), da sie im allgemeinen eine destabilisierende Wirkung auf den Regelkreis haben. Es ist häufig schwierig, die Totzeiten exakt anzugeben. Einfacher ist es, beim Reglerentwurf eine ausreichende *Totzeitreserve* T_{tR} vorzusehen. Das ist eine zusätzliche Totzeit, die in einem Regelkreis auftreten darf, ohne daß der Regelkreis instabil wird.

Die Totzeitreserve läßt sich aus Phasenreserve φ_R und Durchtrittsfrequenz ω_D berechnen:

$$T_{tR} = \frac{\varphi_R}{\omega_D}.$$

Um diese Formel zu verstehen, stelle man sich vor, daß der Frequenzgang von $G_O = G_R G_S$ eine Phasenreserve von φ_R aufweise. Fügt man nun dem Streckenmodell G_S eine zusätzliche fiktive Totzeit T_t hinzu, dann erhält man das veränderte Streckenmodell $\tilde{G}_S = G_S\,e^{-T_t s}$ (Abschn. 3.4). Für den offenen Kreis folgt $\tilde{G}_O = G_R \tilde{G}_S = G_R G_S\,e^{-T_t s}$ $= G_O\,e^{-T_t s}$. Für den Betrag des Frequenzganges von $\tilde{G}_O$ ergibt sich $|\tilde{G}_O| = |G_O|\,|e^{-T_t j\omega}|$ $= |G_O|$, d. h. der Betrag bleibt durch die zusätzliche Totzeit unverändert. Für die Phase folgt $\underline{/\tilde{G}_O} = \underline{/G_O} + \underline{/e^{-j\omega T_t}} = \underline{/G_O} - \omega T_t$. Die Totzeit senkt also die Phase von G_O ab und verkleinert an der Stelle $\omega = \omega_D$ die Phasenreserve $\varphi_R = \underline{/G_O(j\omega_D)} + \pi$ um $\omega_D T_t$, so daß die Phasenreserve des Regelkreises mit zusätzlicher Totzeit nurmehr $\tilde{\varphi}_R = \varphi_R - \omega_D T_t$ beträgt. Die Totzeitreserve ist diejenige Totzeit $T_{tR} = \varphi_R/\omega_D$, die $\tilde{\varphi}_R$ zu Null macht, also die Stabilitätsreserve gerade aufbraucht.

Die folgenden Beispiele verdeutlichen die Stabilitätsanalyse anhand der Ortskurve des offenen Kreises $G_O = G_R G_S$. Zum besseren Verständnis werden die Ortskurven ausführlich und nachvollziehbar berechnet. Bei regelungstechnischen CAE-Programmen genügt die Eingabe der Übertragungsfunktion $G_O(s)$, um eine grafische Darstellung der Ortskurve zu erhalten, aus der auch Amplituden-, Phasen- und Totzeitreserve entnommen werden können.

Beispiel: Gegeben ist eine Strecke mit $G_S = \dfrac{1}{T_1 s + 1}$ und ein P-Regler mit $G_R = K_{PR}$. Damit ergibt sich $G_O = G_S G_R = \dfrac{K_{PR}}{T_1 s + 1}$. Ersetzt man s durch $j\omega$, so erhält man den Frequenzgang

$$G_O(j\omega) = \frac{K_{PR}}{1 + j\omega T_1} = \frac{K_{PR}(1 - j\omega T_1)}{1 + \omega^2 T_1^2}. \quad \text{Daraus folgt für Real- und Imaginärteil:}$$

$$\text{Re}\,\{G_O\} = \frac{K_{PR}}{1 + \omega^2 T_1^2} \quad \text{und Im}\,\{G_O\} = \frac{-K_{PR}\omega T_1}{1 + \omega^2 T_1^2}.$$

Setzt man die Zahlenwerte $K_{PR} = 10$ und $T_1 = 2^{1)}$ ein, so kann z. B. mit Hilfe eines Taschenrechners die Wertetabelle in Bild 5.7a aufgestellt werden. Trägt man die zu den einzelnen ω-Werten gehörenden Punkte (Real- und Imaginärteil) in der komplexen Zahlenebene für G_O ein und verbindet diese Punkte, so bekommt man die Ortskurve, die hier nach Bild 5.7b ein Halbkreis mit dem Mittelpunkt $(5; 0)$ und dem Radius 5 ist. Da beim Durchlaufen der Ortskurve mit wachsendem ω in der Nähe des Nullpunktes der Punkt -1 auf der linken Seite liegt, ist der Regelkreis stabil. Das kann man auch an der Phasenreserve ablesen, die mit $\varphi_R \approx 95{,}7°$ größer Null ist. Die Totzeitreserve ist $T_{tR} = \varphi_R/\omega_D = 1{,}67/4{,}97 \approx 0{,}33$. Die Amplitudenreserve läßt sich nach dem bisher Gesagten nicht bestimmen, da die Ortskurve die negativ-reelle Achse nicht schneidet. Hier hilft die Vorstellung weiter, daß die Ortskurve die reelle Achse „im Nullpunkt schneidet". Daraus folgt $A_R = 1/0 = \infty$, die Amplitudenreserve ist unendlich. Das heißt, die Reglerverstärkung kann (theoretisch) beliebig groß gemacht werden und damit ein ideales Führungs- und Störverhalten erzielt werden, ohne daß der Regelkreis instabil wird. Praktisch ergibt sich jedoch die größtmögliche Reglerverstärkung i. allg. aus Schwingneigung oder Stellgrößenbeschränkung.

---

[1]) Es wird angenommen, daß die Größen so normiert sind, daß ihre Einheiten eins sind (vgl. Abschn. 2.3.3).

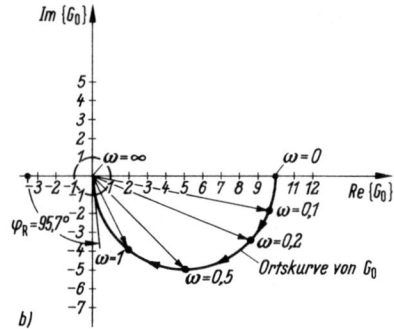

ω	Re$\{G_O\}$	Im$\{G_O\}$	ω	Re$\{G_O\}$	Im$\{G_O\}$
	10,00	0	1,5	1,00	−3,00
0,1	9,61	−1,92	2,0	0,59	−2,35
0,2	8,62	−3,45	3,0	0,27	−1,62
0,5	5,00	−5,00	5,0	0,09	−0,99
0,8	2,80	−4,49	10,0	0,02	−0,50
1,0	2,00	−4,00	∞	0	0

a)   b)

Bild 5.7   Ortskurve eines strukturstabilen Regelkreises

a) Wertetabelle   b) Grafik

Beim folgenden Beispiel führt eine ungeeignete Reglerauswahl zu einem *strukturinstabilen* Regelkreis.

Beispiel: Der Regelkreis mit einer Strecke ohne Ausgleich $G_S = K_{IS}/s$ soll mit dem I-Regler $G_R = K_{IR}/s$ auf Stabilität geprüft werden. Dann ist $G_O = G_S G_R = K_{IS}K_{IR}/s^2$ bzw. $G_O(j\omega) = -K_{IS}K_{IR}/\omega^2$, d. h. die Ortskurve von $G_O(j\omega)$ verläuft von links kommend auf der negativ-reellen Achse in den Nullpunkt (Bild 5.8). Es ist leicht einzusehen, daß unabhängig von der Wahl der Zahlenwerte für $K_{IS} > 0$ und $K_{IR} > 0$ die Ortskurve *durch* den Punkt -1 verläuft. Das System ist demnach *grundsätzlich* instabil. Abhilfe bringt hier z. B. ein *PI*-Regler, mit dem der Regelkreis stabilisiert werden kann.

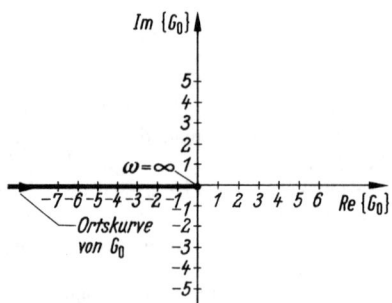

Bild 5.8   Ortskurve eines strukturinstabilen Regelkreises

Beim folgenden Beispiel soll eine $P\text{-}T_2$-Strecke mit einem *PI*-Regler geregelt werden. Gesucht ist die bezüglich der Stabilitätsgrenze größtmögliche Reglerverstärkung $K_{PR\,krit}$.

Beispiel: Gegeben sind $G_S = \dfrac{K_{PS}}{1 + sT_{1S} + s^2 T_{2S}^2}$ und $G_R = K_{PR}\left(1 + \dfrac{1}{T_n s}\right)$.

Es ist zunächst festzustellen, ob der Regelkreis stabil ist, wenn folgende Zahlenwerte vorliegen: $K_{PR} = 5$, $T_n = 0{,}4$, $T_{1S} = 3$, $T_{2S}^2 = 2$, $K_{PS} = 1$. Es folgt

$$G_O(j\omega) = G_S G_R = \left(\frac{K_{PS}}{1 - \omega^2 T_{2S}^2 + j\omega T_{1S}} \right) K_{PR} \left(1 + \frac{1}{j\omega T_n} \right)$$

$$= \frac{K_{PS} K_{PR} \left((1 - \omega^2 T_{2S}^2) - \dfrac{T_{1S}}{T_n} - j \left(\omega T_{1S} - \dfrac{T_{2S}^2}{T_n} \omega + \dfrac{1}{\omega T_n} \right) \right)}{(1 - \omega^2 T_{2S}^2)^2 + \omega^2 T_{1S}^2}$$

$$= \frac{-(10\omega^2 + 32,5)}{4\omega^4 + 5\omega^2 + 1} + j\frac{\left(10\omega - \dfrac{12,5}{\omega} \right)}{4\omega^4 + 5\omega^2 + 1} = \text{Re}\{G_O\} + j\,\text{Im}\{G_O\}$$

Damit kann eine Wertetabelle aufgestellt und die Ortskurve Bild 5.9 a gezeichnet werden. Der Ausschnitt Bild 5.9 b zeigt, daß sie die negativ-reelle Achse bei −3,33 schneidet. Da also die Ortskurve links am Punkt −1 vorbeiläuft, ist der Regelkreis instabil. Das läßt sich auch an der Amplitudenreserve $A_R = 1/3,33 = 0,3$ ablesen, denn bei einem stabilen Regelkreis ist $A_R > 1$.

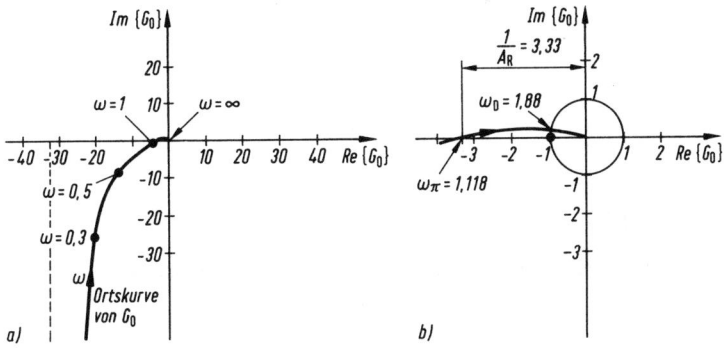

Bild 5.9 Ortskurve eines instabilen Regelkreises

a) Überblick   b) Umgebung des Einheitskreises

Die Reglerverstärkung $K_{PR} = 5$ soll nun auf den Wert $K_{PR\,krit}$ eingestellt werden, bei dem die Stabilitätsgrenze gerade erreicht wird. Das läßt sich mit A_R bewerkstelligen, denn die Amplitudenreserve ist ja gerade der Faktor, um den die Ortskurve $G_O(j\omega)$ auf der negativ-reellen Achse vom Punkt −1 abweicht. Aus der Definition der Amplitudenreserve folgt $|G_O(j\omega_\pi)| A_R = 1$, so daß also die mit A_R multiplizierte Ortskurve $G_O(j\omega) \cdot A_R$ durch den Punkt −1 verläuft. Aus der obigen Formel für $G_O(j\omega)$ ist zu entnehmen, daß man die Multiplikation mit A_R der Reglerverstärkung K_{PR} zuordnen kann. Damit ergibt sich für die gesuchte Reglereinstellung $K_{PR\,krit} = K_{PR} A_R = 5 \cdot 0,3 = 1,5$.

Beispiel: Gegeben ist ein Regelkreis mit $G_S(s) = 1/(6s^2 + 4s + 1)$ (Strecke mit Ausgleich und Verzögerung 1. Ordnung) und $G_R(s) = 0,2/s$ (I-Regler). Ist der Regelkreis stabil? Der Frequenzgang des offenen Kreises ist

$$G_O(j\omega) = \frac{-0,2}{4\omega^2 + j(6\omega^3 - \omega)} = \frac{-0,8\omega + j0,2(6\omega^2 - 1)}{\omega(36\omega^4 + 4\omega^2 + 1)} .$$

Aus der Ortskurve Bild 5.10 lassen sich Amplituden- und Phasenreserve ablesen zu $A_R = 1/0,3 = 3,33$ bzw. $\varphi_R = 47°$. Da $A_R > 1$ bzw. $\varphi_R > 0°$, ist der Regelkreis stabil. Für die Totzeitreserve folgt $T_{tR} = \varphi_R/\omega_D = 0,82/0,18 = 4,55$ s.

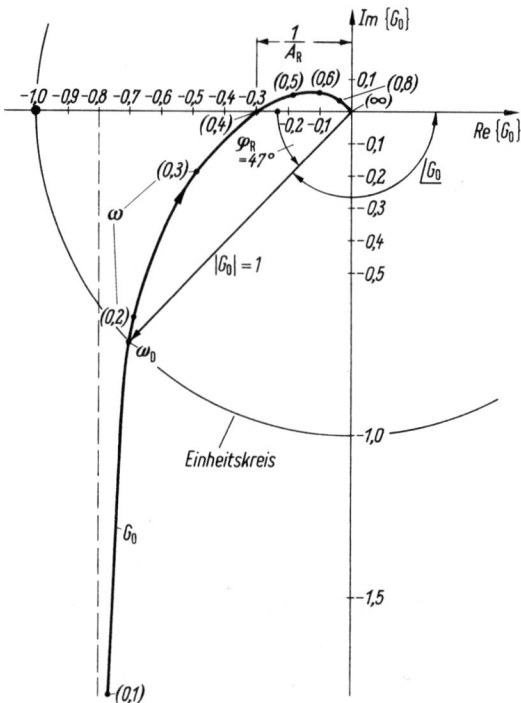

Bild 5.10 Ortskurve eines offenen Regelkreises mit Amplituden- und Phasenreserve
$(A_R = 3,3; \quad \omega_\pi = 0,41; \quad \varphi_R = 47,2°; \quad \omega_D = 0,18)$.

Die Amplitudenreserve läßt sich analytisch z. B. wie folgt berechnen: Im Schnittpunkt der Ortskurve von $G_O(j\omega)$ mit der negativ-reellen Achse ist $\mathrm{Im}\{G_O(j\omega)\} = 0 = 6\omega^2 - 1$. Daraus folgt zunächst für die Phasenschnittfrequenz $\omega_\pi = \sqrt{1/6} = 0,408$. Für diese Frequenz ist der Realteil $\mathrm{Re}\{G_O(j\omega)\} = -0,8/(36\omega_\pi^4 + 4\omega_\pi^2 + 1) = -0,3$. Damit ist die gesuchte Amplitudenreserve $A_R = 1/\mathrm{Re}\{G_O(j\omega_\pi)\} = 3,33$. Ähnlich läßt sich auch die Phasenreserve analytisch ermitteln, indem man zunächst aus der Bedingung $|G_O(j\omega_D)| = 1$ die Durchtrittsfrequenz ω_D berechnet und für diese den Phasenwinkel $\angle G_O(j\omega_D)$ der Ortskurve bestimmt. Die Phasenreserve ist dann $\varphi_R = \angle G_O(j\omega_D) + \pi$.

5.3.2   Stabilitätsanalyse anhand der Frequenzkennlinien

Nicht nur die Stabilität, sondern auch andere Anforderungen an das Führungs- und Störverhalten des Regelkreises (Abschn. 5.1) lassen sich in entsprechende Anforderungen an den Frequenzgang des offenen Regelkreises $G_O(j\omega) = G_R(j\omega)\, G_S(j\omega)$ übertragen. Um nun einen Regler mit der Übertragungsfunktion $G_R(s)$ zu finden, der die Anforderungen an $G_O(j\omega)$ (die im folgenden Abschn. 5.3.3 ausführlicher besprochen werden) möglichst gut erfüllt, eignet sich vor allem die Darstellung des Frequenzganges $G_O(j\omega)$ als Frequenzkennlinien bzw. im Bode-Diagramm (Abschn. 2.5.2). Denn im Bode-Diagramm ist wegen

$$|G_O(j\omega)|_{dB} = |G_R(j\omega)|_{dB} + |G_S(j\omega)|_{dB}$$

die Betragskennlinie $|G_R(j\omega)|_{dB}$ des gesuchten Reglers einfach der Betragskennlinie $|G_S(j\omega)|_{dB}$ der Strecke hinzuzuaddieren (was direkt in der Grafik durchgeführt werden kann), um die geforderte Betragskennlinie $|G_O(j\omega)|_{dB}$ des offenen Regelkreises zu erhalten. Auch die Phasenkennlinien werden addiert:

$$\angle G_O(j\omega) = \angle G_R(j\omega) + \angle G_S(j\omega) \,.$$

Außerdem gibt es einfache Regeln, nach denen die Frequenzkennlinien grob abgeschätzt werden können (Anhang A.5).

Der vorliegende Abschnitt behandelt zunächst die Stabilitätsanalyse des Regelkreises anhand der Frequenzkennlinien des offenen Kreises. Das vereinfachte Nyquist-Kriterium, das im vorhergehenden Abschnitt 5.3.1 anhand der Ortskurvendarstellung erläutert wurde („Linke-Hand-Regel"), kann mit einigen für die Praxis meist unerheblichen Einschränkungen auch im Bode-Diagramm ausgewertet werden. Dazu muß die Übertragungsfunktion des offenen Kreises $G_O(s)$ auf die folgende Form gebracht werden können

$$G_O(s) = V_O \, \frac{Z_O(s)}{N_O(s)} \, e^{-T_t s} \,,$$

wobei die Kreisverstärkung $V_O > 0$ positiv sein muß (was man gegebenenfalls durch Umpolen des Reglers erreichen kann). Zählerterm $Z_O(s)$ und Nennerterm $N_O(s)$ müssen jeweils aus Faktoren vom Typ $(T_2^2 s^2 + T_1 s + 1)$, $(T_1 s + 1)$ und s bestehen, z. B. $Z_O(s) = 1$ und $N_O(s) = s(T_1 s + 1)$. Ferner darf die Ortskurve den Einheitskreis höchstens einmal schneiden.

Beispiel: Bild 5.11 stellt den Frequenzgang des offenen Regelkreises bei einem stabilen und einem instabilen Regelkreis gegenüber. Bild 5.11a zeigt die Frequenzgänge als Ortskurven und Bild 5.11b als Frequenzkennlinien im Bode-Diagramm. Der Leser möge sich z. B. an den Stellen $\omega = 0,01$

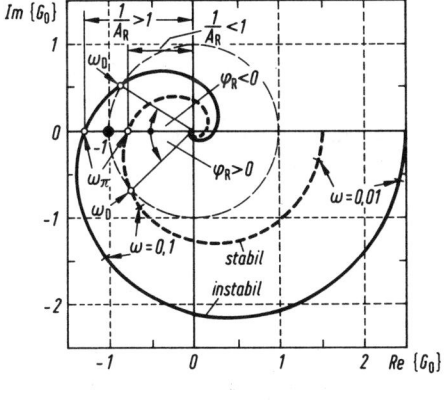
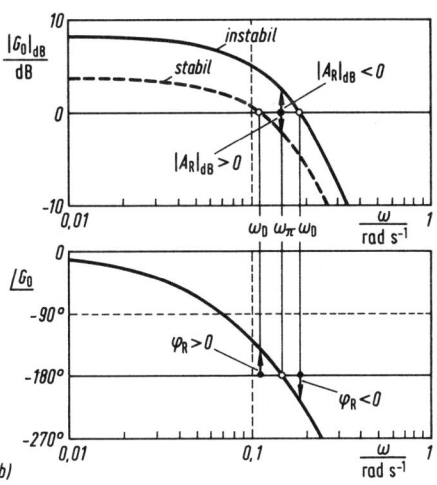

a)   b)

Bild 5.11 Frequenzgang $G_O(j\omega)$

a) Ortskurve   b) Bode-Diagramm

und $\omega = 0{,}1$ von der Übereinstimmung der beiden Frequenzgangdarstellungen überzeugen (Die Phasenkennlinien der beiden Frequenzgänge stimmen überein).

Aus der Ortskurvendarstellung (Bild 5.11a) ist mittels der *Linke-Hand-Regel* (Abschn. 5.3.1) abzulesen, daß die durchgezogen dargestellte Ortskurve Instabilität des zugehörigen Regelkreises anzeigt, weil sie links am Punkt -1 vorbeiläuft. Die Phasenreserve $\varphi_R = \angle G_O(j\omega_D) + 180° < 0$ ist kleiner als Null, weil die Ortskurve erst in den Einheitskreis eintritt, *nachdem* sie den Punkt -1 passiert hat. Wegen $|G_O(j\omega_D)| = 1$ bzw. $|G_O(j\omega_D)|_{dB} = 0$ heißt das im Bode-Diagramm (Bild 5.11b), daß die Phasenkennlinie an der Stelle $\omega = \omega_D$, wo die Betragskennlinie die 0-dB-Linie schneidet, unterhalb der $-180°$-Linie verläuft. Dort kann die Phasenreserve in Grad (bzw. Radiant) abgelesen werden. Sie ist negativ, weil $\angle G_O(j\omega_D) < -180°$.

Die gestrichelte Ortskurve in Bild 5.11a gehört dagegen zu einem stabilen Regelkreis. Denn der Punkt -1 liegt beim Passieren linker Hand. Die Phasenreserve φ_R ist größer als Null. Im Bode-Diagramm liegt der Schnittpunkt der gestrichelten Betragskennlinie mit der 0-dB-Linie nun bei einer niedrigeren Frequenz ω_D, so daß sich die Phasenkennlinie an dieser Stelle *oberhalb* der $-180°$-Linie befindet, also $\angle G_O(j\omega_D) > -180°$. Daher ist die Phasenreserve positiv.

Unter den genannten Voraussetzungen läßt sich aus dem vereinfachten Nyquist- Kriterium (Abschn. 5.3.1) folgern:

Der Regelkreis ist stabil, wenn für die Kreisfrequenz $\omega = \omega_D$, wo die Betragskennlinie $|G_O(j\omega)|_{dB}$ die 0-dB-Linie schneidet, die Phasenkennlinie $\angle G_O(j\omega)$ *oberhalb* der $-180°$-Linie verläuft oder anders ausgedrückt: Die Phasenreserve muß positiv sein: $\varphi_R > 0$. (Verläuft die Betragskennlinie vollständig unterhalb der 0-dB-Linie, dann ist der Regelkreis stabil.)

Die folgenden Beispiele erläutern den Einfluß des Reglers auf die Stabilität des Regelkreises. Zum Vergleich wird zunächst nochmals der im vorhergehenden Abschnitt mittels Ortskurve auf Stabilität geprüfte Regelkreis betrachtet. Die Frequenzkennlinien werden mit CAE-Programmen aus der Übertragungsfunktion $G_O(s)$ berechnet und grafisch dargestellt. Mit den in Anhang A.5 bereitgestellten Hilfsmitteln können die Frequenzkennlinien zeichnerisch grob abgeschätzt werden bzw. die Rechnerergebnisse überprüft werden.

Beispiel:

Gegeben sind die Regelstrecke $G_S = \dfrac{K_{PS}}{1 + sT_{1S} + s^2 T_{2S}^2}$ mit $T_{1S} = 3$, $T_{2S}^2 = 2$, $K_{PS} = 1$ und der *PI-Regler* $G_R = K_{PR}\left(1 + \dfrac{1}{T_n s}\right)$ mit $K_{PR} = 5$ und $T_n = 0{,}4$. Der Regelkreis ist auf Stabilität zu prüfen und dann mit der Reglerverstärkung K_{PR} genau auf die Stabilitätsgrenze einzustellen. Dazu sind zunächst die Frequenzkennlinien zu ermitteln. Bringt man das mathematische Modell des offenen Regelkreises auf die Form

$$G_O = G_R G_S = 5\left(\frac{0{,}4s + 1}{0{,}4s}\right)\frac{1}{2s^2 + 3s + 1} = 12{,}5\,\frac{0{,}4s + 1}{s(2s^2 + 3s + 1)}\,,$$

und setzt $s = j\omega$, dann können die Regeln aus Anhang A.5 direkt angewendet werden, um die Frequenzkennlinien näherungsweise zu skizzieren. Das wird in Anhang A.5 an diesem Beispiel ausführlich behandelt.

In Bild 5.12 werden die Frequenzkennlinien von Strecke $G_S(j\omega)$ und Regler $G_R(j\omega)$ getrennt aufgezeichnet, da die Regelstrecke im allgemeinen fest vorgegeben und der Regler gesucht ist. Da $K_{PS} = 1$ bzw. $|K_{PS}|_{dB} = 0$, verläuft die Betragskennlinie der Strecke längs der 0-dB-Linie und knickt dann bei der Eckfrequenz $1/T_{2S} = 0{,}71$ mit der Steigung -40dB/Dek. nach unten (in

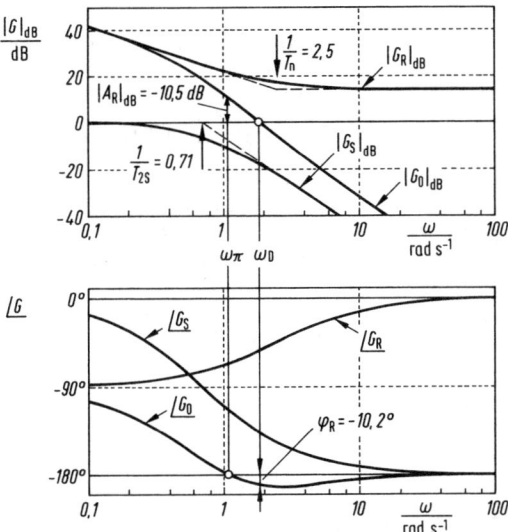

Bild 5.12   Bode-Diagramm mit den Frequenzkennlinien von G_O, G_S und G_R

Bild 5.12 gestrichelt). Der genaue Verlauf weicht wegen $d = T_1/(2T_2) = 1{,}06$ und Bild A.5.2 b nur relativ wenig von den Näherungsgeraden ab. Die Phasenkennlinie ist bei der Eckfrequenz genau $-90°$ und fällt wegen $d \approx 1$ über zwei Dekaden von $0°$ auf $-180°$ ab.

Die Betragskennlinie des Reglers setzt sich additiv zusammen aus den Frequenzkennlinien der Konstanten $K_{PR}/T_n = 12{,}5$ (gemäß Bild A.5.1a $|12{,}5|_{dB} = 21{,}9$ dB), des linearen Faktors $(0{,}4\,j\omega + 1)$ (Bild A.5.1c: Konstant 0 dB bis zur Eckfrequenz $1/T_n = 2{,}5$, dann mit der Steigung 20 dB/Dek. ansteigend) und des Faktors $1/(j\omega)$ (Bild A.5.1b: Mit der Steigung -20 dB/Dek. abfallende Gerade, die die 0-dB-Linie an der Stelle $\omega = 1$ schneidet.). Die Phasenkennlinie läßt sich ebenfalls grob annähern. Summiert man die Betrags- bzw. Phasenkennlinien von Strecke und Regler, so ergeben sich die Frequenzkennlinien des offenen Kreises $G_O(j\omega)$.

Bild 5.12 ist zu entnehmen, daß die Phasenreserve φ_R negativ ist. Damit ist der Regelkreis instabil. Wie findet man nun den Wert K_{PRkrit} der Reglerverstärkung, für den gerade die Stabilitätsgrenze erreicht wird, für den also $\varphi_R = 0$? Ändert man K_{PR}, so ist die Auswirkung im Bode-Diagramm sehr einfach zu überschauen. Verkleinert man z. B. den Wert von K_{PR}, so verschiebt sich in Bild 5.12 die Betragskennlinie $|G_R|_{dB}$ des Reglers nach unten, während seine Phasenkennlinie unverändert bleibt (gemäß Bild A.5.1a). Wegen $|G_O|_{dB} = |G_R|_{dB} + |G_S|_{dB}$ wird die Betragskennlinie des offenen Kreises entsprechend nach unten verschoben. Bild 5.12 zeigt, daß sich damit die Durchtrittfrequenz ω_D in die Richtung von ω_π bewegt, die Amplitudenreserve $|A_R|_{dB}$ und die Phasenreserve φ_R von negativen Werten gegen Null ansteigen. Ausgehend von dem gegebenen Wert $K_{PR} = 5$ folgt $|K_{PRkrit}|_{dB} = |K_{PR}|_{dB} + |A_R|_{dB} = 13{,}98$ dB $- 10{,}5$ dB $= 3{,}52$ dB bzw. $K_{PRkrit} = 1{,}5$. Dieses Ergebnis stimmt mit dem in Abschn. 5.3.1 erzielten überein. Der Regelkreis ist also stabil, wenn $K_{PR} < K_{PRkrit} = 1{,}5$ ist.

Das folgende Beispiel verdeutlicht den Einfluß einer Streckentotzeit auf die Stabilität des Regelkreises.

Beispiel: Eine Strecke mit Ausgleich, Verzögerung 1. Ordnung und Totzeit soll mit einem *PI*-Regler geregelt werden. Die Strecke sei gegeben mit $G_S = \dfrac{0{,}8}{10s + 1}\, e^{-sT_t}$ und beim *PI*-Regler

$G_R = K_{PR} \left(1 + \dfrac{1}{T_n s}\right)$ sollen versuchsweise die Werte $K_{PR} = 5$ und $T_n = 10$ verwendet werden.

Um den Einfluß der Streckentotzeit $T_t = 1$ klar hervortreten zu lassen, wird die Übertragungsfunktion der Strecke aufgespalten: $G_S = G_{S1}G_{S2}$, wobei $G_{S1} = \dfrac{0{,}8}{10s+1}$ und $G_{S2} = e^{-sT_t}$ und die Frequenzkennlinien in Bild 5.13 getrennt aufgetragen. Die Phasenreserve ist mit $\varphi_R = 67°$ abzulesen. Der Regelkreis ist also stabil. Die Phasenkennlinie der Totzeit $G_{S2} = e^{-sT_t}$ (gestrichelte Kurve) hat bei der Durchtrittsfrequenz $\omega_D = 0{,}4$ den Wert $\angle G_{S2} = -\omega_D T_t = -0{,}4$ rad bzw. $-22{,}9°$. Wäre die Totzeit größer, dann würde die gestrichelte Phasenkurve steiler nach unten verlaufen (Bild A.5.1e) und somit die Phasenreserve verkleinern (wegen $\angle G_O = \angle G_R + \angle G_{S1} - \omega_D T_t$). Erreicht die zusätzliche Totzeit den Wert $T_{tR} = \varphi_R / \omega_D = 1{,}17 \text{ rad}/(0{,}4 \text{ rad/s}) = 2{,}9$ s (Totzeitreserve, Abschn. 5.3.1), dann ist die Phasenreserve aufgebraucht, und der Regelkreis ist grenzstabil.

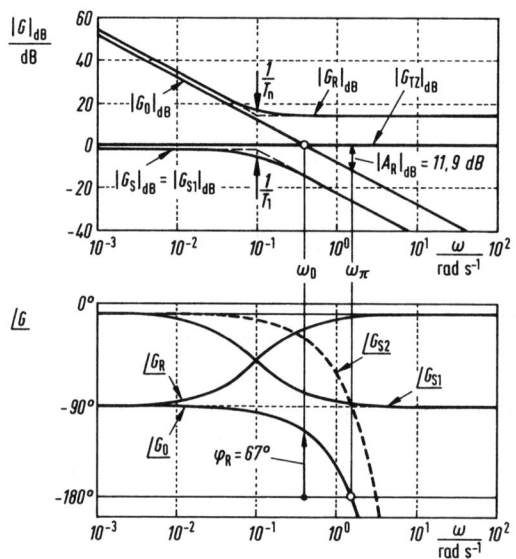

Bild 5.13 Bode-Diagramm mit den Frequenzkennlinien von G_O, G_R, G_{S1} und G_{S2} zum Einfluß einer Streckentotzeit auf die Stabilität eines Regelkreises

5.3.3   Frequenzkennlinien als Entwurfswerkzeug (*FKL*-Verfahren)

Über die grundsätzlich erforderliche Stabilität hinaus muß ein Regelkreis schnell und genau sein. Diese Anforderungen, die in Abschn. 5.3.1 anhand der Führungs- und Störsprungantwort mit den Kenngrößen Anregelzeit, Überschwingweite, Dämpfung und bleibende Regeldifferenz festgelegt wurden (Bild 5.2), können in Anforderungen an die Frequenzkennlinien des offenen Kreises übertragen werden (wie im Folgenden gezeigt wird). Dadurch werden die Frequenzkennlinien des offenen Kreises zu einem wertvollen Entwurfwerkzeug, weil man aus geforderten „Soll"-Frequenzkennlinien des offenen Kreises relativ einfach auf einen geeigneten Regler schließen kann (vgl. auch Beginn von Abschn. 5.3.2).

Ein Regler soll die Regelgröße der Führungsgröße nachführen, d. h. es soll $x(t) \approx w(t)$ bzw. $e(t) = w(t) - x(t) \approx 0$ werden. Für die Laplace-Transformierten folgt (Abschn. 5.1)

$$x(s) = G_w w(s) + G_z z(s)$$

$$\approx w(s)$$

Daher ist $G_w \approx 1$ und $G_z \approx 0$ zu fordern. Die Konsequenzen für die Frequenzkennlinien des offenen Kreises $G_O(j\omega) = G_R(j\omega)\,G_S(j\omega)$ ergeben sich aus

$$G_w(j\omega) = \frac{G_O(j\omega)}{1 + G_O(j\omega)} \approx 1$$

bzw.

$$G_z(j\omega) = \frac{G_S(j\omega)}{1 + G_O(j\omega)} = \frac{G_O(j\omega)}{1 + G_O(j\omega)}\,\frac{1}{G_R(j\omega)} = G_w(j\omega)\,\frac{1}{G_R(j\omega)} \approx 0.$$

Da der Frequenzgang $G_w(j\omega)$ auch im Störfrequenzgang $G_z(j\omega)$ vorkommt, soll zunächst von der Forderung an den Führungsfrequenzgang $G_w(j\omega)$ ausgegangen werden. Es gilt[1])

$$G_w(j\omega) \approx \begin{cases} 1 & \text{wenn} \quad |G_O(j\omega)| \gg 1 \\ G_O(j\omega) & \text{wenn} \quad |G_O(j\omega)| \ll 1 \end{cases}.$$

Die Forderung $G_w(j\omega) \approx 1$ wird also für diejenigen Frequenzen ω erfüllt, für die $|G_O(j\omega)| \gg 1$. Für Betrags- und Phasenkennlinie ergeben sich daraus

$$|G_w(j\omega)|_{dB} \approx \begin{cases} 0\,dB & \text{wenn} \quad |G_O(j\omega)|_{dB} \gg 0\,dB \\ |G_O(j\omega)|_{dB} & \text{wenn} \quad |G_O(j\omega)|_{dB} \ll 0\,dB \end{cases}$$

und

$$\underline{/G_w(j\omega)} \approx \begin{cases} 0° & \text{wenn} \quad |G_O(j\omega)|_{dB} \gg 0\,dB \\ \underline{/G_O(j\omega)} & \text{wenn} \quad |G_O(j\omega)|_{dB} \ll 0\,dB \end{cases}.$$

Bei der Durchtrittsfrequenz ω_D ist $|G_O(j\omega_D)|_{dB} = 0\,dB$. *Näherungsweise* erhält man die Betragskennlinie $|G_w(j\omega)|_{dB}$, indem man die Betragskennlinie $|G_O(j\omega)|_{dB}$ des offenen Kreises bei der 0-dB-Linie abschneidet (Bild 5.14a). Daraus folgt, daß man das Führungsübertragungsverhalten als Tiefpaßfilter auffassen kann, dessen Bandbreite näherungsweise mit der Durchtrittsfrequenz ω_D angegeben werden kann.

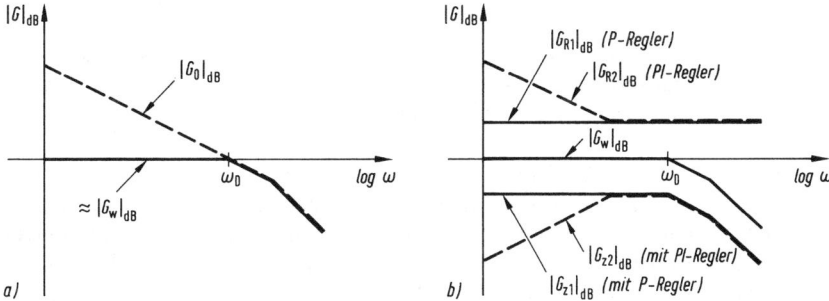

Bild 5.14 Abschätzung der Betragskennlinien von (a) Führungs- (G_w) und (b) Störfrequenzgang (G_z) des geschlossenen Regelkreises bei gegebener Betragskennlinie des offenen Kreises (G_O)

---

[1]) Falls $|G_O(j\omega)| \gg 1$, dann ist $1 + G_O \approx G_O$ und falls $|G_O(j\omega)| \ll 1$, dann ist $1 + G_O \approx 1$. Das doppelte >-Zeichen heißt „viel größer", $\ll$ heißt „viel kleiner", z. B. Faktor 10.

Aus der Näherung für $|G_\mathrm{w}(j\omega)|_\mathrm{dB}$ erhält man eine Näherung für die Betragskennlinie $|G_\mathrm{z}(j\omega)|_\mathrm{dB}$ des Störfrequenzganges, indem man gemäß der obigen Formel $G_\mathrm{z} = G_\mathrm{w}/G_\mathrm{R}$ bzw. $|G_\mathrm{z}(j\omega)|_\mathrm{dB} = |G_\mathrm{w}(j\omega)|_\mathrm{dB} - |G_\mathrm{R}(j\omega)|_\mathrm{dB}$ die Betragskennlinie des Reglers abzieht. Bild 5.14 b zeigt dies für das Beispiel eines *P*- und eines *PI*-Reglers. Danach kommt der *PI*-Regler der Forderung $|G_\mathrm{z}(j\omega)| \approx 0$ näher als der *P*-Regler.

Die Anforderungen an die Frequenzkennlinien des offenen Kreises sollen nun anhand von Bild 5.15 erläutert werden. Im *unteren* Frequenzbereich $\omega \ll \omega_\mathrm{D}$ muß $|G_\mathrm{O}(j\omega)|_\mathrm{dB}$ möglichst groß sein (Pfeil 1 in Bild 5.15), damit im eingeschwungenen Zustand $x(t) \approx w(t)$ gilt. Mit einem *I*-Anteil im Regler kann man für $\omega = 0$ sogar $|G_\mathrm{O}(j0)|_\mathrm{dB} \to \infty$ erreichen. Damit wird im eingeschwungenen Zustand $x(t) = \hat{w}$, wenn die Führungsgröße $w(t) = \hat{w}$ konstant ist (vgl. auch Bild 4.36).

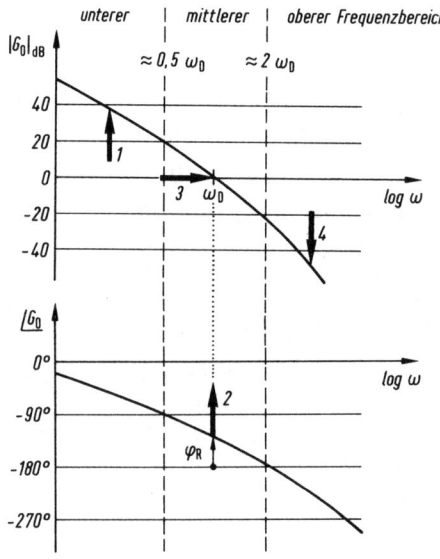

Bild 5.15
Anforderungen an die Frequenzkennlinien des offenen Kreises

1 für kleine bleibende Regeldifferenz
e_b
2 für geringe Überschwingweite und
gut gedämpftes Einschwingen
3 für kurze Ausregelzeit
4 für Unterdrückung hochfrequenter
Meßstörungen (Meßrauschen)

Der *mittlere* Frequenzbereich ist der Bereich um die Durchtrittsfrequenz ω_D. Bei ω_D muß die Phasenreserve $\varphi_\mathrm{R} = \angle G_\mathrm{O}(j\omega_\mathrm{D}) + 180°$ zumindest positiv sein, damit der Regelkreis stabil ist (Abschn. 5.3.2). Darüberhinaus soll die Phasenreserve, wie die Erfahrung zeigt, etwa 30° betragen, wenn vor allem gutes Störverhalten gewünscht ist, und etwa 50° bei Regelkreisen, bei denen das Führungsverhalten im Vordergrund steht (Pfeil 2 in Bild 5.15). Bei zu kleiner Phasenreserve ist mit einer großen Überschwingweite und schwach gedämpftem Einschwingen zu rechnen. Die Steigung der Betragskennlinie soll im Frequenzbereich von etwa $0{,}5\omega_\mathrm{D}$ bis $2\omega_\mathrm{D}$ nicht mehr als -20 dB/Dek betragen. Eine höhere Durchtrittsfrequenz ω_D (Pfeil 3) hat schnelleres Einschwingen zur Folge. Die Ausregelzeit läßt sich mit $T_\mathrm{aus} \approx 3/\omega_\mathrm{D}$ grob abschätzen.

Im *oberen* Frequenzbereich $\omega \gg \omega_\mathrm{D}$ soll die Betragskennlinie $|G_\mathrm{O}(j\omega)|_\mathrm{dB}$ genügend steil abfallen (Pfeil 4), um den Einfluß hochfrequenter Störungen aus dem Meßzweig des Regelkreises (z. B. z_F und z_R in Bild 5.1) auf die Regelgröße zu unterdrücken. Wie in Abschnitt 5.1 erläutert wurde, entspricht das Übertragungsverhalten dieser Störgrößen dem Führungsverhalten $x = -G_\mathrm{w}z_\mathrm{F} + G_\mathrm{w}z_\mathrm{R}$. Daher müssen Meßstörungen im unteren

Frequenzbereich vermieden werden, da sie voll auf die Regelgröße übertragen werden (Bild 5.14a). Jedoch lassen sich hochfrequente Störungen (Meßrauschen) im oberen Frequenzbereich $\omega \gg \omega_D$ unterdrücken, wenn man $|G_O(j\omega)|_{dB}$ steil abfallen läßt.

Beim Entwurf anhand der Frequenzkennlinien des offenen Kreises (sog. Frequenzkennlinienverfahren oder kurz *FKL*-Verfahren), geht man i. a. von den Frequenzkennlinien der Regelstrecke $G_O(j\omega) = G_S(j\omega)$ aus, nimmt also für den Regler zunächst einen *P*-Regler mit der Verstärkung Eins an $(G_R(j\omega) = 1)$. Man versucht dann diese Frequenzkennlinien im Sinne der Anforderungen von Bild 5.15 zu verändern, indem man die Reglerübertragungsfunktion durch geeignete *Korrekturglieder* ergänzt. Das *FKL*-Verfahren ist ein (systematisches) Probierverfahren. Die folgenden Beispiele behandeln den prinzipiellen Einfluß einiger Standard-Korrekturglieder auf die Frequenzkennlinien des offenen Kreises. Danach folgt ein Entwurfsbeispiel.

Beispiel: *PD*-Glied, *Lead*-Glied

Bild 5.16b (durchgezogene Kurven) zeigt die Frequenzkennlinien des *PD*-Gliedes (Index k allgemein für Korrekturglied)

$$G_k(j\omega) = 1 + T_D j\omega \qquad (K_{PR} = 1).$$

Bild 5.16a zeigt als Beispiel den Frequenzgang einer P-T_3-Strecke (durchgezogene Kurven) vor der Korrektur. Das *PD*-Glied soll die Phasenlinie bei der Durchtrittsfrequenz ω_D anheben, um damit eine größere Phasenreserve φ_R zu erzielen. Damit sich die Phasenanhebung (die gemäß Bild 5.16b maximal 90° beträgt) bei ω_D bemerkbar macht, muß die Eckfrequenz $1/T_D$ etwa eine Dekade unter ω_D gelegt werden. Als Nebenwirkung hebt das *PD*-Glied auch die Betragskennlinie an, was zu größeren Stellausschlägen und schwächerer Meßstörunterdrückung im oberen Frequenzbereich führt. Diese Wirkung des *PD*-Gliedes wird bei der gerätetechnischen Realisierung (Beispiele

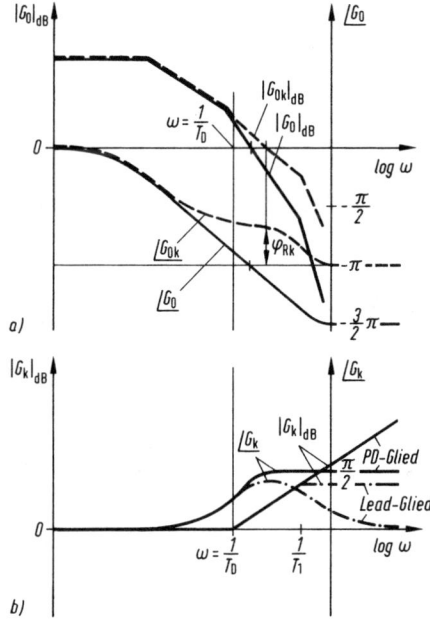

Bild 5.16 Korrektur der Frequenzkennlinien des offenen Kreises $G_O(j\omega)$ mit *PD*-Glied und *Lead*-Glied

a) Betrags- und Phasenkennlinie vor (P-T_3-Strecke, durchgezogene Kurven) und nach der Korrektur mit *PD*-Glied (gestrichelt, Index k)

b) Betrags- und Phasenkennlinie von *PD*-Glied (durchgezogen) und *Lead*-Glied (gestrichelt)als Korrekturglied (Index k)

zeigt Bild 5.19) dadurch gemindert, daß sich Verzögerungen nicht vollständig vermeiden lassen. So wird aus dem PD-Glied das $PD\text{-}T_1$-Glied

$$G_k(j\omega) = \frac{1 + T_D j\omega}{1 + T_1 j\omega}, \quad \text{wobei} \quad T_1 < T_D.$$

Für das $PD\text{-}T_1$-Glied mit $T_1 < T_D$ ist auch die englische Bezeichnung *Lead*-Glied üblich. Die Frequenzkennlinien des Lead-Gliedes weichen im oberen Frequenzbereich von denjenigen des PD-Gliedes ab (strichpunktierte Kurven in Bild 5.16b). Bild 5.16a zeigt der Übersichtlichkeit halber nur die Korrektur mit PD-Glied (gestrichelte Kurven).

Beispiel: *PI*-Glied, *Lag*-Glied

Bild 5.17b zeigt die Frequenzkennlinien des *PI*-Gliedes

$$G_k(j\omega) = 1 + \frac{1}{T_1 j\omega} = \frac{1}{T_1} \frac{T_1 j\omega + 1}{j\omega}.$$

Bild 5.17a zeigt als Beispiel den Frequenzgang einer $P\text{-}T_3$-Strecke vor der Korrektur wie im vorherigen Beispiel. Mit dem *PI*-Glied soll die Betragskennlinie $|G_O(j\omega)|$ im unteren Frequenzbereich angehoben werden. Als Nebenwirkung wird die Phasenkennlinie abgesenkt. Um dabei nicht die Phasenreserve φ_R wesentlich zu verringern, muß die Eckfrequenz $1/T_1$ mindestens etwa eine Dekade unter die Durchtrittfrequenz ω_D gelegt werden. Anstelle des *PI*-Gliedes wird häufig ein $PD\text{-}T_1$-Glied verwendet

$$G_k(j\omega) = \frac{1 + T_1 j\omega}{1 + T_1 j\omega}, \quad \text{wobei} \quad T_1 > T_I,$$

das verhindert, daß die Stellgröße bei konstanter Regeldifferenz unbeschränkt ansteigen kann. Für das $PD\text{-}T_1$-Glied mit $T_1 > T_I$ ist auch die englische Bezeichnung *Lag*-Glied gebräuchlich. Bei der

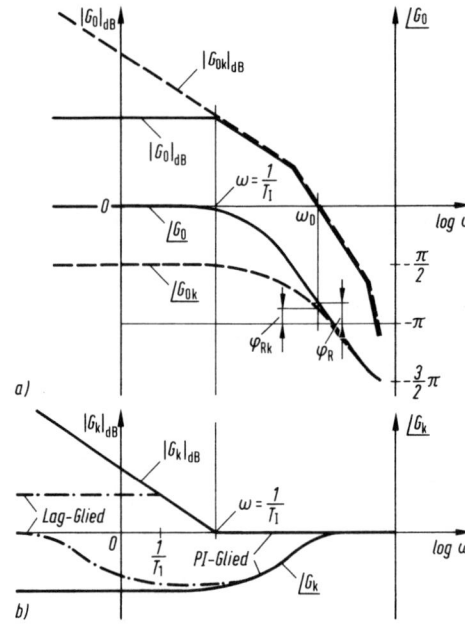

Bild 5.17
Korrektur der Frequenzkennlinien des offenen Kreises $G_O(j\omega)$ mit *PI*-Glied und *Lag*-Glied

a) Betrags- und Phasenkennlinie vor ($P\text{-}T_3$-Strecke, durchgezogene Kurven) und nach der Korrektur mit *PI*-Glied (gestrichelt, Index k)

b) Betrags- und Phasenkennlinie von *PI*-Glied (durchgezogen) und *Lag*-Glied (gestrichelt) als Korrekturglieder (Index k)

Realisierung eines *PI*-Gliedes mit passiven Bauelementen (Bild 5.19) ergibt sich ohnehin ein Lag-Glied-ähnliches Verhalten, wenn der *I*-Anteil in die Sättigung geht. Die Frequenzkennlinien des Lag-Gliedes weichen im unteren Frequenzbereich von denjenigen des *PI*-Gliedes ab (strich-punktierte Kurven in Bild 5.17b). Bild 5.17a zeigt nur die Korrektur mit *PI*-Glied (gestrichelte Kurven).

Beispiel: *PID*-Glied, *Lead-Lag*-Glied

Bild 5.18b zeigt die Frequenzkennlinien des *PID*-Gliedes

$$G_k(j\omega) = \frac{(1 + T_D j\omega)\,(1 + T_I j\omega)}{T_I j\omega}$$

das man als Reihenschaltung von *PD*-Glied und *PI*-Glied auffassen kann. Das *PID*-Glied kombi-niert die Eigenschaften von *PI*- und *PD*-Glied. Bild 5.18a zeigt die korrigierende Wirkung auf den Frequenzgang der *P-T₃*-Strecke, von der auch in den vorherigen Beispielen ausgegangen wurde. Aus den bei *PD*- bzw. *PI*-Glied genannten Gründen kommt auch häufig das *PD-T₁-PD-T₁*-Glied (oder englisch: *Lead-Lag*-Glied)

$$G_k(j\omega) = \frac{(1 + T_D j\omega)\,(1 + T_I j\omega)}{(1 + T_{1D} j\omega)\,(1 + T_{1I} j\omega)}\,, \quad \text{wobei} \quad T_{1D} < T_D \quad \text{und} \quad T_{1I} > T_I$$

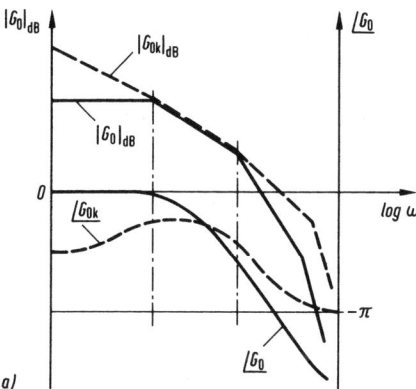

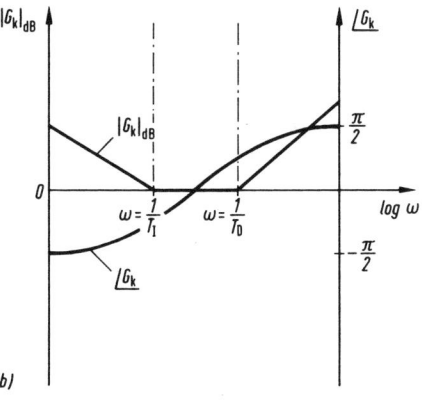

Bild 5.18 Korrektur der Frequenzkennlinien des offenen Kreises $G_O(j\omega)$ mit *PID*-Glied

a) Betrags- und Phasenkennlinie vor (*P-T₃*-Strek-ke, durchgezogene Kurven) und nach der Kor-rektur mit *PID*-Glied (gestrichelt, Index *k*)

b) Betrags- und Phasenkennlinie des *PID*-Glie-des als Korrekturglied (Index k)

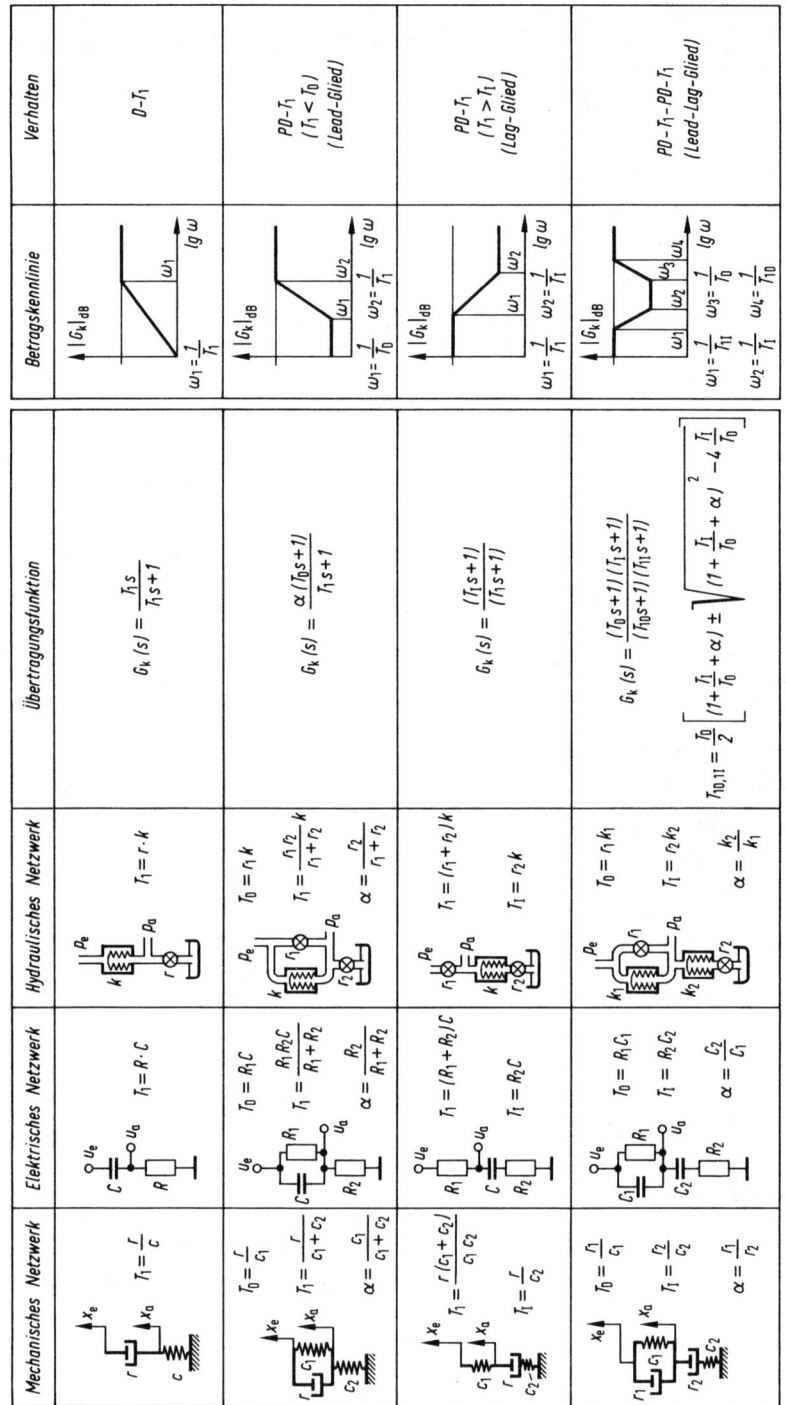

Bild 5.19 Realisierungsvarianten einiger Standard-Korrekturglieder mit passiven Bauelementen

zum Einsatz. Der Leser möge sich überlegen, wie die Frequenzkennlinien in Bild 5.18 für den Fall des *Lead-Lag*-Gliedes abzuwandeln sind. Bild 5.19 zeigt verschiedene Realisierungsbeispiele für *Lead-Lag*-Glieder.

Das folgende Entwurfsbeispiel wurde mit einem CAE-Programm durchgeführt. Damit können neben den Frequenzkennlinien des offenen Kreises auch die Führungs- und/oder Störsprungantworten und der Verlauf der Stellgröße ohne großen Aufwand mit in die Betrachtung einbezogen werden.

Beispiel:

Gegeben sei eine Regelstrecke mit $G_S = \dfrac{e^{-s}}{(2s + 1)\,(3s + 1)\,(4s + 1)}$.

Gesucht ist ein möglichst einfacher stetiger Regler G_R, der gutes Führungsverhalten gewährleistet. Bild 5.20 zeigt die Ergebnisse einzelner Entwurfsschritte. Zunächst wurde versucht (Bild 5.20a), mit dem einfachsten stetigen Regler, dem *P*-Regler, gutes Führungsverhalten zu erzielen. Mit der Reglerverstärkung $K_{PR} = 0{,}5$ (Kurve *3*) ist der Regelkreis stabil, die Betragskennlinie des offenen Kreises verläuft vollständig unterhalb der 0-dB-Linie. Es ergibt sich jedoch eine bleibende Regeldifferenz e_b von über 60% des Sollwertes. Vergrößert man K_{PR} (Kurven *2* und *1*, die Zahlenwerte sind der Tabelle zu entnehmen), so wird zwar e_b kleiner, jedoch verschiebt sich die Durchtrittsfrequenz ω_D nach rechts, und die Phasenreserve wird kleiner. Dadurch wird die Überschwingweite zu groß und die Dämpfung (Abnahme der Schwingungsmaxima) zu klein (es sind ca. 6 Schwingungen festzustellen), so daß die Ausregelzeit unakzeptabel lang wird.

Um die bleibende Regeldifferenz e_b zu Null zu machen, wird ein *I*-Anteil im Regler hinzugenommen (Bild 5.20b). Mit $K_{PR} = 1$ und $T_n = 10$ (Kurve *2*) ist der Regelkreis stabil (Phasenreserve $\varphi_R = 71°$), und die Regelgröße erreicht nach 34 s einen Toleranzbereich von ±5% um den Sollwert. Die Überschwingweite ist Null, die Dämpfung ist gut (etwa 1,5 Schwingungen). Eine kleinere bzw. größere Reglerverstärkung K_{PR} bringt keinen wesentlichen Fortschritt (Kurven *3* bzw. *1*). Der Verlauf von Kurve *1* ist unbefriedigend wegen zu großem Überschwingen und Kurve *3* verläuft zwar schwingungsfrei, erreicht aber erst nach 45 s den Toleranzbereich. Eine Verkleinerung der Nachstellzeit T_n des Reglers fördert die Schwingungsneigung, eine Vergrößerung verlängert die Einschwingzeit.

Nimmt man im Regler einen *D*-Anteil hinzu, so kann die Ausregelzeit verkürzt werden (Bild 5.20c). Mit der Reglereinstellung $K_{PR} = 1{,}5$, $T_n = 10$ und $T_v = 2$ (Kurve *2*) erreicht die Regelgröße bereits bei $T_{aus} = 22\,\mathrm{s}$ endgültig den Toleranzbereich ohne Überschwingen. Bei der kleineren Verstärkung $K_{PR} = 1$ (Kurve *3*) ist $T_{aus} = 31\mathrm{s}$, bei der größeren Verstärkung $K_{PR} = 2{,}5$ (Kurve *1*) ist zwar $T_{aus} = 18$ s, jedoch ist die Überschwingweite 17% vom Sollwert. Gegenüber der besten *PI*-Regler-Einstellung (Nr. 2) erzeugt die beste *PID*-Regler-Einstellung eine um 12 s kürzere Ausregelzeit bei gleichzeitig größerer Stabilitätsreserve.

Um den Einfluß der Streckentotzeit zu verdeutlichen, zeigt Bild 5.20c im rechten Diagramm die Führungsübergangsfunktionen *ohne* die Streckentotzeit. Sie machen deutlich, wie Totzeiten die Regelung generell erschweren. Es ist daher durchaus lohnend, den Regelkreis im Hinblick auf Totzeiten sorgfältig zu kontrollieren. Mitunter schleichen sich diese auch beim Ankoppeln von Meßfühlern ein und wären bei geeigneter Anpassung zu vermeiden. Ausgehend von den in Bild 5.20 tabellierten Werten für die *PID*-Regelung ist die Totzeitreserve für den Regler (2) $T_{tR} = \varphi_R/\omega_D = 1{,}28\ \mathrm{rad}/0{,}19\ \mathrm{rad/s} = 6{,}7$ s.

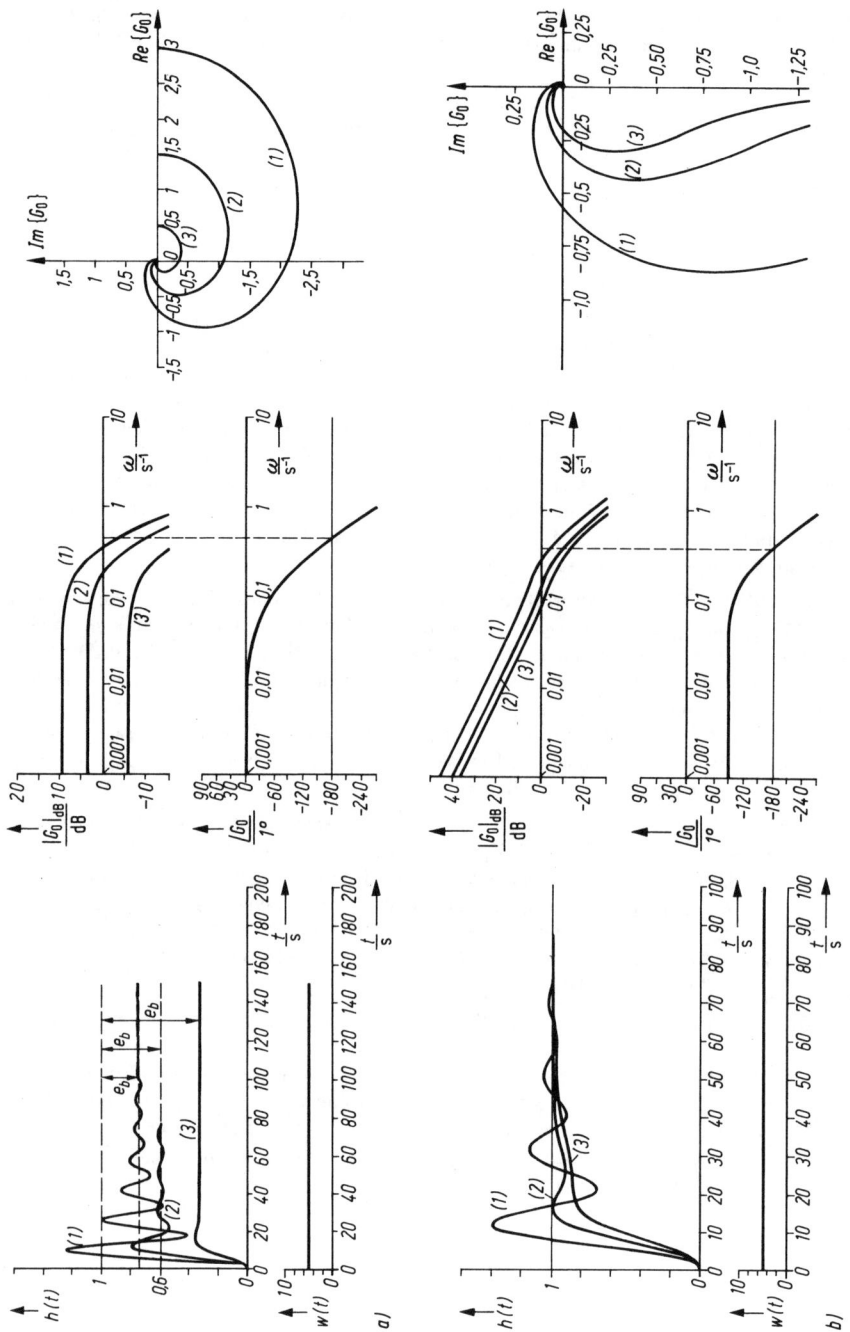

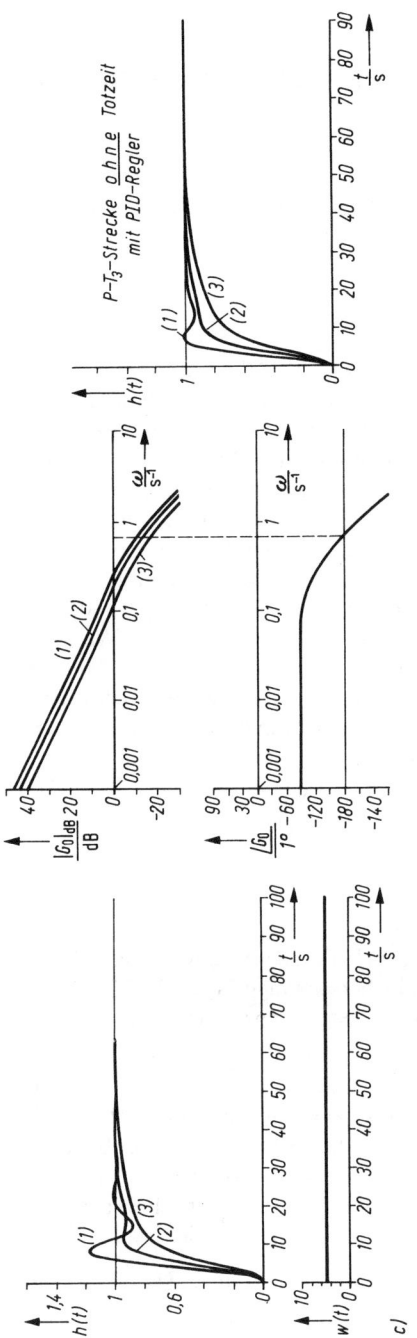

Daten des Regelkreises: $G_S(s) = \dfrac{e^{-sT_t}}{(T_{1a}s+1)\,(T_{1b}s+1)\,(T_{1c}s+1)}$ mit $T_t = 1$; $T_{1a} = 2$; $T_{1b} = 3$; $T_{1c} = 4$;

oder $G_S(s) = \dfrac{e^{-sT_t}}{T_3^3 s^3 + T_2^2 s^2 + T_1 s + 1}$ mit $T_t = 1$; $T_1 = 9$; $T_2 = 5,1$; $T_3 = 2,9$ (gerundete Werte)

	P			PI			PID		
	(1)	(2)	(3)	(1)	(2)	(3)	(1)	(2)	(3)
K_{PR}	3,0	1,5	0,5	2,0	1,0	0,7	2,5	1,5	1,0
T_n	—	—	—	10	10	10	10	10	10
T_v	—	—	8,9				3	2	2
A_R	1,5	3,0		1,71	3,44	4,91	3,10	5,21	7,8
φ_R	25°	84°		30,2°	71°	83,1°	52,1°	73,6°	84,2°
ω_D	0,35	0,18		0,27	0,13	0,08	0,32	0,19	0,11

Bild 5.20 Entwurfsschritte bei einem Regelkreis mit P-T_3-T_t-Strecke und P-Regler (a), PI-Regler (b) und PID-Regler (c)

5.4   Wurzelortskurven (*WOK*-Verfahren)

Mit *Wurzelorten* bezeichnet man die Lage der Nullstellen ("Wurzeln") der charakteristischen Gleichung

$$1 + G_O(s) = 0$$

des *geschlossenen* Regelkreises in der komplexen *s*-Ebene. Betrachtet man die Führungsübertragungsfunktion (Abschn. 5.1)

$$G_w(s) = \frac{G_O(s)}{1 + G_O(s)},$$

dann wird klar, daß sich die Wurzelorte auch als *Lage der Pole*[1]) *des geschlossenen Regelkreises* deuten lassen. Damit der Regelkreis *stabil* ist, müssen alle Nullstellen der charakteristischen Gleichung $1 + G_O = 0$ bzw. alle Pole des geschlossenen Regelkreises negative Realteile haben (vgl. Abschn. 5.1) oder — grafisch ausgedrückt — die Pole bzw. Wurzelorte des geschlossenen Regelkreises müssen sämtlich links von der imaginären Achse der komplexen *s*-Ebene liegen (vgl. Bild 2.49). Um ein akzeptables Einschwingverhalten auf Führungs- und/oder Störsignale zu erzielen, müssen die Pole bzw. Wurzelorte darüber hinaus genügend weit links von der imaginären Achse entfernt sein. Das *Wurzelortskurvenverfahren (WOK-Verfahren)* trägt dazu bei, einen Regler zu finden, der zu geeigneten Wurzelorten führt. Im Folgenden wird zunächst ein für die Wurzelorte geeignetes Gebiet in der komplexen *s*-Ebene definiert ("*erlaubtes Polgebiet*"), in das dann mittels *WOK*-Verfahren die Pole hineinzulegen sind. Beim *WOK*-Verfahren darf — im Gegensatz zum *FKL*-Verfahren (Abschn. 5.3) — die Übertragungsfunktion des offenen Kreises $G_O(s)$ kein Totzeitglied $e^{-T_t s}$ enthalten.

Häufig kann das Führungsübertragungsverhalten näherungsweise als folgendes Übertragungsglied 2. Ordnung betrachtet werden

$$G_w(s) = \frac{x(s)}{w(s)} = \frac{1}{T_2^2 s^2 + T_1 s + 1}.$$

Dann kann man mit den Ergebnissen aus Abschn. 2.8.3 (*P-T₂*-Glied) die Anforderung an die *Schnelligkeit* des Regelkreises (Ausregelzeit T_{aus} und Überschwingen x_m, Bild 5.2) direkt in eine entsprechende Anforderung an die Lage der Pole des Regelkreises umrechnen.

Die *Genauigkeit* der Regelung (bleibende Regeldifferenz e_b) hängt dagegen nicht von den Polen des Regelkreises ab. Es wird daher im Folgenden *vorausgesetzt*, daß die bleibende Differenz zwischen Soll- und Istwert durch entsprechende Maßnahmen (z. B. Vorfilter oder *I*-Anteil im Regler, vgl. Abschn. 4.3.1 bzw. 4.3.2) kleiner als die Toleranz ε (Bild 5.2a) gemacht wurde. Die obige Führungsübertragungsfunktion $G_w(s)$ wurde so gewählt, daß die bleibende Regeldifferenz e_b bei konstanter Führungsgröße $w(t) = \hat{w}\sigma(t)$ verschwindet. Das läßt sich einfach mittels Endwertsatz der Laplace-Transformation (Bild A.3.2, Nr. 7) nachweisen: Weil $\lim_{t \to \infty} x(t) = \lim_{s \to 0} s G_w \frac{\hat{w}}{s} = \hat{w}$ und $e(t) = w(t) - x(t)$, ist im eingeschwungenen Zustand (d. h. $t \to \infty$) $e_b = \hat{w} - \hat{w} = 0$.

---

[1]) Die Pole einer Übertragungsfunktion wurden in Abschn. 2.6.4 behandelt.

Die Führungsübergangsfunktion ist im periodischen Fall mit Dämpfungsgrad $d = T_1/(2T_2) < 1$ (Herleitung in Abschn. 2.8.3 mit Bild 2.58b)

$$h(t) = \frac{x(t)}{\hat{w}} = 1 - e^{\sigma t} \frac{1}{\sqrt{1-d^2}} \cos(\omega_e t + \varphi).$$

Sie geht für $t \to \infty$ gegen Eins, wenn die beiden Pole der Führungsübertragungsfunktion

$$s_{1/2} = \sigma \pm \mathrm{j}\omega_e \quad \text{mit} \quad \sigma = -\omega_0 d \quad \text{und} \quad \omega_e = \omega_0 \sqrt{1-d^2} \quad \left(\omega_0 = \frac{1}{T_2}\right)$$

links von der imaginären Achse der s-Ebene liegen, d. h. $\sigma = -(\omega_0 d) < 0$ (Bild 5.21). Aus Bild 5.21 b ist zu entnehmen, daß der Winkel ψ mit dem Dämpfungsgrad d zusammenhängt, und zwar gemäß $\cos\psi = (\omega_0 d)/\omega_0 = d$. Andererseits ist Bild 2.58 b zu entnehmen: Je größer der Dämpfungsgrad d, umso geringer die Überschwingweite x_m. Der Zusammenhang läßt sich aus dem Ausdruck für die Übergangsfunktion $h(t)$ bestimmen:

$$d = \frac{\vartheta}{\sqrt{\pi^2 + \vartheta^2}} \quad \text{mit} \quad \vartheta = -\ln x_m.$$

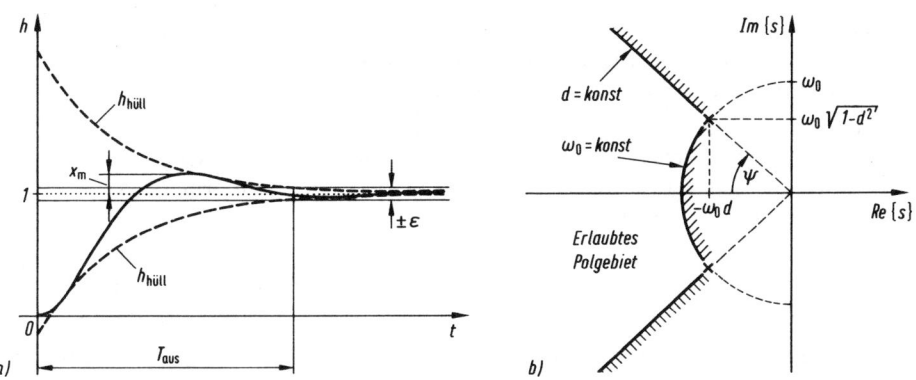

Bild 5.21 Führungsübergangsverhalten und Lage der Pole (P-T_2-Glied)
a) Führungsübergangsfunktion   b) Erlaubtes Polgebiet

Beispiel: Soll die Überschwingweite $x_m = 0{,}04$ (bzw. 4%) betragen, so folgt mit $\vartheta = -\ln x_m = -\ln 0{,}04 = 3{,}2$ zunächst für den Dämpfungsgrad

$$d = \frac{\vartheta}{\sqrt{\pi^2 + \vartheta^2}} = \frac{3{,}2}{\sqrt{\pi^2 + 3{,}2^2}} = 0{,}71$$

und damit für den Winkel $\psi = \arccos d = \arccos 0{,}71 = 44{,}7°$. Um also der Anforderung an die Überschwingweite zu genügen, müssen die beiden Pole irgendwo auf den Geraden liegen, die in Bild 5.21 b mit dem Winkel ψ vom Ursprung nach links oben bzw. links unten verlaufen.

Mit der zusätzlichen Anforderung einer bestimmten Ausregelzeit T_{aus} wird die Lage der Pole auf die Schnittpunkte der beiden Geraden mit dem Winkel ψ und einem Kreis um den Ursprung mit dem Radius ω_0 eingeschränkt (Bild 5.21 b). Das ergibt sich aus folgender Überlegung: Definiert man die Ausregelzeit so, daß nicht die Übergangsfunktion, sondern ihre Einhüllende mit dem einfacheren Ausdruck (Bild 5.21a)

$$h_{\text{hüll}}(t) = \frac{x(t)}{\hat{w}} = 1 \pm e^{\sigma t} \frac{1}{\sqrt{1 - d^2}}$$

endgültig in einen Toleranzbereich von $\pm \varepsilon$ um den Sollwert eintritt, dann folgt

$$\omega_0 = k \frac{1}{T_{\text{aus}}} \quad \text{mit} \quad k = -\frac{1}{d} \ln \left(\varepsilon \sqrt{1 - d^2} \right).$$

Da die tatsächliche Ausregelzeit immer kleiner ist, liegt man mit der Anforderung auf der sicheren Seite.

Beispiel: Als Fortsetzung des vorherigen Beispiels soll der Toleranzbereich $\varepsilon = 0{,}05$ (5%) betragen. Damit folgt $k = -(1/d) \ln \left(\varepsilon \sqrt{1 - d^2} \right) = -(1/0{,}71) \ln \left(0{,}05 \sqrt{1 - (0{,}71)^2} \right) = 4{,}71$ und $\omega_0 = 4{,}71/T_{\text{aus}}$. Wird eine Ausregelzeit von $T_{\text{aus}} = 0{,}1$ s gefordert, so ist $\omega_0 = 4{,}71/0{,}1 = 47{,}1$ rad/s.

Wie sich im Folgenden zeigen wird, lassen sich mit den *PID*-Standardreglern die Pole i. a. nicht an beliebige Wurzelorte verlegen[1]. Daher muß die Anforderung an die Wurzelorte insoweit gelockert werden, daß lediglich ein Pol*gebiet* in dem Sinne einzuhalten ist, daß die geforderten Werte für Toleranzbereich, Überschwingweite und Ausregelzeit zumindest nicht überschritten werden. Aus den obigen Formeln folgt mit zulässigen Höchstwerten x_m^* und T_{aus}^*, daß $\psi < \psi^*$ bzw. $\omega_0 > \omega_0^*$. Somit ist der markierte, nach links offene Bereich in Bild 5.21 b das erlaubte Polgebiet.

Um nun einen Regler auswählen zu können, mit dem die Pole des geschlossenen Regelkreises in dem gewünschten Polgebiet liegen, ist es hilfreich zu wissen, wo die Pole für verschiedene Reglereinstellungen liegen. In einfachen Fällen kann man das mit geringem Aufwand ausrechnen, wie das folgende Beispiel zeigt.

Beispiel: Gegeben sei die Strecke $G_S = \dfrac{4}{s^2 + 2s + 2}$. Es soll ein *P*-Regler $G_R = K_{\text{PR}}$ verwendet werden. Es ist zu prüfen, wo die Pole des geschlossenen Regelkreises für alle Verstärkungen $K_{\text{PR}} > 0$ liegen. Die charakteristische Gleichung ist $1 + G_O = 1 + K_{\text{PR}} \dfrac{4}{s^2 + 2s + 2} = 0$. Multiplikation mit dem Nenner führt zu $s^2 + 2s + 2 + 4K_{\text{PR}} = 0$. Die beiden Lösungen dieser quadratischen Gleichung sind $s_{1/2} = -1 \pm \text{j} \sqrt{1 + 4K_{\text{PR}}}$. Bild 5.22a zeigt die Lage der Pole in Abhängigkeit von der Reglerverstärkung K_{PR}.

Die Kurve in Bild 5.22 a bezeichnet man auch als *Wurzelortskurve* (abgekürzt *WOK*). Sie stellt die Pole oder Wurzelorte des geschlossenen Regelkreises in Abhängigkeit von einem Reglerparameter dar. In komplizierteren Fällen, wenn die Übertragungsfunktion des offenen Kreises mehr als zwei Pole und zusätzlich Nullstellen enthält, dann bestimmt man die *WOK* mit einem regelungstechnischen CAE-Programm (Anhang A.1). Man kann die *WOK* auch überschlägig ermitteln, indem man die folgenden, im wesentlichen auf *W. R. Evans* zurückgehenden Regeln anwendet.

Die charakteristische Gleichung des geschlossenen Kreises läßt sich auch in der Form $G_O(s) = -1$ schreiben. $G_O(s)$ ist eine komplexe Zahl, die in der Exponentialform

---

[1] Die *beliebige* Polfestlegung ist ein wichtiges Ziel der sog. Zustandsregelung. Zustandsregler sind komplizierter aufgebaut als *PID*-Standardregler, erlauben dafür aber auch, höheren Anforderungen an eine Regelung gerecht zu werden.

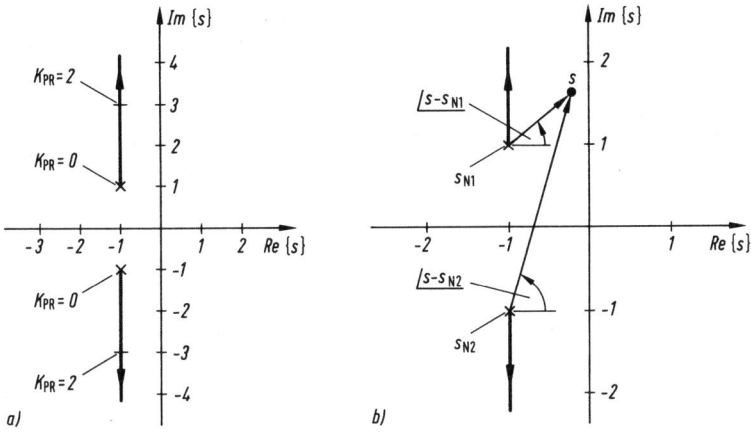

Bild 5.22 Wurzelortskurve

a) Verlauf für $K_{PR} > 0$ b) Phasenbedingung

$G_O(s) = |G_O(s)|\, e^{j\underline{/G_O(s)}}$ lautet (vgl. Anhang A.2). Damit folgen aus der charakteristischen Gleichung die *Betragsbedingung* $|G_O(s)| = 1$ und die *Phasenbedingung* $\underline{/G_O(s)} = \pi \pm \nu 2\pi$, wobei $\nu = 0, 1, 2, 3, \ldots$ Zerlegt man nun $G_O(s)$ in die Pol-Nullstellen-Form (Abschn. 2.6.4)

$$G_O(s) = V'_O\, \frac{(s - s_{Z1})\, (s - s_{Z2}) \ldots (s - s_{Zm})}{(s - s_{N1})\, (s - s_{N2}) \ldots (s - s_{Nn})},$$

dann ist die *Betragsbedingung*

1. $\quad V'_0\, \dfrac{|s - s_{Z1}|\, |s - s_{Z2}| \ldots |s - s_{Zm}|}{|s - s_{N1}|\, |s - s_{N2}| \ldots |s - s_{Nn}|} = 1$

und die *Phasenbedingung*

2. $\quad \underline{/s - s_{Z1}} + \underline{/s - s_{Z2}} \ldots + \underline{/s - s_{Zm}} - \underline{/s - s_{N1}} - \underline{/s - s_{N2}} \ldots - \underline{/s - s_{Nn}} = \pi \pm \nu 2\pi\,,$

wobei $\nu = 0, 1, 2, \ldots$

Beispiel: Die Übertragungsfunktion des offenen Kreises aus dem vorhergehenden Beispiel ist in der Pol-Nullstellen-Form

$G_O(s) = K_{PR}\, \dfrac{4}{s^2 + 2s + 2} = V'_O\, \dfrac{1}{(s - s_{N1})\,(s - s_{N2})}$ mit $V'_O = 4K_{PR}$ und $s_{N1/2} = -1 \pm j1$. Die Betragsbedingung ist $\dfrac{4K_{PR}}{|s - s_{N1}|\,|s - s_{N2}|} = 1$, und die Phasenbedingung ist $-\underline{/s - s_{N1}} - \underline{/s - s_{N2}}$ $= \pi \pm \nu 2\pi$.

Bild 5.22b zeigt die beiden Phasenwinkel für einen beliebigen Punkt s in der s-Ebene. Die Phasenbedingung ist nur dann erfüllt, wenn der Punkt s ein Punkt der *WOK* ist. Für den oberen *WOK*-Ast gilt z. B. $-\underline{/s - s_{N1}} - \underline{/s - s_{N2}} = -\pi/2 - \pi/2 = -\pi$. Gibt man einen Punkt der *WOK* vor, so kann man mit der Betragsbedingung die zugehörigen K_{PR}-Werte berechnen. Sei z. B. der *WOK*-Punkt $s_{N1/2} = -1 + j3$, dann ist $\dfrac{4K_{PR}}{|s - s_{N1}|\,|s - s_{N2}|} = \dfrac{4K_{PR}}{2 \cdot 4} = 1$, also $K_{PR} = 2$.

Folgende weitere Regeln sind zum überschlägigen Konstruieren einer *WOK* nützlich. Sie werden für den Normalfall $V_0' \geq 0$ angegeben. Die Regeln können z. B. anhand der in Bild 5.23 wiedergegebenen *WOK*n einfacher Übertragungsfunktionen $G_O(s)$ nachgeprüft werden.

3. Die *WOK* beginnt für $V_0' = 0$ jeweils in den Polen von G_O und endet für $V_0' \to \infty$ in deren Nullstellen bzw. im Unendlichen (siehe obiges Beispiel).

4. *Verzweigungen* der *WOK*n treten auf, wenn mehrere (n) Pole und (m) Nullstellen vorhanden sind. m Äste der *WOK* münden dann in Nullstellen im Endlichen, $n - m$ Äste dagegen im Unendlichen.
   Die *Richtung* der ins Unendliche verlaufenden *WOK*-Äste ist festgelegt durch die Winkel derjenigen Geraden, denen sich die *WOK*-Äste asymptotisch nähern: $\varphi_i = (2i - 1)\,\pi/(n - m)$; $i = 1, 2, 3, \ldots (n - m)$. Der Schnittpunkt dieser Geraden mit der reellen Achse ergibt sich zu $s_S = [1/(n - m)]\,(s_{N1} + s_{N2} + \ldots s_{Nn} - s_{Z1} - s_{Z2} - \ldots s_{Zm})$.

5. Die *Zweige* der *WOK* verlaufen symmetrisch zur reellen Achse und werden nur von der relativen Lage der Nullstellen und Pole zueinander (unabhängig vom Nullpunkt) beeinflußt. Auf Grund eines hier nicht zu erläuternden Zusammenhanges mit der Potentialtheorie wirken Pole auf die *WOK* abstoßend, Nullstellen dagegen anziehend.

6. Die *Abzweigpunkte* (Koordinate s_A) der *WOK*-Äste von der reellen Achse genügen der Bedingungsgleichung

$$\frac{1}{s_{N1} - s_A} + \frac{1}{s_{N2} - s_A} + \ldots \frac{1}{s_{Nn} - s_A} = \frac{1}{s_{Z1} - s_A} + \frac{1}{s_{Z2} - s_A} + \ldots \frac{1}{s_{Zm} - s_A}\,.$$

7. Diejenigen Teile der reellen Achse stellen *Abschnitte* der *WOK* dar, für die sich beim Abzählen der auf der reellen Achse gelegenen Pole und Nullstellen von rechts nach links als Summenbetrag eine ungerade Zahl ergibt (Beispiel: $G_w = 1/[s(s + 1,5)\,(s + 3)]$; Pole bei $s = 0$; $s = -1,5$; $s = -3$; keine Nullstellen. Die positiv-reelle Achse ist bis zum Erreichen des ersten Pols $s = 0$ keine *WOK* wegen Pol-Nullstellensumme $= 0$ d. h. gerade. Von $s = 0$ bis $s = -1,5$ ist die negativ-reelle Achse *WOK*, weil die Anzahl der Pole 1 d. h. ungerade ist. Von $s = -1,5$ bis $s = -3$ kein *WOK*-Anteil, weil die Summe der Pole 2 d. h. gerade ist. Von $s = -3$ bis $s \to -\infty$ ist die negativ-reelle Achse wieder *WOK*, denn die Summe der Pole ist dort 3 d. h. ungerade).

8. Die *Winkel* der aus komplexen Polen austretenden *WOK*-Äste ergeben sich aus der Anwendung der Phasenbedingung zu:
   $\underline{/s - s_{Z1}} + \underline{/s - s_{Z2}} \ldots + \underline{/s - s_{Zm}} - \underline{/s - s_{N1}} - \underline{/s - s_{N2}} \ldots - \underline{/s - s_{Nn}} = \pi \pm \nu 2\pi$,
   indem man für den betreffenden Pol s_{Nk} anstelle von $s - s_{Nk}$ den zu berechnenden Winkel φ_{Nk} in obige Phasenbedingung einsetzt und diese nach φ_{Nk} auflöst (s. folgendes Beispiel).

9. Bei reellen μ-fachen Nullstellen und Polen (die Funktion $(s + 3)^2/(s + 5)^3$ hat z. B. eine zweifache Nullstelle und einen dreifachen Pol) sind die Einmündungs- bzw. Austrittswinkel

$$\varphi_\mu = \frac{1}{\mu}\,((\alpha - \beta - 1)\,\pi + 2\nu\pi); \qquad \nu = 1, 2 \ldots \mu\,.$$

α ist die Anzahl der rechts vom betreffenden μ-fachen Pol (Nullstelle) liegenden *Pole*, β ist die Anzahl der rechts vom betreffenden μ-fachen Pol (Nullstelle) liegenden *Nullstellen*.

G_0	WOK in der s-Ebene	o	×
$\dfrac{K_P}{T_2^2 s^2 + T_1 s + 1}$			2
$\dfrac{K_0 s}{(T_{1a}s+1)(T_{1b}s+1)}$ $T_{1a}+T_{1b} > 2\,T_{1a}\,T_{1b}$		1	2
$\dfrac{K_0 s}{T_2^2 s^2 + T_1 s + 1}$		1	2
$\dfrac{K_1}{s\,(T_{1a}s+1)(T_{1b}s+1)}$ $T_{1a}+T_{1b} > 2\,T_{1a}\,T_{1b}$			3
$\dfrac{K_1}{s\,(T_2^2 s^2 + T_1 s + 1)}$ $T_1 < 1{,}72\,T_2$			3
$\dfrac{K_1}{s\,(T_2^2 s^2 + T_1 s + 1)}$ $2\,T_2 > T_1 > 1{,}72\,T_2$			3

G_0	WOK in der s-Ebene	o	×
$\dfrac{K_P}{T_1 s + 1}$			1
$K_P\,(T_1 s + 1)$		1	
$\dfrac{K_1}{s}$			1
$K_0 s$		1	
$\dfrac{K_0 s}{T_1 s + 1}$		1	1
$\dfrac{K_P\,(T_1 s + 1)}{T_1 s + 1}$ $T_V > T_1$		1	1
$\dfrac{K_P}{(T_{1a}s+1)(T_{1b}s+1)}$ $T_{1a}+T_{1b} > 2\,T_{1a}\,T_{1b}$		1	2

Bild 5.23 Wurzelortskurven einfacher Übertragungsfunktionen des offenen Kreises G_0

Beispiel:

Strecke: $\quad G_S = \dfrac{0{,}2}{0{,}2s^2 + 0{,}8s + 1} = \dfrac{1}{s^2 + 4s + 5} = \dfrac{1}{(s + 2 - j)(s + 2 + j)}$

Regler: $\quad G_R = \dfrac{K_{PR}(T_v s + 1)}{T_{1R}s + 1} = \dfrac{K_{PR}(0{,}33s + 1)}{0{,}25s + 1} = \dfrac{0{,}33 K_{PR}(s + 3)}{0{,}25(s + 4)} = 1{,}32 K_{PR}\,\dfrac{s + 3}{s + 4}$

Gesucht ist die *WOK* für die Reglerverstärkung K_{PR} und die K_{PR}-Einstellung, für die die Überschwingweite höchstens $x_m^* = 0{,}04$ und die Ausregelzeit in den Toleranzbereich von $\pm 5\%$ um den Sollwert höchstens $T_{aus}^* = 1{,}6$ s beträgt. Daraus ergibt sich das in Bild 5.24 schraffiert umrandete erlaubte Polgebiet.

Es ist $G_O = G_R G_S = \dfrac{V_O'(s + 3)}{(s + 4)(s + 2 - j)(s + 2 + j)}$ mit $V_O' = 1{,}32 K_{PR}$.

G_O hat eine $(m = 1)$ Nullstelle $s_{Z1} = -3$ und drei $(n = 3)$ Pole $s_{N1} = -4$, $s_{N2} = -2 + j$ und $s_{N3} = -2 - j$. Die *WOK* läßt sich nun wie folgt konstruieren (Bild 5.24a):

Es werden die 3 Pole (mit x) und die eine Nullstelle (mit o) von $G_O(s)$ eingetragen. Bei den 3 Polen muß je ein *WOK*-Ast beginnen. $n - m = 2$ Kurvenäste münden im Unendlichen, weil nur eine Nullstelle im Endlichen vorhanden ist. Der Abschnitt der reellen Achse von -3 bis -4 ist Teil der *WOK*, weil dort die Zahl der rechts liegenden Nullstellen (und Pole) gleich 1 d. h. ungerade ist. Die Winkel für die Asymptoten der $n - m = 2$ Kurvenäste sind entsprechend $\varphi_i = (2i - 1)\,\pi/(n - m)$ hier $\varphi_1 = 90°$ und $\varphi_2 = 270°$. Der Schnittpunkt der beiden Asymptoten mit der reellen Achse liegt bei $s_S = (-(-3) + (-4 - 2 - 2))/2 = -2{,}5$.

Die Berechnung eines Abzweigpunktes nach Regel 6 ist hier nicht erforderlich, weil kein „Quellpunkt" in Form eines Poles auf der reellen Achse mehr übrig ist. Der von -4 ausgehende und in -3 mündende Ast der *WOK* hat keine Abzweigungen. Diese treten nur dann auf, wenn der *WOK*-

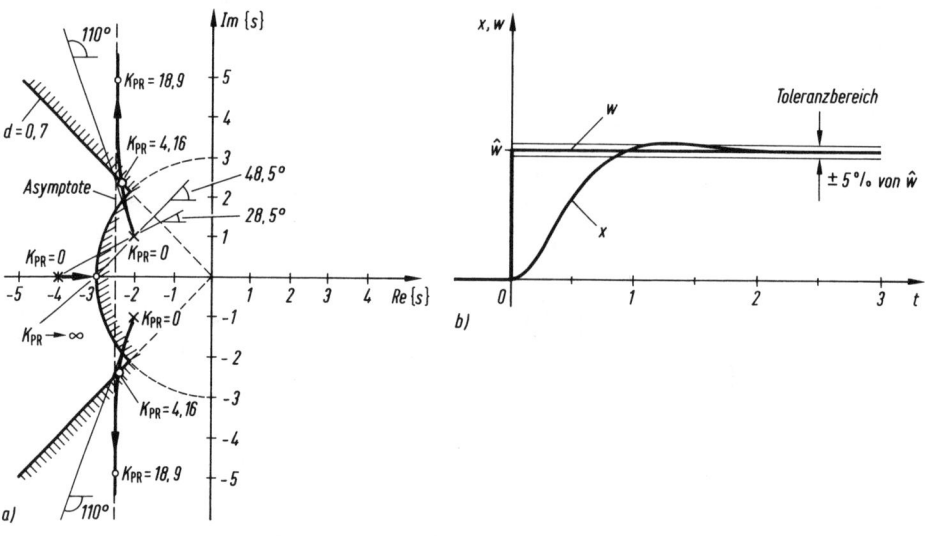

Bild 5.24 $\quad G_O = G_R G_S = K_{PR} \cdot \dfrac{1{,}32(s + 3)}{(s + 4)(s + 2 - j)(s + 2 + j)}$

a) *WOK* für alle $K_{PR} > 0$ und

b) Führungssprungantwort für $K_{PR} = 4{,}16$

Abschnitt auf der reellen Achse zwischen zwei Polen liegt (z. B. $\times \!\!-\!\!\!\!+\!\!\!\!-\!\! \times$). Die Austrittswinkel φ_{WOK} der *WOK*-Äste aus den komplexen Polen $-2 + j$ und $-2 - j$ kann man mit Regel 8 bestimmen.

Für den Pol $-2 + j$ gilt: $\underline{/s+3} - \underline{/s+4} - \underline{/s+2+j} - \varphi_{WOK} = \pi$.

Die Winkel zum Pol $-2 + j$ sind im Bild 5.24 eingetragen, so daß sich ergibt:

$$48{,}5° - 28{,}5° - 90° - \varphi_{WOK} = 180°, \quad \text{also} \quad \varphi_{WOK} = -250° \quad \text{bzw.} \quad \varphi_{WOK} = +110°\,.$$

Dementsprechend ist der Austrittswinkel für den anderen Pol $-2 - j$ aus Symmetriegründen $250°$ bzw. $-110°$. Nach der Berechnung dieser Größen kann nunmehr die *WOK* skizziert werden (Bild 5.24a). Der Maßstab für K_{PR} auf der *WOK* läßt sich durch Anwendung der Betragsbedingung festlegen. Ein Schnittpunkt der *WOK* mit der imaginären Achse (Übergang zur Instabilität) ist für keinen K_{PR}-Wert vorhanden. Bei $K_{PR} = 4{,}16$ liegen die Pole auf der Grenze des erlaubten Gebietes. Die Führungssprungantwort in Bild 5.24b für $K_{PR} = 4{,}16$ zeigt, daß die Anforderungen an Überschwingweite und Ausregelzeit erfüllt werden.

Bemerkenswert ist bei dem vorherigen Beispiel, daß das erlaubte Polgebiet wie in Bild 5.21 unter der Annahme festgelegt wurde, daß die Führungsübertragungsfunktion $G_w(s)$ *zwei* Pole hat. Tatsächlich hat die Führungsübertragungsfunktion im Beispiel jedoch *drei* Pole. Trotzdem zeigt die Führungssprungantwort in Bild 5.24b das gewünschte Verhalten. Man sagt daher, daß das konjugiert komplexe Polpaar das Verhalten des Regelkreises „dominiert". Ein *konjugiert komplexes Polpaar* ist dann als *dominierend* anzusehen, wenn zusätzliche Pole in der *s*-Ebene weiter vom Ursprung $(s = 0)$ entfernt liegen.

Beim Reglerentwurf anhand der *WOK* (sog. *Wurzelortskurvenverfahren* oder kurz *WOK-Verfahren*) beginnt man — wie beim *FKL*-Verfahren — häufig zunächst mit einem *P*-Regler $G_R(s) = K_{PR}$ mit $K_{PR} = 1$, so daß $G_O(s) = G_S(s)\,G_R(s) = G_S(s)$ die Übertragungsfunktion des offenen Kreises zugleich die Übertragungsfunktion der Strecke ist. Die *WOK* zeigt dann die Lage der Pole des geschlossenen Regelkreises für alle $K_{PR} > 0$. Man untersucht nun die *WOK* daraufhin, ob es für einen K_{PR}-Wert eine günstige Polverteilung gibt. Bei einer günstigen Polverteilung liegen alle Pole im (vorab festzulegenden) erlaubten Gebiet (Bild 5.21b), und es gibt ein dominierendes Polpaar. Zeigt die *WOK*, daß eine solche Polverteilung mit dem *P*-Regler nicht erreichbar ist, dann muß versucht werden, die *WOK* entsprechend zu verändern, indem man die Reglerübertragungsfunktion durch geeignete *Korrekturglieder* ergänzt. Einige Standard-Korrekturglieder wurden in Abschn. 5.3.3 besprochen, wobei allerdings hier nicht deren Frequenzkennlinien, sondern ihre Pole und Nullstellen im Vordergrund stehen. Mit den oben aufgelisteten *WOK*-Konstruktionregeln kann man recht genau abschätzen, wo die zusätzlichen Pole und/oder Nullstellen der Korrekturglieder liegen müssen, damit die *WOK*n den gewünschten Verlauf bekommen. Mit einem regelungstechnischen CAE-Programm kann man sehr schnell verschiedene Varianten durchspielen. Das *WOK*-Verfahren ist also (wie das *FKL*-Verfahren) ein gerichtetes Probierverfahren, bei dem man mit wachsender Erfahrung die regelungstechnischen Möglichkeiten voll ausschöpfen kann.

An dieser Stelle soll noch erwähnt werden, daß man mit dem *Hurwitz*-Stabilitätskriterium (Abschn. 2.7.3) die Wertebereiche der Reglerparameter berechnen kann, für die die Wurzelorte links von der imaginären Achse der *s*-Ebene liegen.

Beispiel: Im vorhergehenden Beispiel ergab die *WOK* (Bild 5.24), daß die Reglerverstärkung K_{PR} beliebig groß gemacht werden durfte, ohne die Stabilität zu gefährden. Das gleiche Ergebnis erhält man nach *Hurwitz* wie folgt: Man berechne zunächst die Koeffizienten der charakteristischen Gleichung $1 + G_O = 0$ des Regelkreises. Aus

$$1 + G_O = 1 + \frac{1{,}32 K_{PR}(s+3)}{(s^2 + 4s + 5)(s+4)} = 0$$

und

$$(s^2 + 4s + 5)(s+4) + 1{,}32 K_{PR}(s+3) = 0$$

folgt

$$s^3 + 8s^2 + (21 + 1{,}32 K_{PR})\,s + (20 + 3{,}96 K_{PR}) = 0\,.$$

Laut *Hurwitz* müssen alle Koeffizienten ungleich Null sein und gleiches Vorzeichen haben. Das ist der Fall für alle $K_{PR} > 0$. Da die Gleichung von 3. Grade ist $(n = 3)$, muß außerdem die Bedingung $a_1 a_2 - a_0 a_3 = (21 + 1{,}32 K_{PR})\,8 - (20 + 3{,}96 K_{PR})\,1 > 0$ bzw. $148 + 6{,}6 K_{PR} > 0$ erfüllt sein. Auch das ist – in Übereinstimmung mit der *WOK* – für alle $K_{PR} > 0$ der Fall.

Beim folgenden Beispiel, das mit ähnlicher Zielsetzung bereits in Abschn. 5.3.1 und 5.3.2 behandelt wurde, soll berechnet werden, für welchen Wertebereich der Reglerverstärkung der Regelkreis stabil ist.

Beispiel: Strecke: $G_S = \dfrac{1}{2s^2 + 3s + 1}$; Regler: $G_R = K_{PR}\left(1 + \dfrac{1}{0{,}4s}\right) = K_{PR}\,\dfrac{0{,}4s + 1}{0{,}4s}$;

Charakteristische Gleichung des Regelkreises $1 + G_O = 0$:

$$0{,}8s^3 + 1{,}2s^2 + 0{,}4(1 + K_{PR})\,s + K_{PR} = 0\,.$$

Alle Koeffizienten sind ungleich Null und haben gleiches Vorzeichen für alle $K_{PR} > 0$. Da $n = 3$ – wie im vorhergehenden Beispiel – muß K_{PR} außerdem die Bedingung $a_1 a_2 - a_0 a_3 = 0{,}4(1 + K_{PR})\,1{,}2 - K_{PR}\,0{,}8 > 0$ erfüllen. Daraus folgt $K_{PR} < 1{,}5$.

5.5   Einstellverfahren

Den Einstellverfahren liegt der Gedanke zugrunde, die bestmögliche Reglereinstellung durch ein *schematisches Vorgehen* bei der Inbetriebnahme, unter Zuhilfenahme von tabellierten Formelausdrücken oder als Ergebnis eines CAE-Programmes zu erhalten. Im Gegensatz zum *FKL*- und *WOK*-Verfahren sind weniger individuelle, aufgabenspezifische Überlegungen anzustellen, die erst mit zunehmender Erfahrung zu wirklich guten Ergebnissen führen. Die Einstellverfahren ermöglichen es auch Ungeübten, zu guten Reglereinstellungen zu kommen.

Die schematische Anwendbarkeit der Einstellverfahren stößt jedoch an Grenzen, wenn die Anforderungen an den Regelkreis speziellerer Art sind. Für eine nachträgliche Anpassung an eine besondere Problemsituation gibt es keine Regeln. Die sog. Einstellregeln, die in Abschn. 5.5.2 behandelt werden, können nur auf Standard-Regelungsprobleme zugeschnitten sein. Mehr Flexibilität bieten CAE-Programme zur Optimierung der Reglerparameter.

5.5.1 Optimierung der Reglerparameter

Bei der Reglerparameter-Optimierung werden die Reglerparameter (z. B. bei *PID*-Regler K_{PR}, T_n und T_v) systematisch mit dem Ziel verändert, daß die Anforderungen an den Regelkreis wie z. B. kleine Überschwingweite und kurze Ausregelzeit besser erfüllt werden (Abschn. 5.1). Die Optimierung wird abgebrochen, wenn eine weitere Verbesserung nicht erreicht werden kann. Damit der Berechnungsalgorithmus eines CAE-Programmes entscheiden kann, ob eine von ihm probeweise vorgenommene neue Reglerparameter-Einstellung besser ist als die vorherige, muß eine Maßzahl für die *Regelgüte* definiert werden, die z. B. umso kleiner ist, je besser die Anforderungen an den Regelkreis erfüllt sind. Die Maßzahl für die Regelgüte heißt auch *Gütekriterium*. Reglerparameter-Optimierung bedeutet Minimierung des Gütekriteriums.

Bei der Definition des Gütekriterium geht man häufig von der *Fläche* zwischen den Zeitverläufen von Führungsgröße $w(t)$ und Regelgröße $x(t)$ aus. Als Beispiel zeigt Bild 5.25a eine Führungssprungantwort und 5.25b den zugehörigen Verlauf der Regeldifferenz $e(t) = w(t) - x(t)$. Bei einer idealen Regelung wäre $e(t) = 0$ für $t > 0$ und damit auch die schraffierte Fläche unter der Kurve $e(t)$ gleich Null. Als *lineare Regelfläche* wird das Gütekriterium

$$I_{\text{lin}} = \int_0^\infty e \, dt$$

bezeichnet. Es hat nur dann einen endlichen Wert, wenn die bleibende Regeldifferenz e_b verschwindet (d. h. $e(t) = 0$ für $t \to \infty$). Es muß also z. B. ein *I*-Anteil im Regler und ein zumindest stabiler Regelkreis vorausgesetzt werden. Ein „optimaler" kleiner Wert der linearen Regelfläche kann allerdings auch eine unerwünschte Dauerschwingung der Regeldifferenz bedeuten, da sich bei der linearen Regelfläche positive (wenn $e(t) > 0$) und negative (wenn $e(t) < 0$) Flächenanteile aufheben können. Daher ist dieses Gütekriterium ohne entsprechende Zusatzbedingung i. a. nicht brauchbar. Jedoch läßt es sich im Gegensatz zu vielen anderen Gütekriterien mit geringem Aufwand analytisch berechnen wie das Beispiel zeigt.

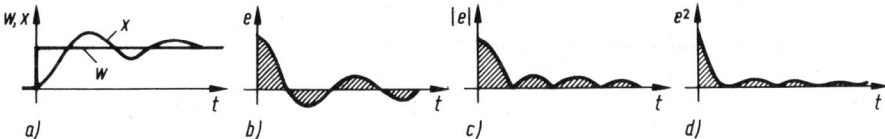

Bild 5.25 Lineare, Betrags- und quadratische Regelfläche beim Führungsverhalten

a) Verlauf der Regelgröße x bei sprungförmiger Änderung der Führungsgröße w
b) Verlauf der Regeldifferenz e
c) Verlauf des Betrages der Regeldifferenz e
d) Verlauf des Quadrates der Regeldifferenz e

Beispiel: Gegeben ist ein Regelkreis mit $G_S = K_{PS}/(T_1 s + 1)$ und $G_R = K_{IR}/s$, d. h. mit einer Strecke mit Ausgleich und Verzögerung 1. Ordnung und einem als verzögerungsfrei angenommenen *I*-Regler. Es soll mittels linearer Regelfläche eine optimale Einstellung der Reglers berechnet werden für den Fall einer sprungförmigen Störgröße $z(t) = \hat{z}\sigma(t)$, wobei Schwingungen beim Einschwingen vermieden werden sollen. Die Führungsgröße sei $w(t) = 0$. Die Laplace-Transformierte der Regeldifferenz ist dann

$$e(s) = -x(s) = -G_z z(s) = -\frac{G_S}{1 + G_O} z(s) = -\frac{K_{PS}s}{T_1 s^2 + s + K_{PS} K_{IR}} z(s), \quad \text{wobei} \quad z(s) = \frac{\hat{z}}{s}.$$

Die Regeldifferenz $e(t)$ erhält man durch Laplace-Rücktransformation (Bild A.3.4), indem man zunächst die Nullstellen des Nenners bestimmt. Dazu ist die charakteristische Gleichung $1 + G_O = 0$ des geschlossenen Kreises zu lösen und man erhält

$$s_{1/2} = -\frac{1}{2T_1} \pm \sqrt{\frac{1}{4T_1^2} - \frac{K_{PS} K_{IR}}{T_1}}.$$

Ist der Realteil der beiden Nullstellen negativ, dann ist der Regelkreis stabil (Abschn. 2.7.2). Das ist hier der Fall, wenn eine positive Streckenverstärkung $K_{PS} > 0$ vorausgesetzt wird. Einen schwingungsfreien Verlauf der Regeldifferenz $e(t)$ für $t > 0$ (und damit auch der Störsprungantworten) erhält man, wenn die beiden Nullstellen reell sind. Das läßt sich einrichten, indem die Reglerverstärkung K_{IR} so gewählt wird, daß der Ausdruck unter der Wurzel positiv ist: $K_{IR} \leq 1/(4K_{PS}T_1)$. (Betrachtet man $e/\hat{z}$ als P-T_2-Glied, dann wird mit dieser Bedingung der Dämpfungsgrad $d \geq 1$, vgl. Abschn. 2.8.3). Unter dieser Voraussetzung liegt für die Durchführung der Laplace-Rücktransformation Fall Nr. 1 in Bild A.3.4 vor, mit dem Ergebnis

$$e(t) = -\hat{z} \frac{K_{PS}}{T_1} \frac{1}{s_1 - s_2} (e^{s_1 t} - e^{s_2 t}).$$

Die negativen Exponenten der beiden e-Terme sorgen dafür, daß $e(t) \to 0$ für $t \to \infty$ und damit die lineare Regelfläche I_{lin} endlich ist (Bild 5.26). Ihr Wert ist

$$I_{lin} = \int_0^\infty e(t)\, dt = -\hat{z} \frac{K_{PS}}{T_1} \frac{1}{s_1 - s_2} \int_0^\infty (e^{s_1 t} - e^{s_2 t})\, dt$$

$$= -\hat{z} \frac{K_{PS}}{T_1} \frac{1}{s_1 - s_2} \left[\frac{1}{s_1} e^{s_1 t} - \frac{1}{s_2} e^{s_2 t} \right]_0^\infty = -\hat{z} \frac{K_{PS}}{T_1} \frac{1}{s_1 s_2}.$$

Wegen $s_1 s_2 = K_{PS} K_{IR}/T_1$ ist somit $I_{lin} = -\hat{z}/K_{IR}$. Die lineare Regelfläche läßt sich hier also direkt als Funktion des Reglerparameters K_{IR} darstellen.

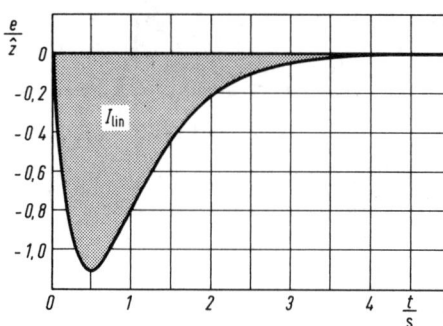

Bild 5.26
Verlauf der Regeldifferenz $e(t)$ nach einem Störsprung $z(t) = \hat{z}\sigma(t)$ und die lineare Regelfläche I_{lin} bei optimaler Reglereinstellung $K_{IR} = 0{,}66$ ($G_R = K_{IR}/s$; $G_S = 0{,}5/(0{,}25s + 1)$)

Um die Regelgüte zu verbessern, muß das Gütekriterium I_{lin} minimiert werden. Damit ergibt sich aus dem Gütekriterium, daß der Reglerparameter K_{IR} möglichst groß sein muß. Als größtmöglicher Wert wurde oben $K_{IR} = 1/(4K_{PS}T_1)$ festgelegt. Nimmt man für die Strecke die Zahlenwerte $K_{PS} = 1{,}5$ und $T_1 = 0{,}25$ an, dann folgt als optimale Reglereinstellung $K_{IR} = 0{,}66$.

Bei der sog. *betragslinearen Regelfläche* (Bild 5.25 c)

$$I_{\text{Betrag}} = \int\limits_0^\infty |e| \, \mathrm{d}t$$

und der *quadratischen Regelfläche* (Bild 5.25 d)

$$I_{\text{quad}} = \int\limits_0^\infty e^2 \, \mathrm{d}t$$

wirken sich positive und negative Flächenanteile gleichermaßen erhöhend auf den Wert des Gütekriteriums aus. In die quadratische Regelfläche gehen große Regeldifferenzen stärker ein (und werden bei der Minimierung bevorzugt verringert). Bei der sog. *zeitbeschwerten betragslinearen Regelfläche* oder *ITAE-Kriterium* (integral of time multiplied absolute error)

$$I_{\text{ITAE}} = \int\limits_0^\infty |e| \, t \, \mathrm{d}t$$

wird dagegen die Regeldifferenz bei zunehmender Ausregelzeit verstärkt unterdrückt. Obwohl mit den Integralkriterien Überschwingweite oder Ausregelzeit nur indirekt minimiert werden können, wurden sie in der Vergangenheit wegen sonst unüberwindlicher mathematischer Schwierigkeiten herangezogen, um für typische, in der Verfahrens- und Antriebstechnik häufig vorkommende Streckentypen Berechnungsformeln zur optimalen Reglereinstellung für den Praktiker zu entwickeln. Einige dieser sog. Einstellregeln werden im folgenden Abschnitt behandelt.

Mit Rechnern können die Reglerparameter bezüglich praktisch beliebiger Gütekriterien optimiert werden. Zum Beispiel bieten einige CAE-Programme die Möglichkeit, den Verlauf der Führungssprungantwort (und zugleich auch anderer Größen im Regelkreis) *direkt* zu beeinflussen. Dazu werden z. B. auf dem Bildschirm (u. a. grafisch mit der Maus) obere und untere Begrenzungslinien für den Verlauf der Führungssprungantwort vorgegeben (Bild 5.27). Damit kann man auf die Kenngrößen des Führungsverhaltens wie Überschwingweite und Ausregelzeit (Bild 5.2a bzw. I-III in Bild 5.27) direkt Einfluß nehmen. Der Regelkreis kann dabei gemäß Wirkungsplan ebenfalls grafisch programmiert werden (vgl. Abschn. 2.2). Der Rechner simuliert dann die Führungssprungantwort und wiederholt dies, wobei er die Reglerparameter beständig so variiert, daß die Begrenzungs-Überschreitungen der berechneten Führungssprungantworten minimiert werden.

Auch der Führungsfrequenzgang $G_{\text{w}}(\text{j}\omega)$ kann zur Optimierung der Reglerparameter herangezogen werden. Wie in Abschn. 5.3.3 ausgeführt wurde, ist $G_{\text{w}}(\text{j}\omega) = x/w \approx 1$ ein Zeichen für gutes Führungsverhalten. Beim sog. *Betragsoptimum* wird aus der Forderung

$$|G_{\text{w}}(\text{j}\omega)| \approx 1 \quad \text{bis zu möglichst großen Frequenzen } \omega$$

die optimale Reglereinstellung abgeleitet.

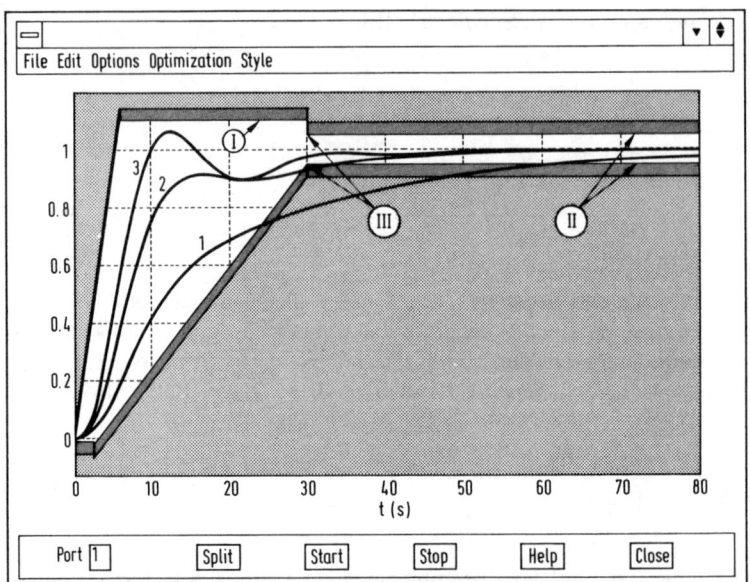

Bild 5.27 Grafische Vorgabe von oberen und unteren Begrenzungslinien für die Führungssprungantwort beim Entwurfsbeispiel von Bild 5.20 b und für verschiedene Werte der Reglerverstärkung K_{PR} berechnete Führungssprungantworten ($1: K_{PR} = 0,5$; $2: K_{PR} = 1$; $3: K_{PR} = 1,5$), die sich zunehmend besser den Begrenzungen anpassen. (MATLAB, NCD-Blockset)

I   Begrenzung der Überschwingweite
II Begrenzung des Toleranzbereiches (hier $\pm 5\%$)
III Begrenzung der Ausregelzeit

Beispiel:

Strecke: $G_S = \dfrac{K_{PS}}{(T_{1a}s + 1)(T_{1b}s + 1)}$, PI-Regler: $G_R = K_{PR}\left(1 + \dfrac{1}{T_n s}\right) = \dfrac{K_{PR}(1 + T_n s)}{T_n s}$

$$G_O = \frac{K_{PR}K_{PS}(T_n s + 1)}{T_n s(T_{1a}s + 1)(T_{1b}s + 1)} = \frac{V_O}{T_n s(T_{1a}s + 1)} \quad \text{mit} \quad V_O = K_{PR}K_{PS} \quad \text{und} \quad T_n = T_{1b},$$

wenn man mit der Nachstellzeit T_n des PI-Reglers die Zeitkonstante T_{1b} der Strecke kompensiert. Für den Betrag des Führungsfrequenzganges folgt aus

$$G_w = \frac{G_O}{1 + G_O} = \frac{V_O}{T_n T_{1a}s^2 + T_n s + V_O} , \qquad G_w(j\omega) = \frac{V_O}{V_O - T_{1a}T_n\omega^2 + j\omega T_n}$$

$$|G_w(j\omega)| = \sqrt{\frac{V_O^2}{(V_O - T_{1a}T_n\omega^2)^2 + T_n^2\omega^2}} = \sqrt{\frac{V_O^2}{V_O^2 + \omega^2(T_n^2 - 2T_{1a}T_n V_O) + T_{1a}^2 T_n^2\omega^4}}$$

Damit die Forderung $|G_w(j\omega)| \approx 1$ für kleine ω erfüllt ist, muß $T_n^2 - 2T_{1a}T_n V_O = 0$ gelten (das Glied mit ω^4 liefert für kleine ω nur einen vernachlässigbaren Beitrag). Mit $V_O = K_{PR}K_{PS}$ folgt für die optimale Reglereinstellung

$$K_{PR} = \frac{T_{1b}}{2K_{PS}T_{1a}} \quad \text{und} \quad T_n = T_{1b}.$$

5.5.2 Einstellregeln

Bei Regelstrecken mit Ausgleich und Verzögerung höherer Ordnung (Abschn. 3.3.3) kann nach *Ziegler* und *Nichols*[1]) ein *PID*-Regler am Regelkreis wie folgt *experimentell* eingestellt werden: Man betreibt den Regler zunächst als reinen *P*-Regler ($T_n \to \infty$, $T_v = 0$), wobei der Proportionalbereich X_P (Abschn. 4.3.1) so groß bzw. der Übertragungsbeiwert K_{PR} so klein gewählt wird, daß der Regelkreis mit Sicherheit stabil ist und keine Schwingungen ausführt. Dann wird X_P laufend verkleinert, bis im Regelkreis Dauerschwingungen konstanter Amplitude einsetzen. Der Regelkreis befindet sich damit an der Stabilitätsgrenze. Der zugehörige *kritische* Wert der Reglerverstärkung sei K_{PRkrit}. Ferner muß die Schwingungsperiode T_{krit} der Dauerschwingung ermittelt werden. Damit kann man die Parameter des gewünschten *PID*-Reglertyps gemäß Tabelle von Bild 5.28 bestimmen.

Regler	K_{PR}	T_n	T_v
P	$0,5 K_{PR\,krit}$	–	–
PI	$0,45 K_{PR\,krit}$	$0,83 T_{krit}$	–
PID	$0,6 K_{PR\,krit}$	$0,5 T_{krit}$	$0,125 T_{krit}$

Bild 5.28 Zur experimentellen Reglereinstellung am Regelkreis nach *Ziegler-Nichols*

Nachteilig an diesem Einstellverfahren ist, daß aus Sicherheitsgründen nicht jeder Regelkreis an die Stabilitätsgrenze gefahren werden kann. Dann können nach *Ziegler* und *Nichols* die Einstellwerte auch aus einer an der Regelstrecke *gemessenen Stellsprungantwort* gewonnen werden: Man bestimme zunächst den Proportionalbeiwert K_{PS}, die Verzugszeit T_u und die Ausgleichszeit T_g (vgl. Bild 3.20) und wende dann die Tabelle von Bild 5.29 an. Die Reglereinstellungen von *Ziegler* und *Nichols* sind für optimales Störverhalten des Regelkreises mit einem Dämpfungsgrad von $0,2 < d < 0,3$ ausgelegt.

Regler	K_{PR}	T_n	T_v
P	$\dfrac{T_g}{K_{PS} T_u}$	–	–
PI	$0,9\,\dfrac{T_g}{K_{PS} T_u}$	$3,3 T_u$	–
PID	$1,2\,\dfrac{T_g}{K_{PS} T_u}$	$2 T_u$	$0,5 T_u$

Bild 5.29 Berechnung der Reglerparameter aus Kenngrößen der Stellübergangsfunktion nach *Ziegler-Nichols*

Die Einstellregeln von Bild 5.29 können auch auf *PD*-Regler und Strecken ohne Ausgleich erweitert werden: Für die Einstellung eines *PD*-Reglers verwende man die *PID*-

---

[1]) *Ziegler, J. G., N. B. Nichols*, Optimum settings for automatic controllers, Trans. ASME 64 (1942), S. 759–768

Regler		Aperiodischer Verlauf kürzester Dauer bei		Kleinste Schwingungsdauer mit 20% Überschwingen bei	
		Störsprung	Führungssprung	Störsprung	Führungssprung
P	$K_{PR}K_{PS}$	$0,3\,\dfrac{T_g}{T_u}$	$0,3\,\dfrac{T_g}{T_u}$	$0,7\,\dfrac{T_g}{T_u}$	$0,7\,\dfrac{T_g}{T_u}$
PI	$K_{PR}K_{PS}$	$0,6\,\dfrac{T_g}{T_u}$	$0,35\,\dfrac{T_g}{T_u}$	$0,7\,\dfrac{T_g}{T_u}$	$0,6\,\dfrac{T_g}{T_u}$
	T_n	$4T_u$	$1,2T_g$	$2,3T_u$	T_g
PID	$K_{PR}K_{PS}$	$0,95\,\dfrac{T_g}{T_u}$	$0,6\,\dfrac{T_g}{T_u}$	$1,2\,\dfrac{T_g}{T_u}$	$0,95\,\dfrac{T_g}{T_u}$
	T_n	$2,4T_u$	T_g	$2T_u$	$1,35T_g$
	T_v	$0,42T_u$	$0,5T_u$	$0,42T_u$	$0,47T_u$

Bild 5.30   Einstellregeln nach *Chen-Hrones-Reswick*

Reglereinstellung mit verschwindendem I-Anteil ($T_n \to \infty$). Bei Regelstrecken ohne Ausgleich, mit Verzögerung (Abschn. 3.2.2, Bild 3.10) ersetze man in der Tabelle T_g/K_{PS} durch $1/K_{IS}$, wobei K_{IS} der Integrierbeiwert der Strecke ist.

Für die Regelung von Strecken mit Ausgleich und Verzögerung höherer Ordnung haben *Chien*, *Hrones* und *Reswick*[1]) gegenüber *Ziegler* und *Nichols* verbesserte Einstellregeln angegeben, bei denen auch besondere Anforderungen bezüglich Stör- und Führungsverhalten berücksichtigt werden können (Bild 5.30). Als Kriterium für die optimale Reglereinstellung werden sowohl beim Führungs- wie auch beim Störverhalten ein schwingungsfreier ($d \approx 0,8$) Ausregelvorgang kürzester Dauer und ein Ausregelvorgang mit 20% Überschwingen ($d \approx 0,45$) verwendet.

Zur schnellstmöglichen Regelung von Strecken mit Ausgleich und Verzögerung höherer Ordnung führen die Einstellregeln von *Latzel*[2]) für PI- und PID-Regler. Sie erfassen die Eigenschaften der Strecke aus einer gemessenen Streckensprungantwort mit dem Zeit-Prozent-Kennwert-Verfahren von *Schwarze*. In Abschn. 3.3.3 wurde erläutert, daß dieses Verfahren in der Regel genauer ist als die Bestimmung von T_u und T_g mittels Wendepunkttangente aus einer (mit Störungen) gemessenen Streckensprungantwort. Die optimale Reglereinstellung nach *Latzel* wurde mit der Methode der Betragsanpassung ermittelt. Danach ist wie folgt zu verfahren: Man bestimme aus dem stationären Endwert der Streckensprungantwort den Proportionalbeiwert K_{PS} und die Zeitpunkte $t_{10\%}$, $t_{50\%}$ und $t_{90\%}$, bei denen die Streckensprungantwort 10%, 50% bzw. 90% ihres stationären Endwertes erreicht. Dann berechne man die Kennzahl $\mu = t_{90\%}/t_{10\%}$ und suche in der Tabelle von Bild 5.31a die Zeile mit dem nächstgelegenen μ-Wert. Mit den zuge-

---

[1]) *Chen, K. L., J. A. Hrones, J. B. Reswick*, On the automatic control of generalized passive systems. Trans. ASME 74 (1952), S. 175−185.

[2]) *Latzel, W.*, Einstellregeln für vorgegebene Überschwingweiten, at − Automatisierungstechnik, 41 (1993) 4, S. 103−113.

a)

μ	n	$\alpha_{10\%}$	$\alpha_{50\%}$	$\alpha_{90\%}$
0,137	2	1,880	0,596	0,257
0,174	2,5	1,245	0,460	0,216
0,207	3	0,907	0,374	0,188
0,261	4	0,573	0,272	0,150
0,304	5	0,411	0,214	0,125
0,340	6	0,317	0,176	0,108
0,370	7	0,257	0,150	0,095
0,396	8	0,215	0,130	0,085
0,418	9	0,184	0,115	0,077
0,438	10	0,161	0,103	0,070

b)

n	T_n/T_M	$K_{PR}K_{PS}$	
		bei 10% Überschwingen	bei 20% Überschwingen
2	1,55	1,650	2,603
2,5	1,77	1,202	1,683
3	1,96	0,884	1,153
4	2,30	0,656	0,812
5	2,59	0,540	0,654
6	2,86	0,468	0,561
7	3,10	0,417	0,497
8	3,32	0,379	0,451
9	3,53	0,349	0,413
10	3,73	0,325	0,384

c)

n	T_n/T_M	T_v/T_M	$K_{PR}K_{PS}$	
			bei 10% Überschwingen	bei 20% Überschwingen
3	2,47	0,66	2,543	3,510
3,5	2,71	0,76	1,832	2,522
4	2,92	0,84	1,461	1,830
5	3,31	0,99	1,109	1,337
6	3,66	1,13	0,914	1,082
7	3,97	1,25	0,782	0,922
8	4,27	1,36	0,689	0,812
9	4,54	1,47	0,617	0,727
10	4,80	1,57	0,559	0,660

Bild 5.31 Einstellregeln nach *Latzel*

a) Streckenkenngrößen
b) Einstellwerte für *PI*-Regler
c) Einstellwerte für *PID*-Regler

hörigen Werten von $\alpha_{10\%}$, $\alpha_{50\%}$ und $\alpha_{90\%}$ ermittle man die Streckenzeitkonstante $T_M = (1/3)\,(\alpha_{10\%}t_{10\%} + \alpha_{50\%}t_{50\%} + \alpha_{90\%}t_{90\%})$. Mit den Streckenkennwerten K_{PS}, T_M und n kann nun aus den Tabellen von Bild 5.31b bzw. c die Einstellung eines *PI*- bzw. *PID*-Reglers entnommen werden.

Bei Nachlaufregelungen (Kopierfräs- und -drehmaschinen, Antennensteuerungen etc.) soll die Regelgröße möglichst unverzögert und ohne Abweichung der Führungsgröße folgen. Unter diesen Gesichtspunkten haben *Graham* und *Lathrop*[1]) nach dem ITAE- Kriterium Einstellregeln vorgeschlagen. Man bildet hierzu die Führungsübertragungsfunktion $G_w(s)$ des Kreises und vergleicht das Nennerpolynom mit dem entsprechenden, als Resultat der Optimierung in Bild 5.32 aufgelisteten Polynom (k ist eine frei wählbare Konstante).

Ordnung des Nennerpolynoms der Führungsübertragungsfunktion	Optimales Vergleichspolynom (k ist eine frei wählbare Konstante)
1	$s + k$
2	$s^2 + 1{,}4ks + k^2$
3	$s^3 + 1{,}75ks^2 + 2{,}15k^2s + k^3$
4	$s^4 + 2{,}1ks^3 + 3{,}4k^2s^2 + 2{,}7k^3s + k^4$
5	$s^5 + 2{,}8ks^4 + 5k^2s^3 + 5{,}5k^3s^2 + 3{,}4k^4s + k^5$
6	$s^6 + 3{,}25ks^5 + 6{,}6k^2s^4 + 8{,}6k^3s^3 + 7{,}45k^4s^2 + 3{,}95k^5s + k^6$

Bild 5.32   Vergleichspolynome nach *Graham* und *Lathrop*

Beispiel:

$$G_S = \frac{1}{T_1s + 1}\,, \qquad G_R = \frac{K_{IR}}{s}\,, \qquad G_O = G_S G_R = \frac{K_{IR}}{s(T_1s + 1)}\,,$$

$$G_w = \frac{G_O}{1 + G_O} = \frac{K_{IR}/T_1}{s^2 + (1/T_1)\,s + (K_{IR}/T_1)}\,.$$

Nenner-Vergleich: $s^2 + \dfrac{1}{T_1}\,s + \dfrac{K_{IR}}{T_1} = s^2 + 1{,}4ks + k^2$, woraus die beiden Gleichungen $\dfrac{1}{T_1} = 1{,}4k$

und $\dfrac{K_{IR}}{T_1} = k^2$ folgen. Ihre Auswertung ergibt für die optimale Reglereinstellung $K_{IR} = \dfrac{0{,}51}{T_1}$.

5.6   Vermaschte Regelkreise

5.6.1   Regelkreis mit Störgrößenaufschaltung

Im Sinne einer Verbesserung des Störverhaltens (Abschn. 5.1) wäre es zweifellos besser, wenn man nicht erst die Auswirkung einer Störung auf die Regelgröße abwarten würde, sondern die Störung bereits erfassen würde, *bevor* sie sich auf die Regelgröße auswirkt.

---

[1]) *Graham, D., R. C. Lathrop*, The synthesis of „optimum" transient response: criteria and standard forms, Trans. AIEE 73 (1953), S. 273−288.

Auf diese Weise könnte eine sog. Vorsteuerung des Stellgliedes erfolgen. Eine solche Maßnahme bezeichnet man als *Störgrößenaufschaltung*. Sie kann starr oder (und) nachgebend ausgeführt werden. Voraussetzung für die Störgrößenaufschaltung ist allerdings, daß die Störung genau lokalisierbar und meßtechnisch erfaßbar ist. Einige Möglichkeiten der Störgrößenaufschaltung werden nachstehend beschrieben.

Regelkreis mit starrer Störgrößenaufschaltung

Das Signalflußbild einer Störgrößenaufschaltung ist im Bild 5.33 wiedergegeben. Über ein Steuergerät (St) mit proportionalem Verhalten wirkt die Störgröße z unmittelbar auf das Stellglied ein. Das Steuergerät ist so geschaltet, daß sein Ausgangssignal $y_z = f(z)$ über das Stellglied die Störung möglichst vollständig aufhebt. Das ist nach dem Einschwingen, also im stationären Zustand, der Fall, wenn $x = x_1 + x_2 = 0$ (Bild 5.33), wobei $x_1 = -K_S y_z$ und $x_2 = K_{Sz} z$ die von der Stell- bzw. Störgröße verursachten Regelgrößenanteile sind (K_{Sz} ist der Übertragungsbeiwert zwischen dem Angriffsort der Störung an der Strecke und dem Streckenausgang). Daraus folgt mit $K_{Sz} z - K_S y_z = 0$ für die Störgrößenaufschaltung $y_z = (K_{Sz}/K_S) z$. Damit wird eine konstante Störung $z = \hat{z}$ stationär vollständig beseitigt.

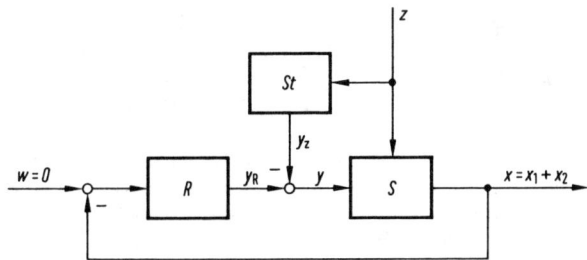

Bild 5.33 Regelkreis mit Störgrößenaufschaltung
R Regeleinrichtung
S Strecke
St Steuergerät

Beispiel: Die Bilder 5.34*a* und *b* zeigen ein mechanisches und ein elektrisches Beispiel für die unmittelbare, also *starre* Aufschaltung der Störgröße. In *a*) ist der Wirkungsplan einer Druckregelung in einem Behälter (*1*) dargestellt. Als Störgröße ist der Eingangsdruck p_e aufgeschaltet. Damit wird erreicht, daß Eingangsdruckänderungen unmittelbar auf das Stellglied einwirken und eine Vorsteuerung des Ventils (*3*) veranlassen. Die Störgröße greift hier am gleichen Ort wie die Stellgröße in die Strecke ein. Der Druckgeber (*4*) liefert einen dem Eingangsdruck proportionalen Ausgangsdruck. Im Mischrelais (*5*) wird dann die Summe von Reglerdruck und Geberdruck gebildet und dem Stellglied zugeführt.

Das elektrische Beispiel *b*) zeigt die Spannungsregelung eines Synchrongenerators mit Störgrößenaufschaltung. Als Störgröße ist der Laststrom aufgeschaltet. Mit steigender Belastung vergrößert sich der Spannungsabfall im Generator, so daß ohne Regelung die Ausgangsspannung lastabhängig wäre. Vom Umformer (*9*) erhält der Regler (*5*) den Istwert der Ausgangsspannung, und am Sollwertgeber (*6*) wird die geforderte Ausgangsspannung eingestellt. Liegt eine Regeldifferenz vor, dann ändert der Regler den Erregerstrom in der Erregerwicklung (*3*). Die damit verbundene Änderung der magnetischen Erregung des Generators (*2*) wirkt der auftretenden Klemmenspannungsän-

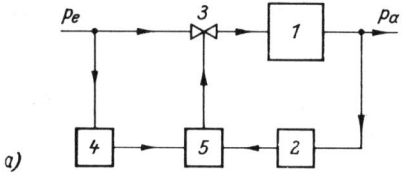

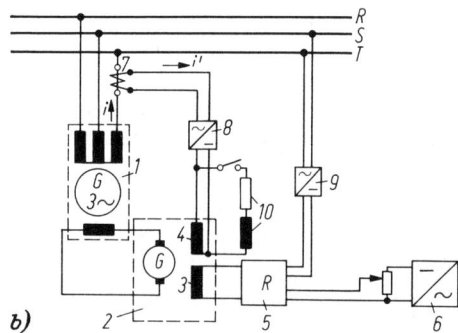

Bild 5.34 Beispiele für starre Störgrößenaufschaltung

a) Druckregelung im Wirkungsplan
   1 Druckbehälter
   2 pneumatischer Regler
   3 Membranventil
   4 Geber
   5 Mischrelais

b) Spannungsregelung in gerätetechnischer Darstellung
   1 Synchrongenerator
   2 Erregermaschine
   3 Erregerwicklung von *2*
   4 Hilfserregerwicklung von *2*
   5 Regler
   6 Sollwertgeber
   7 Stromwandler
   8 Gleichrichter
   9 Istwertgeber
   10 *RL*-Glied für nachgebende Aufschaltung (s. folgenden Abschn.)

derung am Synchrongenerator (*1*) entgegen. Die Vorsteuerung durch die Störgrößenaufschaltung beeinflußt hier allerdings nicht am gleichen Ort die Strecke, sondern arbeitet über die Hilfserregerwicklung (*4*). Mit dem Stromwandler (*7*) wird ein dem Laststrom i proportionaler Teilstrom i' entnommen, der nach Gleichrichtung (*8*) die Hilfserregerwicklung (*4*) durchfließt. Die hierdurch erfolgende Zusatzerregung wirkt ebenfalls dem lastabhängigen Spannungsabfall entgegen.

Eine vollständige Kompensation der Wirkung von Störgrößenänderungen im ganzen Stör- und Stellbereich setzt lineare Verhältnisse bei allen Bauelementen voraus. In technischen Anlagen ist das aber sehr selten der Fall. Man kann deshalb sagen, daß die Störgrößenaufschaltung eine Grobvorsteuerung der Stellgröße bewirkt und damit die Regeldifferenz auf einen kleinen, angenähert linearen Bereich begrenzt, während die Regeleinrichtung die Feinausregelung der Störung übernimmt. Erfahrungen haben gezeigt, daß diese Methode ein sehr wirksames Mittel ist, den Regler zu entlasten und die Regelgüte zu verbessern. Von Vorteil ist die Einfachheit der Schaltung und ihre übersichtliche Arbeitsweise. Die Reglereinstellung kann hierbei wie üblich, d. h. ohne Störgrößenaufschaltung, vorgenommen werden. Nachteilig ist, daß nur die aufgeschaltete Störgröße erfaßt wird, alle anderen jedoch nach wie vor voll wirksam sind und vollständig vom Regler allein ausgeregelt werden müssen.

Regelkreis mit nachgebender Störgrößenaufschaltung

Im Gegensatz zu den Schaltungen im vorigen Abschnitt erfolgt hier die Aufschaltung nachgebend, d. h. das aufgeschaltete Störgrößensignal verschwindet nach einer gewissen Zeit wieder. Bei einer sprunghaften Änderung der Störgröße wird das Störsignal zunächst zwar proportional übertragen, klingt dann aber nach einer e-Funktion ab. Man spricht daher sinngemäß auch von einer *Störtendenzaufschaltung*. Diese Methode bietet neue Möglichkeiten zur Verbesserung der Regelgüte.

Eine einwandfrei arbeitende, starre Aufschaltung setzt wie erwähnt voraus, daß lineare Verhältnisse im Stell- und Störbereich vorliegen. Bei erheblichen Nichtlinearitäten ist eine starke, starre Aufschaltung aber nicht zweckmäßig, denn es könnte dadurch eine Verschiebung des Arbeitspunktes entstehen, die dazu führt, daß der Regler gegen die Vorsteuerung der Störgrößenaufschaltung arbeiten muß. Die nachgebende Aufschaltung vermeidet einen solchen falschen Dauereingriff. Ein weiterer Vorteil dieser Schaltung ist, daß nur mit großer Änderungsgeschwindigkeit auftretende Störungen eine große Vorsteuerung verursachen. Je langsamer die Störung einwirkt, desto kleiner ist die Vorsteuerung. Langsam verlaufende Störungen kann jedoch der Regler meistens selbst ausregeln. Im Bild 5.35 sind der Signalverlauf bei nachgebendem Verhalten und die entsprechenden Bauglieder in pneumatischer, hydraulischer und elektrischer Ausführung wiedergegeben.

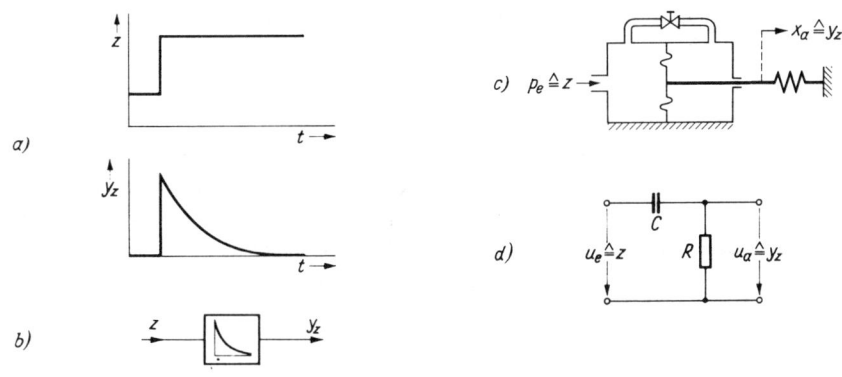

Bild 5.35 Nachgebende Störgrößenaufschaltung

a) Signalverlauf   c) pneumatisches ⎫ Beispiel
b) Wirkungsplan   d) elektrisches   ⎭

Beispiel: Behälterdruck-Regelung (Bild 5.36)

Hier ist die Änderung des Durchflusses als Störgröße auf das Stellglied nachgebend aufgeschaltet. Bei jeder Änderung der Entnahme bewirkt die Schaltung eine sofortige Verstellung der Zuflußmenge, ohne erst wie der Regler auf einen Druckabfall im Behälter zu warten. Die Arbeitsweise ist folgende: Der Meßumformer (*5*) erhält von der Blende (*4*) ein Signal, das der Entnahme entspricht. Vom Umformer kommt daher ein dem Durchfluß proportionales Ausgangssignal zum Mischrelais (*6*) und gelangt dort in Kammer (*8*), während Kammer (*7*) vom Regler (*2*) beaufschlagt wird. Eine Durchflußänderung und damit eine Druckänderung in Kammer (*8*) verursacht eine Stellungsänderung des Steuerventils (*10*) und damit eine Druckänderung in Kammer (*11*). Dieser Druck betätigt das Stellglied (*3*). Über die Drossel (*12*) erfolgt ein allmählicher Druckausgleich, der die Störgrößenaufschaltung nachgebend macht.

Die im vorigen Abschnitt beschriebene Spannungs-Regelung (Bild 5.34b) kann auf einfache Weise mit einer Störtendenzaufschaltung versehen werden. Zur Erzeugung des nachgebenden Verhaltens ist der Hilfserregerwicklung (*4*) eine Reihenschaltung aus Wi-

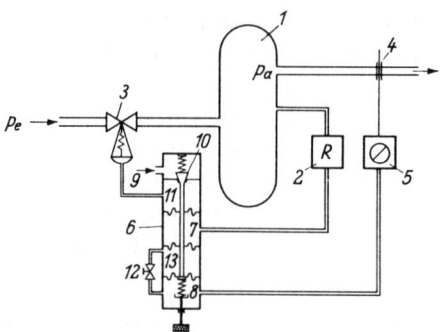

Bild 5.36 Druckregelung mit Störtendenzaufschaltung

1 Behälter   *8* Druckkammer für Störgrößendruck
2 pneumatischer Regler   *9* Hilfsdruckluft
3 Stellventil   *10* Steuerventil
4 Blende zur Durchflußmessung   *11* Ausgangsdruck für Stellventil
5 Meßumformer   *12* Drossel für Druckausgleich
6 Mischrelais   *13* Ausgleichskammer
7 Druckkammer für Reglerdruck

derstand und Drosselspule parallel geschaltet. Im ausgeregelten Zustand bildet dieser Zweig einen Nebenschluß zur Erregerwicklung. Die Ströme verteilen sich daher entsprechend der Größe der ohmschen Widerstände. Bei Stromänderung durch Belastungsänderung des Generators fließt infolge der Induktivität der Drossel vorübergehend ein starker Teilstrom über die Erregerwicklung, wodurch eine starke Vorsteuerung erfolgt. Das Abklingen der starken Zusatzerregung ist von der Zeitkonstanten des Nebenschlußkreises abhängig und kann leicht den vorliegenden Verhältnissen angepaßt werden.

5.6.2   Regelkreis mit Hilfsregelgrößen-Aufschaltung

Außer der im letzten Abschnitt beschriebenen Möglichkeit, die Regelgüte durch Störgrößenaufschaltung zu verbessern, gibt es noch eine Reihe weiterer Verfahren. Sie sind jedoch im allgemeinen aufwendiger. Die Störgrößenaufschaltung ist eine Vorsteuerung, die nachstehend beschriebenen Verfahren sind Regelungen.

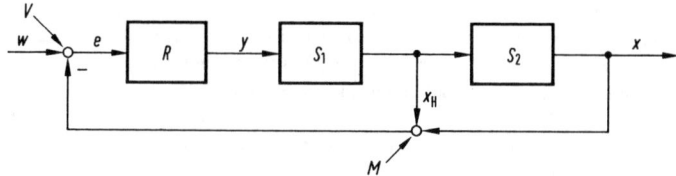

Bild 5.37 Wirkungsplan einer Hilfsregelgrößenaufschaltung

S_1 Teilstrecke 1 M Additionsstelle
S_2 Teilstrecke 2 V Vergleicher
R Regler x_H Hilfsregelgröße

Einen sehr großen Einfluß auf die Verschlechterung der Regelgüte haben die Streckenzeitkonstanten. Große Verzögerungen entstehen beispielsweise dann, wenn die Strecke aus mehreren hintereinander geschalteten Speichern besteht. Die nachteiligen Eigenschaften solcher Strecken mit großen Zeitkonstanten kann man dadurch weitgehend beseitigen, daß man zur Regelung nicht nur die Regelgröße x, sondern zusätzlich noch eine Hilfsregelgröße x_H benutzt. Der Wirkungsplan für einen solchen Regelkreis ist in Bild 5.37 wiedergegeben. Die Blöcke S_1 und S_2 bilden zusammen die Strecke. Zwischen den beiden Teilstrecken wird die Hilfsregelgröße entnommen.

Im Punkt M erfolgt die Addition der Hilfsregelgröße zur Regelgröße $(x + x_H)$. Das resultierende Signal gelangt zum Reglereingang und steuert die Regeleinrichtung. Das Verhalten dieses Regelkreises geht anschaulich aus den Übergangsfunktionen der Strecke hervor. Kurve a in Bild 5.38 gibt die willkürlich vorgenommene Stellgrößenänderung wieder. Kurve b zeigt die Änderung der Regelgröße ohne Hilfsregelgröße. Zwischen dem Zeitpunkt der Stellgrößenänderung und dem Beginn einer merklichen Regelgrößenänderung vergeht die Verzugszeit T_u. Kurve c zeigt den Verlauf der Hilfsregelgröße x_H mit der bedeutend kleineren Verzugszeit T_u^*, weil die Verzugszeit des Streckenteils S_2 entfällt. Die Überlagerung der Kurven b und c ergibt Kurve d. Bei wenig verändertem Kurvenanstieg ist die gesamte Verzugszeit von T_u auf etwa T_u^* abgesunken.

Nicht jede Regelstrecke eignet sich zur Entnahme einer Hilfsregelgröße. Voraussetzung dafür ist, daß die Strecke eine gewisse Gliederung im Aufbau besitzt. Auch muß die Hilfsregelgröße meßtechnisch leicht erfaßbar sein.

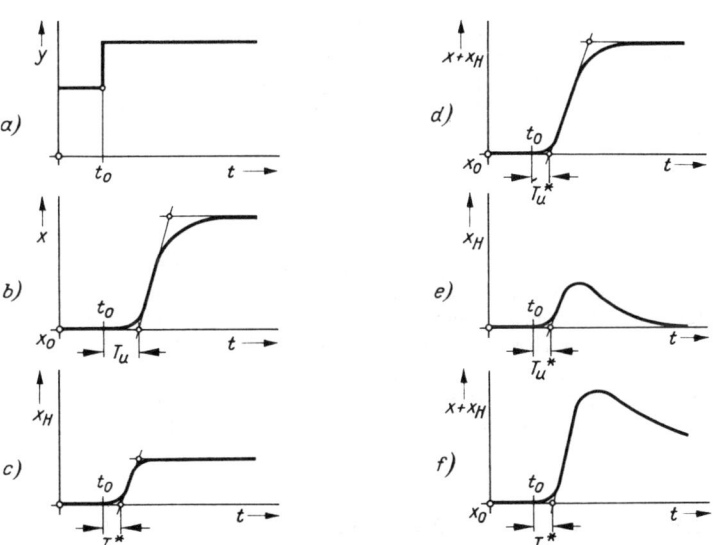

Bild 5.38 Signalverlauf bei starrer und nachgebender Hilfsregelgrößenaufschaltung

a) Stellgrößenverlauf
b) Regelgrößenverlauf ohne Aufschaltung
c) Hilfsregelgrößenverlauf (starr)
d) Regelgrößenverlauf mit starrer Aufschaltung
e) Hilfsregelgrößenverlauf (nachgebend)
f) Regelgrößenverlauf mit nachgebender Aufschaltung

Die Kurve *d* zeigt das Verhalten bei starrer Aufschaltung. Dieses Verfahren findet nur dort praktische Anwendung, wo die Hilfsregelgröße der Regelgröße hinreichend proportional ist. Ist dies nicht der Fall, dann sollte mit nachgebender Hilfsregelgrößenaufschaltung gearbeitet werden, wobei sich ein zeitlicher Verlauf entsprechend den Kurven *e* und *f* ergibt.

Beispiel: Im Bild 5.39 ist die Heißdampftemperatur-Regelung eines Dampferzeugers schematisch wiedergegeben. Nach Verlassen des Kessels (*1*) durchströmt der Dampf erst den Vor- (*3*) und dann den Nachüberhitzer (*5*). Beim Verlassen des Nachüberhitzers soll die Heißdampftemperatur einen bestimmten konstanten Wert haben und beibehalten. Die Temperaturbeeinflussung erfolgt durch Einspritzen von Speisewasser (*4*) zwischen den beiden Überhitzern, wodurch die Temperatur vor dem Nachüberhitzer herabgesetzt werden kann. Der schwankende Dampfdurchsatz bildet die Störgröße. Infolge der meist sehr beträchtlichen Metallmassen hat der Nachüberhitzer ein recht träges Verhalten. Bei sprunghafter Veränderung der Einspritzmenge verändert sich die Ausgangsgröße (Temperatur) ähnlich der Kurve *b* im Bild 5.38. Mit einer Hilfsregelgröße sehr kleiner Verzugszeit kann die Dampftemperatur schon vor Eintritt in den Nachüberhitzer erfaßt und damit die Regelgüte verbessert werden.

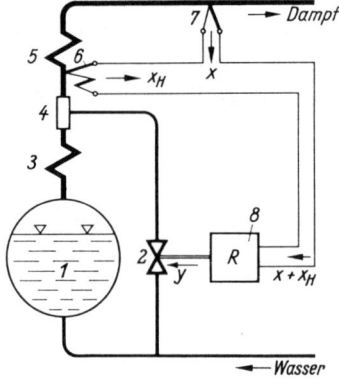

Bild 5.39   Heißdampf-Temperaturregelung

1   Kessel
2   Stellventil
3   Vorüberhitzer
4   Speisewassereinspritzung
5   Nachüberhitzer
6   Tendenzthermoelement
7   Thermoelement
8   Regler

Um die Hilfsregelgröße nachgebend zu gestalten, wird ein sog. Tendenz-Thermoelement (*6*) verwendet. Das nachgebende Verhalten ist deshalb erforderlich, weil die Temperatur an der Meßstelle nicht genau der Ausgangstemperatur proportional ist. Das Tendenz-Thermoelement besteht aus 2 gegeneinander geschalteten Thermoelementen, wobei ein Element flink und das andere träge arbeitet. Es entsteht dadurch ein Übergangsverhalten ähnlich der Kurve *e* im Bild 5.38. Durch Hintereinanderschalten der Thermoelemente für *x* und x_H erhält man das Übergangsverhalten der Kurve *f*. Die (Ersatz-)Totzeit der Regelung beträgt jetzt nur noch einen Bruchteil der ohne Hilfsregelgröße.

5.6.3   Unterlagerte Regelkreise (Kaskaden-Regelung)

Diese Art der Regelung verwendet einen zusätzlichen inneren („unterlagerten") Regelkreis mit Hilfsregelgröße. Man bezeichnet sie auch als *Kaskadenregelung* und findet sie häufig bei der Regelung chemischer Prozesse, aber auch z. B. in der Antriebstechnik. Den prinzipiellen Aufbau einer Kaskadenregelung zeigt das Bild 5.40. Die Regeleinrichtung besteht aus einem Führungs- und einem Folgeregler. Am Eingang des Führungsreg-

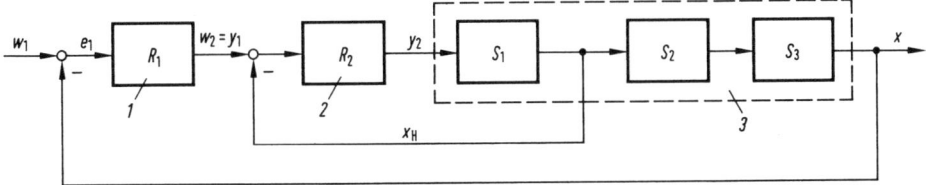

Bild 5.40 Wirkungsplan einer Kaskadenregelung

1 Führungsregler   *2* Folgeregler   *3* Regelstrecke, aus drei Teilstrecken bestehend

lers wird die Regelgröße x mit der Führungsgröße w_1 verglichen und die Regeldifferenz e_1 gebildet. Seine Ausgangsgröße, das Stellsignal y_1, wirkt als Führungsgröße w_2 für den Folgeregler und wird an dessen Eingang mit der Hilfsregelgröße x_H verglichen. Durch die Aufteilung des Regelkreises in einen Folgeregelkreis und einen Führungsregelkreis soll erreicht werden, daß die Güte der Regelung von x verbessert wird. Bei einer Störung wird durch die zeitlich früher einsetzende Änderung von x_H über den Folgeregler bereits ein Regelvorgang ausgelöst und somit die Gesamtregelung unterstützt.

Beispiel: Temperaturregelung eines Wärmetauschers (Bild 5.41).

Die Folgeregelung ist in diesem Fall die Durchflußregelung des Heizmittels durch den Wärmetauscher, der Führungsregler ist ein Temperaturregler für das zu erwärmende Medium. Als Störgröße z treten Schwankungen des Heizmittels, z. B. des Dampfdrucks am Eintritt in den Wärmetauscher auf. So würden z. B. Druckschwankungen in der Versorgungsleitung des Heizmittels in der gesamten Regelstrecke Änderungen der Temperatur hervorrufen. Durch den Folgeregler werden diese Störungen als Durchflußänderungen sofort erfaßt und ausgeregelt, so daß sich nur geringe Temperaturänderungen einstellen können, die der Führungsregler beseitigt. Anhand des dargelegten Beispiels läßt sich erkennen, daß bei der Kaskadenregelung gewissermaßen ein *übergeordneter* und ein *untergeordneter* Regelkreis bzw. ein langsamer und ein schneller Regelkreis vorhanden ist. Ersterer wird durch den Führungsregelkreis (Temperaturmessung), letzterer durch den Folgeregelkreis (Durchflußmessung) dargestellt.

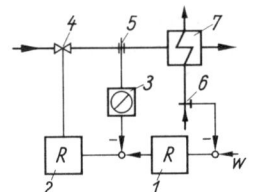

Bild 5.41 Temperaturregelung als Kaskadenregelung

1 Führungsregler   *5* Durchflußgeber
2 Folgeregler   *6* Temperaturfühler
3 Meßumformer   *7* Wärmetauscher
4 Stellventil

Im allgemeinen läßt sich die Regeldynamik durch Einführung unterlagerter Regelschleifen im Regelkreis verbessern. Wird beispielsweise ein P-T_1-Glied einer Regelstrecke für sich starr ($G_r = 1$) gegengekoppelt, so verkleinert sich damit seine Zeitkonstante u. U. erheblich, was einer Verringerung seiner Trägheit gleichkommt. Ohne Gegenkopplung sei die Übertragungsfunktion des P-T_1-Gliedes $G = K_P/(T_1 s + 1)$, mit Gegenkopplung $G^* = G/(1 + G) = K_P^*/(T_1^* s + 1)$, wobei $K_P^* = K_P/(1 + K_P)$ und $T_1^* = T_1/(1 + K_P)$. Für genügend großes K_P kann demnach T_1^* entsprechend klein gemacht werden, während $K_P^* \approx 1$.

Eine weitere Anwendung des Kaskadenprinzips findet sich in der Antriebstechnik.

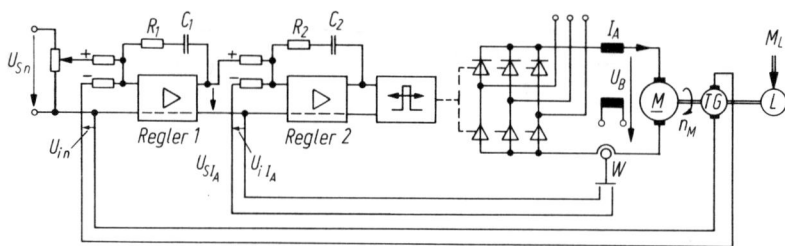

Bild 5.42 Drehzahlregelung eines Stromrichterantriebes nach dem Stromleitverfahren.

Regler *1* = Hauptregler = Drehzahlregler
Regler *2* = Hilfsregler = Ankerstromregler

U_{Sn}, U_{in}	Soll- und Istwert der Drehzahl	W	Wandler
U_{SI_A}, U_{iI_A}	Soll- und Istwert des Ankerstroms	TG	Tachogenerator
U_B	Ausgangsspannung der Stromrichterbrücke	L	Arbeitsmaschine

Beispiel: Drehzahlregelung von Stromrichterantrieben nach dem *Stromleitverfahren* (Schaltung nach Bild 5.42). Die Drehzahlregelung für $n < n_n$ erfolgt durch Ankerspannungsänderung. Der früher übliche Leonard-Generator ist hier durch eine voll gesteuerte Drehstrombrückenschaltung ersetzt. Damit entfallen die Zeitkonstanten von Erreger- und Ankerkreis des Generators. Es verbleibt nur noch die Ankerkreis-Zeitkonstante des Motors M; sie wird aber in ihrer Auswirkung durch die unterlagerte Ankerstromregelung herabgesetzt. Nach Bild 5.42 liefert der Hauptregler (Regler *1*) als Drehzahlregler den Sollwert für den Hilfsregler (Regler *2* = Ankerstromregler). Gemäß dem Prinzip der Kaskadenregelung wird der Ankerstrom durch einen schnell wirkenden inneren Regelkreis unter Kontrolle gehalten. Der unterlagerte Regelkreis regelt Störungen, wie z. B. Netzspannungsschwankungen, aus, bevor sie sich im überlagerten Regelkreis bemerkbar machen. Außerdem kann dem Regler *2* noch der maximal zulässige Ankerstrom vorgegeben werden; so daß nicht nur der Ankerkreis des Motors, sondern auch der Stromrichter (Thyristoren) vor unzulässig hohen Strömen (z. B. beim Anfahren und bei Laststößen) geschützt wird. Ein Wandler erzeugt eine dem Ankerstrom proportionale Spannung, die, geglättet, dem Stromregler (Regler *2*) als Istwert zugeführt wird. Den Istwert der Drehzahl für den Drehzahlregler (Regler *1*) liefert dagegen der Tachogenerator ebenfalls als Gleichspannung. Zur Erzielung der geforderten Regelergebnisse können *PI*-Regler eingesetzt werden. *PID*-Regler sind weniger geeignet, weil ihr *D*-Anteil speziell auf Oberschwingungen anspricht, die in den Signalspannungen zwangsläufig enthalten sind.

5.6.4   Regelkreis mit Störgrößenregelung

Große Störgrößenänderungen sind meist die Ursache für unerwünscht große Regeldifferenzen. Es bietet sich deshalb zur Verbesserung der Regelgüte ein Verfahren an, mit einem besonderen Regler bereits die Störgrößenänderungen selbst auszuschalten. Dieses Verfahren wird als *Störgrößenkonstanthaltung* bezeichnet. Wirken mehrere Störgrößen auf die Strecke ein, so wird man die Wirkung der dominierenden Störung auszuschalten versuchen. Voraussetzung ist natürlich, daß die Störgröße keine Lastgröße ist, die aus betrieblichen Gründen unter Umständen nicht konstant gehalten werden kann. Bild 5.43 zeigt das Schema dieses Verfahrens. Mit der Hauptstörgröße z_2 ist ein eigener Regelkreis aufgebaut. In den meisten Fällen reicht schon ein ungefähres Konstanthalten von z_2 mit einem einfachen *P*-Regler aus.

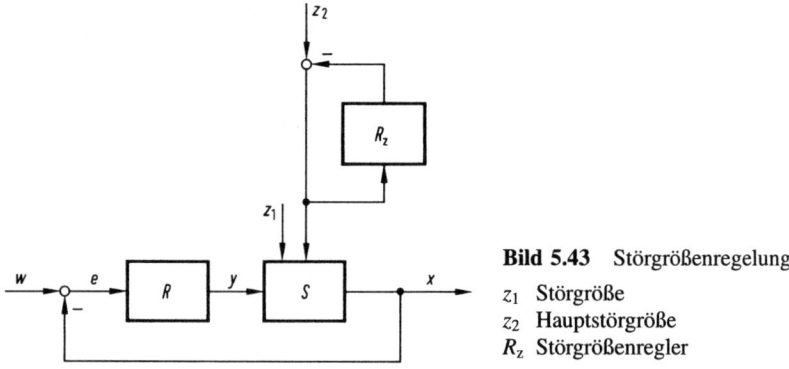

Bild 5.43 Störgrößenregelung
z_1 Störgröße
z_2 Hauptstörgröße
R_z Störgrößenregler

Der Regelvorgang im Hilfsregelkreis muß schneller als der im eigentlichen Hauptregel-
kreis ablaufen, damit dieser nicht auf die Störung anzusprechen braucht. Beide Regler
arbeiten unabhängig voneinander. Ein bekanntes Beispiel hierfür ist die Konstanthaltung
der Versorgungsdruckluft für pneumatische Regelgeräte (Kompressoren mit Druckluft-
konstanter). Auch die in pneumatischen Anlagen vielfach eingebauten Feindruckminderer erfüllen neben ihrer eigentlichen Aufgabe einer Druckreduzierung die Funktion,
Druckschwankungen auszuregeln, stellen also gewissermaßen Regelkreise im Kleinen
dar.

5.6.5 Mehrgrößenregelungen

Die bisherigen Ausführungen bezogen sich auf die Regelung einer einzigen Größe im
ein- oder mehrschleifigen (vermaschten) Kreis. Viele technische Aufgabenstellungen erfordern jedoch die simultane Regelung mehrerer Größen, die außerdem auf die vielfältig-
ste Weise miteinander verkoppelt sein können. Beispiele sind die Frequenz-Leistungs-
Regelung in elektrischen Netzen oder die Regelung von Destillationskolonnen in der
chemischen Industrie. Die eingehendere Behandlung derartiger Regelprobleme geht über
den Rahmen der in diesem Buche angestrebten Einführung in die Grundlagen der Regelungstechnik hinaus. Als verhältnismäßig einfacher Sonderfall einer Mehrgrößenregelung
stellt sich z. B. die sog. *Verhältnisregelung* dar.

Beispiel: Verhältnisregelung

Bild 5.44 zeigt einen gasbeheizten Industrieofen, in dessen Brennkammer die Temperatur konstant
gehalten werden soll. Hierzu ist neben der konstanten Zufuhr bestimmter Gas- und Luftmengen
auch die Einhaltung eines konstanten Gas/Luft-Gemisches nötig. Es handelt sich demnach um die
Regelung zweier Größen, deren Verkoppelung (Verhältnis) das Endprodukt (Temperatur) maßgeb-
lich beeinflußt. Das Regelungssystem ist als Kaskadenregelung ausgelegt, wobei der schnelle oder
unterlagerte Regelkreis eine Verhältnisregelung darstellt. Diese wiederum besteht aus zwei Regelkreisen zur Beseitigung von Versorgungsstörungen in der Luft- und Gaszufuhr. Bei Schwankungen
des Gasdruckes werden diese über einen Fühler dem Verhältnisrelais (S_v) zugeleitet, das den Sollwert des „Luftreglers" entsprechend einem einmal fest eingestellten Verhältniswert nachstellt und
damit für ein konstantes Mischungsverhältnis sorgt. Damit ist allerdings noch nicht eine gleichblei-
bende Brennerleistung sichergestellt. Dies ist erst der Fall, wenn auch die Gasversorgung geregelt
wird (in Bild 5.44 gestrichelt eingezeichnet). Die Verkoppelung der beiden selbständigen Regelkrei-

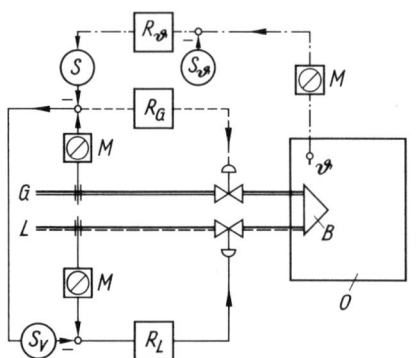

Bild 5.44
Kaskaden- und Verhältnisregelung bei gas-
beheiztem Industrieofen

ϑ Temperatur
G Gas
L Luft
B Brenner
O Ofen
M Meßumformer
S Sollwertgeber
S_V Verhältnis-Sollwertgeber
     (Verhältnisrelais)
R Regler

se für Gas und Luft über das Verhältnisrelais bedeutet dann eine zusätzliche Sicherung, um ein „Auseinanderlaufen" der beiden Regelkreise zu verhindern. Der übergeordnete oder langsame Regelkreis der Kaskadenregelung wird durch die Temperaturregelung gebildet (strichpunktiert eingezeichnet) und deren Stellgröße als Führungsgröße auf den Eingang des „Gasreglers" und das Verhältnisrelais geschaltet.

5.7 Regeleinrichtung mit Strukturumschaltung („Anfahren" von Regelkreisen)

Die Reglerparameter, z. B. bei einem *PID*-Regler X_P (bzw. K_{PR}), T_n und T_v, sind üblicherweise auf einen Arbeitspunkt abgestimmt. D. h. sie sind so eingestellt, daß der Regelkreis das den Anforderungen (Abschn. 5.1) entsprechende Regelverhalten zeigt, solange die Regelgröße nicht allzu sehr von ihrem Sollwert abweicht und auch die anderen Größen im Regelkreis in der Nähe ihrer Werte im Arbeitspunkt bleiben (vgl. Abschn. 1.4). Völlig anders können aber die Verhältnisse liegen, wenn der Regler mit der gleichen Einstellung auch für den Anfahrvorgang eingesetzt wird. Unter dem Anfahren soll hier das Inbetriebsetzen der Regelanlage und damit verbunden das automatische Einlaufen der Regelgröße in den Bereich des Sollwertes nach Betätigung des Start-Knopfes verstanden werden. Beispiel: Ein Motor, der aus dem Stillstand auf die am Sollwertgeber eingestellte Drehzahl hochläuft. Das Anfahrverhalten eines Reglers ist vom eingestellten Zeitverhalten und von der Art, wie das Zeitverhalten erzeugt wird, abhängig. Bei den meisten handelsüblichen Reglern wird dieses durch Rückführungen erreicht. Regler dieser Art werden im folgenden behandelt.

Anfahrverhalten mit einem PI-Regler: Der Regler bestehe aus einem *P*-Verstärker mit großer Verstärkung und einer nachgebenden Rückführung (Abschn. 4.3.6.2). Im Augenblick des Einschaltens liegt eine sehr große Regeldifferenz vor. Infolge der Rückführung wird aber zu Beginn die Verstärkung des Reglers herabgesetzt. Bei Annäherung an den Sollwert verliert dann die Rückführung ihren Einfluß, und der Regler arbeitet mit seiner maximalen Verstärkung. Mit voll eingeschalteter Stellgröße wird somit der Bereich des Sollwerts erreicht. Da bei großer Verstärkung der Proportionalbereich bekanntlich sehr klein ist, spricht der Regler erst in unmittelbarer Nähe des Sollwerts an, um das Stellsignal zu verringern. Er reagiert demnach zu spät, so daß starkes Überschwingen unvermeidbar ist.

Anfahrverhalten mit einem PD-Regler: Dieser Regler besitze eine verzögerte Rückführung (Abschn. 4.3.6.3). Im Augenblick des Anfahrens hat er seine maximale Verstärkung. Erst nach einer gewissen Zeit wird die Rückführung wirksam und setzt die Verstärkung herab, so daß beim Erreichen des Sollwertbereichs infolge des zunehmenden Proportionalbereichs eine rechtzeitige Zurücknahme der Stellgröße erfolgen kann. Dadurch ist ein besserer Einlauf in den Sollwert gewährleistet.

Zusammenfassend läßt sich sagen, daß beim Anfahren ein Regler ohne *I*-Anteil günstiger arbeitet. Der Regler sollte hierfür *P*- oder *PD*-Eigenschaften haben. Beim Regeln des Prozeßablaufes ist jedoch der *I*-Anteil wieder erforderlich, da bei *P*- und *PD*-Reglern die bleibende Regeldifferenz nicht verschwindet.

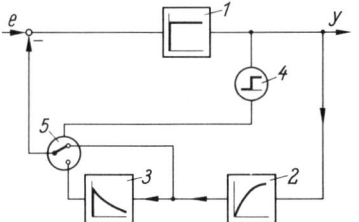

Bild 5.45 Wirkungsplan eines Reglers mit Strukturumschaltung von *PD* auf *PID*

1 Verstärker
2 verzögerte Rückführung (*D*-Anteil)
3 nachgebende Rückführung (*I*-Anteil)
4 Grenzwertschalter
5 Schaltrelais

Es ist deshalb naheliegend, einen Regler mit Strukturumschaltung zu verwenden. Der Anfahrvorgang erfolgt dann mit *P*- oder *PD*-Verhalten, während nach dessen Beendigung der *I*-Anteil zugeschaltet wird. Im Bild 5.45 ist der Wirkungsplan eines Reglers mit Strukturumschaltung aufgezeichnet. Die Umschaltung von *PD* auf *PID* erfolgt automatisch mit einem Zweipunktrelais (*5*), das vom Ausgangssignal des Reglers gesteuert wird. Sobald der Regler übersteuert ist und das Stellsignal seinem maximalen Wert zustrebt, schaltet das Relais die nachgebende Rückführung (*3*) d. h. den *I*-Anteil ab, so daß nur noch die verzögerte Rückführung (*2*) wirksam bleibt. Nähert sich die Regelgröße dem Sollwert so wird das Stellsignal kleiner und der *I*-Anteil über das Relais wieder zugeschaltet.

5.8 Selbsteinstellende (adaptive) Regelkreise

Bei adaptiven Regelkreisen paßt sich die Reglereinstellung selbsttätig in gewissen Grenzen einem veränderten Streckenverhalten an, so daß die Eigenschaften des Führungs- und/oder Störverhaltens auch unter veränderten Bedingungen erhalten werden. Ein Beispiel sind die Steuerungseigenschaften von Flugzeugen, die von der Fluggeschwindigkeit und der Flughöhe abhängig sind. Wegen der abnehmenden Luftdichte reagiert ein Flugzeug in großer Höhe bei gleicher Fluggeschwindigkeit auf den gleichen Steuerruderausschlag träger als in geringer Höhe. Ein Übertragungsglied „Flugzeug" mit der Eingangsgröße „Steuerruderauschlag" und der Ausgangsgröße „Flugrichtung" kann bei geringen Abweichungen von einer konstanten Höhe als LZI-Glied betrachtet werden (vgl. Abschn. 1.4). Bei niedriger Höhe und großer Geschwindigkeit wird jedoch z. B. die Streckenzeitkonstante kleiner sein als bei großer Höhe und geringer Geschwindigkeit. Werden Flughöhe und -geschwindigkeit gemessen, so kann man einen Flugregler sich selbsttätig an den jeweiligen Flugzustand anpassen oder „adaptieren" lassen.

Das Prinzip der adaptiven Regelung beruht auf einer Erkennung oder *Identifikation* der Regelstrecke (evtl. mittels zusätzlicher Sensoren), einer Berechnung für die angepaßte Reglereinstellung und die entsprechende Reglerparameteranpassung. Häufig tritt der Fall auf, daß sich die Verstärkung der Strecke ändert. Dann kann durch Vergleich mit einer Idealstrecke die erforderliche Korrekturgröße (z. B. durch Division) gewonnen und einem Serienglied (Multiplikation!) der Regeleinrichtung zugeführt werden, so daß auf diese Weise die Kreisverstärkung konstant bleibt (Bild 5.46).

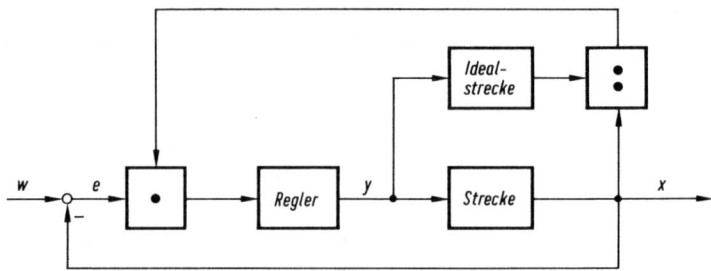

Bild 5.46   Wirkungsplan eines adaptiven Regelungssystems

Als weitere Beispiele für adaptive Regelungssysteme seien genannt: Kurs-, Nick- und Rollwinkelregelung bei Flugzeugen, die von Geschwindigkeit und Flughöhe abhängig sind und die Kursregelung von Schiffen; Konzentrations-, Mischungs- und Mengenregelungen in der chemischen Industrie; Regelung von Triebwerken, deren Betriebsverhalten von Feuchtigkeit und Luftdruck abhängt sowie die Regelung von Anlagen der Hebe- und Fördertechnik, wo die unterschiedlichsten Lastzustände den maßgeblichen variablen Streckenparameter bilden.

5.9   Nichtlineare Regelkreise

Die mathematische Modellbildung führt häufig zunächst zu nichtlinearen Streckenmodellen. Dies wird in Abschn. 2.3.1 am Beispiel einer Füllstandsstrecke erläutert. Um die Berechnung des Füllstandsreglers zu vereinfachen, wurde das Streckenmodell anschließend um den Sollwert (Arbeitspunkt) näherungsweise linearisiert. Das genauere mathematische Streckenmodell ist jedoch nichtlinear, und somit ist auch der reale Regelkreis nichtlinear. Das Verhalten des (tatsächlich) nichtlinearen Regelkreises unterscheidet sich von dem (rechnerisch) linearen Regelkreis nur unwesentlich, wenn die lineare Kennlinie sich über den Wertebereich der Eingangsgröße der Nichtlinearität nur wenig von der nichtlinearen Kennlinie unterscheidet (Bild 2.15a). Geht jedoch z. B. die Stellgröße in die Sättigung, so treten gravierendere Abweichungen vom linearen Regelkreisverhalten auf. Bild 5.48a zeigt eine Sättigungskennline und daneben als Beispiel eine sinusförmige Eingangsgröße $x_e(t) = \hat{x}_e \sin \omega t$ und die zugehörige Ausgangsgröße $x_a(t)$. Es ist zu erkennen, daß die Amplitude von $x_a(t)$ „abgeschnitten" wird, wenn $|x_e(t)| > A$.

Zu einem Regelkreis mit grundsätzlich nichtlinearem Verhalten führen unstetige Regeleinrichtungen, wie Zwei- und Dreipunktregler (Abschn. 4.2), und Fuzzy-Regler (Abschn. 10). Bilder 5.48c bis e zeigen Kennlinien von Zwei- und Dreipunktreglern. In Abschn. 4.2 wurde erläutert, daß z. B. bei einem Zweipunktregler im eingeschwungenen Zustand die Stellgröße periodisch an- und abgeschaltet wird und die Regelgröße eine

Dauerschwingung ausführt (z. B. Bilder 4.7ff.). Dauerschwingungen sind eine typische Erscheinung bei nichtlinearen Regelkreisen. Bei unstetigen Regeleinrichtungen nimmt man sie in Kauf, ansonsten sind sie i. a. unerwünscht.

Die Berechnung nichtlinearer Regelkreise wird am effektivsten mittels *Simulation* mit regelungstechnischen CAE-Programmen durchgeführt. Bei *grafischer* Programmierung können Kennlinienglieder (z. B. Tabelle von Bild 5.48) genauso einfach wie lineare Blöcke eingefügt werden. Als Beispiele wurden in den Abschn. 2.2 und 2.3 u. a. das Fliehkraftpendel (grafisches Programm: Bild 2.10b) und die Füllstandsstrecke (Bild 2.14b) behandelt.

Um die Ursachen von Dauerschwingungen bei nichtlinearen Regelkreisen genauer untersuchen bzw. Dauerschwingungen vermeiden zu können, wird häufig die *Methode der Beschreibungsfunktionen* angewendet. Sie soll am Beispiel des nichtlinearen Regelkreises von Bild 5.47 erläutert werden, wo das Kennlinienglied $y = f(y_N)$ z. B. eine Stellgliedbegrenzung (Sättigungskennlinie) oder auch einen Zweipunktregler (bei $G_R = 1$) darstellen kann.

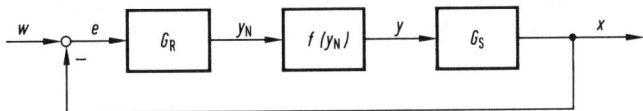

Bild 5.47 Nichtlinearer Regelkreis

G_R, G_S Übertragungsfunktionen $y = f(y_N)$ Kennlinienglied

Die Methode der Beschreibungsfunktionen geht davon aus, daß der nichtlineare Regelkreis eine Dauerschwingung ausführt und somit alle Größen im Regelkreis einen periodischen Verlauf haben. Periodische Signale lassen sich in *Fourier*-Reihen zerlegen, z. B. die Ausgangsgröße $y(t)$ des *KL*-Blockes (Bild 2.9 a)

$$y(t) = a_0 + \sum_{i=1}^{\infty} (a_i \cos i\omega_G t + b_i \sin i\omega_G t),$$

wobei $\omega_G = 2\pi/T$ die Kreisfrequenz der sog. *Grundschwingung* (mit der Periodendauer T) darstellt. $2\omega_G$, $3\omega_G$ $4\omega_G$... usw. sind die Kreisfrequenzen der sog. *Oberschwingungen*. a_0, a_i und b_i sind die sog. *Fourier*-Koeffizienten (Beispiel folgt). Die Methode der Beschreibungsfunktionen geht von der weiteren Annahme aus, daß die Oberschwingungen von $y(t)$ auf dem Wege durch die linearen Übertragungsglieder G_S und G_R (Bild 5.47) so weitgehend herausgefiltert werden, daß in der Eingangsgröße des *KL*-Gliedes $y_N(t)$ näherungsweise nur die Grundschwingung übrig bleibt. Damit diese Tiefpaßfilterwirkung zustandekommt, muß die Betragskennlinie $|G_R(j\omega) G_S(j\omega)|_{dB}$ für $\omega > \omega_G$ (Kreisfrequenz der Grundschwingung) unter 0 dB abfallen. Das ist bei technischen Anwendungen häufig der Fall. $y_N(t)$ ist dann (näherungsweise) sinusförmig und soll mit $y_N(t) = \hat{y}_N \sin \omega_G t$ bezeichnet werden. Vernachlässigt man auch die Oberschwingungen von $y(t)$ (sie werden im Regelkreis herausgefiltert), dann verbleibt von der *Fourier*-Reihe

$$y(t) = a_1 \cos \omega_G t + b_1 \sin \omega_G t = \hat{y}_1 \sin (\omega_G t + \varphi_1),$$

wobei bei ursprungssymmetrischen Kennlinien $a_0 = 0$ ist.[1] Damit verbleibt in der Berechnung der nichtlinearen Dauerschwingung des Regelkreises nur die Grundschwin-

---

[1] Eine ursprungssymmetrische Kennlinie verändert sich nicht, wenn man sie um 180^0 um den Ursprung gedreht hat. Beispiele: Bild 5.48.

gung mit der (noch unbekannten) Frequenz ω_G. Man bezeichnet diesen rechnerisch auf die Grundschwingung reduzierten Zustand des Schwingungsgleichgewichtes auch als *harmonische Balance*, bei dem sowohl am Eingang als auch am Ausgang des *KL*-Gliedes ein sinusförmiges Signal mit der Kreisfrequenz ω_G anliegt. Damit kann entsprechend dem Vorgehen beim Frequenzgang in Abschn. 2.5.1 mit der komplexen Exponentialdarstellung der sinusförmigen Signale

$$y_N(t) = \hat{y}_N \, e^{j\omega_G t} \quad \text{und} \quad y(t) = \hat{y}_1 \, e^{j(\omega_G t + \varphi_1)} \,,$$

der Ausdruck

$$\frac{y(t)}{y_N(t)} = \frac{\hat{y}_1}{\hat{y}_N} \, e^{j\varphi_1} = N(\hat{y}_N)$$

gebildet werden, der als *Beschreibungsfunktion* bezeichnet wird. Die Beschreibungsfunktionen $N(\hat{y}_N)$ von Kennliniengliedern sind *nur* von der Eingangsamplitude $\hat{y}_N$ abhängig (und nicht von ω_G, wie auch das folgende Beispiel zeigt). Für den Regelkreis von Bild 5.47 mit dem *KL*-Glied

$$y = N(\hat{y}_N) \, y_N$$

und dem linearen Teilsystem

$$y_N = -G_R(j\omega) \, G_S(j\omega) \, y = -G_{\text{lin}}(j\omega) \, y = -G_{\text{lin}}(j\omega) \, N(\hat{y}_N) \, y_N$$

folgt die sog. *charakteristische Gleichung des nichtlinearen Regelkreises* (auch: Gleichung der harmonischen Balance):

$$1 + G_{\text{lin}}(j\omega) \, N(\hat{y}_N) = 0 \,.$$

Diese komplexe Gleichung entspricht zwei reellen Gleichungen, mit denen die Frequenzen ω_G und Amplituden $\hat{y}_N$ von Dauerschwingungen berechnet werden können. Ob und welche Lösungen ω_G bzw. $\hat{y}_N$ es gibt, läßt sich sehr anschaulich auf grafischem Wege ermitteln. Dazu kann man die Gleichung der harmonischen Balance in die Form

$$-\frac{1}{G_{\text{lin}}(j\omega)} = N(\hat{y}_N)$$

bringen und prüfen, ob sich die Ortskurven von $-1/G_{\text{lin}}(j\omega)$ und $N(\hat{y}_N)$ schneiden (Zweiortskurvenverfahren). Schneiden sie sich z. B. *einmal*, dann kann aus der Ortskurve $-1/G_{\text{lin}}(j\omega)$ im Schnittpunkt die Frequenz ω_G und aus der anderen Ortskurve die Amplitude $\hat{y}_N$ der Dauerschwingung entnommen werden. Gibt es keinen Schnittpunkt, dann gibt es auch keine Dauerschwingung, und der nichtlineare Regelkreis ist stabil.

Beispiel: Sättigungskennlinie (Bild 5.48 a)

Die Kennlinie ist ungerade $(f(-x_e) = -f(x_e))$. Daher entfallen die Cosinus-Glieder in der *Fourier*-Reihe (weil alle *Fourier*-Koeffizienten $a_i = 0$). Die Grundschwingung von $x_a(t)$ ist also $x_{a1} = b_1 \sin \omega_G t$. Die Phasenverschiebung gegenüber $x_e = \hat{x}_e \sin \omega_G t$ ist $\varphi_1 = 0$. Daher ist die Beschreibungsfunktion reell:

$$N(\hat{x}_e) = \frac{b_1}{\hat{x}_e} \, e^{j\varphi_1} = \frac{b_1}{\hat{x}_e} \,.$$

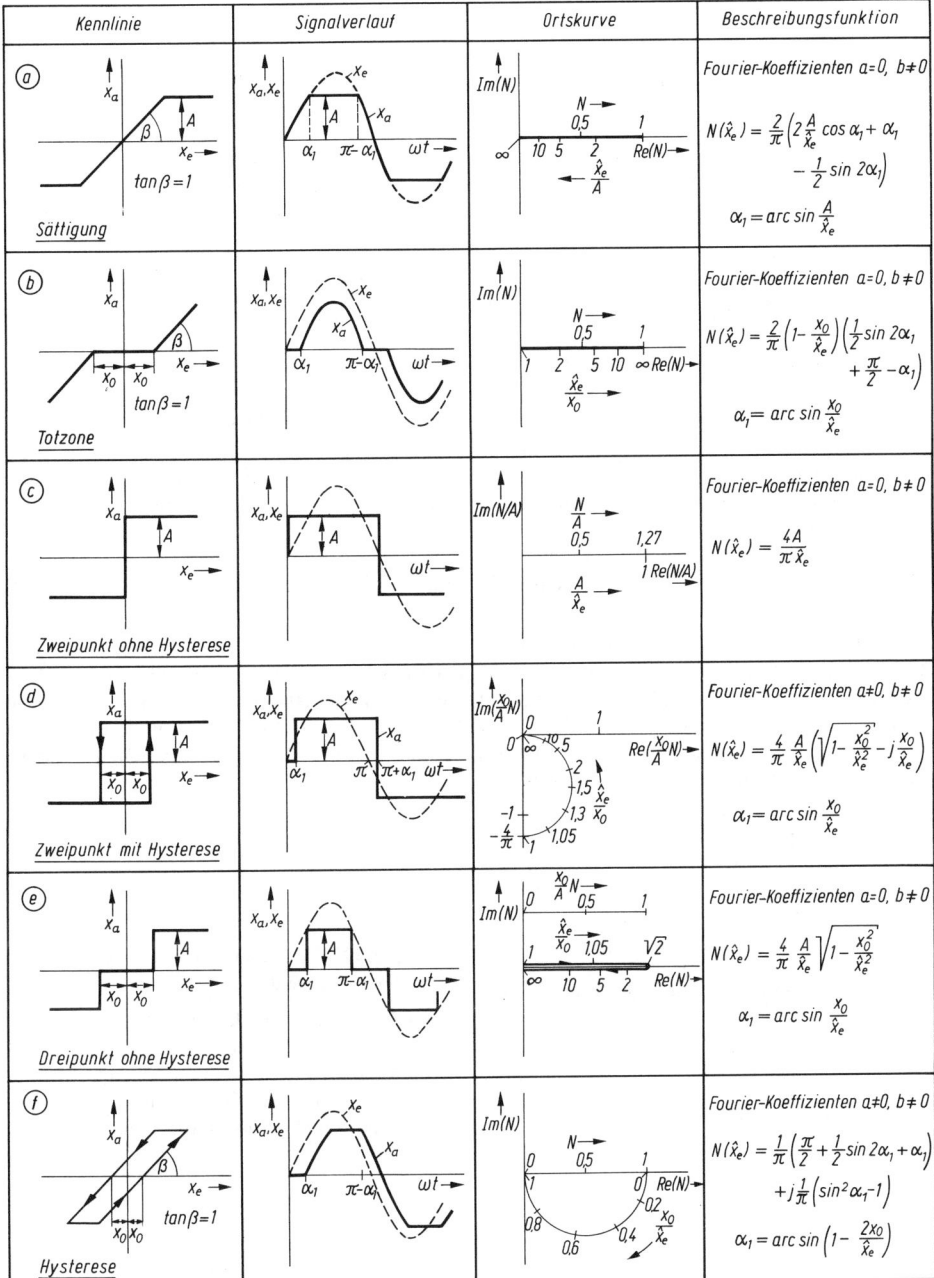

Bild 5.48   Nichtlineare Kennlinien $x_a = f(x_e)$ und ihre Beschreibungsfunktionen

Der Koeffizient b_1 ist nach *Fourier*

$$b_1 = \frac{1}{\pi} \int\limits_{-\pi}^{+\pi} x_a(t) \, \sin \omega t \, \mathrm{d}(\omega t) = \frac{2}{\pi} \int\limits_{0}^{+\pi} x_a(t) \, \sin \omega t \, \mathrm{d}(\omega t) \,,$$

wobei über eine Periodendauer von $x_a(t)$ integriert wird $(-\pi < \omega t < \pi$ mit $\omega = \omega_G = 2\pi/T)$. Wegen der Knickpunkte im Signalverlauf von $x_a(t)$ wird das Integrationsintervall in drei Teilabschnitte aufgegliedert (mit $\hat{x}_e \sin \alpha_1 = A$ bzw. $\alpha_1 = \arcsin (A/\hat{x}_e)$ aus Bild 5.48a):

$$b_1 = \frac{2\hat{x}_e}{\pi} \left(\int\limits_{0}^{\alpha_1} \sin^2 \omega t \, \mathrm{d}(\omega t) + \frac{1}{\hat{x}_e} \int\limits_{\alpha_1}^{\pi - \alpha_1} A \, \sin \omega t \, \mathrm{d}(\omega t) + \int\limits_{\pi - \alpha_1}^{\pi} \sin^2 \omega t \, \mathrm{d}(\omega t) \right)$$

und nach einigen Umrechnungen folgt für die Beschreibungsfunktion

$$N(\hat{x}_e) = \frac{b_1}{\hat{x}_e} = \frac{2}{\pi} \left(2 \frac{A}{\hat{x}_e} \cos \alpha_1 + \alpha_1 - \frac{1}{2} \sin 2\alpha_1 \right) \qquad \text{mit } \alpha_1 \text{ lt. Bild 5.48 a.}$$

Die Beschreibungsfunktion ist also nicht von der Frequenz ω, sondern nur von der Amplitude $\hat{x}_e$ der Eingangsgröße des *KL*-Gliedes abhängig. Die Ortskurve der Beschreibungsfunktion liegt auf der positiv-reellen Achse mit $\hat{x}_e/A$ als Parameter (Bild 5.48a). Der berechnete Ausdruck für die Beschreibungsfunktion ist wegen $\alpha_1 = \arcsin (A/\hat{x}_e)$ nur für $\hat{x}_e > A$ gültig, wenn also die Sättigung wirksam ist. Für $\hat{x}_e < A$ wirkt das Sättigungskennlinien-Glied wie das lineare Übertragungsglied $x_a(t) = x_e(t)$.

Betrachtet man das *KL*-Glied im Regelkreis von Bild 5.47 (mit $x_e = y_N$ und $x_a = y$), dann zeigt Bild 5.49 die Ortskurve von $N(\hat{x}_e)$ und zwei mögliche Ortskurven $-1/G_\text{lin}(j\omega)$ vom linearen Teilsystem im Regelkreis. Im Fall *a)* gibt es keine Dauerschwingung (stabiler Regelkreis), da sich die beiden Ortskurven nicht schneiden. Im Fall *b)* gibt es eine Dauerschwingung, der Regelkreis ist instabil. Amplitude $\hat{y}_N$ und Frequenz ω können der Parametrierung der Ortskurven von $N(\hat{x}_e)$ bzw. $-1/G_\text{lin}(j\omega)$ im Schnittpunkt entnommen werden.

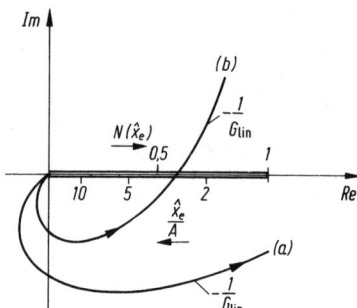

Bild 5.49 Zur Stabilität eines Regelkreises mit Nichtlinearitäten

Ortskurve der Beschreibungsfunktion $N(\hat{x}_e)$ des nichtlinearen Gliedes im Regelkreis und Ortskurve des negativ-inversen Frequenzgangs $-1/G_\text{lin}$ der linearen Glieder im Regelkreis bei stabilen (*a*) und instabilen (*b*) Verhältnissen

6 Digitale Reglerrealisierung (DDC)

Die Realisierung von Reglern mit Digitalrechnern, sogenannten Prozeßrechnern (i. a. Mikrorechner), hat besondere Bedeutung. Die wesentlichen Gründe werden im folgenden Abschnitt 6.1 erörtert. Man bezeichnet diesen Rechnereinsatz auch mit direkter digitaler Regelung (oder englisch DDC = **D**irect **D**igital **C**ontrol). In Abschn. 6.2 werden die bei einer digitalen Regelung erforderlichen Funktionseinheiten beschrieben. Die technische Realisierung dieser Funktionseinheiten wird in Abschn. 11.3 behandelt. Die Abschn. 6.3 und 6.4 zeigen am Beispiel analoger Standard-Regler (*PID*- Regler, *Lead-Lag*-Regler), wie man bei gegebenem analogen Regler den für die digitale Realisierung erforderlichen Regelalgorithmus berechnet.

6.1 Überblick

Bild 6.1a zeigt das *analoge* Standardregelungssystem, bei dem aus einer analogen Regelgröße $x(t)$ und einer analogen Führungsgröße $w(t)$ z. B. mit einer analogelektronischen Schaltung zunächst die Regeldifferenz $e(t)$ und daraus die Stellgröße $y(t)$ gebildet wird. Das Innere des gestrichelten Blockes in Bild 6.1a läßt sich auch mit Hilfe eines speziellen Digitalrechners, eines sogenannten *Prozeßrechners*, realisieren (Bild 6.1b).

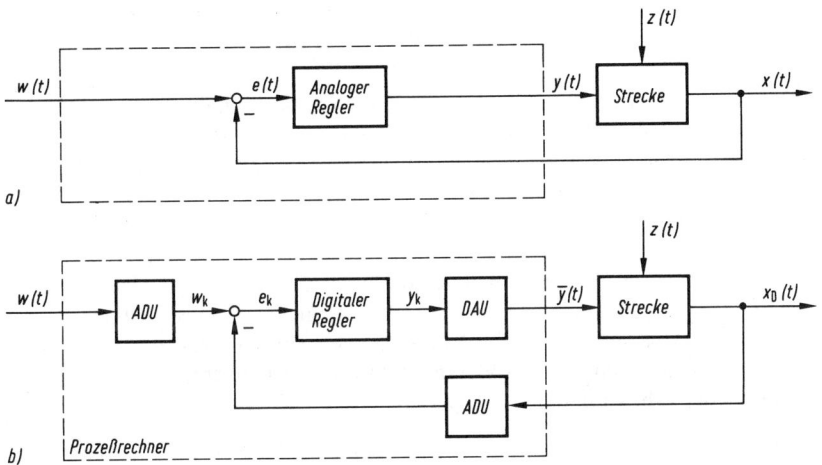

Bild 6.1 Analoger (a) und digitaler (b) Standard-Regelkreis. Zur Unterscheidung haben Stell- und Regelgröße im digitalen Regelkreis (b) die Bezeichnungen $\bar{y}(t)$ bzw. $x_D(t)$.

Die *digitale* Realisierung eines Reglers hat u. a. folgende Vorteile: Der Regler kann mit hochintegrierten Bauelementen platzsparend und kostengünstig aufgebaut werden. Die Reglerparameter können genau und langzeitstabil eingestellt werden und im laufenden Betrieb an sich ändernde Streckeneigenschaften angepaßt werden (Adaption, vgl. Abschn. 5.8). *Ein* Mikrorechner kann die Reglerfunktion *mehrerer* Regelkreise gleichzeitig übernehmen. Meß- und Stellsignale können auch über große Entfernungen sicher übertragen werden. Die Regelung kann einfach in übergeordnete Prozeßautomatisierungssysteme eingebunden werden.

Dazu müssen die Regel- und die Führungsgröße zunächst mit Analog-Digital-Umsetzer (ADU) in einem bestimmten Zeittakt, der *Abtastperiode T*, in Zahlen umgewandelt werden, mit denen der Prozeßrechner rechnen kann. Stehen zu einem Zeitpunkt $t_k = kT$ die Zahlenwerte x_k und w_k von Regel- bzw. Führungsgröße zur Verfügung, dann kann $e_k = w_k - x_k$ und daraus nach einem bestimmten Programm (Block „Digitaler Regler" in Bild 6.1b) der Stellgrößenwert y_k berechnet werden. Dieser Zahlenwert muß zunächst mit einem Digital-Analog-Umsetzer (DAU) in einen entsprechenden Spannungswert umgewandelt werden, bevor er als Stellgröße $\bar{y}(t)$ (vgl. z. B. Bild 6.8) wirken kann. Der zugehörige Regelgrößenverlauf sei $x_D(t)$ (Bild 6.1b).

Ein Prozeßrechner ist ein Digitalrechner, der selbsttätig Meßwerte einlesen kann, Stellgrößen ausgeben kann und dabei mit den Änderungen der Regelgröße schritthalten kann. In diesem Zusammenhang wird die Regelstrecke auch als *Prozeß* bezeichnet. Die Fähigkeit zum Schritthalten mit den Vorgängen des Prozesses heißt *Echtzeit-* oder *Realzeitfähigkeit* eines Prozeßrechners.

Beispiel: Mit dem folgenden Experiment kann der Leser leicht die Grenzen seiner eigenen Echtzeitfähigkeit feststellen: Es ist ein Stab auf der Hand zu balancieren. Regelgröße sei der Winkel des Stabes mit der Senkrechten, der möglichst Null sein soll. Der Stabwinkel wird mit den Augen optisch erfaßt. Stellgröße sei die Handbewegung. Die Regelung funktioniert nur, wenn der Regler mit den Änderungen des Stabwinkels schritthalten kann. Verkürzt man den Stab auf die Länge eines Bleistiftes, so dürften für die meisten menschlichen Regler die Grenzen der Echtzeitfähigkeit überschritten sein.

Die Abschnitte 6 bis 9 geben eine Einführung in die digitale Regelung. Dabei wird das Standard-Regelungssystem von Bild 6.1 die Grundlage der Betrachtung sein. Obwohl ein Prozeßrechner ohne nennenswerten Mehraufwand an Hard- oder Software auch „intelligentere" Regler realisieren könnte, wird häufig nur ein analoger *PID*-Regler digital nachgebildet. Dies läßt sich damit begründen, daß die Bedeutung der drei Reglerparameter K_{PR}, T_n und T_v eines *PID*-Reglers, die Reglerverstärkung, die Nachstellzeit bzw. die Vorhaltzeit, sehr anschaulich ist (Abschn. 4.3.4). Ferner gibt es zahlreiche erprobte Methoden, um diese Reglerparameter nach verschiedenen Gesichtspunkten optimal festzulegen (vgl. Abschn. 5). Um die Möglichkeiten eines Prozeßrechners voll auszuschöpfen, bedarf es dagegen einer größeren Erfahrung im Umgang mit geeigneten rechnergestützten Entwurfshilfsmitteln (Abschn. 1.5).

Aufgrund der zyklischen Arbeitsweise der Digitalrechner ist die Abtastperiode T, mit der Meßwerte (Regelgröße, Führungsgröße) eingelesen, verarbeitet und als Stellgröße ausgegeben werden, eine (gegenüber einer analogen Regelung zusätzliche) wichtige Einflußgröße auf die Regelgüte. Um sie bei der Berechnung eines digitalen Regelungssystemes explizit berücksichtigen zu können, sind besondere mathematische Modelle für die Übertragungsglieder im digitalen Regelungssystem erforderlich: Anstelle von Differentialgleichungen werden *Differenzengleichungen* verwendet. Differenzengleichungen treten zuerst in Abschn. 6.3 zur Darstellung des digitalen *PID*-Reglers auf. In Abschn. 7 werden Differenzengleichungen für Regelstrecken hergeleitet, um sie in Abschn. 9 in das Berechnungsmodell des digitalen Regelkreises einbeziehen zu können. Ergänzend liefert Abschn. 8 hilfreiche Informationen über die Berechnungsmodelle und Eigenschaften digitaler Übertragungsglieder.

6.2 Funktionseinheiten einer digitalen Regeleinrichtung

Wie bei jeder elektronischen Datenverarbeitung sind auch bei einem Prozeßrechner die drei Grundfunktionen die Dateneingabe, die Datenverarbeitung und die Datenausgabe. Ausgelöst von Steuerimpulsen zu den Zeitpunkten 0, T, $2T$, $3T$ usw. werden diese drei Funktionen nacheinander durchlaufen. Zu einem Zeitpunkt kT wird zunächst eine zeitkontinuierliche Regelgröße $x(t)$ in einen Zahlenwert $x_k \approx x(kT)$ umgewandelt. Dieser Vorgang heißt Analog-Digital-Umsetzung und wird in Abschn. 6.2.1 behandelt. Anschließend erfolgt die Verarbeitung dieses Zahlenwertes nach einem bestimmten Programm (Regelalgorithmus). Das Ergebnis ist ein Zahlenwert y_k für die Stellgröße (Abschn. 6.2.2: Digitaler Regler). Schließlich ist der Zahlenwert y_k der Stellgröße in einen entsprechenden analogen Spannungswert umzuwandeln. Dieser Vorgang heißt Digital-Analog-Umsetzung und wird in Abschn. 6.2.3 genauer betrachtet. Im Hinblick auf die Regelgüte einer digitalen Regelung sind vor allem *Verzögerungen* und die *Quantisierung der Signalwerte* von Bedeutung.

Verzögerungen sind wegen der beschriebenen zyklischen Arbeitsweise des Prozeßrechners unvermeidlich. Wie in den folgenden Abschnitten näher erläutert wird, sind dies im Wesentlichen die Zeiten, die für die A/D-Umsetzung und die Abarbeitung des Regelalgorithmus (Rechenzeit) erforderlich sind. Sie bestimmen die kleinstmögliche Abtastperiode T.

Die *Quantisierung* wird durch die Auflösung der A/D-Umsetzer verursacht. Dies beeinflußt die berechneten Stellgrößenwerte und damit ebenfalls die Güte der digitalen Regelung. Im Folgenden wird die Funktion der einzelnen Bestandteile der digitalen Regeleinrichtung (gestrichelter Block in Bild 6.1b) beschrieben. Der technische Aufbau von A/D- und D/A-Umsetzern sowie Hardware, Software und Programmierung von Prozeßrechnern werden in Abschn. 11.3 näher erläutert.

6.2.1 Analog-Digital-Umsetzung

Wie aus Bild 6.2 hervorgeht, ist dem Analog-Digital- oder A/D-Umsetzer (ADU) häufig ein Abtast-Halte-Glied und ein Anti-Alias-Filter vorgeschaltet. Im Folgenden werden die Aufgaben dieser Funktionseinheiten erläutert. Ausgelöst von einem Steuerimpuls macht ein ADU zu einem Zeitpunkt t_k aus einer elektrischen Spannung $x(t)$[1]) einen Zahlenwert x_k ($k = 0, 1, 2, 3 \ldots$). Dabei muß die Spannung (annähernd) konstant sein, bis alle Ziffern des Zahlenwertes bestimmt sind. Die dazu erforderliche Zeit heißt *Umsetzzeit* T_{AD} des ADU.

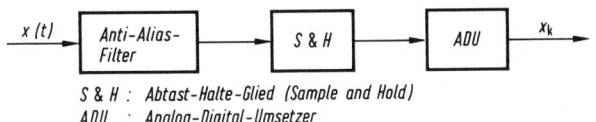

S & H : *Abtast-Halte-Glied (Sample and Hold)*
ADU : *Analog-Digital-Umsetzer*

Bild 6.2 Funktionseinheiten bei der Analog-Digital-Umsetzung

---

[1]) Die Analog-Digital-Umsetzung wird am Beispiel der (in eine elektrische Spannung umgewandelten) Regelgröße $x(t)$ behandelt. Für den ADU der Führungsgröße $w(t)$ gilt Entsprechendes.

Wenn die am Eingang des ADU anliegende elektrische Spannung während der Umsetzzeit nicht (auch nicht näherungsweise) als konstant angesehen werden kann, muß sie künstlich konstant gehalten werden. Das ist die Aufgabe eines *Abtast-Halte-Gliedes*, das in der Praxis häufig als *Sample- and Hold-Glied* (kurz: *S & H*) bezeichnet wird. Bild 6.3 zeigt die künstlich konstant gehaltenen Spannungswerte $x(0)$, $x(T)$, $x(2T)$ usw. und (unter der t-Achse) die nach Ablauf der Umsetzzeit T_{AD} zur Verfügung stehenden Zahlenwerte x_0, x_1, x_2 usw. in binärer Form.

Die binären Zahlenwerte x_k kommen dadurch zustande, daß der Meßbereich unterteilt wird; in Bild 6.3 sind es z. B. 8 Intervalle. Das entspricht der Anzahl von Zahlenwerten, die mit einer *dreistelligen Binärzahl* bzw. mit 3 Bit dargestellt werden können. Die Aufgabe eines ADU ist es, festzustellen, in welchem Intervall ein Spannungswert liegt und dann den zugehörigen Zahlenwert auszugeben. Bild 6.3 zeigt die Funktion eines 3 Bit-ADU.

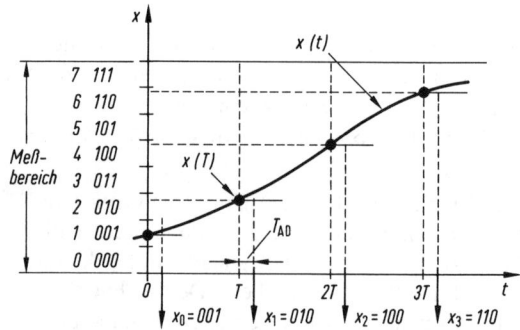

Bild 6.3 Die Wirkung von Abtast-Halte-Glied (S & H) und 3 Bit-A/D-Umsetzung. Zur technischen Realisierung vgl. Bilder 11.43 ff.

Da die Spannung am Eingang des ADU im Meßbereich beliebige Werte annehmen kann, am Ausgang des ADU aber nur endlich viele Zahlenwerte möglich sind, kommt es zum *Quantisierungsfehler*. Bild 6.4 zeigt die Kennlinie des 3-Bit-A/D-Umsetzers. Reicht der Meßbereich von 0 V bis 10 V, dann ist der Quantisierungsfehler im schlimmsten Falle

$$q = \frac{10\,V}{2^3} = 1{,}25\,V\,.$$

Diesen größtmöglichen Quantisierungsfehler eines ADU nennt man seine *Auflösung*. Bei einer 10-Bit-ADU ist die Auflösung

$$q = \frac{10\,V}{2^{10}} = 9{,}76\,mV\,,$$

also sehr viel feiner. Die Kennlinie Bild 6.4 hätte dann 1024 Stufen und ist mit bloßem Auge von der idealen Kennlinie nicht mehr zu unterscheiden. Es ist jedoch zu beachten, daß eine feinere Auflösung eine längere A/D-Umsetzzeit T_{AD} nach sich zieht.

Der *Anti-Alias-Filter* in Bild 6.2 bewirkt, daß das *Shannon'sche Abtasttheorem* zumindest näherungsweise erfüllt wird. Danach wird ein Signal durch Abtastung nicht ver-

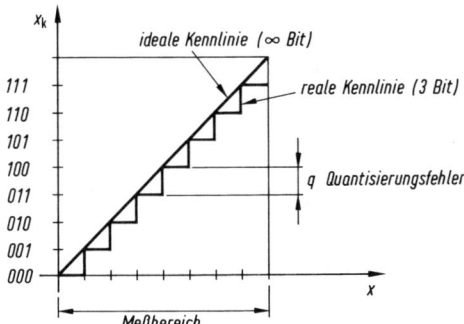

Bild 6.4 Kennlinie eines 3Bit-A/D-Umsetzers und ideale Kennlinie

fälscht, wenn die Abtastfrequenz $\omega_A = \dfrac{2\pi}{T}$ mindestens doppelt so groß ist wie die höchste im Signal enthaltene Frequenz ω_{max}, also

$$\omega_A > 2\omega_{max}.$$

Für die Abtastperiode T folgt daraus die Bedingung $T < \dfrac{\pi}{\omega_{max}}$.

Wird ω_{max} durch hochfrequente Störsignale bestimmt, so müßte die Abtastperiode T unnötig klein sein (mit der Folge einer unnötig hohen Prozeßrechnerbelastung). Der Anti-Alias-Filter ist ein *analoger* Tiefpaßfilter mit der Bandbreite ω_B, der „tiefe" Frequenzen $\omega < \omega_B$ „passieren" läßt und hohe Frequenzen $\omega > \omega_B$ sperrt. Bild 6.5 zeigt z. B. *P-T*$_1$-Glied und *P-T*$_2$-Glied als Anti-Alias-Filter. Da die Sperrwirkung mit wachsendem ω nicht unmittelbar einsetzt (siehe die Betragskennlinien in Bild 6.5), wird in der Praxis sicherheitshalber $\omega_B \approx 0.1\,\omega_{max}$ angenommen, wobei sich ω_{max} auf das störungsfrei *gedachte* Signal $x(t)$ bezieht. Damit wird aus der Bedingung für die Abtastperiode $T < 0{,}1\pi/\omega_B$.

Die zeit- und wertkontinuierliche Regelgröße $x(t)$ (Bild 6.6a) ist nach der Analog-Digital-Umsetzung *zeitdiskret* und *wertdiskret* (Bild 6.6d): Zeitdiskret, weil nur zu den dis-

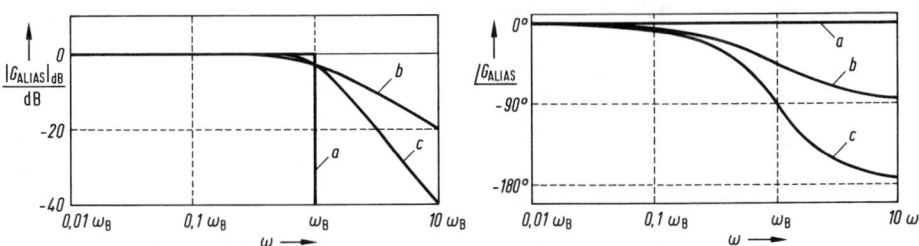

Bild 6.5 Frequenzkennlinien von Anti-Alias-Filtern

a) Idealer Tiefpaßfilter (technisch nicht realisierbar)

b) *P-T*$_1$-Glied: $G_{ALIAS}(s) = \dfrac{1}{\omega_B^{-1}s + 1}$ (vgl. Bild 2.56d)

c) *P-T*$_2$-Glied: $G_{ALIAS}(s) = \dfrac{1}{\omega_B^{-2}s^2 + 2d\omega_B^{-1}s + 1}$; $d = 0{,}7$ (vgl. Bild 2.58d)

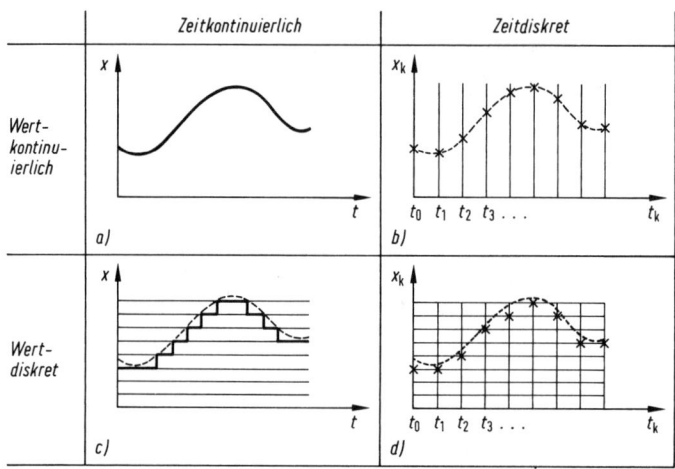

Bild 6.6   Analoge und digitale Größen

kreten Abtastzeitpunkten $t_k = kT$ Werte definiert sind (vertikale Linien in Bild 6.6d), und wertdiskret, weil für die Funktionswerte x_k nur eine bestimmte Anzahl von Zahlenwerten zur Verfügung steht (in Bild 6.6d z. B. 8 Zahlenwerte für 8 Intervalle; die Werte (= Kreuzchen) sind hier den unteren Intervallgrenzen zugeordnet). Zeitdiskrete *und* wertdiskrete Größen heißen *digital*.

6.2.2   Digitaler Regler

Der digitale Regler (Bild 6.7) ist ein Übertragungsglied mit der digitalen Regeldifferenz e_k als Eingangsgröße und der digitalen Stellgröße y_k als Ausgangsgröße. Das Übertragungsverhalten wird durch einen *Regelalgorithmus* realisiert, der auf einem Prozeßrechner programmiert ist. Falls die Regeldifferenz nicht direkt gemessen und A/D-umgesetzt wird, muß sie zunächst gemäß $e_k = w_k - x_k$ aus den A/D-umgesetzten digitalen Werten der Regelgröße x_k und der Führungsgröße w_k berechnet werden.

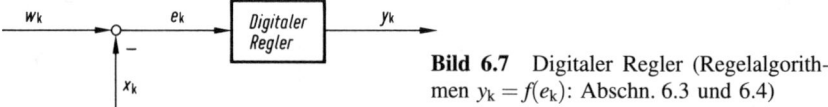

Bild 6.7   Digitaler Regler (Regelalgorithmen $y_k = f(e_k)$: Abschn. 6.3 und 6.4)

Um die digitale Regeldifferenz e_k und daraus die digitale Stellgröße y_k zu berechnen, ist die *Rechenzeit* T_R erforderlich. Die Berechnung wird angestoßen, sobald die Umsetzzeit T_{AD} abgelaufen ist. Liegt der neue aktuelle digitale Stellgrößenwert y_k nach Ablauf der Rechenzeit T_R vor, kann die D/A-Umsetzung (Abschn. 6.2.3) ausgelöst werden.

Da ein Digitalrechner mit einer bestimmten Stellenzahl rechnet (z. B. 16 Bit oder 32 Bit), kommt es bei den Berechnungen zu *Rundungsfehlern*. Je größer die Stellenzahl, desto kleiner ist der Rundungsfehler pro Rechenoperation, und desto langsamer summieren sich die Rundungsfehler bei aufeinanderfolgenden Rechenoperationen. Andererseits bedeutet eine größere Stellenzahl eine längere Rechenzeit T_R. Die A/D-Umsetzzeit T_{AD} ist häufig gegenüber der Rechenzeit T_R vernachlässigbar.

6.2.3 Digital-Analog-Umsetzung

Ein Digital-Analog- oder D/A-Umsetzer (DAU) macht aus einer Binärzahl einen entsprechenden Spannungswert. Dabei wirken die einzelnen Stellen der Binärzahl als Schalter, die entsprechend ihrer Stellenwertigkeit und ihrem Wert Teilspannungen aus einer Spannungsquelle zuschalten oder nicht (Abschn. 11.3.3). Die Schaltzeiten sind i. a. vernachlässigbar. Der Spannungswert am Ausgang des DAU bleibt dann solange konstant, bis ein neuer Stellgrößenwert y_k anliegt (Bild 6.8). Entsprechend der Stellenzahl der Binärzahl sind nur endlich viele Spannungswerte für die Stellgröße im Stellbereich möglich. Bild 6.8 zeigt den Spannungsverlauf $\bar{y}(t)$ bei einem 3-Bit-DAU. Bei einem 10-Bit-DAU stehen im Stellbereich 1024 Spannungspegel zur Verfügung.

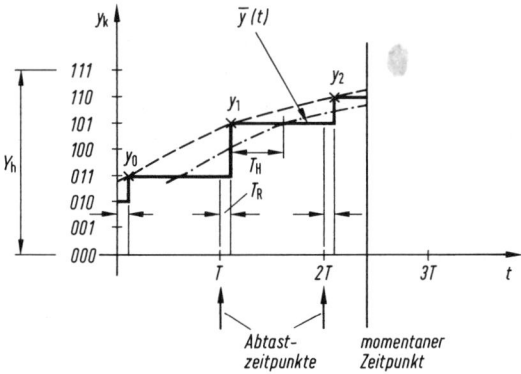

Bild 6.8 3 Bit-D/A-Umsetzung und Verzögerungszeiten

y_k: Digitale Stellgröße (vor DAU)
$\bar{y}(t)$: Analoge Stellgröße (nach DAU)
T_R: Rechenzeit
$T_H = \dfrac{T}{2}$: Verzögerungszeit wegen Konstanthalten der Stellgröße über jeweils eine Abtastperiode T
Y_h: Stellbereich

Die D/A-Umsetzung kann erst ausgelöst werden, wenn die A/D-Umsetzzeit T_{AD} und die Rechenzeit T_R abgelaufen sind. Häufig ist T_{AD} sehr viel kleiner als T_R (also $T_{AD} \ll T_R$) und kann daher oftmals vernachlässigt werden. Die entstehende Treppenkurve in Bild 6.8 ist dann um T_R gegenüber den Abtastzeitpunkten T, $2T$, $3T$ ... der Regelgröße (und Führungsgröße) verzögert.

Die Linie „momentaner Zeitpunkt" in Bild 6.8 stelle man sich der momentanen Zeit entsprechend längs der t-Achse laufend vor. Sie soll verdeutlichen, daß die erzeugte analoge Stellgröße $y(t)$ jeweils den letzten Wert y_k beibehält bis ein neuer Wert y_{k+1} am

Eingang des DAU anliegt. Daher kann die Stellgröße $y(t)$ bei einer digitalen Regelung jeweils erst nach Ablauf einer Abtastperiode T wieder auf einen neuen Regelgrößenwert x_{k+1} reagieren. Im Gegensatz zu einer (gedachten) analogen Stellgröße, die stetig durch die Werte y_k der digitalen Stellgröße verläuft (gestrichelte Kurve in Bild 6.8), ergibt sich durch das Konstanthalten der Stellgröße über jeweils eine Abtastperiode T eine um $T_H = T/2$ verzögerte Stellwirkung (strichpunktierte Kurve in Bild 6.8).

6.2.4 Annahmen beim Berechnungsmodell des digitalen Reglers

Ein digitaler Regler verursacht nach dem zuvor Gesagten im Regelkreis eine Verzögerung von im Wesentlichen $T_R + T_H$, wobei T_R die Rechenzeit und $T_H = T/2$ die Verzögerungszeit durch den Haltevorgang von jeweils einer Abtastperiode T beim D/A-Umsetzer bezeichnen. Bei der Berechnung des Verhaltens digitaler Regelkreise werden für den digitalen Regler häufig die folgenden Vereinfachungen angenommen: Die Rechenzeit T_R wird vernachlässigt, wenn $T_R \ll T$ angenommen werden kann (z. B. $T_R < 0{,}1T$). Ist die Annahme nicht gerechtfertigt, dann können mit geringem mathematischen Aufwand die Auswirkungen des Grenzfalles $T_R = T$ berechnet werden (vgl. Beispiel in Abschn. 9.2). Ferner können häufig die Quantisierungsfehler von ADU und DAU (bei ausreichender Auflösung) und die Rundungsfehler im Rechner (bei ausreichender Wortlänge) vernachlässigt werden. Falls nicht ausdrücklich vermerkt, wird im Folgenden von den Annahmen $T_R = 0$ und vernachlässigbaren Quantisierungs- und Rundungsfehlern ausgegangen.

6.3 Digitaler *PID*-Regler

Die Bedeutung der drei Reglerparameter K_{PR}, T_n und T_v eines analogen *PID*-Reglers, die Reglerverstärkung, die Nachstellzeit bzw. die Vorhaltzeit, ist anschaulich und in der regelungstechnischen Praxis gut eingeführt (Abschn. 4.3.4). Ferner gibt es zahlreiche erprobte Methoden, um diese Reglerparameter nach verschiedenen Gesichtspunkten optimal festzulegen (Abschn. 5). Um den Entwicklungsaufwand eines digitalen Reglers gering zu halten, liegt es daher nahe, zunächst einen analogen *PID*-Regler auszulegen und diesen anschließend digital zu realisieren. Dazu muß die Gleichung des analogen Reglers in einen *Regelalgorithmus* überführt werden, mit dem ein Prozeßrechner programmiert werden kann. Man nennt diese Berechnung auch (zeitliche) *Diskretisierung* des analogen Reglermodelles. Im Folgenden wird die Reglerdiskretisierung am Beispiel des *PID*-Reglers ausführlich erläutert. Der anschließende Abschn. 6.4 bringt ein einfaches Berechnungsschema, mit dem auch andere Reglerformen (z. B. *Lead-Lag*-Regler) diskretisiert werden können.

Das mathematische Modell eines als verzögerungsfrei angenommenen analogen *PID*-Reglers ist (vgl. Abschn. 4.3.4)

$$y(t) = K_{PR}\left(e(t) + \frac{1}{T_n}\int_0^t e(\tau)\,d\tau + T_v\,\dot{e}(t)\right) \quad \text{mit} \quad e(t) = w(t) - x(t).$$

Dabei sind $w(t)$ die Führungsgröße, $x(t)$ die Regelgröße, $e(t)$ die Regeldifferenz und $y(t)$ die Stellgröße. Der *PID*-Regler besteht aus drei Anteilen, dem *P*-, *I*- und *D*-Anteil (Bild 6.9):

$$y(t) = y_P(t) + y_I(t) + y_D(t) = K_{PR}\, e(t) + K_{IR} \int_0^t e(\tau)\, d\tau + K_{DR}\, \dot{e}(t)$$

mit $K_{IR} = K_{PR}/T_n$ und $K_{DR} = K_{PR} T_v$, wobei durch entsprechendes Nullsetzen der *K*-Faktoren z. B. ein *PI*- oder *PD*-Regler entsteht.

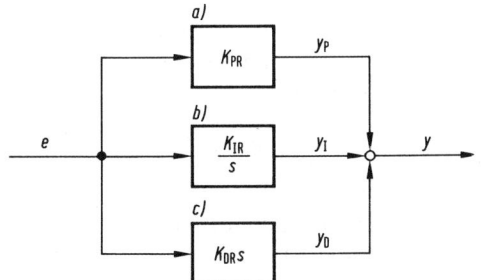

Bild 6.9 Wirkungsplan eines analogen *PID*-Reglers

a) *P*-Anteil
b) *I*-Anteil
c) *D*-Anteil

In den folgenden drei Unterabschnitten werden die drei Anteile des analogen *PID*-Reglers einzeln digital nachgebildet und in Unterabschn. 6.3.4 zum digitalen *PID*-Regler zusammengefügt.

6.3.1 *P*-Anteil

Der *P*-Anteil eines analogen *PID*-Reglers ist $y_P(t) = K_{PR}\, e(t)$ (Bild 6.9a). Nach der A/D-Umsetzung zum Zeitpunkt $t_k = kT$ steht der Zahlenwert e_k der Regeldifferenz zur Verfügung. Für jeden Abtastzeitpunkt $t_k = kT$ folgt aus der Gleichung des analogen *P*-Anteiles $y_P(kT) = K_{PR}\, e(kT)$. Somit ist

$$y_{P,k} = K_{PR}\, e_k$$

eine digitale Nachbildung des *P*-Anteiles. Wird dem Prozeßrechner nicht die Regeldifferenz $e(t)$, sondern Führungsgröße $w(t)$ und Regelgröße $x_D(t)$ zugeführt (Bild 6.1b), dann muß zunächst aus die Zahlenwerten w_k und x_k die Regeldifferenz $e_k = w_k - x_k$ berechnet werden.

6.3.2 *I*-Anteil

Der *I*-Anteil eines analogen *PID*-Reglers ist (Bild 6.9b) $y_I(t) = K_{IR} \int_0^t e(\tau)\, d\tau$.

Für den Abtastzeitpunkt $t_k = kT$ gilt $y_I(kT) = K_{IR} \int_0^{kT} e(\tau)\, d\tau$.

Das Integral aus gegebenen (Stütz-)Werten $e_0, e_1, e_2, \ldots e_k$ näherungsweise zu berechnen, ist eine Aufgabe der *numerischen Integration*. Bild 6.10 zeigt zwei für die digitale

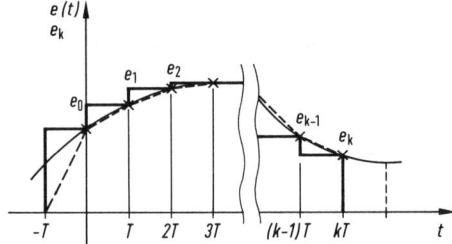

Bild 6.10 Digitale Nachbildung des *I*-Anteiles mittels Rückwärts-Rechteckregel (durchgezogene Rechtecke) und Trapezregel (gestrichelte Linie)

Reglernachbildung geeignete Verfahren, die Fläche unter der Kurve $e(t)$ anzunähern: Die *Rückwärts-Rechteckregel* und die *Trapezregel*. Bei der Rückwärts-Rechteckregel wird jeweils der Funktionswert der *rechten* Rechteckseite mit der Breite T multipliziert,

$$y_\mathrm{I}(kT) \approx y_{\mathrm{I},k} = K_\mathrm{IR}(e_0 T + e_1 T + \ldots + e_k T) = K_\mathrm{IR} T \sum_{i=0}^{k} e_i \,.$$

Dadurch wird bei ansteigendem $e(t)$ die Fläche zu groß, bei abfallendem $e(t)$ zu gering berechnet. Das Integral wird umso genauer, je kleiner die Abtastperiode T ist.

Bei der *Vorwärts-Rechteckregel* wird jeweils der Funktionswert der *linken* Rechteckseite (in Bild 6.10 nicht eingezeichnet) mit der Breite T multipliziert, womit zum Zeitpunkt $t_k = kT$ der Wert $y_\mathrm{I}(kT) \approx y_{\mathrm{I},k} = K_\mathrm{IR} T \sum_{i=0}^{k-1}$ vorliegt.

e_0 ist der erste Abtastwert nach Einschalten der Prozeßrechnerregelung.

Mit dem Summenterm $\sum$ ist der *I*-Anteil für die Programmierung wenig geeignet, weil mit wachsendem k die Anzahl der Summanden unbeschränkt anwächst. Es müssen alle abgetasteten Werte e_0, e_1, e_2, ... e_k abgespeichert werden, um nach jedem neuen Abtastzeitpunkt $t_k = kT$ die Summe berechnen zu können. Das läßt sich vermeiden, wenn man jeweils vom Zuwachs $y_{\mathrm{I},k} - y_{\mathrm{I},k-1}$ ausgeht, für den sich bei der Rückwärts-Rechteckregel

$$y_{\mathrm{I},k} - y_{\mathrm{I},k-1} = K_\mathrm{IR} \sum_{i=0}^{k} e_i - K_\mathrm{IR} \sum_{i=0}^{k-1} e_i = K_\mathrm{IR} T\, e_k$$

bzw.

$$y_{\mathrm{I},k} = y_{\mathrm{I},k-1} + K_\mathrm{IR} T\, e_k$$

ergibt. Damit sind zu jedem Abtastzeitpunkt $t_k = kT$ mit $k = 0, 1, 2\ldots$ die *gleichen* Rechenschritte zu durchlaufen:

$$
\begin{aligned}
k &= 0: & y_{\mathrm{I},0} &= y_{\mathrm{I},-1} + K_\mathrm{IR} T\, e_0 \quad \text{mit} \quad y_{\mathrm{I},-1} = 0\,, \\
k &= 1: & y_{\mathrm{I},1} &= y_{\mathrm{I},0} + K_\mathrm{IR} T\, e_1\,, \\
k &= 2: & y_{\mathrm{I},2} &= y_{\mathrm{I},1} + K_\mathrm{IR} T\, e_2 \quad \text{usw.}
\end{aligned}
$$

Die Gleichung $y_{\mathrm{I},k} = y_{\mathrm{I},k-1} + K_\mathrm{IR} T\, e_k$ ist eine sog. *Differenzengleichung*. Um den Algorithmus starten zu können, muß der Anfangswert $y_{\mathrm{I},-1}$ gegeben sein. Die unabhängige Veränderliche ist nicht die Zeit t, sondern der Index k. Differenzengleichungen werden in Abschn. 8.1 näher erläutert. Die Anwendung der Vorwärts-Rechteckregel führt auf die Differenzengleichung $y_{\mathrm{I},k} = y_{\mathrm{I},k-1} + K_\mathrm{IR} T\, e_{k-1}$. Häufig wird die Differenzengleichung

$y_{I,k} = y_{I,k-1} + K_{IR} T\, e_k$ (Rückwärts-Rechteckregel) in der Praxis vorgezogen, weil sie für die Berechnung von $y_{I,k}$ jeweils auch den aktuellsten Wert der Regeldifferenz, nämlich e_k, verwendet.

Genauer als die Rechtecknäherung ist die Näherung mit *Trapezflächen* (Bild 6.10). Dabei wird die Verbindungsgerade zwischen zwei aufeinanderfolgenden Werten e_{i-1} und e_i verwendet:

$$\int_0^{kT} e(\tau)\, d\tau \approx \sum_{i=0}^{k} \frac{e_i + e_{i-1}}{2}\, T\,.$$

Für den Zuwachs des *I*-Anteiles folgt wegen

$$y_{I,k} - y_{I,k-1} = K_{IR} T \sum_{i=0}^{k} \frac{e_i + e_{i-1}}{2} - K_{IR} T \sum_{i=0}^{k-1} \frac{e_i + e_{i-1}}{2} = K_{IR} T\, \frac{e_k + e_{k-1}}{2}\,,$$

die Differenzengleichung

$$y_{I,k} = y_{I,k-1} + K_{IR}\, \frac{T}{2}\, e_k + K_{IR}\, \frac{T}{2}\, e_{k-1}\,.$$

Damit ist der Programmablauf wie folgt:

$$k = 0: \qquad y_{I,0} = y_{I,-1} + K_{IR}\, \frac{T}{2}\, e_0 + K_{IR}\, \frac{T}{2}\, e_{-1} \quad \text{mit} \quad y_{I,-1} = 0 \quad \text{und} \quad e_{-1} = 0\,,$$

$$k = 1: \qquad y_{I,1} = y_{I,0} + K_{IR}\, \frac{T}{2}\, e_1 + K_{IR}\, \frac{T}{2}\, e_0 \quad \text{usw.}$$

e_{-1} zum Zeitpunkt $t = -T$ wird zu Null angenommen, weil der digitale Regler zum Zeitpunkt $t = 0$ eingeschaltet wird, also e_0 der erste Abtastwert ist. Bei der digitalen Realisierung des *I*-Anteiles muß darauf geachtet werden, daß dessen Ausgangsgröße $y_{I,k}$ nicht unkontrolliert hochlaufen kann (englisch „wind-up"). Im Gegensatz zu analogen Reglern, die z. B. durch den Aussteuerbereich von Operationsverstärkern begrenzt werden können, ist das Problem bei digitalen Reglern besonders zu beachten, weil $y_{I,k}$ eine Zahl ist, die u. U. den ganzen Zahlenbereich durchläuft. Die Programmierung eines einfachen Begrenzers am Reglerausgang löst das Problem nicht! Stattdessen sind spezielle Anti-Windup-Algorithmen erforderlich.[1]

6.3.3 *D*-Anteil

Der *D*-Anteil des analogen *PID*-Reglers ist $y_D(t) = K_{DR}\, \dot{e}(t)$ (Bild 6.9c). Für die digitale Nachbildung $y_{D,k}$ soll gelten $y_{D,k} \approx y_D(kT) = K_{DR}\, \dot{e}(kT)$. Mit den Werten e_k und e_{k-1} kann die Steigung der Kurve $e(t)$ an der Stelle $t = kT$ mit dem Differenzenquotienten $\dot{e}(kT) \approx (e_k - e_{k-1})/T$ angenähert werden, womit für den digitalen *D*-Anteil

---

[1] Vgl. z. B. *Bühler H.*, Anti-Reset-Windup-Maßnahmen bei stetigen Reglern, Automatisierungstechnik 36 (1988) 5, S. 190–191.

folgt

$$y_{D,k} = K_{DR} \frac{e_k - e_{k-1}}{T} \,.$$

Je kleiner die Abtastperiode T (im Nenner!) gewählt wird, mit umso größeren Ausschlägen von $y_{D,k}$ muß man bei einer Änderung $(e_k - e_{k-1})$ rechnen. Aufgrund der Quantisierung im A/D-Umsetzer kann sich e_k nur sprunghaft um mindestens den Betrag der Quantisierung verändern. Der Einfluß des dadurch entstehenden sog. *Quantisierungsrauschens* auf die Regelgröße kann dadurch vermindert werden, daß man bei der Diskretisierung von einem verzögerten D-Anteil ausgeht (vgl. *PI-DT₁*-Regler in Abschn. 6.4).

6.3.4   Stellungs- und Geschwindigkeitsalgorithmus

Faßt man die diskretisierten Regleranteile zusammen, so folgt für den digitalen *PID*-Regler die Differenzengleichung

$$y_k = y_{P,k} + y_{I,k} + y_{D,k} = K_{PR}\, e_k + K_{IR} T S_k + \frac{K_{DR}}{T}\,(e_k - e_{k-1})\,,$$

wobei $S_k = \sum_{i=0}^{k} e_i$ im Falle der Rückwärts-Rechteckregel und $S_k = \sum_{i=0}^{k} \frac{e_i + e_{i-1}}{2}$ im Falle der Trapezregel gilt. Bild 6.11a zeigt die diskretisierten *PID*-Regleranteile im Wirkungsplan.

Zur Differenzengleichung, die sich für die Programmierung besser eignet, kommt man, wenn man – zunächst für den Fall der *Rückwärts-Rechteckregel* – die beiden Gleichungen

$$y_k = K_{PR}\, e_k + K_{IR} T \sum_{i=0}^{k} e_i + \frac{K_{DR}}{T}\,(e_k - e_{k-1})$$

$$y_{k-1} = K_{PR}\, e_{k-1} + K_{IR} T \sum_{i=0}^{k-1} e_i + \frac{K_{DR}}{T}\,(e_{k-1} - e_{k-2})$$

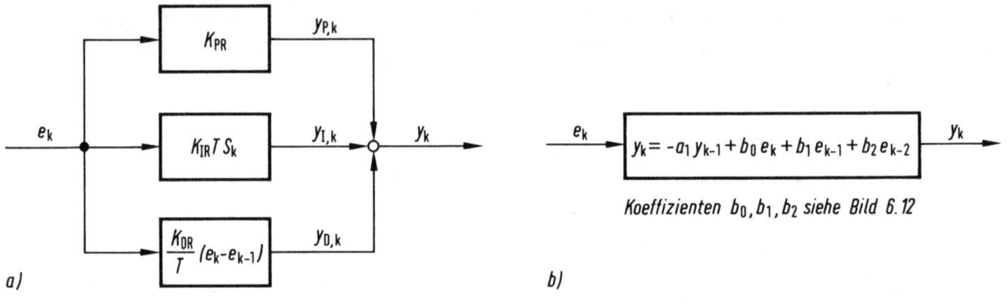

Rechteckregel : $S_k = \sum\limits_{i=0}^{k} e_i$

Trapezregel : $S_k = \sum\limits_{i=0}^{k} \frac{e_i + e_{i-1}}{2}$

Bild 6.11 Digitale Realisierung des *PID*-Reglers
a) Digitale Nachbildung der drei Anteile
b) Differenzengleichung

voneinander abzieht,

$$y_k - y_{k-1} = K_{PR}\, e_k - K_{PR}\, e_{k-1} + K_{IR} T\, e_k + \frac{K_{DR}}{T}\, e_k - 2\, \frac{K_{DR}}{T}\, e_{k-1} + \frac{K_{DR}}{T}\, e_{k-2}$$

mit dem Ergebnis

$$y_k = y_{k-1} + b_0\, e_k + b_1\, e_{k-1} + b_2\, e_{k-2}\,,$$

wobei

$$b_0 = K_{PR} + K_{IR} T + \frac{K_{DR}}{T} = K_{PR}\left(1 + \frac{T}{T_n} + \frac{T_v}{T}\right)$$

$$b_1 = -\left(K_{PR} + 2\, \frac{K_{DR}}{T}\right) = -K_{PR}\left(1 + 2\, \frac{T_v}{T}\right)$$

$$b_2 = \frac{K_{DR}}{T} \qquad\qquad = K_{PR}\, \frac{T_v}{T}$$

Bild 6.11b zeigt diese Darstellung des digitalen *PID*-Reglers im Wirkungsplan. Mit der *Trapezregel* für den *I*-Anteil ergeben sich nach entsprechendem Rechengang die Reglerkoeffizienten

$$b_0 = K_{PR} + K_{IR}\, \frac{T}{2} + \frac{K_{DR}}{T} \qquad = K_{PR}\left(1 + \frac{T}{2T_n} + \frac{T_v}{T}\right)$$

$$b_1 = -\left(K_{PR} - K_{IR}\, \frac{T}{2} + 2\, \frac{K_{DR}}{T}\right) = -K_{PR}\left(1 - \frac{T}{2T_n} + 2\, \frac{T_v}{T}\right)$$

$$b_2 = \frac{K_{DR}}{T} \qquad\qquad\qquad = K_{PR}\, \frac{T_v}{T}$$

Diese Regelalgorithmen, nach denen der Prozeßrechner im Takt der Abtastperiode T den Wert y_k der Stellgröße berechnet, heißen *Stellungsalgorithmen*.

Im Gegensatz dazu stehen die *Geschwindigkeitsalgorithmen*, die eine Berechnungsvorschrift für den Stellgrößen*zuwachs* $\Delta y_k = y_k - y_{k-1}$ darstellen. Die obigen Stellungsalgorithmen werden zu Geschwindigkeitsalgorithmen, indem man y_{k-1} auf die linke Seite bringt:

$$y_k - y_{k-1} = \Delta y_k = b_0\, e_k + b_1\, e_{k-1} + b_2\, e_{k-2}\,.$$

Der Geschwindigkeitsalgorithmus wird z. B. zur Ansteuerung von Schrittmotoren verwendet, denen in jedem Abtastintervall der gewünschte Drehwinkel*zuwachs* zugeführt werden muß (Abschn. 11.4.2.1).

Der *PID*-Stellungsalgorithmus (entsprechend auch der *PID*-Geschwindigkeitsalgorithmus) wird im Prozeßrechner beginnend mit den Werten w_0 und x_0 zum ersten Abtastzeitpunkt $t_0 = 0$, d. h. $k = 0$, wie folgt abgearbeitet:

$$k = 0: \qquad e_0 = w_0 - x_0 \quad \text{und} \quad y_0 = y_{-1} + b_0\, e_0 + b_1\, e_{-1} + b_2\, e_{-2}\,.$$

Die Werte mit dem Index $k < 0$, also y_{-1}, e_{-1} und e_{-2}, werden auf Null gesetzt. Sobald zum nächsten Abtastzeitpunkt w_1 und x_1 verfügbar sind:

$$k = 1: \qquad e_1 = w_1 - x_1 \quad \text{und} \quad y_1 = y_0 + b_0\, e_1 + b_1\, e_0 + b_2\, e_{-1}\,,$$
$$k = 2: \qquad e_2 = w_2 - x_2 \quad \text{und} \quad y_2 = y_1 + b_0\, e_2 + b_1\, e_1 + b_2\, e_0\,,$$
$$k = 3: \qquad e_3 = w_3 - x_3 \quad \text{und} \quad y_3 = y_2 + b_0\, e_3 + b_1\, e_2 + b_0\, e_1 \quad \text{usw.}$$

Analoger Regler		Digitaler Regelalgorithmus $y_k = -a_1 y_{k-1} + b_0 e_k + b_1 e_{k-1} + b_2 e_{k-2}$ (Abtastperiode T)				
		Integrations-regel für I-Anteil	a_1	b_0	b_1	b_2
P	$G_R(s) = K_{PR}$		0	K_{PR}	0	0
PD	$G_R(s) = K_{PR}(1 + T_v s)$		0	$K_{PR}\left(1 + \dfrac{T_v}{T}\right)$	$-K_{PR}\dfrac{T_v}{T}$	0
I	$G_R(s) = K_{PR}\dfrac{1}{T_n s}$	VR	-1	0	$K_{PR}\dfrac{T}{T_n}$	0
		RR	-1	$K_{PR}\dfrac{T}{T_n}$	0	0
		TR	-1	$K_{PR}\dfrac{T}{2T_n}$	$K_{PR}\dfrac{T}{2T_n}$	0
PI	$G_R(s) = K_{PR}\left(1 + \dfrac{1}{T_n s}\right)$	VR	-1	K_{PR}	$-K_{PR}\left(1 - \dfrac{T}{T_n}\right)$	0
		RR	-1	$K_{PR}\left(1 + \dfrac{T}{T_n}\right)$	$-K_{PR}$	0
		TR	-1	$K_{PR}\left(1 + \dfrac{T}{2T_n}\right)$	$-K_{PR}\left(1 - \dfrac{T}{2T_n}\right)$	0
PID	$G_R(s) = K_{PR}\left(1 + \dfrac{1}{T_n s} + T_v s\right)$	VR	-1	$K_{PR}\left(1 + \dfrac{T_v}{T}\right)$	$-K_{PR}\left(1 - \dfrac{T}{T_n} + 2\dfrac{T_v}{T}\right)$	$K_{PR}\dfrac{T_v}{T}$
		RR	-1	$K_{PR}\left(1 + \dfrac{T}{T_n} + \dfrac{T_v}{T}\right)$	$-K_{PR}\left(1 + 2\dfrac{T_v}{T}\right)$	$K_{PR}\dfrac{T_v}{T}$
		TR	-1	$K_{PR}\left(1 + \dfrac{T}{2T_n} + \dfrac{T_v}{T}\right)$	$-K_{PR}\left(1 - \dfrac{T}{2T_n} + 2\dfrac{T_v}{T}\right)$	$K_{PR}\dfrac{T_v}{T}$

Bild 6.12 Digitale *PID*-Regelalgorithmen (VR, RR und TR sind Vorwärts-Rechteck-, Rückwärts-Rechteck- bzw. Trapezregel) (*PI-DT₁*-und weitere Regelagorithmen siehe Tabelle von Bild 6.16)

In der Tabelle von Bild 6.12 sind die behandelten *PID*-Regelalgorithmen zusammengestellt. In der Praxis wird bei der Diskretisierung des *I*-Anteiles i.a. die Trapezregel bevorzugt („TR" in Bild 6.12).

Das folgende Beispiel verdeutlicht den Einfluß von Abtastperiode T und Diskretisierungsverfahren auf die Sprungantwort eines digitalen *PID*-Reglers.

Beispiel: Digitale Realisierung eines analogen *PID*-Reglers

Gegeben sei der analoge *PID*-Regler mit $K_{PR} = 10$, $T_n = 4$ s und $T_v = 0{,}5$ s. Gesucht ist der Einfluß der Abtastperiode T auf die Güte der digitalen Nachbildung des analogen Reglers. Dazu werden die Sprungantworten verglichen. Bild 6.13b (Kurve *1*) ist die Sprungantwort des gegebenen analogen *PID*-Reglers.

Nr.	Abtast-zeitpkt.	analoger Regler	Abtastwerte der Regel-differenz			Digitaler Regler mit Rechteckregel		Digitaler Regler mit Trapezregel	
k	kT	$y(kT)$	e_{k-2}	e_{k-1}	e_k	y_{k-1}	y_k	y_{k-1}	y_k
0	0,0	∞	0	0	1	0,00	21,25	0,00	20,62
1	0,5	11,25	0	1	1	21,25	12,50	20,62	11,87
2	1,0	12,50	1	1	1	12,50	13,75	11,87	13,12
3	1,5	13,75	1	1	1	13,75	15,00	13,12	14,37
4	2,0	15,00	1	1	1	15,00	16,25	14,37	15,62

a)

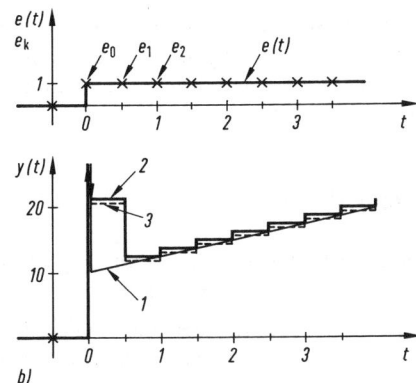

b)

Bild 6.13 Sprungantwort von analogem und digitalem *PID*-Regler mit der Abtastperiode $T = 0,5\,\mathrm{s}$

a) Wertetabelle
b) Analoge und digitale Sprungantworten von
1 analogem *PID*-Regler
2 mit Rechteckregel diskretisiertem *PID*-Regler
3 mit Trapezregel diskretisiertem *PID*-Regler
2 und *3 nach* dem D/A-Umsetzer

Zunächst wird der Stellungsalgorithmus mit *Rückwärts-Rechteckregel* betrachtet, wobei probeweise die Abtastperiode $T = 0,5$ s gewählt wird. Nach Tabelle von Bild 6.12 folgt

$$y_k = y_{k-1} + 21,25\,e_k - 30\,e_{k-1} + 10\,e_{k-2}\,.$$

Die Tabelle Bild 6.13a stellt die Zahlenwerte der Sprungantwort zu den Abtastzeitpunkten $t_k = kT$ zusammen, die mit einem Taschenrechner leicht nachgerechnet werden können. Diese Werte werden im DAU bis zum nächsten Abtastzeitpunkt konstant gehalten (Bild 6.13b). Mit der *Trapezregel* ergibt sich aus Tabelle Bild 6.12

$$y_k = y_{k-1} + 20,62\,e_k - 29,37\,e_{k-1} + 10\,e_{k-2}$$

Die sich damit ergebende Treppenkurve (in Bild 6.13b gestrichelt; die letzte Spalte der Tabelle Bild 6.13a enthält die Zahlenwerte) am Ausgang des DAU bildet den ansteigenden Teil der Sprungantwort des gegebenen analogen *PID*-Reglers im Mittel besser nach als der Algorithmus mit der Rechteckregel. Dafür tritt bei letzterem der Impuls am Anfang stärker hervor, der den *D*-Anteil repräsentiert.

Halbiert man nun die Abtastperiode auf $T = 0,25$ s, so wird die digitale Nachbildung des *PID*-Reglers erwartungsgemäß besser (Bild 6.14). Die Diskretisierungsverfahren unterscheiden sich weniger. Die Regelalgorithmen sind im Falle der Rechteckregel

$$y_k = y_{k-1} + 30,62\,e_k - 50\,e_{k-1} + 20\,e_{k-2}$$

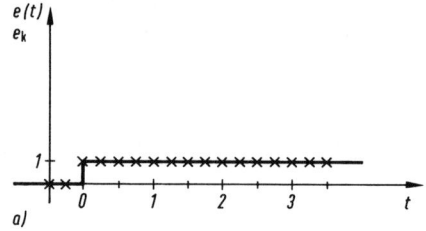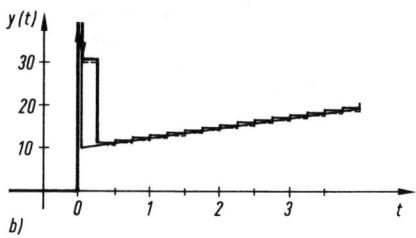

Bild 6.14 Sprungantwort von analogem und digitalem *PID*-Regler mit der Abtastperiode $T = 0,25\text{s}$ (Bezeichnungen wie in Bild 6.13b)

bzw. der Trapezregel

$$y_k = y_{k-1} + 30{,}31\, e_k - 49{,}69\, e_{k-1} + 20\, e_{k-2}\,.$$

Um zu prüfen, ob ein digitaler Regelalgorithmus so gut ist wie der analoger Regler, aus dem er abgeleitet ist, muß die Regelgüte des digitalen Regelkreises bestimmt werden. Die dazu erforderliche Berechnung der Kenngrößen des Führungs- und Störverhaltens des digitalen Regelkreises wird in Abschn. 9 behandelt.

6.4 Berechnung weiterer Regelalgorithmen

Dieser Abschnitt behandelt ein einfaches Berechnungsverfahren zur Reglerdiskretisierung und dessen Anwendung auf *PID*-Regler und *Lead-Lag*-Regler.

Für den digitalen *I*-Regler ergab sich mit Rückwärts-Rechteckregel (vgl. Bild 6.12) $y_k = y_{k-1} + K_{PR}(T/T_n)\, e_k$. Dieses Ergebnis läßt sich auch auf folgendem Wege erzielen:

1. Man ersetzt in der Übertragungsfunktion des analogen Reglers s durch $(z-1)/(Tz)$ und erhält die z-Übertragungsfunktion[1]) des digitalen Reglers:

$$\frac{y(s)}{e(s)} = \frac{K_{PR}}{T_n s} \rightarrow \frac{K_{PR}}{T_n\left(\dfrac{z-1}{Tz}\right)} = \frac{K_{PR}Tz}{T_n z - T_n} = \frac{y(z)}{e(z)}\,.$$

2. Man ermittelt die Differenzengleichung, indem man wie folgt ersetzt: $y(z) \rightarrow y_k$, $zy(z) \rightarrow y_{k+1}$ und $ze(z) \rightarrow e_{k+1}$ (vgl. Abschn. 8.3):

$$(T_n z - T_n)\, y(z) = K_{PR}Tz\, e(z)$$

$$T_n y_{k+1} - T_n y_k = K_{PR}T\, e_{k+1}$$

Nach Herabsetzen aller Indices um Eins folgt: $y_k = y_{k-1} + K_{PR}\dfrac{T}{T_n}\, e_k$.

Mit Hilfe dieses Verfahrens, bei dem s durch einen Ausdruck mit z ersetzt wird, muß nicht mit Integralen oder Summen gerechnet werden. Man erhält direkt den Regelalgorithmus. Die Tabelle von Bild 6.15 stellt die z-Ausdrücke für die im vorherigen Abschnitt behandelten Integrationsregeln zusammen.

---

[1]) Die z-Übertragungsfunktion wird in Abschn. 8.3 behandelt.

Integrationsregel	Man ersetze s durch
Vorwärts-Rechteckregel	$\dfrac{z-1}{T}$
Rückwärts-Rechteckregel	$\dfrac{z-1}{Tz}$
Trapezregel	$\dfrac{2}{T}\dfrac{z-1}{z+1}$

Bild 6.15 Berechnungsverfahren von Regelalgorithmen ausgehend von der Übertragungsfunktion des analogen Reglers (T: Abtastperiode)

Beispiel: *PI-DT*$_1$-Regelalgorithmus

PI-DT$_1$-Regler: $G_R(s) = \dfrac{y(s)}{e(s)} = K_{PR}\left(1 + \dfrac{1}{T_n s} + \dfrac{T_v s}{T_1 s + 1}\right)$.

Der *PI-DT*$_1$-Regler unterscheidet sich vom verzögerungsfreien *PID*-Regler (Abschn. 6.3) dadurch, daß der *D*-Anteil als *DT*$_1$-Anteil ausgelegt ist. Im *PI-DT*$_1$-Regelalgorithmus läßt sich mit dem Parameter T_1 der Einfluß des sog. Quantisierungsrauschens (vgl. Abschn. 6.3.3) vermindern.

Der *I*-Anteil $K_{PR}/(T_n s)$ wird i. a. ausreichend genau (vgl. Abschn. 6.3.2) mit der Trapez-Regel diskretisiert. Gemäß Bild 6.15 ist dafür s durch $(2/T)(z-1)/(z+1)$ zu ersetzen. Für den *DT*$_1$-Anteil $(K_{PR} T_v s)/(T_1 s + 1)$ eignet sich besonders die Rückwärts-Rechteckregel, wobei s durch $(z-1)/Tz$ zu ersetzen ist. Es folgt also

$$G_R(z) = \frac{y(z)}{e(z)} = K_{PR}\left(1 + \frac{1}{T_n\left(\dfrac{2}{T}\dfrac{z-1}{z+1}\right)} + \frac{T_v\left(\dfrac{z-1}{Tz}\right)}{T_1\left(\dfrac{z-1}{Tz}\right)+1}\right)$$

Erweitert man im *I*-Anteil mit $T(z+1)$ und im *DT*$_1$-Anteil mit Tz und bringt dann die Summe auf den Hauptnenner, so ergibt sich schließlich

$$G_R(z) = K_{PR}\frac{\tilde{b}_0 z^2 + \tilde{b}_1 z + \tilde{b}_2}{\tilde{a}_0 z^2 + \tilde{a}_1 z + \tilde{a}_2}$$

mit

$$\tilde{b}_0 = 2T_n(T_1 + T) + T(T_1 + T) + 2T_n T_v \qquad \tilde{a}_0 = 2T_n(T_1 + T)$$

$$\tilde{b}_1 = -2T_n(2T_1 + T) + T^2 - 4T_n T_v \qquad \tilde{a}_1 = -2T_n(2T_1 + T)$$

$$\tilde{b}_2 = 2T_n(T_1 + T_v) - T T_1 \qquad \tilde{a}_2 = 2T_n T_1$$

Der Koeffizient $\tilde{a}_0$ wird zu Eins, wenn man $G_R(z)$ mit diesem Koeffizienten kürzt. Das Ergebnis ist

$$G_R(z) = \frac{b_0 z^2 + b_1 z + b_2}{z^2 + a_1 z + a_2}$$

mit

$$b_0 = \frac{K_{PR}}{1 + (T_1/T)} \left(1 + \frac{T + T_1}{2T_n} + \frac{T_v + T_1}{T} \right)$$

$$b_1 = \frac{K_{PR}}{1 + (T_1/T)} \left(-1 + \frac{T}{2T_n} - \frac{2(T_v + T_1)}{T} \right) \qquad a_1 = -1 - \frac{T_1}{T_1 + T}$$

$$b_2 = \frac{K_{PR}}{1 + (T_1/T)} \left(-\frac{T_1}{2T_n} + \frac{T_v + T_1}{T} \right) \qquad a_2 = \frac{T_1}{T_1 + T}$$

Für den Regelalgorithmus folgt aus der z-Übertragungsfunktion die Differenzengleichung (Abschn. 8.3)

$$y_k = -a_1 y_{k-1} - a_2 y_{k-2} + b_0 e_k + b_1 e_{k-1} + b_2 e_{k-2}.$$

Die Koeffizienten des digitalen $PI\text{-}DT_1$-Regelalgorithmus sind auch in der Tabelle von Bild 6.16 enthalten. Hat der analoge $PI\text{-}DT_1$- Regler zum Beispiel die Parameter $K_{PR} = 10$, $T_n = 4$, $T_v = 0,5$ und $T_1 = 0,2 T_v = 0,1$ und soll die Abtastperiode $T = 0,05$ s betragen, dann sind $a_1 = -1,67$, $a_2 = 0,67$, $b_0 = 43,4$, $b_1 = -83,31$ und $b_2 = 39,96$.

Beispiel: Digitaler *Lead*-Regelalgorithmus

Das *Lead*-Glied wurde in Abschn. 5.3.3 im Zusammenhang mit dem Frequenzkennlinienverfahren als Korrekturglied behandelt. Der analoge *Lead*-Regler hat die Übertragungsfunktion

$$G_R(s) = K_{PR} \frac{1 + T_D s}{1 + T_1 s}.$$

Soll der *Lead*-Regler digital realisiert werden, so folgt bei Anwendung der Rückwärts-Rechteckregel (Bild 6.15)

$$G_R(z) = K_{PR} \frac{1 + T_D \left(\dfrac{z-1}{Tz} \right)}{1 + T_1 \left(\dfrac{z-1}{Tz} \right)} = K_{PR} \frac{Tz + T_D(z-1)}{Tz + T_1(z-1)} = K_{PR} \frac{(T + T_D)\, z - T_D}{(T + T_1)\, z - T_1}$$

bzw.

$$G_R(z) = \frac{y(z)}{e(z)} = K_{PR} \frac{\left(\dfrac{T + T_D}{T + T_1} \right) z - \dfrac{T_D}{T + T_1}}{z - \dfrac{T_1}{T + T_1}} = \frac{b_0 z + b_1}{z + a_1}.$$

Die Koeffizienten a_1, b_0 und b_1 des digitalen *Lead*-Regelalgorithmus

$$y_k = -a_1 y_{k-1} + b_0 e_k + b_1 e_{k-1}$$

sind in der Tabelle von Bild 6.16 aufgelistet. Hat der analoge *Lead*-Regler zum Beispiel die Parameter $K_{PR} = 5$, $T_D = 2$ und $T_1 = 0,2$ und soll die Abtastperiode $T - 0,05$ betragen, dann sind $a_1 = -0,8$, $b_0 = 41$ und $b_1 = -40$.

Mit Hilfe der Tabelle von Bild 6.16 können die Koeffizienten der angegebenen digitalen Regelalgorithmen für beliebige Parameterwerte der analogen Regler und beliebige Werte der Abtastperiode T berechnet werden. Auch digitale Algorithmen für andere lineare analoge Regler können mit dem beschriebenen Verfahren einfach ermittelt werden.

Analoger Regler	Digitaler Regelalgorithmus $y_k = -a_1 y_{k-1} - a_2 y_{k-2} + b_0 e_k + b_1 e_{k-1} + b_2 e_{k-2}$ (Abtastperiode T)					
	Integrationsregel	a_1	a_2	b_0	b_1	b_2
PI-DT1-Regler $G_R(s) = K_{PR}\left(1 + \frac{1}{T_n s} + \frac{T_v s}{T_{i1} s + 1}\right)$	I-Anteil: TR DT1-Anteil: RR	$-1 - \frac{T_1}{T_1 + T}$	$\frac{T_1}{T_1 + T}$	$\frac{K_{PR}}{1+(T_1/T)}\left(1 + \frac{T+T_1}{2T_n} + \frac{T_v + T_1}{T}\right)$	$\frac{K_{PR}}{1+(T_1/T)}\left(-1 + \frac{T}{2T_n} - \frac{2(T_v + T_1)}{T}\right)$	$\frac{K_{PR}}{1+(T_1/T)}\left(-\frac{T_1}{2T_n} + \frac{T_v + T_1}{T}\right)$
Lead-Regler $G_R(s) = K_{PR}\frac{1+T_D s}{1+T_1 s}$ $T_D > T_1$	VR	$\frac{T - T_1}{T_1}$	0	$K_{PR}\frac{T_D}{T_1}$	$K_{PR}\frac{T_D - T_1}{T_1}$	0
	RR	$-\frac{T_1}{T+T_1}$	0	$K_{PR}\frac{T+T_D}{T+T_1}$	$-K_{PR}\frac{T_D}{T+T_1}$	0
	TR	$\frac{T - 2T_1}{T+2T_1}$	0	$K_{PR}\frac{T+2T_D}{T+2T_1}$	$K_{PR}\frac{T-2T_D}{T+2T_1}$	0
Lag-Regler $G_R(s) = K_{PR}\frac{1+T_I s}{1+T_1 s}$ $T_I < T_1$	Wie Lead-Regler, wobei T_D durch T_I zu ersetzen ist.					
Lead-Lag-Regler $G_R(s) = K_{PR}\frac{(1+T_I s)(1+T_D s)}{(1+T_{I1}s)(1+T_{D1}s)}$ $\alpha_1 = T_{1D} + T_{1I},\ \alpha_2 = T_{1D}T_{1I},$ $\beta_1 = T_D + T_I,\ \beta_2 = T_D T_I$	VR $N = \alpha_2$	$\frac{\alpha_1 T - 2\alpha_2}{N}$	$\frac{T^2 - \alpha_1 T + \alpha_2}{N}$	$K_{PR}\frac{\beta_2}{N}$	$K_{PR}\frac{\beta_1 T - 2\beta_2}{N}$	$K_{PR}\frac{\beta_2}{N}$
	RR $N = T^2 + \alpha_1 T + \alpha_2$	$\frac{\alpha_1 T + 2\alpha_2}{N}$	$\frac{\alpha_2}{N}$	$K_{PR}\frac{T^2 + \beta_1 T + \beta_2}{N}$	$-K_{PR}\frac{\beta_1 T + 2\beta_2}{N}$	$K_{PR}\frac{\beta_2}{N}$
	TR $N = T^2 + 2\alpha_1 T + 4\alpha_2$	$\frac{2T^2 - 8\alpha_2}{N}$	$\frac{T^2 - 2\alpha_1 T + 4\alpha_2}{N}$	$K_{PR}\frac{T^2 + 2\beta_1 T + 4\beta_2}{N}$	$K_{PR}\frac{2T^2 - 8\beta_2}{N}$	$K_{PR}\frac{T^2 - 2\beta_1 T + 4\beta_2}{N}$

Bild 6.16 Digitale *PI-DT1-*, *Lead-*, *Lag-* und *Lead-Lag*-Regelalgorithmen (VR, RR und TR sind Vorwärts-Rechteck-, Rückwärts-Rechteck- bzw. Trapezregel)

7   Digitales Berechnungsmodell der Regelstrecke

Im Zusammenhang mit dem Rechnereinsatz in der Regelungstechnik stellt sich häufig die Aufgabe, ein analoges Übertragungsglied durch ein digitales Übertragungsglied zu ersetzen (sog. *Diskretisierung* des analogen mathematischen Modells), das das Übertragungsverhalten des analogen Übertragungsgliedes nachbildet. Dabei soll zum Beispiel bei gleicher Eingangsgröße die Ausgangsgröße des digitalen Übertragungsgliedes mit derjenigen des analogen Übertragungsgliedes genügend genau übereinstimmen. In Abschn. 6.3 wurde behandelt, wie das mathematische Modell eines analogen *PID*-Reglers diskretisiert wird, um den *PID*-Regler mit einem Prozeßrechner digital realisieren zu können.

Eine weitere wichtige Aufgabenstellung ist die Diskretisierung des i. a. als Differentialgleichung oder Übertragungsfunktion gegebenen Regelstreckenmodells (vgl. Abschn. 3), um damit das Verhalten des digitalen Regelungssystems *einheitlich* mit einem *diskreten* Berechnungsmodell behandeln zu können (was im folgenden Abschn. 7.1 näher erläutert wird). In den anfänglichen Phasen einer Reglerentwicklung kann man praktisch immer von einem linearen und zeitinvarianten mathematischen Modell der Regelstrecke ausgehen (vgl. Abschn. 1.4). Im vorliegenden 7. Abschnitt wird ein speziell auf diesen wichtigen Fall zugeschnittenes Diskretisierungsverfahren behandelt (Abschn. 7.3). Für einige in der Praxis häufig vorkommende Streckentypen wird die Diskretisierung in Abschn. 7.4 Schritt für Schritt durchgerechnet. Dabei handelt es sich um ein für die Handrechnung geeignetes Berechnungsverfahren, das vor allem wegen der Anwendung der sog. *z*-Transformation effizient durchführbar ist. Abschn. 7.2 erklärt die *z*-Transformation. (Die praktische Anwendung der *z*-Transformation wird in Anhang A.4 anhand von Beispielen erläutert). In CAE-Programmen erhält man die Ergebnisse z. B. unter der Bezeichnung *Sprungantwortäquivalenz* oder *Matrixexponentialverfahren*.

7.1   Einführung

Soll bei dem digitalen Regelkreis von Bild 6.1b das Führungs- oder Störverhalten berechnet werden, so liegt zunächst das folgende Problem vor: Die Regelstrecke ist wie z. B. im Fall der Füllstandsstrecke von Bild 2.13 (vgl. Abschn. 2.3.1 zu Modellbildung und Linearisierung) gegeben mit der *Differential*gleichung

$$\dot{h}(t) + a_0 h(t) = b_{01} u_P(t) + b_{02} A_{ab}(t) \,,$$

wobei die *analogen* Größen $h(t)$, $u_P(t)$ und $A_{ab}(t)$ die Abweichungen von Füllstand (Regelgröße $x(t)$), Pumpenspannung (Stellgröße $y(t)$) bzw. Abflußöffnung (Störgröße $z(t)$) vom Arbeitspunkt sind. Andererseits ist der digitale Regler als *Differenzengleichung* (vgl. Bild 6.11b) gegeben, z. B.

$$y_k = y_{k-1} + b_0 e_k + b_1 e_{k-1} + b_2 e_{k-2} \,, \qquad e_k = w_k - x_k$$

mit den *digitalen* Größen y_k, e_k, w_k und x_k. Um nun z. B. das Führungsverhalten des digitalen Füllstandsregelkreises, also die Regelgröße $x(t)$ (Ist-Füllstand) in Abhängigkeit von der Führungsgröße $w(t)$ (Soll-Füllstand) zu berechnen, lassen sich die Differentialgleichung der Regelstrecke und die Differenzengleichung des Reglers nicht einfach zu *einer* Gleichung des Regelungssystems zusammenfassen, was zu einem sehr umständlichen Berechnungsverfahren führen würde.

Die Bildung *einer* Gleichung für das digitale Regelungssystem ist jedoch möglich, wenn man für die Regelstrecke ebenfalls eine Differenzengleichung herleitet, die den Zusammenhang zwischen der digitalen Stellgröße y_k vor dem DAU und der digitalen Regelgröße x_k *hinter* dem ADU herstellt. Bild 7.1 zeigt diesen Ausschnitt aus dem digitalen Regelkreis von Bild 6.1b, wobei hier zusätzlich die Struktur der Regelstrecke mit Stellübertragungsfunktion $G_S(s)$ (Streckenübertragungsfunktion zwischen Stellgröße und Regelgröße) und Störübertragungsfunktion $G_{Sz}(s)$ angegeben ist.

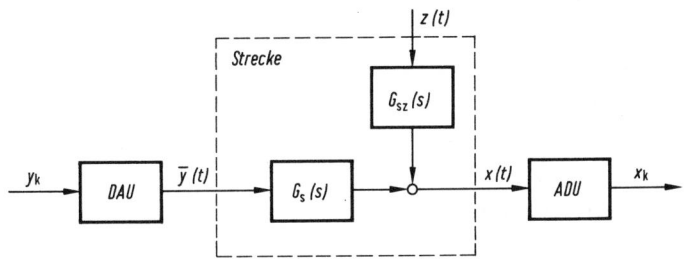

Bild 7.1   Regelstrecke „aus der Sicht des digitalen Reglers"

y_k Ausgangsgröße des digitalen Reglers (digitale Stellgröße)

x_k Eingangsgröße des digitalen Reglers (digitale Regelgröße)

Der Vorteil des im Folgenden erläuterten Diskretisierungsverfahrens liegt darin, daß die Ausgangsgröße zu den Abtastzeitpunkten *exakt* berechnet wird, wenn die Eingangsgröße zwischen den Abtastzeitpunkten *konstant* ist. Genau das ist in der Regel bei der Stellgröße hinter dem D/A-Umsetzer der Fall ($\bar{y}(t)$ in Bild 7.2a, vgl. auch Abschn. 6.2.3). Bild 7.2a zeigt ferner gestrichelt umrandet die digitale Stellstrecke mit der Eingangsgröße y_k und der digitalen Ausgangsgröße x_k, deren *digitales* mathematisches Modell in den folgenden Unterabschnitten berechnet wird.

Die Störgröße $z(t)$ in Bild 7.1 hat — als von außen kommende Einflußgröße — einen *beliebigen* zeitlichen Verlauf, unabhängig von den Abtastzeitpunkten. Im Gegensatz zur Stellgröße $\bar{y}(t)$ kommt sie nicht als digitale Größe aus dem Prozeßrechner. Verwendet man das gleiche Diskretisierungsverfahren wie bei der Stellstrecke, dann *stellt man sich vor*, daß der Verlauf der Störgröße $z(t)$ näherungsweise aus einer (gedachten) digitalen Störgröße z_k mit anschließendem D/A-Umsetzer entsteht („Digitaler Störgrößengenerator" in Bild 7.2b). Bei einer kleinen Abtastperiode T wird sich die Treppenkurve $\bar{z}(t)$ nur wenig von einem analogen Störgrößenverlauf unterscheiden. Eine Stör*sprungfunktion* $z(t) = \hat{z}\sigma(t)$, die für die Berechnung des Störverhaltens häufig herangezogen wird, läßt sich mit $\bar{z}(t)$ jedoch exakt nachbilden.

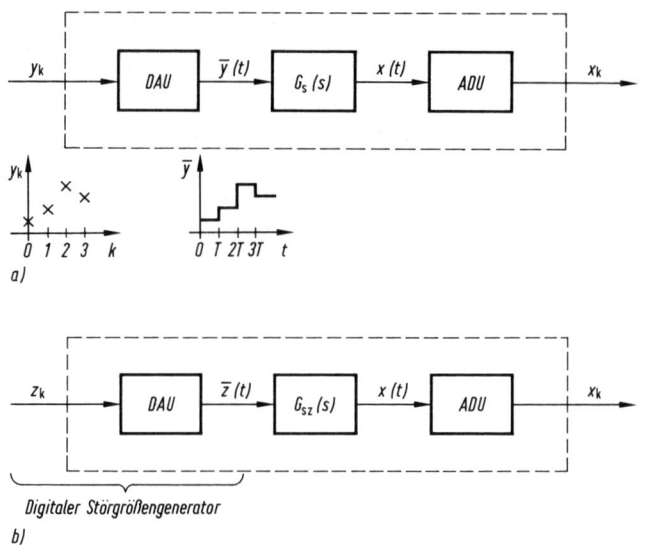

Bild 7.2 Festlegung der digitalen Stellstrecke *(a)* und einer digitalen Störstrecke *(b)* jeweils gestrichelt umrandet

7.2   Digital-Analog-Umsetzung und z-Transformation

In diesem Abschnitt wird ein mathematisches Modell für den DAU-Block in Bild 7.1 hergeleitet, der in Bild 7.3a nochmals gesondert dargestellt ist. Dabei wird der DAU als ideal angenommen; es werden also Umsetzzeiten und Quantisierungsfehler vernachlässigt (Abschn. 6.2.4). Bei der folgenden mathematischen Modellbildung wird sich „im Inneren" des DAU eine mathematische Funktion ergeben (nämlich die Impulsfolgefunktion $y^*(t)$), die grundlegende Bedeutung für die digitale Nachbildung analoger Übertragungsglieder hat.

Bild 7.3b zeigt als Beispiel einige digitale Stellgrößenwerte y_0, y_1, y_2, ... vor dem DAU und den analogen Stellgrößenverlauf $\bar{y}(t)$ hinter dem DAU. $\bar{y}(t)$ kann man sich so entstanden denken, daß jeder digitale Stellgrößenwert y_k einen Rechteckimpuls mit der Höhe y_k und der Breite T zur Folge hat. Das linke Diagramm in Bild 7.3c zeigt dies für den Fall, daß alle digitalen Stellgrößenwerte mit Ausnahme von y_0 auf Null gesetzt sind. Der Rechteckimpuls im rechten Diagramm von Bild 7.3c läßt sich, wie im Bild gezeigt, mit zwei Sprungfunktionen mathematisch darstellen:

$$\bar{y}_0(t) = y_0\sigma(t) - y_0\sigma(t - T)\,.$$

Im linken Diagramm von Bild 7.3d ist nur y_1 nicht auf Null gesetzt. Für den Rechteckimpuls im zugehörigen rechten Diagramm kann man dann schreiben

$$\bar{y}_1(t) = y_1\sigma(t - T) - y_1\sigma(t - 2T)\,.$$

Wenn man die beiden Diagramme von Bild 7.3b mit den darunterstehenden Diagram-

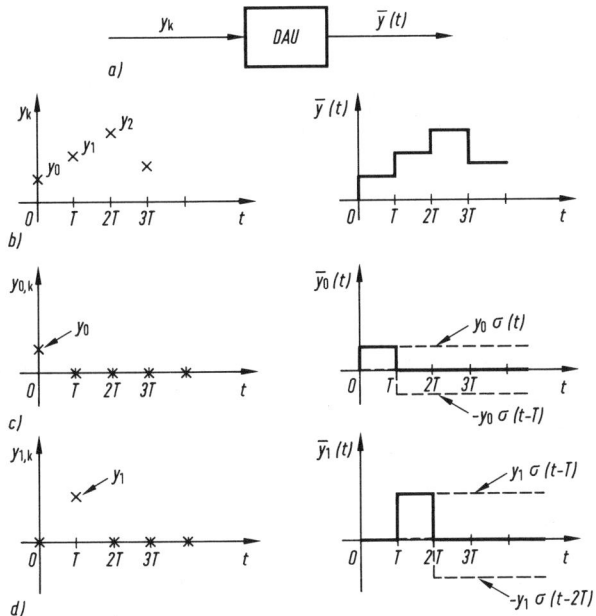

Bild 7.3 Zur mathematischen Modellbildung des Digital-Analog-Umsetzers

a) Ein- und Ausgangsgröße   b) Eingangs- und Ausgangsgrößenverlauf (Beispiel)
c) Teilsignal mit nur dem ersten Stellgrößenwert y_0
d) Teilsignal mit nur dem zweiten Stellgrößenwert y_1

men der Bilder 7.3c und d vergleicht, dann kann man aus den linken Diagrammen

$$y_k = y_{0,k} + y_{1,k} + \dots$$

und aus den rechten Diagrammen

$$\bar{y}(t) = \bar{y}_0(t) + \bar{y}_1(t) + \dots$$
$$= y_0(\sigma(t) - \sigma(t - T)) + y_1(\sigma(t - T) - \sigma(t - 2T)) + \dots$$

ablesen. Faßt man die letzte Gleichung mit dem Summenzeichen zusammen, so ist

$$\bar{y}(t) = \sum_{k=0}^{\infty} y_k(\sigma(t - kT) - \sigma(t - (k+1)\,T))$$

ein mathematisches Modell für den DAU-Block von Bild 7.3a mit der Eingangsgröße y_k und der Ausgangsgröße $\bar{y}(t)$. Geht man zur Laplace-Transformierten von $\bar{y}(t)$ über, so folgt

$$\mathscr{L}\{\bar{y}(t)\} = \bar{y}(s) = \mathscr{L}\left\{\sum_{k=0}^{\infty} y_k(\sigma(t - kT) - \sigma(t - (k+1)\,T))\right\}.$$

Da die Laplace-Transformation linear ist (Bild A.3.2, Nr. 1), darf sie auf jeden Summanden einzeln angewendet werden:

$$\bar{y}(s) = \sum_{k=0}^{\infty} y_k(\mathscr{L}\{\sigma(t - kT)\} - \mathscr{L}\{\sigma(t - (k+1)\,T)\}).$$

Nun ist $\mathcal{L}\{\sigma(t)\} = \dfrac{1}{s}$ (Bild A.3.1, Nr. 2) und $\mathcal{L}\{\sigma(t-kT)\} = \dfrac{1}{s} e^{-kTs}$ (Bild A.3.2, Nr. 9). Damit folgt

$$\bar{y}(s) = \sum_{k=0}^{\infty} y_k \left(\frac{1}{s} e^{-kTs} - \frac{1}{s} e^{-(k+1)Ts} \right).$$

Da $e^{-(k+1)Ts} = e^{-kTs} e^{-Ts}$, kann man $\dfrac{1}{s} e^{-kTs}$ ausklammern und $\dfrac{1}{s}(1 - e^{-Ts})$ vor das Summenzeichen ziehen:

$$\bar{y}(s) = \frac{1 - e^{-Ts}}{s} \sum_{k=0}^{\infty} y_k \, e^{-kTs}.$$

Das mathematische Modell des DAU besteht nun aus zwei Faktoren, nämlich einer Übertragungsfunktion

$$G_H(s) = \frac{1 - e^{-Ts}}{s}$$

und einer Laplace-Transformierten

$$y^*(s) = \sum_{k=0}^{\infty} y_k \, e^{-kTs},$$

die mit der digitalen Stellgröße y_k zusammenhängt. $y^*(s)$ ist die Laplace-Transformierte eines Signales $y^*(t)$, das nun durch Laplace-Rücktransformation aus $y^*(s)$ berechnet werden soll:

$$y^*(t) = \mathcal{L}^{-1}\{y^*(s)\} = \mathcal{L}^{-1}\left\{ \sum_{k=0}^{\infty} y_k \, e^{-kTs} \right\}.$$

Wegen der Linearität der Laplace-Transformation (Bild A.3.2, Nr. 1) folgt

$$y^*(t) = \sum_{k=0}^{\infty} y_k \, \mathcal{L}^{-1}\{e^{-kTs}\}.$$

Da $\mathcal{L}^{-1}\{1\} = \delta(t)$ (Bild A.3.1, Nr. 1) und $\mathcal{L}^{-1}\{1e^{-kTs}\} = \delta(t-kT)$ (Bild A.3.2, Nr. 9), ist

$$y^*(t) = \sum_{k=0}^{\infty} y_k \, \delta(t-kT) = y_0 \delta(t) + y_1 \delta(t-T) + y_2 \delta(t-2T) + \dots.$$

$y^*(t)$ ist also ein Signal (Bild 7.4, mittleres Diagramm), das aus einer Folge von Impulsfunktionen besteht.[1]) $y_0\delta(t)$ ist ein Impuls mit der Impulsintensität y_0 zum Zeitpunkt $t = 0$, $y_1\delta(t-T)$ ist ein Impuls mit der Intensität y_1 zum Zeitpunkt $t = T$ usw.

Man kann sich nun vorstellen (Bild 7.4), daß aus den digitalen Stellgrößenwerten y_k am Eingang des DAU mittels eines *gedachten* Impulsgenerators im Innern des DAU zunächst das Impulsfolgesignal $y^*(t)$ erzeugt wird. Anschließend werden aus den einzelnen „Nadel"-Impulsen die Rechteckimpulse für das Signal $\bar{y}(t)$ am Ausgang des DAU

---

[1]) Die Darstellung von Impulsfunktionen mittels der Dirac'schen Deltafunktion $\delta(t)$ wurde in Abschn. 2.4.2 behandelt.

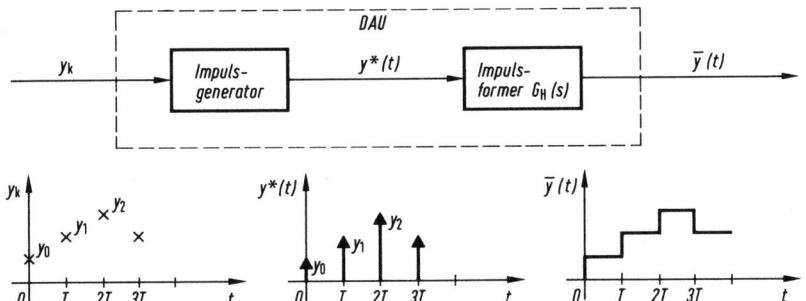

Bild 7.4 Impulsfolgefunktion $y^*(t)$ als Zwischengröße im mathematischen Modell des D/A-Umsetzers

„geformt". Daher heißt das rechte Übertragungsglied in Bild 7.4 Impulsformungsglied oder kurz Impulsformer. So wird aus dem ersten Impuls $y_0\delta(t)$ (Laplace-Transformierte $\mathscr{L}\{y_0\delta(t)\} = y_0$) der erste Rechteckimpuls von Bild 7.3c (rechtes Diagramm), denn

$$\bar{y}_0(s) = G_H(s)\, y_0 = \frac{1 - e^{-Ts}}{s}\, y_0 = \frac{1}{s}\, y_0 - \frac{1}{s}\, e^{-Ts}\, y_0\,.$$

Die Laplace-Rücktransformation ergibt den Rechteckimpuls (vgl. Bild 7.3c)

$$\bar{y}_0(t) = y_0\mathscr{L}^{-1}\left\{\frac{1}{s}\right\} - y_0\mathscr{L}^{-1}\left\{\frac{1}{s}\, e^{-Ts}\right\} = y_0\sigma(t) - y_0\sigma(t - T)\,.$$

Die Übertragungsfunktion $G_H(s) = \dfrac{1 - e^{-Ts}}{s}$ bewirkt also, daß der Wert y_0 der digitalen Stellgröße über eine Abtastperiode T konstant gehalten wird. Entsprechendes ergibt sich für den zweiten Impuls $y_1\delta(t - T)$ und die weiteren Impulse. Man nennt daher ein Impulsformungsglied mit der Übertragungsfunktion $G_H(s) = \dfrac{1 - e^{-Ts}}{s}$ *Halteglied.*[1]

Die obigen Berechnungen zeigen, daß man sich im Innern des DAU eine Impulsfolgefunktion $y^*(t)$ vorstellen kann. Diese Vorstellung entspricht *nicht* dem inneren Aufbau eines *realen* DAU. Das hergeleitete mathematische Modell des DAU soll nur dessen Eingangs-/Ausgangsverhalten beschreiben. Die Impulsfolgefunktion $y^*(t)$ ist jedoch von großer Bedeutung *für die Berechnung* digitaler Regelkreise. Bezeichnet man bei der Laplace-Transformierten der Impulsfolgefunktion

$$y^*(s) = \sum_{k=0}^{\infty} y_k\, e^{-kTs} = \sum_{k=0}^{\infty} y_k\, (e^{Ts})^{-k}$$

---

[1] Man sagt auch Halteglied *nullter Ordnung*, weil die konstanten Werte über jeweils ein Abtastintervall mit einer Gleichung nullten Grades dargestellt werden können: $\bar{y}(t) = y_k$ für $kT \le t < (k + 1)\, T$.

die Zeitverschiebung um ein Abtastintervall mit $z = e^{Ts}$ (vgl. Bild A.3.2, Nr. 9), dann ist

$$y^*(s) = \sum_{k=0}^{\infty} y_k z^{-k} = y(z)$$

eine Funktion von z. $y(z)$ heißt *z-Transformierte* der digitalen Stellgröße y_k, die auch kurz mit $y(z) = Z\{y_k\}$ bezeichnet wird. Anhang A.4 erläutert die praktische Anwendung der z-Transformation anhand von Beispielen.

7.3   Diskretisierungsverfahren

Bild 7.5a zeigt nochmals das gesuchte digitale Regelstreckenmodell (Stellstrecke) von Bild 7.2a, wobei der DAU-Block durch die Darstellung von Bild 7.4 ersetzt wurde. In Bild 7.5b sind der Impulsformer mit der Übertragungsfunktion $G_H(s)$ und die Stellstrecke $G_S(s)$ zu einer Übertragungsfunktion $G(s) = G_H(s)\,G_S(s)$ zusammengefaßt worden.

Bild 7.5c zeigt die ersten Impulse einer als Beispiel gewählten Impulsfolgefunktion. Jeder Impuls löst am Ausgang des $G(s)$-Blockes in Bild 7.5b eine Impulsantwort aus. Greift man beispielsweise nur den ersten Impuls heraus (Bild 7.5d, linkes Diagramm), dann ist der im zugehörigen rechten Diagramm gezeigte Signalverlauf $x_{D,0}(t)$ eine mögliche Impulsantwort. Sie läßt sich mit $x_{D,0}(t) = y_0 g(t)$ berechnen, wobei $g(t) = \mathscr{L}^{-1}\{G(s)\}$ die Gewichtsfunktion des LZI-Gliedes mit der Übertragungsfunktion $G(s)$ ist (vgl. Bild 2.45).[1])

Bild 7.5e zeigt die Impulsantwort $x_{D,1}(t) = y_1 g(t - T)$ für den zweiten Impuls der Impulsfolgefunktion. Weil der $G(s)$-Block ein lineares, zeitinvariantes Übertragungsglied darstellt, ist die Impulsantwort auf den zweiten Impuls eine um die Abtastperiode T verschobene (Verschiebungsprinzip, Abschn. 2.1) und mit y_1 anstelle von y_0 multiplizierte (Verstärkungsprinzip, Abschn. 2.1) Version der Impulsantwort auf den ersten Impuls.

Da die Impulsfolgefunktion $y^*(t)$ von Bild 7.5c als Summe der Einzelimpulsfunktionen der linken Diagramme in Bild 7.5d und e aufgefaßt werden kann, also $y^*(t) = y_0^*(t) + y_1^*(t) + \ldots$, gilt für die Ausgangsgröße $x_D(t)$ des $G(s)$-Blockes (Überlagerungsprinzip, Abschn. 2.1)

$$x_D(t) = y_0 g(t) + y_1 g(t - T) + y_2 g(t - 2T) + \ldots.$$

Die analoge Regelgröße $x_D(t)$ wird anschließend – wie Bild 7.5b zeigt – A/D-umgesetzt. Das Ergebnis ist die digitale Größe x_k, für die im Falle *idealer* A/D-Umsetzung $x_k = x_D(kT)$ gilt (vgl. Abschn. 6.2.4). Für x_k folgt damit

$$x_k = x_D(kT) = y_0 g(kT) + y_1 g(kT - T) + y_2 g(kT - 2T) + \ldots.$$

---

[1]) In Abschn. 2.4.2 wird erläutert, wie Impulsantwort und Gewichtsfunktion $g(t)$ berechnet werden.

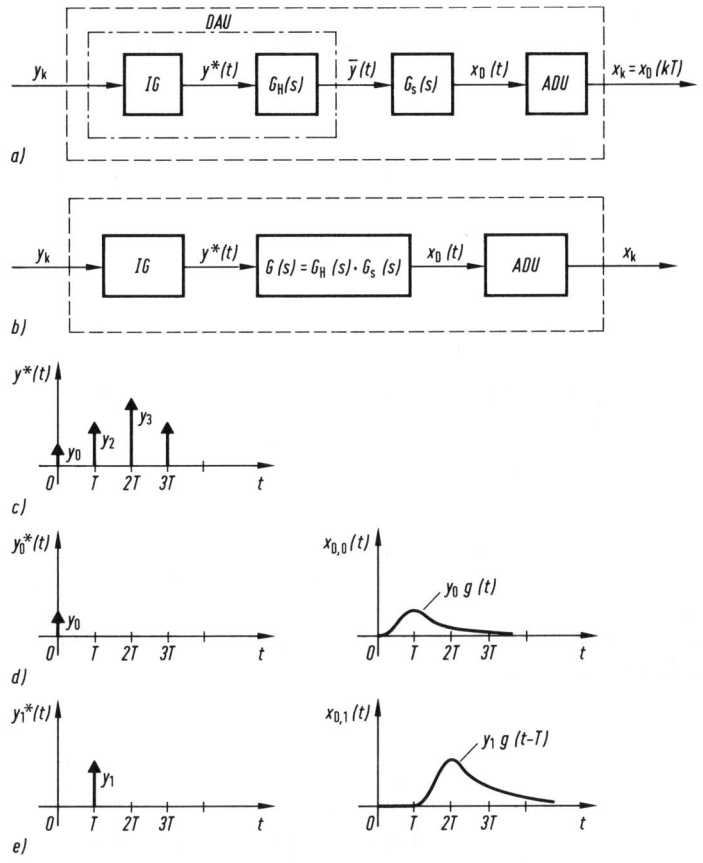

Bild 7.5 Zur Diskretisierung des analogen Regelstreckenmodells

a) Digitale Stellstrecke mit DAU-Modell von Bild 7.4 (IG = Impulsgenerator)
b) Digitale Stellstrecke mit Kettenschaltung von $G_H(s)$ und $G_S(s)$
c) Beispiel einer Impulsfolgefunktion
d) Antwortfunktion auf den ersten Impuls $y_0\,\delta(t)$
e) Antwortfunktion auf den zweiten Impuls $y_1\delta(t-T)$

Die z-Transformierte ist

$$x(z) = Z\{x_k\} = y_0 Z\{g(kT)\} + y_1 Z\{g(kT-T)\} + y_2 Z\{g(kT-2T)\} + \dots.$$

Da $Z\{g(kT - mT)\} = z^{-m} Z\{g(kT)\}$ (Bild A.4.2, Nr. 4, wobei $g_k = 0$ für $k < 0$) folgt

$$x(z) = y_0 Z\{g(kT)\} + y_1 z^{-1} Z\{g(kT)\} + y_2 z^{-2} Z\{g(kT)\} + \dots.$$

Man kann nun $Z\{g(kT)\}$ ausklammern und das Summenzeichen einführen:

$$x(z) = Z\{g(kT)\} \sum_{k=0}^{\infty} y_k z^{-k} = Z\{g(kT)\}\, y(z).$$

Also ist die z-Übertragungsfunktion des digitalen Regelstreckenmodelles

$$G_S(z) = \frac{x(z)}{y(z)} = Z\{g(kT)\}\,.$$

Man schreibt dafür auch kurz $G_S(z) = Z\{G(s)\}$, wobei $G(s) = G_H(s)\,G_S(s)$.

Ist in Bild 7.5b $G_H(s) = \dfrac{1 - e^{-Ts}}{s}$ (Halteglied), dann folgt mit $z = e^{Ts}$

$$G(s) = G_H(s)\,G_S(s) = \frac{1 - e^{-Ts}}{s}\,G_S(s) = \frac{1 - z^{-1}}{s}\,G_S(s) = \frac{z - 1}{z}\,\frac{G_S(s)}{s}\,.$$

Damit ist das gesuchte digitale Streckenmodell

$$G_S(z) = Z\{G(s)\} = Z\left\{\frac{z - 1}{z}\,\frac{G_S(s)}{s}\right\} = \frac{z - 1}{z}\,Z\left\{\frac{G_S(s)}{s}\right\}\,.$$

In dieser Formel erscheint der Ausdruck $G_S(s)/s$. Aus Abschn. 2.6.3 geht hervor (Ergebnis in Bild 2.45), daß $h(t) = \mathscr{L}^{-1}\{G_S(s)/s\}$ die *Übergangsfunktion* des Streckenmodelles $G_S(s)$ ist.

Die Diskretisierung eines Streckenmodelles mit Halteglied (nullter Ordnung) kann somit in folgenden Schritten durchgeführt werden:

1. Man berechne die Funktion $h(t) = \mathscr{L}^{-1}\left\{\dfrac{G_S(s)}{s}\right\}$.

2. Man setze $h_k = h(kT)$, wobei $h(kT)$ die Werte der Funktion $h(t)$ zu den Abtastzeitpunkten $t = kT$ sind (Ideale A/D-Umsetzung).

3. Man berechne die gesuchte Übertragungsfunktion des digitalen Berechnungsmodells der Strecke mit $G_S(z) = \dfrac{z - 1}{z}\,Z\{h_k\}$.

Ist *vor* der Diskretisierung die Differentialgleichung der Strecke gegeben, so ist sie zunächst in eine Übertragungsfunktion umzurechnen (wird in Abschn. 2.6.1 erläutert). Ist *nach* der Diskretisierung die Differenzengleichung des digitalen Berechnungsmodelles gewünscht, dann ist im Anschluß an Schritt 3 die Übertragungsfunktion $G_S(z)$ entsprechend umzurechnen. Letzteres wird in Abschn. 8.3 behandelt.

Bei der Stellstrecke, deren Eingangsgröße $\bar{y}(t)$ nach dem D/A-Umsetzer (Bild 7.2a) eine Treppenkurve darstellt, stimmen die berechneten Werte x_k der digitalen Regelgröße hinter dem A/D-Umsetzer *exakt* mit den Werten der analogen Regelgröße $x(t)$ zu den Abtastzeitpunkten $t = kT$ überein, also $x_k = x(kT)$ (vgl. Bilder 7.6ff., die im folgenden Unterabschn. erläutert werden). Bei der Störstrecke ist das im allgemeinen nicht der Fall, weil das geschilderte Diskretisierungsverfahren den Störgrößenverlauf als Treppenfunktion ($z(t) \approx \bar{z}(t)$ in Bild 7.2b) annähert. Jedoch ist diese Näherung in einem sehr wichtigen Fall exakt, wenn nämlich die Antwort auf einen Stör*sprung* $z(t) = \hat{z}\sigma(t)$ zu berechnen ist (vgl. das Beispiel eines Stellsprunges in Bild 7.6a). Im folgenden Abschnitt wird die Diskretisierung für einige typische Streckenmodelle vollständig durchgerechnet.

7.4 Diskretisierungsbeispiele

In diesem Abschnitt werden einige der in Abschn. 3 behandelten Regelstreckenmodelle digital nachgebildet, wobei das Diskretisierungsverfahren vom Ende des vorherigen Abschnittes angewendet wird. Die Diskretisierung wird im Folgenden für die Stellstrecke $G_S(s)$ mit der treppenförmigen Eingangsgröße $\bar{y}(t)$ (analoge Stellgröße am Ausgang des Prozeßrechners bzw. D/A-Umsetzers; sie wird im folgenden mit $y(t)$ bezeichnet) und der Ausgangsgröße $x(t)$ (Regelgröße) durchgeführt (vgl. Bild 7.2a). Das Ergebnis sind digitale Berechnungsmodelle der Regelstrecken mit der Eingangsgröße y_k (digitale Stellgröße vor dem D/A-Umsetzer) und der Ausgangsgröße x_k (digitale Regelgröße hinter dem A/D-Umsetzer, vgl. Bild 7.2a). Die Diskretisierung der Störstrecke $G_{Sz}(s)$ kann entsprechend vorgenommen werden (vgl. Abschn. 7.1 und Bild 7.2b).

7.4.1 Strecke mit Ausgleich und Verzögerung 1. Ordnung

Eine Regelstrecke mit Ausgleich und Verzögerung 1. Ordnung läßt sich als P-T_1-Glied darstellen (Abschn. 3.3.2):

$$T_1\dot{x}(t) + x(t) = K_{PS}y(t) \quad \text{bzw.} \quad G_S(s) = \frac{x(s)}{y(s)} = \frac{K_{PS}}{T_1 s + 1}.$$

1. $h(t) = \mathscr{L}^{-1}\left\{\frac{G_S(s)}{s}\right\} = \mathscr{L}^{-1}\left\{\frac{K_{PS}}{s(T_1 s + 1)}\right\}.$

   $h(t)$ ist die Übergangsfunktion des P-T_1-Gliedes. Sie wird in Abschn. 2.8.2 berechnet zu $h(t) = K_{PS}(1 - e^{-t/T_1})$.

2. $h_k = h(kT) = K_{PS}(1 - e^{-kT/T_1}).$

3. Für das gesuchte digitale Berechnungsmodell der Strecke $G_S(z) = \frac{z-1}{z} Z\{h_k\}$ ist die z-Transformierte $Z\{h_k\} = Z\{K_{PS}(1 - (e^{-T/T_1})^k)\}$ zu ermitteln.

Wegen der Linearität der z-Transformation (Bild A.4.2, Nr. 1) darf die z-Transformation auf jeden Summanden einzeln angewendet werden:

$$Z\{h_k\} = K_{PS}Z\{1\} - K_{PS}Z\{(e^{-T/T_1})^k\}.$$

Da $Z\{1\} = \dfrac{z}{z-1}$ (Bild A.4.1, Nr. 2) und $Z\{a^k\} = \dfrac{z}{z-a}$ (Bild A.4.1, Nr. 6), wobei hier $a = e^{-T/T_1}$, folgt $Z\{h_k\} = K_{PS}\dfrac{z}{z-1} - K_{PS}\dfrac{z}{z-a} = K_{PS}\dfrac{z(1-a)}{(z-1)(z-a)}$. Für das digitale Berechnungsmodell folgt damit

$$G_S(z) = \frac{z-1}{z} Z\{h_k\} = \frac{b_1}{z + a_1} \quad \text{bzw.} \quad x_k = -a_1 x_{k-1} + b_1 y_{k-1} \,^{1)}$$

mit

$$b_1 = K_{PS}(1 - e^{-T/T_1}) \quad \text{und} \quad a_1 = -e^{-T/T_1}.$$

---

[1] Zur Umrechnung zwischen z-Übertragungsfunktion und Differenzengleichung vgl. Abschn. 8.3

Beispiel: Diskretisierung einer Füllstandsstrecke

Die mathematische Modellbildung einer Füllstandsstrecke in Abschn. 2.3.1 (Bild 2.13) führte auf das $P\text{-}T_1$-Glied

$$\dot{h} + a_0 h = b_{01} u_P + b_{02} A_{ab} .$$

Dabei sind h, A_{ab} und u_P die auf den Arbeitspunkt bezogenen Zeitfunktionen des Füllstandes (Regelgröße), der Abflußöffnung (Störgröße) bzw. der Pumpenspannung (Stellgröße).[1] Die Übertragungsfunktion der Stellstrecke ist

$$G_S(s) = \frac{h(s)}{u_P(s)} = \frac{K_{PS}}{T_1 s + 1} .$$

Mit den Zahlenwerten aus Abschn. 2.3.1 sind $T_1 = 71{,}4$ s und $K_{PS} = 4{,}76$ cm/V. Für die mit einer Abtastperiode von $T = 20$ s diskretisierte Stellstrecke folgt damit

$$G_S(z) = \frac{b_1}{z + a_1} , \quad \text{wobei} \quad b_1 = 1{,}16 \text{ cm/V} \quad \text{und} \quad a_1 = -0{,}76 .$$

Digitale Werte der Regelgröße lassen sich z. B. berechnen, indem man die Differenzengleichung

$$h_k = -a_1 h_{k-1} + b_1 u_{P,k-1} = 0{,}76 h_{k-1} + 1{,}14 u_{P,k-1}$$

ermittelt und mit einem Taschenrechner für $k = 0, 1, 2 \ldots$ auswertet. Der Anfangswert sei $h_{-1} = 0$ und $u_{P,k} = 0$ für $k < 0$. Bild 7.6 zeigt auf der linken Seite Stellgrößenverläufe *vor* (Kreuzchen) und *hinter* dem D/A-Umsetzer. Auf der rechten Seite sind die zugehörigen, mit dem diskretisierten Modell berechneten Regelgrößenwerte (Kreuzchen) zu den Abtastzeitpunkten zu sehen. Sie liegen in beiden Fällen a) und b) exakt auf dem analogen Regelgrößenverlauf $h(t)$.

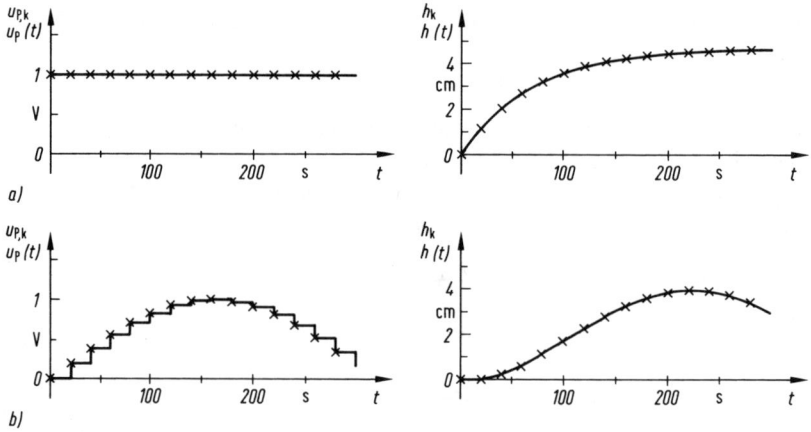

Bild 7.6 Gegenüberstellung der Antwortfunktionen von analogem und digitalem Füllstandstreckenmodell ($P\text{-}T_1$-Glied)

a) bei Sprunganregung und
b) bei beliebiger Anregung
$u_{P,k}$, $u_P(t)$ Pumpenspannung vor bzw. hinter dem D/A-Umsetzer
h_k, $h(t)$ Mit digitalem bzw. analogem Modell berechneter Füllstandsverlauf

---

[1] Man beachte, daß $h(t)$ in diesem Beispiel den *Füllstand* bezeichnet. Das (genormte) Formelzeichen $h(t)$ für die Übergangsfunktion kommt in diesem Beispiel nicht vor.

7.4.2 Strecke mit Ausgleich und Verzögerung 2. Ordnung

Eine Strecke mit Ausgleich und Verzögerung 2. Ordnung läßt sich als P-T_2-Glied darstellen (Abschn. 3.3.3)

$$\frac{1}{\omega_0^2}\ddot{x}(t) + \frac{2d}{\omega_0}\dot{x}(t) + x(t) = K_{PS}y(t) \quad \text{bzw.} \quad G_S(s) = \frac{x(s)}{y(s)} = \frac{K_{PS}\omega_0^2}{s^2 + 2d\omega_0 s + \omega_0^2},$$

wobei es vom Dämpfungsgrad d abhängt, ob die Übergangsfunktion periodisch (kleine Dämpfung $0 < d < 1$) oder aperiodisch (große Dämpfung $d > 1$) einschwingt (Abschn. 2.8.3). Die Regelstrecke wird zunächst für den Fall großer Dämpfung ($d > 1$) diskretisiert (gemäß Verfahren am Ende von Abschn. 7.3):

1. $h(t) = \mathscr{L}^{-1}\left\{\dfrac{G_S(s)}{s}\right\} = \mathscr{L}^{-1}\left\{\dfrac{K_{PS}\omega_0^2}{s(s^2 + 2d\omega_0 s + \omega_0^2)}\right\}$.

    $h(t)$ ist die Übergangsfunktion des P-T_2-Gliedes. Sie wird in Abschn. 2.8.3 angegeben mit $h(t) = K_{PS}\left(1 + \dfrac{1}{2d'}\left((d - d')\,e^{s_1 t} - (d + d')\,e^{s_2 t}\right)\right)$, wobei

    $$s_1 = -\omega_0(d + d') \quad \text{und} \quad s_2 = -\omega_0(d - d') \quad \text{und} \quad d' = \sqrt{d^2 - 1}.$$

2. $h_k = h(kT) = K_{PS}\left(1 + \dfrac{1}{2d'}\left((d - d')\,e^{s_1 kT} - (d + d')\,e^{s_2 kT}\right)\right)$.

3. Für das gesuchte digitale Berechnungsmodell der Strecke $G_S(z) = \dfrac{z - 1}{z}\,Z\{h_k\}$ ist

    die z-Transformierte $Z\{h_k\} = Z\left\{K_{PS}\left(1 + \dfrac{d - d'}{2d'}\,(e^{s_1 T})^k - \dfrac{d + d'}{2d'}\,(e^{s_2 T})^k\right)\right\}$ zu ermitteln.

Wegen der Linearität der z-Transformation (Bild A.4.2, Nr. 1) darf die z-Transformation auf jeden Summanden einzeln angewendet werden:

$$Z\{h_k\} = K_{PS}\left(Z\{1\} + \frac{d - d'}{2d'}\,Z\{(e^{s_1 T})^k\} - \frac{d + d'}{2d'}\,Z\{(e^{s_2 T})^k\}\right).$$

Da $Z\{1\} = \dfrac{z}{z - 1}$ (Bild A.4.1, Nr. 2) und $Z\{a^k\} = \dfrac{z}{z - a}$ (Bild A.4.1, Nr. 6), wobei hier einmal $a = e^{s_1 T}$ und einmal $a = e^{s_2 T}$, folgt

$$Z\{h_k\} = K_{PS}\left(\frac{z}{z - 1} + \frac{d - d'}{2d'}\,\frac{z}{z - e^{s_1 T}} - \frac{d + d'}{2d'}\,\frac{z}{z - e^{s_2 T}}\right).$$

Das gesuchte digitale Berechnungsmodell für großen Dämpfungsgrad $d > 1$ hat also die Übertragungsfunktion

$$G_S(z) = \frac{z - 1}{z}\,Z\{h_k\} = \frac{b_0 z^2 + b_1 z + b_2}{z^2 + a_1 z + a_2}.$$

mit

$$b_0 = 0,$$

$$b_1 = K_{PS} \left[1 + \frac{1}{2d'} \left((d - d') \, e^{s_1 T} - (d + d') \, e^{s_2 T} \right) \right], \qquad a_1 = -\left(e^{s_1 T} + e^{s_2 T} \right),$$

$$b_2 = K_{PS} \left[e^{(s_1 + s_2)T} + \frac{1}{2d'} \left(-(d + d') \, e^{s_1 T} + (d - d') \, e^{s_2 T} \right) \right], \qquad a_2 = e^{(s_1 + s_2)T}.$$

Beispiel: Diskretisierung einer Temperaturregelstrecke

Ein P-T_2-Glied mit großer Dämpfung $(d > 1)$ ist u. a. typisch für eine Temperaturregelstrecke, wobei die Stellgröße $y(t)$ z. B. eine elektrische Heizspannung und die Regelgröße $x(t)$ die Temperatur ist. In der Übertragungsfunktion

$$G_S(s) = \frac{x(s)}{y(s)} = \frac{K_{PS}\omega_0^2}{s^2 + 2d\omega_0 s + \omega_0^2}$$

seien die folgenden Zahlenwerte gegeben: $K_{PS} = 0,2$ K/V und $\omega_0 = 0.03$ rad/s. Für das digitale Berechnungsmodell mit einer Abtastperiode von $T = 40$ s folgt $b_1 = 0,044$ K/V, $b_2 = 0,01$ K/V, $a_1 = 0,74$ und $a_2 = 0,008$. Die Differenzengleichung ist

$$x_k = -0,74 x_{k-1} - 0,008 x_{k-2} + 0,044 y_{k-1} + 0,01 y_{k-2}$$

mit den Anfangswerten $x_{-1} = 0$ und $x_{-2} = 0$. Bild 7.7 zeigt den berechneten analogen und digitalen Temperaturverlauf für verschiedene Anregungsfunktionen.

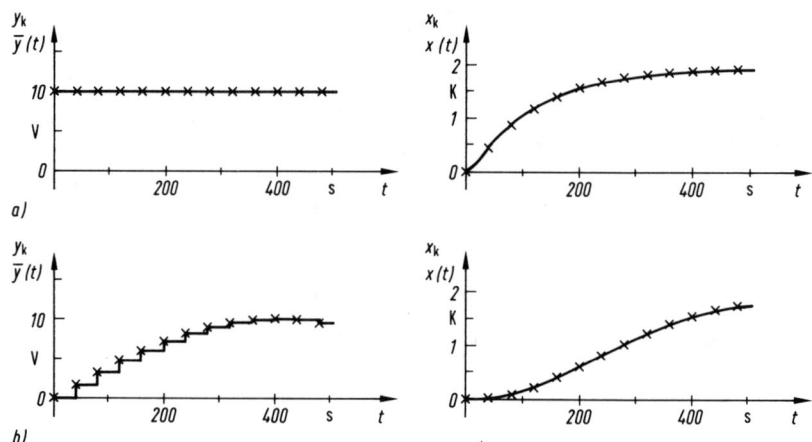

Bild 7.7 Gegenüberstellung der Antwortfunktionen von analogem und digitalem Temperaturstreckenmodell (P-T_2-Glied mit $d > 1$)

a) bei Sprunganregung
b) bei beliebiger Anregung
   $y_k, y(t)$ Heizspannung vor bzw. hinter dem D/A-Umsetzer
   $x_k, x(t)$ Mit digitalem bzw. analogen Modell berechneter Temperaturverlauf

Die Strecke wird nun für den Fall kleiner Dämpfung ($d < 1$) diskretisiert:

1. $h(t) = \mathscr{L}^{-1} \left\{ \dfrac{G_S(s)}{s} \right\} = \mathscr{L}^{-1} \left\{ \dfrac{K_{PS}\omega_0^2}{s(s^2 + 2d\omega_0 s + \omega_0^2)} \right\}.$

Diese Übergangsfunktion $h(t)$ eines $P\text{-}T_2$-Gliedes mit $d < 1$ wird in Abschn. 2.8.3 berechnet zu

$$h(t) = K_{PS} \left(1 - e^{\sigma t} \frac{1}{\sqrt{1 - d^2}} \cos(\omega_e t + \varphi) \right),$$

wobei $\varphi = -\arctan \dfrac{d}{\sqrt{1 - d^2}}$, $\sigma = -\omega_0 d$ und $\omega_e = \omega_0 \sqrt{1 - d^2}$.

2. $h_k = h(kT) = K_{PS} \left(1 - e^{\sigma kT} \dfrac{1}{\sqrt{1 - d^2}} \cos(\omega_e kT + \varphi) \right).$

3. $Z\{h_k\} = Z\left\{ K_{PS} \left(1 - e^{\sigma kT} \dfrac{1}{\sqrt{1 - d^2}} \cos(\omega_e kT + \varphi) \right) \right\}.$

Wegen Bild A.4.2, Nr. 1 (Linearität) folgt

$$Z\{h_k\} = K_{PS} \left(Z\{1\} - \frac{1}{\sqrt{1 - d^2}} Z\{e^{\sigma kT} \cos(\omega_e kT + \varphi)\} \right).$$

Mit der Formel $\cos(\alpha + \varphi) = \cos\alpha \cos\varphi - \sin\alpha \sin\varphi$, wobei $\alpha = \omega_e kT$, folgt

$$Z\{h_k\} = K_{PS} \left(Z\{1\} - \frac{1}{\sqrt{1 - d^2}} \left(\cos\varphi \, Z\{(e^{\sigma T})^k \cos(\omega_e Tk)\} \right. \right.$$

$$\left. \left. - \sin\varphi \, Z\{(e^{\sigma T})^k \sin(\omega_e Tk)\} \right) \right)$$

Mit $Z\{a^k \sin(bk)\}$ und $Z\{a^k \cos(bk)\}$ gemäß Bild A. 4.1, Nr. 11 bzw. 12 folgt

$$Z\{h_k\} = K_{PS} \left(\frac{z}{z - 1} - \frac{1}{\sqrt{1 - d^2}} \left(\cos\varphi \, \frac{z(z - e^{\sigma T} \cos(\omega_e T))}{z^2 - 2e^{\sigma T} \cos(\omega_e T) z + e^{2\sigma T}} \right. \right.$$

$$\left. \left. - \sin\varphi \, \frac{z \, e^{\sigma T} \sin(\omega_e T)}{z^2 - 2e^{\sigma T} \cos(\omega_e T) z + e^{2\sigma T}} \right) \right)$$

Bringt man diesen Ausdruck auf den Hauptnenner, dann ergibt sich für das digitale Berechnungsmodell der Strecke mit kleinem Dämpfungsgrad $d < 1$ die Übertragungsfunktion

$$G_S(z) = \frac{z - 1}{z} Z\{h_k\} = \frac{b_0 z^2 + b_1 z + b_2}{z^2 + a_1 z + a_2}$$

mit

$$b_0 = 0,$$

$$b_1 = K_{PS} \left[\frac{1}{\sqrt{1 - d^2}} (\cos\varphi + e^{\sigma T} \cos(\varphi - \omega_e T)) - 2 e^{\sigma T} \cos\omega_e T \right]$$

$$b_2 = K_{PS} \left[e^{\sigma T} \left(e^{\sigma T} - \frac{1}{\sqrt{1-d^2}} \cos\left(\varphi - \omega_e T\right) \right) \right],$$

$$a_1 = -2e^{\sigma T} \cos \omega_e T, \qquad a_2 = e^{2\sigma T}.$$

Beispiel: Digitales Berechnungsmodell eines Fliehkraftpendels

Bei der mathematischen Modellbildung des Fliehkraftpendels in Abschn. 2.3.1 (Bild 2.11) ergab sich ein P-T_2-Glied mit kleinem Dämpfungsgrad $(d < 1)$:

$$\ddot{\varphi} + \alpha_1 \dot{\varphi} + \alpha_0 \varphi = \beta_0 \omega,$$

wobei φ und ω die auf den Arbeitspunkt (ω_0, φ_0) bezogenen Werte von Pendelauslenkung (Regelgröße) bzw. Drehzahl (Stellgröße) sind. Bei einer Pendellänge von $1 = 10$ cm, einer Pendelmasse von $m = 0,5$ kg und einer Reibungskonstante von $c_R = 0,05$ Nm/(rad/s) ergeben sich für den Arbeitspunkt $\varphi_0 = 45°$ und $\omega_0 = \sqrt{g/(l \cos \varphi_0)} = 11,78$ rad/s (Formel s. Abschn. 2.3.1) die Koeffizienten zu $\alpha_0 = 69,36$ s^{-2}, $\alpha_1 = 5$ s^{-1} und $\beta_0 = 11,78$ s^{-1}.[1]) Die Übertragungsfunktion der Stellstrecke ist

$$G_S(s) = \frac{\varphi(s)}{\omega(s)} = \frac{\beta_0}{s^2 + \alpha_1 s + \alpha_0} = \frac{K_{PS}\omega_0^2}{s^2 + 2d\omega_0 s + \omega_0^2}.$$

Der Ausdruck ganz rechts ist die für die weitere Berechnung erforderliche Form der Übertragungsfunktion eines P-T_2-Gliedes. Man beachte, daß darin ω_0 die Kennkreisfrequenz des P-T_2-Gliedes bezeichnet. (Die oben ebenfalls mit ω_0 bezeichnete Drehzahl des Fliehkraftpendels im Arbeitspunkt wird im folgenden nicht mehr gebraucht.) Der Koeffizientenvergleich führt auf $K_{PS} = 0,17$ rad/(rad/s), $\omega_0 = 8,33$ rad/s und $d = 0,3$. Für die mit einer Abtastperiode von $T = 0,1$ s diskretisierte Stellstrecke folgt

$$G_S(z) = \frac{b_1 z + b_2}{z^2 + a_1 z + a_2},$$

wobei

$$b_1 = 0,047 \text{ s}, \qquad b_2 = 0,04 \text{ s}, \qquad a_1 = -1,09 \quad \text{und} \quad a_2 = 0,61.$$

Die Differenzengleichung ist ($[\omega] = $ rad/s, $[\varphi] = $ rad)

$$\varphi_k = 1,09\varphi_{k-1} - 0,61\varphi_{k-2} + 0,047\omega_{k-1} + 0,04\omega_{k-2}.$$

Bild 7.8 zeigt die Sprungantwort des analogen und des digitalen Streckenmodelles, wobei der Pendelwinkel φ in Grad aufgetragen ist.

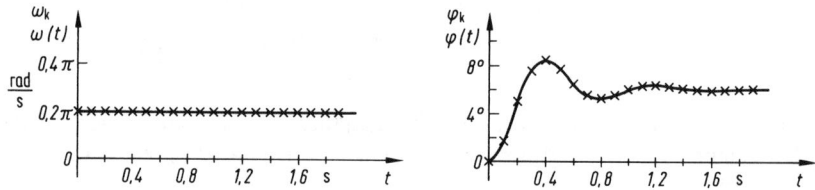

Bild 7.8 Gegenüberstellung der Sprungantwort von analogem und digitalem Fliehkraftpendelmodell (P-T_2-Glied mit $d < 1$)

ω_k, $\omega(t)$ Digitale bzw. analoge Pendeldrehzahl

φ_k, $\varphi(t)$ Mit digitalem bzw. analogem Modell berechnete Pendelauslenkung

---

[1]) Die Berechnungsformeln für die Koeffizienten α_0, α_1 und β_0 wurden in Abschn. 2.3.1 hergeleitet, wobei sie dort mit a_0, a_1 und b_0 bezeichnet wurden. Hier werden die griechischen Buchstaben α_0, α_1 und β_0 verwendet, um sie von den gesuchten Koeffizienten a_0, a_1 und b_0 des digitalen Berechnungsmodelles zu unterscheiden.

7.4.3 Strecke ohne Ausgleich und Verzögerung 1. Ordnung

Eine Regelstrecke ohne Ausgleich und Verzögerung 1. Ordnung läßt sich als I-T_1-Glied darstellen (Abschn. 3.2.2):

$$T_1\ddot{x}(t) + \dot{x}(t) = K_{IS}y(t) \quad \text{bzw.} \quad G_S(s) = \frac{x(s)}{y(s)} = \frac{K_{IS}}{(T_1 s + 1)\, s}\,.$$

Das Diskretisierungsverfahren von Abschn. 7.3 führt hier zu folgenden Ergebnissen:

1. $h(t) = \mathscr{L}^{-1}\left\{\dfrac{G(s)}{s}\right\} = \mathscr{L}^{-1}\left\{\dfrac{K_{IS}}{s^2(T_1 s + 1)}\right\}.$

   $h(t)$ ist die Übergangsfunktion des I-T_1-Gliedes. Sie wird in Abschn. 2.8.5 berechnet zu $h(t) = K_{IS}(t - T_1(1 - e^{-t/T_1}))$.

2. $h_k = h(kT) = K_{IS}(kT - T_1(1 - e^{-kT/T_1})).$

3. $Z\{h_k\} = Z\{K_{IS}(kT - T_1(1 - (e^{-T/T_1})^k))\}.$

Wegen Bild A.4.2, Nr. 1 (Linearität) folgt

$$Z\{h_k\} = K_{IS}(T_1 Z\{k\} - T_1(Z\{1\} - Z\{(e^{-T/T_1})^k\}))$$

Da $Z\{k\} = \dfrac{z}{(z-1)^2}$ (Bild A.4.1, Nr. 3) und $Z\{a^k\} = \dfrac{z}{z-a}$ (Bild A.4.1, Nr. 6), wobei

hier $a = e^{-T/T_1}$, folgt $Z\{h_k\} = K_{IS}\left(T_1 \dfrac{z}{(z-1)^2} - T_1\left(\dfrac{z}{z-1} - \dfrac{z}{z-a}\right)\right).$

Das digitale Berechnungsmodell der Strecke hat dann die Übertragungsfunktion

$$G_S(z) = \frac{z-1}{z} Z\{g_k\} = \frac{b_0 z^2 + b_1 z + b_2}{z^2 + a_1 z + a_2}$$

mit

$$b_0 = 0\,,$$

$$b_1 = -K_{IS}[(1 - e^{-T/T_1})\, T_1 - T]\,, \qquad a_1 = -(1 + e^{-T/T_1})\,,$$

$$b_2 = K_{IS}[(1 - e^{-T/T_1})\, T_1 - T\, e^{-T/T_1}]\,, \qquad a_2 = e^{-T/T_1}\,.$$

Beispiel: Digitales Berechnungsmodell eines Gleichstrommotors

In Abschn. 2.8.5 wurde ein Gleichstrommotor betrachtet, wie er z. B. bei Magnetband-, Festplatten- und CD-Laufwerken vorkommt. Als mathematisches Modell wurde

$$\frac{J}{c_R}\ddot{\varphi}(t) + \dot{\varphi}(t) = \frac{c_m}{c_R} u_m(t)$$

hergeleitet, wobei $u_m(t)$ die Steuerspannung (Stellgröße) und $\varphi(t)$ der Drehwinkel der Motorwelle (Regelgröße) ist. Bei einem Trägheitsmoment von $J = 0{,}001\ \text{Nms}^2$, einer Motorkonstante von

$c_m = 1$ Nm/V und einer Reibungskonstante von $c_R = 0,01$ Nms gilt in der Übertragungsfunktion

$$G_S(s) = \frac{\varphi(s)}{u_m(s)} = \frac{K_{IS}}{s(T_1 s + 1)} \quad \text{für} \quad K_{IS} = \frac{c_m}{c_R} = 100 \text{ V}^{-1} \text{s}^{-1} \quad \text{und} \quad T_1 = \frac{J}{c_R} = 0,1 \text{ s}.$$

Bei einer Abtastperiode $T = 0,02$ s ergeben sich für das gesuchte digitale Berechnungsmodell die Koeffizienten $b_1 = 0,19$ (rad/V), $b_2 = 0,18$ (rad/V), $a_1 = -1,82$ und $a_2 = 0,82$. Bild 7.9 zeigt die Sprungantwort der analogen und der digitalen Regelgröße.

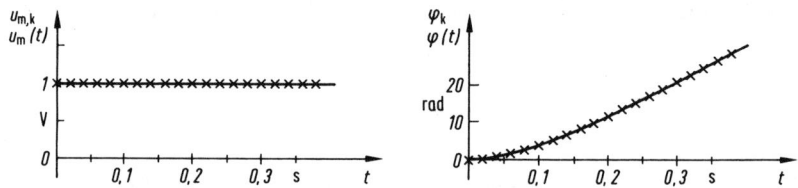

Bild 7.9 Gegenüberstellung der Sprungantwort von analogem und digitalem Gleich-strommotormodell (I-T_1-Glied)

$u_{m,k}$, $u_m(t)$ Steuerspannung vor bzw. hinter dem D/A-Umsetzer

φ_k, $\varphi(t)$ Mit digitalem bzw. analogen Modell berechneter Drehwinkel der Motorwelle

8 Digitale Übertragungsglieder

Bild 8.1 zeigt ein digitales Übertragungsglied mit der Eingangsgröße u_k und der Ausgangsgröße v_k. k ist ein Index, der ganzzahlig ist, $k = 0, 1, 2, \ldots$. Die digitale Eingangsgröße ist die Zahlenfolge $u_0, u_1, u_2 \ldots$, und die digitale Ausgangsgröße ist die Zahlenfolge $v_0, v_1, v_2 \ldots$. Ein typisches digitales Übertragungsglied ist ein Digitalrechner, der aus den Eingabewerten $u_0, u_1, u_2 \ldots$ die Ausgabewerte $v_0, v_1, v_2 \ldots$ berechnet. Mit Digitalrechnern werden z. B. digitale Regler realisiert (vgl. Abschn. 6) und Regelstrecken digital simuliert (vgl. Abschn. 7). Unabhängig von diesen speziellen Einsatzgebieten, werden im vorliegenden Abschnitt wichtige Eigenschaften und Kennfunktionen digitaler Übertragungsglieder behandelt. Durch Vergleich mit dem entsprechenden Abschn. 2 für analoge Übertragungsglieder werden die Besonderheiten der rechnerischen Behandlung digitaler Übertragungsglieder deutlich.

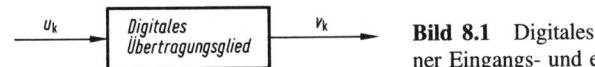

Bild 8.1 Digitales Übertragungsglied mit einer Eingangs- und einer Ausgangsgröße

8.1 Digitale LZI-Glieder

Digitale LZI-Glieder sind digitale **L**ineare, **Z**eit**I**nvariante Übertragungsglieder. In Abschn. 2.1 wurden Linearität und Zeitinvarianz anhand analoger Übertragungsglieder ausführlich erläutert. Ein mathematisches Modell für das lineare, zeitinvariante Übertragungsverhalten eines *digitalen* LZI-Gliedes ist die lineare *Differenzen*gleichung mit konstanten Koeffizienten [1])

$$a_n v_{k-n} + a_{n-1} v_{k-n+1} + \ldots + a_1 v_{k-1} + v_k$$

$$= b_m u_{k-m} + b_{m-1} u_{k-m+1} + \ldots + b_1 u_{k-1} + b_0 u_k .$$

Die unabhängige Veränderliche ist die ganze Zahl k, die die Werte $k = 0, 1, 2, 3 \ldots$ annimmt. n ist die *Ordnung* des LZI-Gliedes. Die einzelnen Werte v_k der Ausgangsgröße lassen sich berechnen, indem man wie folgt umstellt

$$v_k = -a_1 v_{k-1} - a_2 v_{k-2} - \ldots - a_n v_{k-n} + b_0 u_k + b_1 u_{k-1} + \ldots + b_m u_{k-m} .$$

Um den ersten Wert ($k = 0$)

$$v_0 = -a_1 v_{-1} - a_2 v_{-2} - \ldots - a_n v_{-n} + b_0 u_0 + b_1 u_{-1} + \ldots + b_m u_{-m}$$

berechnen zu können, müssen die *Anfangswerte* der Differenzengleichung $v_{-1}, v_{-2}, \ldots v_{-n}$ gegeben sein. Sie werden im Folgenden zu Null angenommen, wenn nicht ausdrücklich etwas anderes gesagt wird. Die Werte $u_{-m}, u_{-m+1}, \ldots u_{-2}, u_{-1}$ der Eingangsgröße sind Null (vgl. Bild 8.2). Wenn z. B. $n = 2$ und $m = 1$, ergibt sich für

---

[1]) Für den Koeffizienten a_0 bei v_k wird $a_0 = 1$ angenommen, was sich immer erreichen läßt, indem man die Differenzengleichung durch diesen Koeffizienten dividiert.

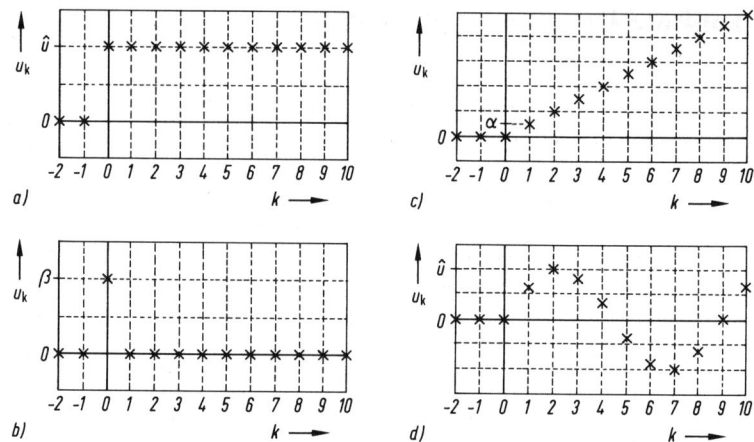

Bild 8.2   Wichtige digitale Testsignale (Einschaltzeitpunkt $k = 0$)

a) Sprungfunktion   c) Anstiegsfunktion
b) Impulsfunktion   d) Sinusfunktion

die Werte $v_1, v_2, v_3, \dots$ der Ausgangsgröße

$$k = 0: \quad v_0 = \qquad\qquad\quad + b_0 u_0 \,,$$
$$k = 1: \quad v_1 = -a_1 v_0 \qquad\quad + b_0 u_1 + b_1 u_0 \,,$$
$$k = 2: \quad v_2 = -a_1 v_1 - a_2 v_0 + b_0 u_2 + b_1 u_1 \,,$$
$$k = 3: \quad v_3 = -a_1 v_2 - a_2 v_1 + b_0 u_3 + b_1 u_2 \quad \text{usw.}$$

Auf diese Weise läßt sich eine Differenzengleichung z. B. auch mittels Taschenrechner Schritt für Schritt lösen. Beispiele wurden bereits in den Abschnitten 6 und 7 behandelt.

Ein digitales LZI-Glied läßt sich auch als Übertragungsfunktion darstellen (Abschn. 8.3). Man beachte, daß die Ein- und Ausgangsgrößen von LZI-Gliedern (hier: u_k bzw. v_k) häufig Abweichungen von einem Arbeitspunkt eines Gerätes oder einer Anlage darstellen (vgl. Abschn. 1.4).

8.2   Testsignalantworten und zugehörige Kennfunktionen

Testsignalantworten kennzeichnen Übertragungsglieder. In Abschn. 2.4 wurden z. B. die Sprungantwort und weitere Testsignalantworten anhand analoger Übertragungsglieder erläutert. Die zugehörigen Kennfunktionen charakterisieren LZI-Glieder *eindeutig*. Bild 8.2 zeigt die wichtigsten digitalen Testsignale.

Eine *digitale Sprungantwort* v_k wird durch die digitale Sprungfunktion (Bild 8.2a)

$$u_k = \begin{cases} 0, & \text{wenn } k < 0 \\ \hat{u}, & \text{wenn } k \geq 0 \end{cases} \text{ oder kürzer } u_k = \hat{u}\sigma_k \,, \text{ wobei } \sigma_k = \begin{cases} 0, & \text{wenn } k < 0 \\ 1, & \text{wenn } k \geq 0 \end{cases}$$

ausgelöst. σ_k ist die digitale *Einheits*sprungfunktion (mit der Sprunghöhe $\hat{u} = 1$). Zum Einschaltzeitpunkt der Sprungfunktion müssen Ein- und Ausgangsgröße des digitalen Übertragungsgliedes konstant gleich Null sein. In der Differenzengleichung sind dazu alle Anfangsbedingungen gleich Null zu setzen. Die zugehörige Kennfunktion ist die *digitale Übergangsfunktion* $h_k = \dfrac{v_k}{\hat{u}}$, die man erhält, wenn man die Sprungantwort v_k durch die Sprunghöhe $\hat{u}$ dividiert.

Beispiel: Digitale Sprungantwort und Übergangsfunktion

Das Übertragungsverhalten eines RC-Netzwerkes mit dem analogen mathematischen Modell $T_1 \dot{u}_C + u_C = u_e$ (Abschn. 2.2, Bild 2.7) läßt sich mittels

$$u_{C,k} = -a_1 u_{C,k-1} + b_1 u_{e,k-1}$$

mit $a_1 = -e^{-T/T_1}$ und $b_1 = 1 - e^{-T/T_1}$ digital simulieren[1]). Dabei sind $T_1 = RC$, R und C ohmscher Widerstand bzw. Kapazität und T die Simulationsschrittweite. $u_{C,k}$ und $u_{e,k}$ sind die Werte der Kondensatorspannung bzw. der Eingangsspannung zum Zeitpunkt kT. Ist $T_1 = RC = 0,1$ s und wählt man die Schrittweite $T = 0,05$ s, so ergibt sich für die Differenzengleichung

$$u_{C,k} = 0,607 u_{C,k-1} + 0,393 u_{e,k-1}\,.$$

Gesucht sei der Verlauf der Kondensatorspannung, wenn die konstante Eingangsspannung $\hat{u}_e = 2$ V zum Zeitpunkt $kT = 0$ eingeschaltet wird. Bei der digitalen Simulation ist also die Eingangsgröße $u_{e,k} = \hat{u}_e \sigma_k = 2\sigma_k$. Damit folgt für den ersten Wert der Sprungantwort

$$k = 0:\quad u_{C,0} = 0,607 u_{C,-1} + 0,393 u_{e,-1} = 0\,.$$

Dabei wurde $u_{C,-1} = 0$ angenommen, was der oben genannten Voraussetzung entspricht. Das bedeutet hier, daß sich bei einer Eingangsspannung von $u_e = 0$ der Kondensator vor dem Einschaltzeitpunkt vollständig entladen hat. Für den nächsten Wert der Sprungantwort folgt

$$k = 1:\quad u_{C,1} = 0,607 u_{C,0} + 0,393 u_{e,0} = 0,393 \cdot 2 = 0,787\,.$$

Weitere Werte für $k = 2, 3, \ldots$ sind in der Tabelle von Bild 8.3a aufgelistet. Bild 8.3b zeigt digitale Sprungfunktion und Sprungantwort.

Die Berechnung der Tabellenwerte von Bild 8.3a läßt sich z. B. mit einem Taschenrechner vornehmen. Mit einem kleinen Programm kann man den Berechnungsvorgang automatisieren. Das folgende Programmfragment ist in MATLAB-Sprache geschrieben. Der Text hinter dem %-Zeichen ist Kommentar.

```
1 T1=0.1;                         % T1 = RC, R ohmscher, C kapazitiver Widerstand.
2 T=0.05;                         % T ist die Simulationsschrittweite.
3 a1= −exp(-T/T1); b1=1+a1;       % Koeffizienten der Differenzengleichung .
4 ke=10;                          % Simulationszeitintervall von k = 0 bis k = ke.
5 udach=2;                        % Sprunghöhe der Eingangsspannung.
6 uek=udach*ones(1,ke+1);         % Eingangsspannungsverlauf über das Simulations-
                                  % zeitintervall. Der Befehl ones(n,m) erzeugt eine
                                  % Matrix mit n Zeilen und m Spalten, deren
                                  % sämtliche Elemente Eins sind.
7 uck(1)=0;                       % Anfangswert der Differenzengleichung.
8 for k=1:ke                      % Rekursive Berechnung der Sprungantwort.
9 uck(k+1)= −a1*uck(k) + b1*uek(k);  % Die Werte der Sprungantwort werden
10 end                            % im Vektor uck abgespeichert.
11 k=0:ke; plot(k,uck,'x')         % Grafische Ausgabe der Sprungantwort.
```

---

[1]) Die Ausdrücke für die Koeffizienten a_1 und b_1 der Differenzengleichung wurden in Abschn. 7.4.1 hergeleitet.

k	kT	$u_{e,k-1}$	$u_{C,k-1}$	$u_{C,k}$	h_k
0	0,00	0	0,000	0,000	0,000
1	0,05	2	0,000	0,787	0,393
2	0,10	2	0,787	1,264	0,632
3	0,15	2	1,264	1,554	0,777
4	0,20	2	1,554	1,729	0,865
⋮	⋮	⋮	⋮	⋮	⋮
∞	∞	2	2,000	2,000	1,000

a)

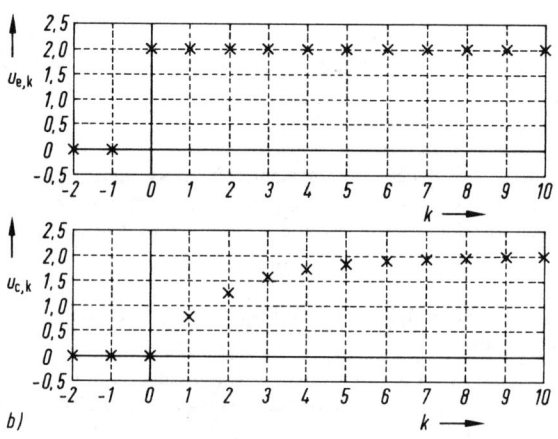

b)

Bild 8.3   Digitale Sprungantwort
a) Wertetabelle und
b) grafische Darstellung
von Sprungfunktion $u_{e,k}$, Sprungantwort $u_{C,k}$ und Übergangsfunktion h_k

Die Sprungantwort läßt sich auch analytisch berechnen. (Wird in Anhang A.4 unter „Anwendung der z-Transformation zur Berechnung von Antwortfunktionen" als Beispiel ausführlich behandelt.) Das Ergebnis ist

$$u_{C,k} = \hat{u}_e \,\frac{b_1}{1 + a_1}\,\left(1 - (-a_1)^k\right).$$

Setzt man a_1, b_1 und die Zahlenwerte ein, dann folgt

$$u_{C,k} = \hat{u}_e\left(1 - e^{-(T/T_1)k}\right) = 2\left(1 - e^{-0,5k}\right).$$

Die Übergangsfunktion ist

$$h_k = \frac{u_{C,k}}{\hat{u}_e} = 1 - e^{-(T/T_1)k} = 1 - e^{-0,5k}.$$

Die letzte Spalte der Tabelle von Bild 8.3a zeigt die Werte der Übergangsfunktion h_k. Skaliert man in der Grafik der Sprungantwort $u_{C,k}$ von Bild 8.3b die Ordinatenachse entsprechend mit $\hat{u}_e = 2$, so erhält man die Darstellung der Übergangsfunktion.

Eine *digitale Impulsantwort* v_k wird durch die digitale Impulsfunktion (Bild 8.2b)

$$u_k = \begin{cases} \beta, & \text{wenn } k = 0 \\ 0, & \text{wenn } k \neq 0 \end{cases} \text{ oder kürzer } u_k = \beta\delta_k, \text{ wobei } \delta_k = \begin{cases} 1, & \text{wenn } k = 0 \\ 0, & \text{wenn } k \neq 0 \end{cases}$$

ausgelöst. δ_k ist die digitale *Einheits*impulsfunktion (mit der Impulshöhe $\beta = 1$). Zum Einschaltzeitpunkt der Impulsfunktion müssen Ein- und Ausgangsgröße des digitalen Übertragungsgliedes konstant gleich Null sein. Das gilt *für alle Testsignalantworten* und wurde bereits zuvor bei der Sprungantwort erwähnt. Die zugehörige Kennfunktion ist die *digitale Gewichtsfunktion* $g_k = \dfrac{v_k}{\beta}$, die man erhält, wenn man die Impulsantwort v_k durch die Impulshöhe β dividiert.

Beispiel: Digitale Impulsantwort und Gewichtsfunktion

Zur Veranschaulichung wird das digitale Simulationsmodell

$$u_{C,k} = 0{,}607u_{C,k-1} + 0{,}393u_{e,k-1}$$

des RC-Netzwerkes aus dem vorhergehenden Beispiel herangezogen. Gesucht sei nun der Verlauf der Kondensatorspannung u_C auf einen Rechteckimpuls der Eingangsspannung u_e mit der Amplitude $\beta = 4$ V und der Dauer einer Simulationsschrittweite $T = 0{,}05$ (Das entspricht einer Impulsintensität von $\beta T = 0{,}2$ Vs. In Abschn. 2.4.2 wurde erläutert, daß die Impulsintensität der Impulsfläche entspricht.). Der Impuls werde zum Zeitpunkt $kT = 0$ bzw. $k = 0$ eingeschaltet. Damit folgt für die ersten Werte der Impulsantwort

$k = 0$: $u_{C,0} = 0{,}607u_{C,-1} + 0{,}393u_{e,-1} = 0{,}607 \cdot 0 + 0{,}393 \cdot 0 = 0$.
$k = 1$: $u_{C,1} = 0{,}607u_{C,0} + 0{,}393u_{e,0} = 0{,}607 \cdot 0 + 0{,}393 \cdot \beta = 0{,}393 \cdot 4 = 1{,}572$.
$k = 2$: $u_{C,2} = 0{,}607u_{C,1} + 0{,}393u_{e,1} = 0{,}607 \cdot 1{,}572 + 0{,}393 \cdot 0 = 0{,}954$.

Weitere Werte für $k = 3, 4, \ldots$ sind in der Tabelle von Bild 8.4a aufgelistet. Bild 8.4b zeigt digitale Impulsfunktion und Impulsantwort.

Im obigen MATLAB-Programm sind lediglich die Zeilen 5 und 6 wie folgt zu ersetzen: beta=4;
uek = zeros(1,ke+1); uek(1) = beta;
Der Befehl zeros(n,m) erzeugt eine Nullmatrix mit n Zeilen und m Spalten.

Die letzte Spalte der Tabelle von Bild 8.4a zeigt die Werte der digitalen Gewichtsfunktion g_k, die gemäß $g_k = u_{C,k}/\beta = u_{C,k}/4$ aus den Werten der $u_{C,k}$-Spalte berechnet wurden. Skaliert man in der Grafik der Impulsantwort $u_{C,k}$ von Bild 8.4b die Ordinatenachse entsprechend mit $\beta = 4$, so erhält man die Darstellung der digitalen Gewichtsfunktion. Bezieht man dagegen die digitale Impulsantwort auf die Impulsfläche $\beta T = 4 \cdot 0{,}05 = 0{,}2$ (= Impulsintensität), so erhält man mit $u_{C,k}/0{,}2 \approx g(kT)$ eine Näherung für die analoge Gewichtsfunktion $g(t)$ zu den berechneten Zeitpunkten kT. (Zur analogen Gewichtsfunktion vgl. Abschn. 2.4.2.)

Eine *digitale Anstiegsantwort* wird durch die digitale Anstiegsfunktion (Bild 8.2c)

$$u_k = \alpha k \sigma_k$$

ausgelöst. Die Einheitssprungfunktion σ_k sorgt hier dafür, daß $u_k = 0$ für $k < 0$. Für $k \geq 0$ ist $\sigma_k = 1$ und hat somit keinen Einfluß auf den Ausdruck für die Anstiegsfunktion. α stellt den Zuwachs der Anstiegsfunktion dar, wenn man k um Eins erhöht. Die

k	kT	$u_{e,k-1}$	$u_{C,k-1}$	$u_{C,k}$	g_k
0	0,00	0	0,000	0,000	0,000
1	0,05	4	0,000	1,574	0,393
2	0,10	0	1,574	0,955	0,239
3	0,15	0	0,955	0,579	0,145
4	0,20	0	0,579	0,351	0,088
⋮	⋮	⋮	⋮	⋮	⋮
∞	∞	0	0,000	0,000	0,000

a)

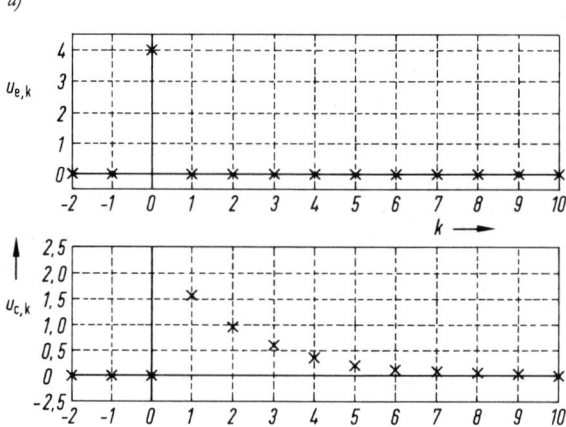

b)

Bild 8.4   Digitale Impulsantwort
a) Wertetabelle und
b) grafische Darstellung
von Impulsfunktion $u_{e,k}$, Impulsantwort $u_{C,k}$ und Gewichtsfunktion g_k

zugehörige Kennfunktion ist die *bezogene* Anstiegsantwort $v_{A,k} = v_k/\alpha$. Die obigen Beispiele für Sprung- bzw. Impulsantwort lassen sich einfach auch auf diese Testsignalantwort übertragen. Bezieht man dabei die digitale Anstiegsantwort auf die Steigung α/T,
so erhält man mit $v_k/(\alpha/T) \approx v_A(kT)$ eine digitale Näherung für die analoge bezogene
Anstiegsantwort zu den berechneten Zeitpunkten kT. (Zur analogen bezogenen Anstiegsantwort vgl. Abschn. 2.4.3.)

Die *digitale Sinusantwort* liegt vor, wenn ein digitales Übertragungsglied mit der digitalen Sinusfunktion (Bild 8.2d)

$$u_k = (\hat{u} \sin \omega_D k)\, \sigma_k$$

angeregt wird *und der eingeschwungene Zustand abgewartet wird*. Die zugehörigen
Kennfunktionen sind die *Frequenzkennlinien* digitaler LZI-Glieder. (Vgl. Abschn. 2.5.1
zur Berechnung der Frequenzkennlinien analoger LZI-Glieder.)

8.3 z-Übertragungsfunktion

Die z-Übertragungsfunktion eines digitalen LZI-Gliedes ist der Quotient der z-Transformierten von Ausgangsgröße v_k und Eingangsgröße u_k:

$$G(z) = \frac{Z\{v_k\}}{Z\{u_k\}} = \frac{v(z)}{u(z)} \, .$$

In Anhang A.4 wird erläutert, wie man die z-Transformation durchführt. Ist $u(z)$, die z-Transformierte der Eingangsgröße, gegeben, dann erhält man die z-Transformierte der Ausgangsgröße $v(z)$ einfach durch *Multiplikation* mit der Übertragungsfunktion (Bild 8.5)

$$v(z) = G(z) \cdot u(z) \, .$$

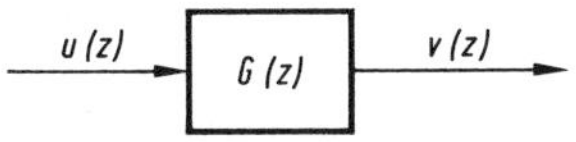

Bild 8.5   Digitales LZI-Glied

Dieser mathematische Ausdruck ist übersichtlicher als die Differenzengleichung

$$a_n v_{k-n} + a_{n-1} v_{k-n+1} + \ldots + a_1 v_{k-1} + v_k$$
$$= b_m u_{k-m} + b_{m-1} u_{k-m+1} + \ldots + b_1 u_{k-1} + b_0 u_k$$

die in Abschn. 8.1 eingeführt wurde. Ist die Differenzengleichung gegeben, so erhält man die z-Übertragungsfunktion durch Anwendung der Regel (vgl. Anhang A.4)

„Man ersetze f_{k-m} durch $z^{-m} f(z)$"

Beispiel: Berechnung der z-Übertragungsfunktion eines RC-Netzwerkes

Gegeben sei die Differenzengleichung eines RC-Netzwerkes, die im vorherigen Abschnitt als Beispiel zur digitalen Simulation diente:

$$u_{C,k} = -a_1 u_{C,k-1} + b_1 u_{e,k-1} \, .$$

Gesucht ist die Übertragungsfunktion. Ersetzt man nun gemäß der oben genannten Regel $u_{C,k}$ durch $u_C(z)$, $u_{C,k-1}$ durch $z^{-1} u_C(z)$ und $u_{e,k}$ durch $u_e(z)$, dann folgt

$$u_C(z) = -a_1 z^{-1} u_C(z) + b_1 z^{-1} u_e(z) \, .$$

Nun kann man $u_C(z)$ ausklammern und die Übertragungsfunktion berechnen,

$$G(z) = \frac{u_C(z)}{u_e(z)} = \frac{b_1 z^{-1}}{1 + a_1 z^{-1}} = \frac{b_1}{z + a_1} \, .$$

Ist die z-Übertragungsfunktion gegeben, dann erhält man die Differenzengleichung des digitalen LZI-Gliedes, indem man die oben genannte Regel umkehrt.

Beispiel: Gegeben sei die z-Übertragungsfunktion aus dem vorherigen Beispiel. Die Multiplikation der Gleichung mit $u_e(z) (1 + a_1 z^{-1})$ führt zunächst auf

$$u_C(z) (1 + a_1 z^{-1}) = b_1 z^{-1} u_e(z)$$

und dann auf

$$u_C(z) = -a_1 z^{-1} u_C(z) + b_1 z^{-1} u_e(z).$$

Ersetzt man nun nach oben genannter Regel $u_C(z)$ durch $u_{C,k}$, $z^{-1} u_C(z)$ durch $u_{C,k-1}$ und $z^{-1} u_e(z)$ durch $u_{e,k-1}$, so ergibt sich für die gesuchte Differenzengleichung

$$u_{C,k} = -a_1 u_{C,k-1} + b_1 u_{e,k-1}.$$

Mit der oben genannten Regel kann die Differenzengleichung

$$a_n v_{k-n} + a_{n-1} v_{k-n+1} + \ldots + a_1 v_{k-1} + v_k$$
$$= b_m u_{k-m} + b_{m-1} u_{k-m+1} + \ldots + b_1 u_{k-1} + b_0 u_k$$

direkt in die z-Übertragungsfunktion

$$G(z) = \frac{v(z)}{u(z)} = \frac{b_0 + b_1 z^{-1} + \ldots + b_m z^{-m}}{1 + a_1 z^{-1} + \ldots + a_n z^{-n}}$$

umgerechnet werden, wobei lediglich zu beachten ist, daß die Koeffizienten der rechten Seite der Differenzengleichung im Zähler (bzw. der linken Seite im Nenner) stehen. Die z-Übertragungsfunktion wird in der Regelungstechnik i. a. mit positiven Potenzen geschrieben. Klammert man im Zähler z^{-m} und im Nenner z^{-n} aus, so folgt

$$G(z) = \frac{v(z)}{u(z)} = \frac{b_0 z^m + b_1 z^{m-1} + \ldots + b_m}{z^n + a_1 z^{n-1} + \ldots + a_n} z^{n-m}.$$

Ist also $b_0 \neq 0$, so ist Zählergrad = Nennergrad = max (n, m), wobei max $(n, m) = n$ wenn $n \geq m$ und max $(n, m) = m$ wenn $n < m$ ist.

Mit der z-Übertragungsfunktion lassen sich Verknüpfungen von digitalen LZI-Gliedern sehr einfach berechnen. Die Regeln entsprechen denen bei analogen LZI-Gliedern, die in Abschn. 2.6.2 behandelt wurden. Bild 8.6 stellt die Regeln für digitale LZI-Glieder zu-

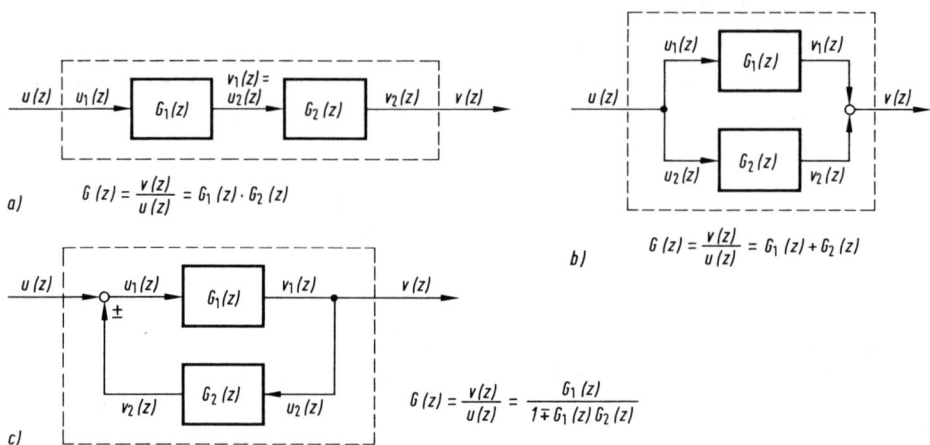

Bild 8.6 Grundschaltungen digitaler LZI-Glieder mit den zugehörigen Verknüpfungsregeln

a) Kettenschaltung   b) Parallelschaltung   c) Kreisschaltung

sammen. Für das Verlegen und Zusammenlegen von Additions- und Verzweigungsstellen gilt Bild 2.41 entsprechend. *z*-Übertragungsfunktionen sind *Kennfunktionen* digitaler LZI-Glieder, weil sie einen *eindeutigen* Zusammenhang zwischen *z*-transformierter Ein- und Ausgangsgröße $u(z)$ bzw. $v(z)$ darstellen. Als weitere Kennfunktionen waren im vorherigen Abschn. 8.2 bezogene Testsignalantworten wie z. B. die digitale Übergangs- und Gewichtsfunktion behandelt worden. Da die Kennfunktionen dieselbe „Information" über ein digitales LZI-Glied enthalten, können sie eindeutig ineinander umgerechnet werden:

Ist die Übertragungsfunktion $G(z) = v(z)/u(z)$ eines digitalen LZI-Gliedes gegeben, so läßt sich für jedes Testsignal u_k die Testsignalantwort v_k mittels *z*-Transformation und $v(z) = G(z) \cdot u(z)$ berechnen. So ergibt sich z. B. für die Sprungantwort (Testsignal: $u_k = \hat{u}\sigma_k$, *z*-Transformierte: $u(z) = \hat{u}z/(z - 1)$ gemäß Bild A.4.1, Nr. 2)

$$v(z) = G(z)\, u(z) = G(z)\, \hat{u}\, \frac{z}{z - 1} \, .$$

Die *Übergangsfunktion* ist die auf $\hat{u}$ bezogene Sprungantwort $h_k = v_k/\hat{u}$ (Abschn. 8.2). Für ihre *z*-Transformierte folgt

$$h(z) = \frac{v(z)}{\hat{u}} = \frac{G(z)\, u(z)}{\hat{u}} = G(z)\, \frac{z}{z - 1} \, .$$

Also lassen sich digitale Übergangsfunktion h_k und *z*-Übertragungsfunktion $G(z)$ wie folgt ineinander umrechnen (vgl. Bild 8.7)

$$h_k = Z^{-1}\{h(z)\} = Z^{-1}\left\{ G(z)\, \frac{z}{z - 1} \right\}$$

bzw.

$$G(z) = \frac{z - 1}{z}\, h(z) = (1 - z^{-1})\, Z\{h_k\} \, .$$

Die einzelnen Funktionswerte $h_k = Z^{-1}\{h(z)\}$ für $k = 0, 1, 2 \ldots$ lassen sich auch ohne *z*-Rücktransformation berechnen, indem man Zähler- und Nennerpolynom von $h(z)$ dividiert. Das ergibt sich aus der Definition der *z*-Transformation und wird in Anhang A.4 erklärt.

Beispiel:

Gegeben sei die z-Übertragungsfunktion des RC-Netzwerkes, die in einem der vorhergehenden Beispiele berechnet wurde: $G(z) = u_C(z)/u_e(z) = b_1/(z + a_1)$. Die *z*-Transformierte der Übergangsfunktion ist

$$h(z) = G(z)\, \frac{z}{z - 1} = \frac{b_1 z}{(z + a_1)\,(z - 1)} = \frac{b_1 z}{z^2 + (a_1 - 1)\, z - a_1} \, .$$

Mit den Zahlenwerten $a_1 = -0{,}607$ und $b_1 = 0{,}393$ ergibt sich aus der Division von Zähler- und Nennerpolynom

$$h(z) = \frac{0{,}393 z}{z^2 - 1{,}607 z + 0{,}607} = 0{,}393 z^{-1} + 0{,}632 z^{-2} + 0{,}777 z^{-3} + \ldots \, .$$

Die einzelnen Werte h_k der digitalen Übergangsfunktion ergeben sich durch Koeffizientenvergleich mit der Definition der z-Transformierten (vgl. Anhang A.4)

$$h(z) = \sum_{k=0}^{\infty} h_k z^{-k} = h_0 z^0 + h_1 z^{-1} + h_2 z^{-2} + h_3 z^{-3} + \dots ,$$

also

$$h_0 = 0 ; \qquad h_1 = 0,393 ; \qquad h_2 = 0,632 \quad \text{usw.}$$

Diese Werte stimmen mit denjenigen der letzten Spalte der Tabelle von Bild 8.3a überein.

Die digitale *Gewichtsfunktion* ist $g_k = v_k/\beta$, wobei $u_k = \beta \delta_k$ das Testsignal und v_k die Impulsantwort ist (Abschn. 8.2). Die z-Transformierte der digitalen Gewichtsfunktion ist (z-Transformierte des Testsignales $u_k = \beta \delta_k$ ist $u(z) = \beta$ gemäß Bild A.4.1, Nr. 1)

$$g(z) = \frac{v(z)}{\beta} = \frac{G(z)\,u(z)}{\beta} = G(z) .$$

Zwischen digitaler Gewichtsfunktion g_k und z-Übertragungsfunktion $G(z)$ läßt sich also wie folgt umrechnen (vgl. Bild 8.7):

$$g_k = Z^{-1}\{G(z)\} \quad \text{bzw.} \quad G(z) = Z\{g_k\} .$$

Die z-Übertragungsfunktion $G(z)$ ist also die z-Transformierte der digitalen Gewichtsfunktion. Die einzelnen Funktionswerte $g_k = Z^{-1}\{G(z)\}$ der Gewichtsfunktion lassen sich berechnen, indem man Zähler- und Nennerpolynom der z-Übertragungsfunktion $G(z)$ dividiert.

Beispiel:

Gegeben sei — wie schon im vorhergehenden Beispiel — die z-Übertragungsfunktion des RC-Netzwerkes $G(z) = u_C(z)/u_e(z) = b_1/(z + a_1)$. Die z-Transformierte der Gewichtsfunktion ist

$$G(z) = \frac{b_1}{z + a_1} = \frac{0,393}{z - 0,607} = 0,393 z^{-1} + 0,239 z^{-2} + 0,145 z^{-3} + \dots .$$

Durch Koeffizientenvergleich mit

$$G(z) = \sum_{k=0}^{\infty} g_k z^{-k} = g_0 z^0 + g_1 z^{-1} + g_2 z^{-2} + g_3 z^{-3} + \dots$$

ergeben sich die Werte g_k der digitalen Gewichtsfunktion, die mit denjenigen der letzten Spalte der Tabelle von Bild 8.4a übereinstimmen.

Vergleicht man die Umrechnungsformeln einerseits zwischen $G(z)$ und h_k und andererseits zwischen $G(z)$ und g_k (erste Reihe der Tabelle von Bild 8.7), so folgt für den Zusammenhang zwischen digitaler Übergangs- und Gewichtsfunktion im Bildbereich

$$Z\{g_k\} = \frac{z-1}{z} Z\{h_k\} \quad \text{bzw.} \quad Z\{h_k\} = \frac{z}{z-1} Z\{g_k\} .$$

Im Zeitbereich ergibt sich für die Gewichtsfunktion (mit Hilfe der Tabelle von Bild A.4.2)

$$g_k = Z^{-1}\left\{\frac{z-1}{z} h(z)\right\} = Z^{-1}\{(1 - z^{-1})\,h(z)\} = Z^{-1}\{h(z)\} - Z^{-1}\{z^{-1}h(z)\}$$

Gesucht	Gegeben		
	Übertragungsfunktion $G(z)$	Gewichtsfunktion g_k	Übergangsfunktion h_k
Übertragungsfunktion $G(z)$	–	$G(z) = Z\{g_k\}$	$G(z) = \dfrac{z-1}{z} Z\{h_k\}$
Gewichtsfunktion g_k	$g_k = Z^{-1}\{G(z)\}$	–	$g_k = h_k - h_{k-1}$
Übergangsfunktion h_k	$h_k = Z^{-1}\left\{G(z)\dfrac{z}{z-1}\right\}$	$h_k = \displaystyle\sum_{i=0}^{k} g_i$	–

Bild 8.7 Umrechnung zwischen Kennfunktionen digitaler LZI-Glieder

und mit Zeile Nr. 2 in Bild A.4.2 $(h_{-1} = 0)$ folgt schließlich

$$g_k = h_k - h_{k-1}.$$

Für die Umkehrformel (g_k gegeben und h_k gesucht) folgt

$$h_k = Z^{-1}\left\{\frac{z}{z-1} G(z)\right\} = Z^{-1}\{(1 + z^{-1} + z^{-2} + \ldots) G(z)\}$$

$$= Z^{-1}\{G(z) + z^{-1}G(z) + z^{-2}G(z) + \ldots\}$$

und mit Zeile Nr. 4 in Bild A.4.2 folgt

$$h_k = g_k + g_{k-1} + g_{k-2} + \ldots + g_1 + g_0 = \sum_{i=0}^{k} g_i \,,$$

wobei $g_k = 0$ für $k < 0$ berücksichtigt wurde.

Beispiel:

Die Tabellen der Bilder 8.3a und 8.4a (jeweils letzte Spalte) enthalten einige Werte h_k bzw. g_k einer digitalen Übergangs- bzw. Gewichtsfunktion. Ist die digitale Übergangsfunktion h_k gegeben, so folgt für die digitale Gewichtsfunktion

$$g_0 = h_0 - h_1 = 0{,}000 - 0{,}000 = 0{,}000$$
$$g_1 = h_1 - h_0 = 0{,}393 - 0{,}000 = 0{,}393$$
$$g_2 = h_2 - h_1 = 0{,}632 - 0{,}393 = 0{,}239 \quad \text{usw.}$$

Ist umgekehrt die digitale Gewichtsfunktion g_k gegeben, so folgt für die digitale Übergangsfunktion

$$h_0 = g_0 \qquad\qquad\qquad = 0{,}000$$
$$h_1 = g_0 + g_1 \qquad\quad = 0{,}000 + 0{,}393 \qquad\qquad = 0{,}393$$
$$h_2 = g_0 + g_1 + g_2 = 0{,}000 + 0{,}393 + 0{,}239 = 0{,}632 \quad \text{usw.}$$

Pole, Nullstellen und *P-N*-Plan von *z*-Übertragungsfunktionen sind entsprechend definiert wie bei analogen LZI-Gliedern in Abschn. 2.6.4.

8.4   Wirkungsplan und grafische Programmierung

In Abschn. 2.2 wurde erläutert, daß sich mathematische Modelle analoger Übertragungsglieder aus wenigen *elementaren* Übertragungsgliedern aufbauen lassen. Das gilt auch für
digitale Übertragungsglieder. Die Bilder 2.6 und 2.9 zeigen die Blocksymbole der analogen Übertragungsglieder. Bei *digitalen* Übertragungsgliedern kommen Differenzieren und
Integrieren nicht vor. Stattdessen ist das *Verschiebeglied* erforderlich (Bild 8.8).

Bild 8.8   Verschiebeglied $v_k = u_{k-1}$

Regelungstechnische Simulationsprogramme bieten häufig die Möglichkeit, die Wirkungspläne digitaler Übertragungsglieder direkt grafisch zu programmieren.

Beispiel: Digitale Simulation mit diskretisiertem Füllstandsstreckenmodell

In Abschn. 7.4.1 ergab sich für die diskretisierte Stellstrecke das folgende digitale LZI-Glied

$$h_k = -a_1 h_{k-1} + b_1 u_{P,k-1} \, ,$$

wobei h_k und $u_{P,k}$ die auf den Arbeitspunkt bezogenen Werte von Füllstand und Pumpenspannung
zum Zeitpunkt kT darstellen. T ist die Simulationsschrittweite. Wie man eine Differentialgleichung

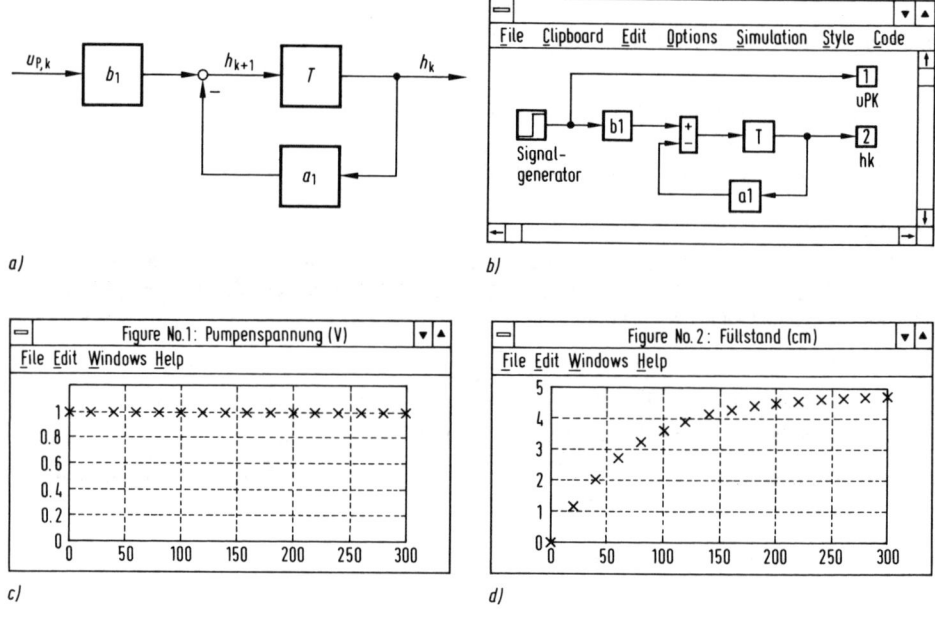

Bild 8.9   Digitale Simulation mit diskretisiertem Füllstandsstreckenmodell ($T = 20$ s)

a) Wirkungsplan   b) Grafisches Programm (MATLAB/SIMULINK)
c) Pumpenspannung (Sprungfunktion)   d) Füllstand (Sprungantwort)

als Wirkungsplan darstellt, wurde in Abschn. 2.2 behandelt. Im Falle der gegebenen *Differenzen-gleichung* geht man wie folgt vor: Man addiere zu den Indizes Eins hinzu, so daß k der kleinste Indexwert in der Differenzengleichung ist:

$$h_{k+1} = -a_1 h_k + b_1 u_{\mathrm{P},k} \,.$$

Auf der linken Seite muß die Ausgangsgröße h_k mit ihrem größten Indexwert (im vorliegenden Fall ist das $k+1$) stehen. Dann zeichne man ein Verschiebeglied mit der Ausgangsgröße h_k, die zugleich die Ausgangsgröße des darzustellenden digitalen LZI-Gliedes ist (Bild 8.9a). Die Eingangsgröße des Verschiebegliedes ist dann h_{k+1}, das gemäß der umgeformten Differenzengleichung mit einem Summierglied und zwei P-Gliedern dargestellt werden kann. Bild 8.9b zeigt ein entsprechendes grafisches Programm in MATLAB. Die Simulationsergebnisse $u_{\mathrm{P}k}$ und h_k werden mit Hilfe der mit 1 und 2 numerierten Blöcke in gesonderten Fenstern ausgegeben (Bilder 8.9c und d). Als Zahlenwerte wurden $T = 20$ s, $a_1 = -0{,}76$ und $b_1 = 1{,}16$ cm/V verwendet.

Bereits in Abschn. 2.2 wurde erwähnt, daß in den Blockkatalogen grafischer Simulationsprogramme neben den elementaren Blöcken auch fertig verschaltete Übertragungsglieder als Blöcke abrufbar sind, die lediglich mit den gewünschten Parameterwerten zu versehen sind.

8.5 Stabilität

Ob sich ein Gerät oder eine Anlage stabil verhält oder nicht, hängt vom Arbeitspunkt bzw. Arbeitsbereich ab. In Abschn. 2.7.1 wurde dazu ein Pendel als Übertragungsglied mit der Eingangsgröße „Kraft auf das Pendel" und der Ausgangsgröße „Pendelausschlag" betrachtet (Bild 2.48). Ein *hängendes* Pendel verhält sich stabil, weil es bei einer Krafteinwirkung die Tendenz hat, in die lotrechte Lage (= Arbeitspunkt) zurückzukehren. Ist dagegen die senkrecht nach oben stehende Position des Pendels der Arbeitspunkt (*stehendes* Pendel), so verhält sich das Pendel instabil. Zu einer in der Praxis ausreichend sicheren Stabilitätsaussage führt eine *sprungförmige* Krafteinwirkung als Testsignal:

Ein *digitales* Übertragungsglied mit der Eingangsgröße u_k und der Ausgangsgröße v_k, dem Arbeitspunkt (u_0, v_0) und der Sprunganregung $\Delta u_k = u_k - u_0 = \hat{u}\sigma_k$ wird *sprungantwortstabil* genannt, wenn die Sprungantwort $\Delta v_k = v_k - v_0$ für $k \to \infty$ einen festen Wert annimmt.

Ist das digitale Übertragungsglied *linear und zeitinvariant* (LZI-Glied), so kann die Stabilität – unabhängig von einem speziellen Testsignal – anhand der Übertragungsfunktion ermittelt werden (Grundlegendes Stabilitätskriterium für digitale LZI-Glieder. Das Δ-Zeichen wird im Folgenden weggelassen):

Ein digitales LZI-Glied ist genau dann stabil, wenn die Pole seiner Übertragungsfunktion

$$G(z) = \frac{v(z)}{u(z)} = \frac{b_0 + b_1 z^{-1} + \ldots + b_m z^{-m}}{1 + a_1 z^{-1} + \ldots + a_n z^{-n}} = \frac{b_0 z^m + b_1 z^{m-1} + \ldots + b_m}{z^n + a_1 z^{n-1} + \ldots + a_n} z^{n-m}$$

sämtlich Beträge kleiner Eins haben (Bild 8.10).

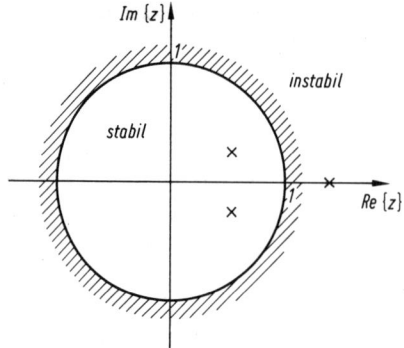

Bild 8.10 Stabilitätsgebiet der Pole digitaler LZI-Glieder

Ein digitales LZI-Glied mit den drei eingezeichneten Polen ist instabil, weil nicht alle Pole im Stabilitätsgebiet (im Einheitskreis) liegen

Es sei daran erinnert, daß die Pole einer Übertragungsfunktion die Nullstellen des Nennerpolynoms sind (vgl. Abschnitt 8.3 bzw. 2.6.4). Für $n \geq m$ ist die Berechnungsvorschrift

$$z^n + a_1 z^{n-1} + \ldots + a_{n-1} z + a_n = 0.$$

Sie wird *charakteristische Gleichung* des digitalen LZI-Gliedes genannt. Sie hat genau n Lösungen $z_1, z_2, \ldots z_n$. Die Lösung einer charakteristischen Gleichung, deren Grad n größer ist als 3, ist ohne Rechnerhilfe i. a. nicht möglich. Die Nullstellenbestimmung ist eine Standardfunktion der meisten regelungstechnischen CAE-Programme.

Der Zusammenhang des grundlegenden Stabilitätskriteriums mit der Sprungantwortstabilität läßt sich wie folgt erklären: Für die z-Transfomierte der Sprungantwort eines digitalen LZI-Gliedes mit der Übertragungsfunktion $G(z)$ gilt (vgl. Abschn. 8.3)

$$v(z) = G(z)\, u(z) = G(z)\, \hat{u}\, \frac{z}{z-1}\,.$$

Um den Verlauf der Sprungantwort v_k zu erhalten, muß $v(z)$ rücktransformiert werden. Dazu wird die Tabelle von Bild A.4.4 verwendet. Im einfachsten Fall hat

$$\frac{v(z)}{z} = G(z)\, \hat{u}\, \frac{1}{z-1}$$

nur einfache reelle Nennernullstellen. Für die Partialbruchzerlegung folgt gemäß Bild A.4.4, Nr. 1,

$$\frac{v(z)}{z} = \frac{A_0}{z-1} + \frac{A_1}{z-z_1} + \ldots + \frac{A_n}{z-z_n}\,,$$

wobei $z_1, z_2, \ldots z_n$ die n Pole der Übertragungsfunktion $G(z)$ sind [1]). Als Ergebnis der z-Rücktransformation ergibt sich aus Bild A.4.4

$$v_k = A_0 + A_1 z_1^k + \ldots + A_n z_n^k\,.$$

---

[1]) Hinweis: Der Nennergrad n in der Tabelle von Bild A.4.4 bezieht sich auf die z-Transfomierte der Ausgangsgröße $v(z) = G(z)\, u(z)$, und ist daher im vorliegenden Fall, wo $u(z) = \hat{u} z/(z-1)$, um eins größer als die Ordnung n der Übertragungsfunktion $G(z)$.

Ob nun die Sprungantwort für $k \to \infty$ einen festen Wert annimmt oder nicht, hängt von den Nennernullstellen $z_1, z_2, \ldots z_n$ der Übertragungsfunktion $G(z)$ ab. Es ergibt sich, daß das LZI-Glied mit der Übertragungsfunktion $G(z)$ genau dann stabil ist, d. h.

$$\lim_{k \to \infty} v_k = A_0 = \text{fester Wert}, \quad \text{wenn} \quad |z_i| < 1 \quad \text{für alle} \quad i = 1, 2 \ldots n.$$

Beispiel: Der Term $A_1 z_1^k$ geht für $k \to \infty$ gegen Null, wenn z. B. $z_1 = 0{,}5$, weil $z_1^2 = 0{,}25$, $z_1^3 = 0{,}125$ usw.

Hat das digitale LZI-Glied $G(z)$ auch ein einfaches komplexes Polpaar $z_{1/2} = z_R \pm \mathrm{j} z_I$, so ist die Partialbruchzerlegung (vgl. Bild A.4.4, Nr. 3)

$$\frac{v(z)}{z} = \frac{A_0}{z - 1} + \frac{C_1 z + C_2}{(z - z_R)^2 + z_I^2} + \frac{A_3}{z - z_3} + \ldots + \frac{A_n}{z - z_n} .$$

Daraus folgt nach der z-Rücktransformation (ebenfalls Bild A.4.4, Nr. 3)

$$v_k = A_0 + |z_1|^k \left(D_1 \cos \omega_D k + D_2 \sin \omega_D k \right) + A_3 z_3^k + \ldots + A_n z_n^k ,$$

wobei D_1 und D_2 Konstante sind. Es ist leicht zu erkennen, daß auch der Term mit der Klammer genau dann für $k \to \infty$ gegen Null geht, wenn $|z_1| = |z_2| = \sqrt{z_R^2 + z_I^2} < 1$. Das grundlegende Stabilitätskriterium ist auch für digitale LZI-Glieder mit *mehrfachen* reellen und komplexen Polen der Übertragungsfunktion $G(z)$ gültig, was hier nicht weiter bewiesen werden soll.

Beispiel: Es soll die Stabilität des hängenden Pendels anhand eines diskretisierten mathematischen Modelles untersucht werden, das z. B. zur digitalen Simulation verwendet wird. In Abschn. 2.7.2 wurde für das hängende Pendel von Bild 2.50a mit der Länge $l = 0{,}2$ m, der Masse $m = 0{,}5$ kg und der Lagerreibung $c_R = 0{,}05$ Nm/(rad/s) und bei kleinen Abweichungen vom Arbeitspunkt $F_0 = 0$ und $\varphi_0 = 0$ die Übertragungsfunktion (Index H für „hängend")

$$G_H(s) = \frac{\varphi(s)}{F(s)} = \frac{10}{s^2 + 2{,}5s + 49{,}05}$$

errechnet, wobei die Eingangsgröße F eine Horizontalkraft auf die Pendelmasse und die Ausgangsgröße φ den Pendelwinkel darstellt. Das Übertragungsglied ist ein P-T_2-Glied (Abschn. 2.8.3). Die charakteristische Gleichung ist $s^2 + 2{,}5s + 49{,}05 = 0$ mit den beiden Nullstellen $s_{1/2} = \sigma \pm \mathrm{j} \omega_e = -1{,}25 \pm \mathrm{j} 6{,}89$. Wendet man nun die Diskretisierungsmethode für Regelstrecken von Abschn. 7.3 an, so kann in Abschn. 7.4.2 die z-Übertragungsfunktion direkt abgelesen werden:

$$G_H(z) = \frac{\varphi(z)}{F(z)} = \frac{b_0 z^2 + b_1 z + b_2}{z^2 + a_1 z + a_2} .$$

Die charakteristische Gleichung ist $z^2 + a_1 z + a_2 = 0$. Um in Abschn. 7.4.2 die zutreffenden Formeln für ihre Koeffizienten a_1 und a_2 auswählen zu können, muß zunächst der Dämpfungsgrad d des P-T_2-Gliedes bekannt sein. Es ergibt sich durch Koeffizientenvergleich mit dem Nennerpolynom $s^2 + 2{,}5s + 49{,}05 = s^2 + 2d\omega_0 s + \omega_0^2$ von $G_H(s)$ der Wert $d = 0{,}179$. Für diesen schwach gedämpften Fall ($d < 1$) sind Abschn. 7.4.2 die Formeln $a_1 = -2 e^{\sigma T} \cos \omega_e T$ und $a_2 = e^{2\sigma T}$ zu entnehmen. Wählt man eine Abtastperiode von $T = 0{,}1$, so ergibt sich die charakteristische Gleichung $z^2 - 1{,}36 z + 0{,}78 = 0$ mit den beiden Lösungen $z_{1/2} = 0{,}68 \pm \mathrm{j} 0{,}56$. Der Betrag ist $|z_1| = |z_2| = \sqrt{0{,}68^2 + 0{,}56^2} = 0{,}88$. Der Betrag ist kleiner Eins, d. h. die Pole von $G_H(z)$ liegen

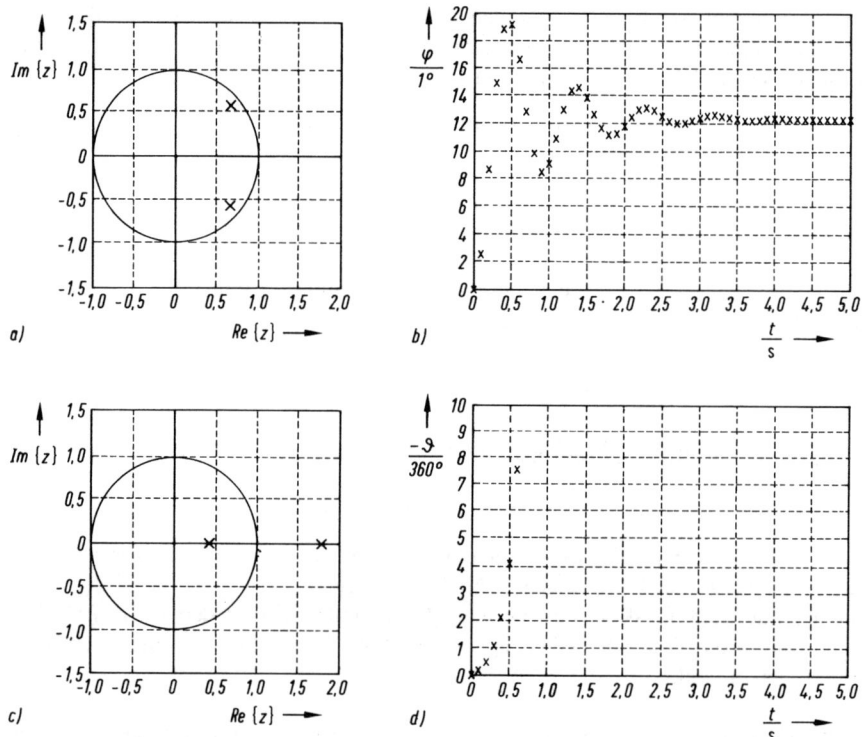

a)

b)

c)

d)

Bild 8.11   Stabile und instabile digitale Übertragungsglieder:

Pole von Übertragungsfunktionen (a, c) und zugehörige Sprungantworten (b bzw. d), wobei $T = 0,1$ s. Es handelt sich um digitale Simulationsmodelle eines hängenden (a, b) und eines stehenden Pendels (c, d), die im Text behandelt werden

innerhalb des Einheitskreises (Bild 8.11a), was die Stabilität des hängenden Pendels bestätigt. Für $T = 0,2$ ist $|z_1| = 0,78$ und für $T = 0,05$ ist $|z_1| = 0,94$. Bild 8.11b zeigt, daß die Sprungantwort gegen einen festen Wert (ungefähr $\varphi = 12°$) geht. (Wegen des *linearisierten* digitalen Pendelmodelles stimmen nur *kleine* berechnete Pendelausschläge (etwa $\varphi \ll 30°$) mit dem realen Pendelverhalten näherungsweise überein.)

Beispiel: Es soll die Instabilität des *stehenden* Pendels anhand des linearisierten und diskretisierten mathematischen Modelles nachgewiesen werden. Mit den Zahlenwerten aus dem vorhergehenden Beispiel wurde in Abschn. 2.7.2 für kleine Abweichungen vom Arbeitspunkt $F_0 = 0$ und $\vartheta_0 = 0$ die Übertragungsfunktion (Index S für „stehend")

$$G_S(s) = \frac{\vartheta(s)}{F(s)} = \frac{-10}{s^2 + 2,5s - 49,05}$$

errechnet. Die beiden Lösungen der charakteristischen Gleichung $s^2 + 2,5s - 49,05 = 0$ sind $s_1 = -8,36$ und $s_2 = 5,86$. Weil $s_2 > 0$, ist das analoge Pendelmodell instabil. Nach der in den Abschn. 7.3 und 7.4 erläuterten Diskretisierungsmethode folgt

1. $h(t) = \mathscr{L}^{-1}\left\{\dfrac{G_S(s)}{s}\right\} = \mathscr{L}^{-1}\left\{\dfrac{-10}{s(s^2 + 2,5s - 49,05)}\right\} = \mathscr{L}^{-1}\left\{\dfrac{A_0}{s} + \dfrac{A_1}{s - s_1} + \dfrac{A_2}{s - s_2}\right\}$

   $h(t) = A_0 + A_1\,e^{s_1 t} + A_2\,e^{s_2 t}$

2. $h_k = A_0 + A_1\,e^{s_1 kT} + A_2\,e^{s_2 kT}$

3. $G_S(z) = \dfrac{z-1}{z}\,Z\{h_k\} = \dfrac{z-1}{z}\,Z\{A_0 + A_1(e^{s_1 T})^k + A_2(e^{s_2 T})^k\}$

   $G_S(z) = \dfrac{z-1}{z}\left(A_0\,\dfrac{z}{z-1} + A_1\,\dfrac{z}{z - e^{s_1 T}} + A_2\,\dfrac{z}{z - e^{s_2 T}}\right) = \dfrac{z-1}{z}\left(\dfrac{z(\ldots)}{(z-1)\,(z - e^{s_1 T})\,(z - e^{s_2 T})}\right)$

Nach Kürzung von $(z-1)/z$ ist die charakteristische Gleichung des digitalen Pendelmodelles

$$(z - e^{s_1 T})\,(z - e^{s_2 T}) = 0$$

mit den beiden Nullstellen $z_1 = e^{s_1 T}$ und $z_2 = e^{s_2 T}$. Für $T = 0,1$ sind $z_1 = 0,43$ und $z_2 = 1,80$ (Bild 8.11c). Weil $|z_2| > 1$, ist das digitale Modell des stehenden Pendels instabil. Für $T = 0,2$ sind $z_1 = 0,19$ und $z_2 = 3,23$ und für $T = 0,05$ sind $z_1 = 0,66$ und $z_2 = 1,34$. Bild 8.11d zeigt, daß die Sprungantwort *nicht* gegen einen festen Wert geht, sondern *rechnerisch* gegen Unendlich geht. Wie schon im vorherigen Beispiel erwähnt, verhält sich das *linearisierte* digitale Pendelmodell nur für kleine Ausschläge (etwa $\vartheta \ll 30°$) etwa so wie ein reales stehendes Pendel.

9 Digitaler Regelkreis

Wird ein Regler z. B. mittels Prozeßrechner (Abschn. 6.1) digital realisiert, so entsteht ein digitaler Regelkreis wie z. B. in Bild 9.1a. Alle Größen in Bild 9.1a bezeichnen kleine Abweichungen von einem Arbeitspunkt (Abschn. 1.4). Die zyklische Arbeitsweise des Prozeßrechners im Takt der *Abtastperiode T* hat einen wesentlichen Einfluß auf die Regelgüte, die sich an den Kenngrößen des Führungs- und Störverhaltens z. B. gemäß Bild 5.2 ablesen läßt. Um diese Kenngrößen bei einem digitalen Regelkreis zu berechnen, *diskretisiert* man das analoge Streckenmodell $G_S(s)$, wie bereits in Abschn. 7.1 erläutert wurde. Mit dem diskretisierten Streckenmodell $G_S(z)$ und einem digitalen Regler mit der z-Übertragungsfunktion $G_R(z)$ erhält man den digitalen Standard-Regelkreis von Bild 9.1b, der nun *mathematisch einheitlich* mit z-Übertragungsfunktionen berechnet werden kann. Wie bei den analogen Regelkreisen in Abschn. 5 wird die Versorgungsstörgröße z_v als „Standard"-Störgröße z betrachtet.

Unter Führungs- und Störverhalten eines Regelkreises versteht man das Verhalten der Regelgröße unter dem Einfluß von Führungsgröße und Störgrößen. Mit Hilfe der Verknüpfungsregeln digitaler LZI-Glieder (Bild 8.6) ergibt sich für den digitalen Regelkreis von Bild 9.1b[1])

$$ x(z) = \frac{G_R(z)\,G_S(z)}{1 + G_R(z)\,G_S(z)}\; w(z) + \frac{G_S(z)}{1 + G_R(z)\,G_S(z)}\; z(z). $$

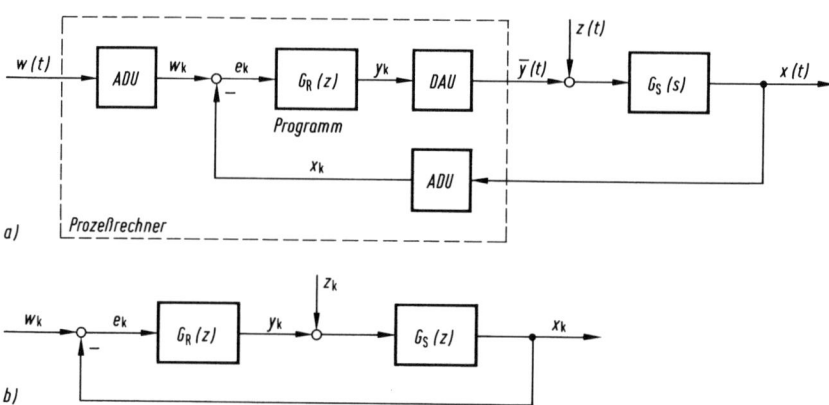

Bild 9.1 Digitaler Regelkreis

a) Prozeßrechner und analoges Regelstreckenmodell
b) Digitaler Standard-Regelkreis (Standard-Berechnungsmodell)

---

[1]) Die übliche Bezeichnung der Störgröße z stimmt leider mit der unabhängigen Veränderlichen z der z-Transformierten überein. Falls Verwechslungen möglich sind, wird darauf hingewiesen.

$G_O(z) = G_R(z)\, G_S(z)$ ist die *z-Übertragungsfunktion des offenen Kreises* [1]) in Bild 9.1 b. Das Führungsverhalten wird berechnet mit

$$x(z) = G_w(z)\, w(z), \quad \text{wobei } G_w(z) = \frac{G_O(z)}{1 + G_O(z)} \text{ mit } \textit{Führungs}\text{übertragungsfunktion}$$

bezeichnet wird. Das Störverhalten wird mittels

$$x(z) = G_z(z)\, z(z) \text{ berechnet, wobei } G_z(z) = \frac{G_S(z)}{1 + G_O(z)} \textit{ Stör}\text{übertragungsfunktion heißt.}$$

Die Ausdrücke stimmen äußerlich mit denjenigen beim analogen Regelkreis (am Anfang von Abschn. 5) überein. Jedoch handelt es sich hier um *z*-Übertragungsfunktionen, deren Koeffizienten von der Abtastperiode *T* abhängig sind, wie z. B. die diskretisierten Strecken- und Reglermodelle in Abschn. 6.3, 6.4 bzw. 7.4 zeigen. Mit Hilfe der *z*- Übertragungsfunktionen kann man daher den Einfluß der Abtastperiode *T* auf die Regelgüte berechnen.

9.1 Anforderungen an das Führungs- und Störverhalten

Bei der Entwicklung eines Reglers geht man von den Anforderungen an das Führungs- und/oder Störverhalten des Regelkreises (den sog. Spezifikationen, vgl. Abschn. 5.1) aus. Bild 5.2 zeigt die wichtigsten Kenngrößen, mit denen Schnelligkeit und Genauigkeit spezifiziert werden können. Diese Anforderungen sind grundsätzlich unabhängig von der Art der technischen Realisierung des Reglers.

Aus der geforderten Schnelligkeit des Regelkreises ergibt sich eine Obergrenze für die Abtastperiode *T* (bzw. eine Untergrenze für die Abtastkreisfrequenz ω_T): Ist eine Ausregelzeit von höchstens T_{aus}^* gefordert, dann soll $T < 0{,}1\, T_{aus}^*$ sein. Der Einfluß der Abtastperiode *T* auf die Kenngrößen des Führungs- und Störverhaltens des digitalen Regelkreises wird ermittelt, indem man z. B. mit Differenzengleichungen oder *z*-Übertragungsfunktionen rechnet. Allerdings kann man mit diesen digitalen Berechnungsmodellen z. B. den Verlauf der (analogen!) Regelgröße nur zu den Abtastzeitpunkten $t_k = kT$ zu berechnen, was aber bei den meisten Anwendungen ausreicht. Bei Bedarf kann das Verhalten auch zwischen den Abtastzeitpunkten mit CAE-Programmen simuliert werden (Bilder 7.6 ff und Abschn. 9.2). [2])

Unter diesen Voraussetzungen lautet die Grundforderung an einen Regelkreis, nämlich die Regelgröße $x(t)$ − auch bei Störungen $z(t)$ − innerhalb eines bestimmten Toleranzbereiches um die Führungsgröße $w(t)$ zu halten, in der zeitdiskreten Formulierung $x_k \approx w_k$ bzw. im Bildbereich

$$x(z) = G_w(z)\, w(z) + G_z(z)\, z(z) \approx w(z)\,.$$

Von der Führungs- und der Störübertragungsfunktion ist also zu fordern

$$G_w(z) = \frac{G_R(z)\, G_S(z)}{1 + G_R(z)\, G_S(z)} \approx 1 \quad \text{bzw.} \quad G_z(z) = \frac{G_S(z)}{1 + G_R(z)\, G_S(z)} \approx 0\,.$$

---

[1]) Die Bedeutung dieser Bezeichnung entspricht derjenigen bei analogen Regelkreisen. Sie wird in Abschn. 2.6.2 bei der Kreisschaltung erläutert.

[2]) Der Signalverlauf zwischen den Abtastzeitpunkten kann auch mit der sog. *modifizierten z*-Transformation berechnet werden, was aber wegen der CAE-Programme in der Praxis kaum noch von Bedeutung ist.

Diese Forderungen lassen sich z. B. mit einem digitalen P-Regler $y_k = K_{PR} e_k$ bzw. $y(z)/e(z) = G_R(z) = K_{PR}$ umso besser erfüllen, je größer K_{PR} gemacht werden kann. Das ist das Ergebnis einer entsprechenden Überlegung aus Abschn. 5.1, bei der der analoge Regelkreis im stationären Zustand bei konstanten Führungs- und Störgrößen betrachtet wurde. Beim digitalen Regelkreis werden die stationären Endwerte mittels Endwertsatz der z-Transformation berechnet (Bild A.4.2, Nr. 7). Mit der konstanten digitalen Führungsgröße $w_k = \hat{w}$ bzw. $w(z) = \hat{w}z/(z - 1)$ (Bild A.4.1, Nr. 2) folgt im eingeschwungenen Zustand

$$\hat{x} = \lim_{k \to \infty} x_k = \lim_{z \to 1} (z - 1) \frac{K_{PR} G_S(z)}{1 + K_{PR} G_S(z)} \frac{z}{z - 1} \hat{w}.$$

Für die in Abschn. 7.4 diskretisierten Regelstreckenmodelle mit Ausgleich (Abschn. 3.3) ist $\lim_{z \to 1} G_S(z) = K_{PS}$. Damit ergibt sich für den stationären Zustand des Führungsverhaltens der gleiche Ausdruck wie beim analogen Regelkreis in Abschn. 5.1

$$\hat{x} = \frac{K_{PR} K_{PS}}{1 + K_{PR} K_{PS}} \hat{w} \approx \hat{w} \quad \text{für} \quad K_{PR} \to \infty.$$

Um also $\hat{x} \approx \hat{w}$ möglichst gut zu erreichen, muß die Verstärkung K_{PR} des digitalen P-Reglers möglichst groß sein. Zugleich wird dadurch das stationäre Störübertragungsverhalten im gewünschten Sinne beeinflußt:

$$\hat{x} = \lim_{k \to \infty} x_k = \lim_{z \to 1} (z - 1) \frac{G_S(z)}{1 + K_{PR} G_S(z)} \frac{z}{z - 1} \hat{z} = \frac{K_{PS}}{1 + K_{PR} K_{PS}} \hat{z} \approx 0$$

für

$$K_{PR} \to \infty.$$

Voraussetzung dafür, daß Führungs- und Störsprungantwort einem festen Wert zustreben, ist die *Stabilität* des digitalen Regelkreises (Abschn. 8.5). Wie beim analogen Regelkreis läßt sich die Stabilität des digitalen Regelkreises mit Hilfe des Nennerpolynoms $1 + G_O(z)$ der Übertragungsfunktionen $G_w(z)$ oder $G_z(z)$ überprüfen. Der digitale Regelkreis ist genau dann stabil, wenn alle Lösungen der charakteristischen Gleichung

$$1 + G_O(z) = 1 + G_R(z) G_S(z) = 0$$

sämtlich Beträge kleiner als Eins haben bzw. im Einheitskreis der komplexen z-Ebene liegen (vgl. Bild 8.10). Um einen digitalen Regler $G_R(z)$ zu finden, der Stabilität garantiert und außerdem die Forderungen an Genauigkeit und Schnelligkeit der Regelung erfüllt, werden in der Praxis zwei Wege beschritten:

— Sehr häufig wird bei der Berechnung eines digitalen Reglers zunächst so getan, als solle ein analoger Regler entwickelt werden: Mit Methoden, die z. B. in Abschn. 5 erläutert wurden, und mit deren Anwendung viel Erfahrung vorliegt, wird die Übertragungsfunktion $G_R(s)$ eines analogen Reglers entworfen, der die Anforderungen an die Regelung möglichst gut erfüllt. In einem zweiten Arbeitsschritt wird der analoge Regler *digital realisiert*, wobei die Abtastperiode T festzulegen ist. Die Abtastperiode T muß dabei i. a. sehr klein (bzw. die Abtastfrequenz ω_T sehr groß) sein, damit der digitale Regler sich „quasi-kontinuierlich" verhält und damit die beim Entwurf erzielten guten Eigenschaften des analogen Reglers erhalten bleiben.

— Prinzipiell bessere Ergebnisse kann man erwarten, wenn man die Abtastperiode T bereits beim Reglerentwurf berücksichtigt. Man geht dabei rechnerisch direkt vom digitalen Regelkreis (Bild 9.1b) aus und entwirft die Übertragungsfunktion $G_R(z)$ des digitalen Reglers so, daß die Anforderungen an die Regelung möglichst gut erfüllt werden. Man nennt dieses Verfahren auch *direkter digitaler Entwurf.*

Das indirekte Verfahren, also der Entwurf eines analogen Reglers, der anschließend digital realisiert wird, wird in der Praxis häufig vorgezogen, weil mit den Entwurfsverfahren für analoge Regler i. a. mehr Erfahrungen vorliegen. Mit dem direkten digitalen Entwurf läßt sich die gleiche Regelgüte häufig mit größeren Abtastperioden erzielen, was die Hardware entlastet. Andererseits kann die Regelgüte weiter verbessert werden, weil auch kompliziertere Reglerfunktionen mittels Programmierung einfach realisiert werden können. Die Behandlung direkter digitaler Entwurfsverfahren geht über den Rahmen dieser Einführung in die Regelungstechnik hinaus. Der folgende Abschnitt behandelt die Wahl der Abtastperiode T für digital realisierte Regler (Abschn. 6.3 und 6.4 behandelten die Diskretisierung analoger Standard-Regler). Der darauf folgende Abschnitt bringt Einstellregeln für digital realisierte *PID*-Regler.

9.2   Zur Wahl der Abtastperiode bei digital realisierten Reglern

Wird ein analoger Regler digital realisiert, so soll der digitale Regler möglichst genauso gut regeln wie der analoge Regler. Jedoch kann der digitale Regler (Prozeßrechner) nur die Werte der Regelgröße (und Führungsgröße) zu den Abtastzeitpunkten 0, T, $2T$, $3T, \ldots$ verarbeiten (T ist die Abtastperiode). Zudem ist bei der Signalverarbeitung zu berücksichtigen, daß die Rechenzeit T_R benötigt wird, bevor der berechnete Wert der Stellgröße an den D/A-Umsetzer weitergegeben werden kann. Der D/A-Umsetzer überbrückt die Wartezeit bis zum nächsten berechneten Stellgrößenwert, indem er den Spannungswert an seinem Ausgang konstant hält, was zu einer mittleren Stellsignalverzögerung um $T_H = T/2$ führt (vgl. Abschn. 6.2.3, Bild 6.8).

Ein digitaler Regler kann also auf Veränderungen der Regelgröße (oder Führungsgröße) erst ab dem folgenden Abtastzeitpunkt reagieren und verursacht außerdem eine Gesamttotzeit von etwa $T_R + T/2$ im Regelkreis. Die Totzeit verringert die Phasenreserve bzw. die Totzeitreserve (Abschn. 5.3.1) im Vergleich zum analogen Regler, was vor allem zu einer größeren Überschwingweite x_m führt (Abschn. 5.3.3).

Diese Probleme des digital realisierten Reglers ließen sich vermeiden, wenn man die Abtastperiode T beliebig klein machen könnte. Aus Kostengründen ist in der Praxis jedoch eine möglichst große Abtastperiode T erwünscht. Dann können nämlich z. B. langsamer getaktete Prozeßrechner eingesetzt und längere A/D-Umsetzzeiten toleriert werden. Andererseits könnten mit *einem* schnellen Prozeßrechner *mehrere* Regelkreise betrieben werden oder auch weitere Aufgaben übernommen werden wie z. B. Trendanalysen, Grenzwertüberwachung und Alarmmeldungen. In der Praxis ist also diejenige *größte* Abtastperiode T gesucht, bei der der digitale Regelkreis die geforderte Regelgüte aufweist.

Für die Wahl der Abtastperiode werden Faustregeln verwendet, die sich am Einschwingverhalten der Regelgröße des analogen Regelkreises orientieren. Anhand von in der Praxis häufig auftretenden Zeitverläufen von Führungssprungantworten (Bild 9.2) kann die

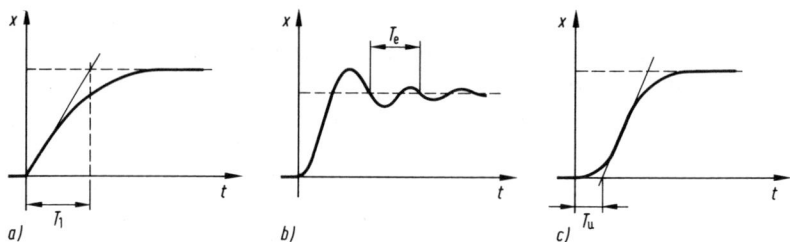

Bild 9.2 Häufig auftretende Zeitverläufe der Führungssprungantwort

Abtastperiode T wie folgt festgelegt werden[1]) (Falls mehrere Regeln in Frage kommen, wird die kleinste Abtastperiode T verwendet):

1. Bild 9.2a: $T \leq 0,1 T_1$
2. Bild 9.2b: $T \leq 0,1 T_e$
3. Bild 9.2c: $T \leq 0,25 T_u$

Bild 9.3 zeigt typische Werte der Abtastperiode T bei Anwendungen in der Antriebs- und Verfahrenstechnik. Liegt ein mathematisches Modell der Regelstrecke vor, so läßt sich die Abtastperiode T mittels Simulation des digitalen Regelkreises weiter optimieren wie das folgende Beispiel zeigt.

Regelgröße	Abtastperiode
Drehzahl, Ankerstrom	$T \approx 1 \ldots 10 \text{ ms}$
Durchfluß	$T \approx 1 \text{ s}$
Druck, Füllstand	$T \approx 5 \text{ s}$
Temperatur	$T > 20 \text{ s}$

Bild 9.3 Typische Werte der Abtastperiode T bei Anwendung in der Antriebs- und Verfahrenstechnik

Beispiel: Digitale Lageregelung eines Laserscanners

Mit zwei Laserscannern kann ein Laserstrahl so über eine Ebene geführt werden, daß damit z. B. ein Werkstück beschriftet werden kann (Bild 9.4). Ein Scanner ist ein Elektromotor, auf dessen Welle ein kleiner Spiegel angebracht ist. Die Regelgröße ist der Spiegelwinkel φ und die Stellgröße ist die Eingangsspannung u_m des Elektromotors. Gegeben sei der analoge Regler mit der Übertragungsfunktion $(e(t) = w(t) - \varphi(t)$ in rad, $u_m(t)$ in V)

$$G_R(s) = \frac{u_m(s)}{e(s)} = K_{PR} \frac{T_D s + 1}{T_1 s + 1} = 10 \frac{0,1 s + 1}{0,001 s + 1} \, .$$

Bild 9.5 zeigt eine Führungssprungantwort der analogen Scanner-Lageregelung (Spiegelverstellung um 5°). Danach beträgt die Überschwingweite $x_m = 15\%$ und die Ausregelzeit in einen Toleranzbereich von $\pm 5\%$ etwa $T_a = 5,5$ ms. Die bleibende Regeldifferenz ist $e_\infty = 0$.

---

[1]) Nach *G. Schmidt*, Grundlagen der Regelungstechnik, Springer Verlag, 2. Aufl., 1989

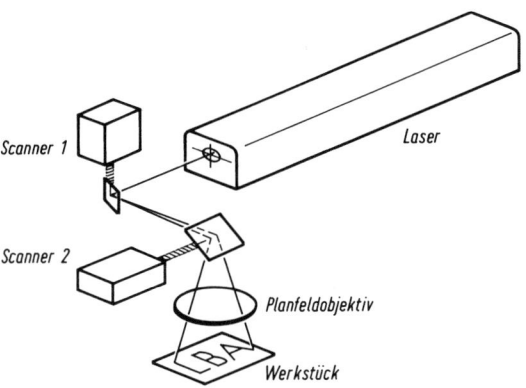

Bild 9.4   Beschriftung eines Werkstückes mittels Laserstrahl

Der analoge Regler soll digital realisiert werden, ohne dabei wesentlich an Regelgüte zu verlieren. Gemäß Faustregel (z. B. Bild 9.2 c) ergibt sich als geeignete Abtastperiode $T = 0,1$ ms. Diskretisiert man den analogen Regler mit der Trapezregel, so erhält man aus der Tabelle von Bild 6.16 den digitalen Regelalgorithmus $(y_\mathrm{k} = u_{\mathrm{m,k}})$

$$y_\mathrm{k} = -a_1 y_{\mathrm{k}-1} + b_0 e_\mathrm{k} + b_1 e_{\mathrm{k}-1}\,,$$

wobei $a_1 = (T - 2T_1)/(T + 2T_1) = -0,9,$ $b_0 = K_\mathrm{PR}(T + 2T_\mathrm{D})/(T + 2T_1) = 952,9$ und $b_1 = K_\mathrm{PR}(T - 2T_\mathrm{D})/(T + 2T_1) = -951,9.$

In Verbindung mit einem mathematischen Modell der Regelstrecke kann man die Führungssprungantworten von analogem und digitalem Regelkreis berechnen und vergleichen. Als Streckenübertragungsfunktion sei gegeben (φ(t) in rad, $u_\mathrm{m}(t)$ in V)

$$G_\mathrm{S}(s) = \frac{\varphi(s)}{u_\mathrm{m}(s)} = \frac{K_\mathrm{IS}}{s(T_\mathrm{1S}s + 1)} = \frac{100}{s(0{,}1s + 1)}\,.$$

Die Übertragungsfunktion des digitalen Reglers ist (Abtastperiode $T = 0,1$ ms)

$$G_\mathrm{R}(z) = \frac{b_0 z + b_1}{z + a_1} = \frac{952{,}9z - 951{,}9}{z - 0{,}9}\,.$$

Gegeben sind nun $G_\mathrm{S}(s)$ (s-Übertragungsfunktion) für die analoge Regelstrecke und $G_\mathrm{R}(z)$ (z-Übertragungsfunktion) für den digitalen Regler. Um die Führungsübertragungsfunktion $G_\mathrm{w}(z)$ des

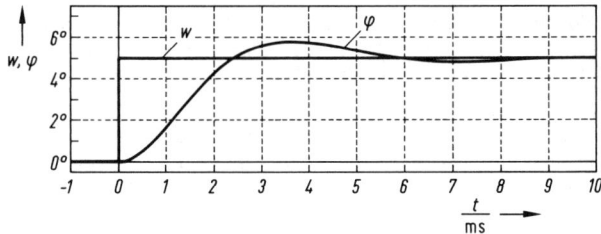

Bild 9.5   Führungssprungantwort einer analogen Scanner-Lageregelung

$\varphi(t)$: Spiegelwinkel

$w(t)$: Führungsgröße (Soll-Verlauf des Spiegelwinkels)

digitalen Regelkreises zu berechnen, wird das analoge mathematische Modell $G_S(s)$ der Regelstrecke diskretisiert. Das Ergebnis läßt sich direkt aus Abschn. 7.4.3 entnehmen:

$$G_S(z) = \frac{b_{1S}z + b_{2S}}{z^2 + a_{1S}z + a_{2S}}$$

wobei

$$b_{1S} = K_{IS}[-(1 - e^{-T/T_{1S}})\, T_{1S} + T] = 4{,}998 \cdot 10^{-6},$$

$$b_{2S} = K_{IS}[(1 - e^{-T/T_{1S}})\, T_{1S} - Te^{-T/T_{1S}}] = 4{,}997 \cdot 10^{-6},$$

$$a_{1S} = -(1 + e^{-T/T_{1S}}) = -1{,}999 \quad \text{und} \quad a_{2S} = e^{-T/T_{1S}} = 0{,}999 \,.$$

Damit folgt

$$G_w(z) = \frac{G_R(z)\,G_S(z)}{1 + G_R(z)\,G_S(z)} = \frac{\dfrac{b_0 z + b_1}{z + a_1}\;\dfrac{b_{1S}z + b_{2S}}{z^2 + a_{1S}z + a_{2S}}}{1 + \dfrac{b_0 z + b_1}{z + a_1}\;\dfrac{b_{1S}z + b_{2S}}{z^2 + a_{1S}z + a_{2S}}}\,.$$

Erweitert man den Bruch mit $(z + a_1)\,(z^2 + a_{1S}z + a_{2S})$, multipliziert Zähler und Nenner aus, sortiert nach z-Potenzen und setzt die Zahlenwerte ein, so ergibt sich mit der Abtastperiode $T = 0{,}1$ ms

$$G_w(z) = \frac{4{,}763 \cdot 10^{-3}z^2 + 3{,}17 \cdot 10^{-6}z - 4{,}756 \cdot 10^{-3}}{z^3 - 2{,}899z^2 + 2{,}808z - 0{,}909} = \frac{\varphi(z)}{w(z)}\,.$$

Das entspricht der Differenzengleichung (Umrechnung vgl. Abschn. 8.3)

$$\varphi_k = 2{,}899\varphi_{k-1} - 2{,}808\varphi_{k-2} + 0{,}909\varphi_{k-3} + 4{,}763 \cdot 10^{-3}w_{k-1}$$

$$+ 3{,}17 \cdot 10^{-6}w_{k-2} - 4{,}756 \cdot 10^{-3}w_{k-3}\,.$$

Mit dieser Gleichung läßt sich der zeitliche Verlauf der Spiegelstellung bei *digitaler* Lageregelung zu den Abtastzeitpunkten (Abtastperiode $T = 0{,}1$ ms) berechnen. Um mit der analogen Führungssprungantwort von Bild 9.5 vergleichen zu können, sind die Anfangswerte auf Null zu setzen (also $\varphi_{-1} = 0$, $\varphi_{-2} = 0$, $\varphi_{-3} = 0$) und ein Führungsgrößensprung von Null auf $5°$ vorzugeben (also $w_k = 5°$ für $k \geq 0$ und $w_k = 0°$ für $k < 0$). Die Werte φ_k der Spiegelstellung können z. B. mit einem (programmierbaren) Taschenrechner für $k = 0, 1, 2 \ldots$ berechnet werden.

Bild 9.6a zeigt die ersten Zeilen einer Wertetabelle, in der die Werte der Variablen, die in der Differenzengleichung vorkommen, zu allen Zeitpunkten aufgeführt sind. Die Kreuzchen in Bild 9.6b stellen diese Werte *zu den Abtastzeitpunkten T, 2T, 3T ...* grafisch dar. Zum Vergleich ist auch die Führungssprungantwort der analogen Lageregelung von Bild 9.5 mit eingezeichnet. Wie zu erwarten war, hat die digitale Reglerrealisierung zu einer größeren Überschwingweite geführt. Der Zuwachs von $x_m = 15\%$ auf 17% ist jedoch geringfügig. Die Ausregelzeit T_a ist unverändert. Danach erweist sich die gemäß Faustregel ausgewählte Abtastperiode $T = 0{,}1$ ms als brauchbar.

Um den Verlauf der Führungssprungantwort auch zwischen den Abtastzeitpunkten zu simulieren, muß das analoge Streckenmodell mit einer kleineren Schrittweite (z. B. $T/10$) diskretisiert werden. Bild 9.6c zeigt ein grafisches Simulationsprogramm in MATLAB/SIMULINK, bei dem das analoge Streckenmodell $G_S(s)$ automatisch entsprechend diskretisiert wird. Die nummerierten Blöcke am rechten Rand in Bild 9.6c bezeichnen die Größen, die grafisch ausgegeben werden sollen. Bild 9.6d zeigt die mittels Block Nr. 3 abgegriffene treppenförmige Stellgröße am Ausgang des digitalen Reglers (und zum Vergleich die stetige Stellgröße des analogen Regelkreises).

k	w_{k-3}	w_{k-2}	w_{k-1}	φ_{k-3}	φ_{k-2}	φ_{k-1}	φ_k
0	0	0	0	0	0	0	0
1	0	0	5	0	0	0	$2,38 \cdot 10^{-1}$
2	0	5	5	0	0	$2,38 \cdot 10^{-1}$	$9,28 \cdot 10^{-1}$
3	5	5	5	0	$2,38 \cdot 10^{-1}$	$9,28 \cdot 10^{-1}$	$2,02 \cdot 10^{-1}$
4	5	5	5	$2,38 \cdot 10^{-1}$	$9,28 \cdot 10^{-1}$	$2,02 \cdot 10^{-1}$	$3,48 \cdot 10^{-1}$
5	5	5	5	$9,28 \cdot 10^{-1}$	$2,02 \cdot 10^{-1}$	$3,48 \cdot 10^{-1}$	$5,24 \cdot 10^{-1}$
6	5	5	5	$2,02 \cdot 10^{-1}$	$3,48 \cdot 10^{-1}$	$5,24 \cdot 10^{-1}$	$7,27 \cdot 10^{-1}$
7	5	5	5	$3,48 \cdot 10^{-1}$	$5,24 \cdot 10^{-1}$	$7,27 \cdot 10^{-1}$	$9,53 \cdot 10^{-1}$

w_k und φ_k in Grad

a)

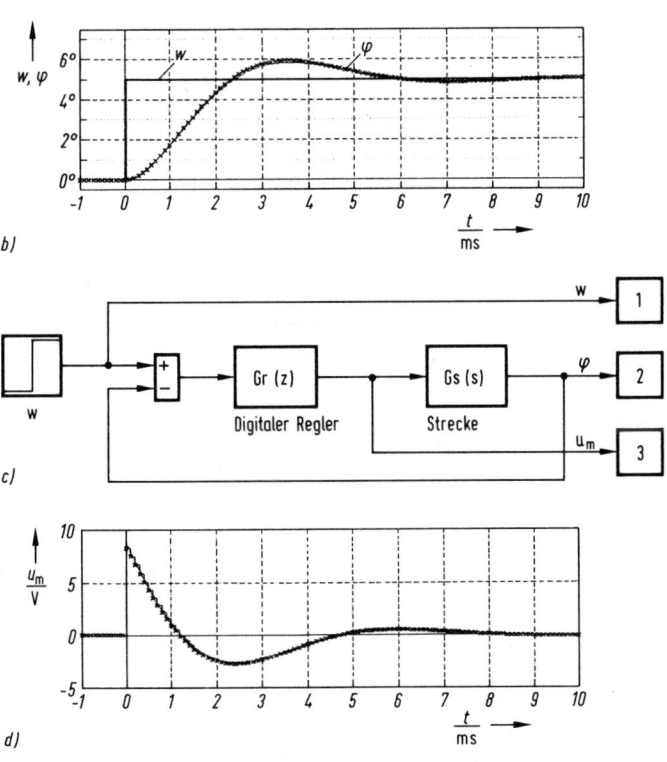

b)

c)

d)

Bild 9.6 Führungssprungantwort einer digital realisierten Scanner-Lageregelung mit $T = 0,1$ ms

a) Wertetabelle   c) Grafisches Simulationsprogramm (MATLAB/SIMULINK)
b) Grafische Darstellung   d) Stellgrößenverlauf

Mit einem Simulationsprogramm kann man ohne großen Aufwand untersuchen, welche Auswirkungen es auf die Regelgüte hat, wenn man die Abtastperiode T z. B. probeweise vergrößert. Bild 9.7 a zeigt Führungssprungantwort und Stellgröße bei einer Verdopplung der Abtastperiode auf $T = 0,2$ ms. Die Überschwingweite beträgt nun 20%, während die Ausregelzeit weiter unverändert bleibt. Bei $T = 0,4$ ms steigt die Überschwingweite auf 25% und die Ausregelzeit auf 8 ms (in der Grafik nicht enthalten).

Bei den bisherigen Simulationen wurde davon ausgegangen, daß die erforderliche Rechenzeit T_R gegenüber der Abtastperiode T vernachlässigbar sei, also $T_R \ll T$ (vgl. Abschn. 6.2.4). Bei

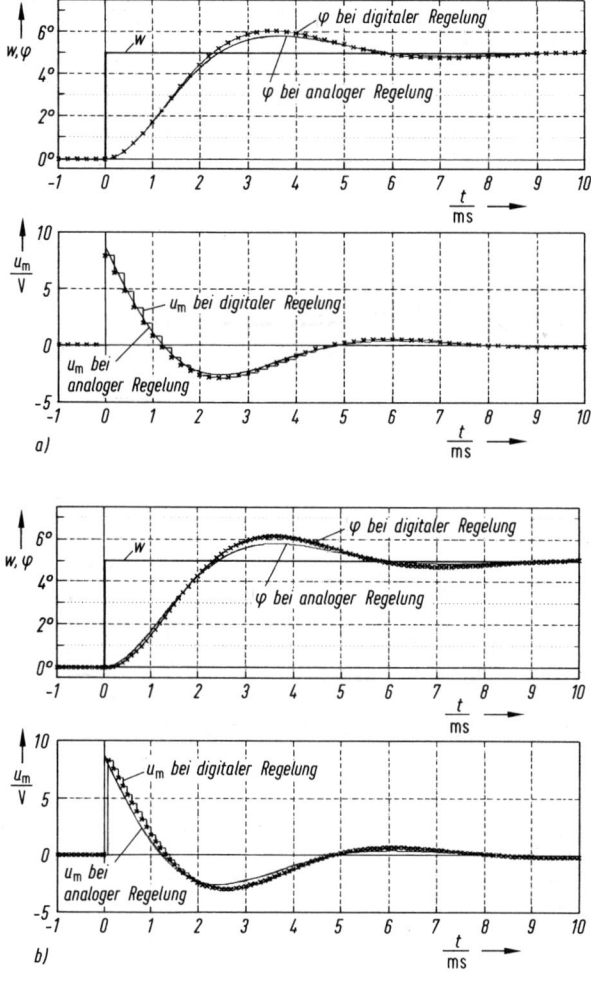

Bild 9.7 Führungssprungantwort und Stellgrößenverlauf einer digital realisierten Scanner-Lageregelung

a) mit $T = 0,2$ ms und $T_R = 0$
b) mit $T = 0,1$ ms und $T_R = T$.

T_R: Rechenzeit

sehr kurzen Abtastperioden T und/oder nicht allzu schnellen Rechnern ist diese Annahme häufig unzutreffend. Mit geringem Aufwand kann man dann z. B. den Extremfall untersuchen, daß $T_R = T$ sei. Bei der Simulation muß dann im Regelalgorithmus lediglich berücksichtigt werden, daß der im Anschluß an den Abtastzeitpunkt kT berechnete Stellgrößenwert erst zum nächsten Abtastzeitpunkt $(k + 1)T$ am D/A-Umsetzer verfügbar ist. Im Regelalgorithmus $y_k = -a_1 y_{k-1} + b_0 e_k$ $+b_1 e_{k-1}$ muß der Index von y gegenüber demjenigen von e um Eins erhöht werden: $y_{k+1} = -a_1 y_k + b_0 e_k + b_1 e_{k-1}$, bzw. mit k als größtem Indexwert: $y_k = -a_1 y_{k-1}$ $+b_0 e_{k-1} + b_1 e_{k-2}$.

Dadurch tritt in der Reglerübertragungsfunktion der Faktor z^{-1} (Übertragungsfunktion des Verschiebegliedes, vgl. Bild A 4.2, Nr. 2 mit $f_{-1} = 0$, bzw. Bild 8.8) hinzu

$$T_R = 0 : \; y(z) = G_R(z)\, e(z) \,; \qquad T_R = T : \; y(z) = G_R(z)\, z^{-1}\, e(z) \,.$$

Die wegen der Rechenzeit um eine Abtastperiode T verzögerte Wirkung des digitalen Reglers ist in Bild 9.7b daran zu erkennen, daß die Führungsgröße bei $t = 0$ auf 5° springt, die Stellgröße aber erst nach Ablauf einer Abtastperiode $T = 0,1$ ms ausschlägt. Dadurch wird der Anstieg der Führungssprungantwort gegenüber der analogen Lageregelung verzögert mit einer anschließenden Überschwungweite von deutlich mehr als 20%.

9.3 Einstellverfahren, Einstellregeln

Die Einstellverfahren für digitale Regler gehen von Gütekriterien aus, die sich auf die Berechnungsmodelle digitaler Regelkreise beziehen. Deren Größen x_k, y_k, e_k usw. (Bild 9.1b) hängen vom Index k des Abtastzeitpunktes $t_k = kT$ ab. So lassen sich z. B. die in Abschn. 5.5.1 behandelten Gütekriterien wie folgt auf die Bewertung eines digitalen Regelkreises übertragen:

$$I_{\text{lin}} = \int\limits_{t=0}^{\infty} e(t)\, dt \approx T \sum_{k=0}^{k_s} e_k \qquad \text{Lineare Regelfläche}$$

$$I_{\text{Betrag}} = \int\limits_{t=0}^{\infty} |e(t)|\, dt \approx T \sum_{k=0}^{k_s} |e_k| \qquad \text{Betragslineare Regelfläche}$$

$$I_{\text{quad}} = \int\limits_{t=0}^{\infty} e^2(t)\, dt \approx T \sum_{k=0}^{k_s} e_k^2 \qquad \text{Quadratische Regelfläche}$$

Dabei stellt k_s die Anzahl der Abtastschritte bis zum eingeschwungenen Zustand dar, wenn $e_k \approx 0$ geworden ist. Einige CAE-Programme bieten die Möglichkeit, die Parameter digitaler Regler nach diesen und anderen Gütekriterien (z. B. Bild 5.27) zu optimieren. In der regelungstechnischen Praxis kommen auch häufig Standardsituationen vor, für die optimale Reglereinstellungen tabelliert vorliegen (die sog. *Einstellregeln*).

Für Strecken mit Ausgleich und Verzögerung höherer Ordnung (Abschn. 3.3.3) werden häufig die Regeln von *Takahashi*[1]) für die Einstellung der Parameter K_{PR}, T_n und T_v eines diskretisierten *PID*-Reglers (z. B. Tabellen der Bilder 6.12 oder 6.16) angewendet. Wie bei den Einstellregeln von *Ziegler* und *Nichols* für analoge Regler (Abschn. 5.5.2) gibt es zwei Varianten:

---

[1]) *Takahashi, Y., C. Chan, D. Auslander,* Parametereinstellung bei linearen DDC-Algorithmen, Regelungstechnik 19 (1971), S. 237–244.

1. Experimentelle Reglereinstellung am digitalen Regelkreis:
Man betreibt den digitalen *PID*-Regler (z. B. bei der Inbetriebnahme) zunächst als *P*-Regler $y_k = K_{PR} e_k$ und vergrößert die Reglerverstärkung K_{PR} solange, bis im Regelkreis eine Dauerschwingung konstanter Amplitude zu beobachten ist. Der digitale Regelkreis befindet sich damit auf der Stabilitätsgrenze. Man notiere sich die zugehörige *kritische* Reglerverstärkung $K_{PR\,krit}$. Ferner bestimme man die Schwingungsperiode T_{krit} der Dauerschwingung. Damit ist die Reglereinstellung gemäß Tabelle von Bild 9.8 je nach gewünschtem Reglertyp vorzunehmen.

Regler	K_{PR}	T_n	T_v
P	$0{,}5K_{PR\,krit}$	–	–
PI	$0{,}45K_{PR\,krit}$	$0{,}83T_{krit}$	–
PID	$0{,}6K_{PR\,krit}$	$0{,}5T_{krit}$	$0{,}125T_{krit}$
Abtastperiode: $T \leq 0{,}1T_S$ (T_S: Dominierende Zeitkonstante des Systems)			

Bild 9.8   Zur experimentellen Reglereinstellung am digitalen Regelkreis nach *Takahashi*

2. Berechnung der digitalen Reglerparameter aus Kenngrößen der Stellübergangsfunktion:
Man messe die Stellsprungantwort der Regelstrecke, beziehe die Ordinatenskalierung auf die Stellsprunghöhe, und bestimme aus der Stellübergangsfunktion den Proportionalbeiwert K_{PS}, die Verzugszeit T_u und die Ausgleichszeit T_g mittels Wendepunkttangente (vgl. Kurve $v_2(t)$ in Bild 2.32). Damit berechne man die Parameter des gewünschten digitalen Reglertyps gemäß Tabelle von Bild 9.9.

Regler	K_{PR}	T_n	T_v
P	$\dfrac{T_g}{K_{PS}T_u}$	–	–
PI	$0{,}9\ \dfrac{T_g}{K_{PS}(T_u + (T/2))}$	$3{,}33(T_u + (T/2))$	–
PID	$1{,}2\ \dfrac{T_g}{K_{PS}(T_u + T)}$	$2\ \dfrac{(T_u + (T/2))^2}{T_u + T}$	$0{,}5(T_u + T)$
Abtastperiode: $T \leq 0{,}1T_g$			

Bild 9.9   Berechnung der digitalen Reglerparameter aus Kenngrößen der Stellübergangsfunktion nach *Takahashi*

Die bereits in Abschn. 5.5.2 behandelten Einstellregeln von *Latzel* umfassen auch Empfehlungen für die Einstellung diskretisierter *PID*-Regler für die schnellstmögliche Regelung von Strecken mit Ausgleich höherer Ordnung. Um sie anzuwenden, messe man die Stellsprungantwort und bestimme − wie in Abschn. 5.5.2 erläutert − mit Hilfe der Tabelle von Bild 5.31 a die Ordnung n und die Zeitkonstante T_M der Strecke. Als Abtastperiode soll $T \leq 0{,}2nT_M$ gewählt werden. Aus den beiden Tabellen von Bild 9.10 sind die Parameterwerte für digitale *PI*- bzw. *PID*-Regler mit den Abtastperioden $T = 0{,}1nT_M$ und $T = 0{,}2nT_M$ zu entnehmen.

n	T_n/T_M	$T = 0{,}1nT_M$		$T = 0{,}2nT_M$	
		$K_{PR}K_{PS}$		$K_{PR}K_{PS}$	
		bei 10% Überschwingen	bei 20% Überschwingen	bei 10% Überschwingen	bei 20% Überschwingen
2	1,55	1,352	1,963	1,160	1,616
2,5	1,77	1,024	1,387	0,896	1,193
3	1,96	0,794	1,024	0,720	0,925
4	2,30	0,598	0,741	0,550	0,681
5	2,59	0,496	0,602	0,459	0,557
6	2,86	0,432	0,518	0,401	0,482
7	3,10	0,386	0,460	0,359	0,429
8	3,32	0,351	0,418	0,327	0,390
9	3,53	0,324	0,385	0,303	0,359
10	3,73	0,303	0,358	0,283	0,335

a)

n	T_n/T_M	T_v/T_M	$T = 0{,}1nT_M$		$T = 0{,}2nT_M$	
			$K_{PR}K_{PS}$		$K_{PR}K_{PS}$	
			bei 10% Überschwingen	bei 20% Überschwingen	bei 10% Überschwingen	bei 20% Überschwingen
3	2,47	0,66	2,013	2,662	1,674	2,185
3,5	2,71	0,76	1,503	1,944	1,269	1,647
4	2,92	0,84	1,246	1,573	1,082	1,375
5	3,31	0,99	0,967	1,174	0,854	1,042
6	3,66	1,13	0,808	0,960	0,723	0,861
7	3,97	1,25	0,698	0,824	0,630	0,745
8	4,27	1,36	0,620	0,731	0,563	0,664
9	4,54	1,47	0,559	0,658	0,510	0,601
10	4,80	1,57	0,509	0,601	0,467	0,551

b)

Bild 9.10 Einstellregeln nach *Latzel* (*a*) für digitale *PI*-Regler und (*b*) für digitale *PID*-Regler

10   Fuzzy-Regler (Fuzzy-Controller)

Seit Anfang der neunziger Jahre werden Fuzzy-Regler[1]), die häufig auch als Fuzzy-Controller bezeichnet werden, in größerem Umfang eingesetzt. Man findet sie unter anderem in Konsumgütern (Waschmaschinen, Staubsauger, Mikrowellenherde, verwackelsichere Videokameras), Kraftfahrzeugen (ABS, Geschwindigkeitsregelung), in der Heizungs- und Klimatechnik, Umwelttechnik, Robotik, Luft- und Raumfahrttechnik und Medizintechnik (z. B. Blutdruckmeßgeräte).

Die Erfahrung hat gezeigt, daß die Kosten für Entwicklung und Realisierung von Fuzzy-Reglern häufig deutlich niedriger sind als bei Einsatz herkömmlicher Reglertypen. Darüberhinaus gewährleisten sie vielfach ein robustes Regelkreisverhalten, d. h. Stabilität und in gewissen Grenzen auch Genauigkeit und Schnelligkeit, auch wenn sich z. B. Massen, Federsteifigkeiten, elektrische Widerstände usw. in der Regelstrecke verändern.

In der regelungstechnischen Einführungsliteratur (im Gegensatz zur wachsenden Fuzzy-Spezialliteratur) sind Fuzzy-Regler bislang kaum zu finden. Das mag auch daran liegen, daß die erforderlichen Begriffe neuartig und noch nicht einheitlich definiert sind, geschweige denn in die regelungstechnische DIN-Normung Eingang gefunden haben. Dazu kommen die vielfältigen Möglichkeiten, Fuzzy-Mengen und ihre Operatoren im Fuzzy-Regler zu verknüpfen. Der vorliegende Abschn. 10 beschränkt sich daher auf einige grundlegende Begriffe und gewisse Standards bei der Auslegung von Fuzzy-Reglern, die sich in der Praxis herausgebildet haben.

Im folgenden Abschnitt 10.1 wird der Fuzzy-Regler zunächst unter die bisher behandelten Regler (vgl. Abschn. 4) eingeordnet. Abschn. 10.2 erläutert an einem konkreten Beispiel den wichtigen Begriff der Regelbasis und damit zusammenhängender Begriffe wie linguistische Größe und Fuzzy-Menge. Erforderliche Mengenoperationen wie Schnitt- und Vereingungsmenge werden in Abschn. 10.3 für Fuzzy-Mengen definiert. Wie ein Fuzzy-Regler die Information seiner Eingangsgrößen (z. B. Regeldifferenz) zur Stellgröße verarbeitet, wird in Abschn. 10.4 erläutert. Abschn. 10.5 behandelt die Berechnung der Kennlinien von Fuzzy-Reglern. Häufig werden konventionelle Regler mit Fuzzy-Reglern kombiniert, wobei ein Regler mit Fuzzy-Anteil entsteht. Als Beispiel behandelt Abschn. 10.6 Fuzzy-*PID*-Regler.

10.1   Einordnung

Die Arbeitsschritte bei der Auslegung eines Fuzzy-Reglers unterscheiden sich grundsätzlich von den bisher in diesem Buch behandelten Verfahren, bei denen man von einem mathematischen Modell oder einer gemessenen Sprungantwort der Strecke ausging (Abschn. 5). Dagegen geht man beim Fuzzy-Regler von einer *verbalen* Beschreibung des Regelungsvorganges aus.

---

[1]) *fuzzy* ist ein englisches Wort, das man etwa wie „fasi" ausspricht (mit scharfem f, kurzem a und weichem s). Es bedeutet im vorliegenden Zusammenhang vage oder unscharf.

Beispiel: Fragt man jemanden, wie er z. B. beim Fahrradfahren das Gleichgewicht hält, dann wird er antworten: Wenn ich nach links zu fallen drohe, dann verlagere ich mein Gewicht nach rechts und wenn ich nach rechts zu fallen drohe, dann verlagere ich mein Gewicht nach links. Dabei befindet sich der Radfahrer in der Rolle eines Reglers, der je nach Abweichung von der Vertikalen („nach links" oder „nach rechts") eine Gewichtsverlagerung veranlaßt, die die Abweichung verkleinert.

Bei der Entwicklung eines Fuzzy-Reglers geht man von verbalen Wenn-Dann-Regeln aus, mit denen die Funktion eines Reglers beschrieben werden kann. Dabei kann sich der Entwicklungsingenieur gewissermaßen in die Rolle des Reglers versetzen, oder er fragt das Wissen z. B. eines Anlagenfahrers (Operator) ab, der als Regler arbeitet. Damit ist es möglich, Regler auch für Prozesse zu entwickeln, die bislang nur von Menschen beherrschbar waren (z. B. in der Verfahrenstechnik und Fertigungstechnik). Konventionelle Entwurfsverfahren führten vielfach zu keinem befriedigendem Ergebnis, weil die dabei erforderlichen mathematischen Streckenmodelle zu kompliziert wurden (Nichtlinearitäten, veränderliche Zeitkonstanten, vielfältige Verkopplungen usw.).

Aber auch in Fällen, wo herkömmliche Regler-Typen eingesetzt werden können, bieten Fuzzy-Regler interessante Möglichkeiten. Bild 10.1a zeigt einen Fuzzy-Regler im Standard-Regelkreis.

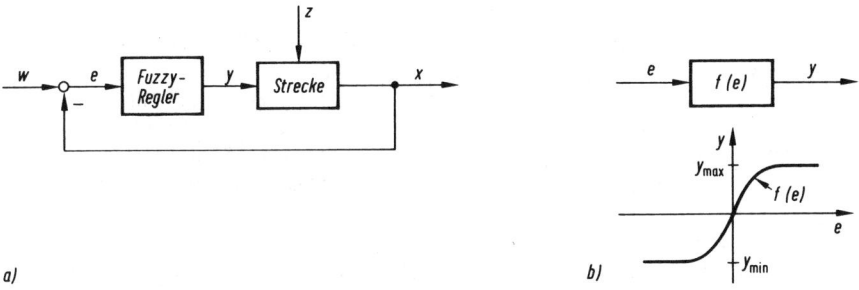

a) *b)*

Bild 10.1 Fuzzy-Regler im Standard-Regelkreis

a) Standard-Regelkreis   b) Fuzzy-Regler als Kennlinienglied mit möglichem Kennlinienverlauf

Das Übertragungsverhalten eines Fuzzy-Reglers mit einer Eingangs- und einer Ausgangsgröße läßt sich mit $y = f(e)$ angeben (Bild 10.1b). Es handelt sich dabei um ein *Kennlinienglied* (vgl. Bild 2.9a). Dazu gehören z. B. auch *P*-Regler $y = K_{PR}\, e$ (Abschn. 4.3.1) und Zweipunktregler (Abschn. 4.2.1). Die Form der Kennlinie des Fuzzy-Reglers ist das Ergebnis eines Entwicklungsverfahrens, das von Wenn-Dann-Regeln ausgeht und in den folgenden Abschnitten Schritt für Schritt besprochen wird. Dabei können unter anderem auch lineare, Zweipunkt-, Dreipunkt- oder Mehrpunktkennlinien herauskommen (Abschn. 10.5).

Ein Fuzzy-Regler mit mehreren Eingangsgrößen, z. B. $e(t)$ und $\dot{e}(t)$, ist ebenfalls ein Kennlinienglied $y = f(e, \dot{e})$. Der Zusammenhang läßt sich grafisch in einem *e-y*-Diagramm als Kennlinienschar (oder Kennfeld) mit dem Parameter $\dot{e}$ darstellen. Bei Fuzzy- Reglern wird häufig die Kennflächendarstellung von *y* über der *e-ė*-Ebene bevorzugt (Abschn. 10.6).

Neuartig bei Fuzzy-Reglern ist also nicht der Reglertyp, sondern das *Entwurfsverfahren*, das von einer *sprachlichen Formulierung* der geplanten Reglerfunktion ausgeht. Das Ergebnis ist ein Kennlinien- oder Kennfeldregler, der nach seinem Entwurfsverfahren als Fuzzy-Regler bezeichnet wird.

10.2   Regelbasis, linguistische Größe und Fuzzy-Menge

Die *Regelbasis* ist die Gesamtheit aller Regeln für einen Fuzzy-Regler. Jede Regel besteht aus einem Wenn-Teil (auch: Bedingung, Prämisse) und einem Dann-Teil (auch: Schlußfolgerung, Konklusion). Die Anzahl der Regeln ist unbeschränkt. Im folgenden Beispiel wird eine Regelbasis für eine Füllstandsregelung erstellt.

Beispiel:

Bild 10.2 zeigt einen Tank, aus dem über das Abflußventil ständig Flüssigkeit abfließt. Der Füllstand im Tank soll konstant bei der Sollmarke liegen. Dazu muß dem Tank mit der Pumpe entsprechend viel Flüssigkeit zugeführt werden. Bei Veränderungen der Abflußventilstellung ändert sich auch der Füllstand, was über die Pumpenspannung auszugleichen ist.

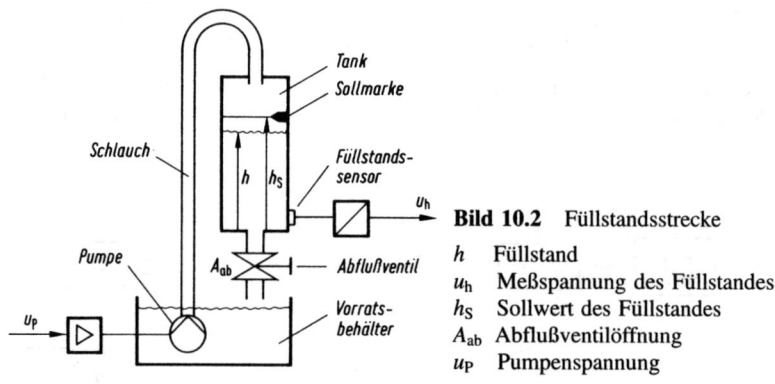

Bild 10.2   Füllstandsstrecke

h Füllstand
u_h Meßspannung des Füllstandes
h_S Sollwert des Füllstandes
A_{ab} Abflußventilöffnung
u_P Pumpenspannung

Die Regelung werde von einer Person (Operator) ausgeführt, die laufend Füllstand und Sollmarke vergleicht und danach die Pumpenspannung einstellt. Diese Tätigkeit beschreibt der Operator wie folgt (wobei die Umgangssprache zweckmäßigerweise gekürzt wird):

Regel 1: WENN Füllstand unterhalb Sollmarke, DANN Pumpenspannung hoch;
Regel 2: WENN Füllstand oberhalb Sollmarke, DANN Pumpenspannung niedrig;
Regel 3: WENN Füllstand an Sollmarke, DANN Pumpenspannung mittel.

Diese aus drei Regeln bestehende Regelbasis erscheint vollständig.

Um eine Regelung, deren Durchführung mit Worten vorgegeben ist, automatisch von einem Regelgerät ausführen zu lassen, muß aus den Regeln eine Vorschrift abgeleitet werden, nach der das Regelgerät gebaut bzw. programmiert werden kann. Dazu muß erklärt werden, was ein sprachlicher Ausdruck wie „Füllstand unterhalb Sollmarke" mathematisch bedeutet. Mit der Regeldifferenz $e = h_S - h$ (vgl. Bild 10.2) könnte man z. B. sagen

Füllstand unterhalb Sollmarke:	$e > 0$
Füllstand oberhalb Sollmarke:	$e < 0$
Füllstand an Sollmarke:	$e = 0$

Diese drei Gleichungen bzw. Ungleichungen definieren *Mengen* von e-Werten. Z. B. bezeichnet $e > 0$ die Menge aller positiven Werte der Regeldifferenz. $e = 0$ ist eine Menge mit nur einem Element.

Welche Werte bzw. Wertebereiche von e zu einer Menge gehören, läßt sich sehr anschaulich mit einer Zugehörigkeitsfunktion $\mu(e)$ darstellen. Bild 10.3a zeigt die Zugehörigkeitsfunktion $\mu_P(e)$ für die Menge der positiven e-Werte, die zu „Füllstand unterhalb Sollmarke" gehören: $\mu_P(e) = 1$ für alle zur Menge gehörenden Werte $e > 0$ und $\mu_P(e) = 0$ für alle anderen e-Werte. Entsprechend ist die zu „Füllstand oberhalb Sollmarke" gehörige Zugehörigkeitsfunktion $\mu_N(e)$ Eins für alle $e < 0$ und Null für alle anderen e-Werte (Bild 10.3b). Die Zugehörigkeitsfunktion $\mu_{NU}(e)$ („Füllstand an Sollmarke") hat nur an der Stelle $e = 0$ den Wert Eins.

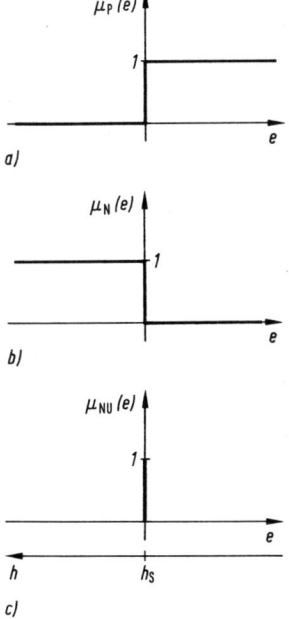

Bild 10.3 Zugehörigkeitsfunktionen zu
a) Füllstand unterhalb Sollmarke ($h < h_S$)
b) Füllstand oberhalb Sollmarke ($h > h_S$)
c) Füllstand an Sollmarke ($h = h_S$)

Geht man von einem konkreten Wert für e aus, z. B. $e = 0{,}2$, dann zeigen die Funktionswerte $\mu_P(0{,}2) = 1$, $\mu_N(0{,}2) = 0$ und $\mu_{NU}(0{,}2) = 0$, daß $e = 0{,}2$ zur Menge $e > 0$ („Füllstand unterhalb Sollmarke") gehört und zu keiner anderen Menge. Man kann auch sagen: Für $e = 0{,}2$ ist die Aussage „Füllstand unterhalb Sollmarke" *wahr*, während die Aussagen „Füllstand oberhalb Sollmarke" bzw. „Füllstand an Sollmarke" *falsch* sind. Daher kann man eine Zugehörigkeitsfunktion auch als Darstellung des *Wahrheitsgehaltes* einer Aussage über ein Mengenelement interpretieren.

Beispiel: Welchen *Wahrheitsgehalt* hat die Aussage „Füllstand unterhalb Sollmarke" für $e = h_S - h = 0{,}2$? Zur Aussage „Füllstand unterhalb Sollmarke" gehört die Zugehörigkeitsfunktion $\mu_P(e)$. Daher berechnet sich der gesuchte Wahrheitsgehalt zu $\mu_P(0{,}2) = 1$. Dagegen ergibt sich für den Wahrheitsgehalt der Aussage „Füllstand an Sollmarke" für $e = 0{,}2$ der Wert $\mu_{NU}(0{,}2) = 0$.

Ein sprachlicher Ausdruck wie z. B. „Füllstand unterhalb Sollmarke" erhält also eine konkrete Bedeutung, indem man eine Zugehörigkeitsfunktion festlegt. Dabei erzwingt eine *zweiwertige* Zugehörigkeitsfunktion (die zwei Werte sind Null und Eins) für jeden

Wert des Füllstandes eine Ja/Nein-Entscheidung, was häufig an den Gegebenheiten der Praxis vorbeigeht.

Beispiel: Die Wahl der Zugehörigkeitsfunktion für „Füllstand unterhalb Sollmarke" in Bild 10.3a ist formal sicherlich korrekt. Ein routinierter Operator wird jedoch auch einen Wert des Füllstandes *nahe* dem Sollwert als „Füllstand *an* Sollmarke" interpretieren. Aber es wird ihm schwerfallen, den Bereich um die Sollwert exakt anzugeben, den er als „Füllstand an Sollmarke" einschätzt. Dagegen wäre folgende Formulierung zutreffender: Die Aussage „Füllstand an Sollmarke" ist umso weniger zutreffend, je weiter der Füllstand von der Sollmarke entfernt ist. Zugleich kann man die Aussagen „Füllstand unterhalb Sollmarke" bzw. „Füllstand oberhalb Sollmarke" erst ab einem gewissen Abstand von der Sollmarke als voll zutreffend betrachten.

Mehr oder *weniger* zutreffende Aussagen lassen sich mit Zugehörigkeitsfunktionen zum Ausdruck bringen, die auch entsprechende Werte (d. h. Wahrheitsgehalte) *zwischen* Null und Eins annehmen können. Mengen mit solchen Zugehörigkeitsfunktionen heißen *Fuzzy-Mengen* (unscharfe Mengen, englisch *fuzzy-set*).

Beispiel: Bild 10.4 zeigt, wie die Zugehörigkeitsfunktionen von Bild 10.3 (vgl. vorheriges Beispiel) besser an die praktischen Gegebenheiten angepaßt werden können. Z. B. zeigt Teilbild c), wie der Wahrheitsgehalt der Aussage „Füllstand an Sollmarke" mit zunehmendem Abstand vom Sollwert bis auf Null abnimmt.

Größen, deren „Werte" mit *Worten* ausgedrückt werden, heißen *linguistische* Größen[1]). Die „Werte" linguistischer Größen werden als *linguistische Werte* oder *linguistische*

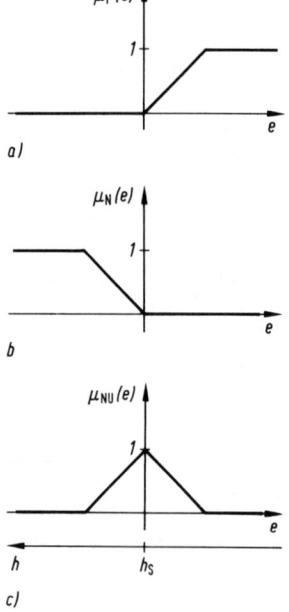

c/

Bild 10.4
Zugehörigkeitsfunktionen unscharfer Mengen zu
a) Füllstand unterhalb Sollmarke ($h \lesssim h_S$)
b) Füllstand oberhalb Sollmarke ($h \gtrsim h_S$)
c) Füllstand an Sollmarke ($h \approx h_S$)

---

[1]) Linguistisch heißt sprachlich.

Terme bezeichnet. Der Wahrheitsgehalt der linguistischen Terme ergibt sich über ihre Zugehörigkeitsfunktionen aus den *numerischen* Werten der Größe.

Beispiel: Der Füllstand ist eine linguistische Größe, wenn man ihm die linguistischen Werte „unterhalb Sollmarke", „oberhalb Sollmarke" und „an Sollmarke" zuordnet. Die Abweichung des Füllstandes vom Sollwert, die Regeldifferenz $e = h_S - h$, läßt sich entsprechend als linguistische Größe mit den linguistischen Werten „positiv", „negativ" und „Null" betrachten. Die Bilder 10.3 und 10.4 zeigen mögliche Zugehörigkeitsfunktionen, die den Wahrheitsgehalt der drei linguistischen Werte in Abhängigkeit von den numerischen Werten der Regeldifferenz ausdrücken. Ferner tritt in der obigen Regelbasis die Pumpenspannung als linguistische Größe mit den linguistischen Werten „niedrig", „mittel" und „hoch" auf. Bild 10.5 zeigt mögliche Zugehörigkeitsfunktionen über dem Stellbereich von y_{min} bis y_{max}. Dabei ist $y = u_P - u_{P0}$ die Abweichung der Pumpenspannung von ihrem Wert u_{P0} im Arbeitspunkt (Arbeitspunktfestlegung: u_{P0} ist mittlerer Wert der Pumpenspannung, der bei einer durchschnittlichen Abflußventilöffnung A_{ab0} den Füllstand an der Sollmarke hält.).

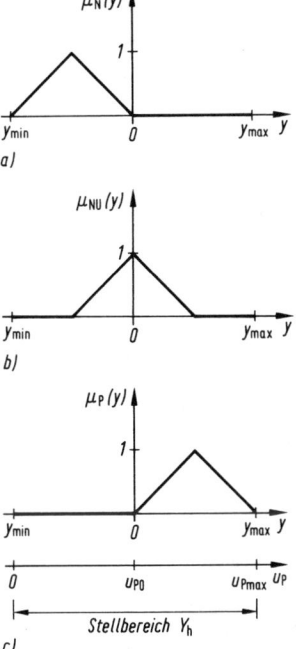

Bild 10.5 Zugehörigkeitsfunktionen zu

a) Pumpenspannung niedrig ($u_P \lesssim u_{P0}$)
b) Pumpenspannung mittel ($u_P \approx u_{P0}$)
c) Pumpenspannung hoch ($u_P \gtrsim u_{P0}$)

Es ist in der Praxis empfehlenswert (aber grundsätzlich nicht notwendig), die Zugehörigkeitsfunktionen dreiecks- oder trapezförmig anzulegen. Bild 10.6a zeigt die trapezförmige Grundform, die durch die vier Eckpunkte $\mu(M_a - a) = 0$, $\mu(M_a) = 1$, $\mu(M_b = 1)$ und $\mu(M_b + b) = 0$ festgelegt werden kann. Für $M_a = M_b = M$ wird aus dem Trapez ein Dreieck (Bild 10.6b), das häufig mit $a = b$ symmetrisch gewählt wird. Falls $M_a = M_b = M$ und $a = b = 0$, dann ergibt sich der einzelne scharfe Wert $u = M$, den man auch als *Singleton* bezeichnet (Bild 10.6c)[1].

---

[1] Sind in Bild 10.6a $a = b = 0$, dann ist die Zugehörigkeitsfunktion nurmehr zweiwertig (die Werte sind Null und Eins), womit die Fuzzy-Menge in eine klassische, scharfe Menge übergeht.

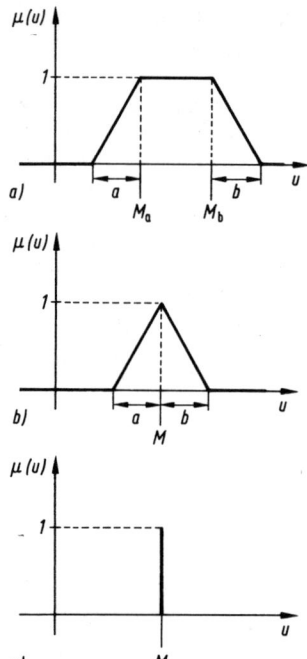

Bild 10.6 Standardformen von Zugehörigkeitsfunktionen bei Fuzzy-Reglern

a) Trapez
b) Dreieck (meist $a = b$)
c) Singleton

Der Wert $u = M$ in Bild 10.6b, wo die dreiecksförmige Zugehörigkeitsfunktion den Wert Eins annimmt, heißt *Modalwert* dieser Fuzzy-Menge. Bei einer trapezförmigen Zugehörigkeitsfunktion (Bild 10.6a), die im Intervall von M_a bis M_b den Wert Eins hat, wird gelegentlich der Mittelwert $(M_a + M_b)/2$ als Modalwert verwendet.

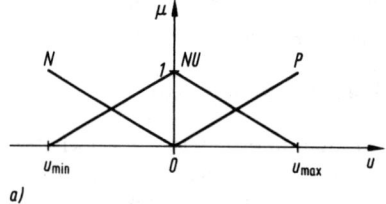

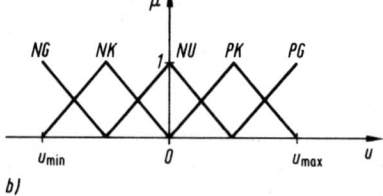

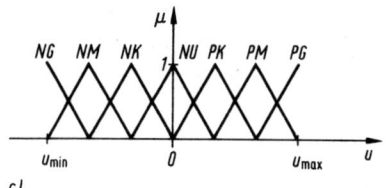

Bild 10.7 Abdeckung des Wertebereiches einer Größe u mit drei (*a*), fünf (*b*) und sieben (*c*) Zugehörigkeitsfunktionen

Bei Zugehörigkeitsfunktionen werden in der Praxis häufig die folgenden Indices verwendet:

NG = negativ groß; NM = negativ mittel; NK = negativ klein; NU = Null;
PK = positiv klein; PM = positiv mittel; PG = positiv groß.

oder englisch:
NB = negative big; NM = negative medium; NS = negative small; ZO = zero;
PS = positive small; PM = positive medium; PB = positive big.

Mehrere Zugehörigkeitsfunktionen derselben Größe werden häufig nur mit ihren Indices bezeichnet (Bild 10.7). Z. B. wird $\mu_{PK}(u)$ im u-μ-Diagramm nur mit PK beschriftet.

10.3   Fuzzy-logische Operationen

Bei Fuzzy-Reglern sind häufig nur Vereinigungs- und Schnittmengen zu bilden. Diese Operationen sind bei *klassischen Mengen* eindeutig definiert: Ein Element gehört zur Schnittmenge zweier Mengen, wenn es ein Element der einen UND der anderen Menge ist. Zur Vereinigungsmenge zweier Mengen gehört ein Element, wenn es Element der einen ODER der anderen Menge ist. Die Bilder 10.8a1 und a2 zeigen die zweiwertigen Zugehörigkeitsfunktionen $\mu_1(u)$ und $\mu_2(u)$ zweier klassischer Mengen.

Die Bilder 10.8a3 und a4 zeigen die Zugehörigkeitsfunktionen $\mu_D(u)$ bzw. $\mu_V(u)$ von Durchschnitts- bzw. Vereinigungsmenge. $\mu_D(u)$ in Bild 10.8a3 kann man sich entstanden denken, indem man für jeden Wert von u jeweils den kleineren (bzw. das Minimum) der

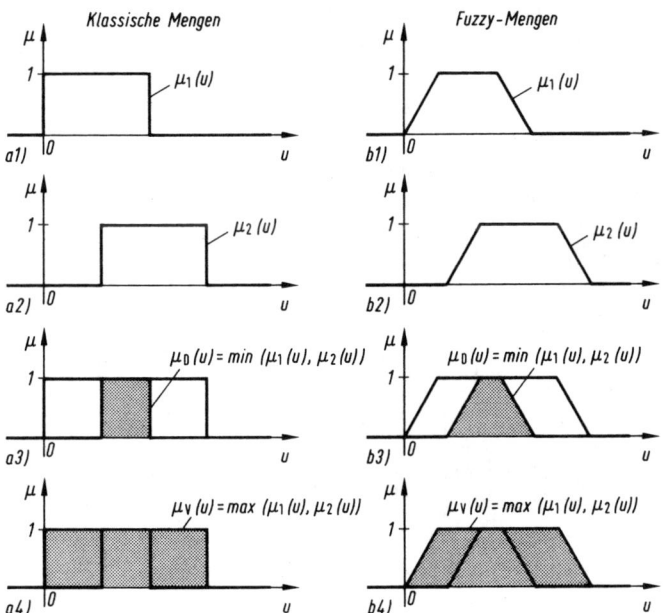

Bild 10.8 Schnittmenge μ_D und Vereinigungsmenge μ_V bei klassischen Mengen (*a*) und Fuzzy- Mengen (*b*)

beiden Funktionswerte $\mu_1(u)$ und $\mu_2(u)$ aufzeichnet:

$$\mu_\mathrm{D}(u) = \min \{\mu_1(u), \mu_2(u)\} .$$

Entsprechend ergibt sich die Vereinigungsmenge von Bild 10.8 a4 durch Maximumbildung

$$\mu_\mathrm{V}(u) = \max \{\mu_1(u), \mu_2(u)\} .$$

Operatoren zur Schnitt- und Vereinigungsmengenbildung von *Fuzzy-Mengen* können auf verschiedene Arten definiert werden[1]). Die bei Fuzzy-Reglern überwiegend eingesetzten Operatoren entsprechen jedoch genau den obigen Minimum- und Maximum-Ausdrücken, wobei $\mu_1(u)$ und $\mu_2(u)$ nun Zugehörigkeitsfunktionen mit beliebigen Werten zwischen Null und Eins darstellen. Die Bilder 10.8 b1 bis b4 geben ein Beispiel.

Die bisher behandelten Operatoren betrafen Teilmengen $\mu_1(u)$ und $\mu_2(u)$ *derselben* Grundmenge u (in Bild 10.8 die u-Achse). Für Teilmengen $\mu_1(u_1)$ und $\mu_2(u_2)$ *verschiedener* Grundmengen u_1 bzw. u_2 gilt:

Schnittmenge: $\qquad \mu_\mathrm{D}(u_1, u_2) = \min \{\mu_1(u_1), \mu_2(u_2)\} $;
Vereinigungsmenge: $\quad \mu_\mathrm{V}(u_1, u_2) = \max \{\mu_1(u_1), \mu_2(u_2)\} .$

$\mu_\mathrm{D}(u_1,u_2)$ und $\mu_\mathrm{V}(u_1,u_2)$ kann man sich als „Gebirge" über der u_1-u_2-Ebene vorstellen.

10.4   Informationsverarbeitung im Fuzzy-Regler

Für jeden Wert der an seinem Eingang anliegenden Regeldifferenz $e(t)$ wertet ein Fuzzy-Regler alle Regeln der Regelbasis aus und bestimmt daraus einen Wert der Stellgröße $y(t)$. Er verbindet dabei die Informationen aus seiner Regelbasis (die das sog. *Expertenwissen* darstellen) mit den konkret anliegenden Werten $e(t)$ der Regeldifferenz. Bild 10.9 zeigt den Vorgang der Informationsverarbeitung, der sich in fünf Schritte aufgliedern läßt:

1. Fuzzifizierung der Regeldifferenz
2. Bestimmung des Erfüllungsgrades jeder Regel
3. Ermittlung der Stellgrößen-Fuzzy-Menge jeder Regel $\left.\vphantom{\begin{array}{c}1\\2\\3\end{array}}\right\}$ Fuzzy-Inferenz
4. Bestimmung der resultierenden Stellgrößen-Fuzzy-Menge
5. Defuzzifizierung der Stellgröße

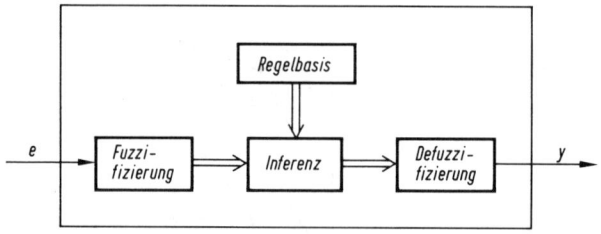

Bild 10.9   Informationsverarbeitung im Fuzzy-Regler

---

[1]) Die Operatoren zur Bildung von Fuzzy-Schnittmengen werden auch als *T-Normen*, die Operatoren zur Bildung von Fuzzy-Vereinigungsmengen werden auch als *S-Normen* (oder *T-Konormen*) bezeichnet.

Die Schritte 2 bis 4 stellen die sog. *Inferenz* (oder *Fuzzy-Inferenz*) dar. Da die Fuzzy-Mengenoperationen unterschiedlich definiert werden können (Abschn. 10.3), muß ein Inferenzverfahren, ein sog. *Inferenzschema*, festgelegt werden. Im Folgenden wird die sog. *MAX-MIN-Inferenz* behandelt, die bei Fuzzy-Reglern besondere Bedeutung erlangt hat. Dabei wird die Implikation mittels Minimum-Operator (Abschn. 10.4.3) und die Bildung der resultierenden Stellgrößen-Fuzzy-Menge mittels Maximum-Operator vorgenommen (Abschn. 10.4.4).

Der Ablauf der Informationsverarbeitung wird in den folgenden Abschnitten Schritt für Schritt besprochen. Dabei ist es zum Verständnis hilfreich, die Zugehörigkeitsfunktionen der Wenn- und Dann-Teile der einzelnen Regeln zeilenweise zusammenzustellen. Bild 10.10 zeigt dies am Beispiel der Füllstandsregelung, das in Abschn. 10.2 eingeführt wurde. (Regeln auf S. 284, Wenn-Teile: Bild 10.4, Dann-Teile: Bild 10.5)

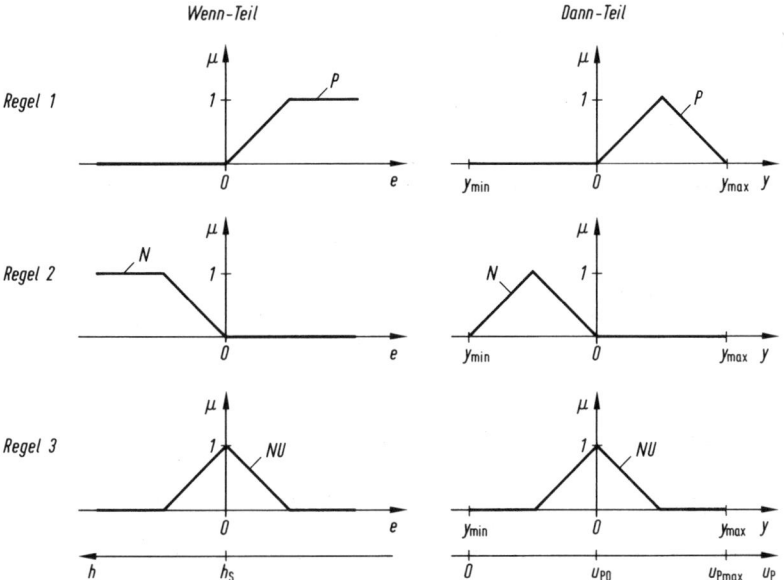

Bild 10.10 Zusammenstellung der Zugehörigkeitsfunktionen der Wenn- und Dann-Teile der drei Regeln beim Füllstandsregler (h: Füllstand, u_p: Pumpenspannung)

10.4.1 Fuzzifizierung der Regeldifferenz

Zum laufenden Zeitpunkt t liegt der aktuelle Wert e_{akt} der Regeldifferenz $e(t)$ am Fuzzy-Regler an. e_{akt} ist ein scharfer Wert, der nun zunächst zu fuzzifizieren („zu verunschärfen") ist. Dazu sind die Werte der Zugehörigkeitsfunktionen von e, die in den Regeln vorkommen, an der Stelle e_{akt} zu bestimmen.

Beispiel: Füllstandsregelung (Forts.)

Bild 10.11 zeigt die Zugehörigkeitsfunktionen der Regeldifferenz $e = h_S - h$ mit den Zugehörigkeitsgraden des scharfen Wertes e_{akt}. $\mu_P(e_{akt}) = 0,2$ bedeutet: „Füllstand unterhalb Sollmarke" hat Wahrheitsgrad 0,2. Zugleich hat „Füllstand an Sollmarke" den höheren Wahrheitsgrad

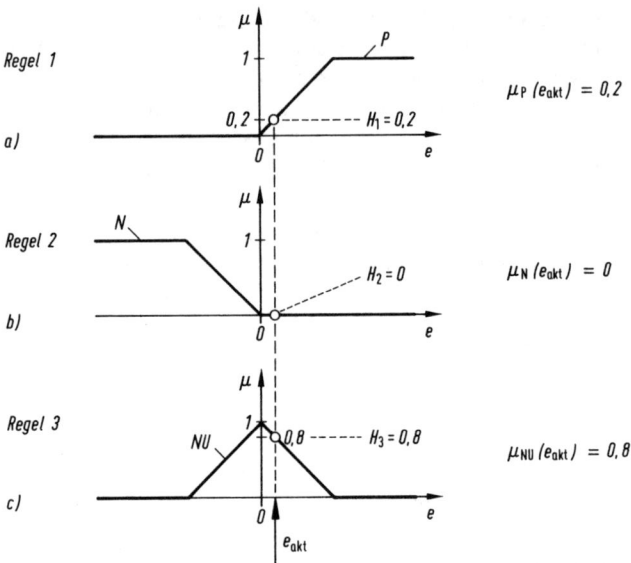

Bild 10.11 Fuzzifizierung des aktuellen Wertes e_{akt} der Regeldifferenz (H_1, H_2, H_3 vgl. Abschn. 10.4.2)

$\mu_{NU}(e_{akt}) = 0,8$ (Bild 10.11 c). „Füllstand unterhalb Sollmarke" trifft für e_{akt} nicht zu, was man an $\mu_N(e_{akt}) = 0$ in Bild 10.11 b erkennt. Die fuzzifizierte Regeldifferenz ist für e_{akt}: $\mu_P(e_{akt}) = 0,2$; $\mu_N(e_{akt}) = 0$ und $\mu_{NU}(e_{akt}) = 0,8$. Man beachte, daß sich die Werte der drei Zugehörigkeitsfunktionen gemäß Bild 10.11 verändern, wenn e_{akt} kleiner oder größer ist.

10.4.2   Bestimmung des Erfüllungsgrades jeder Regel

Die Bestimmung der Erfüllungsgrade ist nur dann mit Rechenarbeit verbunden, wenn im Wenn-Teil der Regeln *mehrere* linguistische Terme auftreten. Im Falle nur *eines* linguistischen Termes im Wenn-Teil ist der Zugehörigkeitsgrad, der sich bei der Fuzzifizierung ergibt, zugleich der sog. *Erfüllungsgrad der Regel*. Der Erfüllungsgrad der i-ten Regel wird mit H_i bezeichnet. Regeln, deren Erfüllungsgrad größer Null ist, heißen *aktive* Regeln.

Beispiel: Füllstandsregelung (Forts.)

Im Wenn-Teil der Regeln tritt jeweils nur *ein* linguistischer Term auf. Gemäß Bild 10.11 sind die Erfüllungsgrade $H_1 = 0,2$, $H_2 = 0$ und $H_3 = 0,8$. Für den eingezeichneten Wert e_{akt} sind also nur zwei Regeln aktiv.

Die Regelbasis läßt sich immer so formulieren, daß im Wenn-Teil jeder Regel nur UND-Verknüpfungen auftreten, indem man jede ODER-Verknüpfung in zwei Regeln zerlegt. Da alle Regeln zugleich gelten sollen, sind sie als implizit ODER-verknüpft zu betrachten.

Beispiel: Die Regel

WENN (u_1 negativ ODER u_1 ungefähr Null) UND u_2 positiv DANN v ungefähr null läßt sich in die folgenden beiden Regeln zerlegen:

WENN u_1 negativ UND u_2 positiv DANN v ungefähr null,
WENN u_1 ungefähr Null UND u_2 positiv DANN v ungefähr null,
wobei nun in den Wenn-Teilen nur noch UND-Verknüpfungen auftreten.

Der Erfüllungsgrad einer Regel, deren Wenn-Teil nur UND-Verknüpfungen enthält, ist der kleinste der Zugehörigkeitsgrade der linguistischen Terme im Wenn-Teil (Minimum-Operator, vgl. Abschn. 10.3).

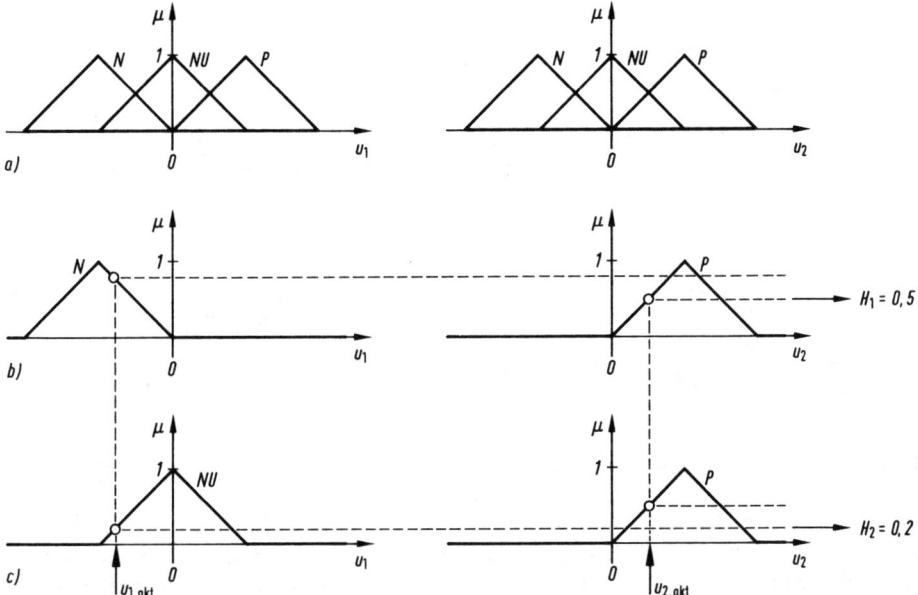

Bild 10.12 Ermittlung des Erfüllungsgrades H bei Wenn-Teilen, die nur UND-Verknüpfungen enthalten

a) Linguistische Terme zweier Größen u_1 und u_2
b) Wenn-Teil: u_1 negativ UND u_2 positiv
c) Wenn-Teil: u_1 nahe Null UND u_2 positiv

Beispiel: Als Fortsetzung des vorhergehenden Beispieles zeigt Bild 10.12a Zugehörigkeitsfunktionen zu den linguistischen Termen „negativ", „ungefähr Null" und „positiv" der linguistischen Größen u_1 und u_2. Die Bilder 10.12b und c zeigen jeweils die beiden linguistischen Terme, die in den Wenn-Teilen der beiden Regeln des vorhergehenden Beispieles auftreten. Damit können für die beiden eingezeichneten aktuellen Werte $u_{1,akt}$ und $u_{2,akt}$ die Zugehörigkeitsgrade grafisch bestimmt werden und daraus sehr anschaulich der Erfüllungsgrad H_1 bzw. H_2 jeder Regel als kleinster Zugehörigkeitsgrad im Wenn-Teil ausgewählt werden.

10.4.3 Ermittlung der Stellgrößen-Fuzzy-Menge jeder Regel

Dieser Schritt der Informationsverarbeitung im Fuzzy-Regler geht vom Wenn-Teil jeder Regel zum Dann-Teil über, d. h. es wird nun gemäß der jeweiligen Regel geschlußfolgert oder *impliziert*. Bei gegebenem Erfüllungsgrad des Wenn-Teiles (vgl. vorherigen Abschn. 10.4.2) ergibt jede Regel eine Stellgrößen-Fuzzy-Menge bzw. einen unscharfen Stellgrößenwert.

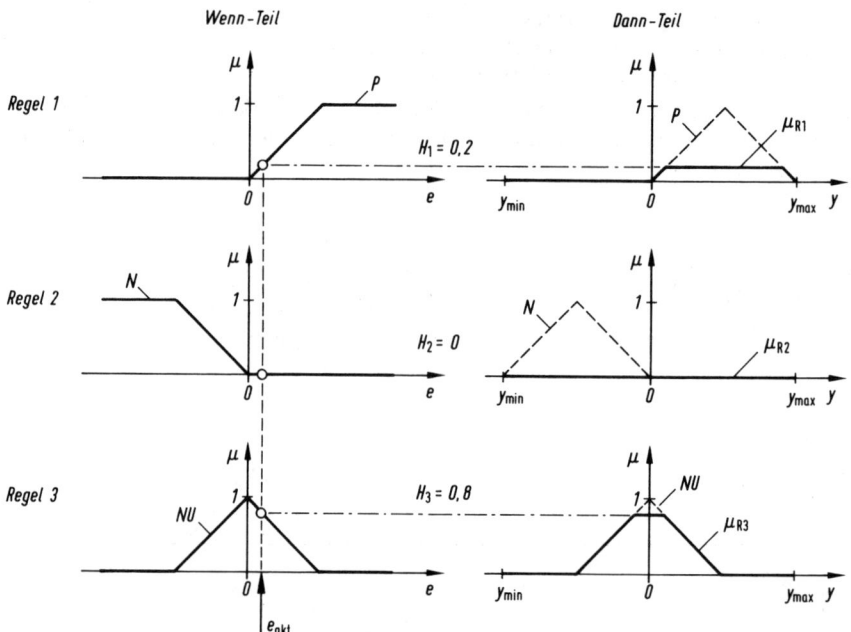

Bild 10.13 Ermittlung der Stellgrößen-Fuzzy-Mengen jeder Regel mittels Mamdani-Implikation

Dabei wird häufig die sog. *Mamdani-Implikation* verwendet, die dem Grundsatz folgt, daß bei geringem Erfüllungsgrad des Wenn-Teiles auch die zu folgernde Stellaktion im Dann-Teil gering ausfallen soll. Dazu ist die Zugehörigkeitsfunktion des linguistischen Stellgrößen-Termes in Höhe des Erfüllungsgrades „abzuschneiden".

Beispiel: Füllstandsregelung (Forts.)

Bild 10.13 zeigt die Zugehörigkeitsfunktionen der linguistischen Terme der drei Regeln wie in Bild 10.10, wobei nun der aktuelle Wert der Regeldifferenz e_{akt} von Bild 10.11 mit den daraus folgenden Erfüllungsgraden H_1 bis H_3 jeder Regel eingezeichnet wurden. Die rechte Seite von Bild 10.13 zeigt (gestrichelt) die Zugehörigkeitsfunktionen der Stellgröße, die im Dann-Teil der jeweiligen Regel vorkommen. Gemäß der Mamdani-Implikation werden diese Stellgrößen-Zugehörigkeitsfunktionen in Höhe der Erfüllungsgrade der jeweiligen Regel abgeschnitten (fett gezeichnete Zugehörigkeitsfunktionen $\mu_{R1}(y)$, $\mu_{R2}(y)$ und $\mu_{R3}(y)$). Die nichtaktive Regel 2 führt zu einer leeren Stellgrößen-Fuzzy-Menge, d. h. $\mu_{R2}(y) = 0$. Mathematisch lassen sich die Stellgrößen-Fuzzy-Mengen der einzelnen Regeln mit dem Minimum-Operator darstellen:

$$\mu_{R1}(y) = \min\{H_1, \mu_P(y)\}, \qquad \mu_{R2}(y) = \min\{H_2, \mu_N(y)\} = 0,$$

$$\mu_{R3}(y) = \min\{H_3, \mu_{NU}(y)\}.$$

10.4.4 Bestimmung der resultierenden Stellgrößen-Fuzzy-Menge

Aus den verschiedenen Stellgrößen-Fuzzy-Mengen, die sich aus jeder Regel ergeben, ist nun eine *resultierende* Stellgrößen-Fuzzy-Menge zu bilden. Da alle Regeln zugleich gel-

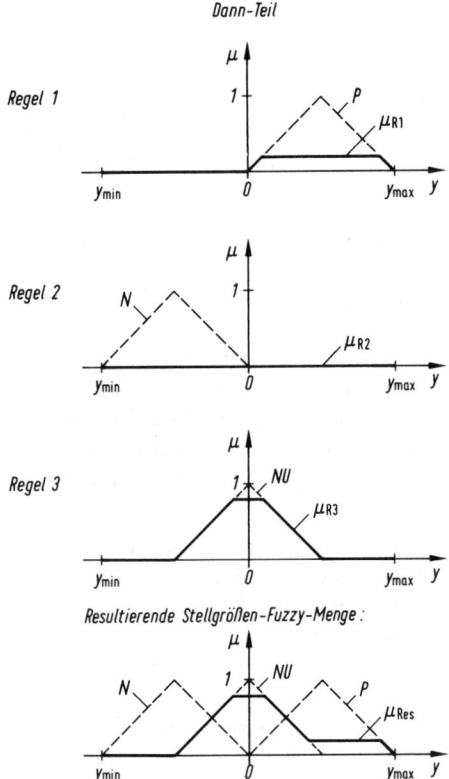

Bild 10.14
Ermittlung der resultierenden Stellgrößen-Fuzzy-Menge $\mu_{Res}(y)$ mit Maximum-Operator

ten sollen, sind sie — wie schon in Abschn. 10.4.2 gesagt — als implizit ODER- verknüpft zu betrachten. Die resultierende Stellgrößen-Fuzzy-Menge ist also als ODER-Verknüpfung der Stellgrößen-Fuzzy-Mengen jeder Regel zu bilden. Dazu wird meist der Maximum-Operator verwendet (vgl. Abschn. 10.3)

$$\mu_{Res}(y) = \max \{\mu_{R1}(y), \mu_{R2}(y), \mu_{R3}(y), \ldots\}$$

Beispiel: Füllstandsregelung (Forts.)
Bild 10.14 zeigt die resultierende Stellgrößen-Fuzzy-Menge $\mu_{Res}(y)$ unter den Darstellungen von $\mu_{R1}(y)$, $\mu_{R2}(y)$ und $\mu_{R3}(y)$. Für jeden y-Wert ist $\mu_{Res}(y)$ der jeweils größte (Maximum-Operator) der oberhalb ablesbaren Zugehörigkeitswerte $\mu_{R1}(y)$, $\mu_{R2}(y)$ und $\mu_{R3}(y)$ (vgl. Bild 10.8 in Abschn. 10.3). Man kann sich die Grafik von $\mu_{Res}(y)$ in Bild 10.14 auch so entstanden denken, daß man die Kurven $\mu_{R1}(y)$, $\mu_{R2}(y)$ und $\mu_{R3}(y)$ in *ein* Diagramm zeichnet und dann die Einhüllende bestimmt.

10.4.5 Defuzzifizierung der Stellgröße

Als letzter Schritt der Informationsverarbeitung im Fuzzy-Regler ist — bei gegebenem aktuellem Wert der Regeldifferenz e_{akt} — aus der resultierenden unscharfen Stellgröße (Abschn. 10.4.4) ein scharfer Wert y_{akt} zu bilden, mit dem eine Stelleinrichtung ange-

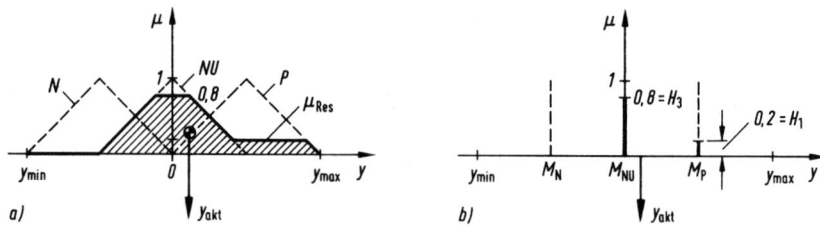

Bild 10.15 Defuzzifizierung der Stellgröße $y_{akt} = f(e_{akt})$ nach der Schwerpunktmethode
a) Abszisse des Flächenschwerpunktes
b) Vereinfachte Berechnung mittels Singletons

steuert werden kann. Dazu wird am häufigsten die *Schwerpunktmethode* angewendet, bei der y_{akt} als Abszisse des Schwerpunktes der Fläche (in Bild 10.15a schraffiert) unter der resultierenden Zugehörigkeitsfunktion $\mu_{Res}(y)$ berechnet wird. Dabei ist zu beachten, daß die Form der Fläche vom jeweiligen aktuellen Wert e_{akt} der Regeldifferenz abhängt und sich daher laufend verändern kann (vgl. Bilder 10.13 und 10.14). Die exakte Berechnung des Schwerpunktes ist aufwendig.

In der Praxis wird daher häufig ein rechnerisch wesentlich einfacheres Verfahren angewendet, daß meistens zu einer ausreichend guten Näherung der Schwerpunktabszisse führt. Dabei werden die Zugehörigkeitsfunktionen der linguistischen Terme der Stellgröße durch Singletons an den Modalwerten ersetzt.

Beispiel: Füllstand (Forts.)

Bild 10.15a zeigt (gestrichelt) die dreieckförmigen Zugehörigkeitsfunktionen der drei Terme „niedrig" ($\mu_N(y)$), „mittel" ($\mu_{NU}(y)$) und „hoch" ($\mu_P(y)$) der Stellgröße Pumpenspannung, die mit Bild 10.5 festgelegt wurden. In Bild 10.15b sind Singletons (gestrichelt) an den Modalwerten M_N, M_{NU} und M_P der drei dreieckförmigen Zugehörigkeitsfunktionen von Bildteil a) eingetragen. Der fett überzeichnete Teil dieser Singletons ergibt sich, nachdem sie in der Höhe der Erfüllungsgrade der Regeln abgeschnitten wurden (vgl. Abschn. 10.4.3). Die resultierende Stellgrößen-Fuzzy-Menge (vgl. Abschn. 10.4.4) ist die Gesamtheit der abgeschnitten Singletons in Bild 10.15b.

Die Schwerpunkt-Abszisse läßt sich nun sehr einfach mit der Formel

$$y_{akt} = \frac{H_1 M_P + H_2 M_N + H_3 M_{NU}}{H_1 + H_2 + H_3}$$

berechnen, wobei H_1, H_2 und H_3 die Erfüllungsgrade der drei Regeln sind. Nimmt man an, daß $y_{min} = -1$ und $y_{max} = 1$, dann ergibt sich

$$y_{akt} = \frac{0,2 \cdot 0,5 + 0 \cdot (-0,5) + 0,8 \cdot 0}{0,2 + 0 + 0,8} = 0,1 \, .$$

10.5 Kennlinien von Fuzzy-Reglern

Im vorhergehenden Abschnitt wurde Schritt für Schritt erläutert, wie im Fuzzy-Regler die Stellgröße $y(t)$ aus der Regeldifferenz $e(t)$ abgeleitet wird. Dabei wurde ein aktueller Wert e_{akt} der Regeldifferenz angenommen (Bild 10.11), woraus sich ein aktueller Wert y_{akt} der Stellgröße ergab (Bilder 10.13 bis 10.15). Mit Hilfe der genannten Bilder kann

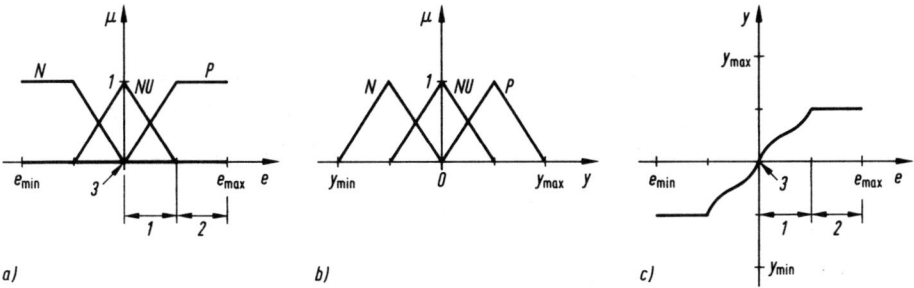

a)   b)   c)

Bild 10.16 Die Kennlinie eines Fuzzy-Reglers (c) mit der Regelbasis

Regel 1: wenn e positiv, dann y positiv
Regel 2: wenn e negativ, dann y negativ
Regel 3: wenn e null, dann y null
mit den entsprechenden Zugehörigkeitsfunktionen (a) der Regeldifferenz e und (b) der Stellgröße y

man sich auch veranschaulichen, welche Stellgrößenwerte sich ergeben, wenn die Regeldifferenz andere Werte hätte. Das Ergebnis ist eine *Kennlinie* $y = f(e)$, die das Übertragungsverhalten des Fuzzy-Reglers kennzeichnet.

Beispiel: Füllstandsregler (Forts.)

Die Bilder 10.16a und b stellen jeweils die drei Zugehörigkeitsfunktionen von Regeldifferenz e und Stellgröße y dar, die in den Bildern 10.4 bzw. 10.5 definiert wurden. Bild 10.10 ordnet die Zugehörigkeitsfunktionen den Wenn- und Dann-Teilen der drei Regeln zu. Geht man von Bild 10.13 mit dem eingezeichneten Wert e_{akt} der Regeldifferenz aus und verschiebt e_{akt} nach rechts, dann wird der Erfüllungsgrad H_1 der ersten Regel größer und zugleich der Erfüllungsgrad H_3 der dritten Regel kleiner. H_2 bleibt Null, d. h. die zweite Regel ist nicht aktiv. Damit wird der Flächenschwerpunkt von μ_{Res} (Bild 10.14 bzw. 10.15a) nach rechts verlagert, womit der Stellgrößenwert y_{akt} größer wird.

Liegt der Wert e_{akt} im Bereich 2 von Bild 10.16a, dann ist nur noch Regel 1 aktiv. Daher ist $\mu_{Res}(y) = \mu_P(y)$ mit der Schwerpunktabszisse $y = 0,5 y_{max}$ für alle e-Werte aus dem Bereich 2, d. h. die Kennlinie (Bild 10.16c) ist im Bereich 2 konstant. Ist $e_{akt} = 0$ (Punkt 3 in Bild 10.16a), dann ist nur die Regel 3 aktiv und es ergibt sich $\mu_{Res}(y) = \mu_{NU}(y)$, was man sich anhand von Bild 10.13 klarmachen kann. Da die Zugehörigkeitsfunktion $\mu_{Res}(y) = \mu_{NU}(y)$ die Form eines bezüglich $y = 0$ symmetrischen Dreiecks aufweist, ist $y = 0$ auch die Abszisse des Flächenschwerpunktes. Demzufolge verläuft die Reglerkennlinie durch den Ursprung des e-y-Diagrammes (Punkt 3 in Bild 10.16c). Man beachte, daß der Anstieg der Kennlinie im Bereich 1 keine Gerade ist.

Anhand der Kennlinie eines Fuzzy-Reglers kann seine Wirkung im Regelkreis abgeschätzt werden. Zur Berechnung des Regelkreisverhaltens empfiehlt sich der Einsatz von CAE-Programmen, da die Fuzzy-Regler-Kennlinie i. a. nichtlinear ist.

Eine Reglerkennlinie wie Bild 10.16c hat den Nachteil, daß der zur Verfügung stehende Stellbereich nicht voll ausgeschöpft wird. Mit den größtmöglichen Stellausschlägen y_{max} bzw. y_{min} ließe sich eine Regelgröße sicher schneller ausregeln. Bei Fuzzy-Reglern läßt sich der Stellbereich voll aussteuern, wenn man die „äußeren" Zugehörigkeitsfunktionen der Stellgröße ($\mu_N(y)$ bzw. $\mu_P(y)$ in Bild 10.16b) symmetrisch zum jeweiligen Grenzwert des Stellbereiches festlegt. Bild 10.17 ist eine entsprechende mögliche Variante von Bild 10.16.

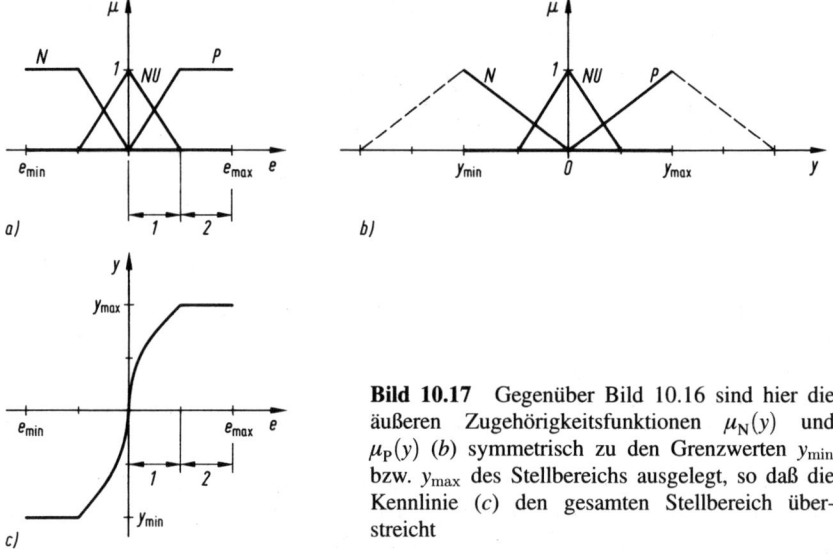

Bild 10.17 Gegenüber Bild 10.16 sind hier die äußeren Zugehörigkeitsfunktionen $\mu_N(y)$ und $\mu_P(y)$ (b) symmetrisch zu den Grenzwerten y_{min} bzw. y_{max} des Stellbereichs ausgelegt, so daß die Kennlinie (c) den gesamten Stellbereich überstreicht

Beispiel: Füllstandsregler (Forts.)

Liegt e_{akt} im Bereich 2 von Bild 10.17a, dann ist nur Regel 1 aktiv (vgl. Bild 10.13). Der Dann-Teil dieser Regel ist die Zugehörigkeitsfunktion $\mu_P(y)$, die symmetrisch zum Grenzwert y_{max} des Stellbereiches ist. Daher ist die Schwerpunktabszisse gleich y_{max}. Bild 10.17c zeigt die Kennlinie, die nun den gesamten Stellbereich von y_{min} bis y_{max} überdeckt.

Sind Regelbasis, Inferenzschema und Defuzzifizierungsmethode gegeben, dann haben vor allem die Zugehörigkeitsfunktionen der Eingangsgrößen eines Fuzzy-Reglers Einfluß auf den Verlauf seiner Kennlinie.

Beispiel: Füllstandsregler (Forts.)

Bisher wurde angenommen, daß sich die Zugehörigkeitsfunktionen $\mu_{NU}(e)$ und $\mu_P(e)$ im Bereich 1 in Bild 10.17a überlappen. In diesem Bereich steigt die Kennlinie in Bild 10.17c an. $\mu_P(e)$ stellt den Wahrheitsgehalt von „Füllstand unterhalb Sollmarke" dar. Zunehmend „großzügigere" Bewertungen dieses Wahrheitsgehaltes stellen z. B. die Zugehörigkeitsfunktionen $\mu_{P1}(e)$ und $\mu_{P2}(e)$ in Bild 10.18a dar (entsprechend $\mu_{N1}(e)$ und $\mu_{N2}(e)$ am anderen Ende des Wertebereiches).

Mit $\mu_{P1}(e)$ und $\mu_{N1}(e)$ ist im Bereich 2 von Bild 10.18a nur $\mu_{NU}(e) > 0$ und damit nur Regel 3 aktiv, die im Dann-Teil auf $\mu_{NU}(y)$ verweist (Bild 10.13). Daher ist $\mu_{Res}(y) = \mu_{R3}(y)$. Da $\mu_{R3}(y)$ zu $y = 0$ symmetrisch ist, ergibt sich für alle e-Werte aus Bereich 2 in Bild 10.18a der Stellgrößenwert $y = 0$ (Bild 10.18c). Im e-Bereich 3 in Bild 10.18a sind $\mu_{NU}(e)$ *und* $\mu_{P1}(e)$ ungleich Null, womit Anteile von $\mu_{NU}(y)$ *und* $\mu_P(y)$ in den Flächenschwerpunkt von $\mu_{Res}(y)$ eingehen. Infolgedessen ergibt sich der Kennlinienverlauf „P1" bzw. „N1" im Bereich 3 in Bild 10.18c. Im e-Bereich 2 ist die Kennlinie konstant gleich Null, weil nur $\mu_{NU}(e) > 0$ und somit nur Regel 3 aktiv ist mit der zu $y = 0$ symmetrischen Zugehörigkeitsfunktion $\mu_{NU}(y)$ im Dann-Teil. Auch in den Außenbereichen von e, wo *nur* $\mu_{P1}(e) > 0$ bzw. $\mu_{N1}(e) > 0$ ist, ist die Kennlinie konstant.

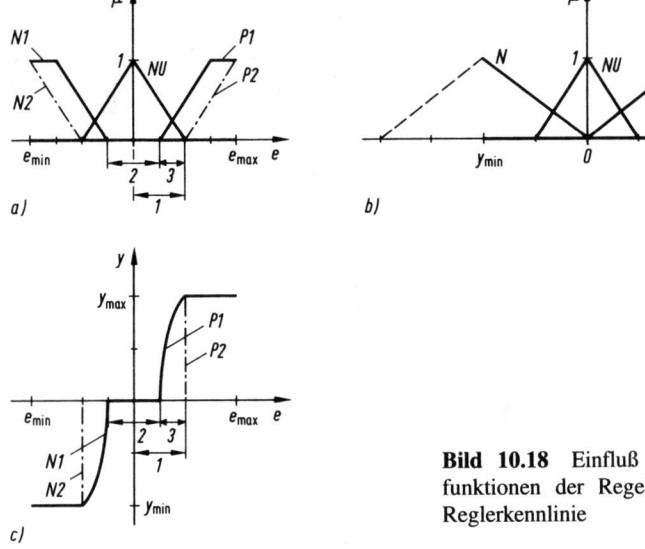

Bild 10.18 Einfluß der Zugehörigkeitsfunktionen der Regeldifferenz e auf die
Reglerkennlinie

Im Falle der Zugehörigkeitsfunktionen $\mu_{P2}(e)$ bzw. $\mu_{N2}(e)$ (in Bild 10.18a strichpunktiert) gibt es
keine Überlappung mit $\mu_{NU}(e)$, d. h. für jeden e-Wert ist jeweils nur eine Regel aktiv. Da die drei
Zugehörigkeitsfunktionen der Stellgröße jeweils symmetrische Dreiecke sind, sind nur drei Stellgrößenwerte möglich. Bild 10.18c zeigt strichpunktiert die Dreipunktkennlinie.

Falls ein mathematisches Modell der Regelstrecke verfügbar ist bzw. mit vertretbarem
Aufwand ermittelt werden kann, läßt sich die Wirkung eines Fuzzy-Reglers im Regelkreis mit einem CAE-Programm simulieren und eventuell weiter optimieren.

Beispiel: Simulation einer Füllstandsregelung mit Fuzzy-Regler

Für die Füllstandsstrecke von Bild 10.2 wurde in Abschn. 2.3.1 das mathematische Modell

$$\dot{h} = -\frac{\sqrt{2g}}{A_0} A_{ab} \sqrt{h} + \frac{c_P}{\varrho A_0} u_P$$

aufgestellt und mit den Zahlenwerten $A_0 = 30$ cm^2 (Tankgrundfläche), $\varrho = 1$ g/cm^3 (spezifisches
Gewicht der Flüssigkeit) und $c_P = 2$ g/(sV) (Pumpenkonstante) simuliert (Bild 2.14). Das mathematische Modell ist nichtlinear. Für eine Linearisierung besteht hier keine Veranlassung.
Der Sollwert sei $h_S = 10$ cm und es sei $A_{ab0} = 7$ mm^2 im Betrieb als mittlere Abflußventilöffnung
zu erwarten. Damit ergibt sich für die Pumpenspannung im Arbeitspunkt (vgl. Abschn. 2.3.1)

$$u_{P0} = \frac{\varrho \sqrt{2g}}{c_P} A_{ab0} \sqrt{h_S} = 4,9 \text{ V} .$$

Bild 10.19a zeigt eine grafische Programmierung des Füllstandsregelkreises mit Fuzzy-Regler, wobei $c_1 = \sqrt{2g}/A_0$ und $c_2 = c_P/(\varrho A_0)$. (Zum grafischen Programm der Strecke vgl. Bild 2.14b und
2.16a.) Bei der Simulation wird davon ausgegangen, daß der Regelkreis zunächst im Arbeitspunkt

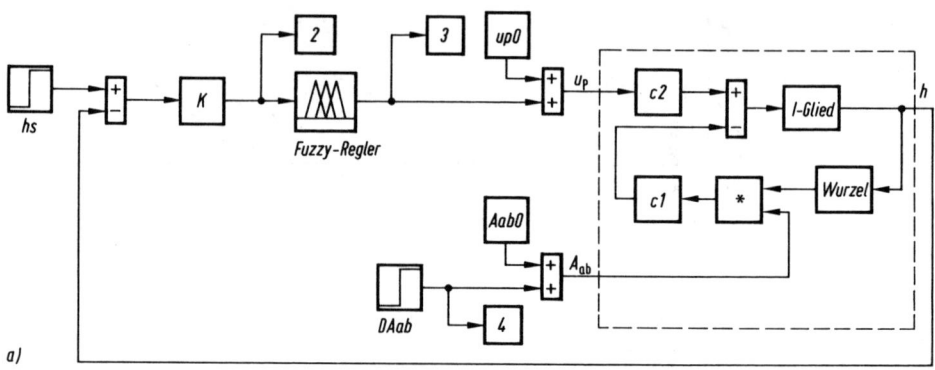

a)

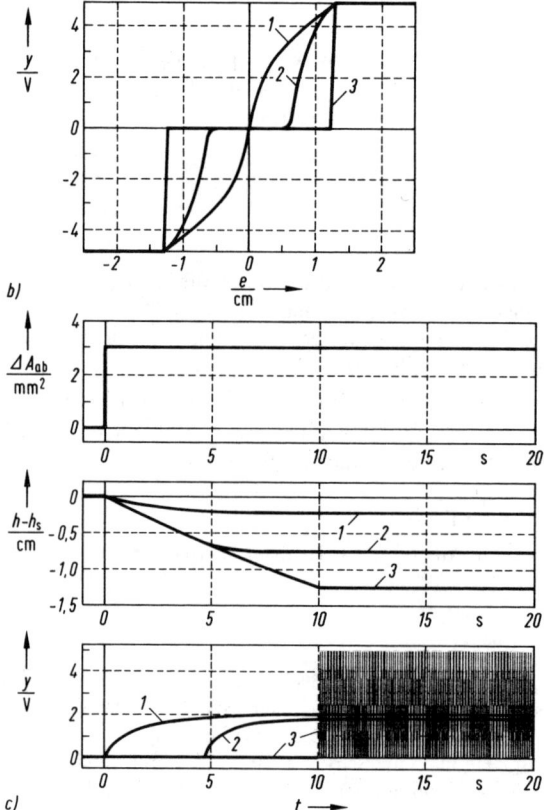

b)

c)

Bild 10.19   Füllstandsregelung mit Fuzzy-Regler

a) Grafisches Simulationsprogramm (MATLAB/SIMULINK)
b) Kennlinien dreier Fuzzy-Regler und
c) zugehörige Störsprungantworten des Füllstandsreglers

ist, bevor zum Zeitpunkt $t = 0$ die Abflußöffnung um $\Delta A_{ab} = A_{ab} - A_{ab0} = 3 \text{ mm}^2$ vergrößert wird. Gemäß Bild 10.19c fällt der Füllstand h daraufhin unter die Sollmarke h_S ab und wird von den drei in den vorherigen Beispielen behandelten Fuzzy-Reglern, deren Kennlinien in Bild 10.19b nochmals zusammengestellt sind, in unterschiedlicher Weise ausgeregelt. Der Stellbereich ist $y_{min} = -5$ V bis $y_{max} = +5$ V. e_{max} wird mit 2,5 cm symmetrisch zum Ursprung festgelegt. Die beste Genauigkeit erzielt der Fuzzy-Regler mit dem steilen Kennlinienverlauf bei kleinen e-Werten (Nr. *1* in Bild 10.19b und c). Weniger genau sind die Fuzzy-Regler mit den Nummern Nr. *2* und *3*, bei denen „Füllstand unterhalb Sollmarke" erst ab einem gewissen Abstand von der Sollmarke als zutreffend erachtet wurde (vgl. die Zugehörigkeitsfunktionen von Bild 10.18a). Bei Fuzzy-Regler Nr. *2* schlägt die Stellgröße erst aus, wenn die Regeldifferenz e einen Wert von etwa 0,7 cm überschreitet, während Fuzzy-Regler Nr. *3* erst bei etwa $e = 1,25$ cm reagiert. Bei letzterem schaltet die Stellgröße zwischen 0 und y_{max} wie bei einem Zweipunktregler ohne Schaltdifferenz (vgl. Abschn. 4.2).

10.6 Fuzzy-*PID*-Regler

Der vorhergehende Abschnitt zeigte, daß ein Fuzzy-Regler mit einer Eingangs- und einer Ausgangsgröße das Übertragungsverhalten eines Kennliniengliedes aufweist, $y = f(e)$. Hat die Kennlinie einen monoton ansteigenden Verlauf, dann besitzt der Fuzzy-Regler *Proportionalverhalten*, das im allgemeinen nichtlinear ist. Ein Spezialfall ist der *P*-Regler $y = K_{PR} e$ mit *linearem* Proportionalverhalten. Es liegt nahe, die Vorteile, die ein *I*- und/oder *D*-Anteil bei einem *PID*-Regler bietet (Abschn. 4.3), auch mit dem nichtlinearen *P*-Verhalten eines Fuzzy-Reglers zu kombinieren:

Ein *I-Anteil* (Integral-Anteil) soll eine verschwindende bleibende Regeldifferenz bei konstanten Führungs- und Störgrößen garantieren und ein *D-Anteil* (Differenzier-Anteil) soll einen Vorhalt beim Stelleingriff und damit besser gedämpfte Ausregelvorgänge bewirken. Es gibt derzeit noch keine Standard-Definition eines Fuzzy-*PID*-Reglers. Bild 10.20a ist ein Wirkungsplan des konventionellen *PID*-Reglers (Abschn. 4.3)

$$y = K_{PR}e + K_{IR} \int e\, dt + K_{DR}\dot{e} \,,$$

wobei e, $\int e\, dt$ und $\dot{e}$ in dem gestrichelt gezeichneten Block linear verknüpft werden. Ein mögliche Form eines *Fuzzy-PID*-Reglers besteht darin, diesen Block als Fuzzy-Regler auszulegen, was zu einem nichtlinearen Übertragungsverhalten

$$y = f(e, \int e\, dt, \dot{e})$$

führt. Dieses Übertragungsglied ist jedoch nur ein Bestandteil des Fuzzy-*PID*-Reglers (Eingangsgröße e und Ausgangsgröße y) und wird daher in Bild 10.20b als Fuzzy-Block bezeichnet. Eine andere Form eines Fuzzy-*PID*-Reglers zeigt der Wirkungsplan Bild 10.20d. Diese Reglerstruktur kann man sich aus dem Wirkungsplan des linearen *PID*- Reglers von Bild 10.20c entstanden denken, bei dem (verglichen mit Bild 10.20a) der Integrator in den Ausgangszweig verschoben wurde. Damit ergibt sich für den Fuzzy- Block in Bild 10.20d

$$\dot{y} = f(e, \dot{e}, \ddot{e}) \,.$$

Ist der nichtlineare Regelkreis mit dem Fuzzy-*PID*-Regler von Bild 10.20b stabil (d. h. keine Dauerschwingungen, vgl. Abschn. 5.9), dann verschwindet die bleibende Regeldifferenz bei konstanten Führungs- und Störgrößen. Bei dem Fuzzy-*PID*-Regler von Bild 10.20d ist das nicht unbedingt der Fall, da $\dot{y}$ und nicht e Eingangsgröße des Integrators ist.

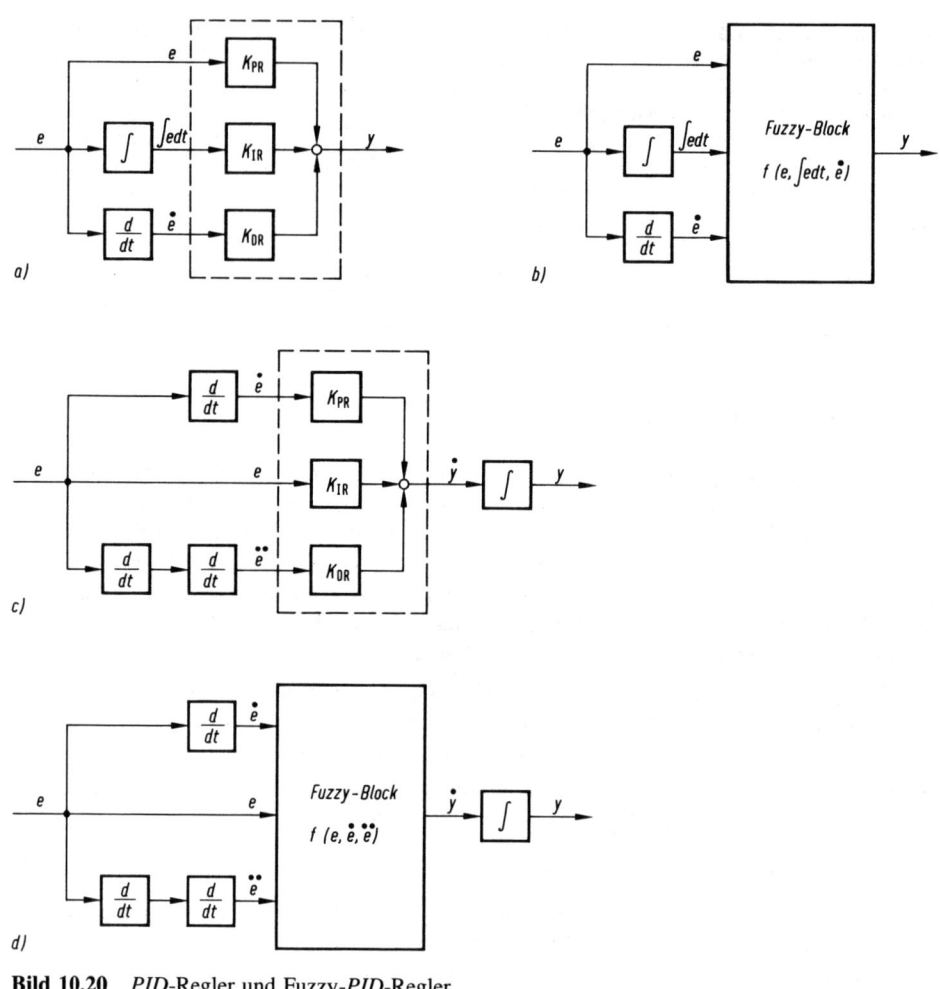

Bild 10.20   *PID*-Regler und Fuzzy-*PID*-Regler

a) *PID*-Regler
b) Fuzzy-*PID*-Regler mit Fuzzy-Block $y = f(e, \int e \, dt, \dot{e})$
c) *PID*-Regler mit Integrator am Ausgang
d) Fuzzy-*PID*-Regler mit Fuzzy-Block $\dot{y} = f(e, \dot{e}, \ddot{e})$

Beispiel: Fuzzy-*PD*-Regler

Bild 10.21 a ist der Wirkungsplan eines Fuzzy-*PD*-Reglers. Der Fuzzy-Block wird wie folgt ausgelegt: Die Zugehörigkeitsfunktionen der beiden Eingangsgrößen e und $\dot{e}$ und der Ausgangsgröße y werden so festgelegt, wie in Bild 10.21b gezeigt. Dabei sind alle Größen auf einen Arbeitsbereich von -1 bis $+1$ normiert. In der Regelbasis werden Aktionen der Stellgröße y für alle möglichen Kombinationen der Zugehörigkeitsfunktionen von e und $\dot{e}$ formuliert. Als Ergebnis zeigt Bild 10.21c die Regelbasis in Matrixform. Jedem Matrixelement entspricht eine Regel. Zum Beispiel bedeutet das Element oben links:

WENN e negativ UND $\dot{e}$ negativ DANN y negativ groß.

Wählt man ferner die MIN-MAX-Inferenz und zum Defuzzifizieren die Schwerpunktmethode, dann ergibt sich Bild 10.21 d als Kennfläche des Fuzzy-Blockes. Zum Vergleich zeigt Bild 10.21 e die Kenn*ebene* des konventionellen *PD*-Reglers $y = K_{PR}\, e + K_{DR}\, \dot{e} = 0{,}5e$ (Abschn. 4.3.4).

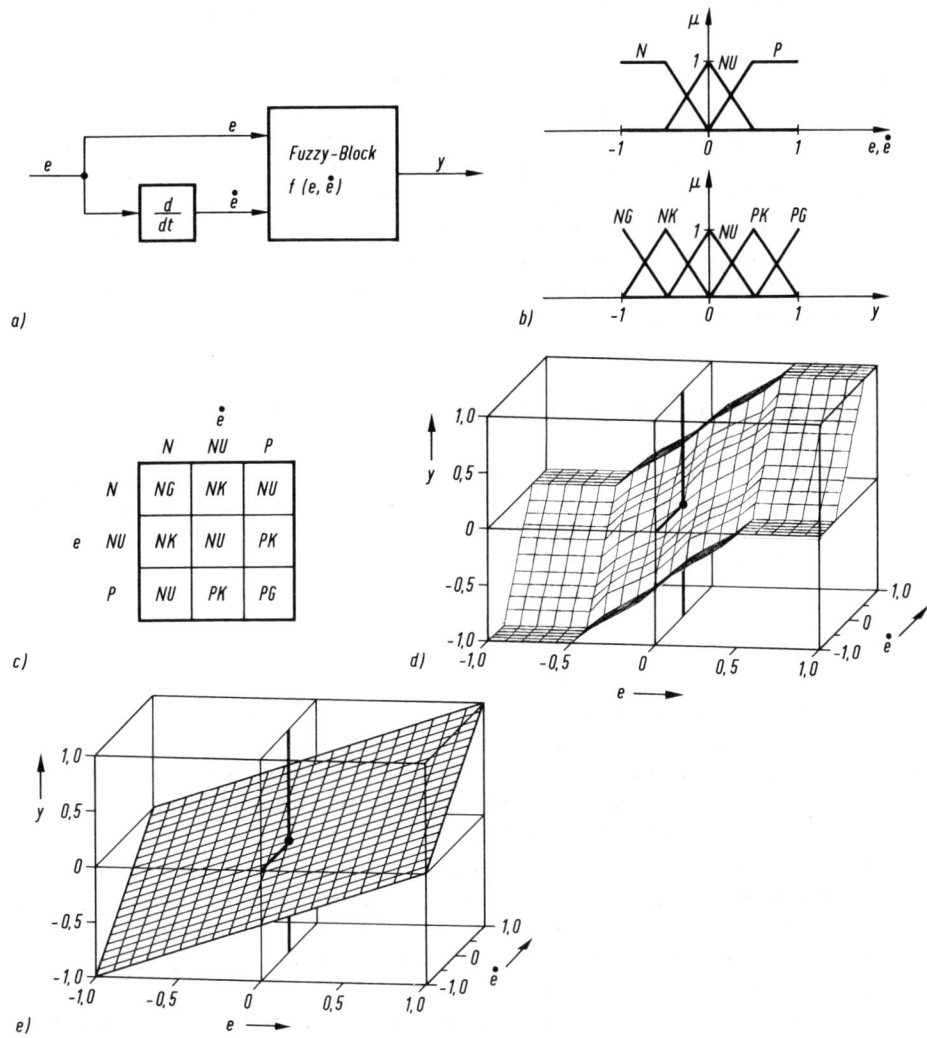

Bild 10.21 Fuzzy-*PD*-Regler

a) Wirkungsplan
b) Zugehörigkeitsfunktionen der Ein- und Ausgangsgrößen
c) Regelbasis (Erläuterung s. Text)
d) Kennfläche des Fuzzy-*PD*-Reglers
e) Kennfläche eines konventionellen linearen *PD*-Reglers

11   Regelungstechnische Baueinheiten

Die vorhergehenden Abschnitte behandelten überwiegend die *Funktion* von Regeleinrichtungen mit Hilfe mathematischer Modelle wie z. B. Differentialgleichungen oder Übertragungsfunktionen. So wurde z. B. in Abschn. 4 die Wirkungsweise des *PID*-Reglers anhand seiner Übertragungsfunktion erläutert, jedoch wurde noch nicht über seine technische Realisierung gesprochen.

Die Geräte, Bauteile bzw. Baugruppen, mit denen die Funktionseinheiten von Regeleinrichtungen (Meßeinrichtung, Vergleichsglied, Regelglied, Stelleinrichtung, vgl. Bild 1.11) technisch realisiert werden, bezeichnet man als *Baueinheiten*. Bei der enormen Vielfalt technischer Realisierungsmöglichkeiten (z. B. elektrisch, pneumatisch, hydraulisch, analog, digital) ist es aus wirtschaftlichen Gründen unumgänglich, die Baueinheiten so auszulegen, daß man mit möglichst wenig Gerätetypen für unterschiedliche Problemstellungen auskommt. Begünstigt wird dies u. a. durch die Verwendung von Einheitssignalbereichen (vgl. Abschn. 11.1.2). Der vorliegende Abschnitt behandelt die wichtigsten Arten von Baueinheiten.

11.1   Meß- und Übertragungseinrichtungen

Will man eine Regelung technisch realisieren, so muß zunächst die Regelgröße gemessen und anschließend z. B. in ein elektrisches Signal umgeformt und zum Regler übertragen werden. Im vorliegenden Abschnitt werden *analoge* Meßsignale behandelt. Auf digitale Einrichtungen geht Abschn. 11.3 ein.

11.1.1   Sensoren

Ein Regler bildet die Stellgröße $y(t)$ aus der *gemessenen* Regelgröße $x(t)$. Die Genauigkeit, mit der die *tatsächliche* Regelgröße $x(t)$ (Istwert) auf die Führungsgröße $w(t)$ (Sollwert) geregelt wird, entspricht daher bestenfalls der Meßgenauigkeit der Regelgröße. Kurz gesagt: Eine Regelung kann nicht besser sein als die Messung der Regelgröße. Daher kommt der Sensorauswahl besondere Bedeutung zu.

Ein Sensor[1]) nimmt eine zu messende physikalische Größe auf. Er ist i. a. das erste Glied einer *Meßkette*, an deren Ende das Meßsignal in einer für die Weiterverarbeitung geeigneten Form vorliegt (z. B. elektrische Spannung im Einheitsbereich $0 \ldots 10\,\text{V}$). Bild 11.1 zeigt einige Sensorprinzipien. Auf Signalumformung und -übertragung gehen die folgenden Abschnitte ein. In der Regelungstechnik benötigt man für die Fülle der zu regelnden Größen eine Unzahl von Sensoren, deren Behandlung hier aus Raumgründen nicht möglich ist. Es muß deshalb auf die umfangreiche meßtechnische Literatur und z. B. Herstellerkataloge verwiesen werden.

Einige grundsätzliche Gesichtspunkte bei der Sensorauswahl betreffen die statische und die dynamische Meßgenauigkeit: Die gemessene Größe muß hinreichend schnell und

---

[1]) Der Begriff Sensor ersetzt die älteren Bezeichnungen Fühler, Aufnehmer, Geber o. ä.

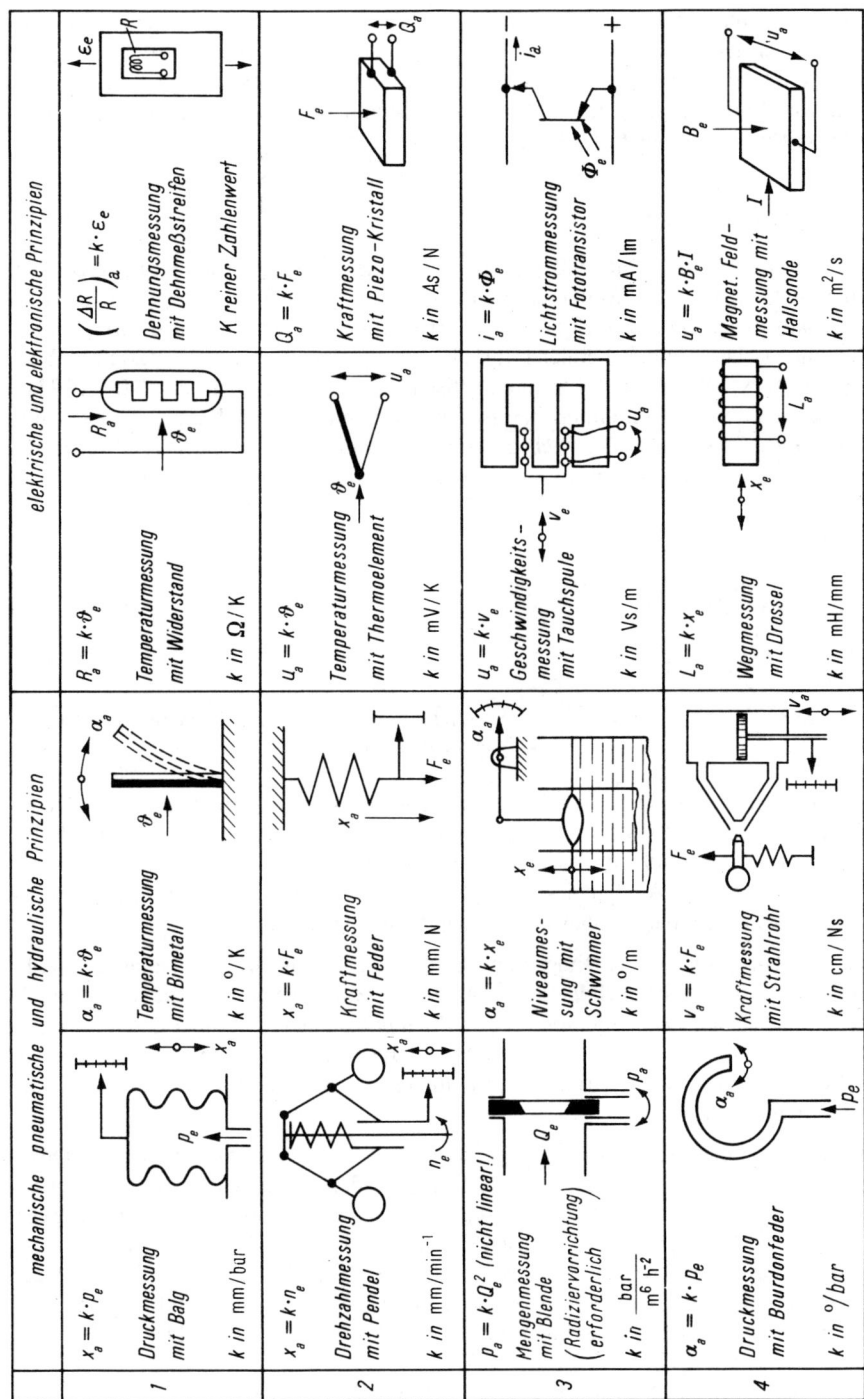

Bild 11.1 Grundlegende Sensorprinzipien

genau auf die zu messende Größe einschwingen. Die Trägheit eines Sensors im Regelkreis kann zu vermehrten Schwingungen oder gar zu Instabilität führen. Wichtige weitere Gesichtspunkte sind die erforderliche Auflösung, der Meßbereich, die Umgebungsbe-
dingungen wie Temperatur, Druck, Vibrationen, Chemikalien usw., die Zuverlässigkeit,
die Wartbarkeit und schließlich die Kosten.

11.1.2 Umformer, Wandler

Häufig ist der Fall anzutreffen, daß das ursprüngliche Meßsignal der Regelgröße sich
nicht ohne weiteres für eine Weiterverarbeitung eignet, sondern erst umgewandelt werden muß. *Umformer* dienen dazu, den Eingangssignalbereich auf einen *Einheitssignalbe-
reich* abzubilden. Die Einheitsbereiche für elektrische Signale sind $0 \dots 20$ mA (bzw.
$4 \dots 20$ mA) (DIN 19230) und für pneumatische Signale $0,2 \dots 1$ bar (DIN 19231).
Daher weisen Umformer-Kennlinien häufig eine Nullpunktverschiebung auf (Kennlinie
(2) in Bild 11.2). Es können aber auch gekrümmte Kennlinien (3) und (4) auftreten, die
z. B. zur Entzerrung (Linearisierung) von Schaltungen herangezogen werden.

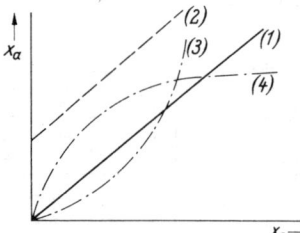

Bild 11.2 Kennlinien von Meßumformern (Erläuterungen siehe Text)

Ist der untere Wert des Einheitssignalbereiches größer Null, so spricht man vom lebenden Nullpunkt („live zero"), weil ein Eingangssignal Null ein Ausgangssignal zur Folge
hat, dessen Größe von Null verschieden ist. Ein Vorteil des lebenden Nullpunktes besteht darin, daß z. B. ein Ausfall des Versorgungsdruckes bzw. der elektrischen Versor-
gung sofort daran erkennbar ist, daß die Anzeigen unter Null abfallen.

Bleibt bei der Umformung die Dimension der physikalischen Größe unverändert (z. B.
mV → V, mm → m), so bezeichnet man das zu diesem Zweck verwendete Gerät als
Wandler. Hierzu zählen auch alle sog. *Teiler* (Spannungsteiler, Kraftteiler) und *Verstärker*. Bild 11.3 vermittelt eine Auswahl von Wandlerprinzipien in schematischer Darstellung, die entsprechend ihrer Wirkungsweise in Teiler, Wandler im engeren Sinn und
Verstärker aufgegliedert sind.

Als Beispiel einer technischen Ausführung zeigt Bild 11.4 einen pneumatischen Diffe-
renzdruck-Meßwandler. Dieser Gerätetyp erlaubt es, den Nullpunkt und den Meßbereich in weiten Grenzen zu ändern. Er arbeitet nach der Methode des Momentenvergleichs und liefert Ausgangsdrucke zwischen 0,2 und 1,0 bar. Eingangsseitig wird der
Differenzdruck $(p_1 - p_2)$ über Schutzmembranen und ölgefüllte Kammern auf die Meßmembran (6) gegeben, die den Waagebalken (7) und damit das Düse-Prallplatte-System
(2), (3) mit anschließendem pneumatischen Verstärker (1) steuert[1]. Der Meßbereich

---

[1]) Bezüglich Düse-Prallplatte-System und pneumatische Verstärker s. Abschn. 11.2.2.

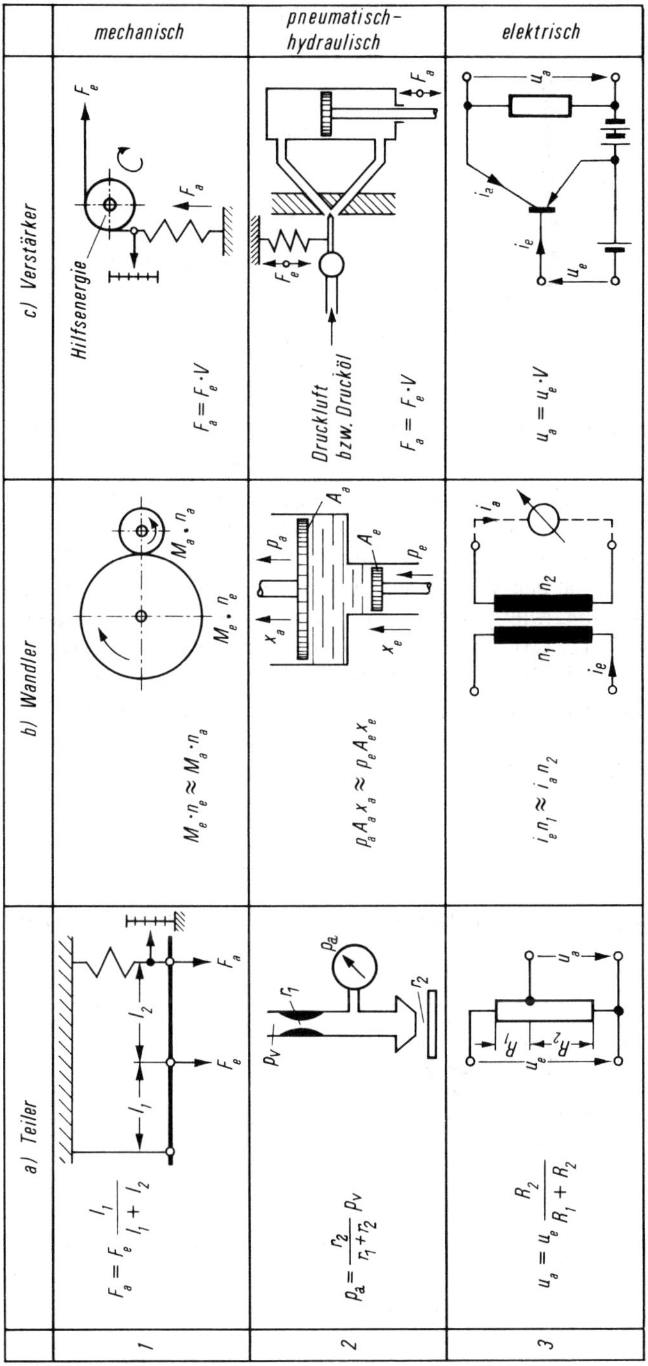

	mechanisch	pneumatisch-hydraulisch	elektrisch
c) Verstärker	Hilfsenergie $F_a = F_e \cdot V$	Druckluft bzw. Drucköl $F_a = F_e \cdot V$	$u_a = u_e \cdot V$
b) Wandler	$M_e \cdot n_e \approx M_a \cdot n_a$	$p_a A_a x_a \approx p_e A_e x_e$	$i_e n_1 \approx i_a n_2$
a) Teiler	$F_a = F_e \dfrac{l_1}{l_1 + l_2}$	$p_a = \dfrac{r_2}{r_1 + r_2} p_v$	$u_a = u_e \dfrac{R_2}{R_1 + R_2}$
	1	2	3

Bild 11.3 Signalwandler

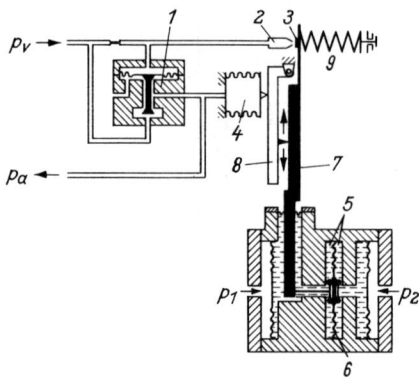

Bild 11.4 Pneumatischer Differenzdruck-
Meßwandler mit ölgefülltem Meßsystem

1 pneumatischer Verstärker
2 Düse
3 Prallplatte
4 Rückführbalg
5 Meßkammer
6 Meßmembran
7 Waagebalken
8 Einstellung des Meßbereichs
9 Einstellung des Nullpunkts
p_v Versorgungsdruck
p_a Ausgangsdruck
$p_1 - p_2$ Differenzdruck $(p_1 > p_2)$

kann durch Verschieben des Angriffspunkts der Wippe (*8*) am Waagebalken geändert werden.

Einheitsstromsignale lassen sich leicht in Einheitsspannungssignale umwandeln, wenn man den eingeprägten Strom durch einen entsprechenden Widerstand schickt: bei einem 500-Ohm-Widerstand wird dann aus 0 ... 20 mA der Spannungsbereich 0 ... 10 Volt. Das „dead-zero"-System 0 ... 20 mA hat den Vorteil, daß das Ausgangssignal für analoge Rechenoperationen, wie z. B. Division, Multiplikation oder Integration direkt weiterverarbeitet werden kann (vgl. Abschn. 11.2.1.3). Dagegen muß beim „live-zero"-System vor der Rechenoperation erst das Nullsignal subtrahiert und später wieder hinzugefügt werden.

Eine wichtige Kenngröße eines Umformers ist die Steilheit $k = \Delta v / \Delta u$ (d. h. die Steigung) seiner Kennlinie im Arbeitspunkt (*u* und *v* sind Ein- bzw. Ausgangsgröße des Umformers). Bei einem Wandler ist die Einheit von *k* Eins. Bei Umformern ist z. B.

> Fotoelement: *k*   in   mV/lm
> Tachodynamo: *k*   in   V min
> Thermoelement: *k*   in   mV/K

Als weiteres Beispiel wird der pneumatisch-elektrische Umformer von Bild 11.5 behandelt.

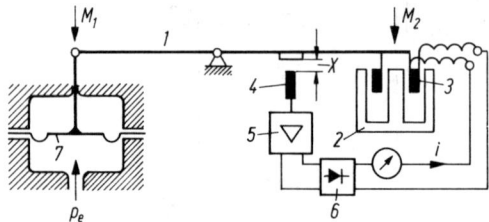

Bild 11.5 Pneumatisch-elektrischer Meßumformer nach dem Momentenvergleichsverfahren

1 Waagebalken	*5* Verstärker
2 Dauermagnetsystem	*6* Gleichrichter
3 Tauchspule	*7* Membran
4 Spule des Induktivabgriffes	p_e Eingangs-Meßdruck

Hier wirkt der Eingangs-Meßdruck p_e über die Membran (*7*) auf das linke Ende des Waagebalkens (*1*) und erzeugt das Moment M_1. Dadurch wird der Abstand x und damit die Induktivität der Spule (*4*) eines Induktivabgriffs verändert. Der Verstärker (*5*) mit anschließendem Gleichrichter (*6*) setzt diese Änderung in eine Stromänderung um, die das Tauchspulsystem (*2*), (*3*) betätigt, welches das erforderliche Gegenmoment M_2 erzeugt. Ausgangsgröße des Umformers ist der (Tauch-)Spulenstrom i, der somit dem Eingangs-Meßdruck p_e proportional ist.

11.1.3 Signalübertragung

Analoge Meß- und Stellgrößenübertragung wird vorwiegend elektrisch, gelegentlich auch pneumatisch und optisch (Lichtwellenleiter) vorgenommen. Das pneumatische Verfahren ist explosionssicher, weist jedoch bei größeren Entfernungen merkliche Signallaufzeiten auf, die sich als Totzeiten auswirken. Elektrische Verfahren sind dagegen störanfällig für elektromagnetische Fremdfelder, was bei optischen Verfahren grundsätzlich keinen Störeinfluß hat.

Pneumatische Signalübertragung

Rohrlänge und Rohrweite sowie das Luftvolumen des angeschlossenen Empfängers bedingen bei pneumatischen Übertragungssystemen nicht unerhebliche Anzeigeverzögerungen. Um diese zahlenmäßig festlegen zu können, benutzt man zweckmäßigerweise die sog. 9/10-Wert-Zeit, d. h. die Zeit, die angibt, wann die übertragene Meßgröße 9/10 ihres Endwertes erreicht hat. Sie ist in Bild 11.6 für eine Rohrleitung von 4 mm Innendurchmesser in Abhängigkeit von der Leitungslänge aufgetragen [1].

Die exakte Berechnung des zeitlichen Signalverlaufs ist schwierig, da die bestimmenden Parameter (z. B. die kinematische Viskosität und die Schallgeschwindigkeit c) druck- und temperaturabhängig sind. Die echte Totzeit T_t, die von der Leitungslänge l abhängt ($T_t = l/c$), variiert somit gemäß Bild 11.7. Dennoch kann man die Übergangsfunktion $h(t) = p_a/\hat{p}_e$ näherungsweise durch die Gleichung $h(t) = K(1 - e^{-(t - T_t)/T_1})$ realisieren, wenn T_t die Totzeit und T_1 die von ν (Viskosität), T (absolute Temperatur), R (Gaskonstante), d (Rohrdurchmesser) und l (Rohrlänge) abhängige Zeitkonstante

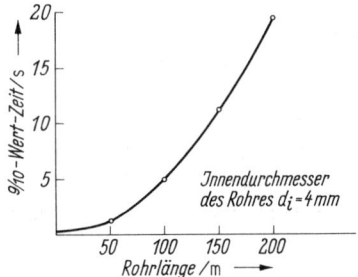

Bild 11.6 Abhängigkeit der 9/10-Wert-Zeit von der Rohrlänge

---

[1] Nach *E. Wintergerst*: Fernmessung in der Verfahrenstechnik. *Regelungstechnik* 1 (1961).

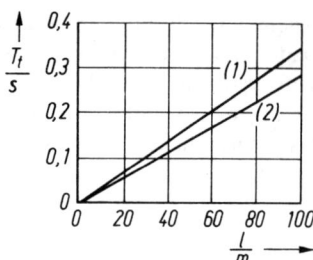

Bild 11.7
Totzeit und Rohrlänge bei zwei Schallgeschwindigkeiten: $c = 290\ \mathrm{ms}^{-1}$ *(1)* u. $c = 343\ \mathrm{ms}^{-1}$ *(2)*

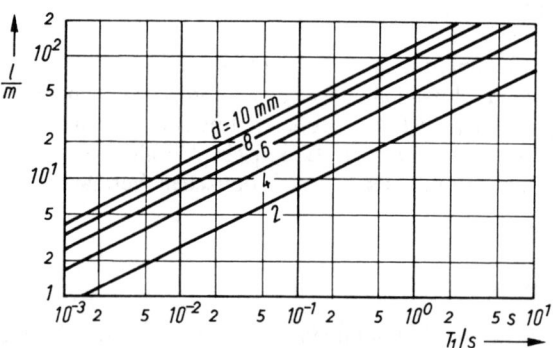

Bild 11.8   Zeitkonstante als Funktion der Rohrlänge $(\nu = 1{,}55 \cdot 10^{-5}\ \mathrm{m}^2\ \mathrm{s}^{-1})$

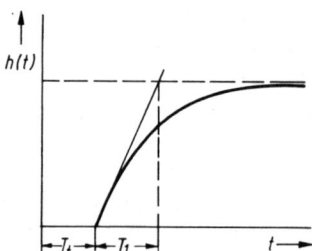

Bild 11.9   Übergangsfunktion einer Rohrleitung

$T_1 = 32\,\dfrac{v}{RT}\left(\dfrac{l}{d}\right)^2$ ist. Bild 11.8 zeigt die Funktion $T_1 = f(l)$ für verschiedene Rohrdurchmesser, Bild 11.9 die Übergangsfunktion $h(t)$.

Es sei noch darauf hingewiesen, daß die angestellten Überlegungen voraussetzen, daß der Signalgeber am Eingang der Leitung über genügend Luftliefervermögen (in m³/h) verfügt; nur dann ist die oben angegebene Näherung für $h(t)$ zulässig. Generell läßt sich sagen: die zeitliche Verzögerung bei der Übertragung pneumatischer Signale nimmt zu mit kleiner werdendem Leitungsquerschnitt, mit wachsender Leitungslänge, mit größer werdendem Volumen des Empfängers und mit sinkendem Luftliefervermögen des Gebers.

Zu beachten ist ferner, daß bei pneumatischen Vorgängen aufgrund der vergleichsweise niederen Schallgeschwindigkeit $(c \approx 300\ \mathrm{ms}^{-1})$ das Gebiet der hochfrequenten Schwingungen bereits ab ca. 30 Hz (Wellenlänge < 10 m entsprechend 30 MHz bei elektromagnetischen Schwingungen) erreicht ist. Liegt die Wellenlänge jedoch in der Größenordnung der Leitungslänge, so sind die Leitungsgleichungen (ähnlich denen in der Elektrotechnik) zu berücksichtigen. Aus diesen geht hervor, in welcher Weise Ein- und Ausgangsimpedanz Z_e und Z_a einer Leitung beschaffen sein müssen, damit reflexionsfreie Signalübertragung erfolgen kann. Das ist der Fall für $Z_e = Z_a = W$ (Wellenwiderstand der Leitung).

Elektrische Signalübertragung

Hier spielt die Übertragungszeit auf der Leitung, im Gegensatz zur Pneumatik, nur eine untergeordnete Rolle und ist bei den üblichen Entfernungen gegenüber den Zeitkonstanten von Geber und Empfänger vernachlässigbar klein. Man kann für die Leitung ein Ersatzschaltbild gemäß Bild 11.10 aufstellen und beispielsweise die Übergangsfunktion berechnen, weil die Leitungsparameter (Kapazität und Isolierwiderstand des Kabels) leicht zu handhaben sind und die Temperaturabhängigkeit dieser Größen weit weniger ins Gewicht fällt als diejenige der pneumatischen Kenngrößen Schallgeschwindigkeit und Viskosität. Meist genügt es bei der Übertragung von Spannungspegeln, auf genügend hochohmigen Abschluß am Leitungsende und ausreichende Signalamplituden am Leitungseingang zu sorgen. Eventuell müssen Störeinwirkungen von außen durch entsprechende Abschirmmaßnahmen unwirksam gemacht werden. Bei sehr hohen Frequenzen gelten analoge Überlegungen wie im pneumatischen Fall: es sind die durch die Leitungsgleichungen vorgeschriebenen Anpassungsregeln für reflexionsfreie Übertragung zu beachten.

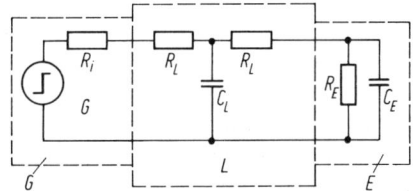

Bild 11.10 Ersatzschaltbild einer elektrischen Übertragungsleitung.

G Geber, *E* Empfänger, *L* Leitung

Bei elektrischen Vorgängen kann man demnach davon ausgehen, daß die Leitung keinen nennenswerten Beitrag zur Signalverzögerung liefert. Diese ist vielmehr durch die Ansprech- und Reaktionszeit von Geber und Empfänger bestimmt. Bei Temperaturgebern ist sie am größten. Dort beträgt die 9/10-Wert-Zeit 5 s und mehr. Für Druckgeber ist sie bedeutend kleiner und liegt im Bereich 0,1 bis 1 s.

Vielfach werden Trägerfrequenzverfahren zur elektrischen Signalübertragung eingesetzt, deren Hauptvorzug in der Mehrkanaligkeit (mehrere voneinander unabhängige Signale auf einer Leitung) zu sehen ist. Hierbei wird einer hochfrequenten Trägerschwingung das vergleichsweise niederfrequente Meßsignal nach unterschiedlichen Methoden (AM, FM, PM, PAM, PCM, Frequenzmultiplex, Zeitmultiplex u. a.) aufmoduliert. Ein Teil dieser Verfahren eignet sich auch für drahtlose Übertragung.

Optische Signalübertragung

In diesem Fall wird das Meßsignal in Form von Lichtwellen mit einem Lichtwellenleiter aus Glas- oder Kunstoffasern übertragen. Häufig wird ein elektrisches Meßsignal in einem elektrooptischen Umformer in ein optisches (Licht-)Signal (i. a. im nahen infraroten Spektralbereich) umgewandelt, dann von einem Lichtwellenleiter übertragen und schließlich von einem optoelektronischen Umformer zurückgewandelt. Gegenüber der drahtgebundenen oder drahtlosen Signalübertragung ergeben sich u. a. folgende Vorteile: Kleine Abmessungen und geringes Gewicht (1 g Glas ersetzt ca. 15 g Kupfer), Korrosionsfestigkeit, Unempfindlichkeit gegenüber elektromagnetischen Feldern, galvanische Trennung von Eingang und Ausgang der Übertragungsstrecke, kein Übersprechen, keine Erdschleifen, Abhörsicherheit, keine Funkenbildung bei Kabelbruch oder an Verbindungsstellen und hohe Übertragungskapazität.

11.2   Verstärker und analoge Regler

11.2.1   Elektrische Verstärker und Regler

Elektrische Verstärker und Regler bilden in der Meß- und Regelungstechnik einen bedeutenden Kernpunkt aller instrumentellen Ausrüstung. In den folgenden Abschnitten werden die für den Anwender wichtigen Merkmale dieser Gerätetypen herausgearbeitet. Es ist dabei beabsichtigt, grundlegende Arbeitsweisen und prinzipielle Eigenschaften und Besonderheiten deutlich werden zu lassen, nicht dagegen, Arbeitsunterlagen für den Entwurf derartiger Schaltungen bereitzustellen, die bei der Fülle des Materials notgedrungenermaßen lückenhaft ausfallen würden und der elektronischen Fachliteratur vorbehalten bleiben müssen.

11.2.1.1 Elektrische Verstärker

Verstärker für Meß- und Regelzwecke sind nach ganz bestimmten Gesichtspunkten konzipiert. Der interne Aufbau der meist mehrstufigen und vielfach gegengekoppelten Anordnungen ist für den Anwender weniger wichtig als vielmehr deren statische und dynamische Eigenschaften, die durch Messung von Aus- und Eingangsgrößen bestimmt werden können. Hierzu zählen: die Eingangs- und Ausgangsimpedanz, Eingangs- und Ausgangssignalbereiche, Ansprechschwelle, Verstärkungsfaktor, Bandbreite, Belastbarkeit des Ausgangs, Langzeitstabilität, Nullpunktdrift u.a. Grundsätzlich unterscheidet man Signal- und Leistungsverstärker. Erstere werden in der Regelschleife nach dem Sensor oder Fühler (man nennt sie daher auch Meßverstärker), letztere nach dem Regler eingesetzt.

Signalverstärker, Meßverstärker

Signalverstärker sind als Strom-(i_e, i_a), Strom/Spannungs-(i_e, u_a) oder Spannungs-(u_e, u_a) Verstärker im Gebrauch (Index e und a für Eingang bzw. Ausgang). Für den Spannungsverstärker, der meistens eingesetzt wird, kann man nach Bild 11.11 eine Ersatzschaltung aufstellen. Mit den in der Bildlegende erläuterten Bezeichnungen ist dann:

$$u_e' = u_e \frac{Z_E}{Z_E + Z_i} \quad \text{und} \quad u_a = V u_e' \frac{Z_a}{Z_A + Z_a}.$$

Im Idealfall wirken die Eingangs- und Quellimpedanzen Z_E und Z_A als ohmsche Widerstände $Z_E = R_E$ bzw. $Z_A = R_A$, wobei der Eingangswiderstand sehr hoch

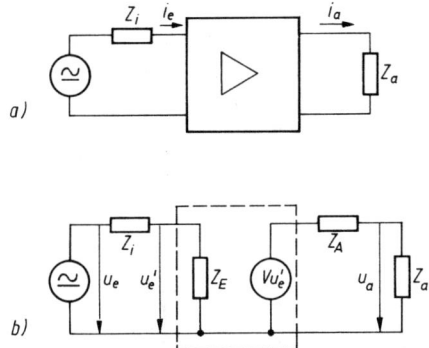

Bild 11.11
Prinzipschaltung eines Verstärkers

a) Blockschaltbild
b) Ersatzschaltbild
Z_i Innenimpedanz der Signalquelle
Z_E Eingangsimpedanz des Verstärkers
Z_A Quellimpedanz des Verstärkers
Z_a Lastimpedanz
V Verstärkungsfaktor u_a/u'_e
u_e Leerlaufspannung der Signalquelle
u'_e Eingangsspannung des Verstärkers
u_a Ausgangsspannung des Verstärkers

($Z_E \approx R_E \approx 100\,\mathrm{M\Omega}$) und der Quellwiderstand sehr klein ($Z_A \approx R_A$ von 0,1 bis einige 10 Ω) ist im Verhältnis zu den Widerständen vor bzw. hinter dem Signalverstärker ($Z_E \gg Z_i$ und $Z_A \ll Z_a$). Dann ergibt sich aus der obigen Formel näherungsweise

$$u_a \approx V u'_e \quad (V \text{ Verstärkungsfaktor des Verstärkers}).$$

Im Interesse hoher Verstärkung, guter Linearität (abgesehen von Ausführungen mit beispielsweise logarithmischer Kennlinie) und Langzeitstabilität sind Verstärker vorwiegend mehrstufig aufgebaut und in der Einzelstufe oder über mehrere Stufen hinweg gegengekoppelt. Das bedingt bei hochwertigen Meßverstärkern entsprechenden Mehraufwand und höhere Preise.

Eine besondere Form der Eingangsstufe liegt beim sog. *Differenzverstärker* vor. Sie ist speziell bei Operationsverstärkern anzutreffen, die z. B. bei Rechenverstärkern eingesetzt werden (vgl. Abschn. 11.2.1.3). Der Hauptvorteil des Differenzverstärkers liegt darin, daß er der Meßquelle einen massefreien Eingang darbietet, indem der heiße und kalte Pol des Sensors an jeweils einen Eingang (u_{e1} und u_{e2} in Bild 11.12d) gelegt wird. Das ist in vielen Fällen, wo auf Stör- und Brummfreiheit großer Wert gelegt werden muß, außerordentlich vorteilhaft.

Bezüglich der *Kopplung* der einzelnen Stufen eines Verstärkers untereinander unterscheidet man die direkte oder galvanische und die RC-Kopplung. Erstere (Bild 11.12a) ermöglicht die Übertragung von Gleichspannungssignalen, letztere (Bild 11.12b) beschränkt sich auf Wechselspannungen innerhalb eines bestimmten Frequenzbandes. Der Wechselspannungsverstärker kennt keine grundsätzlichen Driftprobleme, während beim Gleichspannungsverstärker das Abwandern des Nullpunkts (= Drift) infolge der direkten Kopplung von Stufe zu Stufe (Bild 11.12a) umfangreiche Stabilisierungsmaßnahmen nötig macht. Einen Ausweg bieten die Chopper- oder Zerhackerverstärker, bei denen Gleichspannungssignale durch mit Rechteckschwingungen gesteuerte Stromtore (Modulatoren) unterbrochen, zerhackt und dann einem RC-gekoppelten, d. h. Gleichspannung sperrenden, üblichen Wechselspannungsverstärker zugeführt werden.

Eine für Sensoren häufig eingesetzte Verstärker-Variante ist der *Impedanz-Wandler*, der sich schon als einstufiger Emitterfolger (Bild 11.12c) realisieren läßt. Seine Hauptmerkmale sind: hoher Eingangs- und niedriger Ausgangswiderstand. Damit eignet er sich vorzüglich zur Lösung von Anpassungsproblemen, denn er verhindert die strommäßige Belastung einer Meßquelle (Sensor) und liefert an seinem Ausgang die von dieser nicht

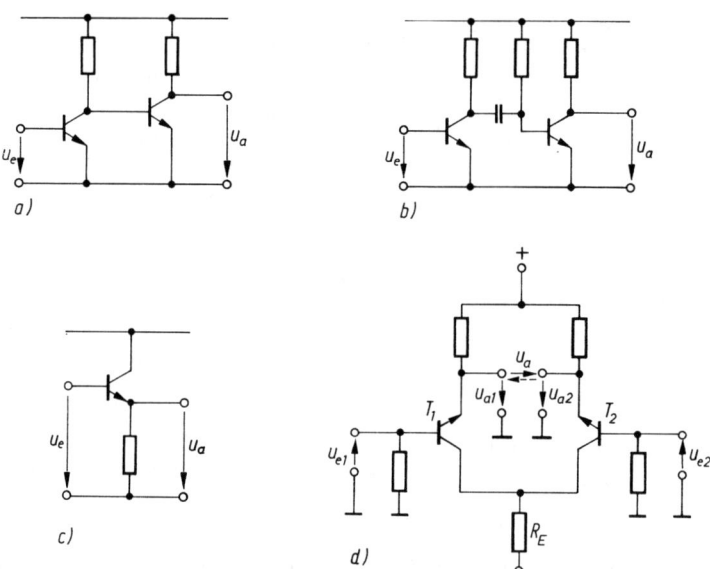

Bild 11.12   Verstärkerschaltungen

a) direkte oder galvanische Kopplung   b) RC-Kopplung
c) Impedanzwandler   d) Differenzverstärker

aufzubringende Leistung; seine Spannungsverstärkung beträgt allerdings maximal nur eins.

Eine Reihe von Sensoren ist so konzipiert, daß sie das von ihnen produzierte zeitveränderliche Meßsignal einer sog. *Trägerschwingung* (10 bis 50 kHz) aufmodulieren. So werden beispielsweise Lageänderungen häufig mit Induktivgebern gemessen, die in eine Brückenschaltung einbezogen sind (linker Teil von Bild 11.13). Die Brücke (B) wird beim Sollwert so abgeglichen, daß die Diagonalspannung Δu null ist. Bei einer Lageänderung wird der Tauchanker verschoben, die Induktivität des Gebers verändert und dadurch das Brückengleichgewicht gestört. Damit gelangt $\Delta u \neq 0$ als Sollwertabweichung an den Eingang des Wechselspannungsverstärkers (V), um nach entsprechender Verstärkung und Umformung ein geeignetes Stellglied (in Bild 11.13 nicht eingezeichnet) zu betätigen.

Positive wie negative Abweichungen vom Sollwert rufen jedoch, sofern sie gleiche Größe haben, gleichgroße Diagonalspannungen hervor, denen als Wechselspannungen – von Augenblickswerten abgesehen – kein Vorzeichen zugeordnet werden kann. Der Verstärker „weiß" demzufolge nichts von der Polarität der Regeldifferenz. Die Diagonalspannungen unterscheiden sich jedoch in der Phase, je nachdem ob die Abweichung positiv oder negativ ist (Bild 11.13 b). Es kann daher das Wechselspannungssignal eindeutig der Regeldifferenz zugeordnet werden, wenn der Verstärker oder ein ihm nachgeschaltetes Gerät phasenempfindlich gemacht wird. Dies ist der Fall bei der im gleichen Bild angegebenen Gleichrichterschaltung (G).

Damit beide Schaltungen phasengleiche Spannungen erhalten, muß die Meßbrücke (B) aus demselben Netz (u_{Sp}) gespeist werden wie der phasenempfindliche Gleichrichter (G).

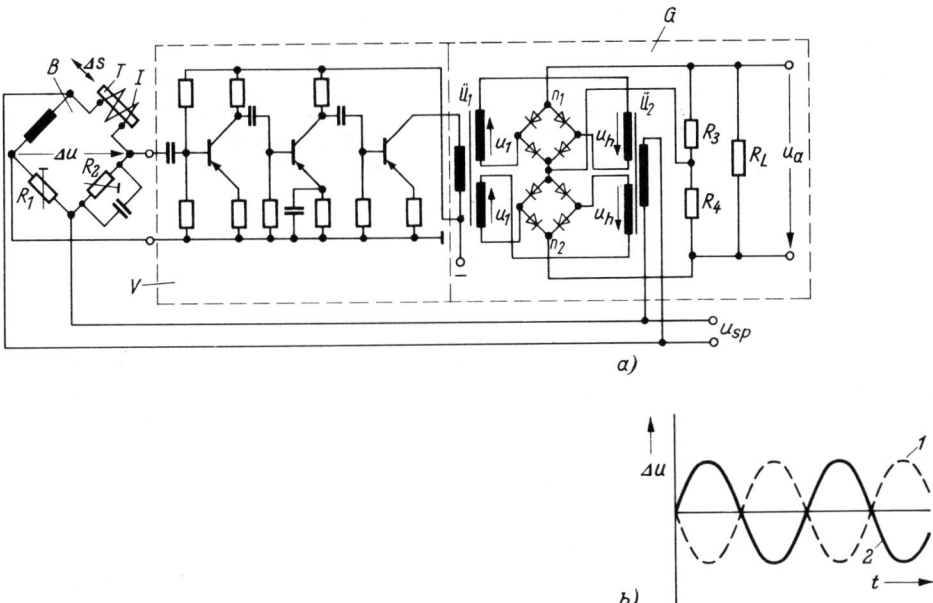

Bild 11.13 Wechselspannungsverstärker mit phasenempfindlichem Gleichrichter

a) Schaltbild

B	Brückenschaltung	$\ddot{U}_1, \ddot{U}_2$	Übertrager
R_1, R_2	Abgleichwiderstände für Sollwert	n_1, n_2	Gleichrichter in Brückenschaltung
I	Induktivgeber	R_3, R_4	Symmetrierwiderstände für Sollwert
T	Tauchanker	R_L	Lastwiderstand
Δs	Lageänderung des Tauchankers	G	phasenempfindliche Gleichrichterschaltung
V	Wechselspannungsverstärker	u_{sp}	Speisespannung (5 ... 10 kHz)

b) Diagonalspannung Δu bei positiver (*1*) und negativer (*2*) Lageänderung Δs des Tauchankers

Die beiden symmetrischen Wechselspannungen u_1 des Übertragers $\ddot{U}_1$ werden den Hilfs-spannungen u_h des Übertragers $\ddot{U}_2$ so überlagert, daß an R_3 nach Gleichrichtung durch n_1 eine Gleichspannung entsteht, die der Summenspannung $u_h + u_1$ entspricht, während an R_4 eine der Differenz $u_h - u_1$ entsprechende Gleichspannung vorhanden ist (man be-achte die unterschiedliche Schaltung der Übertragerwicklungen). Beide Spannungen sind gegeneinander geschaltet, so daß die resultierende Ausgangs-Gleichspannung den Wert

$$u_a = \varepsilon[(u_h + u_1) - (u_h - u_1)] = 2\varepsilon u_1$$

besitzt. (Der Faktor ε beinhaltet unter anderem den Spannungsverlust bei der Gleichrich-tung.)

Voraussetzung ist, daß die Diagonalspannung beim Durchlaufen des Verstärkers keine Phasendrehung erfährt. Ist dies unvermeidbar, so muß auch die Phasenlage der Speisespannung von $\hat{U}_2$ — beispielsweise durch RC-Phasenschieber — korrigiert werden. Ändert sich die Phase von Δu nach dem Durchgang des Tauchankers durch die „Nullage" um 180°, so entstehen an R_3 und R_4 Teilspannungen, die den Werten $u_h - u_1$ und $u_h + u_1$ entsprechen. Die resultierende Ausgangsspannung lautet dann

$$u_a = \varepsilon[(u_h - u_1) - (u_h + u_1)] = -2\varepsilon u_1 \,,$$

wodurch die Vorzeichenumkehrung eindeutig festgelegt ist.

Leistungsverstärker

Soll der Verstärker von Bild 11.11 am Ausgang größere Ströme bei gegebener Spannung d. h. größere Leistung abgeben, so muß auf die richtige Anpassung geachtet werden. Für den Fall der Leistungsanpassung gilt: $Z_A = Z_a$ bzw. $R_A = R_a$, womit sich die abgegebene Leistung berechnet zu $P_{A\,max} = \dfrac{1}{4R_A} V^2 u_e^2$.

Sind Stellglieder zu betätigen, die größeren Strombedarf haben, so sind entsprechende Leistungsstufen notwendig, die mit Leistungstransistoren bestückt sein können, bei höheren Leistungsforderungen jedoch mit Thyristoren oder Triacs ausgerüstet werden. Im folgenden werden die wesentlichen Eigenschaften dieser Bauelemente erläutert, da sie erfahrungsgemäß weniger bekannt sind als die von Dioden, Transistoren, ICs und OPs.

Thyristoren als Leistungsendstufen

Thyristoren sind steuerbare Siliziumzellen und bestehen aus vierschichtigen Si-Kristallen mit der Zonenfolge pnpn. In Bild 11.14a ist ihr schematischer Aufbau wiedergegeben. Die nach außen geführten Anschlüsse sind mit Anode A, Kathode K und Steueranschluß G (Gate) bezeichnet. Bild 11.14b, c zeigt das Schaltsymbol. Eingetragen sind die Ströme und Spannungen bei Betrieb in Vorwärts- und Rückwärtsrichtung.

Der Thyristor ist ein elektronischer Schalter. Er hat zwei stabile Betriebszustände, den gesperrten und den leitenden Zustand. Aus der Strom-Spannungs-Kennlinie (Bild 11.14d) sind folgende wichtige Betriebszustände entnehmbar:

Im negativen Sperrbereich (*1*) verhält sich die Zelle wie ein Gleichrichter im Sperrzustand. Über die beiden Hauptanschlüsse (A, K) fließt ein kleiner negativer Sperrstrom I_R. Bei Erreichen der Durchbruchsspannung $U_{(BR)R}$ überschreitet der Sperrstrom seinen zulässigen Wert. Bei positiver Anodenspannung und Steuerstrom $I_G = 0$ sperrt die Zelle ebenfalls (positive Sperrkennlinie (*2*)). Über die Hauptanschlüsse fließt der positive Sperrstrom I_D bei positiver Sperrspannung U_D. Wird die Nullkippspannung $U_{(BO)O}$ erreicht, dann schaltet der Thyristor in den leitenden Zustand (Zündung). Dabei wird der Kennlinienast (*3*) durchlaufen. Im leitenden Zustand (*4*) fließt über die beiden Hauptanschlüsse A, K der Durchlaßstrom I_F. U_F ist die zwischen beiden Anschlüssen abfallende Spannung. Ist die steuerbare Si-Zelle einmal gezündet, so kann der Strom nicht mehr über die Steuerelektrode beeinflußt werden. Zur Steuerung in den Sperrzustand muß der Vorwärtsstrom unter den Haltestrom gebracht werden. Hierfür läßt sich im Wechselstrombetrieb der Kommutierungsvorgang ausnutzen. Zur Zündung ist eine bestimmte Steuerleistung erforderlich. Die Steuerspannung U_G liegt zwischen den Anschlüssen G

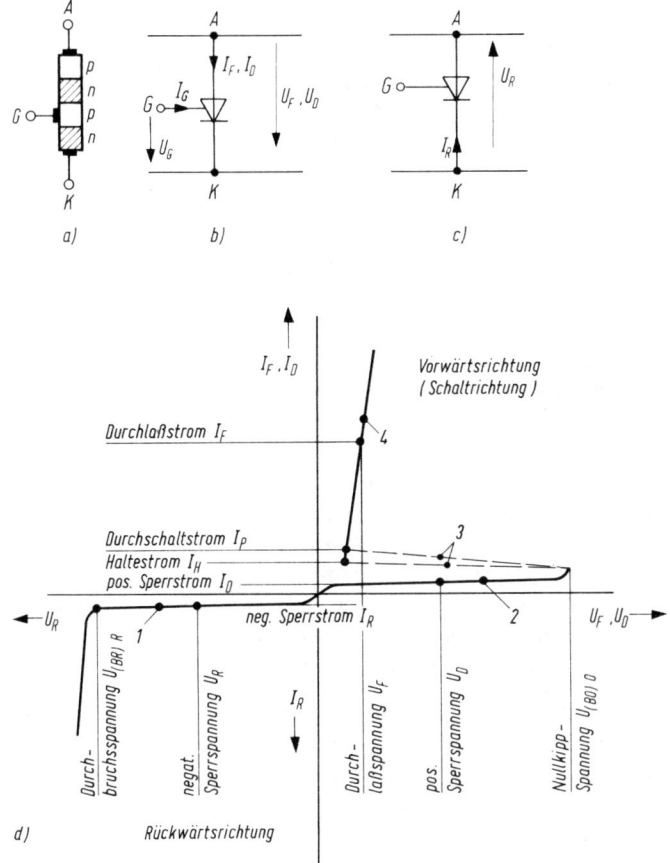

Bild 11.14 Thyristor
a) Zonenfolge
b) Schaltzeichen, Betrieb in Vorwärtsrichtung
c) Schaltzeichen, Betrieb in Rückwärtsrichtung
d) statische Stromspannungs-Kennlinie

und K. Sobald der Steuerstrom den zur Zündung erforderlichen Wert erreicht hat, wird die Strecke $A-K$ bei Spannungen $<U_{(BO)O}$ leitend.

Eine Zündung kann bei positiver Anodenspannung und positiver Gatespannung erfolgen. Der pn-Übergang zwischen $G-K$ wird dabei in Durchlaßrichtung gepolt. Man unterscheidet zwischen Gleichstrom-, Wechselstrom- und Pulszündung. Die verwendete Zündmethode hängt wesentlich von der Funktion des Thyristors im Lastkreis ab. Große Bedeutung hat die *Phasenanschnittssteuerung*. Sie findet bei Betrieb des Thyristors im Wechselstromkreis Anwendung. Bild 11.15 zeigt zwei Anwendungsbeispiele: a) die Grundschaltung des gesteuerten Einweggleichrichters und b) des Wechselstromstellers. Mit dem Pulszündgerät kann zu einem beliebigen Zeitpunkt während der positiven Anodenspannungshalbwelle das Umschalten vom gesperrten in den leitenden Zustand erfolgen. Der Zündwinkel α ist über eine Halbwelle stetig verschiebbar.

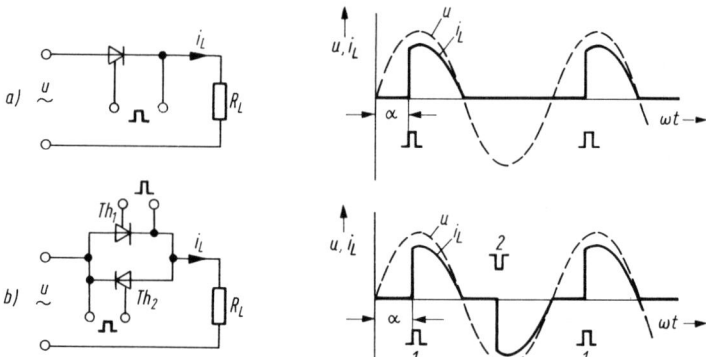

Bild 11.15 Thyristor als gesteuerter Gleichrichter (*a*) und als Wechselstromsteller (*b*)
α Zündwinkel

Der Laststrom entspricht beim Gleichrichter dem arithmetischen Mittelwert der angeschnittenen Stromhalbwelle. Beim Wechselstromsteller im Bild 11.15 sind zwei Thyristoren in Antiparallelschaltung erforderlich. Während der positiven Netzspannungshalb-
welle wird Th_1 und in der negativen Th_2 zum Zünden gebracht. Auch hier ist der
Zündwinkel über eine Halbwelle stetig verschiebbar. Das Zündgerät muß jedoch in jeder
Halbwelle einen Steuerimpuls entsprechender Polarität liefern. Der Lastwechselstrom
entspricht dem Effektivwert der angeschnittenen Stromkurven.

Bild 11.16 zeigt das Signalflußbild einer integrierten Zündschaltung. Die Schaltungen
befinden sich in der Regel in einem Dual-in-Line-Gehäuse mit 14 oder 16 herausgeführ-
ten Anschlüssen. Durch äußere Beschaltung kann man der Gesamtschaltung bestimmte
Eigenschaften geben. Die externen Bauelemente deuten die Einstellmöglichkeiten an.
Wiedergegeben ist eine Zündschaltung zur Phasenanschnittssteuerung. Integriert sind die
Baugruppen: Synchronisationsstufe, Sägezahngenerator, Komparator, Impulsgenerator,
Kanalauftrennung und Ausgangs-Impulsverstärker.

Die Synchronisationsstufe liegt über einen Spannungsteiler am Wechselstromnetz, aus
dem auch die Thyristoren gespeist werden. Sie hat die Aufgabe, die Zündimpulse mit
dem Netz zu synchronisieren und auf die Ausgänge 1 und 2 zu verteilen. Bei jedem
Nulldurchgang der Wechselspannung entsteht ein Impuls von 50 bis 100 μs Dauer (Oszillogramm *2*). Außerdem werden die Sperrsignale für die Kanalauftrennung (Oszillogramm *1*) hergestellt. Die Impulse synchronisieren einen Sägezahngenerator, der in jeder
Halbperiode einen definierten Sägezahn (Oszillogramm *3*) erzeugt. Sägezahnspannung
und Verschiebespannung u_φ, die beispielsweise der Sollwertabweichung entsprechen
kann, werden im Komparator miteinander verglichen. Bei Spannungsgleichheit liefert
dieser ein Ausgangssignal, mit dem der nachgeschaltete Speicher gesetzt wird (Oszillogramm *5*).

Während des Nulldurchgangs der Wechselspannung erfolgt das Rücksetzen des Speichers. Das Rücksetzsignal hat gegenüber dem Setzsignal immer Vorrang (Sperren der
Zündimpulse). Durch das Ausgangssignal des Speichers beim Setzvorgang (Oszillogramm *6*) erfolgt die Triggerung einer monostabilen Kippstufe. Es ist dies eine Schal-

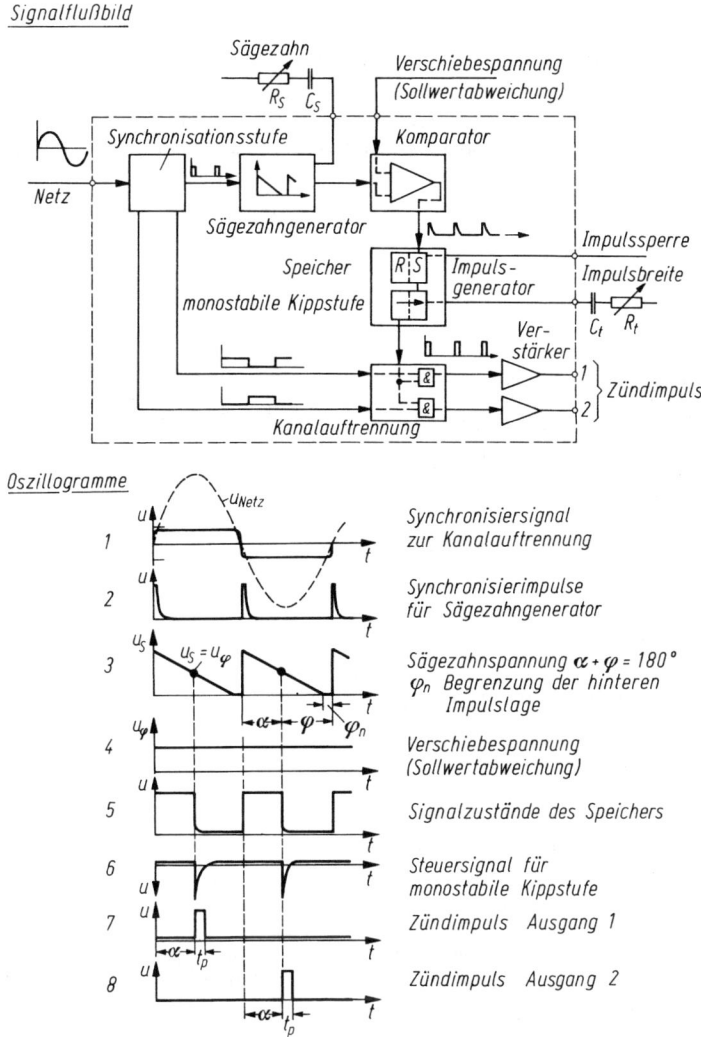

Bild 11.16 Monolithisch integrierte Zündschaltung

tung, die je Triggersignal einen Impuls bestimmter Zeitdauer erzeugt (Zeitdauer t_P mit Zeitkonstante $R_t C_t$ einstellbar). Eine Logik, die vom Kanalauftrennungssignal der Synchronisationsstufe gesteuert wird, verteilt nach erfolgter Leistungsverstärkung die Impulse auf die Ausgänge *1* und *2*. Während der positiven bzw. negativen Wechselspannungshalbwelle erscheint an Ausgang *1* bzw. Ausgang *2* ein Impuls bestimmter Phasenlage (Oszillogramme *7, 8*). Die Impulse gelangen als Zündimpulse zu den Steuerelektroden der Thyristoren. Wie aus der Beschreibung der Schaltung hervorgeht, wird der Zündwinkel α durch den Vergleich von Sägezahnspannung und Verschiebespannung festgelegt. Bei $u_S = u_\varphi$ erfolgt die Auslösung des Zündimpulses.

Triac

Der Triac kann ebenfalls als kontaktloser Schalter im Wechselstromkreis eingesetzt werden. Er entspricht in seiner Funktion der Antiparallelschaltung von zwei Thyristoren (Bild 11.17), wird wie ein Thyristor gezündet und hat nur eine Steuerelektrode. Im allgemeinen kann die Zündung mit positiven und/oder negativen Impulsen erfolgen. In der Regelungstechnik kann der Triac als Stellglied eingesetzt werden. Besonders einfache Zündschaltungen mit impulsähnlichem Charakter können mit dem Diac, einer Vierschichtdiode mit Schaltereigenschaften, erzeugt werden.

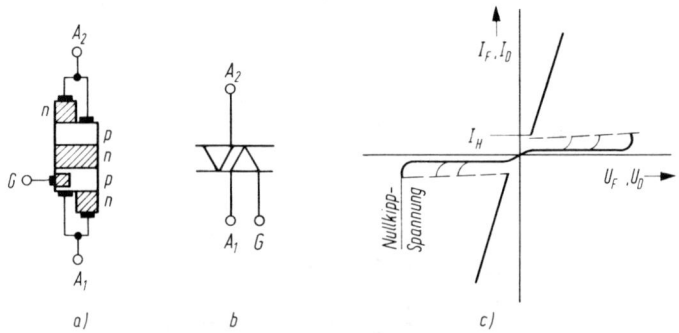

Bild 11.17   Triac

a) Zonenfolge, b) Schaltsymbol, c) statische Strom-Spannungs-Kennlinie, A_1, A_2 Anode *1* bzw. Anode *2*, *G* Steueranschluß, Gate

11.2.1.2   Elektrische Regler

Gemäß Abschn. 4 lassen sich Regler in unstetige und stetige Regler unterteilen. Im Folgenden werden zunächst aus der ersten Gruppe einige technische Realisierungsformen des Zweipunktreglers und anschließend aus der zweiten Gruppe wichtige Realisierungsarten des *PID*-Reglers behandelt.

Ein *Zweipunktregler* läßt sich sehr anschaulich wie folgt technisch realisieren: Man führt die Regelgröße (Istwert) einem Drehspulmeßwerk zu. Überschreitet der Zeigerausschlag den Sollwert, dann wird eine Stellgröße eingeschaltet bzw. beim Unterschreiten der Sollmarke wieder abgeschaltet. In der Anordnung von Bild 11.18 trägt der mit der Drehspule (2) starr verbundene Zeiger (1) eine Abschirmfahne (3), die beim Erreichen des Sollwerts zwischen die beiden auf dem Sollwertarm (9) montierten Spulen (4) u. (5) eintaucht. Letztere bilden zusammen mit einem Kondensator und einem Transistor eine Oszillatorschaltung. Befindet sich die Abschirmfahne außerhalb der beiden Spulen, so erzeugt der Oszillator eine hochfrequente Wechselspannung. Diese wird durch die Diode (7) gleichgerichtet und der Kondensator (8) aufgeladen. Beim Eintauchen der Fahne wird die magnetische Kopplung zwischen den zwei Spulen (Schwingkreis- (4) und Rückkopplungsspule (5)) soweit verringert, daß der Oszillator (6) nicht mehr schwingen kann. Demzufolge sinkt die Spannung am Ladekondensator ab.

Die Kondensatorspannung steuert den Eingang des nachfolgenden Transistorverstärkers (*11*), von dessen Ausgang das Relais (*12*) geschaltet wird. Den Zusammenhang zwi-

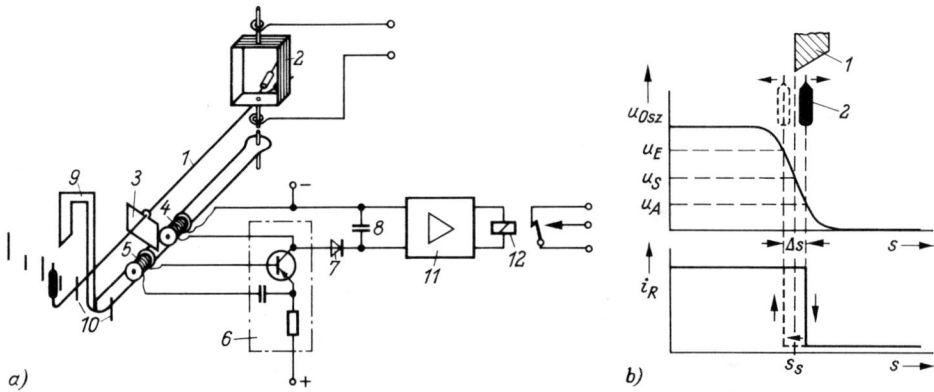

Bild 11.18 Meßwerkregler mit induktiver Abtastung

a) Hochfrequenz-Zeigerabgriff
1 Meßwerkzeiger
2 Meßwerkrähmchen
3 Abschirmfahne
4 Kollektorspule
5 Rückkopplungsspule
6 Transistoroszillator
7 Gleichrichterdiode
8 Ladekondensator
9 Sollwertzeiger
10 Skale
11 Transistorverstärker
12 Relais

b) Abhängigkeit der Oszillatorgleichspannung und des Relaisstromes von der Zeigerstellung
1 Sollwertzeiger
2 Meßwerkzeiger
u_{Osz} Oszillator-Ausgangsspannung
u_E Einschaltspannung
u_A Ausschaltspannung
i_R Relaisstrom
u_S Sollwertspannung
s Zeigerweg
s_S Sollwert
Δs Anzeigedifferenz

schen Oszillatorgleichspannung, Relaisstrom und Ladespannung am Kondensator (8) zeigt Bild 11.18b (Hysterese $u_E - u_A$ entspricht Anzeigedifferenz Δs).

Der Zeigerausschlag kann auch fotoelektrisch abgetastet werden (Bild 11.19): Durch eine Glühlampe langer Lebensdauer (*1*) wird der Skalenbereich gleichmäßig ausgeleuchtet. Der Meßwerkzeiger trägt eine bogenförmige Blende (*5*), die beim Erreichen der „oberen" Einstellmarke (Sollwerteinstellung *6b*) den mit dieser fest verbundenen Fotowiderstand (*7*) abdeckt, so daß letzterer seinen (hohen) Dunkelwiderstand annimmt. Diese Widerstandsänderung wird in einer nachfolgenden elektronischen Schaltung in einen Stromimpuls umgewandelt, mit dem ein Schaltvorgang ausgelöst werden kann. Die untere Einstellmarke läßt sich besonders vorteilhaft bei Regelung mit Grundlast (vgl. Abschn. 4.2.1) verwenden: Während des Anfahrvorganges wird über den „unteren" Fotowiderstand (*6a/7*) die volle Last gesteuert. Erreicht der Meßwerkzeiger die „untere" Marke, so wird auf Grundlast + Teillast umgeschaltet. Mit der „oberen" Einstellmarke wird der Sollwert festgelegt und nach Erreichen desselben jeweils nur die Teillast abgeschaltet.

Zur Temperaturregelung an kunststoffverarbeitenden Maschinen werden häufig Zweipunktregler eingesetzt, die vorwiegend aus rein elektrisch arbeitenden Einheiten bestehen. Sie enthalten Vergleicher, Kippverstärker und Endstufe (Relais, Quecksilberschal-

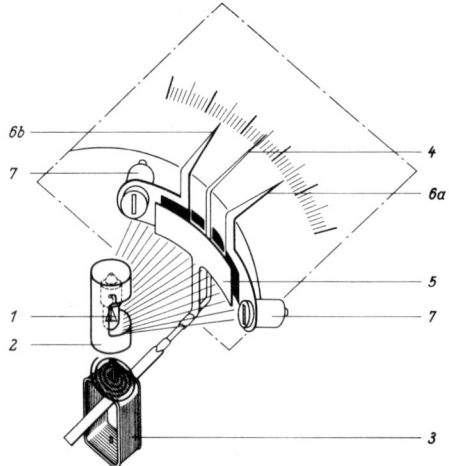

Bild 11.19
Meßwerkregler mit fotoelektrischer Abtastung

1 Glühlampe
2 Tubus
3 Meßwerk
4 Zeiger
5 Blende
6 a, b „untere" und „obere" Kontaktmarke
7 Fotowiderstände

ter o. ä.) sowie Anzeigen für Ist- und Sollwert, die auf analogen Zeigerskalen oder auf Zifferndisplays signalisiert werden. Dagegen werden in Massenprodukten wie z. B. Bügeleisen Zweipunktregler auch rein mechanisch realisiert. Dazu werden beispielsweise Bimetallstreifen verwendet, die sich bei steigender Temperatur verbiegen, bis sie den elektrischen Heizkreis unterbrechen (z. B. Kontakt abheben). Bei der daraufhin abfallenden Temperatur geht die Biegung zurück, bis der Kontakt im Heizkreis wieder hergestellt ist. Ähnlich arbeitet der Stabtemperaturregler, der in Abschn. 4.1 behandelt wurde (Bild 4.2). Durch zusätzliche Rückführungen kann einem Zweipunktregler stetig-ähnliches Verhalten verliehen werden, was anhand von technischen Beispielen in Abschn. 4.2.2.3 behandelt wurde.

Stetige *P-, PI-, PD-* oder *PID-Regler* kann man grundsätzlich auf zweierlei Weise aufbauen: Mittels geeigneter Beschaltung *eines* Operationsverstärkers (Bild 11.20) oder, indem man *P-, I-* und *D*-Anteil einzeln mit je einem beschalteten Operationsverstärker realisiert (Bild 11.21).

Bild 11.20: Wird der Rückführzweig vom Ausgang *A* zum invertierenden Eingang *E* geführt, so gilt bei Vernachlässigung des Eingangsstroms und bei Annahme unendlich großer Leerlaufverstärkung[1]): $G(s) = -Z_2/Z_1$. Man kann nun für Z_1 und Z_2 verschiedene, auch umfangreichere, Netzwerke einsetzen und das Verhalten einer derartig beschalteten Verstärkerstufe berechnen. Einige Ergebnisse zeigt die Tabelle von Bild 11.20, aus der hervorgeht, in welcher Weise *PI-, PD-* oder *PID*-Verhalten erzielt werden kann. Man ersieht daraus aber auch den grundsätzlichen Nachteil dieser Schaltungstechnik, nämlich die wechselseitige Verkopplung der einzelnen Reglerparameter: Sollen bestimmte Werte K_P, T_v und T_n eingestellt werden, so müssen aus den Formeln in der letzten Spalte von Bild 11.20 zunächst die Werte der Widerstände R_1, R_2, C_1 usw. bestimmt werden. Dieses Vorgehen ist praktikabel, wenn der Regler einfach und kostengünstig sein muß und nur einmal in Betrieb genommen, d. h. eingemessen und eingestellt wird.

---

[1]) Diese Forderung ist bei vielen OPs auch real erfüllt, wenn man bedenkt, daß der Eingangsstrom im nA-Bereich liegt und V_0 einige 10^5 beträgt.

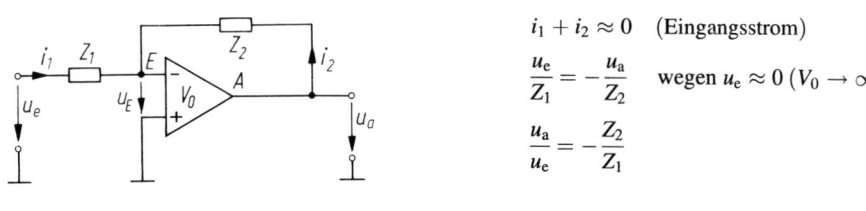

$$i_1 + i_2 \approx 0 \quad \text{(Eingangsstrom)}$$

$$\frac{u_e}{Z_1} = -\frac{u_a}{Z_2} \quad \text{wegen } u_e \approx 0 \; (V_0 \to \infty)$$

$$\frac{u_a}{u_e} = -\frac{Z_2}{Z_1}$$

Z_1	Z_2	Wirkweise	Kenngrößen
R_1	C_2 R_2	PI	$K_p = -\dfrac{R_2}{R_1}$ $T_n = R_2 C_2$
C_1 R_1' / R_1	C_2	$PI - T_1$	$K_p = -\dfrac{(R_1 + R_1') C_1}{R_1 C_2}$ $T_n = (R_1 + R_1') C_1$ $T_1 = R_1' C_1$
R_1 / C_1	R_2	PD	$K_p = -\dfrac{R_2}{R_1}$ $T_v = R_1 C_1$
R_1	R_2 R_2' / C_2	PD	$K_p = -\dfrac{R_2 + R_2'}{R_1}$ $T_v = \dfrac{R_2 R_2'}{R_2 + R_2'} C_2$
C_1 / R_1	R_2 C_2	PID	$K_p = -\dfrac{R_1 C_1 + R_2 C_2}{R_1 C_2}$ $T_n = R_1 C_1 + R_2 C_2$ $T_v = \dfrac{R_1 R_2 C_1 C_2}{R_1 C_1 + R_2 C_2}$
R_1	A R_2' C_2 R_2 E / C_2' $\quad C_2' \gg C_2$	PID	$K_p = -\dfrac{R_2 + R_2'}{R_1}$ $T_n = (R_2 + R_2') C_2$ $T_v = \dfrac{R_2 R_2'}{R_2 + R_2'} C_2'$

Bild 11.20 Beschaltung von Operationsverstärkern zur Erzielung von *PD*-, *PI*- und *PID*-Verhalten

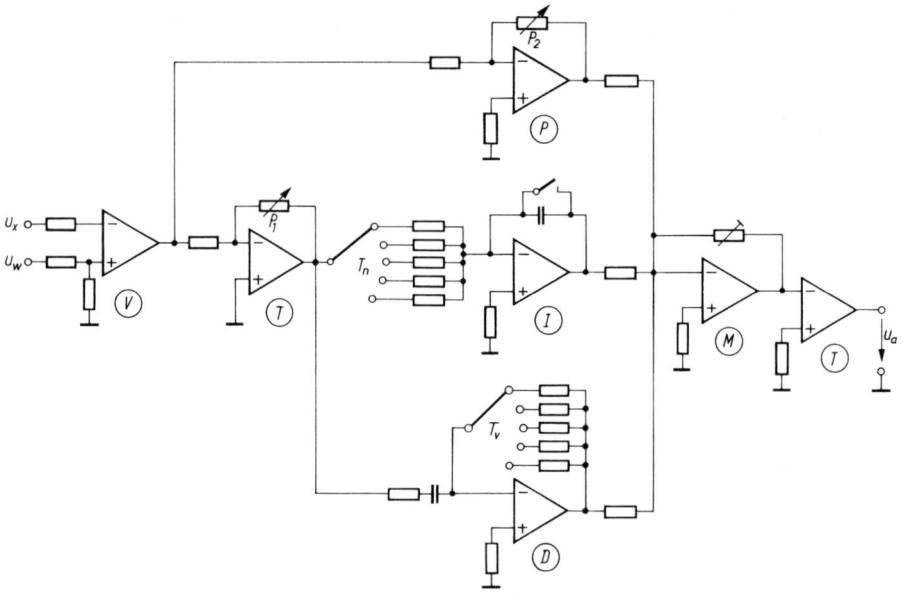

Bild 11.21   Prinzip eines *PID*-Reglers in Parallelbauweise

P Proportional-Verstärker, *I* Integrier-Verstärker, *D* Differenzier-Verstärker,
V Vergleicher, *M* Mischstufe, *T* Trennstufe, P_1/P_2 Tandempotentiometer

Bild 11.21 zeigt eine Prinzipschaltung eines *PID*-Reglers in Parallelbauweise. Zur Entkopplung der Funktionsbausteine *P*, *I* bzw. *D* sind Trennstufen vorhanden. Am Eingang liegt ein Vergleicher und am Ausgang eine Mischstufe für die Addition der *P*-, *I*- und *D*-Anteile. Letztere werden in eigenen Verstärkerstufen mit entsprechender Gegenkopplung erzeugt. Die Reglerparameter K_P, T_v und T_n sind nun getrennt voneinander einstellbar.

11.2.1.3 Rechenglieder

Bei der technischen Realisierung von Regelkreisen fallen verschiedene Aufgabenstellungen der Signalverarbeitung an. Häufig spielen dabei Rechenoperationen wie Addition, Subtraktion, Multiplikation, Division, Differentiation und Integration eine wichtige Rolle. Zur Verarbeitung analoger Signale werden — wie bereits in Abschn. 11.2.1.1 bei den Signalverstärkern angedeutet wurde — vorwiegend Operationsverstärker (OP) eingesetzt, die mit einer entsprechenden Rückkopplung versehen sind. Diese OPs sind mehrstufige, gleichspannungsgekoppelte Verstärker, die in Form integrierter Schaltungen (ICs) in

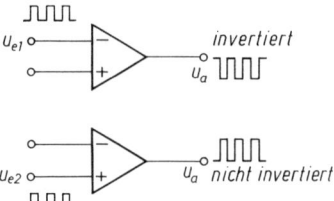

Bild 11.22   Ein- und Ausgangssignal beim Operationsverstärker

mannigfaltigen Varianten auf dem Markt sind. Ihre hervorstechenden Merkmale sind: die Eingangsstufe ist als Differenzverstärker mit zwei hochohmigen, einem invertierenden und einem nicht invertierenden Eingang (Bild 11.22) ausgelegt; der Ausgang ist niederohmig und kann dementsprechend belastet werden; die Leerlaufverstärkung ist extrem hoch ($\approx 10^5$) und erlaubt die Anwendung vielfältiger Rückkopplungen.

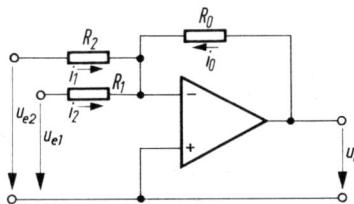

Bild 11.23 Addierverstärker

Bild 11.23 zeigt eine *Additionsstufe* mit einem Operationsverstärker (Addierverstärker). Mit den für praktische Zwecke oft ausreichenden Voraussetzungen, daß die Eingangswiderstände und die Leerlaufverstärkung sehr groß sind, lassen sich die folgenden Näherungen ansetzen:

$$i_1 + i_2 + i_0 = \frac{u_{e1}}{R_1} + \frac{u_{e2}}{R_2} + \frac{u_a}{R_0} = 0 \,.$$

Daraus folgt

$$u_a = -\left(\frac{R_0}{R_1} u_{e1} + \frac{R_0}{R_2} u_{e2}\right) = -(u_{e1} + u_{e2}) \quad \text{für} \quad R_1 = R_2 = R_0 \,.$$

Gegebenenfalls muß die Vorzeichenumkehr anschließend noch beseitigt werden.

Die *Subtraktion* zweier Signale kann mit der gleichen Schaltung durchgeführt werden, wenn einem der beiden Meßkanäle in Bild 11.23 eine Phasenumkehrstufe vorgesetzt wird. Man benötigt dann insgesamt zwei OPs. Andererseits kann aber auch zusätzlich der nicht-invertierende Eingang mit einem Signal belegt werden (Bild 11.24). Für die Verstärkung des Signals u_{e1} ($u_{e2} = 0$ gesetzt) am invertierenden Eingang gilt dann mit den Bezeichnungen von Bild 11.24:

$$u_{a1} = -\frac{R_3}{R_1} u_{e1} \,.$$

Legt man dagegen nur Signal u_{e2} an den nicht-invertierenden Eingang ($u_{e1} = 0$ gesetzt), so gilt:

$$u_{a2} = \left(1 + \frac{R_3}{R_1}\right) \frac{R_4}{R_2 + R_4} u_{e2} = \left(1 + \frac{R_3}{R_4}\right) \frac{R_4/R_2}{1 + R_4/R_2} u_{e2}$$

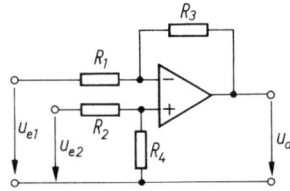

Bild 11.24 Subtrahierverstärker

und

$$u_{a2} = \frac{R_3}{R_1} u_{e2} \quad \text{für} \quad R_4/R_2 = R_3/R_1 \,.$$

Eine Differenzbildung erhält man durch Überlagerung der beiden Vorgänge:

$$u_a = u_{a1} + u_{a2} = -\frac{R_3}{R_1} \left(u_{e2} - u_{e1} \right) .$$

Für die *Multiplikation* zweier Signale ist ein wesentlich höherer Schaltungsaufwand erforderlich und es sind auch zahlreiche unterschiedliche Methoden durchführbar.

Einerseits läßt sich die Beziehung $u_a = u_{e1} u_{e2} = \exp\left(\ln u_{e1} + \ln u_{e2} \right)$ derart schaltungstechnisch realisieren, daß man die Meßsignale u_{e1} und u_{e2} nach Bild 11.25 über ICs mit logarithmischer Kennlinie umformt, anschließend addiert und letztlich über ein Exponentialglied ausgibt. Andererseits kann man eine vorgegebene Rechteckschwingung $u(t)$ gemäß Bild 11.26 durch u_{e1} in der Amplitude und durch u_{e2} in der Pulsdauer beeinflussen. Bildet man den Mittelwert dieser Impulsfolge, so läßt sich dafür schreiben:

$$u_a = \frac{1}{\tau_1 + \tau_2} \int_0^{\tau_1 + \tau_2} u_a(t)\, dt = \frac{1}{\tau_1 + \tau_2} \left[\int_0^{\tau_1} \hat{u}\, dt + \int_{\tau_1}^{\tau_1 + \tau_2} (-\hat{u})\, dt \right]$$

$$= \frac{1}{\tau_1 + \tau_2} \hat{u}(\tau_1 - \tau_2) = k_M u_{e1} u_{e2} \quad \left(k_M = \text{Konstante} \right).$$

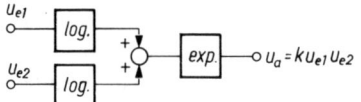

Bild 11.25   Schematische Darstellung eines Multiplizierers

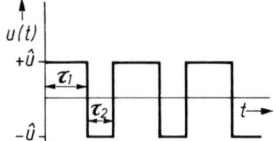

Bild 11.26   Zum Prinzip der Pulsdauer- und Pulshöhen-Modulation

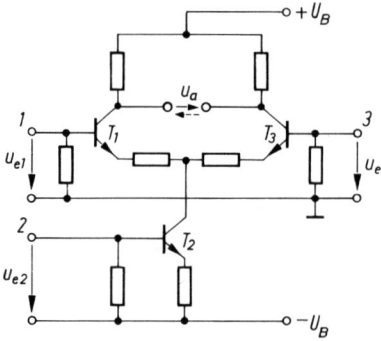

Bild 11.27   Differenzverstärker mit Konstantstromquelle im Emitterzweig als Multiplizierer

Auch über ein Hall-Plättchen (vergl. Bild 11.1), dessen Gleichung $U = \dfrac{I \cdot B}{d}\, R$ ($R =$ Hallkonstante, $d =$ Plättchendicke, $I =$ Steuerstrom, $B =$ Flußdichte des magnetischen Feldes, $U =$ abgegriffene Spannung), läßt sich eine Multiplikation durchführen, wenn beispielsweise u_{e1} den Strom I und u_{e2} die Flußdichte B steuert.

Zuletzt sei auf eine Möglichkeit eingegangen, die auch bei Multiplizierern in IC-Ausführung verwendet wird: die zweifache Ansteuerung eines Differenzverstärkers nach Bild 11.27. Über Eingang *1* wird u_{e1} angelegt, Eingang *3* liegt an Masse oder kann mit einer Justierspannung u_{e3} belegt werden, und Eingang *2* führt das Signal u_{e2}. T_1 und T_3 bilden den üblichen Differenzverstärker (Abschn. 11.2.1.1). T_2 ist als Ersatz für den gemeinsamen Emitterwiderstand als sog. Konstantstromquelle mit hohem Innenwiderstand geschaltet. Mit ihr läßt sich der gemeinsame Emitterstrom $i_{E1} + i_{E2} = i_E$ steuern. Für T_1 ist wichtig, daß sein Stromverstärkungsfaktor B nicht konstant ist, sondern sich mit dem Kollektorstrom merklich ändert (z. B. von 50 auf 150 für I_C von 1 mA auf 100 mA). Auf diese Weise wird durch u_{e2} der Strom von T_2 und damit der Verstärkungsfaktor von T_1 gesteuert, so daß beim Anlegen von u_{e1} an Eingang *1* die Verknüpfung von u_{e1} mit u_{e2} im Sinne einer Multiplikation erfolgt: $u_a = k_M u_{e1} u_{e2}$ ($k_M =$ Konstante). Bei ICs, die für solche Zwecke ausgelegt sind – z. B. kann der stromsteuernde Eingang auch zum Einstellen der Verstärkung oder für Modulationszwecke benutzt werden –, findet man daher immer 3 Eingänge, zwei davon für den Differenzverstärker und einen für die Stromsteuerung.

Die *Division* zweier Spannungsgrößen läßt sich so durchführen, daß ein Operationsverstärker nach Bild 11.28 mit einem Multiplizierer im invertierenden Verstärkerzweig beschaltet wird. Es ist dann $u_a = k_D u_{e2}/u_{e1}$ ($k_D =$ Konstante).

Für die *Differentiation* ist in Bild 11.29 die entsprechende Beschaltung angegeben. Allgemein gilt für den invertierenden Operationsverstärker unter bestimmten Vereinfachungen (Eingangswiderstand ∞, Eingangsstrom 0, Leerlaufverstärkung ∞), wenn Z_1 die dem Eingang vorgeschaltete Impedanz und Z_2 die Rückkopplungsimpedanz darstellen: $G(s) = -Z_2/Z_1$. Setzt man für Z_1 den Ausdruck $R_1 + 1/(sC_1)$ und für Z_2 den Widerstand R_2, so ergibt sich: $G(s) = \dfrac{-sR_2C_1}{1 + sR_1C_1}$ d. h. D-T_1-Verhalten (Abschn. 2.8.6). Die angegebene Schaltung differenziert, allerdings mit verzögerndem Einfluß.

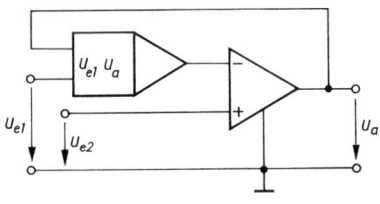

Bild 11.28
Prinzipschaltung eines Dividierverstärkers

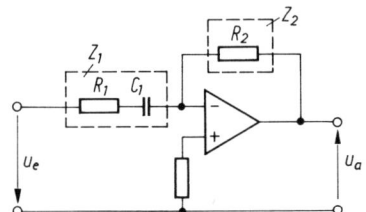

Bild 11.29   Differenzierverstärker

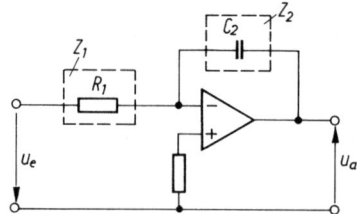

Bild 11.30 Integrierverstärker

Die *Integration* läßt sich durch eine Beschaltung nach Bild 11.30 erreichen. Hier ist
$Z_1 = R_1$ und $Z_2 = 1/sC_2$. Damit erhält man $G(s) = \dfrac{-1}{sR_1C_2}$ d. h. verzögerungsfreies Inte-
grierverhalten (Abschn. 2.8.5). Das Minuszeichen bei beiden Operationen, der Differentiation und der Integration, muß ggf. durch eine nachgeschaltete Phasenumkehrstufe aufgehoben werden.

Bei der technischen Ausführung der besprochenen Rechenglieder müssen die Effekte,
die auf der unvermeidlichen Unsymmetrie des internen IC-Schaltungsaufbaus beruhen,
fertigungsbedingt sind und durch Begriffe wie Offsetspannung und Gleichtaktunterdrük-
kung beschrieben werden, in gleicher Weise wie Frequenz- und Temperaturabhängigkei-
ten, kompensiert oder unterdrückt werden. Dementsprechend gestaltet sich der Entwurf
solcher Schaltungen mitunter recht schwierig. Bezüglich der hierfür erforderlichen Informationen muß auf die elektronische Spezialliteratur verwiesen werden.

11.2.2 Pneumatische Verstärker und Regler

Die pneumatische Hilfsenergie hat den Vorteil, daß Druckluft leicht steuerbar ist. Für die
verbrauchte Luft benötigt man häufig keine Rückleitung. Sie kann ungehindert ins Freie
abgelassen werden, wenn dadurch nicht Störungen ausgelöst werden wie z. B. bei der
Fertigung unter Reinraumbedingungen (z. B. optische Präzisionsgeräte). Von Nachteil ist
allerdings, daß Luft im Gegensatz zu Hydraulikflüssigkeiten stark kompressibel ist.
Pneumatische Geräte werden vorzugsweise in der chemischen Industrie verwendet, wo
vielfach die Explosionssicherheit im Vordergrund steht. Infolge ihrer Robustheit und Be-
triebssicherheit sind sie jedoch auch auf vielen anderen Gebieten anzutreffen. Der Ein-
heitssignalbereich beträgt 0,2 bis 1,0 bar und stellt somit ein „live-zero"-System dar
(vergl. Abschn. 11.1.1). Pneumatische Signale lassen sich mit Fluidik-Rechenbausteinen
verarbeiten.

Ein Grundelement bei sehr vielen pneumatischen Verstärkern und Reglern ist das sog.
Düse-Prallplatte-System, das wegen seiner Wichtigkeit den folgenden Betrachtungen
vorangestellt sei. Es arbeitet nach dem Prinzip der Druckteilung und ist weitgehend
einem elektrischen Spannungsteiler vergleichbar, wenn man die Analogien Druck/Span-
nung, Strömungsgeschwindigkeit/Strom, Strömungswiderstand/ohmscher Widerstand
heranzieht. Bild 11.31 zeigt die Kennlinien der beiden Teiler.

Das Düse-Prallplatte-System arbeitet wie folgt: Die bewegliche Prallplatte wird (mit geringem Kraftaufwand) durch die Meßgröße oder die Regeldifferenz mechanisch angesteuert. Dadurch wird infolge Änderung des Abstandes zwischen Prallplatte und Düse

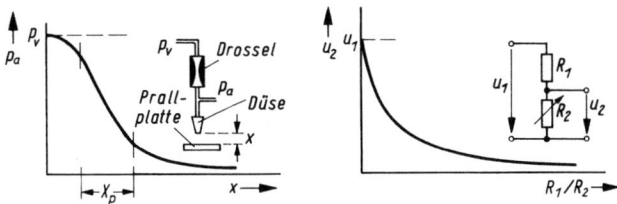

Bild 11.31 Zur Analogie von Düse-Prallplatte-System und elektr. Spannungsteiler

p_v Versorgungsdruck u_1 Eingangsspannung
p_a Ausgangsdruck u_2 Ausgangsspannung
x Abstand Düse/Prallplatte
X_p verwertbarer Linearbereich
        (Proportionalbereich)

der Strömungswiderstand der letzteren verändert. Über die mit konstantem Versorgungsdruck gespeiste, feste Vordrossel und die Düse (= veränderliche Drossel) findet somit eine Druckteilung statt, als deren Ergebnis der Ausgangsdruck p_a zur Verfügung steht. Bei der elektrischen Teilerschaltung wird die vorgegebene Eingangsspannung u_1 über den Festwiderstand R_1 und den variablen Widerstand R_2 auf die Ausgangsspannung u_2 reduziert. Beiden Schaltungen ist gemeinsam, daß sie keine Belastung ihrer Ausgangs„klemmen" vertragen. Die von p_a bzw. u_2 zu erbringende Leistung muß sehr klein bleiben, wenn der angegebene Kennlinienverlauf Gültigkeit haben soll. Je nachdem, wieviel Luft bzw. Strom die dem Teiler folgende Stufe braucht, muß ein entsprechender Leistungsverstärker dem Teiler nachgeschaltet werden. (Pneumatische Leistung ist Druck × Volumendurchfluß.) Kommt es dagegen nur auf die Größe der Stellkraft an, so sind bereits die Drücke zwischen 0,2 und 1,0 bar in der Lage, bei entsprechender konstruktiver Auslegung der Geräte Stellkräfte in der Größenordnung 10^3 Newton zu entwickeln, wobei die Luftabgabe dementsprechend nur noch minimal sein kann.

11.2.2.1 Pneumatische Verstärker

Man unterscheidet hier in erster Linie zwei Grundtypen:

1. die *Drosselverstärker* und
2. die *Alternativverstärker* .

1. *Drosselverstärker* enthalten als steuerndes Element eine Festdrossel und eine steuerbare Drossel (z. B. Düse/Prallplatte). Der in Bild 11.32a dargestellte Einmembranverstärker arbeitet nach dem Prallplattenprinzip. Wirkt in der unteren Meßkammer z. B. ein höherer Druck als in der oberen, so biegt sich die Membran nach oben durch und schließt mit der an ihr befestigten Prallplatte (*P*) die Regeldrossel (Düse *D*). Je nach Größe des verbleibenden Austrittsquerschnittes stellt sich dann ein bestimmter Ausgangsdruck p_a ein. Das Verhältnis p_a/p_e bildet die Druckverstärkung. Leistungsverstärkung findet nicht statt. (Um eine Gegenkopplung zu erzeugen, kann man der oberen Membrankammer ebenfalls ein Signal zuführen.)

Drosselverstärker stellen eigentlich Druckteiler dar, die gemäß ihrer Wirkungsweise einen laufenden Druckluftverbrauch aufweisen, der einige 100 l/h betragen kann. Aus diesem Grund werden sie auch als *blasende Verstärker* bezeichnet. Sie vertragen keine

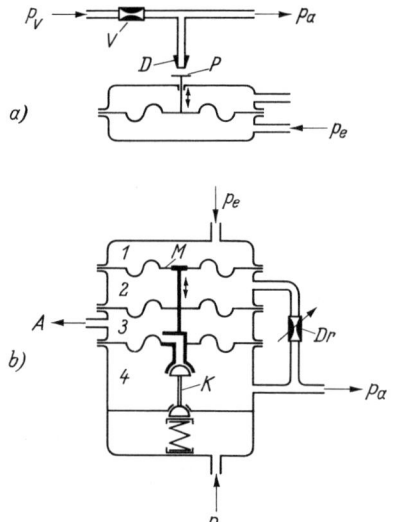

Bild 11.32
Pneumatische Membranverstärker

a) Einmembranverstärker (blasender Typ)
b) Membranverstärker mit einstellbarem
    Zeitverhalten (nichtblasender Typ)
p_v Versorgungsdruck
p_e Eingangsdruck
p_a Ausgangsdruck
V Vordrossel
D Düse
P Prallplatte
A Luftaustritt ins Freie
K Doppelkegel
M Membran
Dr einstellbare Drossel
1, 2, 3, 4 Druckkammern

nennenswerte Luftentnahme auf der Ausgangsseite und eignen sich daher nur als Signalverstärker mit Verstärkungsfaktoren von 50 bis 100. Eingangsseitig können sie sehr emp-
findlich gemacht werden, so daß sich Eingangsdrücke von mbar verstärken lassen. In
dynamischer Hinsicht eignen sie sich für Signalfrequenzen bis etwa 1 kHz.

2. *Alternativverstärker* oder nichtblasende Verstärker. Ihr wesentliches Merkmal besteht in
der Anwendung eines Doppelkegels (Bild 11.32b), der wechselweise (alternativ) die Einlaß-
kammern für Versorgungsdruck p_v, Ausgangsdruck p_a und Atmosphärendruck miteinander
verbindet und damit den Ausgangsdruck unabhängig von größeren Luftentnahmemengen
konstant hält. Aus diesem Grund werden sie auch als *nichtblasende Verstärker* bezeichnet.

Gemäß Bild 11.32b gelangt der Eingangs- oder Steuerdruck p_e in die obere Membrankammer (*1*). Dort bewegt er über die Membran (*M*) den Doppelkegel (*K*) gegen die
Federkraft nach unten. Dadurch strömt solange Druckluft (*p*) ein, bis sich das Kräftegleichgewicht wieder ausgebildet hat. Der in der Kammer (*4*) sich einstellende Druck ist
die Ausgangsgröße p_a. Bei sinkendem Steuerdruck wird durch den Doppelkegel der untere Ventilsitz geschlossen und der obere geöffnet, so daß sich der Überdruck in Kammer (*4*) über Kammer (*3*) nach (*A*) ausgleichen kann. Durch die Verbindung der Druckkammer (*4*) mit Kammer (*2*) über eine einstellbare Drossel (*Dr*) wird eine
Gegenkopplung eingeführt, die es ermöglicht, das Zeitverhalten des Verstärkers (hier im
Sinne einer *PD*-Wirkung) zu beeinflussen.

Durch die Bewegung des Doppelkegels (*K*) können größere Luftmengen gesteuert werden, so daß eine Leistungsverstärkung zustandekommt. Druckverstärkung ist ursprünglich nicht vorhanden; sie kann aber in gewissem Umfang zusätzlich dadurch erreicht
werden, daß man die wirksamen Membranflächen für Ein- und Ausgangsdruck ungleich
groß macht. Bezüglich der erzielbaren Leistung gilt $P_{max} = 0{,}25 p_{max} Q_{max}$, wobei p_{max}
den Druck am unbelasteten Ausgang ($Q = 0$) und Q_{max} die in die Atmosphäre ($p = 0$)
austretende Luftmenge bedeuten. Mit Versorgungsdrücken bis 8 bar und Volumina bis
$10 \ m^3 \ h^{-1}$ kommt man dementsprechend auf Leistungen von einigen hundert Watt.

Der Eigenluftverbrauch des Verstärkers ist minimal und beschränkt sich auf das Abbau-
en des Ausgangsdruckes bei fallendem Eingangsdruck, wobei Druckluft aus der p_a-Kam-
mer ins Freie abgeleitet wird. Die Eingangsempfindlichkeit des Alternativverstärkers ist
wesentlich geringer als beim Drosselverstärker und auch sein dynamisches Verhalten
ungünstiger (maximale Signalfrequenz etwa 10 Hz). Durch unterschiedliche Ausgestal-
tung der Angriffsflächen für Eingangs- und Ausgangsdruck kann eine Druckverstärkung
>1 erzielt werden; meist findet dieser Verstärkertyp jedoch Verwendung bei der Lei-
stungsverstärkung und nicht bei der Signalverstärkung.

11.2.2.2 Pneumatische Regler

Bei den pneumatischen Reglern wird sehr häufig als Vergleicher ein Waagebalken verwendet, an dem Wege, Kräfte oder Momente angreifen. Die gleiche Funktion erfüllen
Membranen, die beidseitig mit Ist- und Sollwertdruck beaufschlagt werden. Diese Ausführung ermöglicht eine sehr kompakte Bauweise. Im folgenden sind einige pneumatische Reglerausführungen mit und ohne Rückführung dargestellt.

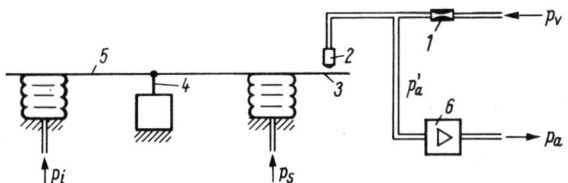

Bild 11.33 Pneumatischer *P*-Regler nach dem Momentenvergleichsverfahren

1 Festdrossel	*4* Aufhängefeder	p_i Istdruck
2 Düse	*5* Waagebalken mit Ist- und Sollwert-Balg	p_s Solldruck
3 Prallplatte	*6* pneumatischer Leistungsverstärker	p_v Versorgungsdruck
		p_a Ausgangsdruck

Bild 11.33 zeigt einen pneumatischen Proportionalregler nach dem Düse-Prallplatte-
Prinzip. Es ist eine Waage (*5*) mit zwei Druckbälgen dargestellt, die nach dem Prinzip
des Momentenvergleichs arbeitet. Da hier alle Größen pneumatisch sind, stellt p_i die
Regelgröße und p_s den von außen durch einen (nicht gezeichneten) Feindruckminderer
einstellbaren Sollwert dar. Bei Übereinstimmung der beiden Größen ist die Waage im
Gleichgewicht, bei Ungleichheit bewegt sich das als Prallplatte (*3*) ausgebildete, rechte
Ende des Balkens nach oben bzw. unten (den links- bzw. rechtsseitigen Momentenüber-
schuß kompensiert dabei die Aufhängefeder (*4*) des Balkens). Über der Prallplatte steht
eine Düse (*2*), die vom Druckluftnetz (p_v) über die Festdrossel (*1*) gespeist wird. Wie
schon gezeigt wurde, kann der Druck p_a proportional der Abstandsänderung (Größenordnung 0,01 ... 0,1 mm) zwischen Düse und Prallplatte direkt gesteuert werden, indem
der Austrittsquerschnitt der Düse verändert und damit die durchströmende Luftmenge
beeinflußt wird, so daß je nach Abstand infolge des Druckabfalls an der Festdrossel (*1*)
p_a' kleiner als der Versorgungsdruck p_v wird. p_a' selbst muß dann noch durch einen
Verstärker (*6*) so in p_a umgeformt werden, daß auch die zur Betätigung von Stellgliedern
erforderliche Luftmenge bereitsteht.

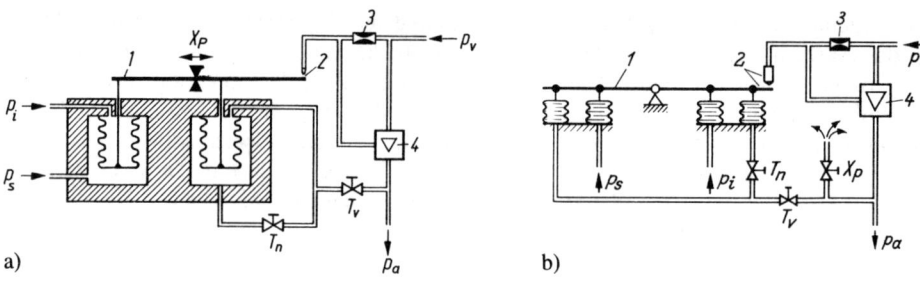

Bild 11.34   Pneumatische *PID*-Regler nach dem Prinzip des Kraft- bzw. Momentenvergleichs

p_S Solldruck
p_i Istdruck
p_v Vor- oder Versorgungsdruck
p_a Ausgangsdruck
T_n, T_v, einstellbare Drosseln für Nachstell- und Vorhaltezeit

X_p einstellbarer Proportionalbereich
1 Waagebalken
2 Düse-Prallplatte
3 Festdrossel
4 pneumatischer Verstärker

Bild 11.34 zeigt verschiedenartig aufgebaute, aber in der Wirkungsweise ähnliche pneumatische Regler, die durch Rückführungen *PID*-Verhalten erhalten. Bei der Ausführung
a) trägt der Waagebalken (*1*) an seinem linken Ende einen Faltenbalg, der in der gezeichneten Weise innen mit dem Istwertdruck, außen mit dem Sollwertdruck beaufschlagt wird. Haben beide gleiche Größe, so ist die Kraft auf das linke Ende des Balkens null und dieser verharrt in der Ruhe-Lage. Am Ausgang des pneumatischen
Verstärkers (*4*) stellt sich folglich ein bestimmter konstanter Druck ein. Tritt eine
Änderung des Istwerts oder auch des Sollwerts auf, so wird der Balken aufgrund des
Druckunterschieds am linken Balg ausgelenkt, steuert das Düse-Prallplatte-System (*2*)
und bewirkt eine Änderung des Ausgangsdruckes (Stellgröße p_a). Diese Änderung wird
über die Drossel T_v verzögert im Innern des rechten Faltenbalges als Gegenkopplung
wirksam (*D*-Anteil). Die Drossel T_n dagegen läßt einen langsamen Druckausgleich zwischen Innen- und Außenraum des rechten Balges zu, was einem Abbau der Gegenkopplung gleichbedeutend ist und damit die integrale Komponente verwirklicht. Die Empfindlichkeit der Kraftwaage (Übertragungsbeiwert K_P bzw. Proportionalbereich X_P) kann
durch die Verschiebung des Balkenaufhängepunktes verändert werden. Auch die *D*- und
I-Anteile lassen sich durch Einstellen der T_v- und T_n-Drosseln wählen. In Bild 11.34b
wird der Kraftvergleich über vier einzelne Faltenbälge vorgenommen, die Wirkungsweise gleicht der beschriebenen, lediglich die Wahl des Proportionalbereichs X_P erfolgt an-

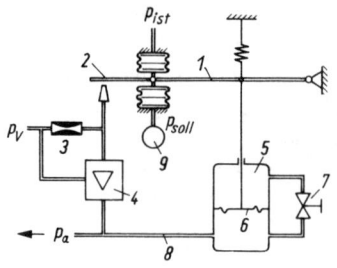

Bild 11.35 Prinzip eines pneumatischen Reglers
mit nachgebender Rückführung

p_a Ausgangsdruck
p_v Versorgungsdruck
1 Hebel
2 Düse/Prallplatte
3 feste Drossel
4 pneumat. Verstärker
5 Membrandose

p_{ist} Istdruck
p_{soll} Solldruck
6 Membran
7 einstellbare Drossel
8 Rückführleitung
9 Sollwert-Druckgeber

ders, nämlich durch die mittels der Proportionaldrossel im Rückführzweig stattfindende Druckteilung (Beeinflussung der Stärke der Gegenkopplung).

Bild 11.35 zeigt einen pneumatischen Regler mit nachgebender Rückführung. Letztere wird dadurch erreicht, daß p_a als Gegenkopplung über die Membran (6) dem Istdruck entgegenwirkt, was allerdings nur solange geschieht, bis der Rückführdruck über die Drossel (7) auch in die obere Kammer der Membrandose (5) gelangt ist, so daß die Membran beidseitig unter gleichem Druck steht und damit die Gegenkopplung exponentiell auf null abgeklungen ist. Die Membrandose hat demnach differenzierendes oder nachgebendes Verhalten. Stellt man sich die Rückführleitung (8) verschlossen vor, so kann zwischen p_{ist} und p_a P-Verhalten angenommen werden. Gemäß Abschn. 4.3.6.2 weist ein P-Glied mit nachgebender Rückführung P-T_1-Verhalten (bzw. bei großer Verstärkung (4) näherungsweise I-Verhalten) auf, was am Beispiel des pneumatischen Reglers besonders anschaulich wird: die verzögerte Wirkung wird erreicht durch eine mit der Zeit exponentiell abklingende Gegenkopplung.

Eine weitere Spielart der beschriebenen pneumatischen PID-Regler nach dem Prinzip des Kraftvergleichs zeigt Bild 11.36 (sog. *Kreuzbalgregler*). Hier sind die vier Faltenbälge in raumsparender Weise kreuzförmig innerhalb des als Prallplatte wirkenden Ringes angeordnet. Eine Regeldifferenz verschiebt den Ring in Richtung der Achse *AB* und verändert damit den Abstand Düse/Prallplatte. Diese Änderung wirkt sich am stärksten aus, wenn die Düse in der genannten Achsrichtung liegt; es ergibt sich dann die größte Verstärkung bzw. der kleinste Proportionalbereich.

Unterschiedliche Werte für X_P bzw. K_P erhält man durch Verdrehen des im Kreuzungspunkt der Bälge gelagerten Armes, der an seinem äußeren Ende die Düse trägt (Bild 11.36b). Die

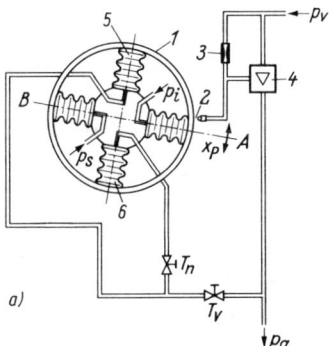
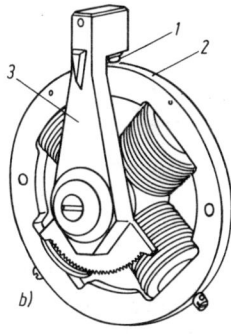

Bild 11.36   a) Pneumatischer PID-Regler mit Kreuzbalganordnung

b) Kreuzbalgregler in perspektivischer Darstellung

1 Ring
2 Düse-Prallplatte (Prallring)
3 Vordrossel
4 pneumatischer Verstärker
5 D-Balg
6 I-Balg

1 Düse
2 Prallring
3 Dreharm zur Einstellung von K_P

beiden Rückführbälge (5) und (6), die über die T_v- und T_n-Drosseln mit ansteigenden p_a-Drucken beaufschlagt werden, bewegen den Ring im Sinne von Mit- und Gegenkopplung und erzielen damit die I- und D-Komponente.

Bei der technischen Ausführung von Reglern auf pneumatischer wie auch elektrischer Basis geht man davon aus, daß diese entweder in größere Gehäuse — zusammen mit anderen Geräten, wie Umformern, Verstärkern, Schreibern u. a. — oder auch in sog. Warten (Meßwarten, Regelwarten) eingebaut werden, und meist ist damit die Forderung verbunden, möglichst viele derartige Geräte auf gegebenem Raum unterzubringen. Das hat die heute vorherrschende Bauweise solcher Regler bedingt: kleine Frontansicht, ausladende Bautiefe, um alle Bau- und Funktionsgruppen unterbringen zu können. Bild 11.37 zeigt Frontplatte und Seitenansicht im herausgezogenen Zustand. Man spricht auch von *Leitgerät*.

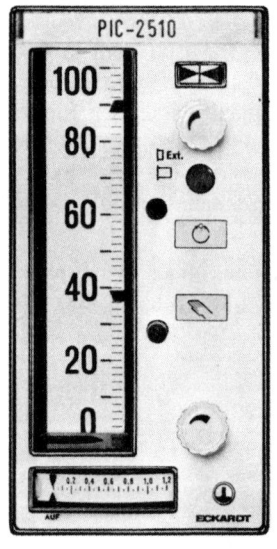

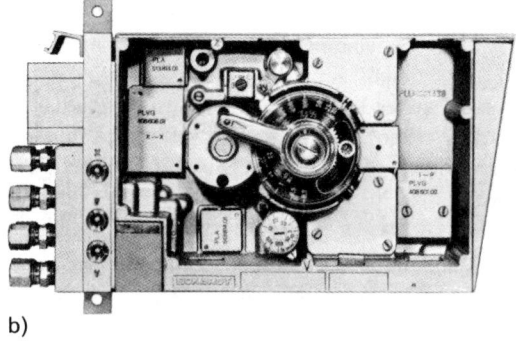

b)

Bild 11.37   Pneumatischer Regler (*J. C. Eckardt*)

a) Frontansicht des Reglers (Leitgerät)

a)   b) Seitenansicht des geöffneten Reglers

Auf der Frontplatte sind zu sehen: ein großes Anzeigegerät für Sollwerteinstellung und Istwertanzeige, darunter ein kleineres Anzeigegerät für den vom Regler erzeugten und von Hand einstellbaren Steuerdruck (Stellgröße p_a). Seitlich befinden sich Einstellmöglichkeiten für den Sollwert, für wahlweisen „Automatik"- und „Hand"-Betrieb sowie für den von Hand zu betätigenden Stelldruck. Stellung „Automatik" bedeutet, daß der Regler bei entsprechender Sollwerteinstellung den Regelvorgang, d. h. die Wahl der geeigneten Stellgröße besorgt, während „Hand"-Stellung besagt, daß eine Bedienperson den erforderlichen Stelldruck von Hand einstellt (mit einem sog. Feindruckminderer). Der Hand-Betrieb ist dann wichtig, wenn beispielsweise Funktionseinheiten im Regler zu Reparaturzwecken ausgetauscht werden müssen, ohne den Regler außer Betrieb zu nehmen, oder wenn ein Regelvorgang „angefahren" wird. Um stoßfreies Umschalten von „Hand" auf „Automatik" und umgekehrt zu erreichen, müssen die Stelldrücke von Regler und Handeinsteller übereinstimmen, was man auf dem quer angeordneten Doppel-manometer kontrollieren kann.

In Bild 11.37 b sieht man, wie der Kreuzbalgregler-Baustein innerhalb des Gehäuses untergebracht ist. Der gesamte Regler ist aus dem Gehäuse nach vorn herausziehbar, so daß man die Reglerparameter (X_P, T_v, T_n) einstellen kann. Die Druckluftanschlußbuchsen sind als selbstdichtende Steckanschlüsse nach hinten (im Bild links) herausgeführt.

11.2.3 Hydraulische Verstärker und Regler

Es wurde früher schon darauf aufmerksam gemacht, daß hydraulische Regelungen dann besonders angebracht sind, wenn große Kräfte aus minimalem Volumen heraus entwik-kelt werden müssen. Dies ist beispielsweise in der Fahrzeug-, Flugzeug-, Förder- und Werkzeugmaschinentechnik der Fall. Die dort anzutreffenden Regelkreise sind aber kei-neswegs immer ausschließlich hydraulischer Natur, vielmehr findet man häufig Kombi-nationen mit pneumatischen und elektrischen Baugruppen. Die hydraulischen Einheiten treten dann meist als Verstärker, Motoren und Stellglieder in Erscheinung, bilden also mehr die Endglieder einer Regeleinrichtung, während die Eingangsseite pneumatisch oder elektrisch ausgelegt ist. Kernstück der Hydraulik bildet häufig das sog. *Servoventil*, das, ein- oder mehrstufig ausgeführt, den hydraulischen Energiestrom lenkt und von einem Pneumatik-, Elektro- oder Hydraulikmotor betätigt wird. Es beinhaltet zugleich eine Leistungsverstärkung und arbeitet auf Stellglieder wie z. B. Arbeitszylinder für Li-nearbewegung oder hydraulische Rotationsmotoren. Es kann zudem mechanisch, pneu-matisch oder elektrisch rückgekoppelt werden, um bestimmte Verhaltensweisen (*PI, PD* u. a.) zu erzielen.

Hydraulische und pneumatische Baueinheiten haben eine Reihe verwandter Eigenschaf-ten, dreht es sich doch bei beiden um Drucke und Kräfte sowie deren Vergleich und Verstärkung. Nur kann im hydraulischen Fall das Übertragungsmedium, die Hydraulik-flüssigkeit, nicht, wie in der Pneumatik, aus dem System in die Umgebung abgelassen werden. Ein Grundelement der Pneumatik findet sich in ganz ähnlicher Form auch in der Hydraulik: das Düse-Prallplatte-System wird zum hydraulischen Druckteiler oder Hydropotentiometer; es besteht ebenfalls aus einer festen Drossel und einer durch eine bewegliche Platte steuerbaren Düse. Auch die vielbenutzte pneumatische Vorrichtung, bestehend aus Strahl- und Fangdüse mit dazwischen befindlicher, beweglicher Blende, hat ihre Entsprechung im sog. Strahlrohr der Hydraulik nach Bild 11.38.

11.2.3.1 Hydraulische Verstärker

Das *Strahlrohr* gehört zu den wichtigen Standardbauteilen in hydraulischen Regelein-richtungen und stellt einen Kraftschalter mit universellen Anwendungsmöglichkeiten dar. Sein Arbeitsprinzip geht aus Bild 11.38a hervor. Dem um die Achse (*A*) schwenkbar gelagerten Strahlrohr (*S*) wird über einen Zulauf Drucköl (p_v) als Hilfsenergie zugeführt. Das Strahlrohrende ist düsenförmig verengt. Aus diesem tritt das Öl mit einer Geschwin-digkeit von etwa 30 m/s aus. Der Strahl trifft auf zwei im Druckverteiler (*D*) nebenein-ander liegende Öffnungen gleichen Durchmessers, die über zwei Leitungen mit dem Stellzylinder (*Z*) verbunden sind. Die Stellung *s* des Strahlrohres wird durch die Regel-

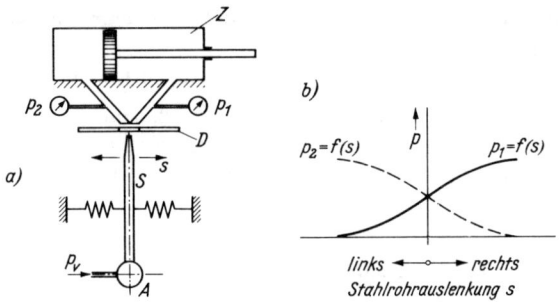

Bild 11.38   Prinzip des Strahlrohres

a) Aufbau, schematisch   b) Steuerkennlinie $p = f(s)$
A Drehpunkt des Strahlrohres
S Strahlrohr
D Druckverteiler
Z Stellzylinder
p_v Versorgungsdruck

differenz, die als mechanische Größe einwirkt, bestimmt. Ist letztere null, so befindet sich das Strahlrohr in der Mittellage und der Druck in den beiden Zuleitungen (p_1, p_2) ist gleich groß. Sobald die Regelgröße vom Sollwert abweicht, wird das Strahlrohr aus der Mittellage gedreht und der Druck im Stellzylinder (Z) wird entsprechend der Abweichung des Strahlrohres auf der einen Seite des Kolbens größer, auf der anderen kleiner. Es entsteht ein Druckunterschied und damit eine Verstellkraft, die den Kolben in dem Maße bewegt, wie das Drucköl nachströmt. Dadurch kann ein nachgeschaltetes Stellglied betätigt werden. Das Strahlrohrsystem arbeitet praktisch reibungsfrei. Nachdem die Geschwindigkeit des Arbeitskolbens im Stellzylinder vom Differenzdruck und damit von der Strahlrohrstellung abhängig ist, besitzt das System integrales Übertragungsverhalten.

Die Leistung derartiger Strahlrohrsysteme ist $P = p_v Q$ (p_v = Versorgungsdruck, Q = geförderte Druckölmenge) und $P_{max} = 0{,}25 p_{max} Q_{max}$. Mit den praktisch realisierbaren Werten $p_{v\,max} = 10$ bar und $Q_{max} = 10\,l\,min^{-1}$ ergibt sich somit $P_{max} \approx 40$ W. In Bild 11.38b ist die Steuerkennlinie wiedergegeben, die im Bereich der Nullage linear verläuft.

Strahlrohrsysteme finden bevorzugt Anwendung bei der Drehzahlregelung an Kraftwerksmaschinen, als Vorschubregler für Kopier-, Dreh- und Fräsbänke und zur Druck-,

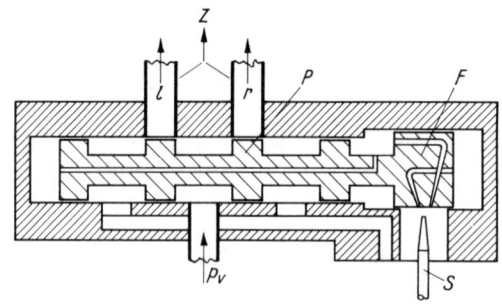

Bild 11.39
Kraftverstärkung durch Folgekolben

F Folgekolben
P Steuerschieber
S Strahlrohr
p_v Versorgungsdruck
Z zum Stellzylinder

Durchfluß-, Behälterstands- und Temperaturregelung in der Schwerindustrie. Werden besonders hohe Anforderungen an die Stellkraft gestellt, so kann der sog. *Folgekolben* als weiterer Verstärker zwischengeschaltet werden. Sein Prinzip geht aus Bild 11.39 hervor. Gesteuert wird der Folgekolben über ein Strahlrohr (*S*). Der aus dem Strahlrohr austretende Ölstrahl trifft auf zwei Öffnungen im Folgekolben (*F*) und erzeugt in der Mittelstellung auf beiden Seiten des Kolbens den gleichen Druck. In dieser Stellung des Kolbens sind die beiden Zuleitungen (*l*) und (*r*) zum Stellzylinder (*Z*) durch den Steuerschieber abgesperrt. Wird das Strahlrohr beispielsweise nach links bewegt, so erhält die rechte Oberfläche des Folgekolbens erhöhten Druck, so daß sich dieser nach links bewegt. Der mit dem Kolben verbundene Steuerschieber (*P*) öffnet bei dieser Bewegung den Ölzulauf der einen Seite des Stellzylinders und den Ölablauf der anderen Seite. Mit der Kombination Strahlrohr-Folgekolben-Steuerschieber können sehr große Stellkräfte und Regelgeschwindigkeiten erzielt werden. Die erreichbaren Leistungen liegen bei dieser zweistufigen Ausführung bei etwa 8 kW, wenn man Ölströme $Q_{max} = 80\,l\,min^{-1} = 0,08\,m^3 min^{-1}$ und Versorgungsdrucke $p_v = 200$ bar zuläßt.

Ein weiteres Beispiel zeigt Bild 11.40. Hier handelt es sich um ein elektrohydraulisches, zweistufiges Servoventil. Man erkennt deutlich die drei Baugruppen: elektromagnetische Eingangssteuerung, hydraulischer Vorverstärker mit Düse-Prallplatte und hydraulischer Kraftschalter mit Folgekolben. Die elektrische Eingangsleistung solcher Servoventile beträgt einige Zehntelwatt bis einige Watt je nach Spulenauslegung und steuert hydraulische Ausgangsleistungen bis etwa 40 kW, so daß man Verstärkungsfaktoren von einigen 10^4 erzielen kann.

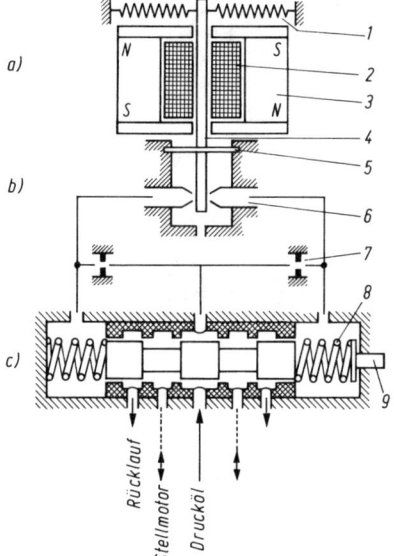

Bild 11.40 Zweistufiges Servoventil

a permanentdynamisches Meßsystem
b hydraulischer Vorverstärker
c hydraulischer Leistungsverstärker
  (Hauptsteuerschieber)
1 Nullpunktfeder zum Vorverstärker
2 Steuerspule
3 Permanentmagnet
4 Anker und Prallplatte
5 elastische Lagerung und öldichte Durchführung
6 Düse
7 Vordrossel
8 Fesselfeder zum Steuerschieber
9 Nullpunkteinstellung am Steuerschieber

11.2.3.2 Hydraulische Regler

Ein Verstärker kann im allgemeinen durch eine geringfügige Zusatzausrüstung als Regler betrieben werden; man benötigt hierzu am Eingang eine Vergleicherschaltung. Das läßt sich bei hydraulischen Systemen relativ leicht bewerkstelligen, wenn der Vorverstärker ein Düse-Prallplatte- oder ein Strahlrohrsystem aufweist. Beide besitzen einen mechanischen Hebel (Platte bzw. Strahlrohr), an dem über Bälge oder Kammern hydraulische oder pneumatische Drucke wirksam werden können. Wie bei den pneumatischen Reglern ausführlich gezeigt, lassen sich auf diese Weise Ist- und Sollwertdrucke einfach miteinander vergleichen. Bei Gleichheit von Ist- und Sollwert bleibt der Hebel in Ruhestellung, liegt dagegen eine Regeldifferenz vor, wird der Hebel mechanisch ausgelenkt und steuert die entsprechende Düse.

Als Beispiel zeigt Bild 11.41 ein elektrohydraulisches Servoventil als Regler, dessen Hauptmerkmale die folgenden sind: die elektrische Steuerseite besteht aus einem über

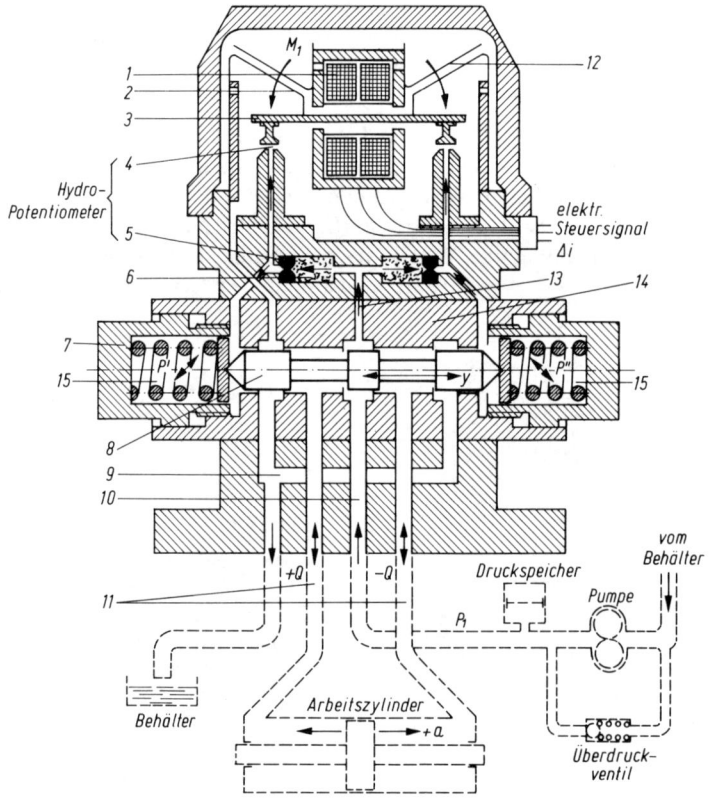

Bild 11.41   Elektrohydraulisches Servoventil als Regler

1 Momentenmotor	*9* Rücklauf
2 Blattfeder	*10* Hochdruckzulauf
3 Prallplatte	*11* Verbindungsleitungen
4 variable Drossel	*12* Dämpfungslamelle
5 feste Drossel	*13* Druckzulauf z. Hydropotentiometer
6 Filter	*14* Steuerbüchse
7 Fesselfeder d. Hauptsteuerventils	*15* Steuerkammern f. Hauptsteuerventil
8 Hauptsteuerventil	

zwei Spulen (für Ist- und Sollwert) arbeitenden Momentenantrieb, der die Prallplatte des doppelt ausgeführten Hydropotentiometers und damit dessen beide Düsen steuert. Die Ausgänge dieser Teiler sind mit den Steuerkammern des Folgekolbensystems verbunden, die auch die Schraubenfedern enthalten, mit denen der Hauptsteuerkolben gefesselt wird. Dadurch erhält das System, im Gegensatz zum Integralverhalten hydraulischer Stellkolben, proportionale Eigenschaften. Bei einer Eingangsleistung von etwa 0,1 W stehen Ausgangsleistungen von ca. 500 W zur Verfügung d. h. die Leistungsverstärkung beträgt 5000.

11.3 Einrichtungen zur direkten digitalen Regelung (DDC)

In Abschn. 6.2 wurden die Funktionseinheiten beschrieben, die für eine digitale Regelung erforderlich sind. Im vorliegenden Abschnitt wird auf die technische Realisierung näher eingegangen.

11.3.1 Analog-Digital-Umsetzung

Eine analoge Regelgröße wird zunächst in ein elektrisches Einheitssignal umgeformt. Dieses durchläuft dann häufig zuerst ein Anti-Alias-Filter und ein Abtast-Halte-Glied, bevor es dem Analog-Digital-Umsetzer zugeführt wird (Bild 6.2).

Der *Anti-Alias-Filter* ist ein analoger Tiefpaßfilter, der Frequenzanteile mit $\omega > \pi/T$ unterdrücken soll (T Abtastperiode). Wie in Abschn. 6.2.1 dazu weiter ausgeführt wird, sollte die Bandbreite des Anti-Alias-Filters auf $\omega_B \leq 0,1\pi/T$ ausgelegt werden. Der Frequenzgang von Bild 6.5b (P-T_1-Glied) kann z. B. mit der Schaltung von Bild 11.42 realisiert werden. (Das mathematische Modell $RC\dot{u}_a + u_a = -u_e$ läßt sich mit Hilfe der Formel $u_a/u_e = -Z_2/Z_1$ aus Bild 11.20 herleiten.) Die Bandbreite ω_B eines Tiefpaßfilters ist diejenige Frequenz, bei der die Betragskennlinie auf -3 dB abgefallen ist. Bei einem P-T_1-Glied $RC\dot{u}_a + u_a = -u_e$ ist $\omega_B = 1/RC$ (vgl. Abschn. 2.8.2). Ist z. B. die Abtastperiode $T = 1$ ms, dann ist $\omega_B = 0,1\pi/T = 314,16$ rad/s bzw. $f_B = 50$ Hz. Aus $RC = 1/(2\pi f_B)$ folgt mit $R = 1$ kΩ für den Kondensator der Mindestwert $C = 3,18$ µF.

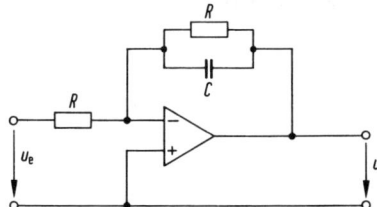

Bild 11.42 Anti-Alias-Filter (P-T_1-Glied)

Das *Abtast-Halte-Glied (Sample and Hold-Glied)* hat die Aufgabe, zu jedem Abtastzeitpunkt den Wert des analogen Spannungssignales zu erfassen und solange konstant zu halten, bis die Analog-Digital-Umsetzung abgeschlossen ist (Bild 6.3). Bild 11.43a zeigt eine einfache Abtast-Halte-Schaltung. Ist der Schalter S in der Stellung *1*, dann ist $u_a(t) = u_e(t)$, d. h. die Ausgangsspannung $u_a(t)$ folgt der Eingangsspannung $u_e(t)$. Zum Abtastzeitpunkt $t = kT$ wird der Schalter in die Stellung *2* umgeschaltet. Dann ist

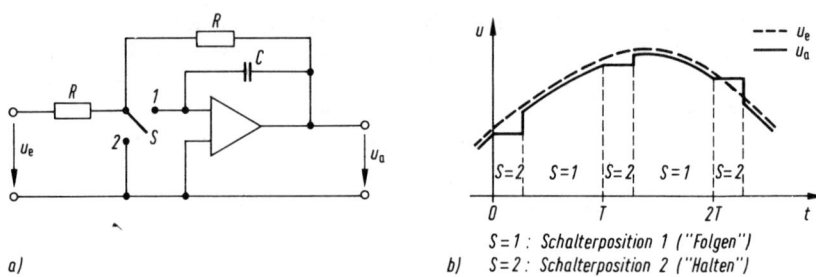

Bild 11.43   Abtast-Halte-Glied (Sample and Hold-Glied)

a) Schaltung (S: Schalter)   b) Ablaufdiagramm (T: Abtastperiode)

$u_a(t) = u_e(kT)$, da wegen des hohen Eingangswiderstandes praktisch kein Strom abfließen kann (Bild 11.43b, „Halten"). In der Schalterstellung 1 stimmt die Schaltung mit derjenigen von Bild 11.42 überein. Typische Werte für Abtast-Halte-Schaltungen sind $R = 1\,\text{k}\Omega$ und $C = 30\,\text{pF}$, was einer Bandbreite von etwa 5,3 MHz entspricht.

Analog-Digital-Umsetzer setzen eine (während des Umsetzvorganges möglichst konstante) elektrische Spannung in ein Datenwort (z. B. 10111011) um, dessen Ziffern 0 oder 1 zwei Spannungspegeln entsprechen. Man unterscheidet

— Umsetzer mit Zeit (oder Frequenz) als Zwischengröße (z. B. Sägezahnverfahren oder Dual-Slope-Verfahren, Umsetzzeit 5 ... 100 ms) und
— Umsetzer nach dem Kompensationsprinzip (z. B. Verfahren der sukzessiven Approximation, Umsetzzeit 2 ... 10 µs).

Analog-Digital-Umsetzung nach dem Sägezahnverfahren

Bild 11.44a zeigt gestrichelt den zeitlichen Verlauf eines analogen Signales u_x. Gemessen wird die Zeit, die eine linear ansteigende Vergleichsspannung u_v braucht, den gleichen Wert wie die analoge Signalspannung u_x zu erreichen. Ein quarzstabilisierter Impulsgenerator (Bild 11.44b) erzeugt Spannungsimpulse (z. B. $f = 10\,\text{kHz}$). In einem Sägezahngenerator wird die Vergleichsspannung hergestellt. Sie erreicht beispielsweise vom Startsignal aus gerechnet den Spannungsspitzenwert von 10V innerhalb einer Sekunde. Somit entspricht ein Impuls einer Spannungsänderung von 1mV. Das Startsignal öffnet eine elektronische Torschaltung. Während der Öffnungszeit gelangen die Zählimpulse zur Zähleinheit. Sobald $u_v = u_x$ ist, entsteht im Komparator ein Stop-Signal und schließt die Torschaltung. Mit den angenommenen Zahlenwerten entspricht die Impulszahl dem Spannungswert der Meßspannung in mV. Diese Zahl steht in binärer Form am Ausgang des Zählers bereit, um vom Signalprozessor (Abschn. 11.3.2) ausgelesen zu werden. Die Meßgenauigkeit hängt von Steigungsfehlern der Vergleichsspannung, der Impulsfrequenz (üblich sind Frequenzen bis etwa 10 MHz) und Störungen der analogen Signalspannung (Rauschen, Brummen usw.) ab.

Analog-Digital-Umsetzung nach dem Dual-Slope-Verfahren

Bild 11.45 zeigt eine Blockschaltung. Der Kondensator C des Integrators wird während einer genau definierten Zeit von der Signalspannung u_x aufgeladen. Der Ladezustand

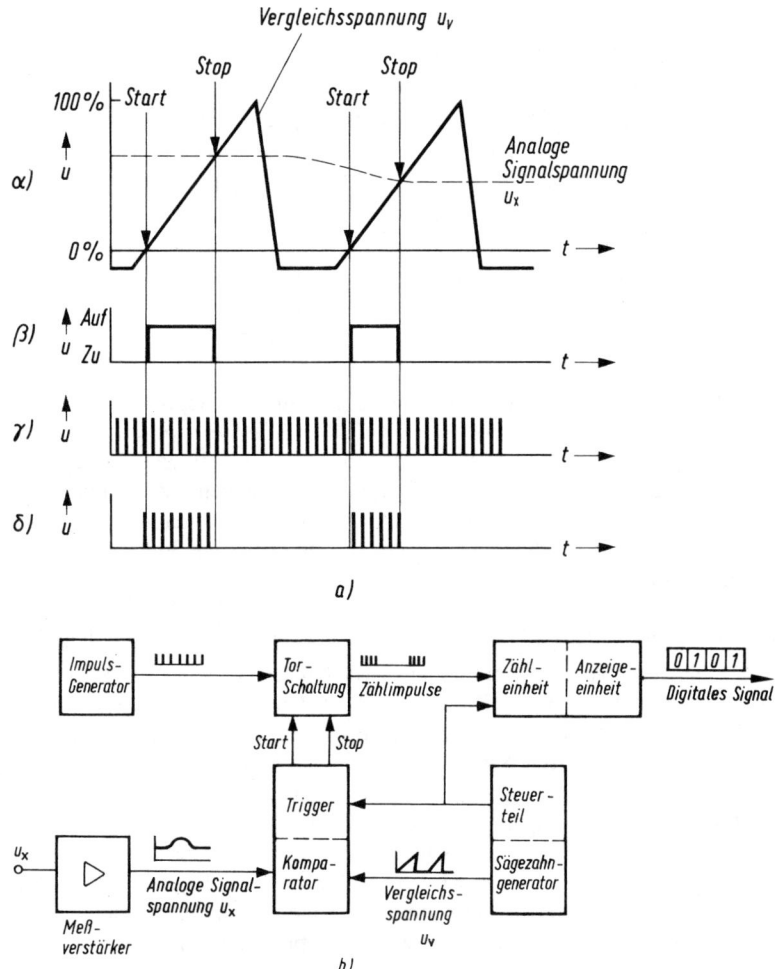

Bild 11.44   Analog-Digital-Umsetzung nach dem Sägezahnverfahren

a) Signale im Sägezahnumsetzer
  α zeitlicher Verlauf von Signal- und Vergleichsspannung
  β Öffnungssignal des Tores
  γ Ausgangsimpulse des Impulsgenerators
  δ Zählimpulse

b) Blockschaltbild des Sägezahnumsetzers

von C ist damit proportional der Meßgröße u_x. Anschließend wird über den Analog-schalter eine konstante Gegenspannung u_{Ref} an den Eingang des Integrators gelegt. Sie bewirkt eine zeitproportionale Entladung des Kondensators. Die Entladezeit bis zur Bezugsspannung (meist 0 V) wird mit Taktimpulsen gemessen. Am Ende der Entladezeit kann am Zählerausgang eine Binärzahl ausgelesen werden, die die analoge Spannung u_x darstellt.

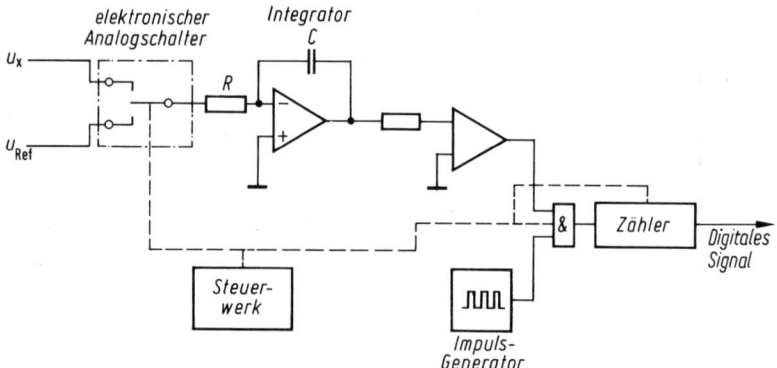

Bild 11.45   Analog-Digital-Umsetzung nach dem Dual-Slope-Verfahren

Im Gegensatz zum Sägezahnverfahren wird das (konstante) analoge Spannungssignal integriert (und nicht mit einer anderen Spannung verglichen). Zusammen mit dem anschließenden Entladevorgang dauert die A/D-Umsetzung länger als beim Sägezahnverfahren, jedoch wird der Einfluß von Störungen des analogen Signales und von Impulsfrequenzfehlern auf ein Minimum reduziert.

Analog-Digital-Umsetzung nach dem Verfahren der sukzessiven Approximation

Bild 11.46 zeigt das Verfahren für einen 4 Bit-Umsetzer. Mit dem Start-Takt setzt die Steuerung das höchstwertige Bit b_3 auf 1. Der Digital-Analog-Umsetzer (vgl. Abschn.11.3.3) erzeugt eine entprechende analoge Vergleichsspannung u_v. Der Komparator signalisiert $u_v < u_x$ an die Steuerung (mit u_x von Bild 11.46b), die daraufhin im nächsten Takt $b_3 = 1$ in die erste Zelle des digitalen Signalwertspeichers einstellt. Im nächsten Takt setzt die Steuerung das nächste Bit (b_2) probeweise auf 1. Da der Komparator nun $u_v > u_x$ anzeigt, wird im nächsten Takt $b_2 = 0$ in die entsprechende Zelle des Ausgangsspeichers eingestellt. Nun wird b_1 probeweise auf 1 gesetzt und auf 1 belassen, da $u_v < u_x$. So wird Bit für Bit, vom höchstwertigen abwärts, der analoge Spannungssignalwert u_x von unten angenähert („sukzessive approximiert").

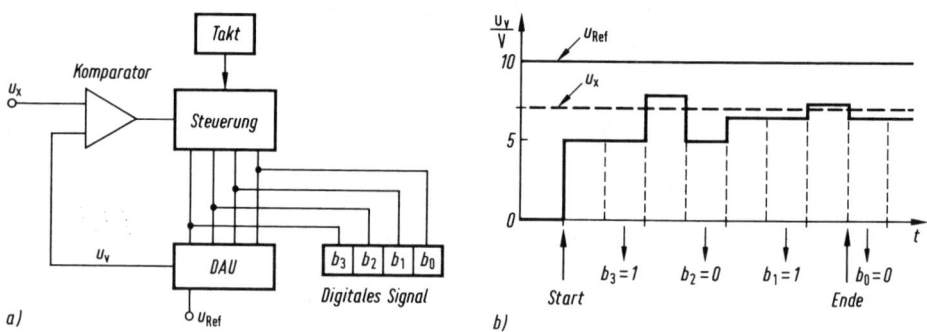

Bild 11.46   Analog-Digital-Umsetzung nach dem Verfahren der sukzessiven Approximation
a) Blockschaltbild   b) Ablaufdiagramm

Wichtige Kenngrößen von A/D-Umsetzern sind die Auflösung (vgl. Abschn. 6.2.1 Quantisierungsfehler), analoger Eingangssignalbereich (unipolar, bipolar), Code des digitalen Signales (im Falle von bipolar: häufig Zweier-Komplement), Offset, Linearitätsfehler, logische Signale für Beginn und Ende der Umsetzung, Umsetzzeit.

11.3.2 Prozeßrechner

Prozeßrechner sind Mikrorechner, die mit Hilfe von analogen Ein- und Ausgabekanälen (analoge E/A) die Funktion des Reglers in einem Regelkreis übernehmen können. *Analoge E/A* übernehmen bzw. erzeugen analoge Signale mittels A/D- bzw. D/A-Umsetzern. Zusätzlich weisen Prozeßrechner *digitale E/A* für binäre Ein- und Ausgangssignale auf (für Schaltfunktionen oder LED an/aus). Um die Funktion eines Reglers ausüben zu können, muß ein Prozeßrechner *realzeitfähig* (*echtzeitfähig*) sein, um trotz Umsetzzeiten, Rechenzeiten u.a. mit den Vorgängen der Regelstrecke schritthalten zu können (vgl. Abschn. 6.1). Als Prozeßrechner werden z. B. Signalprozessoren (DSP: **d**igitale **S**ignal**p**rozessoren), Mikrocontroller, digitale Kompaktregler und auch Personalcomputer (PC) eingesetzt. Bild 11.47 zeigt ein digitales Regelungssystem mit den erforderlichen Prozeßrechnerfunktionen. Die Baueinheiten sind auch auf einem einzigen Chip erhältlich.

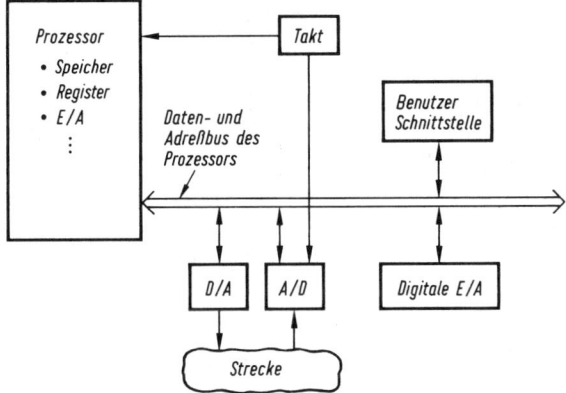

Bild 11.47 Blockschaltbild eines Prozeßrechners (Mikrorechner) mit Strecke

Im Folgenden werden einige wichtige Eigenschaften von Prozeßrechnern (Mikrorechnern) beschrieben, *die speziell auf die digitale Regelung zugeschnitten sind*. Zur weiteren Vertiefung in die Hardware- und Softwaretechnik von Mikrorechnern muß auf die umfangreiche Spezialliteratur verwiesen werden.

11.3.2.1 Hardware

Um den Wert y_k der Stellgröße mit einem *PID*-Regelalgorithmus von Bild 6.12 ($y_k = -a_1 y_{k-1} + b_0 e_k + b_1 e_{k-1} + b_2 e_{k-2}$) zu berechnen, sind eine Reihe von Multiplikationen und Additionen erforderlich. Da diese Rechenoperationen sehr häufig auftreten, enthalten Prozeßrechner neben der arithmetisch-logischen Einheit (ALU: **a**rithmetic **lo**-

gic **u**nit) oftmals einen *Multiplizierer-Akkumulator* (sog. MAC: **M**ultiplier-**A**ccumulator). Das ist eine Hardware, die zwei Zahlen sehr schnell multipliziert und zum Inhalt eines Akkumulator-Registers hinzuaddiert. Die Arbeitsgeschwindigkeit des MAC trägt wesentlich zur Rechenleistung eines Prozeßrechners bei.

Die *Rechenleistung* ist proportional zur Rechengeschwindigkeit (in MIPS = **m**illion **i**nstructions **p**er **s**econd, Millionen Befehle pro Sekunde), zur Wortlänge (z. B. 8/16/ 32 Bit) und zur Komplexität der Befehle (einfacher Befehl: z. B. Bits im Speicher verschieben (shift), komplexerer Befehl: z. B. Multiplikation). Die Rechenleistung hängt also nicht nur von der Taktfrequenz ab.

Am schnellsten arbeitet der MAC mit *Festkommazahlen* (Festkomma-Arithmetik). Eine Festkommazahl ist z. B. eine Zahl mit zwei Stellen vor dem Komma und drei Stellen dahinter, z. B. 14,874. Bei der Verwendung von Festkommazahlen ist jedoch streng darauf zu achten, daß der darstellbare Zahlenbereich z. B. 99,999 bis $-99,999$ (auch bei Zwischenergebnissen!) nicht überschritten wird. Dazu muß der Zahlenbereich i. a. entsprechend skaliert werden. Bei der Verwendung von *Fließkommazahlen* (Fließkomma-Arithmetik) erübrigt sich eine Skalierung im allgemeinen. Sie entspricht der „wissenschaftlichen Zahlendarstellung" beim Taschenrechner: z. B. $0,14874 \cdot 10^2$. Der Faktor 0,14874 heißt Mantisse und die hochgestellte 2 ist der Exponent. Bei einem 8 Bit-Exponenten liegt der darstellbare Zahlenbereich zwischen etwa -10^{38} und $+10^{38}$ und die kleinste darstellbare Zahl ist etwa 10^{-38}.

Der *Befehlssatz* von Prozeßrechnern umfaßt nur „einfache" Befehle, wie z. B. Bits im Speicher zu verschieben, und die mathematischen und logischen Grundoperationen. Bei Festkomma-Arithmetik ist im allgemeinen eine *Wortlänge* von 24 Bit ausreichend. Bei Fließkomma-Arithmetik genügen meist 24 Bit für die Mantisse und 8 Bit für den Exponenten. Um die Rundungsfehler (und deren Akkumulation) bei der Multiplikation klein zu halten, werden im MAC häufig mehr Bits für die Wortlänge bzw. die Mantisse verwendet (vgl. Bild 11.48). Prozeßrechner verwenden nur die einfachsten *Adressierungsarten*, wie z. B. direkt, indirekt und unmittelbar (immediate).

Für Programm und Daten ist nur wenig *Speicher* (z. B. 64 K) erforderlich. Man vergleiche dies mit Standard-Mikrorechnern in Personal-Computern, die i. a. viele MB Arbeitsspeicher

	TMS320C25	TMS320C30
Befehlszykluszeit	100 ns	60 ns
RAM	288 × 16 Daten 256 × 16 Daten u. Programm	2K × 32 Daten u. Programm 64 × 32 Cache
ROM	4K × 16 Programm	4K ×32 Daten u. Programm
Wortlänge	16 Bit	8 Bit Exponent 24 Bit Mantisse
Akkumulatorbreite	32 Bit	8 Bit Exponent 32 Bit Mantisse

Bild 11.48 Daten von Mikroprozessoren mit Festkomma- (linke Spalte) bzw. Fließkomma-Arithmetik (rechte Spalte)

zu verwalten haben. Der Regelalgorithmus wird häufig in einem PROM (Programmable Read-Only Memory, Programmierbarer Nur-Lesespeicher) abgelegt, während veränderliche Daten während des Betriebes in den RAM (Random-Accesss-Memory, Schreib-/Lesespeicher) geschrieben bzw. herausgelesen werden. EPROM's (Erasable PROM's, löschbare PROM's) sind mit spezieller Hardware unter sehr starker UV-Licht-Bestrahlung (UV = Ultraviolett) löschbar und beliebig oft wiederverwendbar. EEPROM's (Electrically EPROM's) werden ohne spezielle Hardware elektrisch gelöscht bzw. neu beschrieben. Im Gegensatz zum RAM ist der Schreibvorgang sehr viel langsamer.

Ein wichtiger Gesichtspunkt ist ferner die *Störsicherheit* digitaler Regler gegenüber elektromagnetischen Feldern. Im Gegensatz zu analogen Reglern wirken sich Störungen *überhaupt nicht* aus, wenn die Grenzspannung zwischen 0 und 1 nicht überschritten wird. Tritt dieser Fall jedoch ein, dann ist ein kleiner Fehler genauso wahrscheinlich wie ein großer Fehler, weil das höchst- wie das niedrigwertigste Bit mit gleicher Wahrscheinlichkeit betroffen sind. Daher sind Maßnahmen zu Fehlererkennung und/oder Fehlerkorrektur von großer Bedeutung (z. B. Paritätsprüfung).

Die Arbeitsweise von Prozeßrechnern richtet sich nach festgelegten Aufgaben, die teils zu bestimmten Zeitpunkten (z. B. Abtastzeitpunkte) und teils bei bestimmten Ereignissen (z. B. Alarm) anfallen. Tritt Zeitpunkt oder Ereignis ein, dann sind bestimmte Programme auszuführen. Steht nur *ein* Mikroprozessor zur Verfügung, so kann es leicht zu Konflikten kommen. Sie werden dadurch gelöst, daß den Aufgaben *Prioritäten* zugeordnet werden. Alarme haben in der Regel höchste Priorität. Der Mikroprozessor steht dann sofort zur Verfügung, wobei er ein gerade laufendes Programm niedrigerer Priorität unterbricht (*Interrupt*). Bei der digitalen Regelung muß jeweils nach Abschluß einer A/D-Umsetzung möglichst umgehend die Berechnung eines neuen Stellgrößenwertes y_k angeschlossen werden. Das kann z. B. so ablaufen, daß der A/D-Umsetzer nach Abschluß der A/D-Umsetzung ein Unterbrechungssignal (sog. *Interruptsignal*) an den Mikroprozessor sendet, der daraufhin mit der Bearbeitung des Unterbrechungsprogrammes (sog. *Interrupt-Routine*) zur Berechnung von y_k beginnt.

Vielfältige Aufgaben (mit zahlreichen Prioritätsstufen) können von einem sog. *Multitasking*-Betriebssystem organisiert werden. Unter Task versteht man dabei den mit einer Aufgabe verbundenen Rechenprozeß, der z. B. die Zustände „laufend" oder „nichtlaufend" (d. h. Aufgabe wird gerade vom Prozessor bearbeitet bzw. nicht bearbeitet) annehmen kann. Jedoch kosten Betriebssysteme Rechenzeit und gefährden damit die Realzeitfähigkeit eines Prozeßrechners. Ist jedoch ein digitaler Regler die *einzige* Aufgabe eines Prozeßrechners, dann kann z. B. einfach die zyklische Abfrage des Status-Signales des Analog-Digital-Umsetzers die Berechnung der Stellgröße y_k auslösen. Soll der Prozessor in den Zwischenzeiten bis zur jeweils nächsten A/D-Umsetzung nicht ungenutzt warten, dann kann man z. B. eine zweite Prioritätsstufe einführen (*Vordergrund/Hintergrund*). Programme, die im Hintergrund laufen, werden dann von der Realzeituhr (Clock) unterbrochen, wenn im Vordergrund der nächste Stellgrößenwert berechnet werden muß.

Als Prozeßrechner eingesetzt werden z. B. die Mikrocontroller Intel 8051, SAB 80C535, HCTL-1100 und die Signalprozessoren der Familien TMS320xxx (Texas Instruments), ADSP-21xx (Analog Devices), μPD77xx (NEC), DSP56xx (Motorola). Die Tabelle von Bild 11.48 zeigt Daten von Mikroprozessoren mit Festkomma- bzw. Fließkomma-Arithmetik.

Prozeßrechner können heute aufgrund ihrer kleinen Abmessungen direkt in zu automatisierende (Klein-)Geräte eingebaut oder wie man auch sagt *eingebettet* werden. Beispiele sind Kameras, Festplattenlaufwerke, Robotergelenke, Herzschrittmacher und Hörgeräte. Mikrorechner sind auch in digitalen Kompaktreglern (z. B. SIPARD-DR20 von Siemens) und Reglerbaugruppen in Speicherprogrammierbaren Steuerungen (SPS) enthalten, die z. B. zur Prozeßsteuerung eingesetzt werden. Häufig werden einzelnen Funktionsbereichen in einem Gerät oder einer Anlage eigene Prozeßrechner zugeordnet. Gründe dafür sind z. B. Kosten, Zuverlässigkeit, Flexibilität bei Änderungen und Eingrenzung bei Störfällen. Dann müssen die Prozeßrechner mit einem Netzwerk zu einem *Prozeßrechensystem* verbunden werden. Aktuelle Beispiele für derartige Netzwerke sind PROFIBUS, P-NET-Bus, Interbus-S, Bitbus, DIN-Meßbus und CAN-Bus.

11.3.2.2 Software, Programmierung

Die Software von Prozeßrechnern ist fester Bestandteil ihrer Aufgabenstellung. Sie wird nicht wie bei Personal-Computern je nach Anwendung im Speicher ausgetauscht. Man bezeichnet sie daher auch als *Firmware* (engl. firm = fest) oder auch als *Mikrocode*[1]). Der Mikrocode kann direkt in Assembler entwickelt werden, oder indirekt in einer höheren Programmiersprache wie z. B. C oder PASCAL mit anschließender Übersetzung in die Maschinensprache.

Die Entwicklung von Mikrocode ist − vor allem in Assembler − häufig ein aufwendiger Vorgang, insbesondere, wenn bei der Entwicklung verschiedene Versionen zu erstellen sind und sich zudem die Anforderungen im Laufe der Entwicklung ändern. Zudem werden neben dem eigentlichen Regelalgorithmus häufig noch weitere Funktionen softwaremäßig realisiert (soweit die Realzeitfähigkeit erhalten bleibt), deren analogelektronische Realisierung zu aufwendig oder zu teuer wäre. Dazu gehören z. B. Plausibilitätstests von Meßwerten, Linearisierung von Kennlinien, Bruch- und Kurzschlußüberwachung mit Alarmmeldung, Statistiken usw. Die „einfache" Änderbarkeit der Software während der Entwicklung (und auch im späteren Einsatz) zwingt jedoch zu sorgfältiger Versionskontrolle.

Ohne geeignete *Entwicklungsumgebung* ist die Herstellung von Mikrocode sehr schwierig, wenn nicht unmöglich. Zu einer Entwicklungsumgebung gehören

Assembler   Übersetzungsprogramm zur Übersetzung eines in Assemblersprache geschriebenen Programms in die Maschinensprache.

Compiler   Übersetzungsprogramm zur Übersetzung eines in einer höheren Programmiersprache (z. B. C oder PASCAL) geschriebenen Programms in die Maschinensprache.

Simulator   Programm für einen Host-Rechner, mit dem simuliert wird, wie z. B. der Regelalgorithmus im Prozeßrechner (als Zielrechner) abläuft. Der Simulator bietet zahlreiche Eingriffsmöglichkeiten wie Einzelschrittbetrieb, Setzen von Abbruchbedingungen usw.

---

[1]) Mit Mikrocode wurden ursprünglich nur die Programme bezeichnet, die den Befehlssatz eines Mikrorechners festlegen.

Emulator   Rechner und Programm, mit denen der Prozeßrechner im Echtzeitbetrieb simuliert wird, wobei alle Zustandsgrößen des Prozeßrechners beobachtet und gegebenenfalls verändert werden können (was beim Prozeßrechner-Chip im Endprodukt nicht mehr möglich ist).

Logik-   Meßgerät, das die logischen Zustände einer großen Anzahl von Anschlüs-
Analysator   sen bzw. Leitungen gleichzeitig erfassen kann.

In *Assemblersprache* läßt sich der Mikrocode prinzipiell am besten auf einen speziellen Anwendungsfall hin zuschneiden. In der Praxis gelingt dies jedoch nur wirklich erfahrenen Assembler-Spezialisten, von denen es nur wenige gibt. Denn jeder Prozessortyp hat seinen eigenen Assembler, d. h. Assembler ist hardware-abhängig. Assembler-Programmierung rechnet sich i.a. nur bei Massenprodukten. Bei langlebigen Produkten und geringen Stückzahlen stehen die kostengünstige Wiederverwendbarkeit und die Anpaß- und Erweiterbarkeit der Software bei Geräte- bzw. Anlagenänderungen im Vordergrund. Dafür sind *höhere Programmiersprachen* besser geeignet. Sie sind hardware-unabhängig, kürzer und übersichtlicher; Programmierfehler sind schneller zu finden, und die Dokumentation ist einfacher. Daher ist die Programmentwicklungszeit i. a. wesentlich kürzer. Abhängig von der gewählten höheren Programmiersprache ist jedoch der Mikrocode, den der Compiler erzeugt, häufig ineffizient bezüglich Rechenzeit, weil der Compiler komplizierte Zusatzprogramme z. B. zur dynamischen Speicherplatzverwaltung verwendet, die für die digitale Regelung i. a. überflüssig sind.

Wohl eine der am besten geeigneten höheren Sprachen für maschinennahe Programmierung ist C, weil beim Compilieren aufwendige und zeitintensive Zusatzfunktionen nicht automatisch in den Mikrocode eingebaut werden. Mit C können maschinennahe Objekte wie Charakter, Bytes, Bits und Adressen direkt angesprochen werden, um z. B. Interrupt-Controller und CPU-Register zu steuern. ANSI-C[1]) bietet die Vorteile der Sprach-Standardisierung. Mit Sicherheit werden zukünftig auch C++ und andere objektorientierte Programmiersprachen größere Bedeutung bei Echtzeitanwendungen erlangen.

Bild 11.49 zeigt ein Beispiel für eine Programmstruktur, mit der der Regelalgorithmus $y_k = -a_1 y_{k-1} + b_0 e_k + b_1 e_{k-1} + b_2 e_{k-2}$ (vgl. z. B. Tabelle von Bild 6.12, *PID*-Regelalgorithmen) mit einem Prozeßrechner realisiert werden kann. Schaltet man die Regelung ein, dann läuft das Programm nach der Prozessor-Initialisierung (Zeilen 1 bis 8) in eine Endlosschleife (Zeilen 12 bis 14). Die Endlosschleife wird unterbrochen, wenn eine A/D-Umsetzung abgeschlossen ist und ein neuer Stellgrößenwert y_k zu berechnen ist. In dem Zeitdiagramm von Bild 11.50 wird das Ende der A/D-Umsetzung durch die positive Flanke des Signales „A/D-Umsetzung" angezeigt. Dadurch wird das Signal „Interrupt" ausgelöst, was die Bearbeitung des Unterbrechungsprogrammes (Zeilen 15 bis 19 in Bild 11.49) zur Folge hat. Anschließend geht das Programm wieder in die Endlosschleife im Hintergrund, wobei zunächst ein sog. Watchdog-Timer gestartet wird. Diese Einrichtung arbeitet wie eine Stoppuhr, um ein eventuelles Ausbleiben des Interrupts (d. h. der Regelgröße am A/D-Umsetzer) als Fehler zu erkennen und mittels Fehlerprogramm (Zeilen 13 bzw. 21) z. B. anzuzeigen. In der Wartezeit bis zum nächsten Interrupt können z. B. Daten grafisch angezeigt oder der Geräte- bzw. Anlagenzustand erfaßt und statistisch ausgewertet werden. Weitere Funktionen, die sich hier einbauen ließen, wurden bereits erwähnt.

---

[1]) ANSI = American National Standards Institute.

Prozessor-Initialisierung
1. Lade Programmspeicher
2. Lösche Register und Interrupts
3. Sperre Interrupts (disable)
4. Setze Status-Register
5. Überprüfe Programmspeicher (wenn Fehler gehe zu 21)
6. Überprüfe ALU, MAC, A/D, D/A, usw. (wenn Fehler gehe zu 21)
7. Überprüfe Kommandoschnittstelle (wenn Fehler gehe zu 21)
8. Rufe Initialisierungsprogramm
9. Gehe zu 10
Hintergrundprogramm
10. Starte Watchdog-Timer
11. Ermögliche Interrupts (enable)
12. Bearbeite Programme niedriger Priorität
13. Überprüfte Watchdog-Timer (wenn Zeitüberschreibung gehe zu 21)
14. Gehe zu 12
Unterbrechungsprogramm (Vordergrund)
15. Übernimm Regelgröße x_k
16. Übernimm Führungsgröße w_k
17. Berechne $e_k = w_k - x_k$ und $y_k = -a_1 y_{k-1} + b_0 e_k + b_1 e_{k-1} + b_2 e_{k-2}$
18. Gib Stellgröße y_k aus
19. Aktualisiere Status-Register
20. Gehe zu 10
Fehler-Programme
21. Bearbeite Fehlerprogramm (abh. von Fehlerart)

Bild 11.49
Programmstruktur für den Regelalgorithmus $y_k = -a_1 y_{k-1} + b_0 e_k + b_1 e_{k-1} + b_2 e_{k-2}$

Bild 11.51 zeigt ein C-Programm für die Zeilen 15 bis 18 in Bild 11.49.

Um die für die Regelgüte kritische Zeitspanne zwischen Abtastzeitpunkt kT und dem Signal „Lade DAU mit y_k" im Zeitdiagramm von Bild 11.50 möglichst kurz zu halten, sollte in der Wartezeit der Regelalgorithmus für den folgenden Interrupt bereits soweit

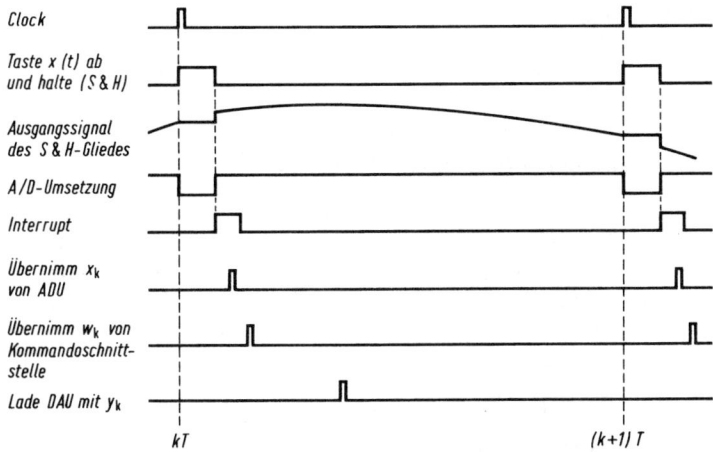

Bild 11.50 Steuersignale eines Prozeßrechners bei digitaler Regelung (S & H: Sample and Hold)

wie möglich vorab berechnet werden, z. B.

$$y_{\text{vorab}} = -a_1 y_{k-1} + b_1 e_{k-1} + b_2 e_{k-2} .$$

In der Interrupt-Routine (Zeile 17 in Bild 11.49) verbleibt dann lediglich noch

$$y_k = y_{\text{vorab}} + b_0 e_k .$$

Bild 11.49 macht deutlich, daß der eigentliche Regelalgorithmus nur einen kleinen Teil (wegen der Zusatzfunktionen häufig nur 10% bis 20%) des Programmspeichers benötigt. Auch bei der in jeder Abtastperiode T erforderlichen Rechenzeit entfällt vielfach nur ein kleinerer Teil (z. B. 50% oder weniger) auf die Bearbeitung des Regelalgorithmus.

```
xk = get_AD(Kanal_1);      /* Hole xk von A/D-Umsetzer "Kanal 1" */
wk = get_cmd;              /* Hole Sollwert wk */
ek = wk-xk;                /* Berechne Regeldifferenz ek*/
yk = PID_Regler(ek);       /* Berechne yk mit Funktion PID_Regler (s. u.) */
write_DA(yk)               /* Gib yk an D/A-Umsetzer */

float PID_Regler (float ek_0) {    /* Funktion PID_Regler */

    static float yk, yk_1;         /* yk=y(k), yk_1=y(k-1) */
    static float ek_1, ek_2;       /* ek_1=e(k-1), ek_2=e(k-2) */
    float a1, b0, b1, b2;

    yk = -a1*yk_1 + b0*ek_0 + b1* ek_1 + b2*ek_2;    /* Regelalgorithmus */

    yk_1 = yk;         /* Bereite Variablenwerte für den nächsten */
    ek_2 = ek_1;       /* Unterprogrammaufruf vor */
    ek_1=ek_0;

    return y_k;        /* Gib yk an das Hauptprogramm zurück */
}
```

Bild 11.51 C-Programm für den digitalen Regelalgorithmus von Bild 11.49. Koeffizienten a1, b0, b1, b2 z. B. aus Tab. von Bild 6.12. /* ... */ ist Kommentar.

11.3.3   Digital-Analog-Umsetzung

Häufig wird die Digital-Analog-Umsetzung mit bewerteten Widerständen oder mit Kettenleiter vorgenommen.

Digital-Analog-Umsetzung mit bewerteten Widerständen

In der Schaltung von Bild 11.52 wird über elektronische Schalter ein bewertetes Netzwerk (als Beispiel für 4 Bit) gesteuert, das zusammen mit einem Operationsverstärker als Summierverstärker aufgebaut ist. Die Spannungsverstärkungen der Zweige sind dual abgestuft. Für das vierstellige binäre Digitalsignal $b_3b_2b_1b_0$ am Eingang (z. B. $b_3b_2b_1b_0 = 1011$) beträgt die Analogspannung am Ausgang

$$u_A = -u_{Ref}\left(b_0\,\frac{1}{10} + b_1\,\frac{1}{5} + b_2\,\frac{1}{2{,}5} + b_3\,\frac{1}{1{,}25}\right)\frac{R_N}{R}\,.$$

In der Schaltung von Bild 11.52 bedeutet $b_i = 0$ „Schalter offen" bzw. $b_i = 1$ „Schalter geschlossen". Geschaltet wird mit Halbleiterschaltern.

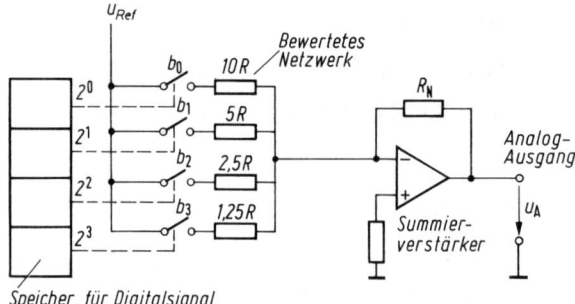

Bild 11.52   Digital-Analog-Umsetzung mit bewerteten Widerständen

Digital-Analog-Umsetzung mit Kettenleiter

Bild 11.53 zeigt einen Kettenleiter, der nur die beiden Widerstandswerte R und $2R$ enthält. Um das Prinzip zu verdeutlichen, wird wieder ein 4 Bit-Umsetzer behandelt. Ist eine Ziffer b_i der Dualzahl $b_3b_2b_1b_0$ gleich Null, dann schaltet S_i den betreffenden $2R$-Widerstand an Masse, andernfalls liegt $2R$ über S_i an der Referenzspannung u_{Ref}. Bei einer beliebigen Bitkombination des digitalen Eingangssignales erhält man den Gesamtstrom am Eingangswiderstand des Operationsverstärkers durch Überlagerung der Einzelströme im Kettenleiter, die Gesamtspannung entsteht durch Addition der Einzelspannungen

$$u_A = -\frac{u_{Ref}}{24}\left(b_0 + b_1\cdot 2^1 + b_2\cdot 2^2 + b_3\cdot 2^3\right).$$

Man kann Digital-Analog-Umsetzer als digital einstellbare Spannungsquellen betrachten. Kenngrößen von D/A-Umsetzern sind die Auflösung (= kleinste Spannungspegeldifferenz, vgl. Abschn. 6.2.3), analoger Ausgangssignalbereich (unipolar, bipolar), Code des

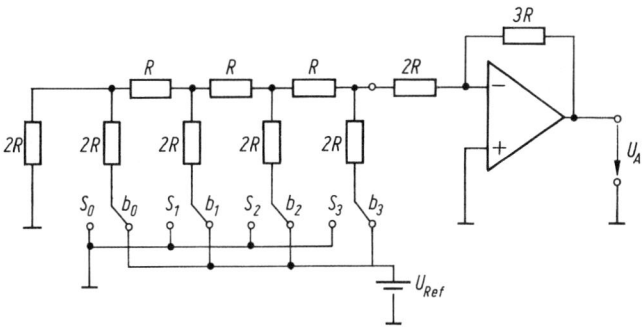

Bild 11.53 Digital-Analog-Umsetzung mit Kettenleiter

digitalen Eingangssignales (im Falle von bipolar: häufig Zweier-Komplement), Offset, Linearitätsfehler, logische Signale für Beginn und Ende der Umsetzung, Umsetzzeit. Die Umsetzzeit ist im Wesentlichen die Einschwingzeit der analogen Ausgangsspannung auf einen neuen digitalen Eingangswert.

11.3.4 Schnelles Regler-Prototyping

Eine erste technische Ausführung (sog. *Prototyp*) einer Regelung in Betrieb zu nehmen, ist häufig mit Risiken verbunden. Zum Beispiel können sich Schwingungen sehr schnell aufschaukeln, die die Strecke beschädigen oder gar zerstören, bevor auf Handbetrieb umgeschaltet oder Notaus betätigt werden konnte. Bei der Inbetriebnahme können auch Menschenleben gefährdet sein wie z. B. bei der automatischen Lenkregelung von Kraftfahrzeugen: Sie soll u. a. Seitenböen (insbesondere bei hohen Geschwindigkeiten) automatisch so ausgleichen (in einem unterlagerten Regelkreis), daß der Autofahrer (als Regler im übergeordneten Regelkreis) beim Lenken von der Böe praktisch nichts bemerkt.

Um die Risiken bei der Inbetriebnahme zu mindern, muß bei der *Systemintegration*, d. h. der Verbindung von Reglerelektronik, Reglersoftware, Stell- und Meßeinrichtungen, Streckenhardware usw. zu einem funktionierenden Ganzen, Schritt für Schritt vorgegangen werden.

Beschädigungen oder Gefährdungen können nicht auftreten, wenn ein Regler zunächst an einem *mathematischen Modell* der Regelstrecke erprobt wird. Dazu stehen leistungsfähige CAE-Programme zur Modellbildung (bzw. Identifikation) und digitalen Simulation zur Verfügung (Anhang A.1). Bild 11.54 deutet im oberen Teil ein grafisches Simulationsprogramm eines Regelkreises an. Die Abschn. 2.2 und 2.3 erläuterten die grafische Programmierung und mathematische Modellbildung.

Als nächster Schritt wird häufig anstelle der realen Strecke zunächst ein *Hardware-Modell* der Strecke (meist im Labormaßstab) im Regelkreis verwendet. Bild 11.54 (unterer Teil) zeigt den Prototyp-Regelkreis mit dem Prozeßrechner. In Abschn. 11.3.3 wurde erklärt, daß der Mikrocode des Prozeßrechners auf verschiedene Arten hergestellt werden kann. Sehr aufwendig ist die *Assemblerprogrammierung* mit einem EPROM als

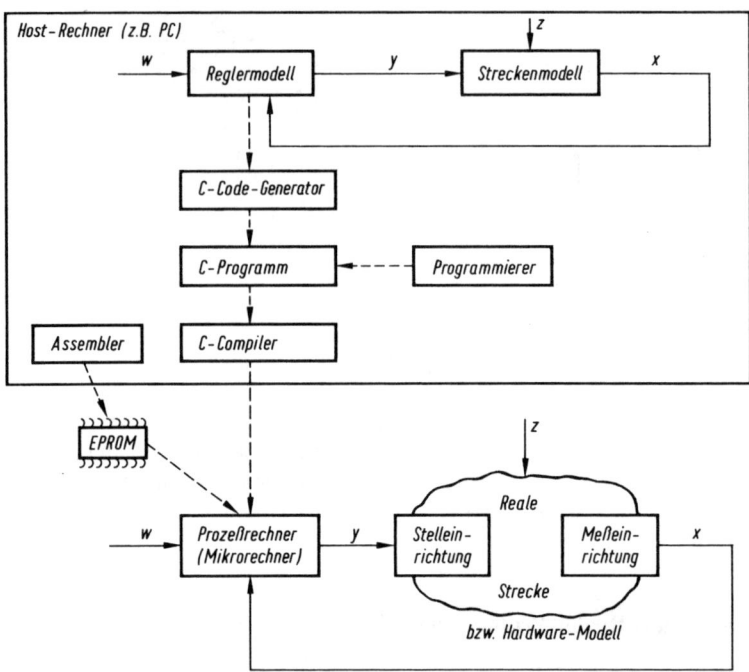

Bild 11.54   Verfahren der Systemintegration

Programmspeicher (Bild 11.54, Block „Assembler"). Bei den i. a. zahlreichen Programmänderungen während dieser Entwicklungsphase muß der EPROM jedesmal mittels spezieller Hardware gelöscht und neu beschrieben werden. Einfacher und schneller geht das mit EEPROMS, die auf elektrischem Wege rein softwaremäßig überschrieben werden können. Noch schneller kommt man zum Regler-Prototyp, wenn man eine *höhere Programmiersprache* wie z. B. C verwendet (Bild 11.54, Block „Programmierer"). Die Vor- und Nachteile wurden in Abschn. 11.3.2.2 diskutiert.

Von *schnellem Regler-Prototyping* spricht man, wenn über die digitale Simulation hinaus *keine* weiteren Programmierarbeiten anfallen. Dabei wird aus dem Reglermodell z. B. in einem grafischen Simulationsprogramm *automatisch* ein entsprechendes C-Programm erzeugt. Bild 11.54 deutet dieses Verfahren an: Der *C-Code-Generator* ist ein Übersetzungsprogramm, das ein in einer höheren, anwendungsbezogeneren Programmiersprache (z. B. grafische Programmierung) geschriebenes Programm in die Programmiersprache C übersetzt. Damit kann der Übergang von der Simulation zum Regler-Prototyp automatisiert werden: „Auf Knopfdruck" kann das Reglermodell aus dem Simulationsprogramm über C-Code-Generator und C-Compiler in den Prozeßrechner heruntergeladen werden und an der realen Strecke bzw. einem Hardware-Modell erprobt werden. Bei Bedarf kann der Entwicklungsingenieur auch in das C-Programm eingreifen, bevor es implementiert wird. Eine zunehmende Anzahl regelungstechnischer Simulationsprogramme enthält einen C-Code-Generator.

Bild 11.55 Hardware-in-the-loop-Simulation (*DASA*)

Bei komplizierter und risikoreicher Systemintegration werden als Zwischenschritte zunächst nur besonders kritische Komponenten der Strecke als reale Hardware in die Regelkreissimulation eingefügt. Man nennt dieses Verfahren *Hardware-in-the-loop*-Simulation (*HIL*-Simulation). Bild 11.55 zeigt als Beispiel Quer- und Seitenruder eines neuen Airbus-Flugzeuges, die mitsamt aller elektrischen, hydraulischen und mechanischen Bestandteile der Positionierantriebe als echte Komponenten in einer HIL-Simulation des geplanten digitalen Flugüberwachungssystems enthalten sind. Dabei können auch Fehlersituationen simuliert werden, die im realen Testflugbetrieb unmöglich wären und bei reiner Simulation mathematisch nicht bzw. nicht genügend genau modelliert werden könnten.

11.4 Stellglieder und Stellantriebe

11.4.1 Stellglieder

11.4.1.1 Elektrische Stellglieder

Elektrische Stellglied-Funktionen sind sehr häufig schon in elektrischen Verstärkerschaltungen und motorischen Antrieben enthalten, so daß eine gesonderte Betrachtung sich erübrigt. So wurde beispielsweise in Abschnitt 11.2.1.1 der Thyristor und der Triac schon ausführlich erläutert, weil beide Bauelemente Hauptbestandteile von Leistungsverstärkern sind. Sie zeigen aber zugleich auch die ausgesprochenen Merkmale von Stellgliedern und sind damit hier ebenfalls zu berücksichtigen. Bezüglich ihrer Wirkungsweise, Schaltung und Ansteuerung kann daher auf Abschnitt 11.2.1.1 verwiesen werden.

11.4.1.2 Stellventile

Mit einem Stellventil kann der Mengenstrom oder Durchfluß Q (z. B. in m^3h^{-1}) von Gasen und Flüssigkeiten gesteuert werden. Das Ventil stellt einen Strömungswiderstand dar, der vom Durchlaßquerschnitt abhängt. Letzteren bestimmt der Ventilhub H, so daß

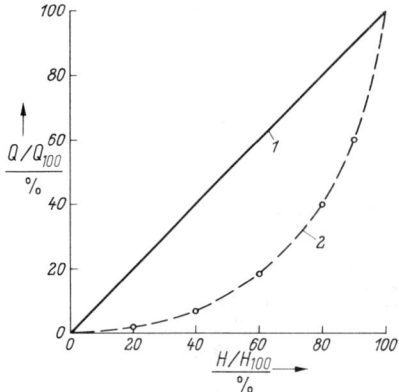

Bild 11.56
Mengenstromkennlinien von Stellventilen

1   lineare Kennlinie
2   gleichprozentige oder logarithmische
       Kennlinie
Q Mengenstrom
Q_{100} Mengenstrom bei maximalem Hub
H Ventilhub
H_{100} maximaler Hub

sich der Mengenstrom als Funktion des Ventilhubs darstellen läßt: $Q = f(H)$. Diesen Zusammenhang verdeutlicht in grafischer Form die Mengenstrom-Kennlinie. Man unterscheidet im wesentlichen die lineare und die gleichprozentige Kennlinie (Bild 11.56). Ihr Verlauf ist von der geometrischen Form des Ventilkegels und der Ausbildung des Ventilsitzes abhängig. Außerdem beeinflussen die Strömungswiderstände der vor und nach dem Ventil liegenden Rohrleitungen bzw. des gesamten Rohrleitungsnetzes der Regelstrecke die Form der Ventilkennlinie.

Die unter diesem Einfluß zustandekommende sog. *Betriebskennlinie* ist mit der Ventilkennlinie nur dann identisch, wenn der Rohrleitungswiderstand der Regelstrecke gegenüber dem Widerstand des voll geöffneten Ventils vernachlässigbar klein ist. Dieser Fall liegt selten vor. Meist ist der Widerstand des Stellgerätes klein gegenüber dem Gesamtwiderstand der Leitungen. Bild 11.57a zeigt die Meßergebnisse bei Verwendung eines Stellventils mit linearer Kennlinie für unterschiedliche Druckabfälle. Es bedeuten: p_{ges} den Gesamtdruckabfall im Leitungssystem einschließlich Ventil und p_{100} den Druckab-

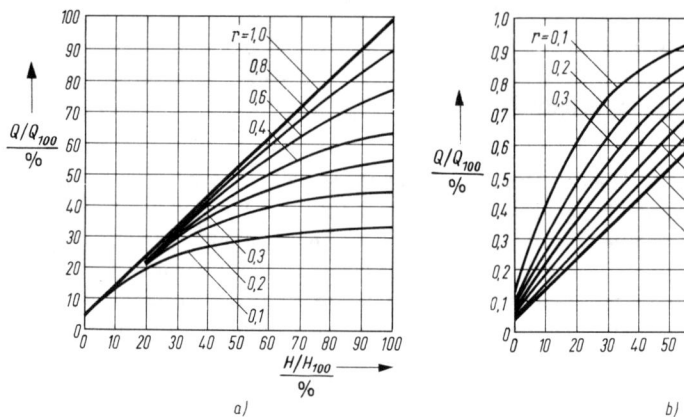

Bild 11.57   Betriebskennlinien linearer Stellventile

a) Einfluß zusätzlicher Strömungswiderstände (Parameter $r = \Delta p_{100}/p_{ges}$)
b) normierte Darstellung, sonst wie unter a)

fall am voll (100%) geöffneten Stellventil. Man erkennt daraus, daß die Kennlinie eines solchen Ventils bei zunehmendem Strömungswiderstand der Strecke verzerrt wird.

Werden die beim Hub H_{100} vorhandenen Durchflußwerte der einzelnen Kennlinien jeweils als Endwert mit 100% aufgefaßt d. h. umgerechnet, so münden sie in einen gemeinsamen Endpunkt, wie aus Bild 11.57b ersichtlich ist. Auch in dieser Darstellung wird deutlich, wie durch den Einfluß zusätzlicher Strömungswiderstände die ursprünglich lineare Kennlinie stark nichtlinear wird; dies vor allem für $\Delta p_{100}/p_{ges} \leq 0,3$, d. h., wenn der Druckabfall am Ventil nurmehr 30% des Gesamtdruckabfalls beträgt. Um diesen Nachteil auszugleichen, verwendet man in solchen Fällen meist Ventile mit gleichprozentigen Kennlinien (logarithmischer Verlauf; Bild 11.58a), die in Verbindung mit den Strömungswiderständen des Rohrnetzes zu annähernd geradlinigen (linearen) Betriebskennlinien werden (Bild 11.58b). Umgekehrt gilt: In Regelstrecken, in denen das Stellventil in voll geöffnetem Zustand den weitaus größten Widerstand im Rohrleitungssystem darstellt ($\Delta p_{100}/p_{ges} > 0,3$), soll ein Ventil mit linearer Kennlinie verwendet werden, da es eine annähernd gerade Betriebskennlinie ergibt.

Für inkompressible Flüssigkeiten kann der Mengenstrom nach *Bernoulli* berechnet werden:

$$Q = \alpha A \sqrt{\frac{2 \Delta p}{\varrho}} \qquad \begin{array}{ll} A & \text{freier Querschnitt zwischen Ventilsitz und Ventilkegel}, \\ \Delta p & \text{Druckverlust im Ventil}, \\ \varrho & \text{Dichte des strömenden Mediums} \\ \alpha & \text{durch Versuch zu ermittelnde Durchflußzahl} \end{array}$$

Da die tatsächlichen Strömungsverhältnisse einer Flüssigkeit sehr stark von den idealen abweichen, muß in der vorstehenden Gleichung der Korrekturfaktor α (Durchflußzahl) eingeführt werden.

Im allgemeinen werden für regelungstechnische Aufgaben geprüfte Ventile verwendet, deren Kenngrößen unter genau definierten Einheitsbedingungen (VDI/VDE 2173) ermittelt und festgelegt sind. Hierzu zählt der sog. k_v-Wert. Man versteht darunter denjenigen

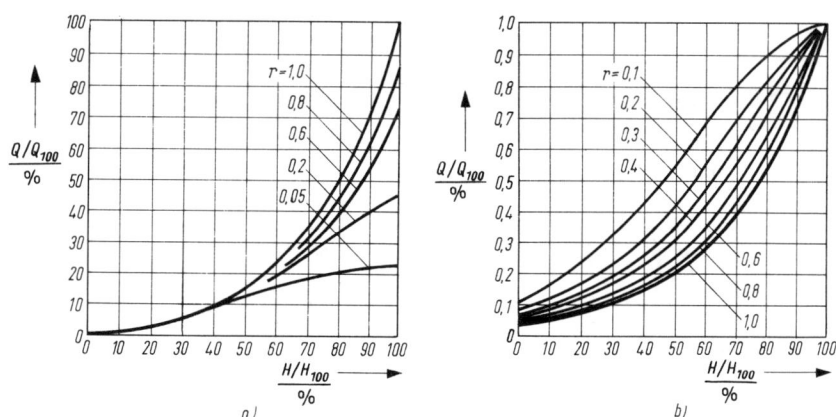

Bild 11.58 Betriebskennlinien gleichprozentiger Stellventile
a) Einfluß zusätzlicher Strömungswiderstände (Parameter $r = \Delta p_{100}/p_{ges}$)
b) normierte Darstellung, sonst wie unter a)

Durchfluß von Wasser (bei 5 °C bis 30 °C) in m³/h, der beim jeweiligen Hub einen Druckabfall von 1 bar am Ventil verursacht. Zwischen den interessierenden strömungstechnischen Größen und dem k_v-Wert besteht der Zusammenhang:

$$k_v = Q \sqrt{\frac{\varrho}{\Delta p} \frac{\Delta p_0}{\varrho_0}}$$

Δp_0 und ϱ_0 sind Werte von Wasser im Temperaturbereich zwischen 5 °C und 30 °C; Q, ϱ und Δp sind Meßwerte des Betriebsmittels bei Betriebstemperatur

Man ermittelt üblicherweise für verschiedene Ventilhübe die k_v-Werte und trägt sie als Kennlinie auf. Der für voll geöffnetes Ventil gültige k_v-Wert wird mit k_{vs} bezeichnet[1]) und ist ein Maß für die Leistungsfähigkeit des Ventils. Einfach ist die Ermittlung der k_v-Werte bei Ventilen für die Steuerung oder Regelung von Flüssigkeiten. Ist die Regelgröße jedoch ein Gas oder Dampf, so sind noch die bei der Drosselung entstehenden Zustandsänderungen zu berücksichtigen[2]). Zur Berechnung eines Ventils müssen von der Regelstrecke her folgende Angaben bekannt sein:

1. Maximaler Volumen- oder Massendurchfluß,
2. zulässiger Druckabfall bei voll geöffnetem Ventil,
3. physikalische Eigenschaften des strömenden Mediums.

Üblicherweise verarbeitet das Ventil die Soll-Durchflußmenge bei 50–70% des maximalen Hubs. Zum Ausregeln von Störungen besteht dann die Möglichkeit, den Ventilhub in beiden Richtungen zu verändern.

Beispiel: Der Durchfluß von Petroleum ist mit einem Ventil zu regeln, das unter folgenden Bedingungen eingesetzt werden soll:

Druck vor dem Ventil $\quad p_1 = 3,92 \cdot 10^5$ Nm^{-2} = 3,92 bar $\left.\right\}$ $\Delta p = p_1 - p_2 = 1,47$ bar
Druck hinter dem Ventil $\quad p_2 = 2,45 \cdot 10^5$ Nm^{-2} = 2,45 bar

Öl-Mengenstrom $\quad\quad Q = 8$ m³ h^{-1} $\left.\right\}$ bei Betriebstemperatur
Öl-Dichte $\quad\quad\quad\quad \varrho = 800$ kg m^{-3}

Zu ermitteln sind der k_{vs}-Wert und die Ventilnennweite *NW* (vgl. Bild 11.59). Mit $\varrho_0 = 1019,4$ kg m^{-3}, $\Delta p_0 = 1$ bar und den obigen Angaben ergibt sich

$$k_{vs} = Q \sqrt{\frac{\varrho \, \Delta p_0}{\varrho_0 \, \Delta p}} = 8 \sqrt{\frac{800 \cdot 1}{1019,4 \cdot 1,47}} \text{ m}^3 \text{ h}^{-1} = 5,85 \text{ m}^3 \text{ h}^{-1}.$$

Die Tabelle von Bild 11.59 ergibt für $k_{vs} = 5,85$ m³h$^{-1} \approx 6$ m³ h^{-1} die Nennweite 20 mm.

NW in mm	20	25	32	40	50	65
k_{vs} in m³ h^{-1}	6	9,6	15	24	38	60

Bild 11.59   Ventilnennweite als Funktion des k_{vs}-Wertes

---

[1]) k_{vs} kennzeichnet den angestrebten Maximalwert von k_v einer Bauserie, während der bei Nennhub H_{100} gemessene maximale Durchfluß eines einzelnen Ventils mit k_{v100} bezeichnet wird.
[2]) Die entsprechenden Berechnungsunterlagen finden sich in den Druckschriften namhafter Ventilhersteller.

Bezüglich der konstruktiven Gestaltung sind Teller-, Klappen-, Kegel-, Kugel- oder Kolbenventile zu unterscheiden. Bei Ventilen mit pneumatischem Membranantrieb findet man ferner zwei Grundformen, die federlose und die federbelastete Ausführung (Bild 11.60a). Die Merkmale des federbelasteten Antriebs sind, daß das Ventil für kleine Verstellkräfte ausgelegt ist und außerdem eine eindeutige Sicherheitsstellung besitzt. Bei Ausfall der Druckluft geht das Ventil in eine bestimmte Sicherheitsstellung, die gemäß dem Verfahrensgang für jedes Ventil festgelegt wird. Federlose Antriebe werden für große Verstellkräfte gebaut, sie besitzen jedoch keine eindeutige Sicherheitsstellung wie die federbelasteten. Häufig wird zudem gefordert, daß neben der Steuerbarkeit durch den Regler das Ventil auch unmittelbar von Hand aus betätigt werden kann. Zu diesem Zweck ist eine Verstellmöglichkeit über ein Handrad vorgesehen (Bild 11.60b).

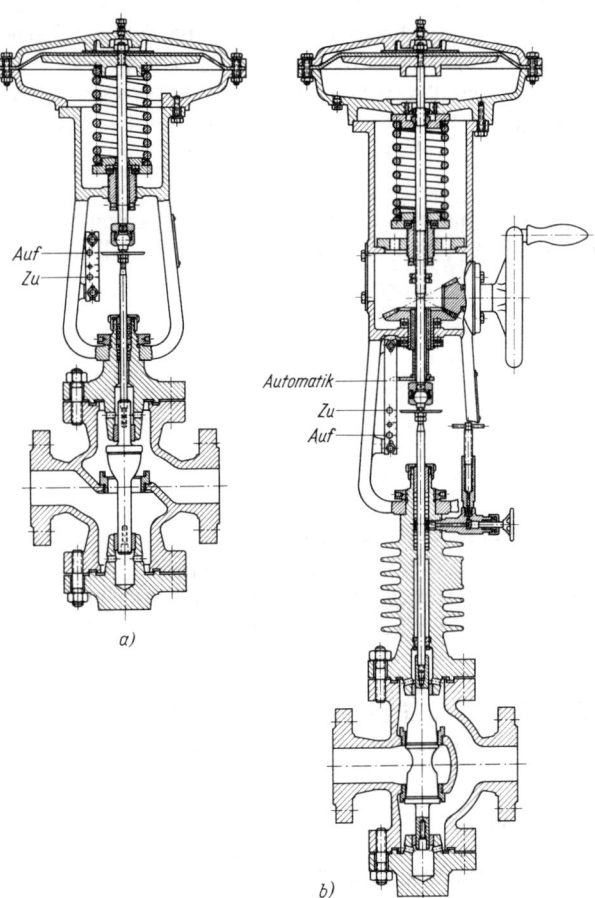

Bild 11.60 Stellventile mit Membranantrieb, federbelastet

a) Einsitzventil

b) Doppelsitzventil mit Handverstellung

Hinsichtlich der Bauformen unterscheidet man zwischen Einsitzventilen, Doppelsitzventilen und entlasteten Einsitzventilen. Beim Einsitzventil entsteht aus der Differenz zwischen Vordruck und Minderdruck eine resultierende Kraft auf die Ventilstange. Daher ist jedes Einsitzventil nur bis zu einem bestimmten Differenzdruck verwendbar. Beim Doppelsitzventil sind die Sitze so angeordnet, daß die Differenz zwischen Vor- und Minderdruck keine resultierende Kraft auf die Ventilstange ausübt. Auch beim entlasteten Einsitzventil wird der Differenzdruck am Ventilkegel unwirksam gemacht.

11.4.1.3 Drosselklappen

In der Verfahrenstechnik sind Klappen als Stellglieder für Gase und Flüssigkeiten weit verbreitet. Ihre Konstruktion ist einfach und robust. Sie sind außerdem gegenüber Ventilen für wesentlich größere Nennweiten herstellbar und können deshalb bei besonders großen Durchflußmengen eingesetzt werden, ohne daß hierdurch ein übermäßig hoher Druckverlust auftritt. Bei der Berechnung der Klappen muß die Abstimmung auf den Druckerzeuger und die Rohrleitung besonders sorgfältig erfolgen, da eine nachträgliche Korrektur der Klappe nur schwer möglich ist. Die Dimensionierung kann im Prinzip genau so erfolgen, wie sie für Ventile üblich ist (VDI/VDE Richtlinien 2173).

Durch Verdrehung der Drosselklappe wird der freie Querschnitt A und damit der Durchfluß Q des strömenden Gases oder der Flüssigkeit verändert. Es gilt auch hier die allgemeine Gleichung (vgl. Abschn. 11.4.1.2):

$$Q = \alpha A \sqrt{\frac{2 \Delta p}{\varrho}}$$

11.4.2   Stellantriebe

Stellantriebe betätigen die Stellglieder und können mit elektrischer, pneumatischer oder hydraulischer Hilfsenergie arbeiten. In erster Linie bestimmt die Art der Regler-Ausgangsgröße den zu verwendenden Antrieb. Beide, Regler und Stellantrieb, müssen entsprechend aufeinander abgestimmt werden. Für einen elektrischen Regler würde sich deshalb ein elektrisch arbeitender Stellantrieb, z. B. ein Elektromotor, gut eignen. Es gibt aber auch Aufgaben, bei denen aus anderen Gründen beispielsweise ein elektrischer Regler mit einem hydraulischen Stellantrieb zu koppeln ist. In diesem Fall wäre zwischen Regler und Antrieb ein Umformer (Abschn. 11.1.2) vorzusehen.

11.4.2.1 Elektrische Stellmotoren

Verwendung finden vorwiegend schnellaufende Gleich- und Wechselstrom-Motoren kleiner Leistung. Ihre Rotoren haben kleine Schwungmomente, damit die Umsteuerung von der einen in die andere Drehrichtung schnell erfolgen kann. Die Stellmotoren arbeiten stets über ein Getriebe auf das Stellglied. Damit wird die hohe Motordrehzahl auf eine kleine Antriebsdrehzahl untersetzt, so daß sich große Stellmomente ($>10^3$ Nm) erzeugen lassen.

Elektromotoren haben integrales Zeitverhalten, d. h. sie durchfahren je nach Größe der angelegten Spannung mehr oder weniger schnell jeweils den gesamten Stellbereich bis zum Anschlag. Ihre Aufgabe ist es jedoch, das Stellglied nur so weit zu verstellen, wie es das Ausregeln einer Störung erfordert. Um eine Übereinstimmung zwischen Stellgröße (Reglerausgangsgröße) und Stellgliedposition zu erzielen, muß eine Vergleicherschaltung vorgesehen werden, deren Prinzip aus Bild 11.61 hervorgeht. Am Stellmotor bzw. -getriebe ist ein Stellungsrückmelder angebracht, der ein Signal abgibt, das der augenblicklichen Stellgliedposition entspricht. Aus diesem Signal und der Stellgröße wird im Vergleicher die Differenz gebildet. Ist sie null, so erhält der Motor kein Eingangssignal mehr und bleibt stehen. Selbstverständlich kann die Anordnung auch ohne Stellungsrückmeldung eingesetzt werden, nur besteht dann besonders bei trägen Regelstrecken die Gefahr des Überregelns, die bei Verwendung des Stellungsrückmelders stark herabgesetzt wird.

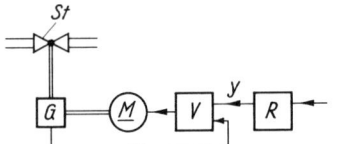

Bild 11.61 Elektrischer Stellantrieb mit Stellungsrückmeldung (Blockschaltbild)

R Regler	*G* Getriebe mit Stellungsgeber
V Vergleicher	*St* Stellglied
M Motor	*y* Stellgröße

Zusammenfassend seien einige wichtige Eigenschaften elektrischer Stellmotoren genannt:

1. Die Umsetzung des Stellbefehls erfolgt fast trägheitslos.
2. Da die Motoren sehr hochtourig laufen, sind nur kleine elektrische Leistungen erforderlich, um in Verbindung mit einem Untersetzungsgetriebe große Drehmomente zu erzeugen.
3. Nach Abschalten der Antriebsenergie bleiben die Motoren in der momentanen Stellung stehen, d. h. sie sind selbstsperrend.
4. Das Fahren „auf Stellung" erfordert eine Zusatzeinrichtung, die sog. Vergleicherschaltung.

Bei der Auswahl der Motortypen für Stellzwecke gelten teilweise andere Gesichtspunkte als bei der üblichen Verwendung von Elektromotoren im Dauerbetrieb der konventionellen Antriebstechnik. So ist vor allem das Anlaufverhalten und der Verlauf der Kennlinie von Bedeutung.

Gleichstrommotoren mit Kollektor sind beispielsweise weniger günstig, da Drehmomentschwankungen infolge von Spannungsschwankungen am Kollektor entstehen können, letzterer nicht wartungsfrei ist und außerdem ein ausgesprochenes Verschleißteil und eine hochfrequente Störquelle darstellt. Andere Ungleichmäßigkeiten des Drehmoments sind bedingt durch übliche, achsenparallel angeordnete Läuferwicklungen. Abhilfe ist in gewissem Umfang durch schraubenförmig ausgeführte Wicklungen möglich. Andererseits ist der Gleichstrommotor, vor allem in der Schaltung mit Fremderregung (Nebenschlußcharakteristik) wegen der günstigen Beeinflußbarkeit seiner Drehzahl für Stellzwecke gut geeignet. Auf Grund der Gleichung $n = c\dfrac{U_\mathrm{A} - I_\mathrm{A}R_\mathrm{i}}{\Phi}$ (n = Drehzahl, c = Maschinenkonstante, I_A = Ankerstrom, R_i = Widerstand des Ankerkreises, Φ = vom Erregerstrom I_E erzeugter Fluß) lassen sich zwei Arten der Drehzahlsteuerung erkennen:

1. Die Spannungssteuerung durch Änderung der Betriebsspannung (Ankerspannung) U_A, die im Bereich unterhalb der Nenndrehzahl n_N angewendet wird, und
2. die Flußsteuerung durch Ändern des Erregerstroms I_E im Bereich $n > n_N$, wobei sinkender Erregerstrom steigende Drehzahl bewirkt.

Bild 11.62 läßt den Verlauf von Ankerstrom I_A, innerer Leistung P_i der Maschine und Drehmoment M_i als Funktion der Drehzahl erkennen.

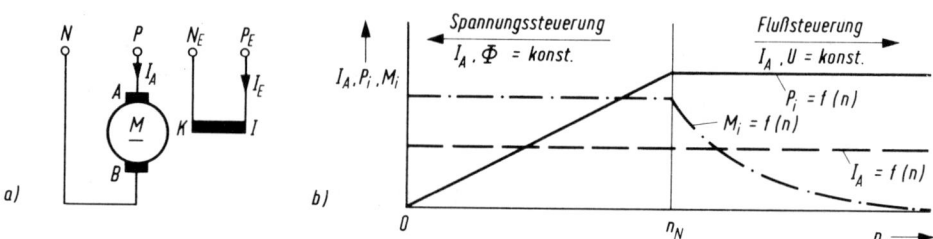

Bild 11.62   Gleichstrommotor mit Fremderregung
a) Schaltbild   b) Steuerungsmethoden

Die bei üblichen Gleichstrommotoren vorhandenen großen Trägheitsmomente verhindern das schnelle Anlaufen. Abhilfe wird hier durch den *Scheibenläufermotor* geschaffen, dessen Läufer aus einer dünnen Kunststoffscheibe besteht, auf die eine gestanzte Kupferwicklung aufgeschweißt bzw. in Form einer gedruckten Schaltung aufgebracht wird. Das Magnetfeld wird durch Dauermagnete erzeugt; Kohlebürsten als Stromabnehmer sind allerdings auch hier unvermeidbar. Neben dem geringen Trägheitsmoment (mechanische Zeitkonstante ≥ 10 ms) hat der Motor durch die große Oberfläche des Läufers günstige thermische Eigenschaften. Er wird üblicherweise über Gleichspannungsverstärker mit Thyristorendstufen angesteuert. Im normalen Drehzahlbereich von einigen tausend U/min entwickeln solche Motoren nur Momente von ca. 3 Nm, die für viele Antriebe nicht ausreichend sind. Werden sie jedoch mit Pulsen angesteuert, so arbeiten sie im Anlaufbereich, wo Momente bis etwa 25 Nm entstehen. Damit kann beispielsweise der überwiegende Teil der in der verfahrenstechnischen Praxis verwendeten Ventile betätigt werden.

Kollektorlose Gleichstrommotoren, sog. *Elektronikmotoren*, kleiner Leistung ($P < 20$ W) sind vor allem für feinwerktechnische Antriebe entwickelt worden, wobei die Forderungen nach Geräusch- und Verschleißarmut sowie Drehzahlkonstanz in erster Linie zu berücksichtigen waren. Sie eignen sich aber auch für viele Stellaufgaben. Die Erregung erfolgt durch einen Dauermagneten, der als Läufer ausgebildet ist, so daß die Arbeitswicklung als Ständerwicklung raumfest angeordnet sein kann. Die (vier) Wicklungen werden über einen elektronischen Schalter nacheinander so an Spannung gelegt, daß zu dem Schaltzeitpunkt die Feldvektoren von Läufer und Ständerwicklung einen räumlichen Winkel von 90^0 einschließen und damit ein maximales Drehmoment erzeugen. Der elektronische, kontaktlose Schalter besteht aus (vier) Schalttransistoren, von denen jeder in Reihe mit einer Wicklung liegt und diese unter Strom setzt, sobald er durch ein geeignetes Signal geöffnet wird. Diese Signale werden von Fühlern geliefert, die am Ankerumfang angebracht sind und von dem drehenden Anker durch dessen Magnetfeld (kontakt-

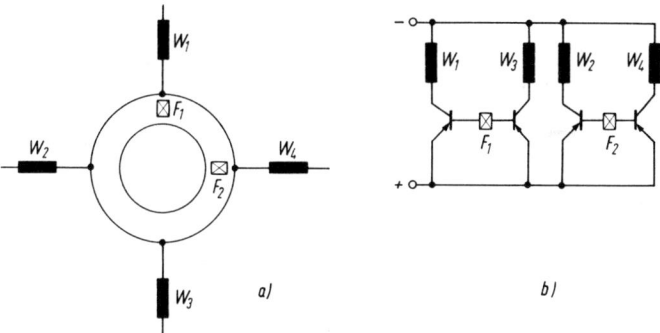

Bild 11.63 Kollektorloser Gleichstrommotor
a) Prinzipielle Anordnung von Wicklungen, Läufer und Fühlern
b) Steuerelektronik (stark vereinfacht)
W Wicklung, *F* Fühler (Hallgenerator, Induktivschleife)

los) betätigt werden. Sie können, wie in Bild 11.63a gezeigt, als Induktionsspulen ausgebildet sein, oder aus Hallsonden bestehen, die beim Vorbeilauf des Läufer-Magneten je nach dessen Orientierung positive oder negative Impulse liefern, die die Schalttransistoren öffnen. Aus Bild 11.63b ist die prinzipielle Schaltungsart ersichtlich.

Bei richtiger konstruktiver Auslegung bekommt man sinusförmige Flußverteilung am Läuferumfang, was dazu beiträgt, daß keine Drehmomenteinbrüche auftreten. (Für Drehzahlkonstanz im Dauerbetrieb stattet man diese Motoren noch mit Drehzahlfühler, Vergleicher und Spannungssteller aus.) Diese Elektronikmotoren gewinnen auf Grund ihrer Vorzüge neben dem breiten Anwendungsgebiet, das sie schon beherrschen (Kameras, Tonband- und Compact-Disk-Geräte, Bürogeräte, Registriergeräte) auch als Stellantriebe kleiner und mittlerer Leistung laufend an Bedeutung.

Wechselstrommotoren werden für Stellzwecke bevorzugt zweiphasig ausgeführt und meist am einphasigen Netz betrieben. Die zweite Phase wird erzeugt durch Vorschalten eines Kondensators vor die eine Wicklung (90°-Verschiebung; sog. *Kondensatormotor*), die zur zweiten räumlich um 90° versetzt angeordnet ist (Bild 11.64a). Die magnetischen Felder der beiden Wicklungen erzeugen ein (im allgemeinen elliptisches) Drehfeld, das mit dem Feld des (Käfig-)Läufers, der als Kurzschlußläufer keine Schleifringe benötigt, das mechanische Drehmoment bewirkt. Der Drehmomentenverlauf kann unter bestimmten Umständen so gelegt werden, daß bei hohem Anlaufmoment bereichsweise ein annähernd linearer Verlauf von $M_d = f(n)$ erzielt wird (Bild 11.64b). Die Steuerung der Drehzahl erfolgt durch Verändern der Spannung einer Wicklung mit einem geeigneten Spannungssteller.

Asynchronmotoren in dreiphasiger Ausführung werden für schwere Stellantriebe benutzt, sind jedoch regelungstechnisch schwieriger zu handhaben, da die Drehzahlsteuerung drei Spannungssteller für die drei Wicklungen erfordert, die exakt aufeinander abgeglichen und gleichlaufend sein müssen. In den meisten Fällen werden Zweiphasenmotoren mit Leistungen bis 500 W bei Verwendung von passenden Getrieben die nötigen Stellkräfte aufbringen können.

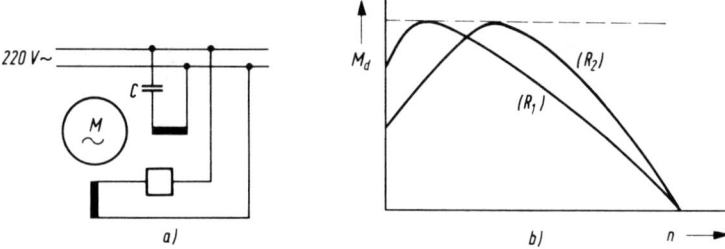

Bild 11.64
Zweiphasen-Wechselstrommotor

a) Schaltbild   b) Momentenverlauf bei verschiedenen Läuferwiderständen

Sonderformen von Wechselstrommotoren. Bei fast allen Motoren liegt die mechanische Zeitkonstante, bestimmt durch das Trägheitsmoment, um Größenordnungen über der elektrischen, die als $T_1 = L/R$ von der Wicklungsinduktivität und dem Wicklungswiderstand abhängt. Es ist daher nötig, bei Motoren, die schnell anlaufen sollen, die mechanische Zeitkonstante herabzusetzen. Dies geschieht beim *Diehl-Motor*, dessen Anker große Länge bei geringem Durchmesser aufweist, oder beim *Ferraris-Motor*, der eine dünnwandige Aluminiumglocke mit kleinem Trägheitsmoment als Anker besitzt.

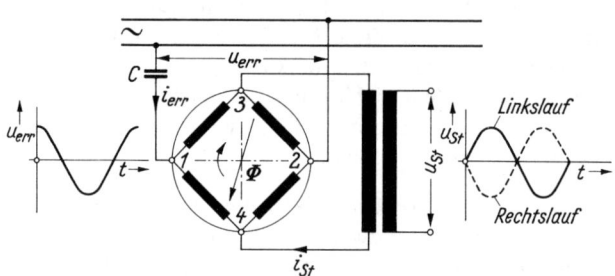

Bild 11.65   Ferraris-Motor

u_{err} Erregerspannung u_{St} Steuerspannung
i_{err} Erregerstrom i_{St} Steuerstrom

Bild 11.65 zeigt schematisch Aufbau und Wirkungsweise des *Ferraris-Motors*: An zwei diametrale Klemmen der Wicklung (*1, 2*) wird über einen Kondensator *C* eine feste Erregerspannung gelegt. Die beiden anderen, räumlich um 90^0 versetzten Klemmen (*3, 4*) werden an die steuernde Wechselspannung angeschlossen. Infolge der Phasenverschiebung der speisenden Wechselspannung (Kondensator *C* als Phasenschieber) bzw. des Stromes in den einzelnen Wicklungssträngen und der räumlich versetzten Anordnung der Wicklungen am Ankerumfang entsteht ein magnetisches Drehfeld, das auf den Glockenanker ein Drehmoment ausübt, welches von der Größe der Steuerspannung abhängig ist. Die Drehrichtung wird durch die Phasenlage der Steuerspannung zur festen Erregerspannung (Netz) bestimmt. Der Ferraris-Motor hat den Vorteil, daß für die Stromzuführung keine Bürsten erforderlich sind. Das geringe Trägheitsmoment des Läufers gestattet außerdem eine schnelle Umsteuerung der Drehrichtung. Auch ist die Überlastbarkeit erheblich. Er kann, ohne die Steuerspannung abzuschalten, unbegrenzt lange blockiert stehen bleiben. Die Umsteuerung der Drehrichtung erfolgt außerdem nicht durch Kontaktsteuerung, sondern durch Änderung der Phasenlage der Steuerspannung.

Bei digitalen Steuerungen und Regelungen werden häufig *Schrittmotoren* eingesetzt, weil sie direkt digital angesteuert werden und sich daher ein separater D/A-Umsetzer erübrigt. Sein Läufer bewegt sich infolge einer Impulsansteuerung um definierte Winkelschritte — je nach Bauart zwischen einigen Grad und 90^0 — weiter, kann aber auch im kontinuierlichen Lauf betrieben werden mit Impulsfrequenzen bis 50 kHz, wobei Drehmomente bis zu einigen Nm entwickelt werden. Die Startmomente liegen allerdings erheblich darunter und betragen etwa 1/10 der Betriebsdrehmomente. Das Wirkungsprinzip des Schrittmotors beruht darauf, daß der Läufer oder Rotor mit ausgeprägten magnetischen Polen (Zähnen) versucht, sich so einzustellen, daß Läufer und Ständerpol sich gegenüberstehen, weil dann der magnetische Widerstand auf dem Weg über den erregten Ständerpol, den Läuferpol und den magnetischen Rückschluß ein Minimum ist. In dieser (Rast)Stellung ist die am Umfang wirkende magnetische Zugkraft null, während andere Rotorzähne, die Ständerzähnen eng benachbart sind, von diesen, wenn sie erregt werden, entsprechende Drehmomente erfahren. Damit dies geschieht, muß eine Steuerelektronik dafür sorgen, daß die Ständerrpole im Drehsinn nacheinander erregt werden, so daß eine schrittweise Weiterdrehung, bzw. bei laufender Impulsfolge eine kontinuierliche Drehung zustande kommt.

Es gibt inzwischen eine Vielzahl von Konstruktionsprinzipien für Schrittmotoren z. B. mit verschiedenen Polpaarzahlen für Ständer und Rotor, mit mehrsträngigen und mehrphasigen Wicklungen (Mehrphasenständer), mit mehreren und radial versetzten Ständerpaketen, mit unerregtem oder permanenterregtem Läufer u. v. a..
Bild 11.66 zeigt schematisch das Prinzip eines zweiphasigen Schrittmotors mit 4 Strängen (Ständerpole zweifach ausgebildet) und einem 18-poligen Permanentmagnetläufer.

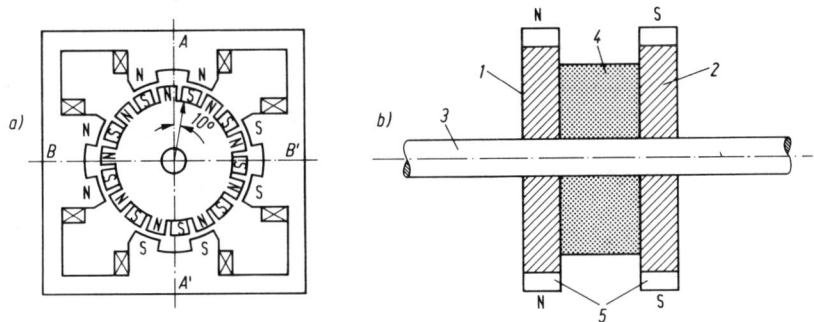

Bild 11.66 Prinzip eines zweiphasigen Schrittmotors mit 4 Strängen und 18-poligem Läufer
a) Kettenschaltung von Wicklung *A* und *A'* sowie *B* und *B'*
   2 Zähne pro Ständerpol
   N und *S* Pole des Magnetfeldes
b) Läuferaufbau aus zwei versetzten Polrädern *1* und *2*
   3 Welle, *4* Dauermagnet, *5* Polzähne

Die Magnetpole kommen dadurch zustande, daß der Läufer aus zwei Polrädern mit je 9 Polen und dazwischen befindlichem Dauermagnet aufgebaut ist (Bild 11.66b). Die beiden Polräder sind radial um eine halbe Zahnteilung versetzt montiert, wodurch sich bei achsialer Draufsicht der Polwechsel N–S ergibt, denn die Polarität aller Zähne *eines* Polrades ist gleich. Mit der Phasenzahl *m* und der Polpaarzahl *p* resultiert ein Schrittwinkel von

$$\alpha = \frac{360°}{2mp} = \frac{360°}{2 \cdot 2 \cdot 9} = 10°.$$

Bei den zweiphasigen Ausführungen, die sehr verbreitet sind, unterscheidet man die unipolare und die bipolare Ansteuerung. Nachdem bei einem Rotorumlauf die Polarität des Erregerfeldes reihum wechseln muß, ist es notwendig, daß die Feldspulen *A* und *A'* bzw. *B* und *B'* in ihrer jeweils zweiten Arbeitsphase umgepolt werden (Reihenfolge *AA'*, *BB'*; *A'A*, *B'B*). Bei ungeteilter Wicklung läßt sich dies durch die Schaltung nach Bild 11.67a durchführen. Weniger schaltungstechnischen Aufwand erfordert dagegen die Unipolarsteuerung bezüglich der Leistungsendstufe, weil hier gegenüber der Bipolarsteuerung nur 4 anstelle von 8 Leistungsdioden benötigt werden (Bild 11.67b); allerdings muß hier jede Wicklung geteilt ausgeführt sein, was nicht unbedingt von Vorteil ist, weil je nach erzeugter Feldrichtung immer nur eine Wicklungshälfte ausgenutzt wird.

Bild 11.68 zeigt die äußere digitale Ansteuerung eines Schrittmotors. Der Digitalwert am Eingang ist der gewünschte Drehwinkel*zuwachs* bzw. die Anzahl der Schritte, um die der Schrittmotor *weiter*gedreht werden soll. Dazu muß der digitale Regler in jedem

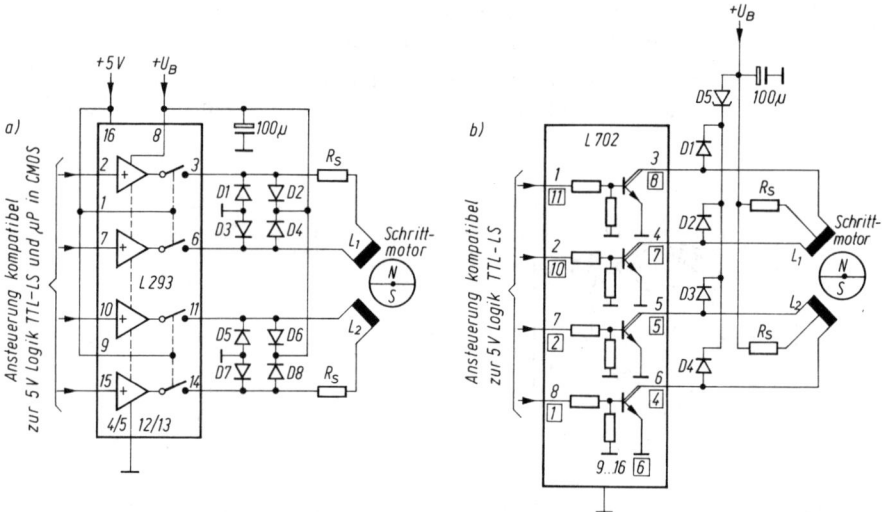

Bild 11.67 Steuerschaltungen für Schrittmotoren

a) Bipolare Ansteuerung mit Vorwiderständen zur Strombegrenzung
b) Unipolare Ansteuerung mit Vorwiderständen zur Strombegrenzung
   R_S Vorwiderstand, L_1, L_2 Wicklungen
   L293, L702 Steuer-ICs (*SGS*)

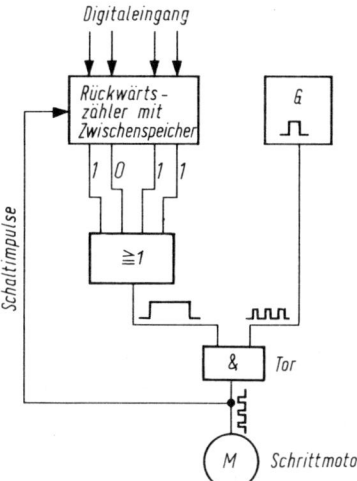

Bild 11.68
Digitale Ansteuerung eines Schrittmotors

Abtastintervall jeweils den Zuwachs $\Delta y_k = y_k - y_{k-1}$ des Drehwinkels berechnen (sog. Geschwindigkeitsalgorithmus, vgl. Abschn. 6.3.4). Der Digitaleingang in Bild 11.68 ist in einem Zähler zwischengespeichert. Mit einem Impulsgenerator G werden Schaltimpulse erzeugt, die über das Tor zum Schrittmotor und zum Zähler (hier ein Rückwärtszähler) gelangen. Sobald dieser durch die Schaltimpulse auf Null gesetzt ist, gelangt über die ODER-Schaltung kein 1-Signal mehr auf das Tor, und es schließt. Der Motor wird dabei nur um die in den Zähler eingespeicherte Schrittzahl gedreht (entsprechend Δy_k).

Zu den elektrischen Stellmotoren gehören ferner solche mit *Zweipunktverhalten* wie beispielsweise elektromagnetische Systeme mit Tauch- oder Klappanker, deren Lage eindeutig durch die Zustände „Spule erregt" und „Spule nicht erregt" gekennzeichnet sind. Sie führen Hubbewegungen von einigen mm bis einigen cm aus, wobei Kräfte der Größenordnung 10 N ausgeübt werden. Die Anzugszeit des Ankers kann bei geeigneter Konstruktion bis auf wenige Zehntel Millisekunden herabgedrückt werden.

11.4.2.2 Pneumatische Stellmotoren

Als Antriebsenergie wird hier Druckluft verwendet. Bezüglich der konstruktiven Ausführung unterscheidet man den Membran- und den Kolbenantrieb, deren Arbeitsprinzip aus den schematischen Darstellungen in Bild 11.69 folgt. Beide Ausführungen arbeiten federbelastet, d. h. der pneumatischen Stellkraft hält eine Federkraft das Gleichgewicht. Aus der Gleichgewichtsbedingung $p_{St} A = cs$ folgt die Steuergleichung

$$s = \frac{A}{c} p_{St} \qquad \begin{array}{l} (A \text{ Membran- bzw. Kolbenfläche, } s \text{ Stellweg,} \\ c \text{ Federkonstante, } p_{St} \text{ Steuerdruck}) \end{array}$$

Zusätzlich zu der Federkraft kann jedoch auch das Stellglied rückwirkend eine Kraft auf den Stellmotor ausüben, so daß unter Last andere Stellwege erzielt werden als im Leerlauf, den obige Steuergleichung beschreibt.

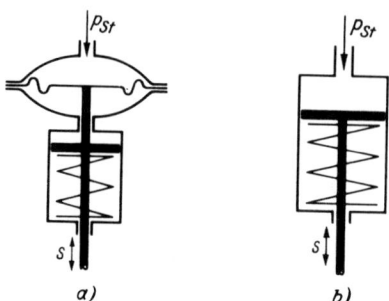
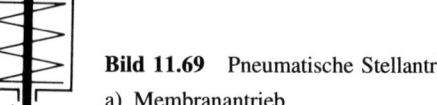

Bild 11.69   Pneumatische Stellantriebe

a) Membranantrieb
b) Kolbenantrieb
p_{St} Steuerdruck
s Stellweg

Eine eindeutige Zuordnung von Stelldruck und Stellweg bekommt man auch hier durch die Verwendung eines Stellungsrückmelders mit Vergleicherschaltung. Bild 11.70 zeigt eine derartige Anordnung. Sie arbeitet wie folgt:

Ein positiver Steuerdruck p_{St} wirke über die Eingangskammer des Stellungsrelais (*1*) auf die Kraftwaage (*2*) und betätige damit das Ventil (*3*). Dadurch steigt in der Steuerkammer (*4*) der Druck p_a, der den pneumatischen Stellmotor (*5*) in Bewegung setzt. Hierbei spannt sich die Kopplungsfeder (*7*), schließt über die Kraftwaage das Ventil (*4*) und hält damit den Druck p_a auf einem konstanten, der erreichten Lage und damit dem ursprünglich einwirkenden Steuerdruck entprechenden Wert. Bei einer Verkleinerung des Steuerdrucks wird das Überströmventil (*8*) solange geöffnet, bis der Druck p_a so weit abgesunken ist, daß wieder Gleichgewicht an der Kraftwaage herrscht. Den Rücklauf des Stellmotors besorgt die Feder (*6*), Stellungsrückmelder ist hier die Federkopplung, während der Vergleich an der Kraftwaage vorgenommen wird.

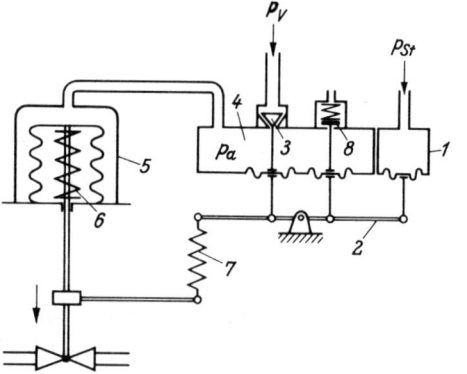

Bild 11.70 Pneumatischer Stellmotor mit Vergleicher und Stellungsrelais

p_v Versorgungsausdruck
p_a Ausgangsdruck
p_{St} Steuerdruck
1   Stellungsrelais
2   Hebel (Kraftwaage)
3   Einlaßventil
4   Steuerkammer
5   Stellmotor
6   Rückholfeder
7   Kopplungsfeder
8   Überströmventil

Als besonders kennzeichnend für pneumatische Stellmotoren kann man ansehen:

1. Die jeweilige Motorstellung ist – auch ohne Stellungsrückmeldeeinrichtung – einem bestimmten Steuerdruck zugeordnet.
2. Infolge kleiner Kolben- bzw. Membrangeschwindigkeiten ist der Verschleiß gering.
3. Die Stellzeiten sind relativ klein und betragen für den Nennhub etwa 10 bis 20 s (untere Grenzwerte).

4. Ihr einfacher, robuster und übersichtlicher Aufbau macht sie auch für die Anwendung unter rauhen Betriebsbedingungen geeignet. Auf Grund des Energieträgers Druckluft ist ihre Verwendung besonders in explosionsgefährdeten Räumen unproblematisch.

11.4.2.3 Hydraulische Stellmotoren

Das umfangreiche Gebiet der Hydraulikmotoren läßt sich in zwei Hauptgruppen einteilen, in Maschinen, die nach dem Strömungsprinzip arbeiten und in solche, die das Verdrängerprinzip befolgen (hydrostatische Arbeitsweise). Unter den letztgenannten unterscheidet man im wesentlichen wiederum *Schubkolben-* und *Drehkolbenmotoren.*

Schubkolbenmotoren: Bild 11.71 zeigt schematisch drei Ausführungen von Schubkolbenmotoren, die für Regelungszwecke häufig verwendet werden. Die federbelastete Bauart (*a*) hat proportionales Verhalten, da der Stellweg *s* von der Größe der am Arbeitskolben einwirkenden Kräfte (Federkraft und Stelldruck-Kraft) abhängt, die im Gleichgewicht sein müssen. Die einseitig und doppelt beaufschlagten Ausführungen (*b*) und (*c*) haben integrale Eigenschaften, d. h. die zeitliche Änderung des Stellweges ist proportional dem Stelldruck. Da Öl bzw. Hydraulikflüssigkeiten nicht kompressibel sind, besteht bei federbelasteten hydraulischen Stellmotoren eine feste Zuordnung zwischen Stelldruck und Stellweg.

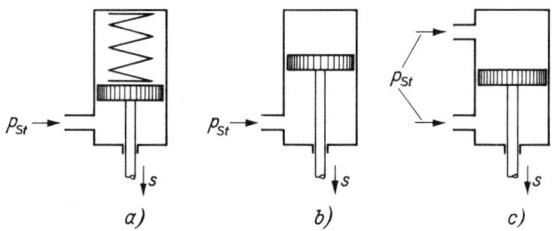

Bild 11.71 Stellkolben als hydraulische Stellmotoren nach dem Schubkolbenprinzip
a) federbelasteter Stellkolben
b) einseitig beaufschlagter Stellkolben
c) doppelt beaufschlagter Stellkolben
p_{St} Stelldruck
s Stellweg

Drehkolbenmotoren: Zur Erzeugung eines Drehmomentes über einen endlichen Winkelbereich dient der hydraulische Drehflügel (Bild 11.72). Er unterscheidet sich vom Kolben nur dadurch, daß der Öldruckraum gebogen angeordnet ist. Dadurch läßt sich ohne anschließendes Umformen unmittelbar eine Winkelbewegung erzeugen. Die Abmessungen des Flügels ergeben sich aus dem geforderten Drehmoment unter Berücksichtigung der Öldruckdifferenz zwischen Ein- und Ausgang. Der hydraulische Drehflügel läßt sich für Aufgaben einsetzen, die ein sehr großes Drehmoment über einen endlichen Drehwinkel bei schneller Einstellung erfordern.

Zur Bereitstellung eines Drehmomentes über einen beliebig fortlaufenden Winkel dient der hydraulische Motor, der als *Flügelzellen-, Radialkolben-* oder *Axialkolbenmotor* ausgebildet sein kann. Die fortlaufende Winkelverstellung wird durch Füllen von Verdrängerzellen bzw. -zylindern mit Drucköl bewirkt, so daß durch das Drucköl eine Vergrößerung des Volumens und eine damit verbundene Drehbewegung entsteht. Nach maximaler

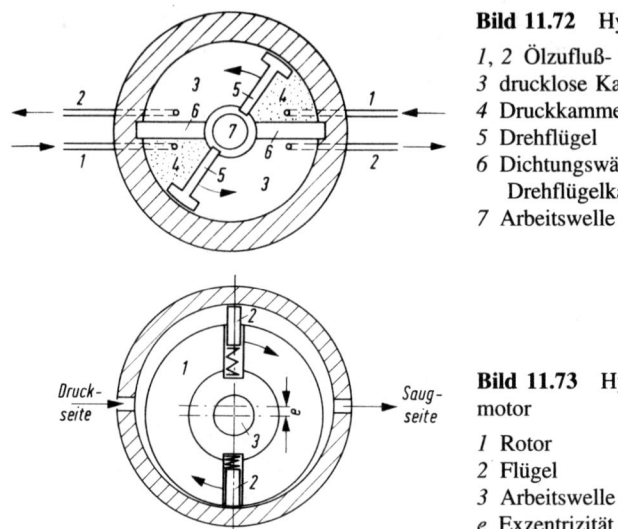

Bild 11.72 Hydraulischer Drehflügel

1, 2 Ölzufluß- und Abflußleitungen
3 drucklose Kammern
4 Druckkammern
5 Drehflügel
6 Dichtungswände zwischen den
   Drehflügelkammern
7 Arbeitswelle

Bild 11.73 Hydraulischer Drehflügel-motor

1 Rotor
2 Flügel
3 Arbeitswelle
e Exzentrizität

Volumenvergrößerung des Verdrängerraumes wird dieser von der Druckanschlußseite zur drucklosen Seite durch weitere Drehung hingeführt, wobei sich jetzt der vorher mit Öl gefüllte Verdrängerraum durch Volumenverkleinerung entleert. Bei Erreichen des minimalen Verdrängerraumes wird dieser wieder durch Drehung zur Druckseite hingeführt und der Vorgang wiederholt sich. Den schematischen Aufbau des Flügelzellenmotors zeigt Bild 11.73. An einem Rotor befinden sich die radial angebrachten Flügel, die an der Innenwand des Gehäuses entlang gleiten. Der Raum zwischen jeweils zwei Flügeln, Gehäusewand und Rotor stellt den Verdrängerraum dar. Die Volumenänderung dieser Räume wird durch eine einstellbare exzentrische Lagerung des Rotors im Gehäuse erreicht; sie ist eine Funktion der Exzentrizität. Zwischen Drucködlmenge Q, Drehzahl n und Exzentrizität e besteht folgender Zusammenhang:

$$Q = cne \quad (c = \text{Maschinenkonstante}).$$

Die Motordrehzahl kann ebenso wie beim fremderregten Gleichstrommotor auf zwei Arten beeinflußt werden:

1. Über die Primärverstellung des Motors durch Änderung der Druckölzufuhr (entspricht beim Gleichstrommotor der Änderung der Ankerspannung).
2. Über die Sekundärverstellung durch Veränderung der Motorexzentrizität (entspricht der Veränderung der Erregung beim Gleichstrommotor). Bild 11.74 zeigt hierzu die (stati-

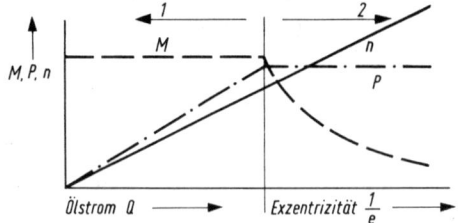

Bild 11.74 Statische Kennlinien des hydraulischen Motors im geschlossenen Ölkreislauf

n Drehzahl
M Drehmoment
P Leistung

schen) Kennlinien des Hydraulikmotors. Im Bereich 1 erfolgt die Steuerung durch Veränderung des Ölstromes, im Bereich 2 durch Änderung der Motorexzentrizität.

Gegenüber pneumatischen Stellmotoren kann bei hydraulischen mit bedeutend höheren Stelldrücken gearbeitet werden. Infolge der kleinen bewegten Massen sind kurze Stellzeiten erzielbar, die bei wenigen Sekunden und darunter liegen. Die besonderen Merkmale hydraulischer Stellmotoren sind daher:

1. Erzeugung großer Stellkräfte, Drehmomente und Leistungen bei kleinen Abmessungen. Dementsprechend sind auch die Trägheitsmomente und Massen der bewegten Teile klein; die Beschleunigungsfähigkeit kann somit extrem hohe Werte erreichen.
2. Einfache stufenlose Einstellung von Weg, Winkel, Geschwindigkeit und Drehzahl mit einer meist linearen Charakteristik über einen weiten Verstellbereich.
3. Hohe Einstellgenauigkeit infolge der Inkompressibilität des Öles.

11.4.2.4 Kombinierte Stellmotoren

Auf die Zweckmäßigkeit des Wechsels zwischen hydraulischen, pneumatischen und elektrischen Energieträgern wurde bereits mehrfach hingewiesen. Das trifft vor allem auf Regelungsanlagen der Verfahrenstechnik zu, wo einerseits pneumatische und hydraulische Stellglieder und Antriebe benötigt werden, andererseits aber auf die Vorteile elektrischer Regeleinrichtungen — nicht zuletzt wegen der durch die Verwendung von Halbleiterbauelementen möglichen Miniaturbauweise — ungern verzichtet wird. Die hierbei erforderlichen kombinierten elektro-pneumatischen bzw. elektro-hydraulischen Stellmotoren lassen sich im Prinzip auf relativ einfache Weise durch geringfügige Änderungen auf der Steuerseite rein pneumatischer oder hydraulischer Motoren herbeiführen. Liefert der Regler beispielsweise ein Gleichstromausgangssignal, so kann die mechanische Betätigung eines pneumatischen Düse-Prallplatte-Systems oder eines hydraulischen Strahlrohrsystems unter Zwischenschaltung einer elektrischen Tauchspulanordnung vorgenommen werden.

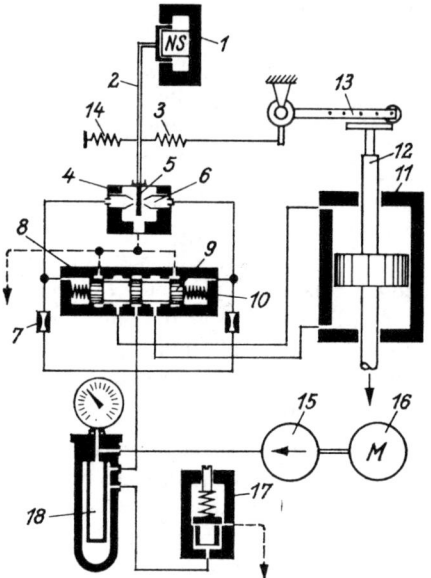

Bild 11.75 Funktionsschema eines elektro-hydraulischen Stellantriebes

1 Tauchspulsystem
2 Hebel
3 Rückführfeder
4 hydraulisches Düse-Prallplatte-System
5 Prallplatte
6 Düse
7 Vordrossel
8 Steuerschieber
9 Steuerschieberkolben
10 Vorspannfeder
11 hydraulischer Stellmotor
12 Kolbenstange
13 Rückführhebel
14 Feder
15 Pumpe
16 Pumpenantriebsmotor
17 Überströmventil
18 Ölfilter

Nach diesem Prinzip arbeitet beispielsweise die in Bild 11.75 (vorige Seite) gezeigte Anordnung: Das in Verbindung mit dem Hebel (2) und der Feder (14) proportional wirkende Tauchspulsystem (1) bewegt die Prallplatte (5) des hydraulischen Düse-Prallplatte-Systems (4), das in Differentialanordnung geschaltet ist. Hierdurch entstehen infolge des Druckabfalls an den Vordrosseln (7) unterschiedliche Drücke, die den hydraulischen Steuerschieber (8) betätigen, dessen Ausgänge mit dem Stellmotor (11) verbunden sind. Die Rückführung von der Kolbenstange (12) über den einstellbaren Hebel (13) und die Feder (3) auf den Hebel (2) gibt der gesamten Anordnung P-Verhalten. Das für den Betrieb erforderliche Drucköl wird durch die vom Motor (16) angetriebene Pumpe (15) mit anschließendem Ölfilter (18) und Überströmventil (17) geliefert.

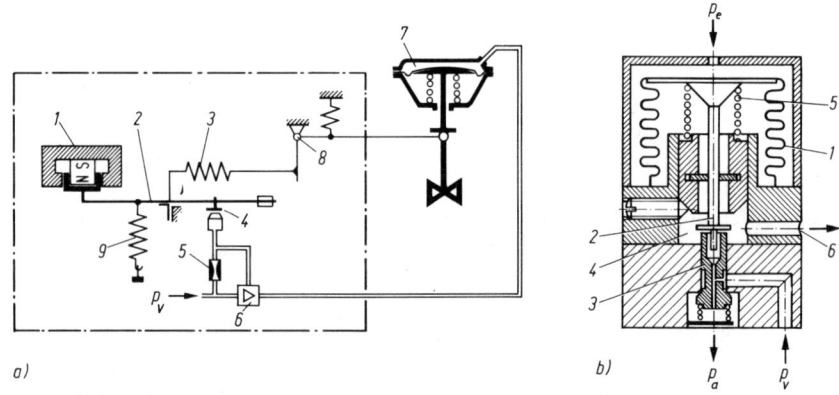

a)   *b)*

Bild 11.76   Elektro-pneumatischer Stellantrieb

a) Funktionsschema des Hubstellwerkes
   1 Tauchspulsystem, *2* Hebel, *3* Rückführfeder, *4* Prallplatte, *5* Vordrossel, *6* pneumatischer Verstärker, *7* Membranantrieb, *8* Rückführhebel, *9* Nullpunkteinstellung

b) Schema des in a) verwendeten pneumatischen Verstärkers (6)
   1 Wellrohr (Balg), *2* Stössel, *3* Einlaßventil, *4* Auslaßventil, *5* Feder, *6* Luftauslaß, p_e Eingangsdruck (Steuerdruck), p_a Ausgangsdruck (Stelldruck), p_v Versorgungsdruck

Bild 11.76a zeigt die Funktion eines elektro-pneumatischen Stellantriebs: Tauchspule (1) und Feder (9) bilden den proportional wirksamen Eingangsteil. Über den Hebel (2) wird das Düse-Prallplatte-System gesteuert, dessen Ausgangsdruck (hinter der Vordrossel (5)) nach Verstärkung (6) den Membranantrieb (7) betätigt. Winkelhebel (8) und Rückführfeder (3) sind als Gegenkopplung wirksam. Aus Bild 11.76b ist die Funktion des pneumatischen Verstärkers ersichtlich: Einlaßventil (3) und Auslaßventil (4) werden bei steigendem bzw. sinkendem Steuerdruck p_e wechselweise geöffnet und geschlossen, so daß der Stelldruck p_a stets linear dem Steuerdruck zugeordnet bleibt.

Abschließend noch ein Beispiel eines kombinierten elektro-hydraulischen Antriebs. In Bild 11.77 ist der konstruktive Aufbau eines elektro-hydraulischen Schrittmotors mit Axialkolben-Servoventil wiedergegeben. Ein Wechselstrommotor mit Permanent-Magnet-Rotor (1) wird mit elektrischen Impulsen angesteuert und setzt diese in Winkelschritte um, deren Größe der Impulszahl entspricht; ein Reduziergetriebe (2) paßt die Schritte

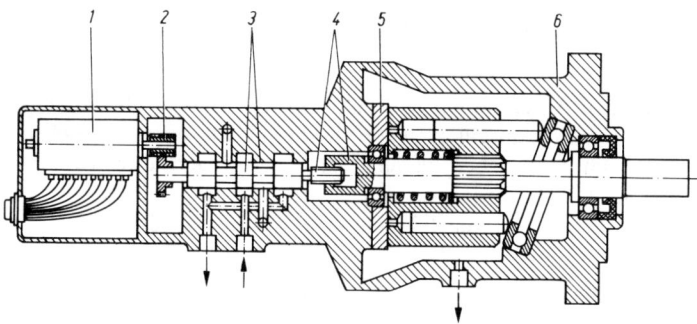

Bild 11.77 Schrittmotor mit Axialkolben-Servoventil

1 elektrischer Schrittmotor   *4* Gewindespindel mit Mutter
2 Reduziergetriebe   *5* Ventilplatte
3 Axialkolben-Servoventil   *6* Hydromotor

des elektrischen Schrittmotors nach Größe und Drehmoment dem Servoventil (*3*) an und dieses steuert den anschließenden Hydromotor (*6*). Die erforderliche Rückführung – denn sonst bliebe die Abtriebswelle des Hydromotors nach einigen Schaltimpulsen nicht stehen – wird hier mechanisch vollzogen: die Abtriebswelle des Hydromotors trägt an ihrem linken Ende eine Gewindespindel mit Mutter (*4*), über die der achsiale Servokolben wieder zurückgestellt wird.

12 Weitere Beispiele technischer Regelungen

Nachdem im vorherigen Abschnitt *einzelne* Baueinheiten von Regeleinrichtungen besprochen wurden, sollen in diesem abschließenden Abschnitt noch einige Beispiele *vollständiger* technischer Regelungen beschrieben werden. Man mache sich jeweils anhand von Wirkungsplänen (Abschn. 1.3) das Prinzip der Regelungen klar. (Was sind Regelgröße, Stellgröße, Störgrößen?) Wie könnten die Regeleinrichtungen technisch anders realisiert werden?

12.1 Durchflußregelung mit einem thyristorgesteuerten Motorventil

Mengenstrom- oder Durchflußregelungen von flüssigen oder gasförmigen Stoffen sind auf den verschiedenartigsten Gebieten anzutreffen, vor allem in verfahrenstechnischen Anlagen der chemischen und grundstoffverarbeitenden Industrie. Auf Grund neuer Techniken sind die entsprechenden Regeleinrichtungen in den letzten Jahren vielfach abgewandelt worden. So ist es unter anderem gelungen, mit thyristorgesteuerten Motorventilen schnell arbeitende, leistungsstarke Stellglieder zu schaffen. Da die Schnelligkeit von der Ausführung der mechanischen Bauglieder abhängt, werden heute bevorzugt Scheibenläufermotoren (s. Abschn. 11.4.2.1) mit kleinen mechanischen Zeitkonstanten (ca. 10 ms) als Stellmotoren eingesetzt.

Bild 12.1 zeigt das Blockschaltbild einer Regeleinrichtung für Durchflußregelung. An der Meßblende (*16*) wird ein dem Durchfluß entsprechender Differenzdruck abgenommen (vgl. Bild 11.1) und dem Meßumformer (*12*) zugeführt, der den Druck in eine

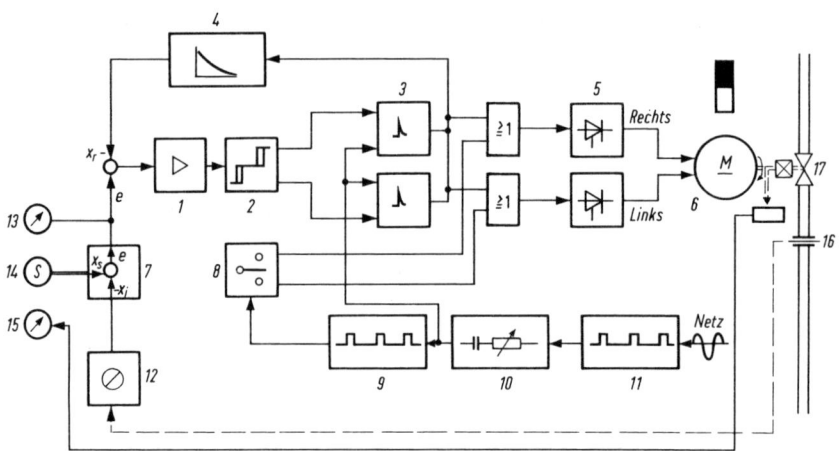

Bild 12.1 Blockschaltung von elektronischem Regler, Thyristoreinheit und Motorventil zur Durchflußregelung

1 Gleichspannungs-Regelverstärker, *2* Dreipunkt-Kippschaltung, *3* Zündstufen, *4* Rückführschaltung, *5* Thyristoreinheiten, *6* Scheibenankermotor als Stellmotor, *7* Vergleicherschaltung, *8* Handsteuerung, *9* Frequenzteiler, *10* Phasenschieber, *11* frequenzsynchroner Taktgeber, *12* Meßumformer, *13* Anzeige der Regeldifferenz, *14* Sollwertgeber, *15* Anzeige der Ventilstellung, *16* Meßfühler (Blende), *17* Stellventil

elektrische Spannung umsetzt und dabei auch die zwischen Differenzdruck und Durch-flußmenge bestehende quadratische Abhängigkeit ($\Delta p \sim Q^2$ bzw. $Q \sim \sqrt{p}$) beseitigt, d. h. eine lineare Beziehung herstellt. Der so gewonnene Istwert gelangt zum Vergleicher (*7*), wo die Regeldifferenz vom festen Sollwert gebildet wird. Diese wird in (*1*) verstärkt und steuert eine elektronische Kippschaltung (*2*). Letztere hat drei Schaltstellungen, die, bezogen auf den Stellmotor (*6*), „Rechtslauf−Stillstand−Linkslauf" bedeuten. Die Schaltstellung der Kippstufe ist vom Vorzeichen der Regeldifferenz abhängig. Das Aus-gangssignal der Kippstufe steuert die der Drehrichtung zugeordnete Zündstufe (*3*), die die Steuerimpulse für die zugehörige Thyristorsteuereinheit (*5*) liefert. Die Thyristoren arbeiten als gesteuerte Gleichrichter. Wegen der angeschnittenen Halbwellen dreht der Antriebsmotor (*6*) im Schrittbetrieb in der gewünschten Drehrichtung.

Ein zweiter Ausgang der Zündstufe (*3*) liefert ein Rückführsignal. Die nachgebende Rückführschaltung (*4*) ist als aktives Netzwerk ausgebildet (Verstärker mit *RC*-Netz-werk) und erzeugt insgesamt ein *PI*-Verhalten des Reglers. Das Rückführsignal selbst ist dem Verstellweg des Antriebsmotors proportional und der Regeldifferenz entgegen ge-schaltet. Je nach Größe der Regeldifferenz erhält der Motor über den entsprechenden Thyristor eine oder mehrere Netzhalbwellen als Stellimpulse zugeführt. Ist die Regelab-weichung sehr groß, so daß sie durch die Rückführspannung nicht unmittelbar kompen-siert wird, so erfolgt ein Verstellen des Motors mit Netzfrequenz, also mit größter Stell-geschwindigkeit.

Soll das Motorventil von Hand (*8*) gesteuert werden, so würde die netzfrequente Impuls-folge keine Feineinstellung erlauben. Bei Betriebsart „Hand" laufen deshalb die Taktim-pulse zur Steuerung der Thyristoren über einen Frequenzteiler (*9*). Falls ein Schnell-schluß durch irgendwelche Grenzwerte ausgelöst werden soll, könnte auf die zugehörige Zündstufe eine Spannung geschaltet werden, die dafür sorgt, daß netzfrequente Zündim-pulse entstehen und der Motor mit größter Drehzahl den Schnellschluß ausführt.

12.2 Wasserstandsregelung in einem Trommelkessel

Bei Dampferzeugern ist der Wasserstand in der Kesseltrommel keine scharf definierte Größe. Unter plötzlichem Lastanstieg (Dampfentnahme) wallt der Wasserstand infolge der Speicherdampfentnahme und der damit verbundenen Druckabsenkung auf, bei plötz-lichem Lastabfall dagegen fällt er infolge des Druckanstiegs ab. Dabei ändert sich das spezifische Gewicht des Kesselwassers. Für Regelzwecke kann der Wasserstand (Regel-größe) mit Hilfe eines Schwimmers gemessen werden. Als Stellgröße wirkt der Speise-wasserstrom, während der entnommene Dampfstrom die Hauptstörgröße darstellt. Der Wasserstand bleibt nur dann konstant, wenn sich Speisewasser- und Dampfstrom die Waage halten. Bei jeder Störung dieses Gleichgewichts ändert sich der Wasserstand h.

$$h = \frac{1}{A\gamma} (Q_S - Q_D) \, t \qquad Q_D = \text{Dampfstrom}$$

$$Q_S = \text{Speisewasserstrom}$$

oder

$$A = \text{Wasseroberfläche im Kessel}$$

$$\dot{h} = \frac{1}{A\gamma} (Q_S - Q_D) \qquad \gamma = \text{spezifisches Gewicht des Wassers}$$

Die Wasserstands-Änderungsgeschwindigkeit $\dot{h}$ ist demnach proportional der Differenz $(Q_S - Q_D)$ und der zeitliche Verlauf von h entspräche einer durch den Nullpunkt gehenden Geraden mit der Steigung $(1/A\gamma)\,(Q_S - Q_D)$. Er ist aber im Anfangsbereich gestört, weil bei Vergrößerung der Dampfentnahme das Aufwallen des Wassers ein Steigen des Wasserstandes vortäuscht, obwohl der Wasserstand in der Trommel in Wirklichkeit abnimmt. Bei Lastsenkung erfolgt der gegensätzliche Vorgang. Dadurch gibt der Wasserstandsregler zunächst einen falschen Stellbefehl ab. Eine Regelung mit dem Wasserstand als alleiniger Regelgröße (Einkomponentenregelung) ist nur anwendbar bei langsam verlaufenden Laständerungen mit ausreichend kleinen Wasserstandsschwankungen. Bei großen, relativ wasserarmen Kesseln führt die Einkomponentenregelung zu untragbar großen Abweichungen. Eine Verbesserung ergibt die Dreikomponentenregelung. Bei dieser werden außer dem Wasserstand noch Dampf und Speisewasserstrom in die Regelung einbezogen.

Im Bild 12.2 ist die Schaltung eines solchen Regelkreises mit elektro-pneumatischer Regeleinrichtung aufgezeichnet. Der mit der Blende (2) erfaßte Dampfstrom wird im Durchflußmesser (1) gemessen und mit dem induktiven Geber (3) auf eine Meßwaage (Brückenschaltung 5/5a) übertragen. Geber und Widerstände bilden zusammen die Brückenschaltung (5). Zur Verarbeitung der Meßwerte wird ein Doppeldrehspul-Meßwerk verwendet, dessen Wicklung (4) in der Diagonale der Brückenschaltung (5) liegt.

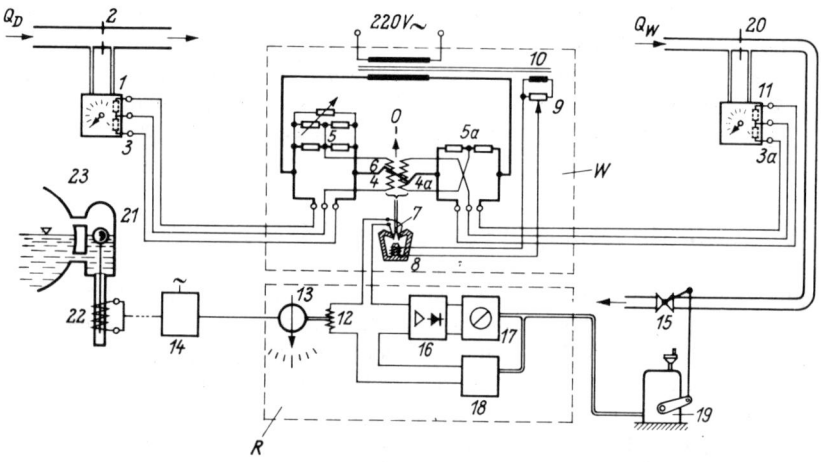

Bild 12.2 Elektro-pneumatische Wasserstandsregelung in einem Trommelkessel
Q_D Dampfstrom, Q_W Speisewasserzufuhr, W Dampf-Speisewasser-Waage, R Wasserstandsregler

1 Dampf-Durchflußmesser, *2* Meßblende, *3, 3a* induktive Geber, *4, 4a* Doppeldrehspulen des *W*-Meßwerkes, *5, 5a* Brückenwiderstände, *6* Feldspule des *W*-Meßwerkes, *7* Schwenkspule (an *4* und *4a* befestigt), *8* Erregermagnet, *9* Einsteller für Erregerspannung, *10* Speisetransformator, *11* Speisewasser-Durchflußmesser, *12* Schwenkspule des Wasserstandsmeßwerkes, *13* Wasserstandsmeßwerk, *14* Netzanschlußgerät, *15* Speisewasserregelventil, *16* Verstärker, *17* elektro-pneumatischer Umformer, *18* Rückführung, *19* Stellantrieb, *20* Speisewassermeßblende, *21* Kugelschwimmer, *22* Spule des induktiven Längengebers, *23* Trommelkessel

Eine analog aufgebaute Anordnung mißt den Speisewasserzufluß. Sie besteht aus Blende (*20*) und Durchflußmesser (*11*), dem induktiven Geber (*3a*) und der Brückenschaltung (*5a*). In der Diagonalen dieser Brücke liegt die andere Wicklung (*4a*) der Doppeldrehspule. Die beiden Wicklungen sind gegensinnig geschaltet, so daß ihre Drehmomente einander entgegengerichtet sind. Damit sind beide Meßschaltungen so abgeglichen, daß sich die Drehmomente gerade aufheben und das Meßwerk die Mittelstellung (Null-Stellung) einnimmt, wenn dem Dampfstrom der richtige Speisewasserstrom zugeordnet ist. In der Schwenkspule (*7*), die an der Drehspule befestigt ist und sich im Erregerfeld des Magneten (*8*) bewegt, wird dann keine Spannung induziert. Bei gestörtem Gleichgewicht zwischen Dampfentnahme und Speisewasserzufluß wird die Drehspule ausgelenkt, worauf die in der Schwenkspule induzierte Spannung zum Verstärker (*16*) gelangt, der sie mit Hilfe des Umformers (*17*) und der Rückführung (*18*) in eine proportionale Stelldruckänderung umformt. Diese wirkt dann auf den Stellantrieb (*19*) und betätigt das Speisewasserregelventil (*15*) solange, bis sich wieder Gleichgewicht zwischen Dampf und Speisewasserstrom eingestellt hat. Diese Schaltung, die man als Dampf-Speisewasser-Waage bezeichnet, greift sofort in die Regelstrecke ein, sobald eine Gleichgewichtsstörung zwischen den Strömungen auftritt. Bei richtiger Einstellung übernimmt sie den Hauptteil der Regelung.

Der eigentliche Wasserstandsregler *R* hat nur eine korrigierende Funktion. Der Wasserstand wird mit einem induktiven Längengeber (*22*) gemessen, dessen Ausgangssignal zum Schwenkspulmeßwerk (*13*) gelangt. Weicht der Wasserstand vom Sollwert ab, so entsteht in der zugehörigen Schwenkspule (*12*) eine der Abweichung proportionale Spannung, die ebenfalls über Verstärker (*16*), Umformer (*17*) und Stellantrieb (*19*) eine Verstellung des Regelventils (*15*) bewirkt.

Die Ausgangsspannungen von Speisewasserwaage, Wasserstandsmesser und Rückführung liegen in Reihe am Verstärkereingang. Der eigentliche Wasserstandsregler *R* hat *PI*-Verhalten und ist daher in der Lage, länger andauernde Wasserstandsabweichungen restlos zu beseitigen.

12.3 Digitale Drehzahlverhältnis-Regelung

Die Drehzahlen zweier Antriebe sollen im Verhältnis $k = \dfrac{n_2}{n_1} < 1$ mit großer Langzeitgenauigkeit geregelt werden (Bild 12.3). Verwendung finden zwei thyristorgespeiste Gleichstrommotoren (m_1, m_2). Sie sind mit einer analogen Drehzahlregelung (nicht eingezeichnet) ausgerüstet, die gute dynamische Eigenschaften der Gesamtregelung bewirkt. Die Feinregelung übernimmt die gezeichnete Digitalregelung. Der analogen Regelung ist eine integral arbeitende digitale Regelschleife überlagert. Drehzahl n_1 ist die Leitdrehzahl. Die Regeleinrichtung muß deshalb das Integral der Regelabweichung, d. h. die relative Drehwinkeldifferenz beider Antriebe, bilden und abhängig von deren Betrag und Vorzeichen die analoge Regelung des Motors m_2 korrigieren.

Jeder Motor ist mit einem Winkelschrittgeber (*1, 2*) mechanisch gekuppelt, der jeweils eine bestimmte Impulszahl (z. B. 900) je Umdrehung erzeugt, die wiederum der Drehzahl proportional ist. In den Schaltverstärkern (*3, 4*) erfolgt die Impulsverstärkung und -formung. Das Verhältnis *k* wird mit einem Frequenzteiler (*7*) erzeugt und am Zahleneinsteller (*5*) vorgegeben. Die Impulsfrequenz f_1 entspricht somit der Sollfrequenz von m_2.

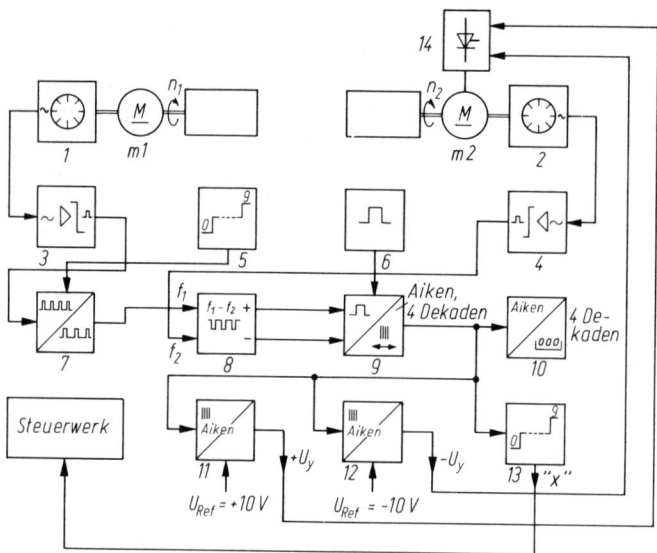

Bild 12.3   Digitale Drehzahlverhältnis-Regelung (Funktions-Blockschaltbild)

1, 2 Winkelschrittgeber, *3, 4* Impulsverstärker und -former, *5* Zahleneinsteller für Verhältnis *k*, *6* Taktgenerator zur Synchronisation, *7* Frequenzteiler, *8* Frequenz-Differenzbildung, *9* dezimaler Umkehrzähler im Aiken-Code, *10* dezimale Anzeigeeinheit, *11, 12* Zahl-Spannungs-Umsetzer (D/A-Umsetzer), *13* Zählerstands-Auswerter, *14* Thyristor-Steuereinheit, U_{Ref} Referenzspannungen, U_y Korrekturspannungen zur Feinsteuerung des analogen Stellgliedes

Die Regeldifferenz wird durch Differenzbildung der Frequenzen f_1 und f_2 in (*8*) festgestellt. Überwiegt eine der beiden Frequenzen (Drehzahlen), so erscheint entweder am „Plus"-Ausgang (bei $f_1 > f_2$ bzw. $n_1 > n_2$) oder am „Minus"-Ausgang (bei $f_1 < f_2$ bzw. $n_1 < n_2$) eine der Differenz proportionale Impulsfrequenz. Das Integral der Regeldifferenz, also die relative Winkelfrequenz beider Antriebe, bildet ein Umkehrzähler (*9*) durch vorzeichenrichtiges Summieren der Ausgangsimpulse von (*8*). Der Zähler arbeitet im Aiken-Code. Mit der Funktionsgruppe (*10*) wird der Zählerstand zur Anzeige gebracht (vierstellige dezimale Anzeigeeinheit). Im Auswerter (*13*) erfolgt die Abfrage des Zählerstandes auf einen vorgegebenen Grenzwert „*x*". Bei Überschreiten von „*x*" wird ein Meldesignal ausgelöst. Die Korrektur der unterlagerten analogen Drehzahlregelung geschieht über die Funktionsgruppen der Zahl-Spannungs-Umsetzer (*11, 12*). Es sind dies sehr genau arbeitende Digital-Analog-Umsetzer. Sie setzen das Zählerausgangssignal, das dem Integral der Regeldifferenz entspricht, in eine proportionale Gleichspannung um. Bei positivem Zählerstand ($n_1 > n_2$) gibt Umsetzer (*11*), bei negativem Zählerstand ($n_1 < n_2$) gibt Umsetzer (*12*) ein Korrektursignal ab. Letzteres bewirkt über die analoge Regelung eine Beschleunigung oder Verzögerung der Drehzahl von Motor m_2. Die Regelung arbeitet also immer mit dem Ziel, den Zählerstand möglichst auf Null zu halten.

In die Schaltung sind nur die digitalen Regelsignale eingetragen. Sperr- und Freigabe-Signale die über das Steuerwerk die Funktionsblöcke steuern, sind zwecks besserer Übersicht nicht eingezeichnet.

12.4 DDC-Antriebsregelung

Bild 12.4 zeigt den Aufbau eines Systems zur digitalen Regelung der Drehzahl einer Walze. Die Walze wird von einem fremderregten Gleichstrom-Nebenschlußmotor angetrieben. Bei konstanter Erregung erfolgt die Drehzahlregelung über die Ankerspannung, die ein gesteuerter Thyristor-Gleichrichter liefert. Zur Drehzahlerfassung ist ein Tachogenerator direkt mit der Antriebswelle der Walze verbunden.

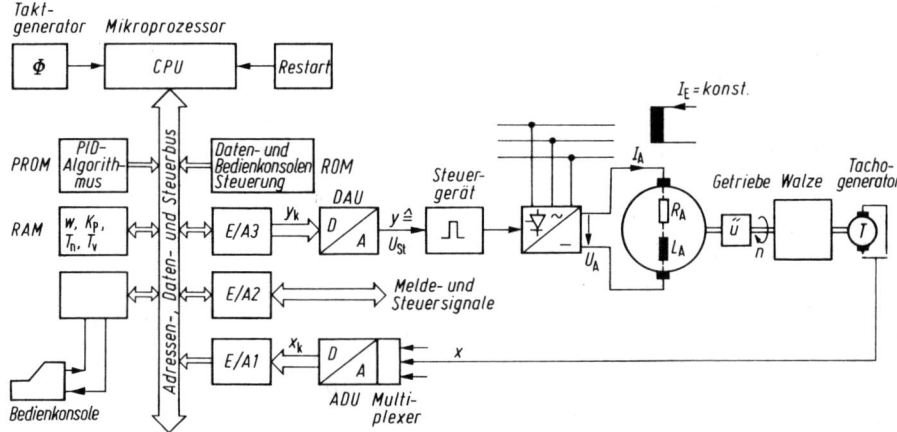

Bild 12.4 Digitale Drehzahlregelung einer Walze

n Drehzahl, U_{St} Steuerspannung, I_E Erregerstrom, I_A Ankerstrom, U_A Ankerspannung, $\ddot{u}$ Übersetzungsverhältnis, *CPU* Central Processing Unit (Rechenwerk), *ROM* Read Only Memory, *PROM* Programmable ROM, *RAM* Random Access Memory, *E/A* Ein-Ausgabe-Baustein, *ADU* Analog-Digital-Umsetzer, *DAU* Digital-Analog-Umsetzer.

Der analog erfaßte Istwert der Drehzahl (Regelgröße x) wird — ausgelöst vom Taktgenerator Φ — mit einem Analog-Digital-Umsetzer (ADU) in ein digitales Signal x_k umgesetzt und über den Ein-Ausgabe-Baustein E/A1 dem Bussystem des Mikrorechners zugeleitet. Anschließend wird in der CPU der *PID*-Algorithmus (aus dem PROM) mit den Reglerparametern K_P, T_n und T_v und dem Sollwert w (aus dem RAM) ausgeführt. Das Ergebnis ist ein digitaler Stellgrößenwert y_k, der über den Ein-Ausgabe-Baustein E/A3 zum Digital-Analog-Umsetzer (DAU) gelangt. Das analoge Ausgangssignal U_{St} des DAU steuert den Zündzeitpunkt der Thyristoren, die als Leistungsverstärker arbeiten. Funktions- und Baueinheiten von DDC-Regelungen wurden in den Abschnitten 6.2 bzw. 11.3 behandelt.

Am Eingang des ADU zeigt Bild 12.4 einen Multiplexer. Er schaltet jeweils einen Eingang auf den Ausgang durch, z. B. in einer bestimmten zeitlichen Reihenfolge (zeitmultiplex). Damit kann die einschleifige Regelschaltung relativ einfach zu einer Kaskadenregelung (Abschn. 5.6.3) erweitert werden.

12.5   Adaptive DDC-Antriebsregelung

Beim Aufwickeln von gewalztem Blech, von Kunststoff-Folien oder Papier, muß die Aufwickelgeschwindigkeit v konstant sein. Dabei nimmt die Masse der Aufwickelrolle ständig zu. Die Aufwickelrolle soll automatisch so angetrieben werden, daß trotz des Massenanstieges die Aufwickelgeschwindigkeit v konstant ist. Das bestmögliche Regelergebnis läßt sich erreichen, wenn man die Reglerparameter an die sich zeitlich ändernden Streckenparameter anpaßt (adaptiert, vgl. Abschn. 5.8).

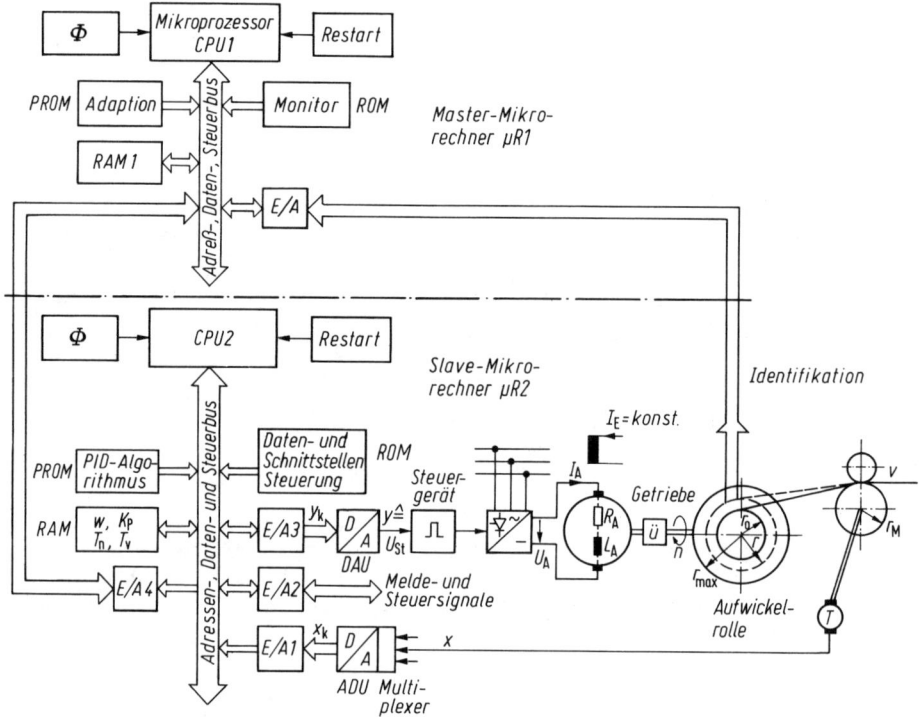

Bild 12.5 Digitale adaptive Drehzahlregelung einer Aufwickelvorrichtung

v Aufwickelgeschwindigkeit,
r Momentaner Radius der Aufwickelrolle $r_0 \leq r \leq r_{max}$,
r_M Radius der Meßrolle.
Sonstige Bezeichnungen s. Bild 12.4.

Die momentane Masse der Aufwickelrolle läßt sich über deren Durchmesser r bestimmen, der bei jeder Umdrehung um eine Blechdicke (bzw. Folien- oder Papierdicke) zunimmt. Mit dem momentanen Durchmesser, der z. B. mit einer Meßrolle (Radius r_M) ermittelt werden kann, lassen sich die aktuellen Streckenparameter wie z. B. die Zeitkonstante bestimmen (*Identifikation* in Bild 12.5). Für die Strecken-Identifikation und die Berechnung der zu adaptierenden *PID*-Reglerparameter K_P, T_n und T_v wird in Bild 12.5 ein eigener Mikrorechner (Master-Mikrorechner $\mu R1$) eingesetzt. Der Slave-Mikrorechner $\mu R2$, der die Regelung auf konstante Aufwickelgeschwindigkeit v ausführt, übernimmt die berechneten Reglerparameter in bestimmten Zeitabständen in den RAM.

A.1 Regelungstechnische CAE-Programme

Berechnungen und grafische Darstellungen (Kennlinien, Sprungantworten, Bode-Diagramme usw.), die bei einer Reglerentwicklung anfallen, können mit Hilfe regelungstechnischer CAE-Programme zeitsparend und wirtschaftlich erstellt werden. Um die Einarbeitungszeit in die benötigten Programmfunktionen kurz halten zu können, sind u. a. erforderlich:

- Handbücher   • Hilfe-System   • Demos   • Schulungen.

Die Handbücher sollten umfassen: Eine Einführung mit Beispielen und eine alphabetische Befehlsliste mit Beschreibung. Das Hilfe-System ist Bestandteil der Software und sollte möglichst kontextbezogen sein, d. h. daß gerade diejenigen Erläuterungen auf dem Bildschirm erscheinen, die benötigt werden. Demos sind Programme, die bestimmte Anwendungen Schritt für Schritt demonstrieren.

Die Hersteller oder Anbieter regelungstechnischer Anwendungsprogramme vertreiben häufig *Informationsblätter* (Newsletter o. ä.), in denen sie z. B. über Anwendungen, neue Versionen, Begleitliteratur oder Tagungen berichten oder Antworten auf häufig gestellte Fragen veröffentlichen. Manche Anbieter unterhalten auch *Nutzer-Clubs* (User groups o. ä.) zum Informationsaustausch. Zunehmend spielt hier auch das Internet eine Rolle (Diskussionsgruppen, Softwareaustausch usw.).

Für *Lehrzwecke* gewähren die meisten Anbieter z. T. erhebliche Rabatte. Einige regelungstechnische Anwendungsprogramme sind in mehr oder weniger eingeschränkter Form als *Studentenversion* erhältlich.

Einige Angebote laufen auch über den Buchhandel. Das gilt zum Beispiel für manche Studentenversionen und eine wachsende Zahl von Einführungsbüchern (z. B. „Entwurf von Regelkreisen mit Programm XYZ"), denen in der Regel die verwendeten Programmdateien und gelegentlich auch das Anwendungsprogramm selbst (meist als Demoversion) beigefügt sind (und/oder über Internet abrufbar sind).

Die Tabelle von Bild A 1.1 stellt einige regelungstechnische CAE-Programme in alphabetischer Reihenfolge zusammen mit den aktuellen Bezugsadressen. Die Programme wurden in Fachzeitschriften und/oder bei den VDI/VDE-Workshops „Regelungstechnische Programmpakete" der vergangenen Jahre vorgestellt. Sie sind für IBM-kompatible PC (in der Regel Intel 386 aufwärts) und z. T auch für Apple/Macintosh-Rechner und Unix-Workstations erhältlich.

Jeweils im Anschluß an die VDI/VDE-Workshops hat *R. Schumann* eine Einordnung der z. T. sehr verschiedenartigen Programme veröffentlicht, zuletzt im Aufsatz „CAE von Regelsystemen", Zeitschrift atp — Automatisierungstechnische Praxis, 1994, S. 51−59. Die Einordnung erfolgte nach Art des Programmes (Regelungstechnische Toolboxen und Programmsammlungen, Einzel- und Spezialwerkzeuge, Simulationspakete, CAE-Programmpakete) und Aufgabenbereichen (Systemanalyse, Simulation, Reglersynthese, Identifikation, Modellvereinfachung, Adaptive Regelung, Echtzeit-Prozeß-E/A). Noch nicht erfaßt wurde die *Fuzzy-Regelung*, die mittlerweile zu fast allen Programmen erhältlich ist. Außerdem hat im Zusammenhang mit der Echtzeit-Prozeß-E/A der Anteil der Programme mit *C-Code-Generator* für Prototyp-Regelungen zugenommen (vgl. dazu auch Abschn. 1.5).

Programm	Bezugsquelle, Ansprechpartner
AUCADD	Prof. Dr. P. Rieger, TU Dresden, Fak. Elektrotechnik, Inst. für Automatisierungstechnik, Mommsenstr. 13, D-01062 Dresden, Tel. 0351/463-3439, Fax 0351/463-7039, e-mail: rieger@eatns1.et.tu-dresden.de
CADACS-PC, PSR	Ing.-Büro Erbele, Postfach 67, D-72663 Großbettlingen, Tel. 07022/42839, Fax 07022/46450; Techn. Auskünfte: Dr. Schmidt, Dr. Dastych, Ruhr-Univ. Bochum, Lehrst. f. El. Steuerung u. Regelung, e-mail: cs(a)esr.ruhr-uni-bochum.de
CADREG, ADAREG	Prof. Dr. R. Isermann, Institut für Regelungstechnik, TH Darmstadt, D-64283 Darmstadt, Tel. 06151/16-2114, Fax 06151/293445, e-mail: cadreg-info@irt1.rt.e-technik.th-darmstadt.de
DDC-SIM	Dr. R. Neumann, TU Chemnitz-Zwickau, Lehrst. f. Prozeßautomatisierung, D-09126 Chemnitz, Tel. 0371/531-3356, -3495, Fax 0371-3352, e-mail: ralf.neumann@e-technik.tu-chemnitz.de
DORA für Windows	Prof. Dr. H. Kiendl, Lehrstuhl für El. Steuerung und Regelung, Universität Dortmund, D-44221 Dortmund, Tel. 0231/755-2761, Fax 0231/755-2752, e-mail: dora@esr.e-technik.uni-dortmund.de
DRYN	E. Michalak, EDSC electronic, Wilhelmstr. 4, D-73433 Aalen, Tel. 07361/73001, Fax 07361/73002
DS-88	Prof. Dr. Schönfeld, TU Dresden, Elektrotechnisches Institut, Lehrstuhl für automatisierte Elektroantriebe, Mommsenstr. 13, D-01069 Dresden, Tel. 0351/463-5055, Fax 0351/463-7280 (Dr. V. Müller), e-mail: vmueller@eeiwzb.tu-dresden.de
DYNSTAR, PBSIM II	Prof. Dr. Hampel, Inst. f. Prozeßtechnik, Prozeßautomatisierung u. Meßtechnik, Hochschule für Technik, Wirtschaft u. Sozialwesen Zittau/Görlitz (FH), D-02763 Zittau, Tel. 03583/611383, Fax 03583/611288, e-mail: hampel@novell1.ipm.htw-zittau.de
FSIMUL	Prof. Dr. K.-H. Fasol. Lehrst. für Regelungssysteme und Steuerungstechnik, Ruhr-Univ. Bochum, D-44801 Bochum, Tel. 0234/700-4060
InterSim	Prof. Dr. G. Schmidt, Lehrst. für Steuerungs- und Regelungstechnik, TU München, D-80333 München, Tel. 089/2892-8396, Fax 089/2892-8340, e-mail: gs@lsr.e-technik.tu-muenchen.de
LINRK	Prof. Dr. E. Müller, FH München, FB Elektrotechnik, D-80323 München, Tel. 089/1265-1393, Fax 089/1265-1299
MATLAB/SIMULINK, SIMNON, FIDE, MAPLE	Scientific Computers GmbH, Hauptverwaltung: Franzstr. 107, D-52064 Aachen, Tel. 0241/47075-0, Fax 0241/44983; Geschäftsstelle München: Münchner Str. 24, D-85774 Unterföhring, Tel. 089/995901-0, Fax 089/995901-11, e-mail: matlab.info@scientific.de
MATRIX-X	Integrated Systems GmbH, Software Center, D-35037 Marburg, Tel. 06421/581700, Fax 06421/581777, e-mail: isi@scmpop.de
PILAR	Prof. Dr. V. Krebs, Inst. für Regelungs- und Steuerungssysteme, Universität (TH) Karlsruhe, D-76131 Karlsruhe, Tel. 0721/608-3181, Fax 0721/608-2707, e-mail: hoffner@irs.etec.uni-karlsruhe.de
Program CC, CONCAD	E. Hopper/Müller, Fa. Maccon, Kühbachstr. 9, D-81543 München, Tel. 089/662062, Fax 089/655217
REGULA, KASKADE	Prof. Dr. H. Herberg, FH München, FB Feinwerk- u. Mikrotechnik/Physikalische Technik, D-80335 München, Tel. 089/1265-1292, Fax 089/1265-1480
SimTool, SIMID	Prof. Dr. H. M. Schaedel, FH Köln, FB Nachrichtentechnik, D-50679 Köln, Tel. 0221/8275-2472, Fax 0221/8275-2445
VisSim, MATHEMATICA	Dipl.-Ing. (FH) S. Braun, Visual Analysis GmbH, Neumarkterstr. 87, D-81673 München, Tel. 089/43198180, Fax 089/43198111, e-mail: info@visualanalysis.com
WinFACT	Ingenieurbüro Dr. Kahlert, Ludwig-Erhard-Str. 45, D-59065 Hamm, Tel. 02381/926-996, Fax 02381/926-997, e-mail: info@kahlert.hamm.de
WinErs	Ingenieurbüro Dr.-Ing. Schoop, Riechelmannweg 2, D-21109 Hamburg, Tel. 040/922330, Fax 040/922332, e-mail: schoop@t-online.de

Bild A 1.1   Produktübersicht regelungstechnischer CAE-Programme

Zu einigen der CAE-Programme werden auch Komplettlösungen zum schnellen Regler-Prototyping mittels externem Signalprozessor angeboten (vgl. Abschn. 11.3.4). Beispiele sind MATLAB, WinFACT und MATRIX-X. Eine Komplettlösung zu MATLAB ist das dSPACE-System (dSPACE GmbH, Technologiepark 25, D-33100 Paderborn, Tel. 05251/1638-0, Fax 05251/66529, e-mail: info@dspace.de). Programme für symbolische Berechnungen (sog. Computer-Algebra-Programme) sind z. B. DERIVE, MAPLE und MATHEMATICA. Diese Programme können symbolische Ausdrücke auch zahlenmäßig berechnen und grafisch darstellen. Der MAPLE-Kern ist z. B. auch in der Studentenversion von MATLAB enthalten.

A.2   Anwendungen der komplexen Rechnung

Löst man die quadratische Gleichung

$$x^2 + 6x + 13 = 0,$$

so erhält man die beiden Lösungen

$$x_1 = -3 + \sqrt{-4} \quad \text{und}$$

$$x_2 = -3 - \sqrt{-4}.$$

Die Wurzel aus einer negativen Zahl ist keine reelle Zahl. Die beiden Lösungen sind *komplexe Zahlen*. Mit der *imaginären Einheit* $j = \sqrt{-1}$ [1]) kann man schreiben

$$x_{1/2} = -3 \pm \sqrt{-1}\sqrt{4} = -3 \pm j2.$$

Eine komplexe Zahl $x = a + jb$ [2]) hat den *Realteil* $\text{Re}\{x\} = a$ und den *Imaginärteil* $\text{Im}\{x\} = b$. Sie läßt sich als Punkt in einem rechtwinkligen Koordinatensystem darstellen, mit dem Realteil a als Abszisse und dem Imaginärteil b als Ordinate (Bild A 2.1). Die durch das Koordinatensystem aufgespannte Ebene heißt *komplexe Zahlenebene* von x oder einfach komplexe x-Ebene. Kehrt man das Vorzeichen des Imaginärteiles um, so wird aus $x = a + jb$ die *konjugiert* komplexe Zahl $x^* = a - jb$. In der komplexen Zahlenebene geht sie durch Spiegelung an der reellen Achse aus x hervor (Bild A 2.1). Die obige quadratische Gleichung hat die beiden konjugiert komplexen Lösungen $x_1 = -3 + j2$ und $x_2 = -3 - j2 = x_1^*$.

Man kann den Punkt x in der komplexen Zahlenebene auch mit einem *Zeiger* beschreiben, der vom Ursprung der komplexen Zahlenebene bis zum Punkt x verläuft. Seine Länge wird in Bild A 2.1 mit r und seine Richtung mit dem Winkel φ bezeichnet. Der Winkel φ wird von der positiv reellen Achse ausgehend *linksherum* positiv gezählt (mathematisch positive Zählrichtung). Die Länge des Zeigers ist der *Betrag* $|x| = r$ der komplexen Zahl x, und seine Richtung wird durch den *Phasenwinkel* $\underline{/x} = \varphi$ der komplexen Zahl x gekennzeichnet.

---

[1]) In der Mathematik wird vorwiegend der Buchstabe i benutzt. In der Regelungstechnik, wie in der Technik überhaupt, wird meist j verwendet, um z. B. Verwechslungen mit der Stromstärke i zu vermeiden.

[2]) DIN 1344 empfiehlt, komplexe Größen durch Unterstreichung besonders kenntlich zu machen. Darauf wird im Folgenden (wie auch häufig in der Praxis) verzichtet, wenn die Bedeutung aus dem Zusammenhang klar hervorgeht.

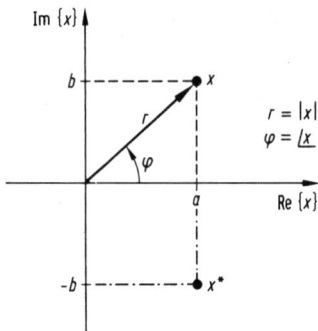

Bild A 2.1 Die komplexe Zahl $x = a + jb$ und die konjugiert komplexe Zahl $x^* = a - jb$ in der komplexen Zahlenebene

Zwischen den kartesischen Koordinaten (a, b) und den Polarkoordinaten (r, φ) des Punktes x in der komplexen Zahlenebene gilt, wie man anhand von Bild A 2.1 leicht überprüfen kann,

$$a = r \cos \varphi, \qquad b = r \sin \varphi$$

und umgekehrt

$$r = \sqrt{a^2 + b^2}, \qquad \varphi = \begin{cases} \arctan \dfrac{b}{a}, & \text{wenn} \quad a > 0 \\[2mm] \arctan \dfrac{b}{a} + \pi, & \text{wenn} \quad a < 0, \, b > 0 \, . \\[2mm] \arctan \dfrac{b}{a} - \pi, & \text{wenn} \quad a < 0, \, b < 0 \end{cases}$$

Die Berechnungsformel für φ liefert in Abhängigkeit der Vorzeichen von a und b Winkelwerte zwischen $-180°$ und $+180°$ (sog. Vier-Quadranten-Arctan). Man beachte, daß $\varphi = \arctan (b/a)$ *ohne* Berücksichtigung der Vorzeichen von a und b nur Winkelwerte zwischen $-90°$ und $+90°$ liefert und somit nur für $a > 0$ zu korrekten Ergebnissen führt.

Beispiel: $a = -1$, $b = 2$: Die Vier-Quadranten-Formel führt zum korrekten Ergebnis $\varphi = \arctan (-2) + \pi = 2{,}03$ rad (bzw. $+116{,}56°$), während $\varphi = \arctan (-2) = -1{,}11$ rad (bzw. $-63{,}44°$).

Man nennt $x = a + jb$

die *kartesische Darstellung* einer komplexen Zahl, aus der sich mit den obigen Umrechnungsformeln die *trigonometrische Darstellung* einer komplexen Zahl ergibt zu

$$x = a + jb = r \cos \varphi + jr \sin \varphi = r(\cos \varphi + j \sin \varphi) \, .$$

Mit der *Euler'schen Formel*

$$e^{\pm j\varphi} = \cos \varphi \pm j \sin \varphi$$

erhält man die *Exponentialdarstellung* einer komplexen Zahl:

$$x = r \, e^{j\varphi} = |x| \, e^{j\underline{/x}} \, .$$

Die zu x konjugiert komplexe Zahl ist in Exponentialdarstellung

$$x^* = r\, e^{j(-\varphi)} = |x|\, e^{j(-\underline{/x})} \,,$$

d. h. der Phasenwinkel ändert sein Vorzeichen (vgl. Bild A 2.1).

Es folgen einige Rechenregeln, die anhand der beiden komplexen Zahlen $x_1 = a_1 + jb_1 = r_1\, e^{j\varphi_1}$ und $x_2 = a_2 + jb_2 = r_2\, e^{j\varphi_2}$ in der jeweils günstigsten Darstellungsform angegeben werden:

1. Addieren und Subtrahieren $\quad x = x_1 \pm x_2 = (a_1 \pm a_2) + j(b_1 \pm b_2)\,.$

2. Multiplizieren $\qquad\qquad x = x_1 x_2 = r_1\, e^{j\varphi_1} r_2\, e^{j\varphi_2} = r_1 r_2\, e^{j(\varphi_1 + \varphi_2)}\,.$

3. Dividieren $\qquad\qquad\qquad x = \dfrac{x_1}{x_2} = \dfrac{r_1\, e^{j\varphi_1}}{r_2\, e^{j\varphi_2}} = \dfrac{r_1}{r_2}\, e^{j(\varphi_1 - \varphi_2)}\,.$

4. Potenzieren $\qquad\qquad\quad x = x_1^n = (r_1\, e^{j\varphi_1})^n = r_1^n\, e^{jn\varphi_1}$

5. Logarithmieren $\qquad\quad x = \ln x_1 = \ln (r_1\, e^{j\varphi_1}) = \ln r_1 + \ln (e^{j\varphi_1}) = \ln r_1 + j\varphi_1$

Aus der Multiplikationsregel ergibt sich mit $x_2 = x_1^*$

$$x = x_1 x_1^* = r_1\, e^{j\varphi_1} r_1\, e^{-j\varphi_1} = r_1^2 \,,$$

d. h. das Produkt einer komplexen Zahl mit ihrer konjugiert komplexen Zahl ist reell. Sind bei der Divisionsregel $x_1 = a_1 + jb_1$ und $x_2 = a_2 + jb_2$ in kartesischer Darstellung gegeben und $x = a + jb$ gesucht, dann erweitere man zunächst mit x_2^*:

$$x = \frac{x_1}{x_2} = \frac{x_1 x_2^*}{x_2 x_2^*} = \frac{x_1 x_2^*}{r_2^2} = \frac{(a_1 + jb_1)\,(a_2 - jb_2)}{a_2^2 + b_2^2} = \frac{(a_1 a_2 + b_1 b_2) + j(a_2 b_1 - a_1 b_2)}{a_2^2 + b_2^2}\,.$$

Falls $x_1 = 1$, ist $x = \dfrac{1}{x_2} = \dfrac{a_2 - jb_2}{a_2^2 + b_2^2}\,.$

Die Exponentialdarstellung komplexer Zahlen eignet sich besonders zur Berechnung von Sinusantworten und Frequenzgängen von LZI-Gliedern (vgl. Abschn. 2.5). Der Zusammenhang mit der Sinusfunktion ist

$$\mathrm{Im}\{e^{j\omega t}\} = \sin \omega t \,.$$

Eine Sinusfunktion mit der Amplitude $\hat{f}$ ist dann

$$f(t) = \hat{f} \sin \omega t = \hat{f}\, \mathrm{Im}\{e^{j\omega t}\}\,.$$

Ersetzt man in einer *linearen* Differentialgleichung eines LZI-Gliedes z. B. alle $\sin \omega t$ durch $e^{j\omega t} = \cos \omega t + j \sin \omega t$, dann entspricht dies einer *Überlagerung* von Imaginärteil $j \sin \omega t$ und Realteil $\cos \omega t$ (vgl. Abschn. 2.1 zum Überlagerungsprinzip). Die Sinusantwort ist dann der Imaginärteil der Lösung der Differentialgleichung.

$e^{j\omega t}$ läßt sich sehr einfach nach der Regel „Man ersetze $\mathrm{d}/\mathrm{d}t$ durch $j\omega$" differenzieren, denn

$$\frac{\mathrm{d}}{\mathrm{d}t}\, e^{j\omega t} = j\omega\, e^{j\omega t}, \qquad \left(\frac{\mathrm{d}}{\mathrm{d}t}\right)^2 e^{j\omega t} = (j\omega)^2\, e^{j\omega t} \quad \text{usw.}$$

während dies bekanntlich bei

$$\frac{\mathrm{d}}{\mathrm{d}t}\, \sin \omega t = \omega \cos \omega t, \qquad \left(\frac{\mathrm{d}}{\mathrm{d}t}\right)^2 \sin \omega t = -\omega^2 \sin \omega t \quad \text{usw.}$$

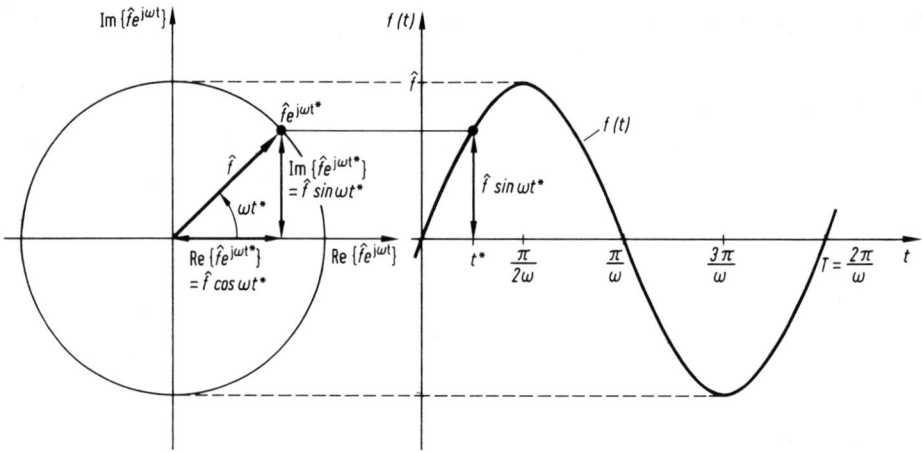

Bild A 2.2   Die Sinusfunktion $f(t) = \hat{f} \sin \omega t$ als Imaginärteil der komplexen Funktion $\hat{f}\, e^{j\omega t}$ zum Zeitpunkt $t = t^*$

nicht gilt. Bild A.2.2 veranschaulicht den Zusammenhang zwischen Exponentialdarstellung und Sinusfunktion. Bild A 2.2 zeigt links die Zeigerdarstellung von $\hat{f}\, e^{j\omega t}$ und rechts den Imaginärteil $\mathrm{Im}\{\hat{f}\, e^{j\omega t}\} = \hat{f} \sin \omega t$ jeweils zum Zeitpunkt t^*. Der Zeiger läuft mit wachsendem t^* links herum. Zum Zeitpunkt $t^* = 0$ ist der Phasenwinkel $\omega t^* = 0$. Beim Phasenwinkel $\omega t^* = \pi/2$ (d. h. 90°) ist $t^* = \pi/(2\omega)$, und die Sinusfunktion erreicht ihren Scheitelpunkt mit der Amplitude $\hat{f}$. Hat sich der Zeiger um 360° gedreht, dann ist der Phasenwinkel $\omega t^* = 2\pi$. Die Sinusfunktion hat dann genau die Periodendauer $T = 2\pi/\omega$ durchlaufen. $\omega = 2\pi/T$ ist die Kreisfrequenz.

Mit dem festen Winkel φ (sog. Phasenverschiebung) erhält man die längs der Zeitachse um das Intervall $\Delta t = \varphi/\omega$ verschobene Sinusfunktion

$$f(t) = \hat{f} \sin (\omega t + \varphi) = \hat{f} \,\mathrm{Im}\{e^{j(\omega t + \varphi)}\}\,.$$

Mit der Phasenverschiebung $\varphi = \pi/2$ ergibt sich z. B. die Cosinusfunktion

$$f(t) = \hat{f} \sin (\omega t + \pi/2) = \hat{f} \cos \omega t = \hat{f} \,\mathrm{Im}\{e^{j(\omega t + \pi/2)}\}\,,$$

wobei der Zeiger von $\hat{f}\, e^{j(\omega t + \pi/2)}$ für $t = 0$ den Phasenwinkel $\varphi = \pi/2$ (also $+90°$) aufweist.

A.3   Anwendungen der Laplace-Transformation

Die Laplace-Transformation dient der Vereinfachung von Berechnungen, die im Zusammenhang mit analogen LZI-Gliedern anfallen. Das Prinzip der Vereinfachung kann man mit der Logarithmenrechnung vergleichen. Aus der „schwierigen" Multiplikation zweier Zahlen a und b wird eine einfache Addition, wenn man a und b zuvor logarithmiert: Aus $c = a \cdot b$ wird $\log c = \log a + \log b$. Der Preis für die vereinfachte Rechenoperation sind die Logarithmierung der Faktoren a und b und die Entlogarithmierung des Ergebnisses $\log c$. Nach Laplace werden nicht Zahlen transformiert, sondern *Funktionen* $f(t)$.

Dabei wird z. B. aus der „schwierigen" Differentiation $\dfrac{\mathrm{d}}{\mathrm{d}t} f(t)$ eine einfache Multiplikation $s \cdot F(s)$.

In der Regelungstechnik interessieren vor allem Einschaltvorgänge: Dabei kann der Einschaltzeitpunkt immer mit $t = 0$ festgelegt werden, und man kann davon ausgehen, daß die Zeitfunktionen $f(t)$ für $t < 0$ verschwinden, also $f(t) = 0$ für $t < 0$.

Die Laplace-Transformation ist eine Berechnungsvorschrift, nach der aus der Funktion $f(t)$ eine andere Funktion $F(s)$ zu berechnen ist:

$$F(s) = \int_0^\infty f(t)\, e^{-st}\, \mathrm{d}t\,.$$

$F(s)$ heißt *Laplace-Transformierte* von $f(t)$. Man schreibt auch kurz $F(s) = \mathscr{L}\{f(t)\}$. $F(s)$ hat die Einheit $[F(s)] = [f(t)]\,[t]$. Da die *Zeit*funktion $f(t)$ in eine Funktion $F(s)$ *abgebildet* wird, bezeichnet man $f(t)$ als eine Funktion im *Zeitbereich* und $F(s)$ als eine Funktion im *Bildbereich*. Die unabhängige Variable im Bildbereich s ist eine komplexe Zahl, deren Realteil häufig mit σ und deren Imaginärteil in der Regel mit ω bezeichnet wird, also $s = \sigma + \mathrm{j}\omega$. Die Laplace-Transformation ist eindeutig, d. h. $f(t)$ führt zu genau einer Funktion $F(s)$ und die Rücktransformation von $F(s)$ führt eindeutig zur Funktion $f(t)$ zurück. Die Rücktransformationsformel sei hier der Vollständigkeit halber erwähnt:

$$f(t) = \frac{1}{2\pi\mathrm{j}} \int_{c-\mathrm{j}\infty}^{c+\mathrm{j}\infty} F(s)\, e^{ts}\, \mathrm{d}s \quad \text{bzw. kurz} \quad f(t) = \mathscr{L}^{-1}\{F(s)\}\,.$$

Die Laplace-Transformierten der gebräuchlichsten *Funktionen* $f(t)$ lassen sich oftmals direkt aus Tabellen ablesen wie z. B. die *Funktion*stabelle von Bild A.3.1. Häufig wird zusätzlich die *Operation*stabelle (Bild A.3.2) benötigt, die Rechen*operationen* mit Zeitfunktionen $f(t)$ und deren Entsprechungen im Bildbereich enthält. Besonders einfach lassen sich Laplace-Transformation und -Rücktransformation mit einem Computer-Algebra-Programm (vgl. Abschn. 1.5 u. Anhang A.1) durchführen.

Das folgende Beispiel zeigt, wie das Transformationspaar Nr. 2 in der Funktionstabelle von Bild A.3.1 zustandekommt.

Beispiel: Berechnung der Laplace-Transformierten der Einheitssprungfunktion

Die Einheitssprungfunktion (das ist die Sprungfunktion mit der Sprunghöhe Eins) ist (vgl. Abschn. 2.4.1)

$$f(t) = \sigma(t) = \begin{cases} 0 & t < 0 \\ 1 & t \geq 0 \end{cases}\,.$$

Für die Laplace-Transformierte folgt

$$F(s) = \mathscr{L}\{f(t)\} = \int_0^\infty 1\, e^{-st}\, \mathrm{d}t\,.$$

Nr.	$f(t)$ für $t \geq 0^1)$	$F(s)$
1	$\delta(t)$	1
2	1	$\dfrac{1}{s}$
3	t	$\dfrac{1}{s^2}$
4	$\dfrac{1}{2}\,t^2$	$\dfrac{1}{s^3}$
5	$\dfrac{1}{k!}\,t^k,\ k > 0$	$\dfrac{1}{s^{k+1}}$
6	e^{at}	$\dfrac{1}{s-a}$
7	$t\,e^{at}$	$\dfrac{1}{(s-a)^2}$
8	$\dfrac{1}{k!}\,t^k\,e^{at},\ k > 0$	$\dfrac{1}{(s-a)^{k+1}}$
9	$\sin(bt)$	$\dfrac{b}{s^2+b^2}$
10	$\cos(bt)$	$\dfrac{s}{s^2+b^2}$
11	$e^{at}\sin(bt)$	$\dfrac{b}{(s-a)^2+b^2}$
12	$e^{at}\cos(bt)$	$\dfrac{s-a}{(s-a)^2+b^2}$

Bild A.3.1   Funktionstabelle der Laplace-Transformation.

Kompliziertere Ausdrücke $F(s)$ lassen sich in vielen Fällen mittels Partialbruchzerlegung vereinfachen (vgl. Bild A.3.4)

Das Integral hat nur dann einen endlichen Wert, wenn $\sigma = \mathrm{Re}\,\{s\} > 0^2)$. Unter dieser Voraussetzung[3] folgt

$$F(s) = \left(-\frac{1}{s}\right) e^{-st}\Big|_0^\infty = \frac{1}{s}\,.$$

---

[1]) $f(t) = 0$ für $t < 0$

[2]) Für $\sigma = \mathrm{Re}\,\{s\} > 0$ geht der Integrand e^{-st} für $t \to \infty$ gegen Null, weil er sich wegen $s = \sigma + \mathrm{j}\omega$ und der Eulerschen Formel $e^{-\mathrm{j}\omega t} = \cos \omega t - \mathrm{j}\sin \omega t$ umformen läßt zu $e^{-st} = e^{-(\sigma + \mathrm{j}\omega)t} = e^{-\sigma t}\,(\cos \omega t - \mathrm{j}\sin \omega t)$.

[3]) Diese Bedingung braucht bei der Benutzung der Funktionstabelle von Bild A.3.1 nicht beachtet zu werden, da grundsätzlich $f(t) = 0$ für $t < 0$ vorausgesetzt wird.

Nr.	Zeitbereich	Bildbereich	Bezeichnung
1	$c_1 f_1(t) + c_2 f_2(t)$	$c_1 F_1(s) + c_2 F_2(s)$	Linearität (c_1, c_2 Konstante)
2	$\dot{f}(t)$	$sF(s) - f(0-)$	Differentiation, ($f(0-)$ ist linksseitiger Grenzwert)
3	$\ddot{f}(t)$	$s^2 F(s) - f(0-)\,s - \dot{f}(0-)$	
4	$\dfrac{d^n}{dt^n} f(t)$	$s^n F(s) - \displaystyle\sum_{k=0}^{n-1} \dfrac{d^k}{dt^k} f(t)\big|_{t=0-}\, s^{n-k-1}$	
5	$\displaystyle\int_0^t f(\tau)\,d\tau$	$\dfrac{1}{s} F(s)$	Integration
6	$f(0+) = \lim\limits_{t \to 0+} f(t)$	$f(0+) = \lim\limits_{s \to \infty} sF(s)$	Anfangswertsatz ($f(0+)$ ist rechtsseitiger Grenzwert)
7	$f(\infty) = \lim\limits_{t \to \infty} f(t)$	$f(\infty) = \lim\limits_{s \to 0} sF(s)$	Endwertsatz ($f(\infty)$ muß existieren!)
8	$\displaystyle\int_0^t f_1(t - \tau) f_2(\tau)\,d\tau$	$F_1(s)\, F_2(s)$	Faltung
9	$f(t - T_t)$, $T_t > 0$	$F(s)\, e^{-sT_t}$	Zeitverschiebung

Bild A.3.2 Operationstabelle der Laplace-Transformation

Im Folgenden wird – wie allgemein üblich – für die Laplace-Transformierte dasselbe Funktionssymbol verwendet wie für die Zeitfunktion, also $f(s) = \mathscr{L}\{f(t)\}$.

Mit Hilfe der Laplace-Transformation lassen sich – wie im Folgenden näher erläutert wird – auf übersichtliche Weise

– lineare Differentialgleichungen mit konstanten Koeffizienten umformen bzw. analoge LZI-Glieder verknüpfen (z. B. bei der *mathematischen Modellbildung*) und

– lineare Differentialgleichungen mit konstanten Koeffizienten lösen bzw. die *Antwortfunktionen* von analogen LZI-Gliedern auf gegebene analoge Eingangssignalverläufe berechnen (z. B. Sprungantwort).

Anwendung der Laplace-Transformation zur mathematischen Modellbildung

Die Zusammenfassung der Differentialgleichungen von LZI-Gliedern, die wegen der Ableitungen z. B. $\dot{v}(t)$, $\ddot{v}(t)$ usw. sehr umständlich werden kann, läßt sich vereinfachen, wenn man die Differentialgleichung nach der Regel (vgl. Operationstabelle Bild A.3.2 Nr. 4)

„Man ersetze $\dfrac{d^n}{dt^n} f(t)$ durch $s^n f(s)$"

in den Bildbereich transformiert, dann zusammenfaßt und wieder zurücktransformiert.

Die dabei zu Null gesetzten Anfangswerte $f(0-)$, $\dot{f}(0-)$, $\ddot{f}(0-)$ usw. lassen sich nach der Rücktransformation wieder einführen. Integrale werden gemäß Bild A.3.2 Nr. 5 durch den Faktor $1/s$ ersetzt.

Beispiel:

Bild A.3.3 zeigt ein elektrisches Netzwerk. Gesucht sei ein mathematisches Modell für das Übertragungsverhalten zwischen der Eingangsspannung $u(t) = u_e(t)$ und der Kondensatorspannung $v(t) = u_{C2}(t)$.

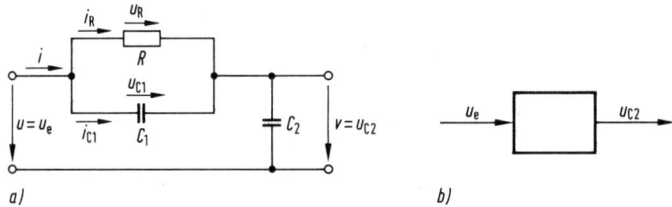

a)   b)

Bild A.3.3 Beispiel zur Erleichterung der mathematischen Modellbildung von LZI-Gliedern mittels Laplace-Transformation

a) Elektrisches Netzwerk   b) Gesuchtes Übertragungsglied (LZI-Glied)

Die beiden Maschengleichungen sind $u = u_R + u_{C2}$ und $u_R = u_{C1}$, und die Knotengleichung ist $i = i_R + i_{C1}$.

Die drei Bauteilgleichungen sind $u_R = Ri_R$, $u_{C1} = \dfrac{1}{C_1} \displaystyle\int i_{C1}\, dt$ und $u_{C2} = \dfrac{1}{C_2} \displaystyle\int i\, dt$.

Die sechs Gleichungen müssen nun so ineinander eingesetzt werden, daß eine Gleichung entsteht (das gesuchte mathematische Modell), in der als Variable nur noch die Eingangsgröße $u(t) = u_e(t)$ und die Ausgangsgröße $v(t) = u_{C2}(t)$ vorkommen. Dieser Vorgang wird vereinfacht, wenn man die sechs Gleichungen nach Laplace transformiert. So werden aus den beiden Integralgleichungen die algebraischen Gleichungen

$$u_{C1}(s) = \mathscr{L}\left\{\frac{1}{C_1} \int i_{C_1}\, dt\right\} = \frac{1}{C_1}\,\mathscr{L}\left\{\int i_{C1}\, dt\right\} = \frac{1}{C_1 s}\, i_{C1}(s)$$

und

$$u_{C2}(s) = \frac{1}{C_2 s}\, i(s)\,.$$

Die anderen Gleichungen sind bereits im Zeitbereich algebraische Gleichungen und bleiben dies auch im Bildbereich, z. B. wird aus der Maschengleichung

$$\mathscr{L}\{u(t)\} = \mathscr{L}\{u_R(t) + u_{C2}(t)\} = \mathscr{L}\{u_R(t)\} + \mathscr{L}\{u_{C2}(t)\} \qquad \text{(gemäß Bild A.3.2, Nr. 1),}$$

also

$$u(s) = u_R(s) + u_{C2}(s)\,,$$

wobei – wie üblich – für die transformierten Funktionen dieselben Symbole wie für die Funktionen im Zeitbereich verwendet werden[1]. Durch die Laplace-Transformation der Gleichungen sind

---

[1] In den Tabellen Bild A.3.1 und A.3.2 wird dagegen aus didaktischen Gründen klar unterschieden $F(s) = \mathscr{L}\{f(t)\}$.

nurmehr *algebraische* Gleichungen ineinander einzusetzen (Differenzieren bzw. Integrieren ist entfallen), und für die gesuchte Gleichung folgt zunächst

$$R(C_1 + C_2)\, su_{C2} + u_{C2} = u_e + RC_1 su_e\,.$$

Das Argument s bei u_e und u_{C2} ist aus Gründen der Schreibersparnis weggelassen worden. Die Rücktransformation kann nun mittels Umkehrung der oben genannten Regel erfolgen:

$$R(C_1 + C_2)\, \dot{u}_{C2} + u_{C2} = u_e + RC_1 \dot{u}_e$$

Man beachte, daß u_e und u_{C2} nach der Rücktransformation wieder Zeitfunktionen sind.

Beispiele zur Verknüpfung von LZI-Gliedern mit Hilfe der Laplace-Transformation werden in Abschn. 2.6.2 behandelt.

Anwendung der Laplace-Transformation zur Berechnung von Antwortfunktionen

Das Berechnungsverfahren läßt sich in drei Schritte gliedern:
1. Laplace-Transformation der Differentialgleichung
2. Laplace-Transformation der Eingangsgröße
3. Rücktransformation der Ausgangsgröße (mittels Partialbruchzerlegung)

Beispiel:
Gegeben sei das mathematische Modell des elektrischen Netzwerkes aus dem vorherigen Beispiel

$$T_1 \dot{v}(t) + v(t) = u(t) + b_1 \dot{u}(t)$$

mit $u(t) = u_e(t)$, $v(t) = u_{C2}(t)$, $T_1 = R(C_1 + C_2)$ und $b_1 = RC_1$. Gesucht ist die Sprungantwort der Kondensatorspannung $v(t) = u_{C2}(t)$ als Antwortfunktion auf die sprungförmige Eingangsspannung $u(t) = u_e(t) = \hat{u}_e \sigma(t)$ bei gegebener anfänglicher Kondensatorspannung $v(0) = u_{C2}(0) = v_0$.

1. Transformation der gegebenen Differentialgleichung:

$$\mathscr{L}\{T_1 \dot{v}(t) + v(t)\} = \mathscr{L}\{u(t) + b_1 \dot{u}(t)\}$$

$$T_1 \mathscr{L}\{\dot{v}(t)\} + \mathscr{L}\{v(t)\} = \mathscr{L}\{u(t)\} + b_1 \mathscr{L}\{\dot{u}(t)\} \qquad \text{(gemäß Bild A.3.2, Nr. 1)}$$

$$T_1(sv(s) - v_0) + v(s) = u(s) + b_1 su(s) \qquad \text{(gemäß Bild A.3.2, Nr. 2)}$$

Damit folgt für die Ausgangsgröße im Bildbereich:

$$v(s) = \frac{1 + b_1 s}{T_1 s + 1}\, u(s) + \frac{T_1}{T_1 s + 1}\, v_0$$

2. Transformation der Sprungfunktion:

$$u(s) = \mathscr{L}\{u(t)\} = \hat{u}_e \mathscr{L}\{\sigma(t)\} = \hat{u}_e\, \frac{1}{s} \qquad \text{(gemäß Bild A.3.1, Nr. 2)}$$

3. Laplace-Rücktransformation der gesuchten Sprungantwort:

Die Sprungantwort ist im Bildbereich $v(s) = \dfrac{1 + b_1 s}{T_1 s + 1}\, \dfrac{\hat{u}}{s} + \dfrac{T_1}{T_1 s + 1}\, v_0$,

und im Zeitbereich $v(t) = \mathscr{L}^{-1}\left\{\dfrac{1 + b_1 s}{T_1 s + 1}\, \dfrac{\hat{u}}{s}\right\} + \mathscr{L}^{-1}\left\{\dfrac{T_1}{T_1 s + 1}\, v_0\right\}$.

Der zweite Summand läßt sich mit Nr. 6 der Funktionstabelle von Bild A.3.1 in den Zeitbereich transformieren:

$$\mathscr{L}^{-1}\left\{\frac{T_1}{T_1 s + 1}\, v_0\right\} = v_0 \mathscr{L}^{-1}\left\{\frac{1}{s + \dfrac{1}{T_1}}\right\} = v_0\, e^{-(t/T_1)}\,.$$

Der andere Summand

$$\mathscr{L}^{-1}\left\{\frac{1 + b_1 s}{T_1 s + 1}\, \frac{\hat{u}}{s}\right\} = \frac{\hat{u}}{T_1}\, \mathscr{L}^{-1}\left\{\frac{1 + b_1 s}{\left(s + \dfrac{1}{T_1}\right) s}\right\}$$

kann nicht direkt mit der Funktionstabelle transformiert werden, sondern muß zunächst in Partialbrüche zerlegt werden. Gemäß Bild A.3.4 Fall 1 („$N(s)$ hat nur einfache reelle Nullstellen", nämlich $N(s) = \left(s + \dfrac{1}{T_1}\right) s$ mit $s_1 = 0$ und $s_2 = -\dfrac{1}{T_1}$) folgt

$$\frac{1 + b_1 s}{\left(s + \dfrac{1}{T_1}\right) s} = \frac{A_1}{s + \dfrac{1}{T_1}} + \frac{A_2}{s}$$

mit

$$A_1 = \left[\frac{1 + b_1 s}{s}\right]_{s = -(1/T_1)} = b_1 - T_1$$

und

$$A_2 = \left[\frac{1 + b_1 s}{s + \dfrac{1}{T_1}}\right]_{s = 0} = T_1\,.$$

Damit ist die Rücktransformierte

$$\mathscr{L}^{-1}\left\{\frac{1 + b_1 s}{\left(s + \dfrac{1}{T_1}\right) s}\right\} = (b_1 - T_1)\, e^{-t/T_1} + T_1\,.$$

Für die gesuchte Sprungantwort ergibt sich

$$v(t) = \frac{\hat{u}}{T_1}\,[(b_1 - T_1)\, e^{-t/T_1} + T_1] + v_0\, e^{-t/T_1} = \hat{u}\left[\frac{b_1 - T_1}{T_1}\, e^{-t/T_1} + 1\right] + v_0\, e^{-t/T_1}\,.$$

Liegt die Laplace-Transformierte einer Sprungantwort vor und interessiert nur deren stationärer Wert (das ist der Wert nach dem Einschwingen), so kann man ihn direkt (*ohne Laplace-Rücktransformation*) mittels des *Endwertsatzes der Laplace-Transformation* berechnen (Nr. 7 in der Operationstabelle Bild A.3.2). Dabei muß jedoch vorab bekannt sein, daß ein fester stationärer Endwert existiert, d. h. $v(t) = $ Konstante für $t \to \infty$, und $v(t)$ nicht z. B. gegen Unendlich geht oder eine Dauerschwingung ausführt.

Beispiel: Stationärer Wert der Sprungantwort

Im vorhergehenden Beispiel war die Laplace-Transformierte der Sprungantwort

Gegeben: $f(s) = \dfrac{Z(s)}{N(s)} = \dfrac{\beta_m s^m + \beta_{m-1} s^{m-1} + \ldots + \beta_1 s + \beta_0}{s^n + \alpha_{n-1} s^{n-1} + \ldots + \alpha_1 s + \alpha_0}$

Gesucht: $f(t) = \mathcal{L}^{-1}\{f(s)\}$

Lösung: Man bestimme die Nullstellen des Nennerpolynoms $N(s) = 0$
$\Rightarrow n$ Nullstellen $s_1, s_2, \ldots s_n$.[1])

Fallunterscheidung anhand der Nullstellen:

---

1. $N(s)$ hat nur einfache reelle Nullstellen

$$f(s) = \frac{Z(s)}{(s - s_1)(s - s_2)\ldots(s - s_n)} = \frac{A_1}{s - s_1} + \frac{A_2}{s - s_2} + \ldots + \frac{A_n}{s - s_n}$$

mit $A_i = [f(s)(s - s_i)]_{s = s_i}$, $\quad i = 1, 2, \ldots n$.

$$f(t) = A_1 e^{s_1 t} + A_2 e^{s_2 t} + \ldots + A_n e^{s_n t}, \qquad t \geq 0$$

---

2. $N(s)$ hat (auch) eine μ-fache reelle Nullstelle s_q

$$f(s) = \frac{Z(s)}{\ldots (s - s_q)^\mu \ldots} = \ldots + \frac{B_1}{s - s_q} + \frac{B_2}{(s - s_q)^2} + \ldots + \frac{B_\mu}{(s - s_q)^\mu} + \ldots$$

mit $B_i = \dfrac{1}{(\mu - i)!} \left[\dfrac{d^{\mu - i}}{ds^{\mu - i}} [f(s)(s - s_q)^\mu] \right]_{s = s_q}$, $\quad i = \mu, \; \mu - 1, \ldots 1$

$$f(t) = \ldots + B_1 \frac{1}{0!} e^{s_q t} + B_2 \frac{1}{1!} t\, e^{s_q t} + \ldots + B_\mu \frac{t^{\mu - 1}}{(\mu - 1)!} e^{s_q t} + \ldots, \qquad t \geq 0$$

---

3. $N(s)$ hat (auch) ein einfaches komplexes Nullstellenpaar $s_{q/q+1} = \sigma \pm j\omega$

$$f(s) = \frac{Z(s)}{\ldots [(s - \sigma)^2 + \omega^2] \ldots} = \ldots + \frac{C_1 s + C_2}{(s - \sigma)^2 + \omega^2} + \ldots$$

Hinweis: $(s - s_q)(s - s_{q+1}) = (s - \sigma)^2 + \omega^2 = s^2 - 2\sigma s + (\sigma^2 + \omega^2)$

$C_1 = \dfrac{1}{\omega} \operatorname{Im} \{[f(s)((s - \sigma)^2 + \omega^2)]_{s = s_q}\}$

$C_2 = -C_1 \sigma + \operatorname{Re}\{[f(s)((s - \sigma)^2 + \omega^2)]_{s = s_q}\}$

$$f(t) = \ldots + e^{\sigma t} \left(C_1 \cos \omega t + \frac{C_2 + C_1 \sigma}{\omega} \sin \omega t \right) + \ldots, \qquad t \geq 0$$

Zur Umrechnung des Ausdruckes $(a \cos \omega t + b \sin \omega t)$ in $\hat{f} \cos(\omega t + \varphi_1)$ oder $\hat{f} \sin(\omega t + \varphi_2)$ vgl. Bild A.3.5.

Bild A.3.4 Laplace-Rücktransformation mittels Partialbruchzerlegung

---

[1]) Falls der Grad von $N(s)$ größer als 3 ist, muß $N(s) = 0$ i. a. numerisch gelöst werden. Die Nullstellenbestimmung ist eine mathematische Standardfunktion der meisten regelungstechnischen CAE-Programme.

Umrechnung in Cosinus-Funktion: $a \cos \omega t + b \sin \omega t = \hat{f} \cos (\omega t + \varphi_1)$:

$$\text{wobei} \quad \hat{f} = \sqrt{a^2 + b^2} \quad \text{und} \quad \varphi_1 = \begin{cases} -\arctan \dfrac{b}{a} \, , & a > 0 \\ -\arctan \dfrac{b}{a} + \pi \, , & a < 0 \end{cases}$$

Umrechnung in Sinus-Funktion: $a \cos \omega t + b \sin \omega t = \hat{f} \sin (\omega t + \varphi_2)$:

$$\text{wobei} \quad \hat{f} = \sqrt{a^2 + b^2} \quad \text{und} \quad \varphi_2 = \begin{cases} -\arctan \dfrac{a}{b} \, , & b > 0 \\ -\arctan \dfrac{a}{b} + \pi \, , & b < 0 \end{cases}$$

Bild A.3.5   Umrechnung einer sinusförmigen Funktion $a \cos \omega t + b \sin \omega t$

Daß der stationäre Endwert existiert, ist aus dem vorhergehenden Beispiel bekannt. Gemäß Operationstabelle Nr. 7 (Bild A.3.2) ergibt sich

$$\lim_{t \to \infty} v(t) = \lim_{s \to 0} s v(s) = \lim_{s \to 0} s \left[\frac{1 + b_1 s}{T_1 s + 1} \frac{\hat{u}}{s} + \frac{T_1}{T_1 s + 1} v_0 \right] = \hat{u} .$$

Wäre aus dem vorhergehenden Beispiel nicht vorab bekannt, daß der stationäre Wert existiert, so ist zunächst zu prüfen, ob sämtliche Nullstellen der Nennerpolynome Realteile kleiner Null haben (mit der Ausnahme, daß jeweils höchstens *eine* Nennernullstelle gleich Null sein darf) (vgl. Abschn. 2.7 zur Stabilität).

A.4   Anwendungen der *z*-Transformation

Die *z*-Transformation dient der Vereinfachung von Berechnungen, die im Zusammenhang mit digitalen LZI-Gliedern anfallen. Das Prinzip der Vereinfachung kann man mit der Logarithmenrechnung vergleichen, wie dies bereits im Anhang A.3 für die Laplace-Transformation erläutert wurde. Die z-Transformation transformiert Funktionen f_k mit $k = 0, 1, 2 \ldots$. Die unabhängige Variable ist der Index k. Sie bezeichnet meist die *Zeitpunkte* $t_k = kT$, wobei T ein konstantes Zeitintervall darstellt.

Beispiel: Die Funktion $f_k = \sin (0{,}2k)$ ergibt die Zahlenfolge $f_0 = 0$, $f_1 = 0{,}2$, $f_2 = 0{,}39$, $f_3 = 0{,}56$ usw.

In der Regelungstechnik interessieren vor allem Einschaltvorgänge: Dabei kann der Einschaltzeitpunkt immer mit $k = 0$ festgelegt werden, und man kann davon ausgehen, daß die Zeitfunktionen f_k für $k < 0$ verschwinden, also $f_k = 0$ für $k < 0$.

Die *z*-Transformation ist eine Berechnungsvorschrift, nach der aus einer Funktion f_k eine andere Funktion $F(z)$ zu berechnen ist:

$$F(z) = \sum_{k=0}^{\infty} f_k z^{-k} .$$

$F(z)$ heißt *z-Transformierte* von f_k. Man schreibt auch kurz $F(z) = Z\{f_k\}$. $F(z)$ hat dieselbe Einheit wie f_k. Da die *Zeit*funktion f_k in eine Funktion $F(z)$ *abgebildet* wird, bezeichnet man f_k als eine Funktion im *Zeitbereich* und $F(z)$ als eine Funktion im *Bildbereich*. Die unabhängige Variable im Bildbereich z ist eine komplexe Zahl, $z = z_R + j z_I$. Die z-Transformation ist eindeutig, d. h. f_k führt zu genau einer Funktion $F(z)$ und die Rück-transformation von $F(z)$ führt eindeutig zu f_k zurück. Die Rücktransformationsformel sei hier der Vollständigkeit halber erwähnt:

$$f_k = \frac{1}{2\pi j} \oint F(z)\, z^{k-1}\, \mathrm{d}z \quad \text{bzw. kurz} \quad f_k = Z^{-1}\{F(z)\}\,.$$

Die z-Transformierten der gebräuchlichsten *Funktionen* f_k lassen sich oftmals direkt aus Tabellen ablesen wie z. B. die *Funktions*tabelle von Bild A.4.1. Häufig wird zusätzlich

Nr.	f_k für $k \geq 0$[1]	$F(z)$
1	δ_k	1
2	1	$\dfrac{z}{z-1}$
3	k	$\dfrac{z}{(z-1)^2}$
4	k^2	$z\,\dfrac{z+1}{(z-1)^3}$
5	$\dbinom{k}{p} = \dfrac{k}{1}\dfrac{k-1}{2}\cdots\dfrac{k-(p-1)}{p}$	$\dfrac{z}{(z-1)^{p+1}}$
6	a^k	$\dfrac{z}{z-a}$
7	ka^k	$z\,\dfrac{a}{(z-a)^2}$
8	$k^2 a^k$	$z\,\dfrac{a(z+a)}{(z-a)^3}$
9	$\sin(bk)$	$z\,\dfrac{\sin(b)}{z^2 - 2\cos(b)\,z + 1}$
10	$\cos(bk)$	$z\,\dfrac{z - \cos(b)}{z^2 - 2\cos(b)\,z + 1}$
11	$a^k \sin(bk)$	$z\,\dfrac{a\sin(b)}{z^2 - 2a\cos(b)\,z + a^2}$
12	$a^k \cos(bk)$	$z\,\dfrac{z - a\cos(b)}{z^2 - 2a\cos(b)\,z + a^2}$

Bild A.4.1   Funktionstabelle der z-Transformation.

Kompliziertere Ausdrücke $F(z)$ lassen sich in vielen Fällen mittels Partialbruchzerlegung vereinfachen (vgl. Bild A.4.4)

---

[1] $f_k = 0$ für $k < 0$

Nr.	Zeitbereich	Bildbereich	Bezeichnung
1	$c_1 f_{1,k} + c_2 f_{2,k}$	$c_1 F_1(z) + c_2 F_2(z)$	Linearität (c_1, c_2 Konstante)
2	f_{k-1}	$z^{-1} F(z) + f_{-1}$	Rechtsverschiebung
3	f_{k-2}	$z^{-2} F(z) + f_{-1} z^{-1} + f_{-2}$	
4	f_{k-m}	$z^{-m}\left[F(z) + \sum_{i=1}^{m} f_{-i} z^{i} \right]$	
5	$\sum_{m=0}^{k} f_m$	$\dfrac{z}{z-1} F(z)$	Summation
6	f_0	$f_0 = \lim_{z \to \infty} F(z)$	Anfangswertsatz
7	$f_\infty = \lim_{k \to \infty} f_k$	$f_\infty = \lim_{z \to 1} (z-1) F(z)$	Endwertsatz (f_∞ muß existieren!)
8	$\sum_{m=0}^{k} f_{1,m} f_{2,k-m}$	$F_1(z) F_2(z)$	Faltung
9	f_{k+1}	$z F(z) - f_0 z$	Linksverschiebung
10	f_{k+2}	$z^2 F(z) - f_0 z^2 - f_1 z$	
11	f_{k+m}	$z^m\left[F(z) - \sum_{i=0}^{m-1} f_i z^{-i} \right]$	
12	$f_k - f_{k-1}$	$\dfrac{z-1}{z} F(z) - f_{-1}$	Rückwärtsdifferenz
13	$f_{k+1} - f_k$	$(z-1) F(z) - f_0 z$	Vorwärtsdifferenz
14	$f_k a^k$	$F\left(\dfrac{z}{a}\right)$	Dämpfung

Bild A.4.2   Operationstabelle der z-Transformation

die *Operations*tabelle (Bild A.4.2) benötigt, die Rechen*operationen* mit Funktionen f_k im Zeitbereich und deren Entsprechungen im Bildbereich enthält. Besonders einfach lassen sich z-Transformation und z-Rücktransformation mit einem Computer-Algebra-Programm (vgl. Abschn. 1.5 u. Anhang A.1) durchführen.

Das folgende Beispiel zeigt, wie das Transformationspaar Nr. 2 in der Funktionstabelle A.4.1 zustandekommt.

Beispiel: Berechnung der z-Transformierten der Einheitssprungfolge
Die Einheitssprungfolge (das ist die digitale Sprungfunktion mit der Sprunghöhe 1, vgl. Abschn. 8.2) ist

$$f_k = \sigma_k = \begin{cases} 0 & k < 0 \\ 1 & k \geq 0 \end{cases}.$$

Für ihre z-Transformierte folgt

$$F(z) = Z\{f_k\} = \sum_{k=0}^{\infty} 1z^{-k} = 1 + \frac{1}{z} + \frac{1}{z^2} + \dots.$$

Das ist eine geometrische Reihe mit der Summe $F(z) = \dfrac{z}{z-1}$ (vgl. Bild A.4.1, Nr. 2), was sich

mittels Division leicht überprüfen läßt: $\quad z : (z-1) = 1 + \dfrac{1}{z} + \dfrac{1}{z^2} + \dots.$

Also ist $F(z) = \dfrac{z}{z-1}$ die z-Transformierte von $f_k = \sigma_k = 1$ für $k \geq 0$.

Auf die Transformationstabellen A.4.1 und A.4.2 kann man verzichten, wenn man Transformation bzw. Rücktransformation mit einem Computer-Algebra-Programm (vgl. Abschn. 1.5 u. Anhang A.1) durchführt. Im Folgenden wird — wie allgemein üblich — für die z-Transformierte dasselbe Funktionssymbol verwendet wie für die Originalfunktion, also $f(z) = Z\{f_k\}$.

Mit Hilfe der z-Transformation lassen sich — wie im Folgenden näher erläutert wird — auf übersichtliche Weise

— lineare Differenzengleichungen mit konstanten Koeffizienten umformen bzw. digitale LZI-Glieder verknüpfen (z. B. bei der *mathematischen Modellbildung*) und
— lineare Differenzengleichungen mit konstanten Koeffizienten lösen bzw. die *Antwortfunktionen* von digitalen LZI-Gliedern auf gegebene digitale Eingangssignalverläufe berechnen (z. B. Sprungantwort).

Anwendung der z-Transformation zur mathematischen Modellbildung

Die Zusammenfassung der Differenzengleichungen von LZI-Gliedern, die wegen der Indizes k, $k-1$, $k-2$ usw. sehr umständlich werden kann, läßt sich vereinfachen, wenn man die Differenzengleichungen nach der Regel (vgl. Operationstabelle Bild A.4.2, Nr. 4)

„Man ersetze f_{k-m} durch $z^{-m} f(z)$"

in den Bildbereich transformiert, dann zusammenfaßt und wieder zurücktransformiert. Die dabei zu Null gesetzten Funktionswerte f_{-1}, f_{-2}, f_{-3} usw. lassen sich nach der Rücktransformation wieder einführen.

Beispiel:

Es sei die Differenzengleichung des digitalen LZI-Gliedes gesucht, das durch Kettenschaltung der beiden digitalen LZI-Glieder

$$v_{1,k} = 0{,}8v_{1,k-1} + u_{1,k} \quad \text{und} \quad v_{2,k} = 0{,}8v_{2,k-1} + u_{2,k}$$

mit $u_{2,k} = v_{1,k}$ entsteht (Bild A.4.3). Geht man nach der oben genannten Regel vor, so folgt für das erste LZI-Glied

$$v_1(z) = 0{,}8z^{-1}v_1(z) + u_1(z) \quad \text{bzw.} \quad v_1(z) = \frac{1}{1 - 0{,}8z^{-1}}\, u_1(z).$$

Entsprechendes gilt für das zweite LZI-Glied, so daß sich mit $u_2(z) = v_1(z)$ für die Kettenschaltung ergibt (vgl. auch Bild 8.6)

$$v_2(z) = \frac{1}{1 - 0{,}8z^{-1}}\, u_2(z) = \frac{1}{1 - 0{,}8z^{-1}} \frac{1}{1 - 0{,}8z^{-1}}\, u_1(z) = \frac{1}{1 - 1{,}6z^{-1} + 0{,}64z^{-2}}\, u(z)$$

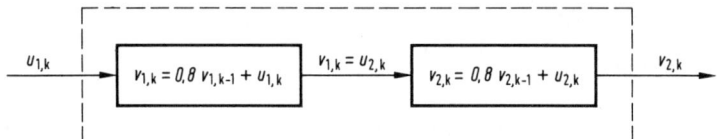

Bild A.4.3 Beispiel zur Erleichterung der mathematischen Modellbildung mittels z-Transformation:

Gesucht ist die Differenzengleichung des digitalen LZI-Gliedes mit der Eingangsgröße $u_{1,k}$ und der Ausgangsgröße $v_{2,k}$

Daraus folgt

$$\left(1 - 1{,}6z^{-1} + 0{,}64z^{-2}\right) v_2(z) = u_1(z) \quad \text{bzw.} \quad v_2(z) = 1{,}6z^{-1}v_2(z) - 0{,}64z^{-2}v_2(z) + u_1(z)$$

und mittels Umkehrung der oben genannten Regel die gesuchte Differenzengleichung

$$v_{2,k} = 1{,}6v_{2,k-1} - 0{,}64v_{2,k-2} + u_{1,k}\,.$$

Anwendung der z-Transformation zur Berechnung von digitalen Antwortfunktionen

Das Berechnungsverfahren läßt sich in drei Schritte gliedern:
1. z-Transformation der Differenzengleichung
2. z-Transformation der digitalen Eingangsgröße
3. z-Rücktransformation der Ausgangsgröße (mittels Partialbruchzerlegung)

Beispiel:

Gegeben sei das digitale LZI-Glied

$$v_k = -a_1 v_{k-1} + b_1 u_{k-1}$$

mit der Anfangsbedingung v_{-1}. Gesucht ist die Sprungantwort, d. h. die Antwortfunktion v_k für $k \geq 0$ bei sprungförmiger Eingangsgröße $u_k = \hat{u}\sigma_k$.

1. Transformation der gegebenen Differenzengleichung:

$$Z\{v_k\} = Z\{-a_1 v_{k-1} + b_1 u_{k-1}\}$$

$$Z\{v_k\} = -a_1 Z\{v_{k-1}\} + b_1 Z\{u_{k-1}\} \qquad \text{(Bild A.4.2, Nr. 1)}$$

$$v(z) = -a_1\left(z^{-1}v(z) + v_{-1}\right) + b_1 z^{-1} u(z) \qquad \text{(Bild A.4.2, Nr. 2)}$$

Damit folgt im Bildbereich

$$v(z) = \frac{b_1}{z+a_1}\, u(z) - \frac{a_1 z}{z+a_1}\, v_{-1}$$

2. Transformation der gegebenen digitalen Sprungfunktion:

$$u(z) = Z\{u_k\} = \hat{u} Z\{\sigma_k\} = \hat{u}\,\frac{z}{z-1}\,. \qquad \text{(Bild A.4.1, Nr. 2, } \sigma_k = 1 \quad \text{für} \quad k \geq 0)$$

3. z-Rücktransformation der gesuchten Sprungantwort:

Die Sprungantwort ist im Bildbereich $v(z) = \dfrac{b_1}{z+a_1}\,\hat{u}\,\dfrac{z}{z-1} - \dfrac{a_1 z}{z+a_1}\, v_{-1}$.

Gesucht ist die Sprungantwort im Zeitbereich:

$$v_k = b_1 \hat{u} Z^{-1}\left\{\frac{z}{(z+a_1)(z-1)}\right\} - a_1 v_{-1} Z^{-1}\left\{\frac{z}{z+a_1}\right\}\,.$$

Im zweiten Summanden folgt mit Nr. 6 der Funktionstabelle (Bild A.4.1)

$$Z^{-1}\left\{\frac{z}{z+a_1}\right\} = (-a_1)^k.$$

Der erste Summand muß in Partialbrüche zerlegt werden. Gemäß Fall 1 in Bild A.4.4 („$N(z)$ hat nur einfache reelle Nullstellen", nämlich $z = -a_1$ und $z = 1$) folgt

$$\frac{1}{(z+a_1)(z-1)} = \frac{A_1}{z+a_1} + \frac{A_2}{z-1}$$

mit

$$A_1 = \left[\frac{1}{z-1}\right]_{z=-a_1} = -\frac{1}{a_1+1} \quad \text{und} \quad A_2 = \left[\frac{1}{z+a_1}\right]_{z=1} = \frac{1}{1+a_1}.$$

Damit ist

$$Z^{-1}\left\{\frac{z}{(z+a_1)(z-1)}\right\} = A_1 Z^{-1}\left\{\frac{z}{z+a_1}\right\} + A_2 Z^{-1}\left\{\frac{z}{z-1}\right\} = A_1(-a_1)^k + A_2,$$

wobei Nr. 6 und Nr. 2 der Funktionstabelle von Bild A.4.1 angewendet wurden. Für die gesuchte Sprungantwort folgt damit zunächst

$$v_k = b_1\hat{u}(A_1(-a_1)^k + A_2) - a_1 v_{-1}(-a_1)^k$$

und nach Einsetzen von A_1 und A_2 ergibt sich schließlich

$$v_k = \hat{u}\,\frac{b_1}{1+a_1}\,(-(-a_1)^k + 1) - v_{-1}a_1(-a_1)^k.$$

Mit den Zahlenwerten $a_1 = -0{,}8$ und $b_1 = 1$ folgt für die Sprungantwort z. B. mit der Sprunghöhe $\hat{u} = 1$ und verschwindendem Anfangswert $v_{-1} = 0$

$$v_k = 5(-0{,}8^k + 1)\,, \quad \text{also} \quad v_0 = 0\,, \qquad v_1 = 1\,, \qquad v_2 = 1{,}8\,, \qquad v_3 = 2{,}44 \quad \text{usw.}$$

Die Werte der Sprungantwort lassen sich für beliebige k-Werte direkt berechnen, z. B. $v_{20} = 4{,}928$ oder $v_{50} = 4{,}999$.

Im Gegensatz zur analytisch mittels z-Transformation berechneten Antwortfunktion wird für die numerische Berechnung (z. B. mittels programmierbarem Taschenrechner oder digitaler Simulation in CAE-Programmen) i. a. direkt die Differenzengleichung herangezogen.

Beispiel: Numerische Berechnung der Sprungantwort mittels Differenzengleichung

Die Sprungantwort aus dem vorherigen Beispiel läßt sich mit der Differenzengleichung für jedes k der Reihe nach (*rekursiv*) berechnen ($a_1 = -0{,}8$, $b_1 = 1$, Sprunghöhe $\hat{u} = 1$)

$k = 0$: $\quad v_0 = -a_1 v_{-1} + b_1 u_{-1} = -a_1 \cdot 0 + b_1 \cdot 0 = 0$
$k = 1$: $\quad v_1 = -a_1 v_0 + b_1 u_0 = -a_1 \cdot 0 + b_1 \cdot 1 = 1$
$k = 2$: $\quad v_2 = -a_1 v_1 + b_1 u_1 = -a_1 \cdot 1 + b_1 \cdot 1 = 1{,}8 \quad$ usw.

Ist die z-Transformierte $v(z)$ einer Antwortfunktion gegeben, so kann man v_k für $k = 0, 1, 2\dots$ numerisch auch so berechnen, indem man Zähler- und Nennerpolynom dividiert. Das ergibt sich aus der Definition der z-Transformation

$$v(z) = \sum_{k=0}^{\infty} v_k z^{-k} = v_0 + v_1 z^{-1} + v_2 z^{-2} + v_3 z^{-3} + \dots$$

Gegeben: $f(z) = \dfrac{b_0 + b_1 z^{-1} + \ldots + b_m z^{-m}}{1 + a_1 z^{-1} + \ldots + a_n z^{-n}} = \dfrac{b_0 z^m + b_1 z^{m-1} + \ldots + b_m}{z^n + a_1 z^{n-1} + \ldots + a_n} z^{n-m}$

Gesucht: $f(k) = Z^{-1}\{f(z)\}$

Lösung: Man setze $\dfrac{f(z)}{z} = \dfrac{Z(z)}{N(z)}$ und bestimme die Nullstellen von $N(z) = 0$

$\Rightarrow M$ Nullstellen $z_1, z_2, \ldots z_M$.[1])

$n > m$: $M = n$

$n \leq m$: $M = m + 1$, wobei $m - n + 1$ Nullstellen im Ursprung, d. h. $z = 0$

Fallunterscheidung anhand der Nullstellen:

---

1. $N(z)$ hat nur einfache reelle Nullstellen

$$\frac{f(z)}{z} = \frac{Z(z)}{(z - z_1)(z - z_2)\ldots(z - z_M)} = \frac{A_1}{z - z_1} + \frac{A_2}{z - z_2} + \ldots + \frac{A_M}{z - z_M}$$

mit $A_i = \left[\dfrac{f(z)}{z}(z - z_i)\right]_{z = z_i}$, $i = 1, 2, \ldots M$.

$f_k = A_1 z_1^k + A_2 z_2^k + \ldots + A_M z_M^k$, $k \geq 0$

---

2. $N(z)$ hat (auch) eine zweifache reelle Nullstelle z_q

$$\frac{f(z)}{z} = \frac{Z(z)}{\ldots(z - z_q)^2 \ldots} = \ldots + \frac{B_1}{z - z_q} + \frac{B_2}{(z - z_q)^2} + \ldots$$

mit $B_1 = \left[\dfrac{\mathrm{d}}{\mathrm{d}z}\left(\dfrac{f(z)}{z}(z - z_q)^2\right)\right]_{z = z_q}$, $B_2 = \left[\dfrac{f(z)}{z}(z - z_q)^2\right]_{z = z_q}$.

$f_k = \ldots + B_1 z_q^k + B_2 k z_q^{k-1} + \ldots$, $k \geq 0$

---

3. $N(z)$ hat (auch) ein einfaches komplexes Nullstellenpaar $z_{q/q+1} = z_R \pm j z_I$

$$\frac{f(z)}{z} = \frac{Z(z)}{\ldots[(z - z_R)^2 + z_I^2]\ldots} = \ldots + \frac{C_1 z + C_2}{(z - z_R)^2 + z_I^2} + \ldots$$

Hinweis: $(z - z_q)(z - z_{q+1}) = (z - z_R)^2 + z_I^2 = z^2 - 2 z_R z + (z_R^2 + z_I^2)$

$C_1 = \dfrac{1}{z_I} \operatorname{Im}\left\{\left[\dfrac{f(z)}{z}((z - z_R)^2 + z_I^2)\right]_{z = z_q}\right\}$

$C_2 = -C_1 z_R + \operatorname{Re}\left\{\left[\dfrac{f(z)}{z}((z - z_R)^2 + z_I^2)\right]_{z = z_q}\right\}$

$f_k = \ldots + |z_q|^k \left(C_1 \cos \underline{/z_q}\, k + \dfrac{C_2 + C_1 z_R}{z_I} \sin \underline{/z_q}\, k\right) + \ldots$, $k \geq 0$

Zur Umrechnung des Ausdruckes $(a \cos \omega_D k + b \sin \omega_D k)$ in $\hat{f} \cos (\omega_D k + \varphi_1)$ oder $\hat{f} \sin(\omega_D k + \varphi_2)$ vgl. Bild A.4.5.

Bild A.4.4   z-Rücktransformation mittels Partialbruchzerlegung

---

[1]) Falls der Grad von $N(z)$ größer als 3 ist, muß $N(z) = 0$ i. a. numerisch gelöst werden. Die Nullstellenbestimmung ist eine mathematische Standardfunktion der meisten regelungstechnischen CAE-Programme.

Umrechnung in Cosinus-Funktion: $a \cos \omega_D k + b \sin \omega_D k = \hat{f} \cos(\omega_D k + \varphi_1)$:

wobei $\quad \hat{f} = \sqrt{a^2 + b^2} \quad$ und $\quad \varphi_1 = \begin{cases} -\arctan \dfrac{b}{a}\,, & a > 0 \\[2mm] -\arctan \dfrac{b}{a} + \pi\,, & a < 0 \end{cases}$

Umrechnung in Sinus-Funktion: $a \cos \omega_D k + b \sin \omega_D k = \hat{f} \sin(\omega_D k + \varphi_2)$:

wobei $\quad \hat{f} = \sqrt{a^2 + b^2} \quad$ und $\quad \varphi_2 = \begin{cases} \arctan \dfrac{a}{b}\,, & b > 0 \\[2mm] \arctan \dfrac{a}{b} + \pi\,, & b < 0 \end{cases}$

Bild A.4.5 Umrechnung einer sinusförmigen Funktion $a \cos \omega_D k + b \sin \omega_D k$

Beispiel: Numerische Berechnung der Sprungantwort mittels Polynomdivision

Die z-Transformierte der Sprungantwort aus dem vorherigen Beispiel ist bei verschwindendem Anfangswert $v_{-1} = 0$ ($a_1 = -0{,}8$, $b_1 = 1$, Sprunghöhe $\hat{u} = 1$)

$$ v(z) = \frac{b_1}{z + a_1}\, \hat{u}\, \frac{z}{z-1} = \frac{b_1 \hat{u} z}{z^2 + (a_1 - 1)\, z - a_1} = \frac{z}{z^2 - 1{,}8z + 0{,}8}\,. $$

Durch Division von Zähler- und Nennerpolynom erhält man die numerischen Werte der Sprungantwort:

$$ v(z) = z : (z^2 - 0{,}2z + 0{,}8) = 0 + 1z^{-1} + 1{,}8z^{-2} + 2{,}44z^{-3} + \ldots $$

Liegt die z-Transformierte einer Sprungantwort vor und interessiert nur deren stationärer Wert (das ist der Wert nach dem Einschwingen), so kann man ihn direkt (*ohne z-Rücktransformation*) mittels des *Endwertsatzes der z-Transformation* berechnen (Nr. 7 in der Operationstabelle Bild A.4.2). Dabei muß jedoch vorab bekannt sein, daß ein fester stationärer Endwert existiert, d. h. $v_k = $ Konstante für $k \to \infty$, und v_k nicht z. B. gegen Unendlich geht oder eine Dauerschwingung ausführt.

Beispiel: Stationärer Wert der Sprungantwort

Im vorhergehenden Beispiel war die z-Transformierte der Sprungantwort

$$ v(z) = \frac{b_1}{z + a_1}\, \hat{u}\, \frac{z}{z-1} - \frac{a_1 z}{z + a_1}\, v_{-1}\,. $$

Daß der stationäre Endwert existiert, ist aus den vorhergehenden Beispielen bekannt. Gemäß Operationstabelle Nr. 7 (Bild A.4.2) ergibt sich

$$ \lim_{k \to \infty} v_k = \lim_{z \to 1} (z-1)\, v(z) = \lim_{z \to 1} (z-1) \left[\frac{b_1}{z + a_1}\, \hat{u}\, \frac{z}{z-1} - \frac{a_1 z}{z + a_1}\, v_{-1} \right] $$

bzw. mit den Zahlenwerten aus den vorhergehenden Beispielen

$$ \lim_{k \to \infty} v_k = \lim_{z \to 1} \left[\frac{b_1 \hat{u} z}{z + a_1} - \frac{a_1 z(z-1)}{z + a_1}\, v_{-1} \right] = \frac{b_1}{1 + a_1}\, \hat{u} = \frac{1}{1 - 0{,}8}\, 1 = 5\,. $$

Wäre aus den vorhergehenden Beispielen nicht vorab bekannt, daß der stationäre Wert existiert, so ist zunächst zu prüfen, ob sämtliche Nullstellen der Nennerpolynome Beträge kleiner Eins haben (mit der Ausnahme, daß jeweils höchstens *eine* Nennernullstelle gleich Eins sein darf) (vgl. Abschn. 8.5 zur Stabilität).

A.5   Skizzieren von Frequenzkennlinien (Bode-Diagramm)

Bode-Diagramme lassen sich mit geringem Aufwand skizzieren (genauere Grafiken sollte man mit regelungstechnischen CAE-Programmen erstellen), weil sie aus nur fünf einfachen grafischen Grundelementen aufgebaut werden können. Gegeben sei das stabile LZI-Glied in der Form

$$G(s) = K\,\frac{Z(s)}{N(s)}\,e^{-T_t s},$$

wobei Zählerterm $Z(s)$ und Nennerterm $N(s)$ jeweils aus Faktoren vom Typ $(T_2^2 s^2 + T_1 s + 1)$, $(T_1 s + 1)$ und s bestehen. Nimmt man die Konstante K und die Totzeit $e^{-T_t s}$ (Abschn. 2.8.4) hinzu, so läßt sich also $G(s)$ in *fünf verschiedene Faktoren* zerlegen:

1.) K 2.) s 3.) $(T_1 s + 1)$ 4.) $(T_2^2 s^2 + T_1 s + 1)$ 5.) $e^{-T_t s}$

Dabei müssen nicht alle Faktoren auftreten. Zum Beispiel tritt beim P-Glied nur der Faktor K (Abschn. 2.8.1) auf, beim P-T_1-Glied (Abschn. 2.8.2) tritt außerdem der Faktor $(T_1 s + 1)$ im Nenner auf. Die Faktoren können auch mehrfach auftreten, wie z. B. bei einer Regelstrecke mit Verzögerung dritter Ordnung $\dfrac{K_{PS}}{(T_1 s + 1)^3}$ (Abschn. 3.3.3). s und $(T_1 s + 1)$ werden als *lineare* Faktoren, $(T_2^2 s^2 + T_1 s + 1)$ als *quadratischer* Faktor bezeichnet.

Kennt man die Frequenzkennlinien der fünf Faktoren, so kann der Frequenzgang des LZI-Gliedes im Bode-Diagramm durch *grafische Addition* der einzelnen Faktor-Frequenzkennlinien ermittelt werden. Das ergibt sich aus der folgenden Überlegung: Es sei beispielsweise

$$G(s) = K\,\frac{Z(s)}{N(s)}\,e^{-T_t s} = K\,\frac{Z_1(s)}{N_1(s)\,N_2(s)}\,e^{-T_t s}$$

wobei $Z_1(s)$, $N_1(s)$ und $N_2(s)$ jeweils Faktoren vom Typ 2 bis 4 darstellen. Verwendet man die Exponentialdarstellung (Anhang A.2) der komplexen Zahlen $Z_1 = |Z_1|\,e^{j\underline{/Z_1}}$, $N_1 = |N_1|\,e^{j\underline{/N_1}}$ und $N_2 = |N_2|\,e^{j\underline{/N_2}}$, dann folgt für den Frequenzgang $(s = j\omega)$:

$$G(j\omega) = |G|\,e^{j\underline{/G}} = K\,\frac{|Z_1|\,e^{j\underline{/Z_1}}}{|N_1|\,e^{j\underline{/N_1}}\,|N_2|\,e^{j\underline{/N_2}}}\,e^{-T_t s} = K\,\frac{|Z_1|}{|N_1|\,|N_2|}\,e^{j\left(\underline{/Z_1} - \underline{/N_1} - \underline{/N_2} - \omega T_t\right)}.$$

Logarithmiert man die Beträge gemäß $|G(j\omega)|_{dB} = 20\log|G(j\omega)|$ (vgl. Abschn. 2.5.2), dann folgt für die Betragskennlinie

$$|G(j\omega)|_{dB} = |K|_{dB} + |Z_1(j\omega)|_{dB} - |N_1(j\omega)|_{dB} - |N_2(j\omega)|_{dB}$$

und für die Phasenkennlinie

$$\underline{/G(j\omega)} = \underline{/Z_1(j\omega)} - \underline{/N_1(j\omega)} - \underline{/N_2(j\omega)} - \omega T_t.$$

Die Frequenkennlinien aller fünf Faktoren (mit Ausnahme der Phasenkennlinie des Totzeit-Faktors) sind im Bode-Diagramm Geraden oder lassen sich mit Geradenstücken annähern, wobei keine nennenswerten Berechnungen erforderlich sind. Bild A.5.1 zeigt

diese Geraden bzw. Geradenstücke für die fünf Faktoren, die gemäß der obigen Nume-
rierung mit F_1 bis F_5 bezeichnet sind. Die Bilder A.5.1c und d sind Näherungsgeraden
für die Faktoren $F_3 = (T_1 s + 1)$ bzw. $F_4 = (T_2^2 s^2 + T_1 s + 1)$. Ihren exakten Verlauf
zeigt Bild A.5.2. Die Frequenzkennlinien bzw. Näherungsgeraden der fünf Faktoren lassen sich wie folgt berechnen:

1. $F_1(j\omega) = K$ (Bild A.5.1a)

$$\left.|F_1|\right._{dB} = \left.|K|\right._{dB} = 20\log|K| \quad \text{und} \quad \underline{/F_1} = \underline{/K} = \begin{cases} 0° & \text{wenn} \quad K > 0 \\ -180° & \text{wenn} \quad K < 0 \end{cases}$$

Die Betragskennlinie ist eine horizontale Gerade mit dem Ordinatenwert $|K|_{dB}$, und
die Phasenkennlinie fällt mit der 0°-Linie zusammen, wenn $K > 0$ ist.

2. $F_2(j\omega) = j\omega$ (Bild A.5.1b)

$$|F_2| = \sqrt{\text{Re}\{F_2\}^2 + \text{Im}\{F_2\}^2} = \sqrt{0^2 + \omega^2} = \omega, \qquad |F_2|_{dB} = 20\log\omega$$

$$\underline{/F_2} = \arctan\frac{\text{Im}\{F_2\}}{\text{Re}\{F_2\}} = \arctan\frac{\omega}{0} = \arctan\infty = 90°$$

Die Betragskennlinie ist eine Gerade (über der log ω-Achse), die mit 20 dB/Dek.[1])
ansteigt (gestrichelte Linie). Sie schneidet an der Stelle $\omega = 1$ die 0-dB-Linie
(log 1 = 0). Die Phasenkennlinie ist eine horizontale Gerade mit dem Ordinatenwert
$+90°$.
Tritt der Faktor $F_2 = j\omega$ *im Nenner* auf, so sind Betrags- und Phasenkennlinie an der
0-dB-Linie bzw. der 0°-Linie zu spiegeln, d. h. sie wechseln ihr Vorzeichen (durchgezogene Linien in Bild A.5.1b). Die Begründung ergibt sich aus der obigen Herlei-
tung der Formeln für $|G(j\omega)|_{dB}$ und $\underline{/G(j\omega)}$: Steht der komplexe Faktor
$F_2 = j\omega = |F_2|\, e^{j\underline{/F_2}} = \omega\, e^{j(\pi/2)}$ im Nenner

$$\frac{1}{F_2} = \frac{1}{|F_2|\, e^{j\underline{/F_2}}} = \frac{1}{|F_2|}\, e^{-j\underline{/F_2}},$$

dann folgt für die Betragskennlinie

$$\left|\frac{1}{F_2}\right|_{dB} = 20\log\left|\frac{1}{F_2}\right| = -20\log|F_2| = -20\log\omega$$

und die Phasenkennlinie $\underline{/\dfrac{1}{F_2}} = -\underline{/F_2} = -90°$.

3. $F_3(j\omega) = T_1 j\omega + 1$ (Bild A.5.1c)

$$|F_3| = \sqrt{\text{Re}\{F_3\}^2 + \text{Im}\{F_3\}^2} = \sqrt{1^2 + (\omega T_1)^2} = \sqrt{1^2 + \left(\frac{\omega}{1/T_1}\right)^2}$$

---

[1]) dB/Dek. heißt Dezibel pro Dekade. Eine Dekade ist das Intervall zwischen einem Wert der
Kreisfrequenz ω und ihrem zehnfachen Wert 10ω.

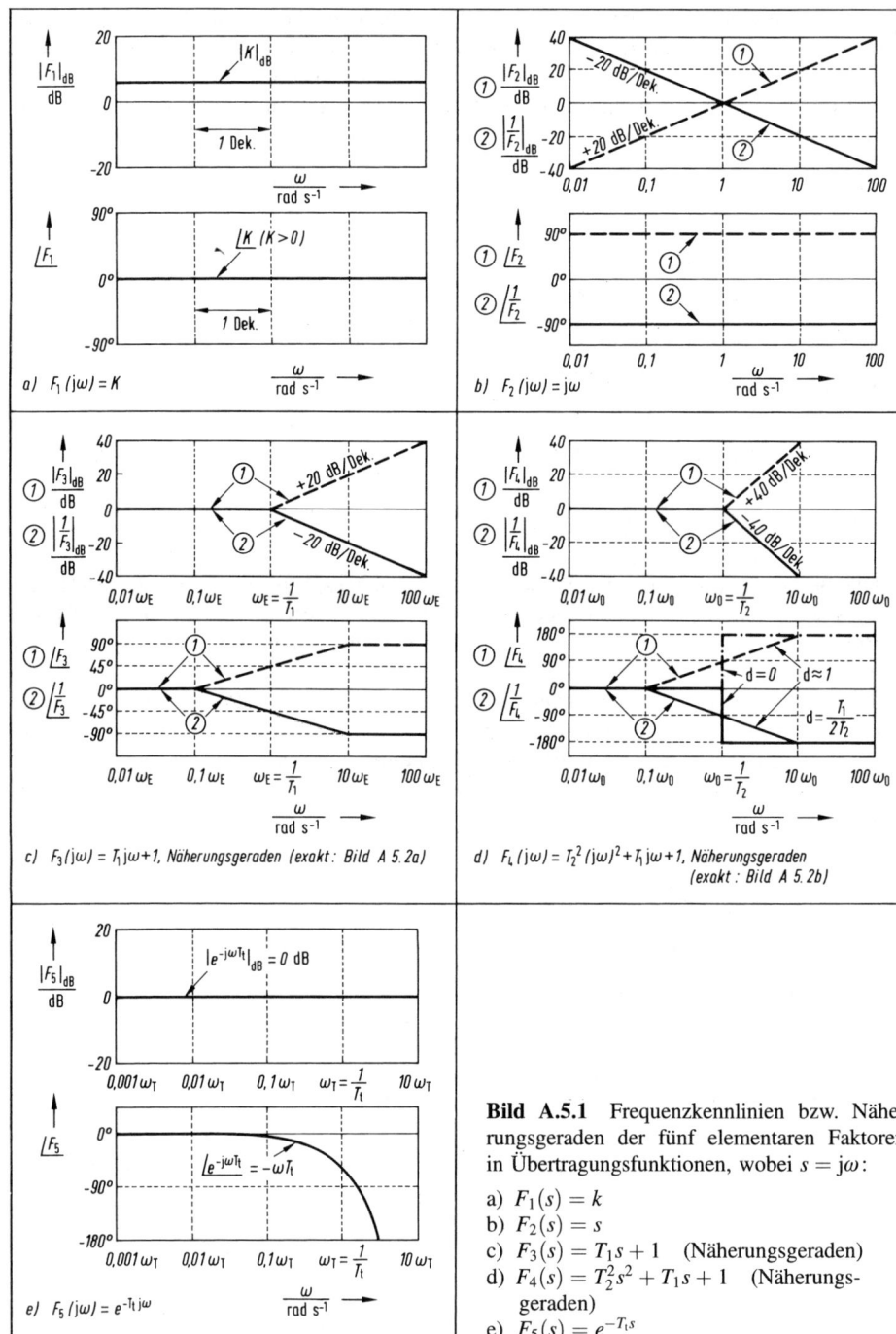

a) $F_1(j\omega) = K$

b) $F_2(j\omega) = j\omega$

c) $F_3(j\omega) = T_1 j\omega + 1$, Näherungsgeraden (exakt: Bild A 5.2a)

d) $F_4(j\omega) = T_2^2 (j\omega)^2 + T_1 j\omega + 1$, Näherungsgeraden (exakt: Bild A 5.2b)

e) $F_5(j\omega) = e^{-T_t j\omega}$

Bild A.5.1 Frequenzkennlinien bzw. Näherungsgeraden der fünf elementaren Faktoren in Übertragungsfunktionen, wobei $s = j\omega$:

a) $F_1(s) = k$

b) $F_2(s) = s$

c) $F_3(s) = T_1 s + 1$ (Näherungsgeraden)

d) $F_4(s) = T_2^2 s^2 + T_1 s + 1$ (Näherungsgeraden)

e) $F_5(s) = e^{-T_t s}$

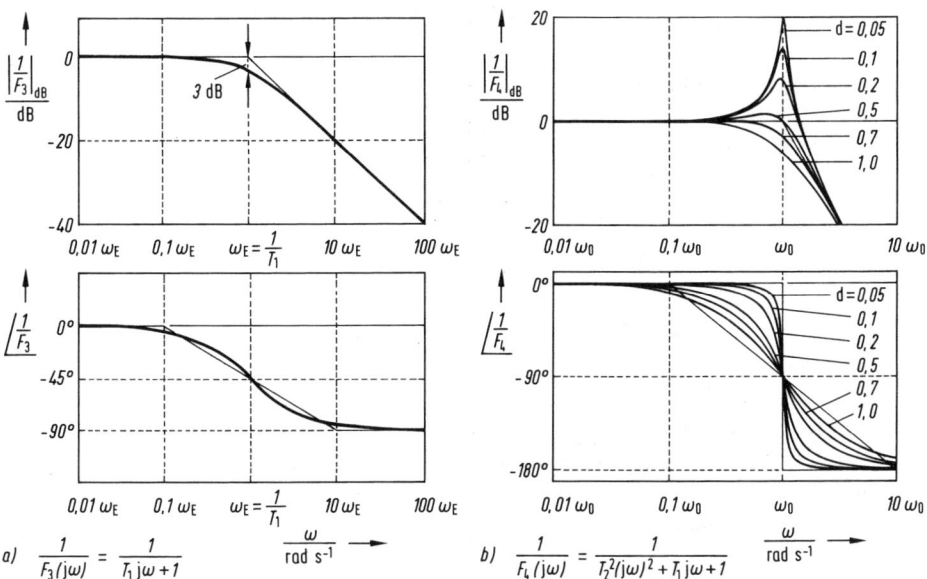

Bild A.5.2 Exakte Frequenzkennlinienverläufe von linearem (a) und quadratischem (b) Faktor für den Fall, daß die Faktoren im Nenner einer Übertragungsfunktion stehen. Die entsprechenden Näherungsgeraden von Bild A.5.1c bzw. d sind zum Vergleich dünn eingezeichnet.

Mit $\omega_E = 1/T_1$ folgt für $\omega \ll \omega_E$ bzw. für $\omega \gg \omega_E$

$$|F_3|_{dB} = 20 \log \sqrt{1 + \left(\frac{\omega}{\omega_E}\right)^2}$$

$$\approx \begin{cases} 20 \log 1 = 0 & \text{wenn} \quad \omega \ll \omega_E \\ 20 \log \dfrac{\omega}{\omega_E} = 20 \log \omega - 20 \log \omega_E & \text{wenn} \quad \omega \gg \omega_E \end{cases}$$

Für $\omega \ll \omega_E$ wird die Betragskennlinie zu einer horizontale Gerade längs der 0-dB-Linie, und für $\omega \gg \omega_E$ wird sie zu einer Geraden, die mit der Steigung 20 dB/Dek. ansteigt (bezüglich der log ω-Achse). Verlängert man diese Geraden von beiden Seiten bis $\omega = \omega_E$, dann entsteht dort eine „Ecke", weswegen man ω_E als *Eckfrequenz* bezeichnet. Man kann nun die Betragskennlinie näherungsweise wie folgt einfach skizzieren:

1. Man markiere $\omega = \omega_E = 1/T_1$ auf der Frequenzachse.
2. Man zeichne von links her eine horizontale Gerade längs der 0-dB-Linie und verlängere sie bis $\omega = \omega_E$.
3. An der Stelle $\omega = \omega_E$ setze man eine mit 20dB/Dek *ansteigende* Gerade an, wenn F_3 im Zähler steht (gestrichelte Linie in Bild A.5.1c). Steht F_3 im Nenner, so ist an der Stelle $\omega = \omega_E$ eine mit -20dB/Dek *abfallende* Gerade anzusetzen (durchgezogene Linie in Bild A.5.1c).

Für den Fall $1/F_3(j\omega)$ zeigt Bild A.5.2a, daß die so entstandene, bei $\omega_E = 1/T_1$ nach unten abknickende Gerade eine gute Näherung für die Betragskennlinie ist. Die größte Abweichung tritt bei der Eckfrequenz ω_E auf. Sie beträgt dort $20 \log \sqrt{2} \approx 3$ dB, was häufig vernachlässigbar ist.

Für die Phasenkennlinie folgt

$$\underline{/F_3} = \text{arctan} \, \frac{\text{Im} \{F_3\}}{\text{Re} \{F_3\}} = \arctan \frac{\omega T_1}{1}$$

$$= \arctan \frac{\omega}{\omega_E} \begin{cases} \approx 0° & \text{wenn} \quad \omega \ll \omega_E \\ = 45° & \text{wenn} \quad \omega = \omega_E \\ \approx 90° & \text{wenn} \quad \omega \gg \omega_E \end{cases}$$

Die Phasenkennlinie läßt sich wie folgt annähern (gestrichelte Linie in Bild A.5.1c):
1. Man markiere $\omega = \omega_E = 1/T_1$ auf der Frequenzachse.
2. Man zeichne von links her eine horizontale Gerade längs der 0°-Linie und verlängere sie bis $\omega = 0,1 \cdot \omega_E$.
3. An der Stelle $\omega = 0,1 \cdot \omega_E$ setze man eine mit +45°/Dek. ansteigende Gerade an und verlängere sie bis $\omega = 10 \cdot \omega_E$. (An der Stelle $\omega = \omega_E$ ist die Phase genau +45°.)
4. An der Stelle $\omega = 10 \cdot \omega_E$, wo die Phase +90° erreicht, setze man wieder eine horizontale Gerade an.

Steht der Faktor F_3 *im Nenner*, dann ist die Phasenkennlinie an der 0°-Linie gespiegelt zu zeichnen (durchgezogene Linie in Bild A.5.1c).

4. $F_4(j\omega) = T_2^2(j\omega)^2 + T_1 j\omega + 1$ (Bild A.5.1d)

Betragskennlinie:

$$|F_4| = \sqrt{\text{Re} \{F_4\}^2 + \text{Im} \{F_4\}^2} = \sqrt{(1 - (\omega T_2)^2)^2 + (\omega T_1)^2}$$

Mit $\omega_0 = 1/T_2$ und $d = T_1/(2 T_2)$[1]) ist

$$|F_4| = \sqrt{\left(1 - \left(\frac{\omega}{\omega_0}\right)^2\right)^2 + \left(2d \frac{\omega}{\omega_0}\right)^2}$$

$$|F_4|_{dB} = 20 \log \sqrt{1 - 2\left(\frac{\omega}{\omega_0}\right)^2 + \left(\frac{\omega}{\omega_0}\right)^4 + 4d^2 \left(\frac{\omega}{\omega_0}\right)^2}$$

woraus für $\omega \ll \omega_0$ bzw. für $\omega \gg \omega_0$ folgt

$$|F_4|_{dB} \approx \begin{cases} 20 \log 1 = 0 & \text{wenn} \quad \omega \ll \omega_0 \\ 20 \log \sqrt{\left(\frac{\omega}{\omega_0}\right)^4} = 20 \log \left(\frac{\omega}{\omega_0}\right)^2 \\ = 40 \log \omega - 40 \log \omega_0 & \text{wenn} \quad \omega \gg \omega_0 \end{cases}$$

---

[1]) Falls $d = T_1/(2 T_2) \geq 1$, dann kann der quadratische Faktor $(T_2^2 s^2 + T_1 s + 1)$ in das Produkt zweier linearer Faktoren vom Typ $(T_1 s + 1)$ zerlegt werden. Für die Zerlegung gilt $(T_2^2 s^2 + T_1 s + 1) = (T_{11} s + 1)(T_{12} s + 1)$, wobei $T_{11} = T_2(d + \sqrt{d^2 - 1})$ und $T_{12} = T_2(d - \sqrt{d^2 - 1})$.

Für $\omega \ll \omega_0$ wird die Betragskennlinie zu einer horizontale Gerade längs der 0-dB-Linie, und für $\omega \gg \omega_0$ wird sie zu einer Geraden (bezüglich der log ω-Achse), die mit der Steigung 40 dB/Dek. ansteigt. Verlängert man diese Geraden von beiden Seiten bis $\omega = \omega_0$, dann entsteht eine bei ω_0 abknickende Näherungsgerade (gestrichelte Linie in Bild A.5.1d). Die Betragskennlinie läßt sich ähnlich wie beim linearen Faktor wie folgt einfach skizzieren:

1. Man markiere $\omega = \omega_0 = 1/T_2$ auf der Frequenzachse.
2. Man zeichne von links her eine horizontale Gerade längs der 0-dB-Linie und verlängere sie bis $\omega = \omega_0$.
3. An der Stelle $\omega = \omega_0$ setze man eine mit 40 dB/Dek ansteigende bzw. mit $-$ 40 dB/Dek abfallende Gerade an, wenn F_4 im Zähler bzw. Nenner steht (gestrichelte bzw. durchgezogene Linie in Bild A.5.1d).

Für den Fall $1/F_4(j\omega)$ zeigt Bild A.5.2b, daß der exakte Verlauf der Betragskennlinie stark von der Konstante $d = T_1/(2T_2)$ abhängt und in einer kleinen Umgebung der Eckfrequenz $\omega_E = \omega_0$ erheblich von der Näherung abweichen kann. Mit Hilfe von Bild A.5.2b kann der exakte Verlauf der Betragskennlinie grob abgeschätzt werden.

Phasenkennlinie:

$$\underline{/F_4} = \arctan \frac{2d(\omega/\omega_0)}{1 - (\omega/\omega_0)^2} \begin{cases} \approx 0° & \text{wenn} \quad \omega \ll \omega_0 \\[2mm] = \arctan \dfrac{2d}{0} = 90° & \text{wenn} \quad \omega = \omega_0 \\[2mm] \approx \arctan \dfrac{2d}{\omega/\omega_0} = 180° & \text{wenn} \quad \omega \gg \omega_0 \end{cases}$$

Die Phasenkennlinie geht also von einer horizontalen Gerade längs der 0°-Linie (für $\omega \ll \omega_0$) in eine horizontale Gerade bei $+180°$ über für $\omega \gg \omega_0$ (gestrichelte bzw. Strichpunktierte Linie in Bild A.5.1d). Der Verlauf in der Nähe von $\omega = \omega_0$ ist von der Größe d abhängig, wobei die Phase an der Stelle $\omega = \omega_0$ immer genau $+90°$ beträgt. Für den Fall $1/F_4(j\omega)$ zeigt Bild A.5.2b exakte Verläufe der Phasenkennlinie. Für $d = 0$ „springt" die Phase an der Stelle $\omega = \omega_0$ von 0° auf $-180°$, während man den ebenfalls eingezeichneten linearen Abfall der Phase von $0{,}1\omega_0$ bis $10\omega_0$ als Näherung für den Fall $d = 1$ betrachten kann.

5. $F_5(j\omega) = e^{-j\omega T_t}$ (Bild A.5.1e)

Da dieser Faktor in der Exponentialdarstellung einer komplexen Zahl $F_5 = |F_5| \, e^{j\underline{/F_5}}$ vorliegt, lassen sich Betrags- und Phasenkennlinie direkt ablesen

$$|F_5| = 1 \quad \text{bzw.} \quad |F_5|_{\text{dB}} = 20 \log |F_5| = 20 \log 1 = 0 \, \text{dB}$$

$$\underline{/F_5} = -\omega T_t$$

Die Betragskennlinie ist also 0 dB für alle ω (Bild A.5.1e). Die Phasenkennlinie verläuft mit wachsendem ω von Null nach minus Unendlich. Um sie im Bode-Diagramm grob zu skizzieren, kann man sie z. B. bei den Zehnerpotenzen von ω (also z. B. $= 0{,}1; \, 1; \, 10$) einfach ausrechnen und diese Punkte dann im Bode-Diagramm verbinden.

Beispiel: Es sollen die Frequenzkennlinien des LZI-Gliedes

$$G(s) = 12{,}5 \, \frac{0{,}4s + 1}{s(2s^2 + 3s + 1)} = K \, \frac{T_{1Z}s + 1}{s(T_2^2 s^2 + T_{1N}s + 1)}$$

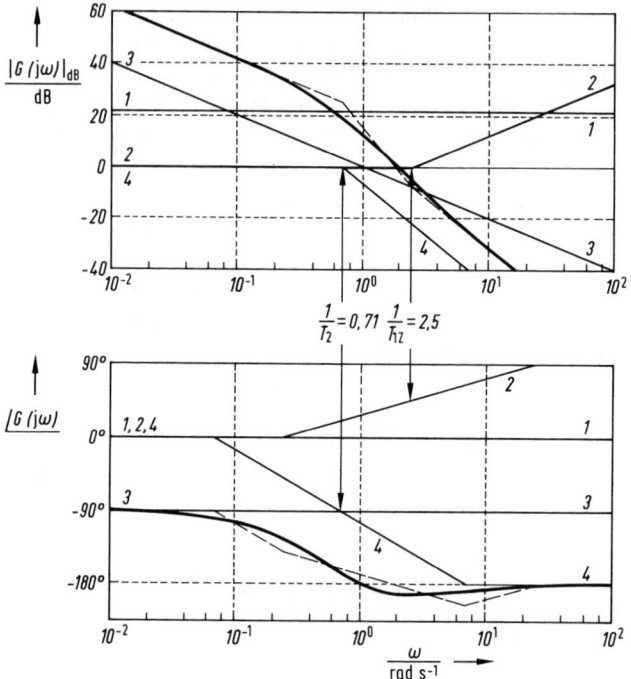

Bild A.5.3   Frequenzgang $G(\mathrm{j}\omega) = 12{,}5 \, \dfrac{0{,}4\mathrm{j}\omega + 1}{\mathrm{j}\omega(2(\mathrm{j}\omega)^2 + 3\mathrm{j}\omega + 1)}$ im Bode-Diagramm.
Fett durchgezogene Linien: Exakter Verlauf. Gestrichelte Linien: Angenäherter Verlauf nach grafischer Addition der Frequenzkennlinien der Faktoren gemäß Bild A.5.1:
1: $F_1(\mathrm{j}\omega) = 12{,}5$;   *2*: $F_3(\mathrm{j}\omega) = 0{,}4\mathrm{j}\omega + 1$;   *3*: $1/F_2(\mathrm{j}\omega) = 1/\mathrm{j}\omega$;
4: $1/F_4(\mathrm{j}\omega) = 1/(2(\mathrm{j}\omega)^2 + 3\mathrm{j}\omega + 1)$.

ermittelt werden. Die Übertragungsfunktion hat die vorausgesetzte Form. (Beim linearen Faktor $(0{,}4s + 1)$ im Zähler und beim quadratischen Faktor $(2s^2 + 3s + 1)$ im Nenner muß darauf geachtet werden, daß der s-freie Summand Eins ist. Wäre dies nicht der Fall, dann ist der Summand auszuklammern und mit der Konstante K zusammenzufassen.) Bild A.5.3 zeigt das Ergebnis (fett durchgezogen) zusammen mit der Näherung (gestrichelt), die sich durch grafische Addition der Näherungsgeraden der einzelnen Faktoren ergibt. Die Frequenzkennlinien jedes Faktors werden gemäß Bild A.5.1 in das Betrags- und in das Phasendiagramm eingetragen. Dabei ist der konstante Faktor in dB umzurechnen: $|K|_{\mathrm{dB}} = 20 \log |K| = 20 \log |12{,}5| = 21{,}9$ dB. Beim linearen Faktor $(0{,}4s + 1)$ ist die Eckfrequenz $\omega_{\mathrm{E}} = 1/T_{1Z} = 1/0{,}4 = 2{,}5$ und beim quadratischen Faktor $(2s^2 + 3s + 1)$ ist die Eckfrequenz $\omega_0 = 1/T_2 = 1/\sqrt{2} = 0{,}71$ zu berechnen.

Ergänzende und weiterführende Literatur

Die folgende Auswahl von Fachliteratur bietet genügend Lesestoff für denjenigen, der sein Wissen in der Regelungstechnik und angrenzenden Gebieten weiter vertiefen möchte. Da mit sehr wenigen Ausnahmen alle Bücher in der jeweils aktuellen Auflage im Buchhandel oder Bibliotheken erhältlich sind, wurde auf die Angabe von Erscheinungsjahren weitgehend verzichtet.

[1] *Abeln, O.:* Die CA . . . -Techniken in der industriellen Praxis, Hanser-Verlag, München
[2] *Ackermann, J.:* Abtastregelung, Springer-Verlag, Berlin
[3] *Bach, H. u. Autorenkollektiv:* Regelungstechnik in der Versorgungstechnik, C. F. Müller-Verlag, Karlsruhe
[4] *Bauer, W., Wagener, H.:* Bauelemente und Grundschaltungen der Elektronik, Band 1 und 2, Hanser-Verlag, München
[5] *Baumgarth, S. u. Autorenkollektiv:* Digitale Regelung und Steuerung in der Versorgungstechnik (DDC-GA), Springer-Verlag, Berlin
[6] *Becker, C., Litz, L., Siffling, G.:* Regelungstechnik-Übungsbuch, Hüthig-Verlag, Heidelberg
[7] *Bender, K. (Hrsg.):* PROFIBUS, Der Feldbus für die Automation, Hanser-Verlag, München
[8] *Biran, A.B., Breiner, M.G.:* MATLAB für Ingenieure, Addison-Wesley-Verlag, Reading
[9] *Böttiger, A.:* Regelungstechnik, Oldenbourg-Verlag, München
[10] *Breitenecker, F. (Hrsg.):* Simulationstechnik und Modellbildung, Vieweg-Verlag, Braunschweig
[11] *Breitenecker, F., Ecker, H., Bausch-Gall, I.:* Simulieren mit ACSL, Vieweg-Verlag, Braunschweig
[12] *Brouer, B.:* Regelungstechnik für Maschinenbauer, Teubner-Verlag, Stuttgart
[13] *Büttner, W.:* Digitale Regelungssysteme, Vieweg-Verlag, Braunschweig
[14] *DiStefano, J. J., Stubberud, A.R., Williams, I. J.:* Regelungssysteme, Hanser-Verlag, München
[15] *Doetsch, G.:* Anleitung zum praktischen Gebrauch der Laplace-Transformation und der Z-Transformation, Oldenbourg-Verlag, München
[16] *Dörrscheidt, F., Latzel, W.:* Grundlagen der Regelungstechnik, Teubner-Verlag, Stuttgart
[17] *Ebel, T.:* Regelungtechnik, Teubner-Verlag, Stuttgart
[18] *Ebel, T.:* Beispiele und Aufgaben zur Regelungtechnik, Teubner-Verlag, Stuttgart
[19] *Fasol, K. H., Diekmann, K. (Hrsg.):* Simulation in der Regelungstechnik, Springer-Verlag, Berlin
[20] *Feindt, E. G.:* Regeln mit dem Rechner, Oldenbourg-Verlag, München
[21] *Fembacher, W.:* Datenaustausch in der industriellen Produktion, Hanser-Verlag, München
[22] *Fiedler, J., Rix, K. F., Zöller, H.:* Objektorientierte Programmierung in der Automatisierung, VDI-Verlag, Düsseldorf
[23] *Föllinger, O.:* Regelungtechnik, Hüthig-Verlag, Heidelberg
[24] *Föllinger, O.:* Laplace- und Fourier-Transformation, Hüthig-Verlag, Heidelberg
[25] *Föllinger, O.:* Lineare Abtastsysteme, Oldenbourg-Verlag, München
[26] *Föllinger, O.:* Nichtlineare Regelungen I und II, Oldenbourg-Verlag, München
[27] *Föllinger, O., Franke, D.:* Einführung in die Zustandsbeschreibung dynamischer Systeme, Oldenbourg-Verlag, München
[28] *Gassmann, H.:* Einführung in die Regelungstechnik, 2 Bände, Verlag Harri Deutsch, Frankfurt am Main
[29] *Gausch, F., Hofer, A., Schlacher, K.:* Regelkreise mit Mikrorechnern, Oldenbourg-Verlag, München
[30] *Gille, J. C., Pelegrin, M., Decaulne, P.:* Lehrgang der Regelungstechnik, 3 Bände, Oldenbourg-Verlag, München
[31] *Hauptmann, P.:* Sensoren, Hanser-Verlag, München
[32] *Isermann, R.:* Digitale Regelsysteme, 2 Bände, Springer-Verlag, Berlin
[33] *Isermann, R.:* Identifikation dynamischer Systeme, 2 Bände, Springer-Verlag, Berlin

[34] *Jacobson, E.:* Einführung in die Prozeßdatenverarbeitung, Hanser-Verlag, München
[35] *Jaschek, H., Schwinn, W.:* Übungsaufgaben zum Grundkurs der Regelungstechnik, Oldenbourg-Verlag, München
[36] *Jell, T., von Reeken, A.:* Objektorientiertes Programmieren mit C++, Hanser-Verlag, München
[37] *Jörgl, H.P.:* Repetitorium Regelungstechnik, Oldenbourg-Verlag, München
[38] *Kahlert, J.:* Fuzzy-Control für Ingenieure, Vieweg-Verlag, Braunschweig
[39] *Kahlert, J., Frank, H.:* Fuzzy-Logik und Fuzzy-Control, Vieweg-Verlag, Braunschweig
[40] *Karg, E.:* Regelungstechnik, Vogel-Verlag, Würzburg
[41] *Kernighan, B. W., Ritchie, D. M.:* Programmieren in C, Hanser-Verlag, München
[42] *Kiendl, H. et al.:* Fuzzy-Control, Theorie für Anwender, Artikelserie in der Zeitschrift Automatisierungstechnische Praxis (at) ab Heft Nr. 1, 1993, Oldenbourg-Verlag, München
[43] *Kriesel, W., Madelung, O. W. (Hrsg.):* ASI, Das Aktuator-Sensor-Interface für die Automation, Hanser-Verlag, München
[44] *Latzel, W.:* Einführung in die digitalen Regelungen, VDI-Verlag, Düsseldorf
[45] *Leonhard, W.:* Einführung in die Regelungstechnik, Vieweg-Verlag, Braunschweig
[46] *Leonhard, W., Schnieder, E.:* Aufgabensammlung zur Regelungstechnik, Vieweg-Verlag, Braunschweig
[47] *Leonhard, W.:* Digitale Signalverarbeitung in der Meß- und Regelungstechnik, Teubner-Verlag, Stuttgart
[48] *Lutz, H.; Wendt, W.:* Taschenbuch der Regelungstechnik, Verlag Harri Deutsch, Frankfurt am Main
[49] *MathWorks, Inc.:* The Student Edition of MATLAB, Prentice-Hall-Verlag, Englewood Cliffs, ISBN 0-13-184979-4 (User's Guide), ISBN 0-13-184995-6 (Software f. MS-Windows) u. ISBN 0-13-459207-7 (Software f. Macintosh).
[50] *MathWorks, Inc.:* The Student Edition of SIMULINK, Prentice-Hall-Verlag, Englewood Cliffs, ISBN 0-13-452435-7 (User's Guide), ISBN 0-13-452427-6 (Software f. MS-Windows) u. ISBN 0-13-452310-5 (Software f. Macintosh). Ergänzung zu The Student Edition of MATLAB (s. [49]).
[51] *Merz, L.; Jaschek, H.:* Grundkurs der Regelungstechnik, Oldenbourg-Verlag, München
[52] *Müseler, H., Schneider, T.:* Elektronik, Hanser-Verlag, München
[53] *Olsson, G., Piani, G.:* Steuern, Regeln, Automatisieren, Theorie und Praxis der Prozeßleittechnik, Hanser-Verlag, München
[54] *Oppelt, W.:* Kleines Handbuch technischer Regelvorgänge, Verlag Chemie, Weinheim, letzte Auflage 1972
[55] *Orlowski, P.F.:* Praktische Regeltechnik, Springer-Verlag, Berlin
[56] *Pfaff, G.:* Regelung elektrischer Antriebe, Oldenbourg-Verlag, München
[57] *Reuter, M.:* Regelungtechnik für Ingenieure, Vieweg-Verlag, Braunschweig
[58] *Richard, B.:* Mikroprozessortechnik, eine Einführung in Hard- und Softwaretechnik, Hanser-Verlag, München
[59] *Roth, G.:* Regelungstechnik, Hüthig-Verlag, Heidelberg
[60] *Samal, E.:* Grundriß der praktischen Regelungstechnik, Oldenbourg-Verlag, München
[61] *Schaaf, B. D.:* Digital- und Mikrocomputertechnik, Hanser-Verlag, München
[62] *Schaaf, B. D.:* Automatisierungstechnik, Digitale Steuerungs- und Regelungstechnik, Hanser-Verlag, München
[63] *Schmidt, G.:* Grundlagen der Regelungtechnik, Springer-Verlag, Berlin
[64] *Schmidt, G.:* Simulationtechnik, Oldenbourg-Verlag, München
[65] *Schneider, W.:* Regelungstechnik für Maschinenbauer, Vieweg-Verlag, Braunschweig
[66] *Schnell, G.:* Sensoren in der Automatisierungstechnik, Vieweg-Verlag, Braunschweig
[67] *Schnell, G.:* Bussysteme in der Automatisierungstechnik, Vieweg-Verlag, Braunschweig
[68] *Schrüfer, E.:* Signalverarbeitung, Hanser-Verlag, München
[69] *Schrüfer, E.:* Elekrische Meßtechnik, Hanser-Verlag, München
[70] *Schulz, D.:* Praktische Regelungstechnik, Hüthig-Verlag, Heidelberg
[71] *Schulz, G.:* Regelungtechnik, Springer-Verlag, Berlin
[72] *Schumann, R.:* CAE von Regelsystemen mit IBM-kompatiblen Personal-Computern, Zeitschrift atp 31 (1989), S. 349–359; atp 33 (1991), S. 147–152; atp 34 (1992), S. 467–472; atp 36 (1994), S. 51–59.

[73] *Stein, G.:* Automatisierungstechnik in der Maschinentechnik, Messen-Steuern-Regeln-Stellen, Hanser-Verlag, München

[74] *Tietze, U., Schenk, C.:* Halbleiter-Schaltungstechnik, Springer-Verlag, Berlin

[75] *Töpfer, H., Besch, P.:* Grundlagen der Automatisierungstechnik, Steuerungs- und Regelungstechnik für Ingenieure, Hanser-Verlag, München

[76] *Tondo, C. L., Gimpel, S. E.:* Das C-Lösungsbuch zu „Kernighan/Ritchie, Programmieren in C" (s.o.), Hanser-Verlag, München

[77] *Unbehauen, H.:* Regelungstechnik, 3 Bände, Vieweg-Verlag, Braunschweig

[78] *Unbehauen, H.:* Regelungstechnik Aufgaben I, Vieweg-Verlag, Braunschweig

[79] *Weber, D.:* Regelungstechnik, Expert-Verlag, Ehningen

[80] *Zeitz, K. H.:* Regelungen mit Zwei- und Dreipunktreglern, Oldenbourg-Verlag, München

[81] *Zöller, H.:* Wiederverwendbare Software-Bausteine in der Automatisierung, VDI-Verlag, Düsseldorf

[82] *Zimmerman, H. J.:* Fuzzy-Technologien, VDI-Verlag, Düsseldorf

Normen und Richtlinien

Normen (Auswahl):

Richtlinien (Auswahl):

VDI 2880	Speicherprogrammierbare Steuerungsgeräte.
VDI/VDE 2173	Strömungstechnische Kenngrößen von Stellventilen und deren Bestimmung.
VDI/VDE 2174	Mechanische Kenngrößen von Stellgeräten für strömende Stoffe und deren Bestimmung.
VDI/VDE 2176	Bl.1: Strömungstechnische Kenngrößen von Stellklappen und deren Bestimmung.
VDI/VDE 2177	Beschreibung und Untersuchung von Stellungsreglern mit pneumatischem Ausgang.
VDI/VDE 2600	Metrologie (Meßtechnik).
VDI/VDE 3526	Benennungen für Steuer- und Regelschaltungen.
VDI/VDE 3551	Störsicherheit der Signalübertragung.
VDI/VDE 3552	Leistungskriterien von Prozeßrechnern.

Formelzeichen

$a_0, a_1, a_2, \ldots a_n$	Koeffizienten des Nennerpolynoms von $G(s)$ und $G(z)$
A	Anlaufwert, Fläche
A_R	Amplitudenreserve
b	Impulsfläche, Impulsintensität bei $b\delta(t)$
$b_0, b_1, b_2, \ldots b_m$	Koeffizienten des Zählerpolynoms von $G(s)$ und $G(z)$
c	Konstante, Federkonstante
C	Kapazitiver Widerstand
d	Dämpfungsgrad
$e(s)$	Laplace-Transformierte $e(s) = \mathscr{L}\{e(t)\}$
$e(t)$	Zeitkontinuierliche (analoge) Regeldifferenz
$e(z)$	z-Transformierte $e(z) = Z\{e_k\}$
e_b	Bleibende Regeldifferenz
e_k	Zeitdiskrete (digitale) Regeldifferenz
e_v	Vorübergehende Regeldifferenz
f	Frequenz, Schaltfrequenz
F	Kraft
F_c	Federkraft
F_m	Massenkraft, Trägheitskraft
F_r	Reibkraft, Dämpfungskraft
f_A	Abtastfrequenz $f_A = 1/T$
g	Erdbeschleunigung $g = 9{,}81 \text{ m/s}^2$
$g(s)$	Laplace-Transformierte $g(s) = \mathscr{L}\{g(t)\} = G(s)$
$g(t)$	Gewichtsfunktion
$g(z)$	z-Transformierte g_k Zeitdiskrete (digitale) Gewichtsfunktion
$G(s)$	Übertragungsfunktion $v(s)/u(s)$ eines analogen LZI-Gliedes, $G(s) = \mathscr{L}\{g(t)\}$
$G(j\omega)$	Frequenzgang eines analogen LZI-Gliedes mit der Übertragungsfunktion $G(s)$
$\|G(j\omega)\|$	Amplitudengang
$\|G(j\omega)\|_{dB}$	Betragskennlinie $\|G(j\omega)\|_{dB} = 20 \log \|G(j\omega)\|$
$\underline{/G(j\omega)}$	Phasengang, Phasenkennlinie
$G(z)$	z-Übertragungsfunktion $v(z)/u(z)$ eines digitalen LZI-Gliedes, $G(z) = Z\{g_k\}$
$G_H(s)$	Übertragungsfunktion des Haltegliedes
g_k	Zeitdiskrete (digitale) Gewichtsfunktion
$G_O(s)$	Übertragungsfunktion des offenen Kreises
$G_R(s)$	Übertragungsfunktion $y(s)/e(s)$ eines analogen Reglers
$G_R(z)$	z-Übertragungsfunktion $y(z)/e(z)$ eines digitalen Reglers
$G_S(s)$	(Stell-)Streckenübertragungsfunktion $x(s)/y(s)$
$G_S(z)$	z-Übertragungsfunktion der (Stell-)Strecke $x(z)/y(z)$
$G_{Sz}(s)$	(Stör-)Streckenübertragungsfunktion $x(s)/z(s)$
$G_{Sz}(z)$	z-Übertragungsfunktion der (Stör-)Strecke $x(z)/z(z)$
$G_w(s)$	Führungsübertragungsfunktion eines analogen Regelkreises $x(s)/w(s)$
$G_w(z)$	Führungsübertragungsfunktion eines digitalen Regelkreises $x(z)/w(z)$

$G_z(s)$	Störübertragungsfunktion eines analogen Regelkreises $x(s)/z(s)$
$G_z(z)$	Störübertragungsfunktion eines digitalen Regelkreises $x(z)/z(z)$
$h(s)$	Laplace-Transformierte $h(s) = \mathscr{L}\{h(t)\}$
$h(t)$	Übergangsfunktion, Füllstand
$h(z)$	z-Transformierte $h(z) = Z\{h_k\}$
H_i	Erfüllungsgrad der i-ten Regel (Fuzzy-Regler)
h_k	Zeitdiskrete (digitale) Übergangsfunktion
i	Stromstärke
I	Gütekriterium
$\mathrm{Im}\{\dots\}$	Imaginärteil von $\{\dots\}$
j	Imaginäre Einheit $j = \sqrt{-1}$
J	Trägheitsmoment
K	Übertragungsbeiwert, Verstärkungsfaktor
K_D	Differenzierbeiwert
K_{DR}	Differenzierbeiwert des Reglers
K_I	Integrierbeiwert
K_{IR}	Integrierbeiwert des Reglers
K_P	Proportionalbeiwert
K_{PS}	Proportionalbeiwert der Strecke
K_{PR}	Proportionalbeiwert des Reglers
K_S	Übertragungsbeiwert der Strecke
l	Länge
L	Induktiver Widerstand
m	Masse, Zählergrad von $G(s)$
M	Moment
$\mathscr{L}\{\dots\}$	Laplace-Trasnformierte von $\{\dots\}$
$\mathscr{L}^{-1}\{\dots\}$	Laplace-Rücktransformierte von $\{\dots\}$
n	Ordnung eines Übertragungsgliedes, Nennergrad von $G(s)$, Drehzahl
p	Druck
P	Leistung
q	Quantisierungsfehler, Volumenstrom
Q	Ausgleichswert, Mengenstrom
R	Ohmscher Widerstand
$\mathrm{Re}\{\dots\}$	Realteil von $\{\dots\}$
$s = \sigma + j\omega$	Laplace-Variable
$s_1, s_2, \dots$	Wurzeln, Nullstellen
t	Zeit
T	Abtastperiode, Schwingungsdauer, Periodendauer
T_1, T_2	Zeitkonstanten
T_{an}	Anregelzeit, Anschwingzeit
T_{aus}	Ausregelzeit
T_{ein}	Einschwingzeit
T_g	Ausgleichzeit
T_n	Nachstellzeit beim *PID*-Regler
T_t	Totzeit
T_{tR}	Totzeitreserve $T_{tR} = \varphi_R/\omega_D$
T_u	Verzugszeit

T_{v}	Vorhaltzeit beim *PID*-Regler
$\hat{u}$	Sprunghöhe, konstantes Signal
$u(s)$	Laplace-Transformierte $u(s) = \mathscr{L}\{u(t)\}$
$u(t)$	Zeitkontinuierliche (analoge) Eingangsgröße, elektrische Spannung
$u(z)$	z-Transformierte $u(z) = Z\{u_{\mathrm{k}}\}$
$u_{\mathrm{a}}(t)$	Ausgangsspannung
$u_{\mathrm{C}}(t)$	Kondensatorspannung
$u_{\mathrm{e}}(t)$	Eingangsspannung
u_{k}	Zeitdiskrete (digitale) Eingangsgröße
V	Verstärkungsfaktor, Volumen
$v(s)$	Laplace-Transformierte $v(s) = \mathscr{L}\{v(t)\}$
$v(t)$	Zeitkontinuierliche (analoge) Ausgangsgröße, Geschwindigkeit
$v(z)$	z-Transformierte $v(z) = Z\{v_{\mathrm{k}}\}$
v_{k}	Zeitdiskrete (digitale) Ausgangsgröße
V_{O}	Verstärkung des offenen Kreises
$w(s)$	Laplace-Transformierte $w(s) = \mathscr{L}\{w(t)\}$
$w(t)$	Zeitkontinuierliche (analoge) Führungsgröße
$w(z)$	z-Transformierte $w(z) = Z\{w_{\mathrm{k}}\}$
W_{h}	Führungsbereich
w_{k}	Zeitdiskrete (digitale) Führungsgröße
$x(s)$	Laplace-Transformierte $x(s) = \mathscr{L}\{x(t)\}$
$x(t)$	Zeitkontinuierliche (analoge) Regelgröße
$x(z)$	z-Transformierte $x(z) = Z\{x_{\mathrm{k}}\}$
$x_{\mathrm{A}}(t)$	Aufgabengröße
X_{Ah}	Aufgabenbereich
X_{h}	Regelbereich
x_{k}	Zeitdiskrete (digitale) Regelgröße
x_{S}	Sollwert
x_{Δ}	Schaltdifferenz
x_{σ}	Schwingspanne
$y(s)$	Laplace-Transformierte $y(s) = \mathscr{L}\{y(t)\}$
$y(t)$	Zeitkontinuierliche (analoge) Stellgröße
$y^{*}(t)$	Impulsfolgefunktion der Stellgröße
$\bar{y}(t)$	Treppenförmige Stellgröße
$y(z)$	z-Transformierte $y(z) = Z\{y_{\mathrm{k}}\}$
Y_{h}	Stellbereich
y_{k}	Zeitdiskrete (digitale) Stellgröße
z	Variable bei der z-Transformation
$z(s)$	Laplace-Transformierte $z(s) = \mathscr{L}\{z(t)\}$
$z(t)$	Zeitkontinuierliche (analoge) Störgröße
$z(z)$	z-Transformierte $z(z) = Z\{z_{\mathrm{k}}\}$
z_{k}	Zeitdiskrete (digitale) Störgröße
$z_{\mathrm{L}}(t)$	Zeitkontinuierliche (analoge) Laststörgröße
$z_{\mathrm{L,k}}$	Zeitdiskrete (digitale) Laststörgröße
$z_{\mathrm{V}}(t)$	Zeitkontinuierliche (analoge) Versorgungsstörgröße
$z_{\mathrm{V,k}}$	Zeitdiskrete (digitale) Versorgungsstörgröße
Z	Impedanz

$Z\{\dots\}$	z-Transformierte von $\{\dots\}$
$Z^{-1}\{\dots\}$	z-Rücktransformierte von $\{\dots\}$
Z_h	Störbereich
α	Zündwinkel
β	Impulshöhe bei $\beta\delta_k$
$\delta(t)$	Einheitsimpulsfunktion, *Dirac*'sche Deltafunktion
δ_k	Digitale Einheitsimpulsfunktion
ϑ	Logarithmisches Dekrement, Temperatur
μ	Zugehörigkeitsfunktion bei Fuzzy-Reglern
π	$\pi = 3{,}1216$, entspricht einem Winkel von $180°$
ϱ	Dichte
φ	Winkel, Drehwinkel, Pendelausschlag
φ_R	Phasenreserve
σ	Re $\{s\}$
$\sigma(t)$	Einheitssprungfunktion, *Heaviside*'sche Sigmafunktion
σ_k	Digitale Einheitssprungfunktion
ω	Kreisfrequenz $\omega = 2\pi/T$ (*T* Periodendauer), Drehzahl, Im $\{s\}$
ω_A	Abtastkreisfrequenz $\omega_A = 2\pi/T$ (*T* Abtastperiode)
ω_B	Bandbreite
ω_D	Durchtrittskreisfrequenz
ω_e	Eigenkreisfrequenz
ω_π	Phasenschnittkreisfrequenz
ω_0	Kennkreisfrequenz
$|x|$	Betrag einer komplexen Zahl x
$\underline{/x}$	Phasenwinkel (Argument) einer komplexen Zahl x
$\{x\}$	Zahlenwert einer Größe x
$[x]$	Einheit einer Größe x

Glossar

Die folgende Liste erklärt einige wichtige Bezeichnungen in der Regelungstechnik. Die Bezeichnungen entsprechen der Neufassung von DIN 19226. Kursiv gedruckte Begriffe werden im Glossar an anderer Stelle erläutert. Das anschließende Sachverzeichnis verweist auch auf entsprechende Textstellen im Buch.

Abtastfrequenz f_A oder Abtast(kreis)frequenz ω_A	Anzahl von *Abtastperioden* T pro Zeiteinheit ($f_A = 1/T$ bzw. $\omega_A = 2\pi/T$).
Abtast-Halteglied	Schaltung, die ein analoges Signal zu jedem *Abtastzeitpunkt* erfaßt („abtastet") und den jeweiligen Wert speichert („hält"), bis die Analog/Digital-Umsetzung abgeschlossen ist.
Abtastperiode T	Konstante Zeitspanne zwischen zwei aufeinanderfolgenden *Abtastzeitpunkten.*
Abtastzeitpunkt	Zeitpunkt, zu dem der Wert eines analogen Signales erfaßt wird, um ihn anschließend in einen digitalen Wert umzusetzen.
Anti-Alias-Filter	Tiefpaßfilter vor dem *Abtast-Halte-Glied*, das die Einhaltung des *Shannon'schen Abtasttheorems* verbessern soll.
Arbeitspunkt	Gleichgewichtszustand eines Gerätes oder einer Anlage bei Normalbetrieb, der als Bezugspunkt der Berechnung verwendet wird.
Aufgabenbereich X_{Ah}	Wertebereich der *Aufgabengröße*, z. B. von -30cm bis $+30$cm.
Aufgabengröße x_A	Größe, die von einer Regelung beeinflußt werden soll (Aufgabe der Regelung). Häufig ist die Aufgabengröße zugleich die *Regelgröße*.
Ausgangsgröße	Größe, die von den *Eingangsgrößen* eines *Übertragungsgliedes* beeinflußt wird.
Betragskennlinie	vgl. *Bode-Diagramm*.
Bode-Diagramm	Grafische Darstellung des *Frequenzganges* $G(j\omega)$ bestehend aus der *Betragskennlinie* (Amplitudengang) und der *Phasenkennlinie* (Phasengang), die über log ω aufgetragen sind. Andere Bezeichnung: *Frequenzkennlinien*.
Dämpfungsgrad d	Maßzahl für das Abklingen des Einschwingvorganges beim *P-T$_2$-Glied* .
Digitaler Regler	Mittels digitaler Bausteine bzw. *Prozeßrechner* realisierter Regler.
Dreipunktregler	Regler, der die Stellgröße zwischen drei Werten umschalten kann.
Durchtrittskreisfrequenz ω_D	Kreisfrequenz, bei der die *Betragskennlinie* des *Frequenzganges des offenen Kreises* die 0-dB-Linie schneidet.
Eigenkreisfrequenz ω_e	Maßzahl für die Schnelligkeit des Einschwingvorganges beim *P-T$_2$-Glied*. Zusammenhang mit der *Kennkreisfrequenz* ω_0: $\omega_e = \omega_0 \sqrt{1 - d^2}$ (wenn *Dämpfungsgrad* $d < 1$).
Eingangsgröße	Größe, die die *Ausgangsgrößen* eines *Übertragungsgliedes* beeinflußt.
Elektrische Regler	Regler mit elektrischer *Hilfsenergie*.
Festwertregelung	Eine Regelung, bei der die *Führungsgröße* konstant („fest") ist oder jeweils nach einer längeren Zeit auf einen anderen festen Wert umgeschaltet wird.

Folgeregelung	Eine Regelung, bei der die *Führungsgröße* jederzeit veränderlich ist.
Frequenzgang $G(\mathrm{j}\omega)$	Veränderung der Amplitude und des Phasenwinkels eines sinusförmigen Signales beim Durchgang durch ein *LZI-Glied* (im eingeschwungenen Zustand) in Abhängigkeit von der Kreisfrequenz ω (Amplitudengang bzw. Phasengang). Grafische Darstellung häufig im *Bode-Diagramm* oder als *Ortskurve*. Berechnung aus der *Übertragungsfunktion* $G(s)$ mit $s = \mathrm{j}\omega$.
Frequenzgang des offenen Kreises	*Frequenzgang* eines *Übertragungsgliedes*, das durch (gedachtes) „Aufschneiden" einer Verbindungslinie im *Wirkungsplan* eines Regelkreises entsteht. Vgl. *Nyquist-Kriterium*.
Frequenzkennlinien	vgl. *Bode-Diagramm*.
Frequenzkennlinienverfahren (*FKL*-Verfahren)	Verfahren zum Entwurf von *Reglern*, das vom *Frequenzgang des offenen Kreises* ausgeht.
Führungsbereich W_h	Wertebereich der *Führungsgröße*, z. B. von 0 bis 30 rad/s.
Führungsgröße w	Größe, der die *Regelgröße* bzw. *Aufgabengröße* folgen soll.
Führungsverhalten	Verhalten der Größen eines Regelkreises auf eine Änderung der *Führungsgröße*.
Fuzzy-Menge	Menge, deren Elemente nicht alle zu 100% dazugehören müssen. Vgl. *Zugehörigkeitsfunktion*.
Fuzzy-Regler	Nichtlinearer Kennlinienregler, der ausgehend von einer verbalen Beschreibung der Reglerfunktion (Wenn-Dann-Regeln) entworfen wird.
Gewichtsfunktion	Bezogene *Impulsantwort* bei einem LZI-Glied, wobei die Impulsantwort durch die Fläche unter der *Impulsfunktion* am Eingang (Impulsintensität) dividiert wird.
Hilfsenergie	Energie, die für den Betrieb einer Regelung erforderlich ist. Vgl. z. B. *elektrische Regler, pneumatische Regler*.
Impulsantwort	Verlauf der Ausgangsgröße eines *Übertragungsgliedes* bei einer *Impulsfunktion* am Eingang.
Impulsfunktion $b\delta(t)$ ($\delta(t)$: *Dirac*'sche Delta-Funktion)	Mathematische Darstellung eines stoßartigen Signales (einmaliger Stoß) mit der Intensität b, wobei die Stoßdauer sehr kurz ist im Verhältnis zur *Zeitkonstante* eines anschließenden *Übertragungsgliedes*. ($b = 1$: *Einheits*impulsfunktion)
Istwert	Momentanwert der *Regelgröße*.
Kennkreisfrequenz ω_0	*Eigenkreisfrequenz* beim ungedämpften P-T_2-Glied, d. h. wenn der *Dämpfungsgrad* $d = 0$.
Kennlinie	Bei einem *Übertragungsglied* der (nach dem Einschwingen) konstante Wert der *Ausgangsgröße* in Abhängigkeit von einem konstanten Wert der *Eingangsgröße* grafisch aufgetragen über einem Bereich von Einganggrößenwerten.
Laststörgröße z_L	*Störgröße*, die die *Aufgaben*- bzw. *Regelgröße* beeinflußt („belastet").
LZI-Glied	Lineares ZeitInvariantes *Übertragungsglied*. Mathematisches Standardmodell für das *Übertragungsverhalten* in der Umgebung eines *Arbeitspunktes*.

Mathematisches Modell	Mathematischer Ausdruck (z. B. Differentialgleichung oder *Übertragungsfunktion*) für ein *Übertragungsglied*. Grundlage der Berechnung oder *Simulation*.
Mathematische Modellbildung	Ermittlung eines *mathematischen Modelles* aus physikalischen Gesetzmäßigkeiten (Theoretische Modellbildung) und/oder experimentell aufgenommenen Testsignalantworten (Experimentelle Modellbildung).
Meßort	Ort, an dem der Wert der *Regelgröße* erfaßt wird.
Nachstellzeit T_n	Parameter des *I*-Anteiles beim *PID*-Regler. Maß für die Dauer der automatischen Nachstellung der *Regelgröße* auf eine konstante *Führungsgröße*.
Nullstellen einer Übertragungsfunktion	Die Nullstellen des Zählerpolynoms der *Übertragungsfunktion*.
Nyquist-Kriterium	Kriterium zur Stabilitätsbestimmung von Regelkreisen, das vom *Frequenzgang des offenen Kreises* ausgeht.
Ortskurve	Grafische Darstellung des Frequenzganges $G(j\omega)$ in der komplexen $G(j\omega)$-Ebene mit der Kreisfrequenz ω als Kurvenparameter.
Phasenkennlinie	vgl. *Bode-Diagramm*.
Phasenschnittkreisfrequenz ω_π	Kreisfrequenz, bei der die *Phasenkennlinie* des *Frequenzganges des offenen Kreises* die $-180°$-Linie schneidet.
PID-Regler	Regler, der die Stellgröße aus *Proportionalverstärkung, Integration* und *Differentiation* der *Regeldifferenz* bildet. Der *P*-, der *I*- und der *D*-Anteil sind parallelgeschaltet.
Pneumatische Regler	Regler mit pneumatischer *Hilfsenergie*.
Pole	Die Nullstellen des Nennerpolynoms einer *Übertragungsfunktion*.
Pol-Nullstellen-Plan (*P-N*-Plan)	Grafische Darstellung der *Pole* und *Nullstellen* einer *Übertragungsfunktion* in der komplexen Zahlenebene.
Prozeßrechner	Digitalrechner (Mikrorechner), der über Ein- und Ausgabekanäle mit Meß- bzw. *Stelleinrichtungen* verbunden ist und schnell genug arbeitet („Echtzeitbetrieb"), um die Rolle eines Reglers zu übernehmen. Prozeß meint dabei die Vorgänge in der *Strecke*.
Regelalgorithmus	Eine Folge von Anweisungen, nach denen aus den Werten der *Regeldifferenz* zu den *Abtastzeitpunkten Stellgröße*nwerte berechnet werden.
Regelbereich X_h	Wertebereich der *Regelgröße*, z. B. von -30cm bis $+30$cm.
Regeldifferenz e	Differenz zwischen *Führungsgröße* und *Regelgröße*.
Regeleinrichtung	Baueinheit, die die aufgabengemäße Beeinflussung der *Strecke* über das Stellglied bewirkt.
Regelgröße x	Größe, die zur Erfassung der *Aufgabengröße* gemessen und der *Regeleinrichtung* zugeführt wird. Häufig ist die *Aufgabengröße* zugleich die *Regelgröße*.
Regelstrecke	vgl. *Strecke*.

Regler	Einrichtung, die die *Regeldifferenz* in einen korrigierenden *Stellgröße*nausschlag umsetzt.
Robustheit	Eigenschaft eines Regelkreises, sein Verhalten bei Veränderungen der *Strecke* (z. B. Alterung, Defekte) nur wenig zu ändern.
Shannon'sches Abtasttheorem	Ein Signal wird durch Abtastung nicht verfälscht, wenn die *Abtastfrequenz* mindestens doppelt so groß ist wie die höchste im Signal enthaltene Frequenz.
Simulation	Experimentelles Vorgehen, bei dem bestimmte Eigenschaften eines Gerätes oder einer Anlage nicht am Original, sondern an einem Modell des Originales untersucht werden. Häufig wird mit Hilfe eines *mathematischen Modelles*, mit dem ein Digitalrechner programmiert wird, simuliert (Digitale Simulation).
Sinusantwort	Verlauf der *Ausgangsgröße* eines *Übertragungsgliedes* bei einer Sinusfunktion am Eingang, nachdem der Einschwingvorgang abgeklungen ist.
Sollwert	Momentanwert der *Führungsgröße*.
Sprungantwort	Verlauf der Ausgangsgröße eines *Übertragungsgliedes* bei einer *Sprungfunktion* am Eingang.
Sprungfunktion $\hat{u}\sigma(t)$ ($\sigma(t)$: *Heaviside*'sche Sigmafunktion)	Mathematische Darstellung eines Signales, das von einem festen Wert 0 auf einen anderen festen Wert $\hat{u}$ umschaltet. ($\hat{u} = 1$: *Einheits*sprungfunktion)
Stabilität	Eigenschaft eines Systems, nach einer Störung wieder in die Ausgangslage zurückzukehren.
Stationäres Verhalten	Verhalten der *Ausgangsgröße* eines *Übertragungsgliedes*, nachdem der Einschwingvorgang (vgl. *transientes Verhalten*) abgeschlossen ist.
Stellbereich Y_h	Wertebereich der *Stellgröße*, z. B. −5V bis +5V.
Stelleinrichtung	Eine aus Steller (bzw. Stellantrieb) und Stellglied bestehende Baueinheit.
Stellgröße y	Größe, mit der die *Aufgabengröße* (bzw. *Regelgröße*) wunschgemäß beeinflußt wird. Steuernde Eingangsgröße der Strecke.
Stellort	Angriffspunkt der *Stellgröße* am Stellglied.
Stellstrecke	Wirkungsweg zwischen *Stellgröße* und *Regelgröße*. Vgl. *Strecke*.
Störbereich Z_h	Wertebereich der *Störgröße*, z. B. −20 °C bis +30 °C.
Störgröße z	Größe, die die *Aufgabengröße* (bzw. Regelgröße) in unerwünschter Weise beeinflußt („stört"). Nicht beeinflußbare *Eingangsgröße* der *Strecke*.
Störort	Angriffspunkt einer *Störgröße* in einem Gerät oder einer Anlage.
Störstrecke	Wirkungsweg zwischen *Störgröße* und *Regelgröße*. Vgl. *Strecke*.
Störverhalten	Verhalten der Größen eines Regelkreises auf eine Änderung der *Störgrößen*.
Strecke	Derjenige Teil des Wirkungsweges, welcher den aufgabengemäß zu beeinflussenden Bereich eines Gerätes oder einer Anlage darstellt. Bei einer Regelung genauer: *Regelstrecke*. Vgl. *Stellstrecke* und *Störstrecke*.

Totzeit T_t	Zeitintervall, nach dessen Ablauf die *Ausgangsgröße* eines *Übertragungsgliedes* auf eine Eingangsgrößenänderung zu reagieren beginnt.
Transientes Verhalten	Verhalten der *Ausgangsgröße* eines *Übertragungsgliedes* während des Einschwingvorganges.
Übergangsfunktion $h(t)$	Bezogene *Sprungantwort* eines *LZI-Gliedes*, wobei die Sprungantwort durch die zugehörige Sprunghöhe der Sprungfunktion am Eingang dividiert wird.
Übertragungsfunktion $G(s)$, $G(z)$	Quotient aus Laplace- bzw z-Transformierter der *Ausgangs-* und *Eingangsgröße* eines *LZI-Gliedes*.
Übertragungsglied	Ein System mit *Eingangsgrößen*, *Ausgangsgrößen* und einem bestimmten *Übertragungsverhalten*. Grafische Darstellung als Block im *Wirkungsplan*.
Übertragungsverhalten	Die eindeutige Zuordnung der *Ausgangsgrößen* zu den *Eingangsgrößen*, wobei der Ausgangsgrößenverlauf ausschließlich eine Funktion des Eingangsgrößenverlaufes ist.
Versorgungsstörgröße z_V	*Störgröße*, die auf eine Veränderung der *Hilfsenergie*versorgung zurückzuführen ist. Sie greift am Stelleingang der *Strecke* an.
Verzweigungsstelle	Ein kleiner ausgefüllter Kreis im *Wirkungsplan*, an dem sich eine Wirkungslinie in mehrere Wirkungslinien aufspaltet. Die Wirkungslinie vor der Verzweigungsstelle und die abgezweigten Wirkungslinien danach stellen dieselbe Größe dar (bzgl. Zahlenwert und Einheit).
Vorhaltzeit T_v	Parameter des *D*-Anteiles beim *PID-Regler*. Maß für den Stellausschlag bei Änderungen der *Regeldifferenz*.
Wirkungsplan	Grafische Darstellung der Gesamtheit aller Wirkungen in einem System (Gerät, Anlage). Vgl. *Wirkungsweg*, *Wirkungsrichtung*.
Wirkungsrichtung	Verläuft immer von einer verursachenden zu einer beeinflußten Größe. Grafische Darstellung mittels pfeilförmigen Wirkungslinien.
Wirkungsweg	Weg der Wirkungen in einem System (Gerät, Anlage). Die grafische Darstellung der Wirkungswege besteht aus Übertragungsgliedern (Blöcken) und Verbindungslinien mit Pfeilspitzen (Wirkungslinien). Vgl. *Wirkungsrichtung*.
Wurzelortskurvenverfahren (*WOK*-Verfahren)	Verfahren zum Entwurf von *Reglern*, das von den *Polen* und *Nullstellen der Übertragungsfunktion* des offenen Kreises ausgeht. Zum Begriff des „offenen Kreises" vgl. *Frequenzgang des offenen Kreises*.
Zeitkonstante	Maß für die Trägheit eines *Übertragungsgliedes*. Je größer die Zeitkonstante, um so größer die Trägheit.
Zugehörigkeitsfunktion	Beschreibt den Zugehörigkeitsgrad zu einer *Fuzzy-Menge*.
Zweipunktregler	Regler, der die *Stellgröße* zwischen zwei Werten umschalten kann.

Sachverzeichnis